21世纪高等学校计算机应用型本科规划教材精选

组网技术实用教程

刘朋　高飞　徐峰　张鹏　史英杰　编著

清华大学出版社
北京

内容简介

本书是关于计算机组网技术的实用教程，全书分为 10 章，详细介绍了计算机组网的核心技术。

本书的主要内容包括概述、传输介质与网络设备、Windows Server 2008 的配置、网络服务构建、交换机基本配置、路由器基本配置、广域网配置技术、无线局域网、网络管理和网络安全。

全书知识层次清晰，内容全面新颖，实用性强，涉及操作的项目均配有详细的操作步骤。本书既可作为高等院校计算机和信息技术类计算机组网技术课程的教学用书，也可作为计算机网络工程技术人员的相关技术指导教程。

图书在版编目(CIP)数据

组网技术实用教程/刘朋等编著. —北京：清华大学出版社，2015 (2024.2重印)
21 世纪高等学校计算机应用型本科规划教材精选
ISBN 978-7-302-40139-1

Ⅰ. ①组… Ⅱ. ①刘… Ⅲ. ①计算机网络－高等学校－教材 Ⅳ. ①TP393

中国版本图书馆 CIP 数据核字(2015)第 089612 号

责任编辑：刘向威　王冰飞
封面设计：杨　兮
责任校对：白　蕾
责任印制：宋　林

出版发行：清华大学出版社
网　　址：https://www.tup.com.cn, https://www.wqxuetang.com
地　　址：北京清华大学学研大厦 A 座　　**邮　　编**：100084
社 总 机：010-83470000　　**邮　　购**：010-62786544
投稿与读者服务：010-62776969，c-service@tup.tsinghua.edu.cn
质量反馈：010-62772015，zhiliang@tup.tsinghua.edu.cn
课件下载：https://www.tup.com.cn，010-83470236
印 装 者：三河市君旺印务有限公司
经　　销：全国新华书店
开　　本：185mm×260mm　　**印　　张**：24.25　　**字　　数**：586 千字
版　　次：2015 年 8 月第 1 版　　**印　　次**：2024 年 2 月第 7 次印刷
印　　数：4301～4600
定　　价：59.00 元

产品编号：059909-02

计算机网络是计算机技术和通信技术密切结合而形成的新兴的技术领域，尤其在当今互联网迅猛发展的形势下，网络技术已成为信息技术界关注的热门技术之一。计算机组网技术是计算机网络技术体系中重要的且实用性较强的组成部分，本着突出实用技术，以培养学生的动手能力为目的，立足于“看得懂、学得会、用得上”的原则，为了在实际授课过程中讲解最重要的和学生最需要的知识、方法和技能，深入浅出、循序渐进地介绍网络组网技术，本书编写团队策划编写了这本组网技术实用教程。

本书共分为10章，完整地展现了当前计算机组网技术的主要内容。第1章主要讲述计算机网络的基本概念、体系结构以及网络发展等内容；第2章主要讲述网络中主要的传输介质以及网络设备的分类、用途和特点；第3章主要讲述 Windows Server 2008 的安装方法、基本配置、高级配置和域环境管理等内容；第4章主要讲述在 Windows Server 2008 操作系统环境下多种服务器的构建方法；第5章主要讲述交换机的基本知识，重点介绍交换机的配置途径与基本配置项目，主要包括虚拟局域网的配置、DHCP 中继协议的配置、端口聚合配置以及快速生成树配置等；第6章在介绍路由器基本知识的前提下，重点讲述路由器基本配置方法，常见静态路由和动态路由协议的配置，以及访问控制列表、网络地址转换、虚拟专用网的配置方法等；第7章主要讲述常见的广域网技术及其配置，包括点对点协议、公共分组交换协议以及帧中继协议等；第8章主要讲述无线局域网相关概念以及无线局域网的基本配置方法；第9章介绍网络管理常用的协议、技术、命令，并对常见网络管理软件的使用方法加以说明；第10章主要讲述网络安全的相关概念，分别从病毒处理技术、防火墙技术、数据加密技术等方面，介绍保证网络安全的一些常用方法。

本书由刘朋、高飞、徐峰、张鹏、史英杰共同编写。其中，第1章和第2章由史英杰编写，第3章、第9章由高飞编写，第4章由张鹏编写，第5章至第7章由刘朋编写，第8章和第10章由徐峰编写，全书由刘朋统稿。本书的编写得到天津理工大学中环信息学院、南开大学滨海学院和天津师范大学津沽学院相关领导的大力支持，同时也得到清华大学出版社编辑的大力帮助，在此分别致以衷心的感谢。由于编者水平有限，书中不妥之处在所难免，盼望读者批评指正。

编　者

2015年6月

目录

CONTENTS

第 1 章

概　述

本章学习目标

- 理解计算机网络的定义。
- 掌握计算机网络的分类。
- 理解计算机网络的体系结构。
- 了解计算机网络的发展。

1.1 计算机网络的基本概念

1.1.1 计算机网络的定义

如何定义计算机网络？从出现计算机网络以来，一直没有一个严格、明确且统一的定义。并且随着计算机网络的发展，每一个发展阶段的计算机网络都有不同的含义。目前，对计算机网络比较权威的定义为：计算机网络就是通过线路互联起来的、自治的计算机集合。确切地讲，就是将分布在不同地理位置上的、具有独立工作能力的计算机、终端及其附属设备用通信设备和通信线路连接起来，并配置网络软件（通信协议），以实现计算机资源共享的系统。

网络资源共享是指用户通过连接在网络上的工作站（个人计算机），根据授权使用网络系统中的硬件和软件。

自治的计算机是指计算机分布是独立的，并且每一台计算机都能够独立工作而且互相不受影响。也就是说，每台计算机的地位是平等的，不存在一台计算机从属于另一台计算机的问题。

从定义来看，一方面计算机网络包含多台自治的计算机，是自治计算机的集合；另一方面这些自治的计算机又通过传输介质和通信协议互联在一起，即能够互相共享硬件资源、软件资源和数据信息资源。计算机网络的基本思想就是多台自治计算机通过传输介质互联起来，按照某种通信协议实现资源交换。概括地讲，计算机网络必须具备以下几个要素：

① 至少包含两台自治的计算机,进行数据交换,实现资源共享。

② 要通过通信介质将计算机互联起来。

③ 互联起来的计算机要能通信,须制定通信协议,且计算机必须按照协议进行通信。

上述3个要素是组成计算机网络的3个必要条件,缺一不可。在计算机网络中请求服务和索取信息的是客户端,而提供服务和信息的是服务器。服务器的服务方式、服务范围、服务类型不同构成不同类型的计算机网络。

1.1.2 计算机网络的分类

初学者刚接触计算机网络时可能会被局域网、以太网、环形网等各种网络类型弄得眼花缭乱。本部分主要介绍计算机网络的分类,帮助初学者理清思路,为学习后面的网络技术打好基础。计算机网络有多种分类标准,如按拓扑结构划分、按覆盖范围划分等。下面介绍几种常见的网络分类标准。

1. 按网络拓扑结构分类

在设计计算机网络时,首先要解决的就是在确定计算机地理位置的前提下,如何设计合适的线路连接方式,以保证网络的响应时间、吞吐量等条件,使得网络系统结构合理、成本适中。因此,人们引用了拓扑学中的拓扑结构的概念。

将事物抽象成与形状、大小无关的节点,将事物之间的关系抽象为线,节点和连线所组成的几何图形称为拓扑结构。

由此可知,将通信设备和通信控制管理器(计算机、交换器等)抽象成和形状大小无关的节点,将连接各节点间的传输介质(双绞线、光纤、同轴电缆等)抽象为线,节点和连线构成的几何图形就是计算机网络拓扑结构。

计算机网络按照拓扑结构划分可以分为无规则拓扑结构和有规则拓扑结构。网状型称为无规则拓扑结构,将这种结构的计算机网络称为网状网。一般情况下,广域网采用这种无规则的拓扑结构。常见的有规则拓扑结构为星形、环形、总线形和树形。一般情况下,局域网采用这种有规则的拓扑结构。下面分别就上述拓扑结构加以介绍。

1) 网状型拓扑结构

网状型拓扑结构,如图1.1所示。网状型拓扑结构分为全连接和不全连接两类。全连接网状型拓扑结构是指拓扑结构中每两个节点间都有连线;不全连接网状型拓扑结构是指拓扑结构中两个节点间不一定有直接的连线,但可以通过网络上的其他节点进行通信。

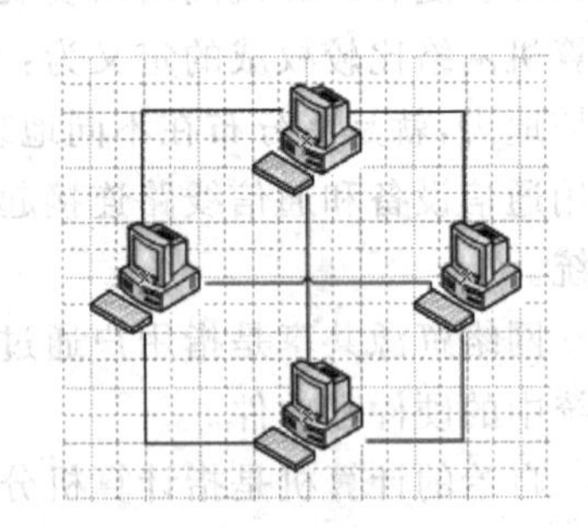

图1.1 网状型拓扑结构

网状型拓扑结构的特点如下:

(1) 容错能力强。网状型拓扑结构中任意两个节点间都有多条通路,如果其中一条通路出现故障,还可以通过网络中剩余通路进行通信。此外,任意两个节点间的通信和网络上其他节点无关,即某条通路出现故障,不影响网络上其他通路的正常工作。

(2) 布线复杂。网状型拓扑结构错综复杂,布线时难度较大。

(3) 组网成本高。网状型拓扑结构各个节点间都有多条通路,即各个节点间都要有多条线路进行连接。

2) 总线型拓扑结构

总线网络是将所有节点都连接到一条传输介质上，这个传输介质称为总线。总线型拓扑结构如图 1.2 所示。总线型拓扑结构比较简单，是早期局域网最常用的拓扑结构之一。采用此种拓扑结构的网络又称总线网。在总线型拓扑结构的网络中，一个节点发送信息，网络上其他节点都能接收到。一般情况下，为防止信号的反射，在总线的两端连有终结器。

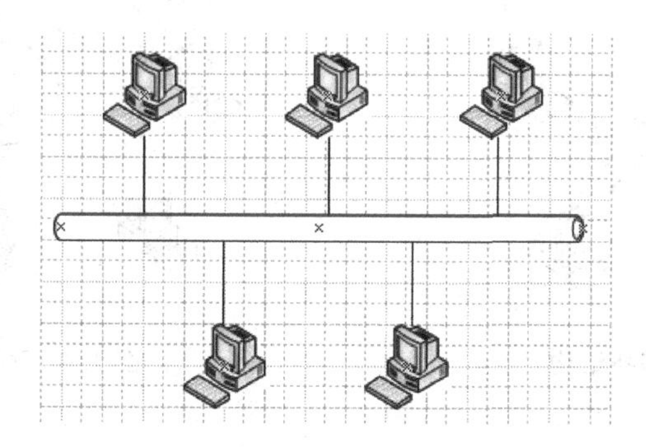

图 1.2 总线型拓扑结构

总线型拓扑结构的特点如下：

(1) 组网成本低。总线型拓扑结构简单，多个节点都连接在同一传输介质上，布线简单、成本较低。

(2) 线路利用率高。总线型拓扑结构中所有节点都连在同一传输介质上，使用同一个传输介质进行数据传输。

(3) 传输速率高。如果使用高速传输介质，其传输速率可以达到 100Mb/s 或者更高。

(4) 覆盖范围小。总线长度一般在几千米范围之内，通常限制在一个单位内部。

(5) 网络效率低。在同一个时刻只能有一个节点利用总线发送信息，如果总线上有数据在传输，不允许其他节点再向总线发送数据，否则容易产生冲突。

(6) 可靠性差。总线网中，多个节点共用一条总线，一旦总线发生故障，那么整个网络将瘫痪。

3) 星形拓扑结构

星形拓扑结构是将网络上的节点都连接到中央节点上(如集线器)，如图 1.3 所示。

星形拓扑结构通常采用同轴电缆或者双绞线作为传输介质，多应用于局域网中。近年来，大部分局域网摒弃了总线型拓扑结构，转而采用星形拓扑结构。

星形拓扑结构的特点如下：

(1) 中央节点负荷重。中央节点既承担数据的通信任务又要承担数据的处理工作，且中央节点处于整个网络系统的核心地位，一旦中央节点出现故障，那么整个网络系统将处于瘫痪状态。

(2) 易扩展、易管理。星形拓扑结构中每个节点都是直接和中央节点进行相连并且通信，在网络中增加或者删除节点都不影响网络上其余的节点。此外，星形拓扑结构容易检测排除故障。

(3) 线路利用率低。星形拓扑结构中，每条线路只连接一个节点，线路利用率比总线型拓扑低。

(4) 通信路径单一。每个节点直接和中央节点连接,通信路径只有这一条,因此不存在网状型拓扑结构的路径选择问题。

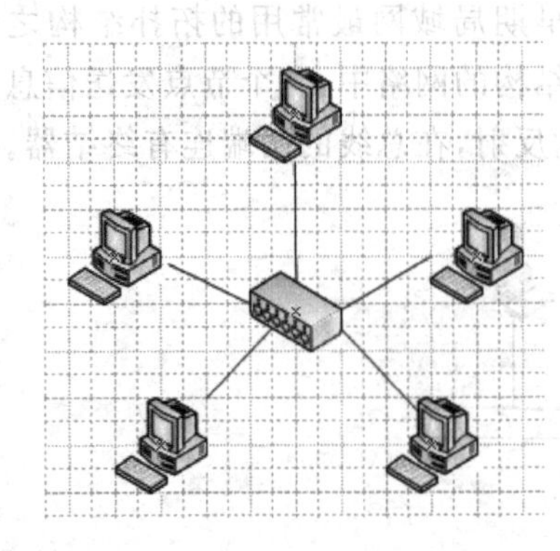

图 1.3　星形拓扑结构

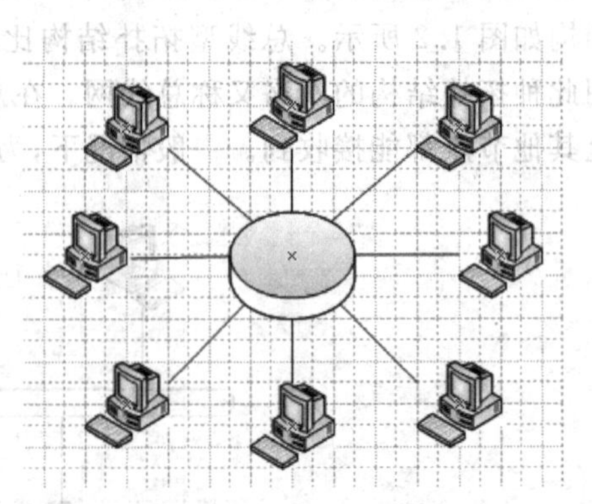

图 1.4　环形拓扑结构

4) 环形拓扑结构

计算机网络中的各节点互相连接形成一个环,如图 1.4 所示。在环形拓扑结构中,每一个设备都配有收发器,信号沿着一个方向从一台设备传输到另一台设备。实时控制局域网系统(如令牌环形网和 FDDI 网)多采用这种拓扑结构。

环形拓扑结构的特点如下:

(1) 布线容易。在环形拓扑结构中,每个节点的收发器只与相邻节点的收发器相连,网络结构简单。

(2) 信息控制简单。信号都是沿着同一个方向进行传输,且每个节点的访问能力都相同。

(3) 不易扩展。不管是增加节点还是删除节点都要断开原有闭合的环路,进行重新布局。

(4) 可靠性差。一个节点或者是任意两个节点间的连线出现故障,都会使整个网络处于瘫痪状态。

5) 树形拓扑结构

树形拓扑结构是从星形拓扑结构演化而来的,是一个多层次的星形结构,如图 1.5 所示。树形拓扑结构中的节点是按照层次进行连接的,主要是上下层节点之间进行数据通信,此种拓扑结构适用于控制型网络。

树形拓扑结构的特点如下:

(1) 组网成本低。树形拓扑结构的通信线路长度相较于星形结构更短,容易扩展。

(2) 根节点处于核心地位。根节点一旦发生故障,整个网络将无法进行数据交换。

(3) 便于管理。树形拓扑结构采用分级管理,易于寻找信息传输的路径。

2. 按网络的作用范围分类

按照计算机网络所作用的地域范围,计算机网络主要分为广域网(WAN)、城域网(MAN)和局域网(LAN)。

1) 广域网

顾名思义,广域网(Wide Area Network,WAN)覆盖的范围比较广,通常为数十到数千

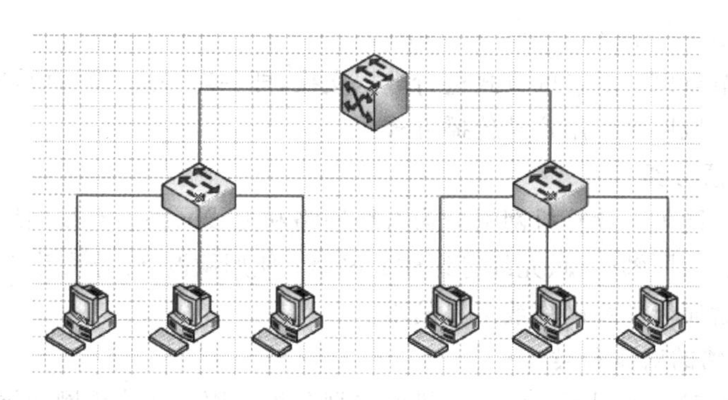

图 1.5 树形拓扑结构

千米。广域网的作用是使网络间的计算机进行远距离传输数据。因此，广域网也称为远程网。广域网是相对于局域网和城域网而言的，广域网的通信线路一般为高速线路，并且线路的通信容量较大。广域网的传输距离较长、数据传输速率较低、网络连接结构不规则。事实上，多个城域网连接起来就构成了广域网。

广域网又分为主干网和接入网。主干网是用作数据传输的干线网络，一般依托卫星通信网或者光纤网这类通信带宽较宽的网络技术；接入网是将用户接入广域网的支线网络，一般使用电话、ISDN、ADSL、FTTx 等接入方式。

2) 城域网

城域网(Metropolitan Area Network，MAN)的作用范围一般为一个城市或者是一个城市中的部分区域，有时也称为城市网、区域网或者都市网。城域网覆盖范围通常为数千米到数十千米。城域网可以将多个局域网互联，实现资源共享。大部分城域网采用光纤或微波作为传输介质。

3) 局域网

局域网(Local Area Network，LAN)覆盖范围小，一般为一栋大楼、一个学校或一个企业等，距离不超过数千米，具有很高的传输速率(速率通常可达到 10Mb/s 以上)。

局域网具有传输距离短、组网简单、成本低廉、传输速率高、应用广泛等特点，因此，局域网成为计算机网络中最活跃的领域之一。

3. 按数据传输方式分类

根据数据传输方式的不同，可以将计算机网络分为“广播网络”和“点对点网络”两大类。

1) 广播网络(Broadcasting Network)

广播网络中的各个节点通过一个共享的通信介质进行数据传播，网络上的所有节点都能接收到网络上任何其他节点发出的数据信息。目前，单播、组播、广播是广播网络中的 3 种主要传输方式。

(1) 单播(Unicast)。传输的数据中包括明确的目的地址信息，网络上每个节点都使用自己的地址与该地址进行比较，如果地址相同，则接收该数据；反之则忽略该数据。

(2) 组播(Multicast)。将信息一次传输给网络中的多个节点。

(3) 广播(Broadcast)。向网络上所有的节点发送数据，并且网络上所有的节点都接收该数据。

2）点对点网络(Point to Point Network)

该网络中的节点以点对点的方式进行数据交换，即一对一进行数据传输，两个节点间可能有多条链路。广域网多采用这种传播方式。

4. 按传输介质分类

按传输介质不同可将计算机网络分为有线网络和无线网络。有线网络是指采用有形的传输介质，如双绞线、同轴电缆、光纤等组建的网络；使用微波、红外线等无线传输介质作为通信线路的网络就属于无线网络或卫星网络。

5. 按使用网络的对象分类

按使用网络的对象不同可以将计算机网络划分为专用网和公用网两类。专用网一般由某个单位或部门组建，仅供本单位或本部门内部传输特殊数据使用，其他单位或者部门禁止使用，如银行、军队、电力等系统的网络。一般情况下，公用网是由国家电信部门组建，网络内传输和交换设备可提供给任何部门和单位使用，如Internet。

6. 按网络组件的功能分类

按照网络中各组件的功能来划分可以将计算机网络划分为对等网络和基于服务器的网络两类。

对等网络是网络的早期形式，网络上的计算机在功能和地位上是平等的，没有客户端和服务器之分，每台计算机既可以提供服务，又可以索求服务。这类网络配置简单，但是可管理性较差。

基于服务器的网络中的计算机地位不平等，服务器给予服务，客户机索求服务，这类网络配置复杂，但是网络管理较为方便和集中。

7. 按协议分类

按协议划分网络是指按照网络所使用的底层协议对网络类别进行划分，这也是一种常用的网络划分方法。例如，局域网中有采用802.3标准的以太网以及采用802.5标准的令牌环网；广域网中有采用X.25标准的X.25网、帧中继网及ATM网等。

8. 按照传输速率分类

计算机网络可按照传输速率进行种类划分，传输速率的单位是每秒比特数(b/s)。一般将速率达到Kb/s的网络称为低速网，将速率达到Mb/s的网络称为中速网，将速率达到Gb/s的网络称为高速网。

1.1.3 计算机网络的组成

1. 按系统划分

计算机网络主要划分为网络硬件系统和网络软件系统。

(1) 网络硬件系统是实现网络通信的物质基础，主要包括计算机、通信介质、网络设备等。网络硬件系统直接影响网络通信的性能。

(2) 网络软件系统是实现网络通信的核心，主要包括网络操作系统、通信软件、通信协议等。网络软件系统直接影响网络通信的效率以及通信能否顺利进行。

2. 按逻辑结构划分

计算机网络主要划分为资源子网和通信子网。

(1) 资源子网是实现资源共享功能的软件和硬件的集合，负责收集处理信息，为其他用户提供网络服务，实现资源共享。硬件主要包括主机、终端、外部设备等。软件主要包括网络操作系统、网络协议、网络应用程序等。资源子网是通信子网服务的对象。

(2) 通信子网是实现数据通信功能的软件和硬件的集合。通信子网是资源子网信息服务的提供者，负责网络上的数据传输、交换、监测通信等工作。通信子网是由多个节点和连接节点的传输介质组成。节点包括中继器、集线器、交换机、路由器等网络设备。传输介质包括光纤、同轴电缆、双绞线、微波等。

1.2 计算机网络的体系结构

1.2.1 计算机网络体系结构的形成

计算机网络是一个庞大而复杂的系统。即使两台计算机组成的最简单的计算机网络要实现文件传输，也应满足以下基本要求：

(1) 两台计算机之间有一个数据传送通道。

(2) 能保证发送端计算机在数据传送通道正确地发送数据。

(3) 让计算机网络知道谁是接收者，并且准确将数据送达。

(4) 要让发送端计算机在发送数据前弄清接收端计算机是否处于开机状态、空闲状态以及是否做好接收数据的准备。

(5) 发送端计算机要弄清楚发送的数据是否已经被接收端计算机接收。

(6) 接收端计算机要弄清接收到的数据是否正确。

(7) 如收发过程中出现意外情况，发送端和接收端要有相应的应对机制。

上述这些还只是数据传送过程中的基本要求。要真正实现网络中两台计算机间的互相通信，计算机间必须进行非常复杂的“协商统一”。为了使这种繁杂的计算机网络变得简单，在设计最初的ARPANET网络时就提出了“分层”的思想。“分层”思想，就是将繁杂庞大的问题简化成若干个较简单细小的问题。

美国IBM公司于1974年提出的SNA(System Network Architecture，系统网络体系结构)就是按照分层方法设计的。SNA提出后不久，其他一些不同的体系结构也相继被提出，这使得同一家公司生产的设备能够进行网络通信，而不同公司的设备则不能。

1.2.2 OSI参考模型

1977年，ISO(国际标准化组织)提出了能使全球各种计算机互相通信的标准框架，即OSI/RM(Open System Internet Reference Model，开放系统互联基本参考模型)，简称为OSI参考模型。“开放”是指该标准框架不是某个单位或组织独享的，而是全球共享的。任何组织都可以按照此标准框架设计计算机网络，使得世界各地遵循此标准的网络都能互相通信。

ISO于1983年公布了OSI参考模型的正式文件，即ISO 7498国际标准。“分层”思想正是设计OSI参考模型的基础，即根据功能进行分层，功能相同或者相似的放在同一层，层与层之间不是孤立的，而是下层为上一层提供服务。OSI参考模型将网络分为7层，第一层至第七层分别是物理层、数据链路层、网络层、传输层、会话层、表示层和应用层，如图1.6

所示。

(1) 物理层。该层主要声明物理和电气规范,传输单位是比特流。主要考虑的问题是比特流的传输问题,如用何种电缆作为传输介质、用何种脉冲表示 0 或 1 等。

(2) 数据链路层。该层传输单位是数据帧,主要考虑的问题有如何识别网络上计算机的物理地址,如何判定何时接收数据、何时停止接收数据等。

(3) 网络层。该层是整个 OSI 标准框架的核心层,传输单位是数据包或者分组。该层主要考虑的问题有定义逻辑地址、寻找路由、进行数据的分组转发等。

(4) 传输层。该层传输单位是报文。该层主要功能是识别应用层的服务,进行端到端的传输。

应用层
表示层
会话层
传输层
网络层
数据链路层
物理层

图 1.6 OSI 参考模型

(5) 会话层。该层在应用程序间建立会话、管理会话,包括初始会话及重新同步两台会话主机。

(6) 表示层。该层负责将数据转换成接收端设备可以读取的格式。

(7) 应用层。该层位于整个参考模型的最上层,主要功能是制定应用程序间进行通信所要遵循的通信协议。

20 世纪 80 年代,OSI 参考模型是被人们视为理想的网络标准框架,许多大公司以及国家政府机构都表示要支持 OSI 参考模型。但 20 世纪 90 年代初期,当 OSI 参考模型被大规模使用时,因特网已经覆盖了全球大部分地区。因此,OSI 参考模型只能成为理论上的标准,而没有应用到实际当中。

后来,人们总结 OSI 参考模型失败的原因如下:

(1) 制定周期过长,使遵循 OSI 参考模型标准生产的设备错失了及时进入市场的机会。

(2) OSI 参考模型过于追求理想化,实现起来复杂且效率低。

(3) OSI 参考模型层次划分得不尽合理,很多层次间有相同或者类似的功能。

(4) 制定者没有很好的调查市场需求,使得 OSI 参考模型缺乏商业竞争力。

1.2.3 TCP/IP 模型

虽然 OSI 七层参考模型详细描述了各层的功能以及各层间的接口规范,但只局限于理论上,并没有应用到实际中。Internet 实际采用的是 TCP/IP(Transmission Control Protocol/Internet Protocol,传输控制协议/网际协议)标准。TCP/IP 是美国国防部为 ARPANET 网设计的网络体系结构,是目前 Internet 实际采用的模型。

TCP/IP 模型仍是采用"分层"的思想,将计算机网络简化为 4 层,从低层到高层分别是网络接口层、网络层、传输层和应用层,如图 1.7 所示。

应用层
传输层
网络层
网络接口层

图 1.7 TCP/IP 模型

(1) 网络接口层。用于接收网络层的 IP 分组,并将这些分组在物理通道中发送出去;或者接收从物理通道中发送来的数据,发给网络层。

(2) 网络层。用于将传输层提交来的数据封装成数据包,并为数据包提供最佳路由,将数据包发送到目的主机。

(3) 传输层。用于在源主机和目的主机之间实现端到端的数据传输。

(4) 应用层。用于向用户提供服务,即把应用程序数据发送到模型的相邻层,或者是将相邻层收到的数据传送给应用程序。

若使计算机网络中的两台主机间进行数据交换,就必须遵循数据交换规则,这些规则明确规定了要交换数据的格式、需要进行的动作以及完成动作的顺序等,这种规则就叫做网络协议。在 TCP/IP 模型中每一层都对应一组协议,这些协议组成了 TCP/IP 模型的协议簇,其中 IP 协议、TCP 协议、UDP 协议是协议簇中 3 个最基础的协议。

(1) 网络接口层协议。其主要包括实现物理通信的协议,如 Ethernet、令牌环、帧中继、ISDN 和 X.25 等。

(2) 网络层协议。该层中重要的 4 个协议分别是 IP 协议、ARP 协议、RARP 协议和 ICMP 协议。IP(Internet Protocol,网际协议)是网络层协议的核心,主要用于规定在两台主机之间如何传送 IP 数据包;ARP(Address Resolution Protocol,地址解析协议),用来将 IP 地址转换成物理地址;RARP(Reverse Address Resolution Protocol,逆地址解析协议)用来将物理地址转换成 IP 地址;ICMP(Internet Control Message Protocol,报文控制协议)用于在主机和路由器之间传递信息。

(3) 传输层协议。该层中两个最重要的协议为 TCP(Transport Control Protocol,传输控制协议)和 UDP(User Datagram Protocol,用户数据报协议)。TCP 是面向连接的、可靠的传输协议,它采用 3 次握手机制进行端到端的数据传输;UDP 是无连接的、不可靠的传输协议。

(4) 应用层协议。常见的协议有 FTP(File Transfer Protocol,文件传送协议)、TFTP(Trivial File Transfer Protocol,简单文件传送协议)、SMTP(Simple Mail Transfer Protocol,简单邮件传送协议)、Telnet 协议(远程终端协议)、DNS(Domain Name System,域名系统)及 SNMP(Simple Network Management Protocol,简单网络管理协议)等。

为了方便理解两主机传输数据的步骤,本书将网络模型按 5 层来划分,从低层到高层分别为物理层、数据链路层、网络层、传输层和应用层,具体步骤如下:

(1) 应用进程向应用层传输数据,应用层加上应用层首部。

(2) 应用层向传输层传输数据,传输层在应用层数据前加上传输层首部,形成数据报文。

(3) 传输层将数据报文传输给网络层,网络层在数据报文前加上网络层首部,形成数据包。

(4) 网络层将数据包传输给数据链路层,数据链路层在数据包前加上链路层首部,形成数据帧。

(5) 链路层将数据帧传输给物理层。

(6) 通过物理信道,数据传输到目的主机的物理层。

(7) 物理层将数据传输给数据链路层,链路层得到数据帧。

(8) 数据链路层将数据帧传输给网络层,网络层去掉首部,得到数据包。

(9) 网络层将数据包传输给传输层,传输层去掉首部,得到数据报文。

(10) 传输层将数据报文传输给应用层,应用层去掉首部,得到应用层传输单元。

(11) 应用层将传输单元发送到目的主机进程。

1.2.4 OSI 参考模型和 TCP/IP 模型的比较

OSI 参考模型和 TCP/IP 模型两者相同点是都是按照网络功能进行分层。不同点如下：

(1) OSI 模型将网络分为 7 层；TCP/IP 模型将网络划分成 4 层。

(2) OSI 模型只考虑用一种标准的公用数据网将各种不同的系统互联在一起；TCP/IP 模型考虑到多种异构网的互联问题。

(3) OSI 模型偏重于面向连接的服务，后来才制定无连接的服务标准；TCP/IP 模型最初兼有面向连接和无连接服务。

(4) OSI 模型面向连接服务，数据链路层、网络层和传输层都要检测和处理错误，尤其在数据链路层采用校验、确认和超时重传等措施保障传输的可靠性，而且网络层和传输层也有类似技术。TCP/IP 模型认为可靠性依靠端到端保障，应由传输层来解决，因此它允许单个链路或机器丢失数据或数据出错，网络本身不进行错误恢复，丢失或出错数据的恢复在源主机和目的主机之间进行，由传输层完成。

(5) OSI 模型网络层提供面向连接的服务，将寻径、流控、顺序控制、内部确认、可靠性等带有智能性的问题，都纳入网络服务，留给末端主机承担面向连接的任务较少。相反，TCP/IP 模型要求主机参与几乎所有的网络服务，对入网主机的要求很高。

(6) OSI 模型未考虑网络管理问题；TCP/IP 模型有较好的网络管理。

1.3 计算机网络的发展

计算机网络是通信技术与计算机技术密切结合而形成的一门交叉学科。随着通信技术与计算机技术的不断发展，计算机网络由单机系统发展到多机系统，由单一网络发展到多个网络互联，由低速网络发展到高速网络。

计算机网络发展主要有以下几个阶段：

1. 面向终端的计算机网络

最早期的计算机网络是面向终端的计算机网络。它将主机通过通信线路和若干终端互相连接起来，如图 1.8 所示。

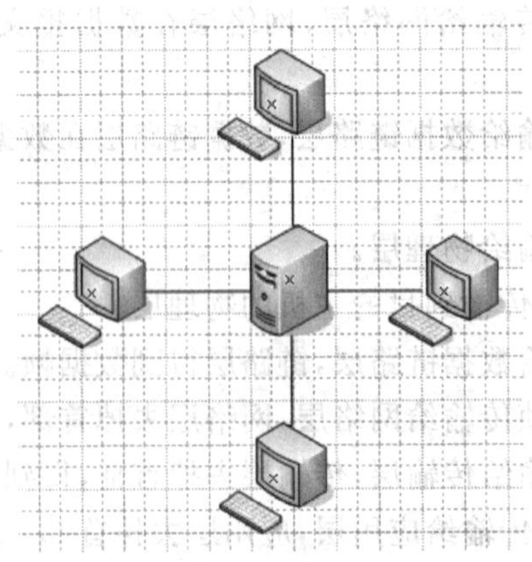

图 1.8 面向终端的计算机网络

在上述计算机网络中，主机和每个终端间都有一条通信线路，主机不但要处理信息，还要负责数据通信，这增加了主机的工作负担，降低了网络通信效率，一旦主机出现故障，整个网络将瘫痪。

为了减少主机的工作量，20世纪60年代，出现了在主机和终端之间设置通信控制处理机(或称为前端处理机，简称前端机)的网络。前端机的功能是负责通信控制，主机只负责信息处理。此外，在前端机和若干终端集合之间设置集中器(又称多路器)。终端和集中器之间是低速通信线路，集中器和前端机之间是高速通信线路，如图1.9所示。

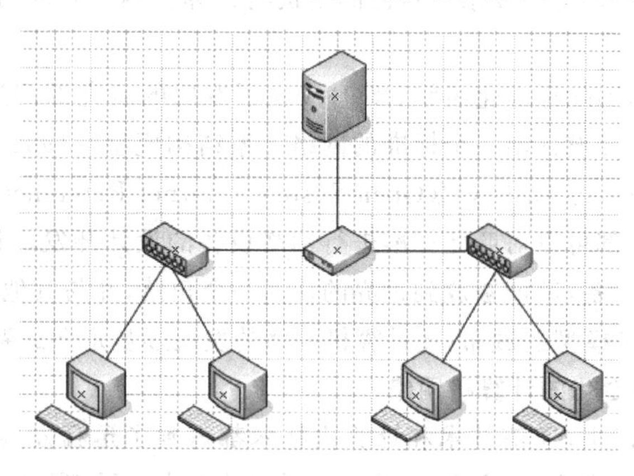

图1.9 前端机网络

2. 分组交换网络

1969年，美国DARPA(国防部高级研究计划署)研究设计出了世界上第一个真正意义的计算机网络——ARPANET。

ARPANET不同于面向终端的计算机网络，它是基于分组交换的思想研制的。分组交换的网络以通信子网为中心，边缘连接若干主机和终端，如图1.10所示。

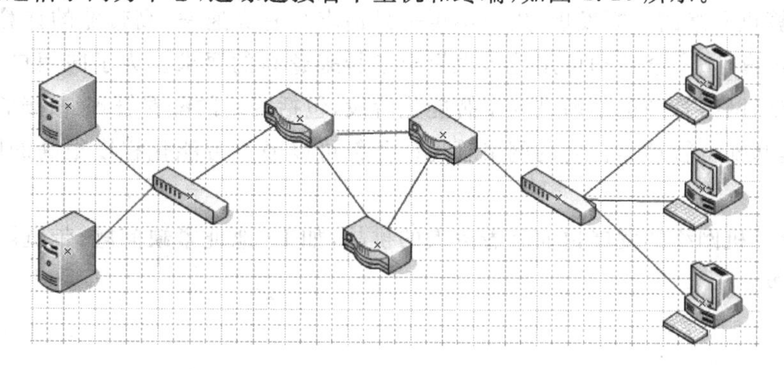

图1.10 分组交换网络

这种以通信子网为核心的计算机网络，又称为主机—主机网络。通信子网负责数据传输和数据转发等通信工作。若干台主机和若干台终端组成了资源子网，负责数据处理的工作。分组交换网络不仅克服了面向终端网络的不足，而且还实现了资源共享的功能，网络中的主机和终端既能共享通信子网的资源，又能共享资源子网的软件资源和硬件资源。

3. 开放式标准化计算机网络

ARPANET网只连接了美国加州大学洛杉矶分校、加州大学圣巴巴拉分校、斯坦福大学和犹他大学4个节点的计算机。ARPANET被研制成功后，又有许多不同公司研制出不同的网络。但早期的网络，都是由计算机研究部门、各大高校、计算机公司等各自设计开发的，没有统一的系统标准。每个厂商生产的计算机网络设备在接口或者结构等方面都存在着很大的差异，如果将不同厂商生产的设备互联起来几乎是不可能实现的。这就很容易导致生产厂商的垄断，也给用户的使用带来极大的不便。

20世纪70年代是计算机技术得到快速发展的时期，计算机得到了广泛的应用，各大企业、研究所、公司等单位都迫切要求将自己的主机与计算机网络互联，这就对计算机网络统一标准提出要求。

考虑到上述情况，国际标准化组织(ISO)成立了专门的研究部门进行“开放系统互联”问题的研究，致力于研究设计出一个标准的网络体系结构模型。1984年，ISO颁布了“开放系统互联基本参考模型(即OSI/RM(Open System Internet Reference Model)”。该标准是对外开放的，任何单位都可以对照此标准进行网络设备的设计开发。只要遵循OSI参考模型标准设计开发网络设备，就能被放到世界的任何一个角落，并与其他参照此标准的网络设备进行互联。OSI参考模型的颁布，使计算机网络的发展逐步走向成熟的阶段。

4. 高速、智能、综合化的计算机网络

20世纪90年代以来，通信技术和计算机技术都得到了迅猛发展，特别是光纤通信技术。光纤是一种具有速率快、带宽高、可靠性高等特点的传输介质，在计算机网络建设中得到越来越广泛的应用。

局域网和城域网的建设越来越广泛地应用到千兆乃至万兆传输速率的以太网，而基于光纤的广域网链路的主干带宽也已达到10Gb/s数量级。网络带宽的不断提高，催生出了更加多样化和复杂化的网络应用，计算机网络已经应用到人们学习和生活的各个领域。

随着计算机网络的不断发展，用户不再是只追求具有高速率、高带宽的计算机网络，而是对网络的可靠性、安全性和可用性等也提出了越来越高的要求。为了向用户提供更高的网络服务质量，网络管理也逐渐进入了智能化阶段，包括网络的配置管理、故障管理、计费管理、性能管理和安全管理等在内的网络管理任务都可以通过智能化程度很高的网络管理软件来实现。

目前，计算机网络的发展也面临着巨大的挑战，如IP地址紧缺问题、带宽限制问题、网络安全问题等。

小结

本章从计算机网络的基本概念、计算机网络的体系结构、计算机网络的发展等方面进行描述。重点讲述了计算机网络的分类、组成以及网络参考模型。通过本章的学习，希望读者能够了解计算机网络的发展，掌握计算机网络的基本概念，理解计算机网络的体系结构，为后续课程的学习打下良好的基础。

习题

1. Internet 的起源时间为(　　)。
   A. 1969　　B. 1983　　C. 1989　　D. 1994
2. 计算机与计算机之间的通信协议为(　　)。
   A. FTP　　B. Telnet　　C. TCP/IP　　D. IP
3. Internet 网络层使用的 4 个重要协议是(　　)。
   A. IP、ICMP、ARP、UDP　　B. IP、ICMP、ARP、RARP
   C. TCP、UDP、ARP、RARP　　D. TCP、UDP、IP、ARP
4. IP 协议的核心问题是(　　)。
   A. 传输　　B. 寻径　　C. 封装　　D. 纠错
5. TCP 通信建立在连接的基础上,TCP 连接的建立要使用(　　)次握手的过程。
   A. 2　　B. 3　　C. 4　　D. 5
6. 传输控制协议(TCP)是(　　)传输层协议。
   A. 面向连接的　　B. 无连接的
   C. 既可面向连接又可无连接　　D. 以上答案都不对
7. 地址解析协议(ARP)用于(　　)。
   A. 把 IP 地址映射为 MAC 地址　　B. 把 MAC 地址映射为 IP 地址
   C. 把 IP 地址映射为 DNS　　D. 把 DNS 映射为 IP 地址
8. 最早出现的计算机网络是(　　)。
   A. Internet　　B. Novell　　C. ARPANET　　D. LAN
9. OSI 体系结构定义了一个(　　)层网络模型。
   A. 6　　B. 7　　C. 8　　D. 9
10. (　　)是网络层协议。
    A. TCP 协议　　B. IP 协议　　C. SPX 协议　　D. HDLC 协议
11. 不属于局域网特点的有(　　)。
    A. 较小的地理范围
    B. 高传输速率和低误码率
    C. 一般为一个单位所建
    D. 一般侧重共享位置准确无误及传输的安全
12. 协议是下列(　　)之间的规约。
    A. 不同系统对等实体　　B. 上下层
    C. 不同系统　　D. 实体
13. (　　)是对信息的描述。
    A. 数据　　B. 记录下来可鉴别的符号
    C. 经过加工处理过的数据　　D. 数
14. 在 OSI 参考模型中,网络层的 PDU 是(　　)。
    A. 帧　　B. 分组　　C. 报文　　D. 比特流

15. 网络层使用的核心设备是(　　)。

A. 中继器　　B. 路由器　　C. 集线器　　D. 交换机

16. 整个报文的端到端传送是(　　)负责。

A. 数据链路层　　B. 传输层　　C. 表示层　　D. 网络层

17. 当数据分组从高层向低层传送时,数据分组的头部要被(　　)。

A. 加上　　B. 修改　　C. 去掉　　D. 重新处置

18. 以下不正确的是(　　)。

A. TCP/IP 传输层协议有 TCP 和 UDP　　B. IP 协议位于 TCP/IP 网际层

C. UDP 协议提供的是不可靠传输　　D. IP 协议提供的是可靠传输

19. 计算机网络最突出的优点是(　　)。

A. 精度高　　B. 内存容量大　　C. 运算速度快　　D. 共享资源

20. 如果要将一个建筑物中的几个办公室进行联网,一般采用(　　)。

A. 互联网　　B. 局域网　　C. 城域网　　D. 广域网

第2章

传输介质与网络设备

本章学习目标

- 掌握传输介质的分类、用途及特点。
- 掌握网络设备的分类、用途及特点。

2.1 传输介质

通常把信号传输时所借助的物质称为传输介质。网络传输介质是网络中发送方与接收方之间的物理通路。传输介质可以是有形的(即看得见的),也可以是无形的(即看不见的)。概括地讲,根据信号所采用的传输介质的不同,可以将网络传输介质分为有线传输介质和无线传输介质两种。

2.1.1 有线传输介质

有线传输介质指的是在网络通信设备之间实现的物理连接部分是可见的,且以一种固态形式存在的,有着固定的物理和化学特性,能将信号从一方网络设备传到另一方网络设备。计算机网络中经常使用的有线传输介质包括同轴电缆、双绞线和光纤。

1. 同轴电缆

同轴电缆是最早用于局域网网络连接的一种线缆类型。同轴电缆的结构如图2.1所示。中央是铜芯,铜芯外包着一层绝缘层,绝缘层外是一层屏蔽层,屏蔽层把电线很好地包起来,最外层是外包皮层。由于同轴电缆的这种结构,它对外界具有很强的抗干扰能力。

用于局域网的同轴电缆有两种:一种是为支持以太网设计的,用在符合IEEE 802.3标准以太网网络环境中,阻抗为50Ω的电缆,又分为RG58标准的细缆和RG11标准的粗缆;另一种是专门用在ARCNET网络环境中阻抗为93Ω的电缆,为RG62标准。以太网中的细缆和粗缆的数据传输速率可达10Mb/s,在ARCNET网络环境中电缆的数据传输速率为2.5Mb/s。在以上网络环境中,网络线段的最大长度为几百米至几千米。

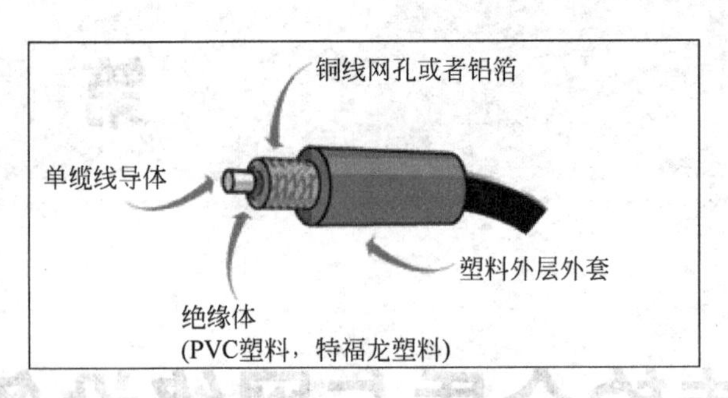

图 2.1 同轴电缆构造

粗缆电气性能好，网段距离长，但直径较大、不便安装，一般用作局域网的主干线。

细缆是通过T形头与安装有BNC接口网卡的工作站和服务器相连接。一个网段的细缆实际上要截成若干小段，每小段两头用专用工具压上与T形头连接的BNC接头，整个网段是由T形头将若干小段细缆连接起来的，所以只要一个接头有问题，整个网络将瘫痪，而且不容易查找故障点。

同轴电缆不可铰接，各部分是通过低损耗的连接器连接的。连接器在物理性能上与电缆相匹配，中间接头和耦合器用线管包住，以防不慎接地。电缆可采用高架或地埋的方式进行铺设。

总的来说，同轴电缆正日益被双绞线和光纤所取代。尽管同轴电缆有很好的电气性能，但是体积庞大的缺点使得同轴电缆很难在一栋建筑物的电线管道和其他地方安装施工。

2. 双绞线

双绞线(Twisited-Pair Wiring)是最常用的物理传输介质，是由两根绝缘导线按一定密度的螺旋结构排列绞合在一起而形成的(两条导线缠绕在一起，可以降低导线之间的电磁干扰)。双绞线既可以传输数字信号，又可以传输模拟信号。在电话传输系统中，往往将数百对双绞线放置在绝缘外套内构成双绞线电缆，在电话用户和局端之间的回路中，双绞线传输模拟信号；在局域网中，双绞线传输数字信号。由于双绞线在网络段最大长度上受到限制，因此双绞线作为传输介质适用于小范围的局域网配置。在以太网中双绞线最大传输距离是100m，数据传输带宽可以达到10Mb/s、100Mb/s、1000Mb/s。

近年来电子工业协会(EIA)/电信工业协会(TIA)按照电气特性将双绞线分为8类。

(1) 1类线。铜线无缠绕，主要用于传输语音，不能用于传输数据。

(2) 2类线。铜线无缠绕，包含4对线，传输频率为1MHz，用于语音传输和最高传输速率4Mb/s的数据传输。

(3) 3类线。铜线有缠绕，该电缆的传输频率16MHz，用于语音传输及最高传输速率为10Mb/s的数据传输，主要用于10Base-T。

(4) 4类线。该电缆的传输频率为20MHz，用于语音传输和最高传输速率16Mb/s的数据传输，主要用于基于令牌的局域网、10Base-T和100Base-T。

(5) 5类线。该类电缆增加了绕线密度，外套高质量的绝缘材料，传输频率为100MHz，用于语音传输和最高传输速率为100Mb/s的数据传输，主要用于10Base-T和100Base-T网络。

(6) 超5类线。在5类线的基础上，超5类具有衰减小、串扰少、衰减串扰比(ACR)和信噪比(Structural Return Loss)高、时延误差小等特点,最高传输速率可达1000Mb/s,超5类线主要用于千兆位以太网。

(7) 6类线。6类双绞线缆的传输频率为250MHz,提供2倍于超五类的带宽。六类布线的传输性能远远高于超五类标准,最适用于传输速率高于1Gb/s的应用。

(8) 7类线。屏蔽电缆,用于最高传输速率为1000Mb/s的数据传输,也可以用于语音传输。

双绞线可以分为屏蔽双绞线(Shielded Twisted Pair, STP)和非屏蔽双绞线(UnShielded Twisted Pair, UTP)。

(1) 屏蔽双绞线。屏蔽双绞线是在两根铜导线外面有一层起到屏蔽作用的金属网,有的还在几对双绞线的外层用铜编织网包上,用作屏蔽,最外层再包上一层具有保护性的聚乙烯塑料,如图2.2所示。

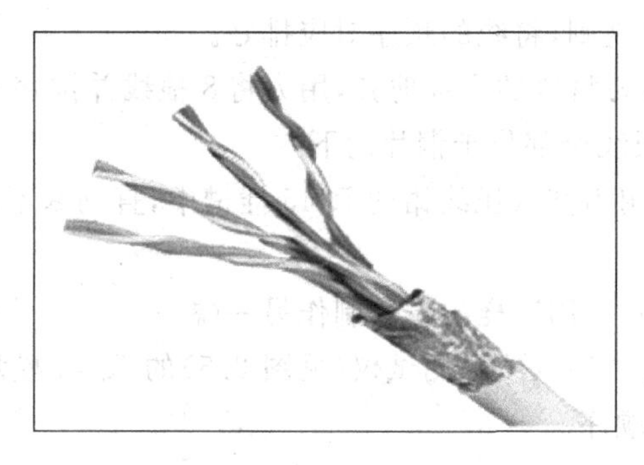

图2.2　屏蔽双绞线构造

(2) 非屏蔽双绞线。非屏蔽双绞线没有屏蔽层,其他均与屏蔽双绞线相同,但价格低廉,安装简单,广泛地应用在电话网络和数字通信网络中,如图2.3所示。

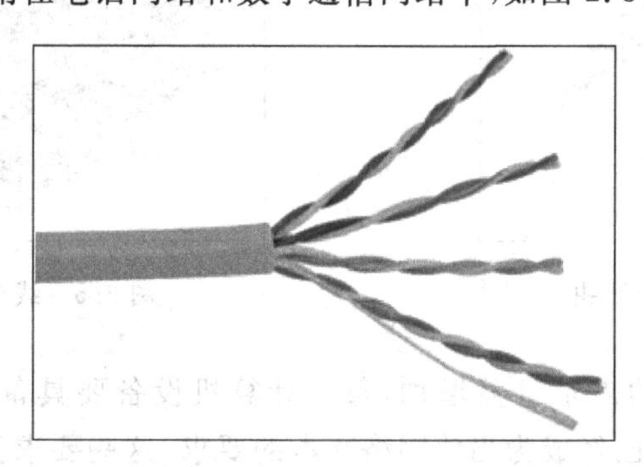

图2.3　非屏蔽双绞线构造

目前,国际上常用的制作双绞线的标准包括EIA/TIA 568A和EIA/TIA 568B两种。

EIA/TIA 568A的线序定义依次为绿白、绿、橙白、蓝、蓝白、橙、棕白、棕。

EIA/TIA 568B的线序定义依次为橙白、橙、绿白、蓝、蓝白、绿、棕白、棕。

双绞线的顺序与RJ45头的引脚序号一一对应。以太网的网线使用1/2/3/6编号的芯线传递数据(1/2用于发送数据,3/6用于接收数据),这主要是因为在不变换基础设施的前提下,就可满足各种用户设备的接线要求。RJ45水晶头连接是采用B序排列还是采用A序排列与双绞线两端连接的设备有关。表2.1列出网线用途与水晶头连接线序的规则。

表 2.1 网线用途与水晶头连接线序的规则

网线的用途	两端 RJ45 水晶头的线序
交换机/集线器—计算机	B-B 或者 A-A
计算机—计算机	B-A 或者 A-B
交换机/集线器—下级交换机/集线器(普通口)	B-A 或者 A-B
交换机/集线器—下级交换机/集线器(Uplink 口)	B-B 或者 A-A

制作双绞线的步骤如下：

(1) 取一段适当长度的双绞线，两端用剪刀剪齐，用压线钳剥去一端的塑料包皮 10～13cm。注意不要剥得太长，避免划伤内部细线。压线钳如图 2.4 所示。

(2) 按照所需的线序规则，将线的顺序对应排好。

(3) 用压线钳上的剪刀将线的头部剪齐，用力将 8 根线并排塞入 RJ45 水晶头内，直至 8 根线全部顶到底部且 8 根线全部位于铜片的下方。

(4) 将 RJ45 水晶头用力塞入压线钳的 RJ45 插槽中，直到塞不动为止，用力压下压线钳的手柄，直到锁扣松开。

(5) 拔出做好的水晶头，用同样的方法制作另一端。

(6) 将做好的网线两端插入线缆测试仪(见图 2.5)的 RJ45 模块内，打开主模块的电源开关，观察指示灯的发光顺序。

图 2.4 压线钳

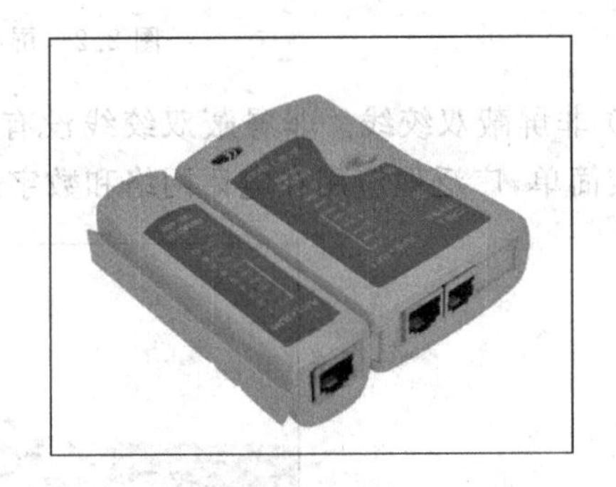

图 2.5 线缆测试仪

3. 光纤

局域网对网络带宽的需求日益增加，每台计算机设备要具备 100Mb/s 以上的带宽，“百兆/千兆交换到桌面”已经成为当前网络基本的要求，这些要求促进了光纤技术的发展。近年来光纤和光纤设备的价格逐步降到了一般网络应用都能接受的程度，不仅大型的骨干网，就连以往用粗缆做主干网的地方也换上了光纤。光纤具有带宽高(理论上可高达 25 000Gb/s)、可靠性高、数据保密性好、抗干扰能力强等特点，适用于长距离、高数据传输率的应用场合。

光纤具有圆柱形的形状，由传输光波的玻璃纤芯以及包围在纤芯外面的反射层组成，形成三部分：纤芯、包层和护套。纤芯是最内层的部分，它由多根非常细的玻璃纤维组成。每一根光导纤维都有各自的包层包着，包层是玻璃涂层，具有与纤芯不同的光学特性。最外层是护套，它包着一束已加包层的光导纤维。护套用塑料或其他材料制成，用它来防止外界带来的危害。为了增加光纤的拉伸强度,在光纤中增加一根钢缆。光纤构造如图 2.6 所示。

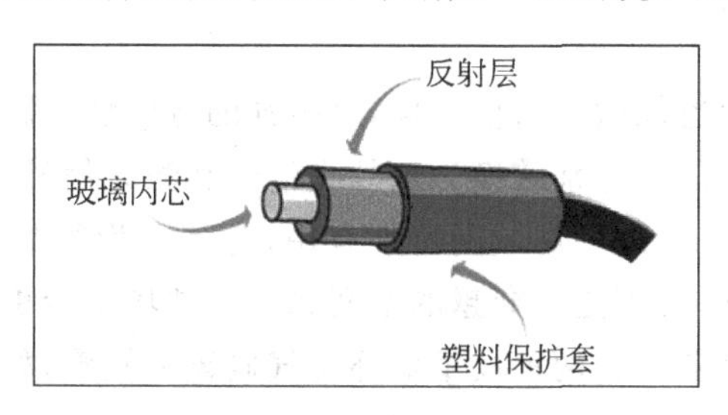

图 2.6 光纤构造

光纤传送信号的方式不是依赖电信号,而是依靠光,因此也就避免了金属导线遇到的信号衰减、电容效应、串扰等问题,能够可靠地实现高数据率的传输,并且有极好的保密性。光信号不容易被分支,光纤制作插接头比较困难。使用光纤作为传输介质主要用于两个节点间的点对点的连接,传输距离可达几千米至几十千米。

光纤可分为多模光纤和单模光纤。多模光纤使用便宜的 LED 电子器件产生信号,玻璃光芯的半径较大;而单模光纤使用激光束产生光信号,玻璃光芯的半径要小些。光线在单模光纤中比在多模光纤中传输的距离更远。

2.1.2 无线传输介质

无线传输介质一般指的是看不到摸不着的传输介质。在这些传输介质中传输的信号是电磁波,将从以下几个方面进行介绍。

1. 无线电波

无线电波用于无线电广播和电视的传输。例如,电视频道中的 VHF(甚高频)的播送频率为 30～300MHz,UHF(超高频)的播送频率为 300MHz～3GHz。无线电波也用于 AM 和 PM 广播、业余无线电、蜂窝电话和短波广播。每一种通信都必须向无线电管理委员会申请一个频率波段。地面广播的低频波将以较少的损耗从高层大气中反射回来。通过来回地反弹于大气和地表之间,这些信号可以沿着地球的曲面传播得很远。例如,短波(3～30MHz 之间)设备可以接收到地球背面传来的信号,而频率较高的信号趋向于以较大的损耗进行反射,它们通常无法传播得(像直穿过地球表面时)那么远。

2. 微波

微波通信是在对流层视线距离范围内利用无线电波进行传输的一种通信方式,频率范围为 2～40GHz。微波通信的工作频率很高,与通常的无线电波不一样,它是沿直线传播的,由于地球表面是曲面,微波在地面的传播距离有限,直接传播的距离与天线的高度有关,天线越高距离越远,但是超过一定的距离后就要用中继站来接力,两微波站的通信距离一般为 30～50km,长途通信时必须建立多个中继站。中继站的功能是变频和放大,进行功率补偿。

微波通信分为模拟微波通信和数字微波通信两种。模拟微波通信主要采用调频制,每个射频波道可开通 300、600 至 3600 个话路。数字微波通信大都采用相移键控(PSK),目前国内长途干线使用的数字微波主要有 4GHz 的 960 路系统和 1800 路系统。微波通信的传输质量比较稳定,影响质量的主要因素是雨雪天气对微波产生的吸收损耗,不利地形或环境对微波所造成的衰减现象。

3. 红外线和激光

红外通信和激光通信也像微波通信一样，有很强的方向性，都是沿直线传播的。红外通信和激光通信把要传输的信号分别转换为红外光信号和激光信号。这两种技术都不需要铺设电缆，对于连接不同建筑物内的局域网特别有用，这是因为很难在建筑物之间架设电缆，不论是在地下或用电线杆，特别是要穿越的空间属于公共场所会更加困难，使用无线技术只需在每个建筑物上安装设备。这两种技术对环境气候较为敏感，如雨、雾和雷电。

4. 卫星通信

卫星通信是以人造卫星为微波中继站，它是微波通信的特殊形式。卫星接收来自地面发送站发出的电磁波信号后，再以广播方式用不同的频率发回地面，为地面工作站接收。卫星通信可以克服地面微波通信距离的限制。一个同步卫星可以覆盖地球1/3以上表面，3个这样的卫星就可以覆盖地球上全部通信区域，这样地球上的各个地面站之间都可互相通信。由于卫星信道频带宽，也可采用频分多路复用技术分为若干个子信道，有些用于由地面站向卫星发送(称为上行信道)，有些用于由卫星向地面转发(称为下行信道)。卫星通信的优点是容量大、距离远，缺点是传播延迟时间长。从发送站通过卫星转发到接收站的传播延迟时间要花270ms，这个传播延迟时间是和两点间的距离无关的。这相对于地面电缆约6μs/km的传播延迟时间来说，要相差几个数量级。

2.2 网络设备

2.2.1 服务器

服务器是网络环境中的高性能计算机，它侦听网络上的其他计算机(客户机)提交的服务请求，并提供相应的服务。服务器的高性能主要体现在高速度的运算能力、长时间的可靠运行、强大的外部数据吞吐能力等方面。服务器的构成与微机基本相似，有处理器、硬盘、内存、系统总线等，它们是针对具体的网络应用特别制定的，因而服务器与微机在处理能力、稳定性、可靠性、安全性、可扩展性、可管理性等方面存在很大差异。服务器有许多种不同的分类方法，最常见的是按性能档次划分，分为入门级服务器、工作组级服务器、部门级服务器和企业级服务器这4种。

2.2.2 工作站

工作站是一种以个人计算机和分布式网络计算为基础，主要面向专业应用领域，具备强大的数据运算与图形、图像处理能力，为满足工程设计、动画制作、科学研究、软件开发、金融管理、信息服务、模拟仿真等专业领域而设计开发的高性能计算机。很多时候工作站是相对服务器而言，所以也是客户机的一种。

2.2.3 网卡

服务器和工作站都需要安装网卡。网卡也称网络适配器，它是计算机和网络线缆之间的物理接口。网卡一方面将发送给其他计算机的数据转变成网络线缆中传输的信号发送出去，另一方面又从网络线缆接收信号并把信号转换成在计算机内传输的数据。数据在计算机内并行传输，而在网络线缆上传输的信号一般是串行的光信号和电信号。网卡的基本功能是：并行数据和串行数据信号之间的转换、数据帧的装配与拆装、网络访问控制和数据缓冲等。

2.2.4 集线器

集线器是最早的计算机网络集线设备，现在基本上已淘汰出市场。在集线器出现之前，网络通常是采用环状连接，所采用的传输介质主要是同轴电缆。但这种网络效率低，维护困难，不易扩展。集线器的出现改变了这一切，使得所有节点都可以集中连接在集线器的端口上，呈星形放射状。

集线器为各工作站点提供一个公共接入点，站点所发送的信号经集线器向其余各端口进行转发，网络传输效率比环状网络有了较大提高。

集线器的最大不足之处就是共享传输介质，也就是说，它所有的端口都共享一条传输介质的带宽，如果用户数量太多，网络传输效率就会明显下降。另一严重不足之处就是它不能屏蔽网络风暴。因集线器发送数据时采用的是广播方式，当用户数量较多时经常会出现网络风暴，影响传输性能。

2.2.5 交换机

交换机是集线器的换代产品。外观与集线器基本类似，也是提供了几个、甚至几十个用于连接各网络设备的端口。

交换机的作用与前面介绍的集线器类似，也是用来集中连接网络中的各个节点设备。但交换机解决了集线器的一些主要问题，如它不再共享带宽，而是各端口独享带宽，网络的传输效率有所提高；在防止网络风暴方面，虽然交换机也有可能采取广播方式传送数据，但是交换机有 MAC 地址学习功能，发送广播只是在不知道目的站点 MAC 地址之前采用，所以广播风暴的影响远比集线器小。另外，交换机可以利用它的 VLAN 功能，对广播域进行划分，尽可能地减少网络风暴对整个网络所带来的负面影响。目前交换机的应用非常广泛，其技术发展也是最快、最成熟的。千兆(1Gb/s)位交换机也已在一些企业中延伸至桌面，万兆(10Gb/s)位交换机早已在一些大型企业或电信企业网络中得到了应用。

2.2.6 路由器

路由器是一种常用的计算机网络设备。由于它工作在 OSI 参考模型的第三层，用于网络之间的数据转发，所以在一般的局域网中很少见到。在外观上，路由器与集线器或交换机相比，主要区别在于它没有多种同类接口，而是提供了不同类的多种接口。

路由器并不是局域网必需的，如果局域网规模不够大，不存在多个子网，或者不用连接外部计算机网络，则通常不需要使用路由器。

随着计算机网络应用的普及和企事业单位网络规模的不断扩大，网络之间的通信应用也成为企事业单位之间通信往来的基础应用，所以路由器的应用也在近几年中得到了极大的发展。主要面向中小企业和家庭用户的宽带路由器现在应用非常广泛，高端千兆位企业核心路由器开始得到大量使用，模块化和智能化路由器也受到企业用户的认可和欢迎。

2.2.7 防火墙

防火墙是一种网络安全防护设备。与路由器一样，在一般的局域网中很难见到，因为它是用来防护外部网络对内部网络的入侵而开发设计的，通常工作在两个或多个网络之间，也称“边界防火墙”。

防火墙的设计理念为“防外不防内”，就是说它处于两个或多个网络之间，它只信任用户自己要保护的网络（俗称“内部网络”），而对其他网络（俗称“外部网络”）不信任。一般情况下，它对来自内部网络的数据不做检测，直接可以发送出去；而对来自外部网络的数据则必须依据所设置的检测规则进行严格检测，限制外部访问要求。现在的防火墙技术已非常先进，不仅可以任意设置对来自外部网络数据的检测，同时还可对内部网络服务器的特定端口进行设置，允许或者不允许特定端口与其他计算机进行通信。

2.2.8 无线网卡

无线网卡的作用类似于以太网中的网卡，作为无线局域网的接口，实现与无线局域网的连接。无线网卡根据接口的不同，主要分为3种类型，即PCMCIA无线网卡、PCI无线网卡和USB无线网卡。

PCMCIA无线网卡仅适用于笔记本，支持热插拔，可以非常方便地实现移动无线接入；PCI无线网卡适用于普通的台式计算机使用，PCI无线网卡只是在PCI转接卡上插入一块普通的PCMCIA卡，可以不需要电缆而使用户的计算机和其他计算机在网络上通信；USB无线网卡适用于笔记本和台式机，支持热插拔。

无线网卡通过无线电波而不是物理电缆收发数据，为了扩大它们的有效范围需要加上外部天线。当AP变得负载过大或信号减弱时，无线网卡能更改与之连接的访问点AP，自动转换到最佳可用的AP，以提高性能。

2.2.9 无线AP

无线AP，即无线访问接入点，是目前组建小型无线局域网时最常用的设备。如果无线网卡可比作有线网络中的以太网卡，那么无线AP就是传统有线网络中的集线器。无线AP相当于一个连接已有网络和无线网的桥梁，其主要作用是将各个无线网络客户端连接到一起，然后将无线网络接入已有网络。

目前大多数的无线AP都支持多用户接入、数据加密、多速率发送等功能，一些产品更提供了完善的无线网络管理功能。对于家庭、办公室这样的小范围无线局域网而言，一般只需一台无线AP即可实现所有网络终端的无线接入。

无线AP的覆盖范围一般是30～100m，目前不少厂商的无线AP产品支持互联，以增加无线局域网覆盖面积。也正因为每个无线AP的覆盖范围都有一定的限制，正如手机可以在基站之间漫游一样，无线局域网客户端也可以在无线AP之间漫游。

2.2.10 无线网桥

无线网桥可以用于连接两个或多个独立的网络段，特别适用于城市中的远距离通信。无线网桥在使用上不可能单独出现，必须成对使用，这些独立的网络段通常位于不同的建筑内，相距几百米到几十公里。根据协议不同，无线网桥可以分为2.4GHz频段的802.11b、802.11g和802.11n以及采用5.8GHz频段的802.11a和802.11n的无线网桥。无线网桥有3种工作方式：点对点、点对多点、中继桥接。

2.2.11　无线路由器

无线路由器（Wireless Router）是将单纯性无线AP和宽带路由器合二为一的扩展型产品。无线路由器可以与以太网中的ADSL MODEM或Cable MODEM直接相连，也可以在使用时通过交换机/集线器、路由器等局域网方式再接入，其内置有简单的虚拟拨号软件，可以存储用户上网所需的用户名和密码，此外，无线路由器一般还具备相对完善的安全防护功能。

小结

本章介绍计算机网络的传输介质和网络设备。重点讲述了传输介质和网络设备的分类、用途及特点。通过本章的学习，希望读者能够熟悉掌握各种传输介质及网络设备的特点及使用场合。

习题

1. 要组建一个有20台计算机联网的电子阅览室，连接这些计算机的恰当方法是（　　）。

   A. 用双绞线通过交换机连接

   B. 用双绞线直接将这些机器两两相连

   C. 用光纤通过交换机相连

   D. 用光纤直接将这些机器两两相连

2. 将计算机连接到网络的基本过程是（　　）。

   (1) 用RJ-45插头的双绞线和网络设备把计算机连接起来

   (2) 确定使用的网络硬件设备

   (3) 设置网络参数

   (4) 安装网络通信协议

   A. (2)(1)(4)(3)　　B. (1)(2)(4)(3)

   C. (2)(1)(3)(4)　　D. (1)(3)(2)(4)

3. 下列属于计算机网络所特有的设备是（　　）。

   A. 光盘驱动器　　B. 鼠标器　　C. 显示器　　D. 服务器

4. 下列属于计算机网络连接设备的是（　　）。

   A. 交换机　　B. 光盘驱动器　　C. 显示器　　D. 鼠标器

5. 计算机网络所使用的传输介质中，抗干扰能力最强的是（　　）。

   A. 光缆　　B. 超五类双绞线　　C. 电磁波　　D. 卫星

6. 计算机网络所使用的传输介质中，属于无线传输的是（　　）。

   A. 超五类双绞线　　B. 同轴电缆　　C. 电磁波　　D. 光纤

7. 下列不属于通信设备的是(　　)。

A. 路由器　　B. 交换机　　C. 打印机　　D. 集线器

8. 负责网络的资源管理和通信工作，并响应网络的请求，为网络用户提供服务的设备是(　　)。

A. 个人计算机　　B. 工作站　　C. 网络服务器　　D. 路由器

9. 某学校校园网网络中心到1号教学楼网络节点的距离大约700m，用于连接它们间网络的传输介质是(　　)。

A. 五类双绞线　　B. 微波　　C. 光纤　　D. 同轴电缆

10. 网络中PC与集线器相连所使用的网线接头类型为(　　)。

A. RJ-45　　B. RJ-11　　C. RJ-32　　D. RJ-48

11. 交换式局域网的核心设备是(　　)。

A. 中继器　　B. 交换机　　C. 集线器　　D. 路由器

12. 不属于网卡功能的是(　　)。

A. 进行串行/并行转换

B. 对数据进行缓存

C. 在计算机的操作系统中安装设备驱动程序

D. 实现分组转发

13. 下列(　　)是单模光纤的特征。

A. 一般使用LED作为光源　　B. 有多条光通道

C. 价格比多模光纤低　　D. 一般使用激光作为光源

14. 下列(　　)是多模光纤的特征。

A. 一般使用LED作为光源　　B. 只有一条光通道

C. 价格比单模贵　　D. 一般使用激光作为光源

15. 双绞线有(　　)两种。

A. 激光和卫星　　B. 屏蔽双绞线和同轴电缆

C. 非屏蔽双绞和同轴电缆　　D. 屏蔽双绞线和非屏蔽双绞线

16. 下面不属于网络通信设备的是(　　)。

A. 路由器　　B. 扫描仪　　C. 交换机　　D. 中继器

17. 10Base-T使用(　　)类型的电缆介质。

A. 光纤或者非屏蔽双绞线　　B. 光纤或者同轴电缆

C. 屏蔽双绞线　　D. 同轴电缆

18. 网卡是完成(　　)功能的。

A. 物理层　　B. 数据链路层

C. 物理和数据链路层　　D. 数据链路层和网络层

19. 在物理层实现连接功能可采用(　　)。

A. 网桥　　B. 中继器　　C. 网关　　D. 路由器

20. 使用网络时，通信网络之间的传输介质，不可用(　　)。

A. 双绞线　　B. 无线电波　　C. 光纤　　D. 无线路由器

第 3 章

Windows Server 2008的配置

本章学习目标

- 熟悉 Windows Server 2008 网络操作系统的安装及相关配置。
- 熟悉 Windows Server 2008 网络操作系统的域环境配置。

本章向读者介绍当前应用较多的 Windows Server 2008 网络操作系统，并对网络操作系统的安装、基本配置、高级配置和域环境等进行详细阐述。

3.1 Windows Server 2008 概述

1. Windows Server 2008 的版本

1）Windows Server 2008 标准版

Windows Server 2008 标准版是满足所有规模的公司（特别是小企业和工作组）日常需要的理想的多用途网络操作系统。

2）Windows Server 2008 企业版

Windows Server 2008 企业版在 Windows Server 2008 标准版功能的基础上生成，并添加关键业务应用程序所需的可靠性功能。Windows Server 2008 企业版与 Windows Server 2008 标准版的主要区别在于：Windows Server 2008 企业版支持高性能服务器，并且可以支持群集服务器，以便处理更大的负荷。

3）Windows Server 2008 Datacenter（数据中心）版

Windows Server 2008 Datacenter 版是为使用关键的应用程序生成的，这些应用程序要求最高级别的可伸缩性、可用性和可靠性。

4）Windows Server 2008 Web 版

Windows Server 2008 Web 版是一种主要用于承载单个 Web 站点（如单位内的部门站

点)的新的 Windows 服务器操作系统。Windows Server 2008 Web 版只能通过指定的合作伙伴渠道获取,不作零售。

2. Windows Server 2008 的核心技术

1) 群集支持

Windows Server 2008 系列增强了群集支持,从而提高了其可用性。对于部署各种业务应用程序的单位而言,群集服务是必不可少的,因为这些服务大大改进了单位网络的可用性、可伸缩性和易管理性。在 Windows Server 2008 中,群集安装和设置更容易也更可靠,而该产品的增强网络功能提供了更强的故障转移能力和更长的系统运行时间。

Windows Server 2008 系列支持多达 8 个节点的服务器群集。如果群集中某个节点由于故障或者维护而不能使用,另一节点会立即提供服务,这一过程即为故障转移。Windows Server 2008 还支持网络负载平衡(NLB),它在群集中各个节点之间平衡传入的 Internet 协议(IP)通信。

2) 管理服务

随着桌面计算机、便携式计算机和便携式设备上计算量的激增,维护分布式个人计算机网络的实际成本也显著增加。通过自动化的技术手段来减少日常维护是降低操作成本的关键。Windows Server 2008 新增了几套重要的自动管理工具来帮助实现自动部署,包括 Microsoft 软件更新服务(SUS)和服务器配置向导。新的组策略管理控制台(GPMC)使得管理组策略更加容易,从而使更多的机构能够更好地利用 Active Directory 服务及其强大的管理功能。此外,命令行工具使管理员可以从命令控制台执行大多数任务。

3) XML Web 服务和.NET

Microsoft .NET 已与 Windows Server 2008 系列紧密集成。它使用 XML Web 服务使软件集成程度达到了前所未有的水平:分散、组块化的应用程序通过 Internet 互相连接并与其他大型应用程序相连接。

4) Internet 信息服务

Internet 信息服务提供了最可靠、最高效、连接最通畅以及集成度最高的 Web 服务器解决方案,该方案具有容错、请求队列、应用程序状态监控、自动应用程序循环、高速缓存以及其他更多功能,这些功能是 Internet 信息服务中许多新功能的一部分,它们使用户得以在 Web 上安全地开展业务。

3.2 Windows Server 2008 网络操作系统的安装

安装 Windows Server 2008 的计算机必须符合一定的硬件要求。系统安装硬件需求详见表 3.1。

表 3.1 Windows Server 2008 安装硬件需求

硬件	需　　求
处理器	最低：1.4GHz(x64 处理器) 注意：Windows Server 2008 for Itanium-Based Systems 版本需要 Intel Itanium 2 处理器
内存	最低：512MB RAM 最大：8GB(基础版)或 32GB(标准版)或 2TB(企业版、数据中心版及 Itanium-Based Systems 版)
可用磁盘空间	最低：32GB 或以上 基础版：10GB 或以上 注意：配备 16GB 以上 RAM 的计算机将需要更多的磁盘空间，以进行分页处理、休眠及转储文件
显示器	超级 VGA(800×600)或更高分辨率的显示器
其他	DVD 驱动器、键盘和 Microsoft 鼠标(或兼容的指针设备)、网络适配器等

3.2.1 光盘安装步骤

(1) 在 BIOS 中将计算机设为从光盘引导。将 Windows Server 2008 光盘放入光驱，然后重新启动计算机，此时将从光盘启动安装程序。一旦加载部分驱动程序，并初始化了 Windows Server 2008 执行环境，就会出现图 3.1 所示的一个"安装 Windows"界面。

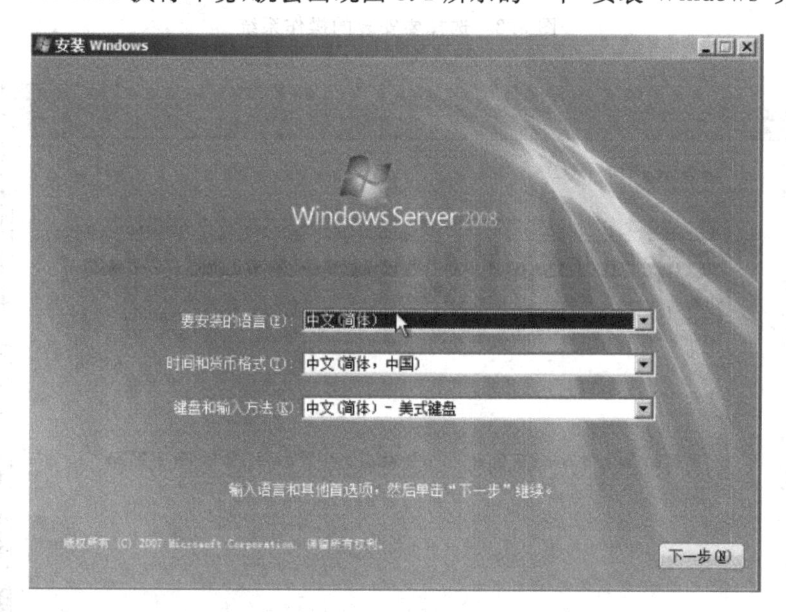

图 3.1 安装 Windows Server 2008 标准版

(2) 单击"下一步"按钮，在弹出的对话框中单击"现在安装"按钮进行安装，如图 3.2 所示。系统随即显示"选择要安装的操作系统"界面，如图 3.3 所示。在"操作系统"列表框中列出了可以安装的操作系统版本。图 3.4 所示对话框显示正在安装 Windows Server 2008 标准版。

(3) 单击"下一步"按钮，随后出现图 3.5 所示的 Windows Server 2008"授权协议"对话框。

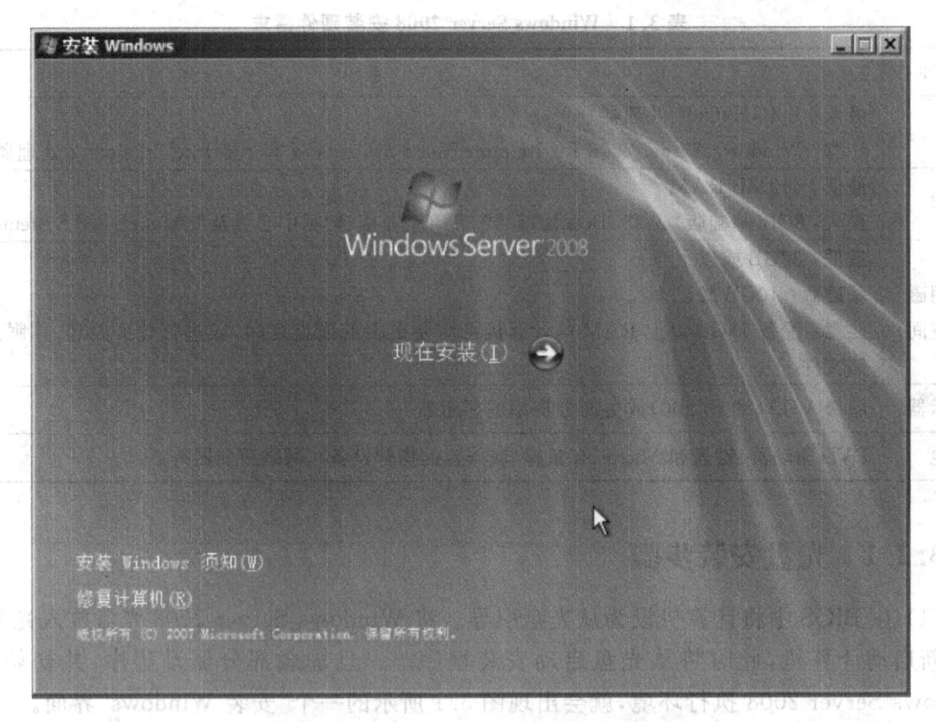

图 3.2　选择要安装的操作系统

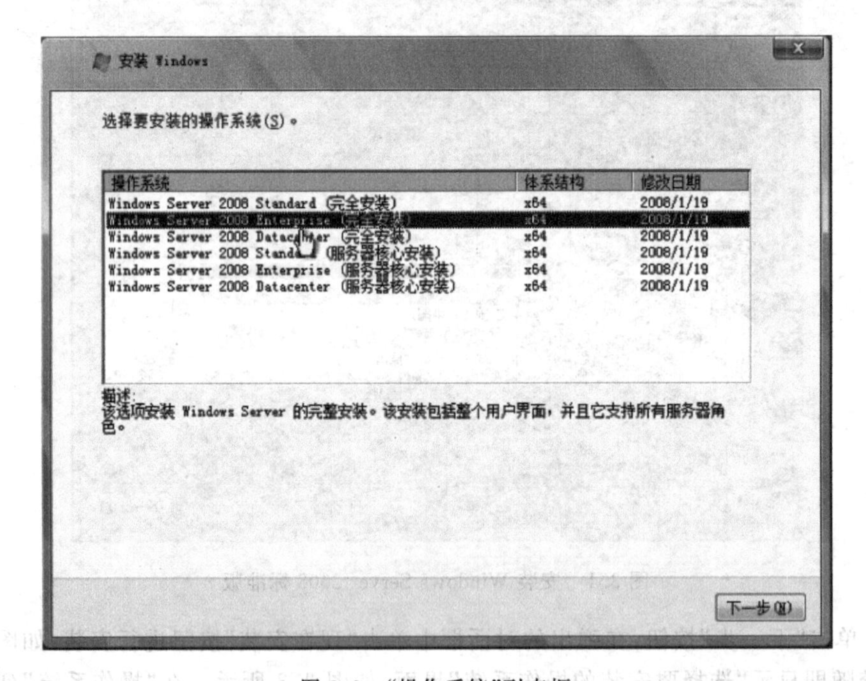

图 3.3　“操作系统”列表框

(4) 单击“下一步”按钮，打开图 3.6 所示的“您想进行何种类型的安装”对话框。其中“升级”选项用于从 Windows Server 2008 升级到 Windows Server 2008 且如果当前计算机没有安装操作系统，该选项不可用，而“自定义(高级)”选项则用于全新的安装。

图 3.4 正在安装

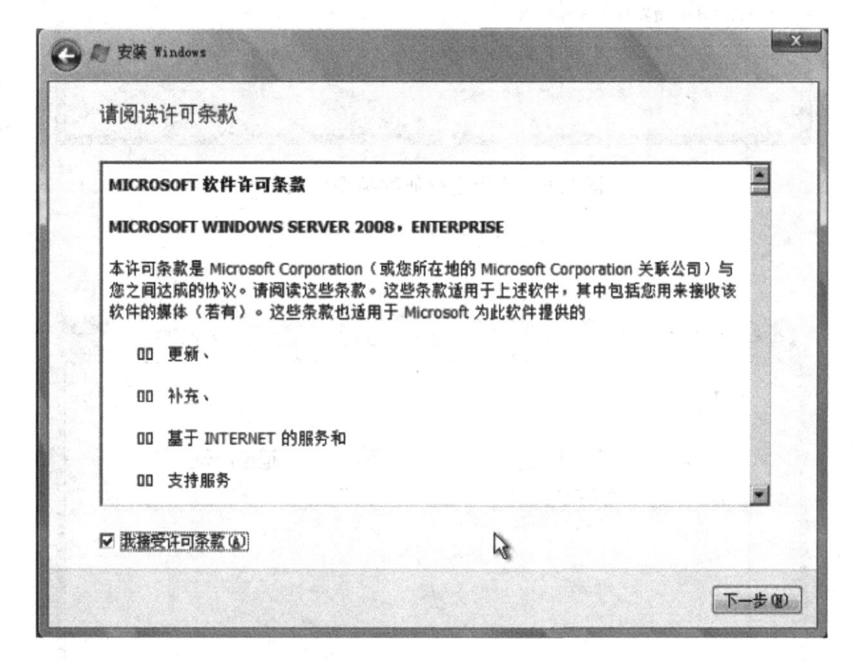

图 3.5 授权界面

(5) 选择“自定义(高级)”选项，打开图 3.7 所示的“您想将 Windows 安装在何处”对话框，用于显示当前计算机上硬盘分区信息。

(6) 单击“驱动器选项(高级)”链接，可以对磁盘进行分区、格式化及删除已有分区等操作。图 3.8 所示为对所选分区的可执行操作对话框。

(7) 现在选择第一个分区来安装操作系统。单击“下一步”按钮，打开图 3.9 所示的“正在安装 Windows”对话框，开始复制文件并安装 Windows 系统。图 3.10 所示为“正在安装 Windows”对话框，这是全新安装 Windows Server 2008 标准版。

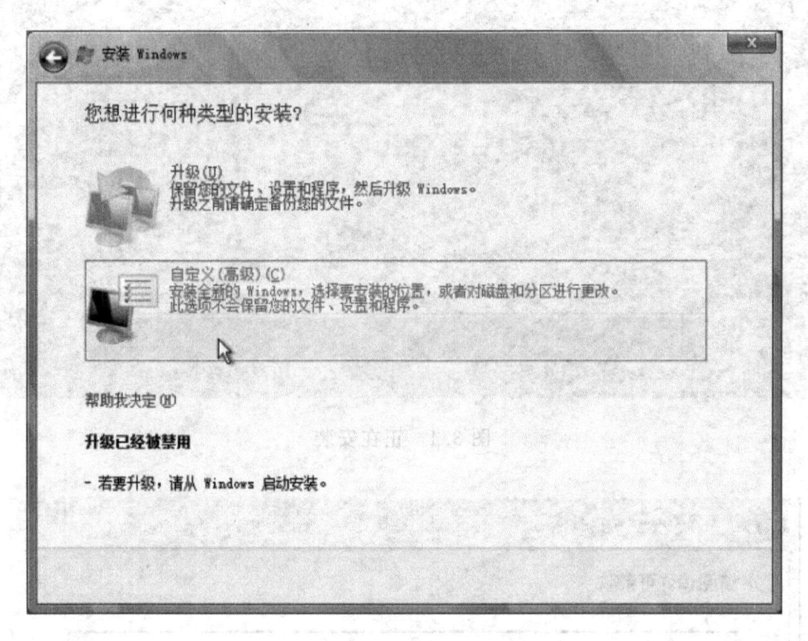

图 3.6　选择进行何种类型的安装

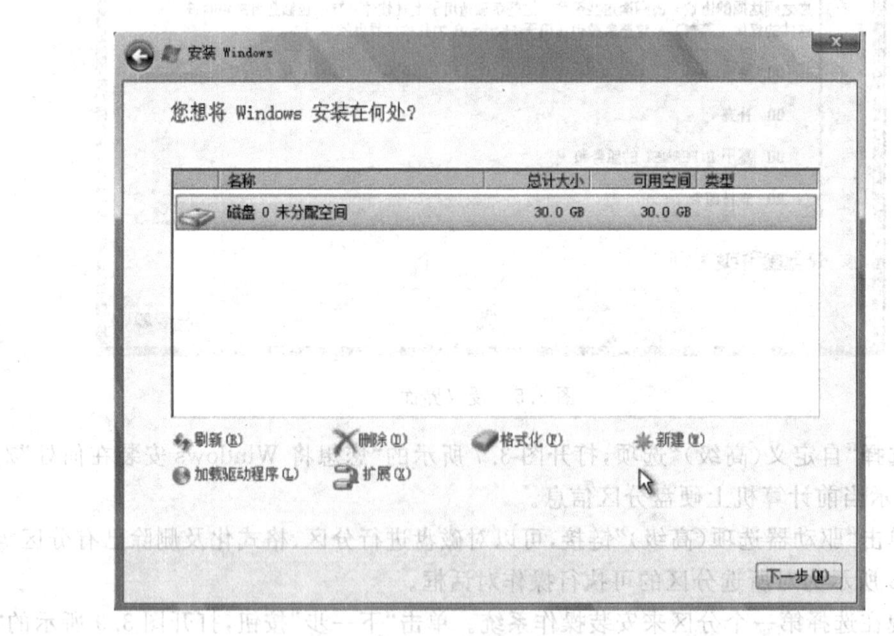

图 3.7　选择安装位置

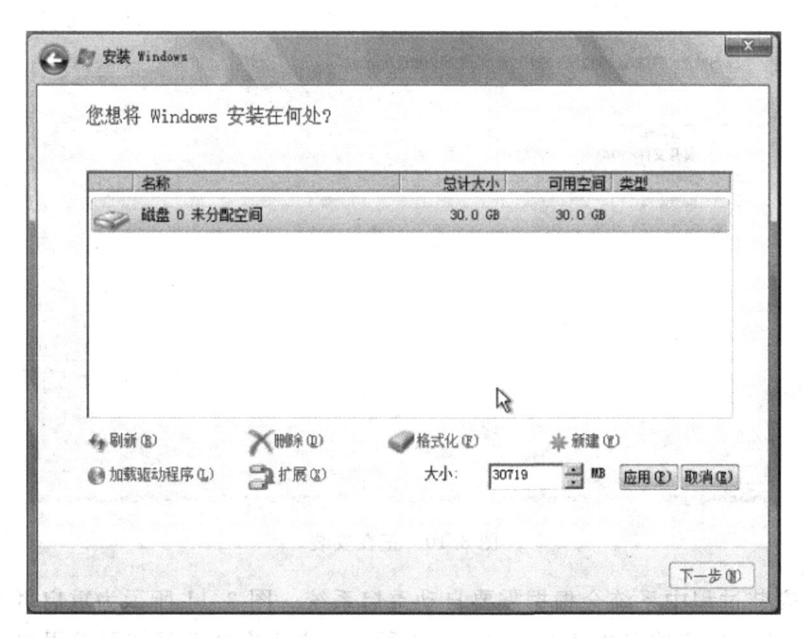

图 3.8 选择操作

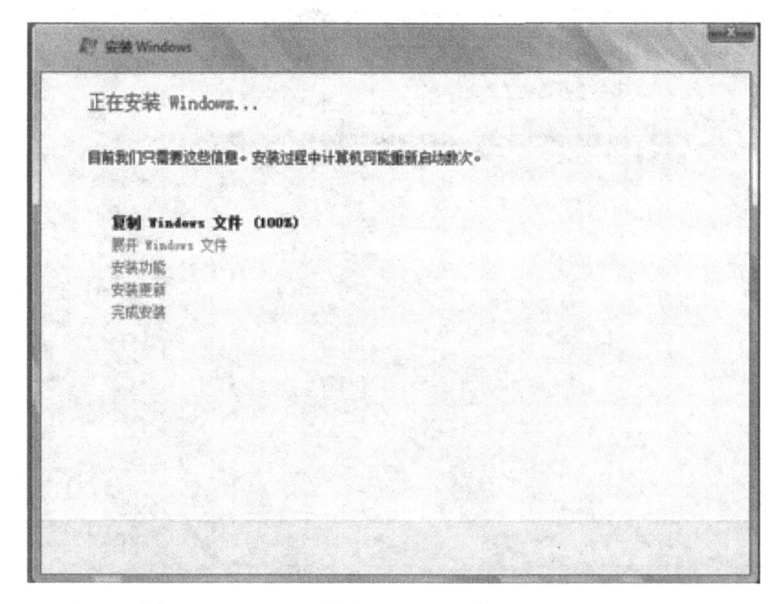

图 3.9 开始复制文件并安装 Windows 系统

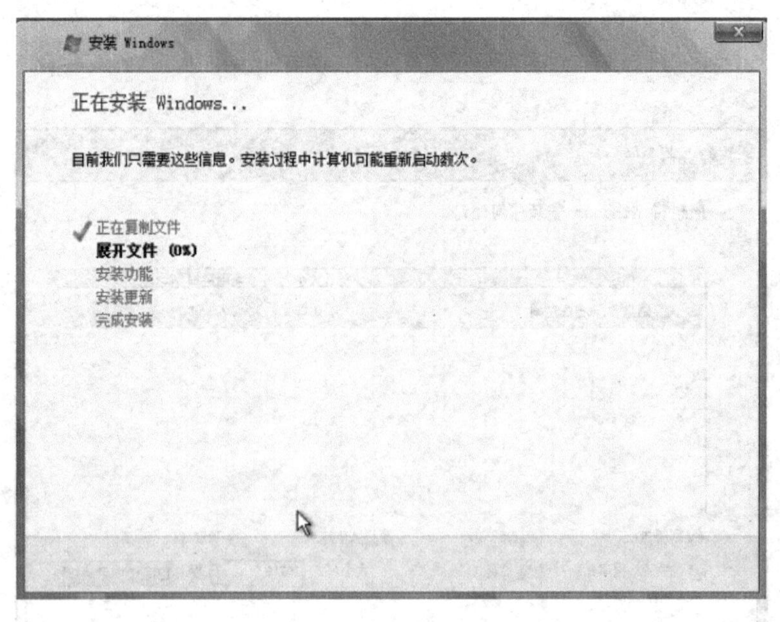

图 3.10　正在安装

(8) 在安装过程中系统会根据需要自动重启系统。图 3.11 所示为重启页面。重新启动计算机后,进入后续的安装过程,如图 3.12 所示。完成安装后系统要求用户首次登录之前必须更改密码,单击“确定”按钮,打开图 3.13 所示的界面,在“新密码”和“确认密码”文本框中输入密码,然后按回车键密码更改成功。

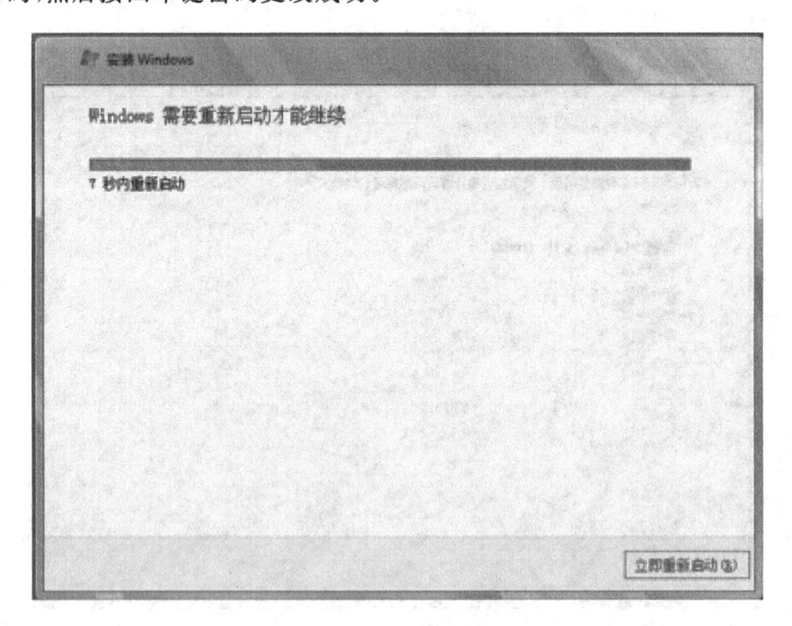

图 3.11　重启页面

(9) 单击“确定”按钮,需要用刚设置的密码登录系统,如图 3.14 所示。至此 Windows Server 2008 操作系统安装完成。

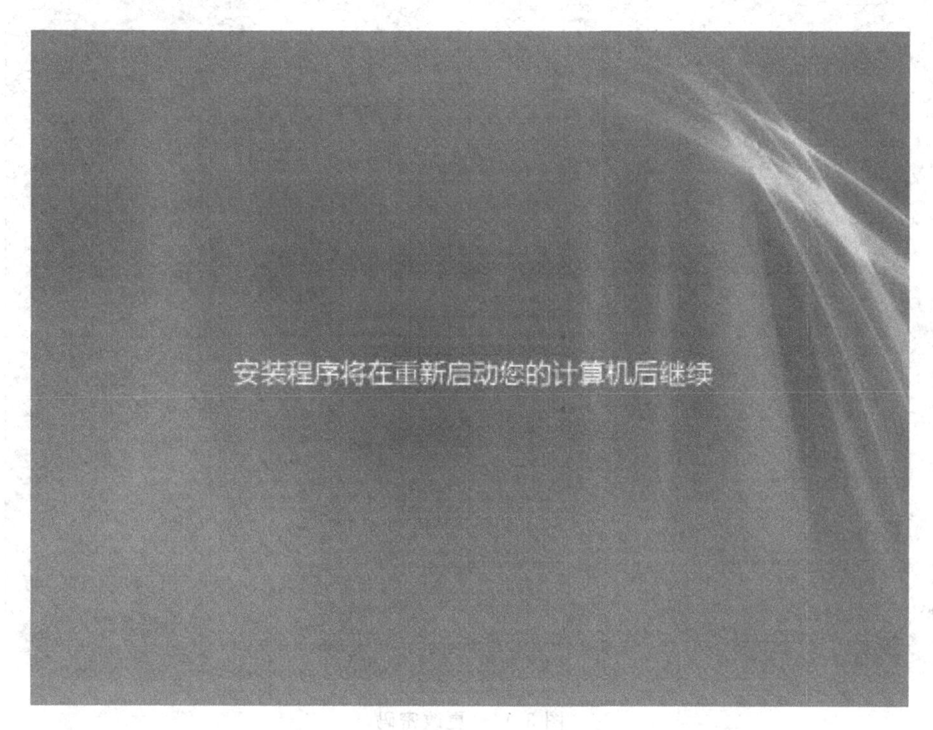

图 3.12 重启后续页面

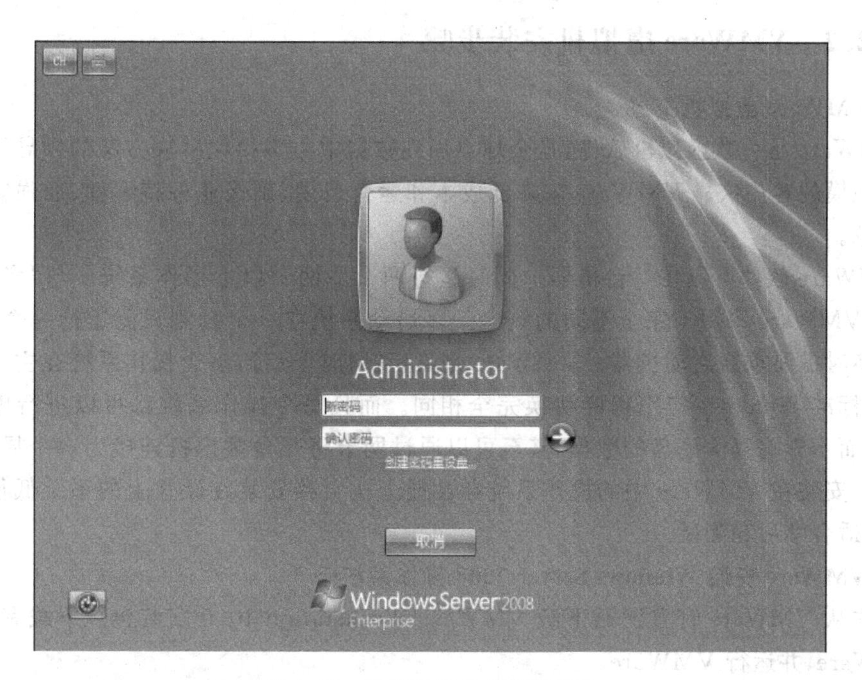

图 3.13 设置用户名和密码页面

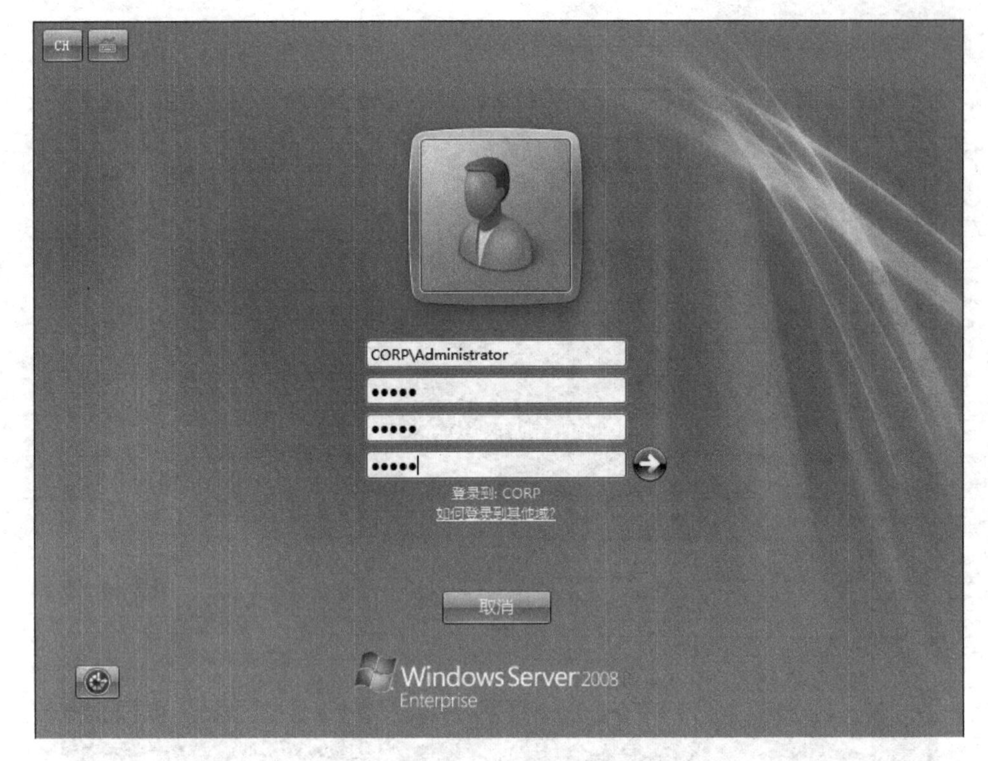

图 3.14 更改密码

3.2.2 VMWare 虚拟机安装步骤

1. VMWare 虚拟机概述

VMWare 是一款虚拟机软件，是全球桌面到数据中心虚拟化解决方案的领导厂商。全球不同规模的客户依靠 VMWare 来降低成本和运营费用、确保业务持续性、加强安全性并走向绿色。

VMWare 软件可以在一台机器上同时运行两个或两个以上操作系统。与“多启动”系统相比，VMWare 采用了完全不同的概念。多启动系统在一个时刻只能运行一个系统，在系统切换时需要重新启动机器。VMWare 是真正“同时”运行，多个操作系统在主系统的平台上，与标准 Windows 应用程序切换完全相同。而且每个操作系统都可以进行虚拟的分区、配置而不影响真实硬盘的数据，甚至可以通过网卡将几台虚拟机连接为一个局域网，极其方便。安装在 VMWare 中的操作系统在性能上比直接安装在硬盘上的系统低很多。因此，比较适合学习和测试。

2. VMWare 安装 Windows Server 2008 操作系统

首先从 VMWare 官方网站下载 VMWare Workstation 10.0 安装包。下载完成后，注册 VMWare，并运行 VMWare。

(1) 运行 VMWare Workstation 10，执行“文件”→“新建虚拟机”命令，进入创建虚拟机向导，或者直接按 Ctrl＋N 键同样进入创建虚拟机向导，或者单击窗体中间的“创建新的虚拟机”按钮。如图 3.15 所示。

图 3.15 VMWare 运行界面

(2) 在弹出的欢迎页中选中“典型”单选按钮。如图 3.16 所示。

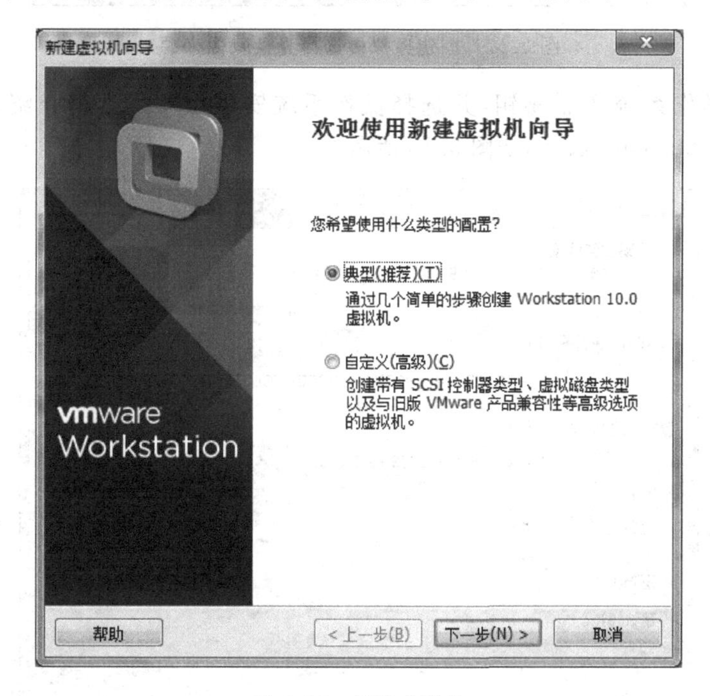

图 3.16 创建虚拟机

(3) 在弹出的“安装客户机操作系统”窗体中,选择待安装的 Windows Server 2008 的安装来源。若选择安装程序光盘,则将 Windows Server 2008 操作系统刻录成光盘,用光盘进行读取安装操作。若选择光盘映像文件,则选择 Windows Server 2008 操作系统的 ISO 文件进行安装。本书以安装 Windows Server 2008 操作系统的 ISO 镜像文件为例进行介绍,如图 3.17 所示。

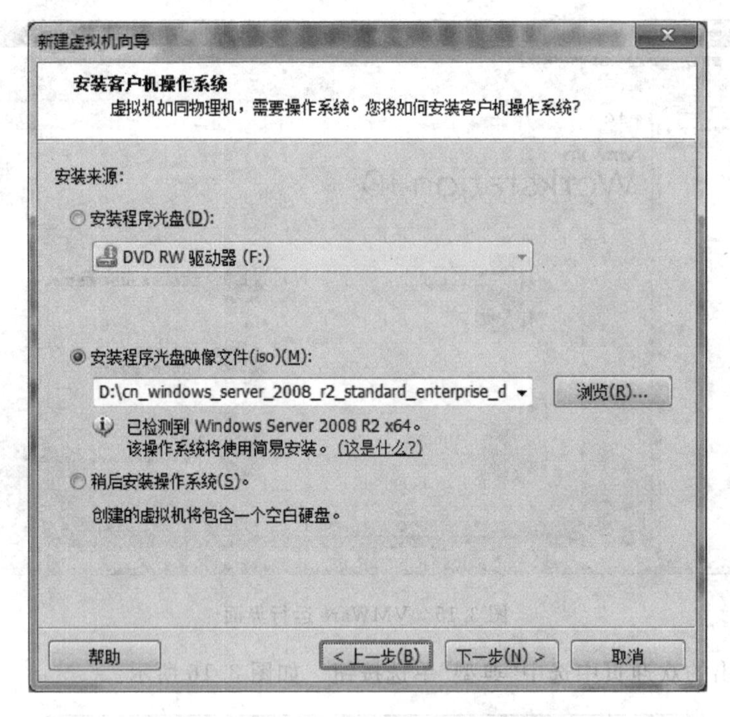

图 3.17　创建虚拟机选择光盘映像来源

(4) 输入操作系统产品秘钥，并选择操作系统安装版本。本书介绍安装 Windows Server 2008 R2 Standard 版本，如图 3.18 所示。

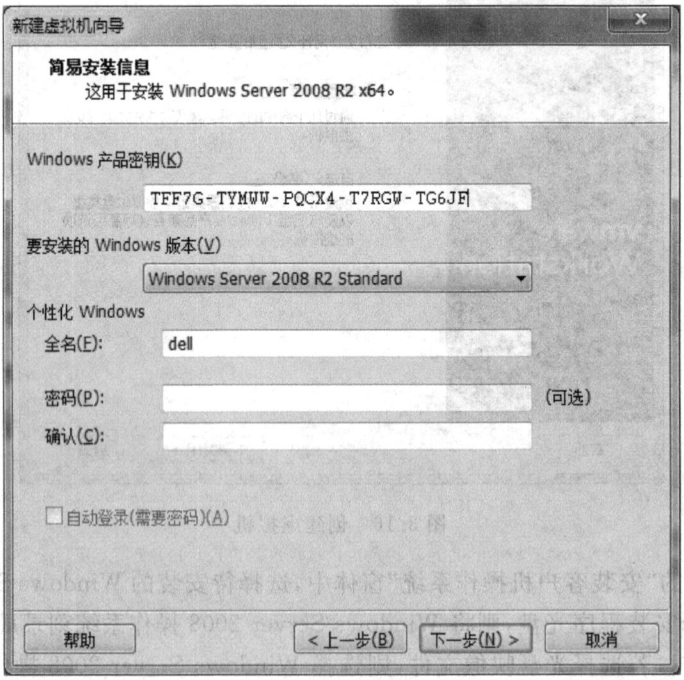

图 3.18　输入产品秘钥

(5) 确定虚拟机名称和虚拟系统安装路径，详见图3.19。

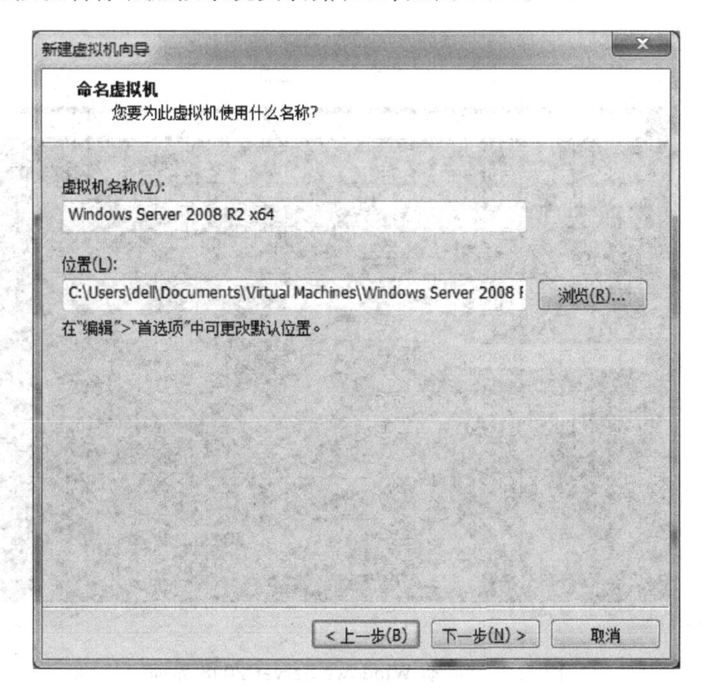

图3.19　选择虚拟机安装位置

(6) 指定磁盘安装空间。安装的Windows Server 2008 R2 x64位操作系统，建议使用空间大小为40GB。安装Windows组件，详见图3.20。

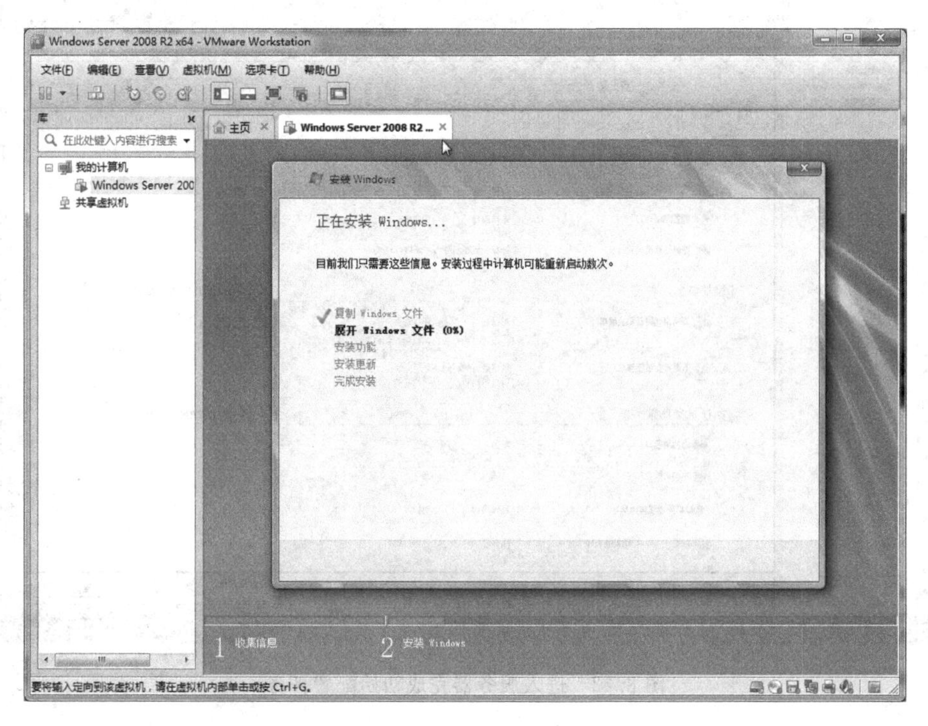

图3.20　安装Windows组件

(7) 安装 Windows 组件后，启动 Windows Server 2008，详见图 3.21。

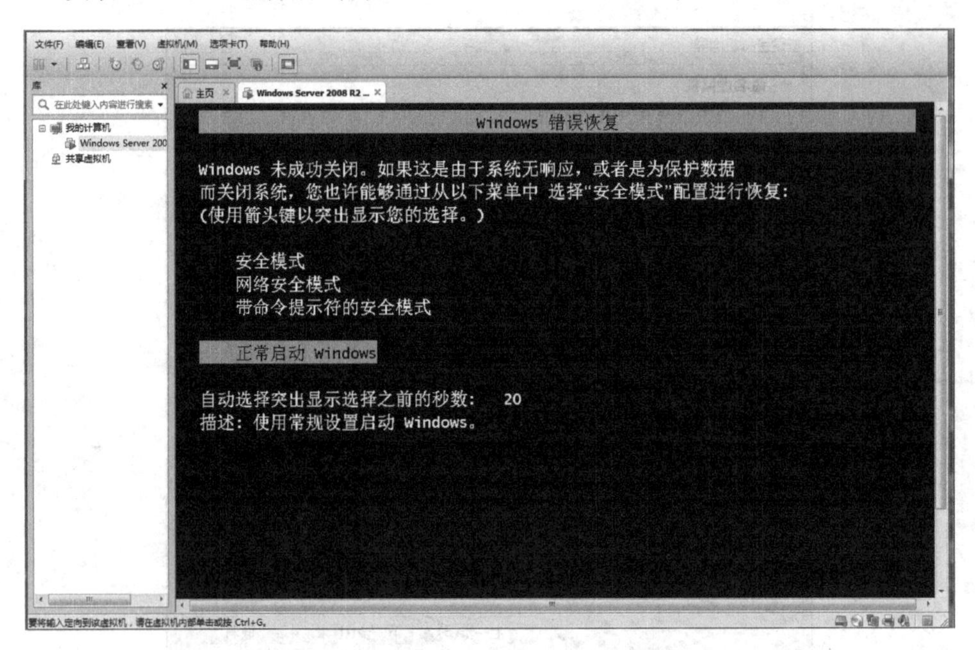

图 3.21 启动 Windows Server 2008 界面

(8) 进入服务器初始配置界面，如图 3.22 所示。

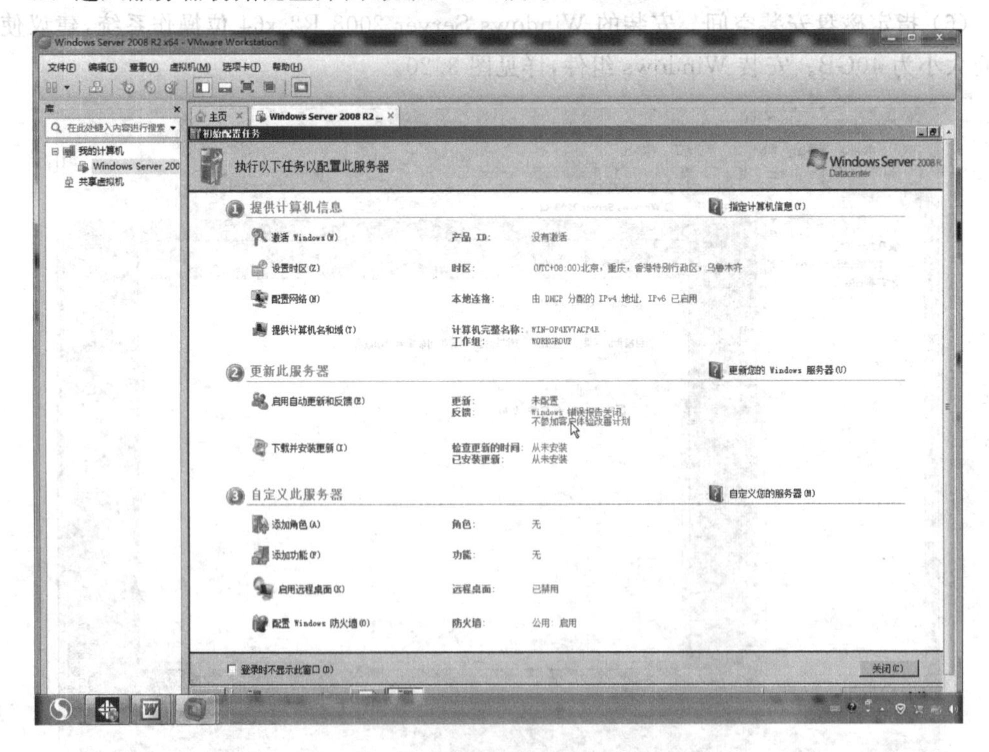

图 3.22 进入服务器完成初始配置任务

(9) 单击“添加角色”按钮,进入“添加角色向导”,如图 3.23 所示。

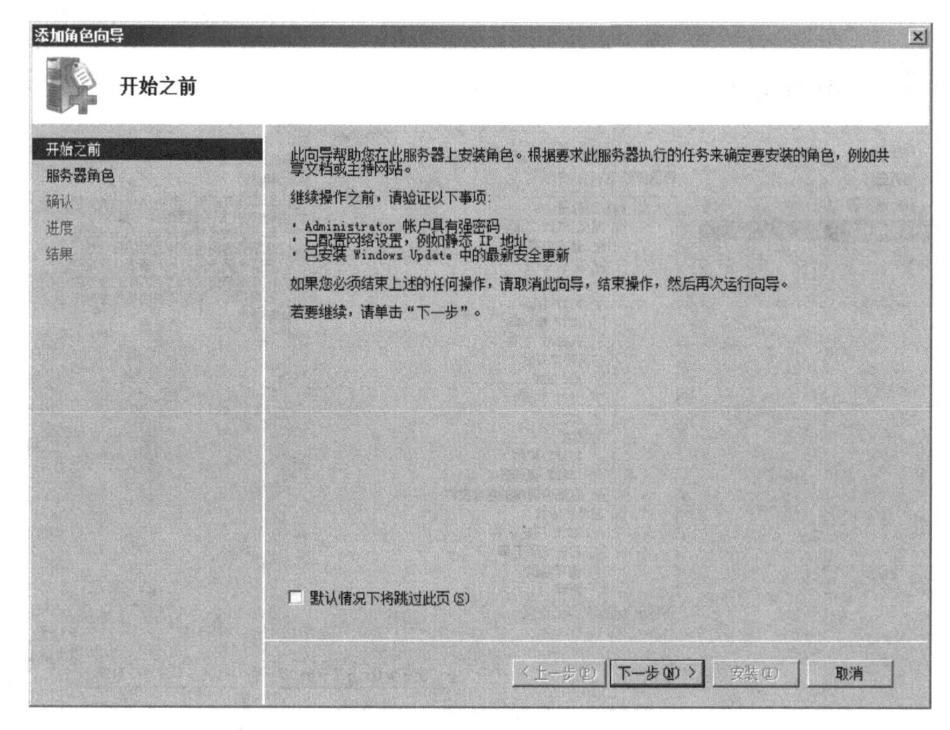

图 3.23　安装服务器角色

(10) 选择“Web 服务器(IIS)”角色,单击“下一步”按钮,如图 3.24 所示。

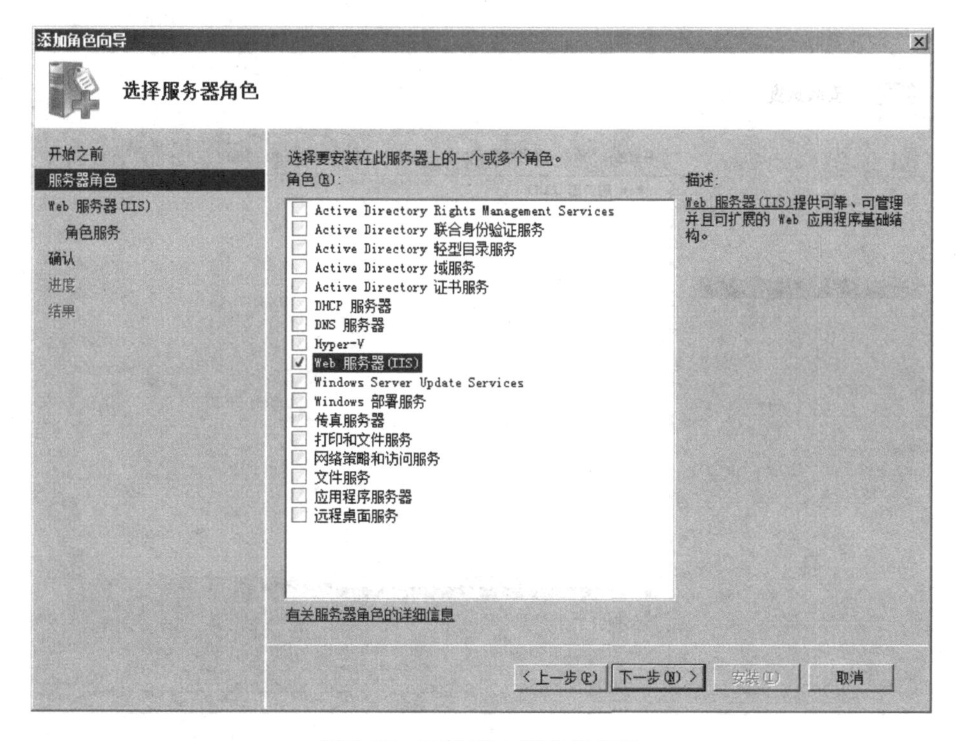

图 3.24　选择 Web 服务器(IIS)

(11) 选择 IIS 角色相关服务,如图 3.25 所示,单击"下一步"按钮。

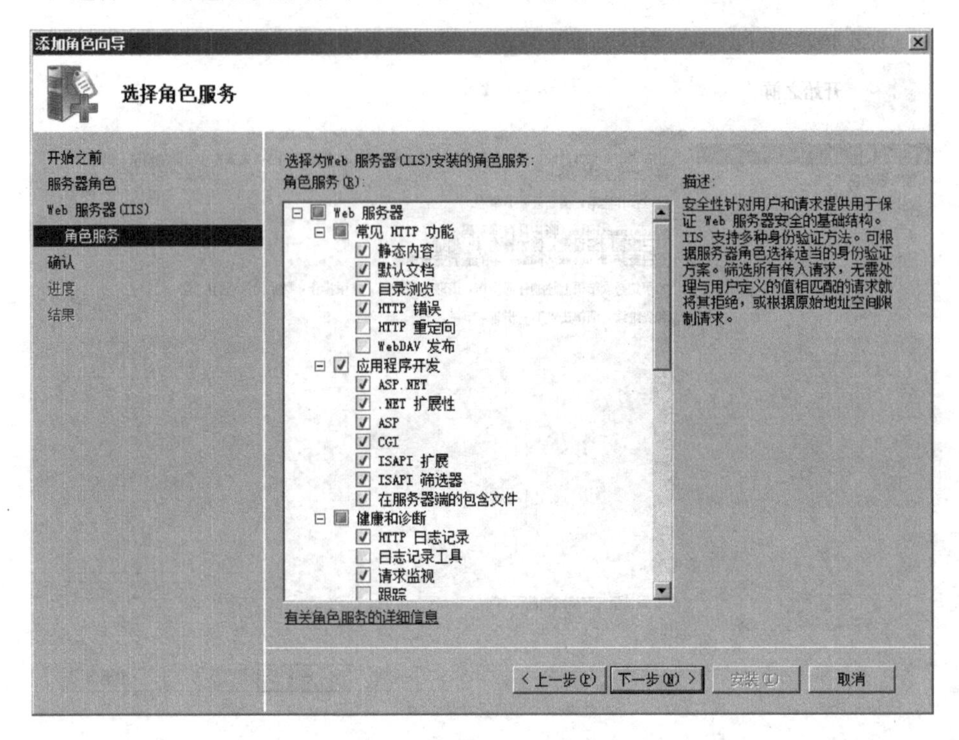

图 3.25 选择 IIS 角色相关服务

(12) 确认安装,如图 3.26 所示。

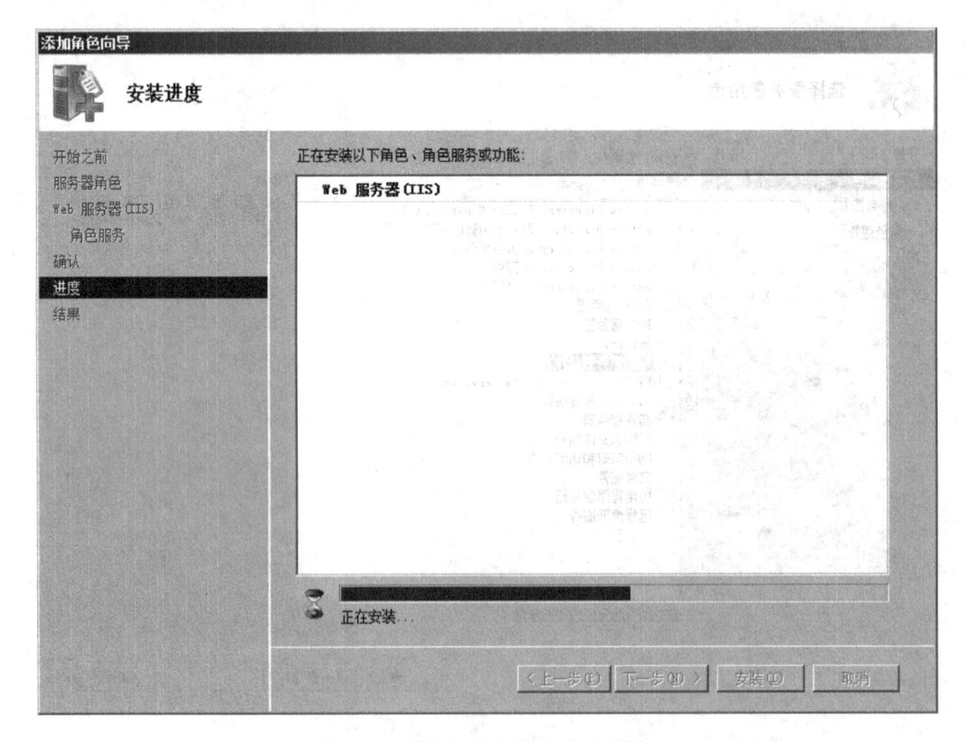

图 3.26 Web 服务器角色安装中

(13) 重启计算机,如图 3.27 所示。

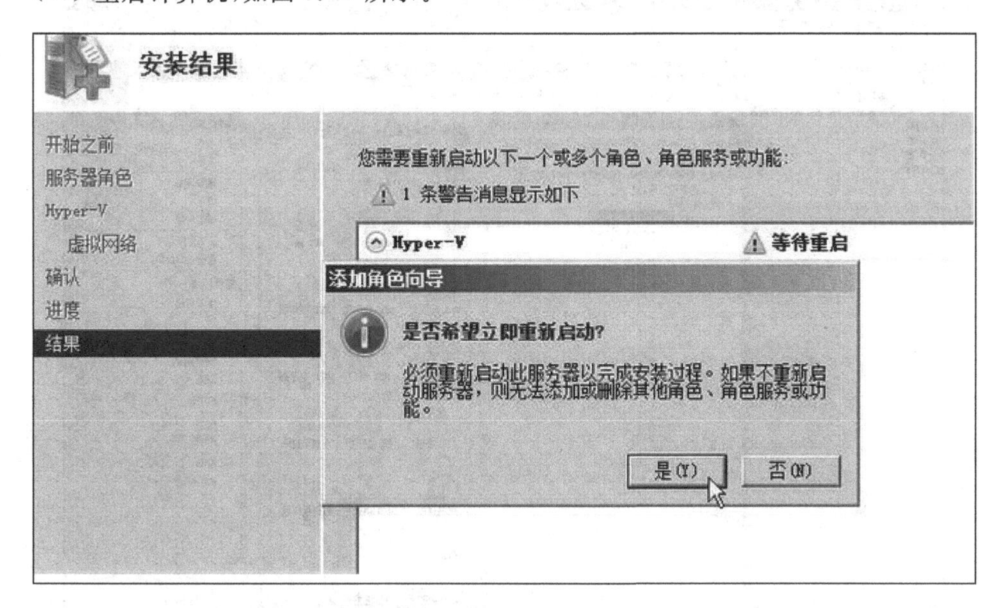

图 3.27 安装完毕提示

(14) 安装成功,如图 3.28 和图 3.29 所示。

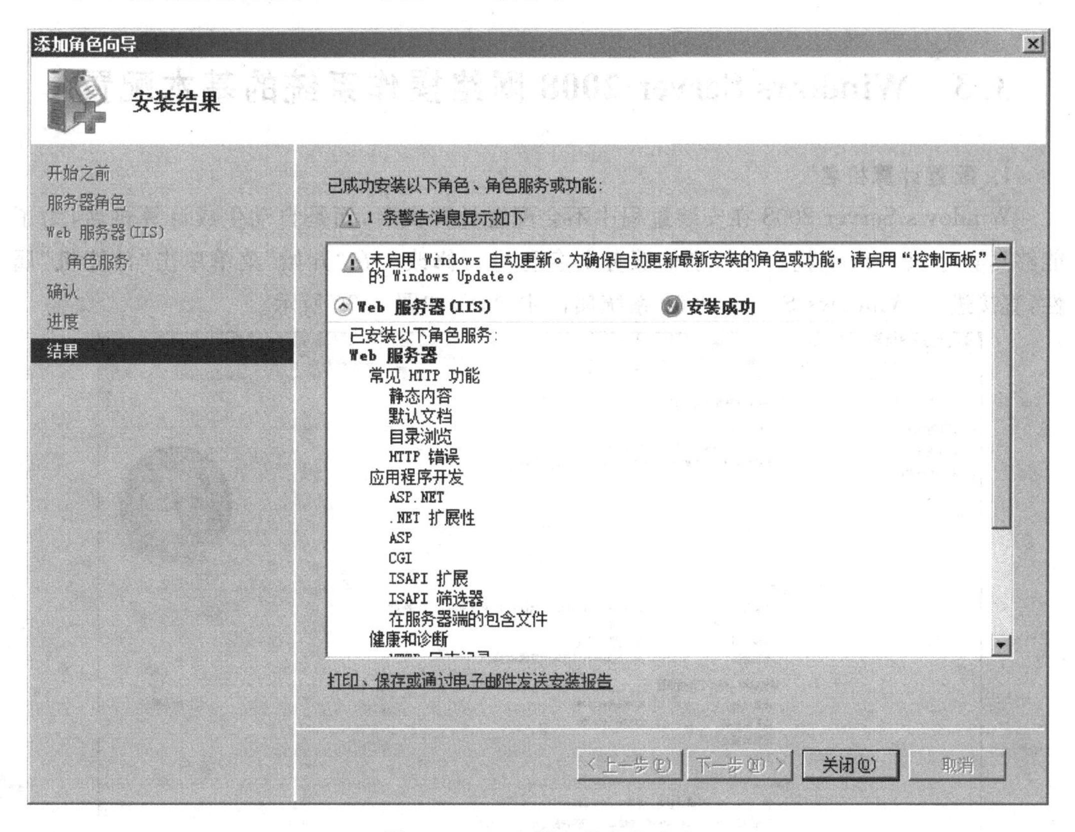

图 3.28 Web 服务器安装成功

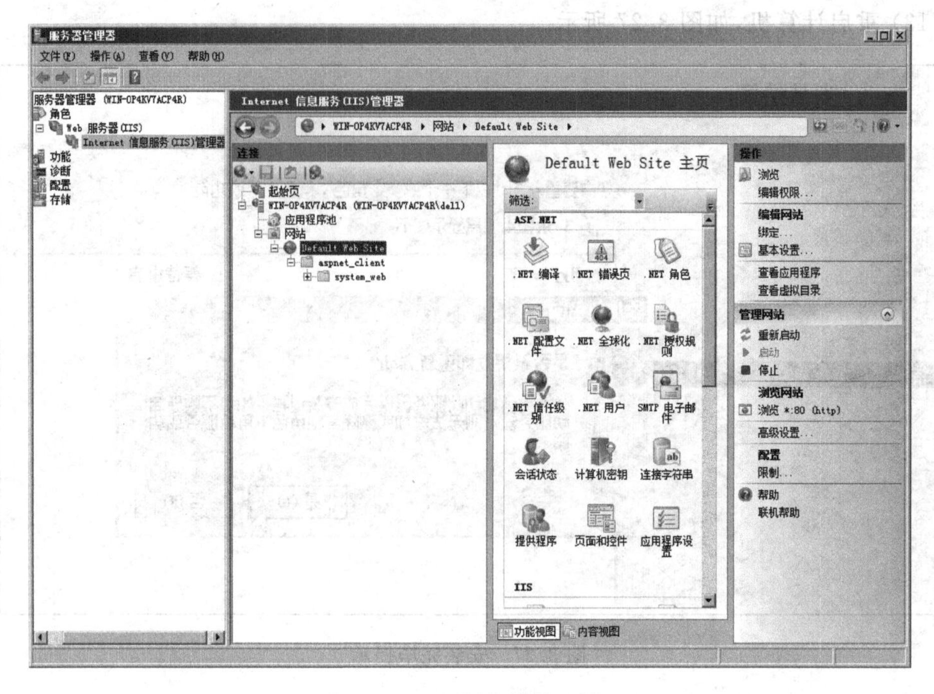

图 3.29 Web 服务器管理界面

3.3 Windows Server 2008 网络操作系统的基本配置

1. 配置计算机名

Windows Server 2008 在安装过程中不会配置计算机名，而是自动生成计算机名，为了能够真实标识 Server 就要对特别的服务器名称进行修改。在“开始”菜单单击“计算机”属性，直接进入 Windows Server 2008 系统属性主界面，如图 3.30 所示。

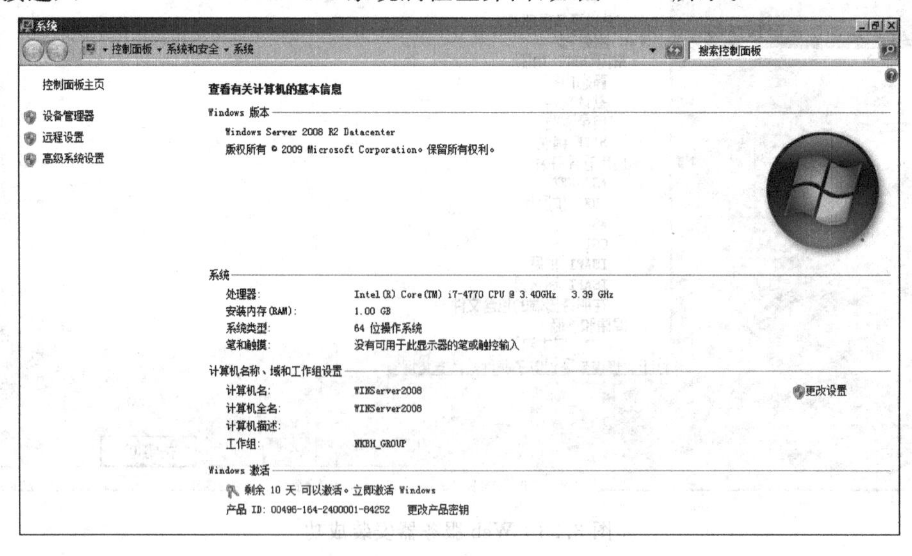

图 3.30 查看计算机名称

在界面的左侧是控制面板主页(设备管理器、远程设置及系统高级设置),右侧则是计算机的基本信息。计算机基本信息包含 Windows 版本信息介绍、系统介绍、计算机名、域和工作组介绍和更改及 Windows 激活等信息。

单击"更改设置"选项就进入了常规 Windows 的系统属性界面。在更改计算机名处修改为新的计算机名即可,修改完后需要重新启动计算机才可以生效。在系统"开始"菜单的 Command shell 下使用 hostname 命令看到的计算机名称如图 3.31 所示。

图 3.31 查看计算机名称

2. 配置工作组

工作组就是一种对等网,它可以把一个网络中的计算机逻辑划分成多个组,以方便用户查找资源。工作组有以下特点:

(1) 工作组中计算机的地位都是平等的。

(2) 每一台计算机都独立维护自己的资源,不能集中管理所有网络资源。

(3) 每一台计算机都在本地存储用户的账户。

(4) 一个账户只能登录一台计算机。

(5) 工作组的网络规模一般少于 10 台计算机。

(6) 工作组只适用于家庭和小型网络。

(7) 工作组对操作系统基本上没有严格的要求,一个工作组里的计算机可以安装不同的操作系统。

在创建工作组时,首先确保网络中的计算机能相互通信,要有正确的 TCP/IP 设置。Windows Server 2008 系统实现工作组的具体步骤如下:

(1) 在运行窗体中,输入 ipconfig 命令,查看本机 IP 设置,如图 3.32 所示。

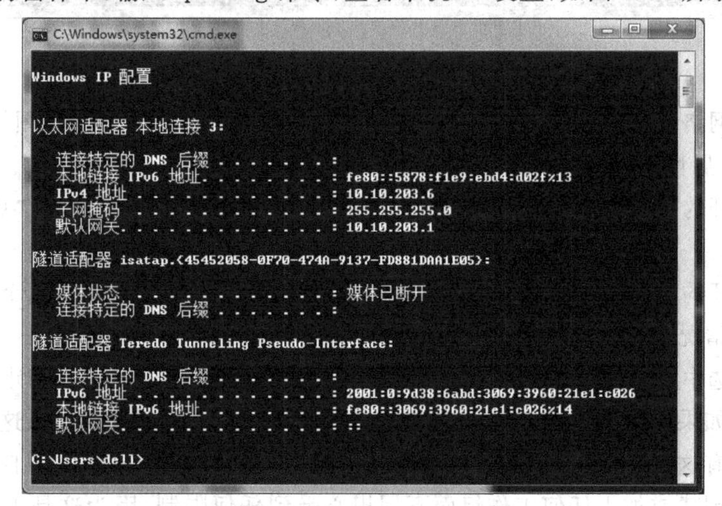

图 3.32 查看本机 IP 设置

(2) 使用 ping 查看本机的 TCP/IP 设置,如图 3.33 所示。

```
C:\Windows\system32\cmd.exe
Microsoft Windows [版本 6.1.7600]
版权所有 (c) 2009 Microsoft Corporation。保留所有权利。

C:\Users\dell>ping 127.0.0.1

正在 Ping 127.0.0.1 具有 32 字节的数据:
来自 127.0.0.1 的回复: 字节=32 时间<1ms TTL=64
来自 127.0.0.1 的回复: 字节=32 时间<1ms TTL=64
来自 127.0.0.1 的回复: 字节=32 时间<1ms TTL=64
来自 127.0.0.1 的回复: 字节=32 时间<1ms TTL=64

127.0.0.1 的 Ping 统计信息:
    数据包: 已发送 = 4, 已接收 = 4, 丢失 = 0 (0% 丢失),
往返行程的估计时间(以毫秒为单位):
    最短 = 0ms, 最长 = 0ms, 平均 = 0ms

C:\Users\dell>_
```

图 3.33 查看本机的 TCP/IP 设置

(3) 用 ping 查看其他主机以检查网络连通性,如图 3.34 所示。

```
C:\Windows\system32\cmd.exe
Microsoft Windows [版本 6.1.7600]
版权所有 (c) 2009 Microsoft Corporation。保留所有权利。

C:\Users\dell>ping 10.10.104.1

正在 Ping 10.10.104.1 具有 32 字节的数据:
来自 10.10.104.1 的回复: 字节=32 时间=1ms TTL=253
来自 10.10.104.1 的回复: 字节=32 时间=1ms TTL=253
来自 10.10.104.1 的回复: 字节=32 时间=1ms TTL=253
来自 10.10.104.1 的回复: 字节=32 时间=1ms TTL=253

10.10.104.1 的 Ping 统计信息:
    数据包: 已发送 = 4, 已接收 = 4, 丢失 = 0 (0% 丢失),
往返行程的估计时间(以毫秒为单位):
    最短 = 1ms, 最长 = 1ms, 平均 = 1ms

C:\Users\dell>_
```

图 3.34 查看其他主机的网络连接情况

(4) 确认网络没有问题后,先在第一台计算机上设置:右击"计算机"图标,在弹出的快捷菜单中选择"属性"命令。

(5) 在打开的"系统属性"对话框中,选中"计算机名"选项卡,单击"更改"按钮,如图 3.35 所示。

(6) 在打开的"计算机名/域更改"对话框中,修改计算机名,也可以把计算机加入工作组或域。默认情况下计算机是属于 workgroup 工作组的。

(7) 确保选中"工作组"单选按钮,然后在下面的文本框中输入要把该计算机加入的工作组的名称。如果在网络中已经有同名的工作组,那么该计算机就会加入这个工作组;如果在网络中没有这个工作组,那么该计算机就创建了一个新的工作组,并把自己加入该工作组。可以随时创建或加入任何工作组而不用担心受到任何限制,因为这是工作组本身的特点。所有计算机都是独立的,所有计算机都是自己管理自己,如将工作组命名为 NKBH_

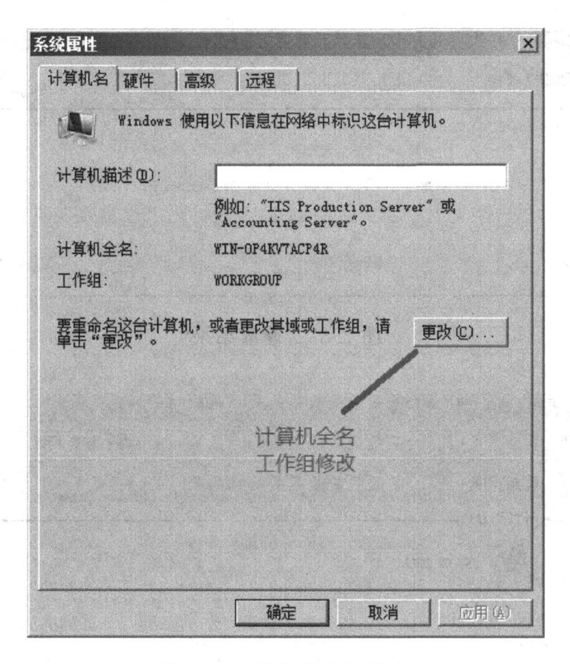

图 3.35 单机"更改"按钮

GROUP,如图 3.36 所示。

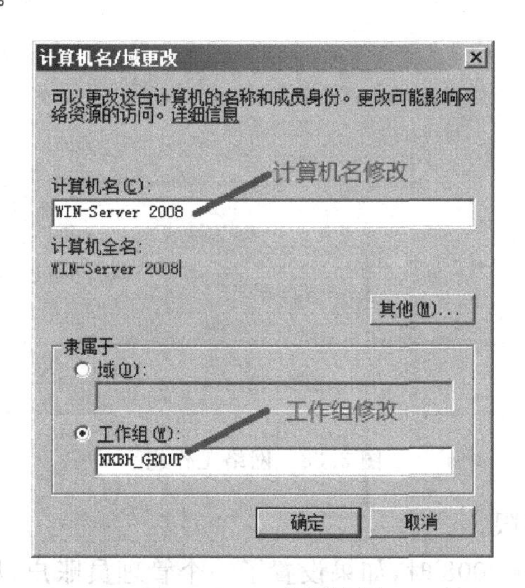

图 3.36 工作组设置

(8) 单击"确定"按钮以退出"系统属性"对话框,这里出现另一个对话框,询问是否要立即重启计算机,单击"是"按钮立即重启计算机。计算机名称和工作组已全部修改,详见图 3.37。

(9) 计算机重启之后,单击桌面上的"网络"图标打开"网络"并查看工作组中的计算机,如图 3.38 所示。

3. 配置账户

计算机用户账户是由用户定义到某一系统的所有信息组成的记录,账户为用户或计算机提供安全凭证,包括用户名和用户登录所需要的密码,以及用户使用计算机能够登录到网

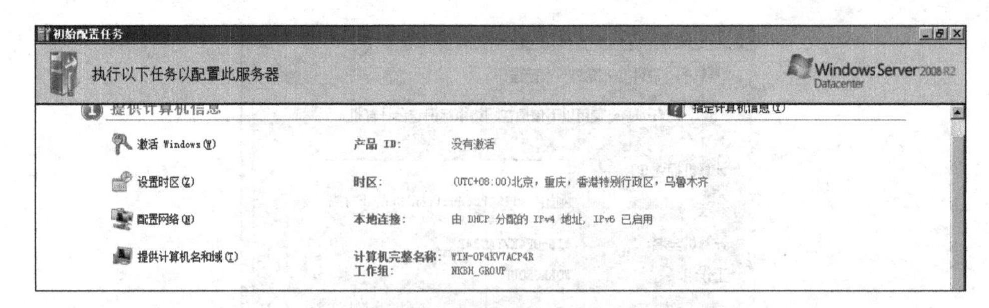

图 3.37 修改结果

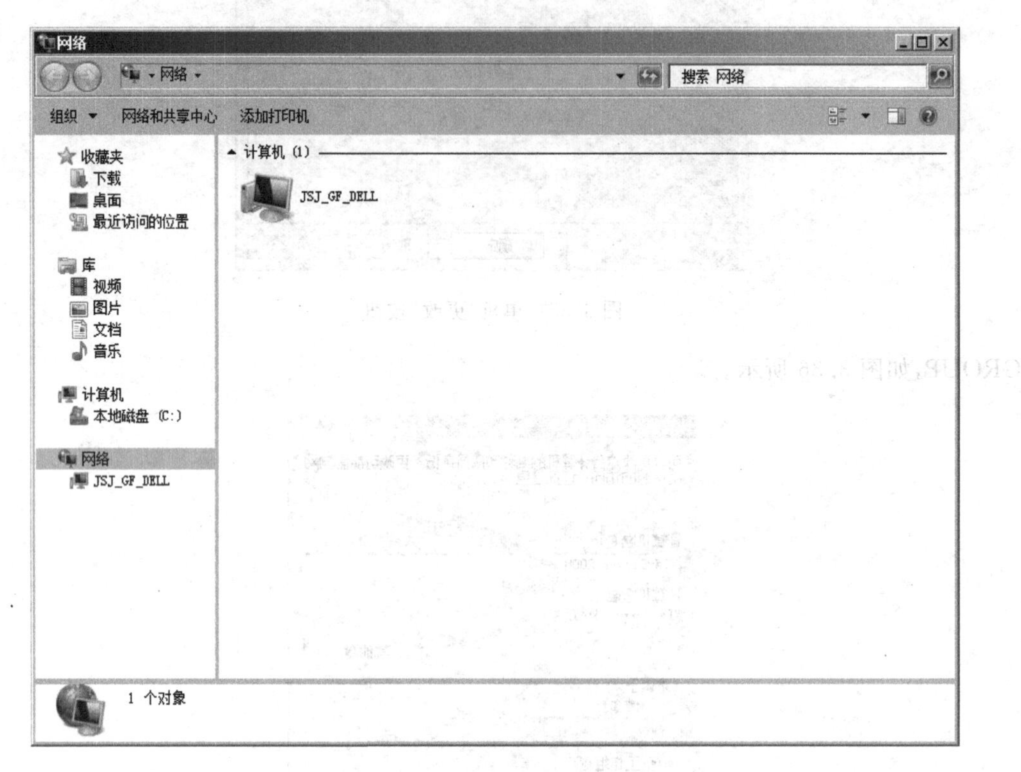

图 3.38 网络工作组

络并访问资源的权利和权限。

安装 Windows Server 2008 时，如果设置了一个管理员账户，那么系统内置没有密码保护的 Administrator 管理员账户是不会出现在用户登录列表中的。为了方便操作及保证系统安全，可以先给它设置密码，然后再进行使用。以下便介绍具体方法。

1) 使用“传统登录提示”登录

启动系统到欢迎屏幕时，按两次 Ctrl＋Alt＋Delete 键，在出现的登录框中输入 Administrator 账户的用户名和密码即可。也可以单击“开始”→“控制面板”，双击“用户账号”图标，在弹出的“用户账号”窗口中，单击“更改用户登录或注销的方式”，去掉“使用欢迎屏幕”前的复选框，单击“应用选项”即可在启动时直接输入 Administrator 账户名及密码登录。

2）在登录的欢迎屏幕显示 Administrator 账户

执行“开始”→“运行”命令，输入 regedit 后按回车键，打开注册表编辑器，依次展开 HKEY_LOCAL_MACHINE\SOFTWARE\Microsoft\WindowsNT\CurrentVersion\Winlogon\SpecialAccounts\UserList 分支，在下面建个 DWORD 值，名字为账户名 Administrator，将右边的 Administrator 值改为 1，即可让 Administrator 账户出现在登录的欢迎屏幕上。

3）自动登录到 Administrator 账户

选择“开始”→“运行”，输入 control userpasswords 后按回车键，进入图 3.39 中。在打开的“用户账户”对话框中去掉“要使用本机，用户必须输入用户名和密码”复选框的勾选，在本机用户处，选择需要修改的用户名，单击“重置密码”按钮。注意：这里的超级管理员用户，是不能通过该方式修改用户名密码的，本机的超级管理员为 dell，因此在窗体的右下方的“重置密码”按钮是灰色的，不能单击修改。

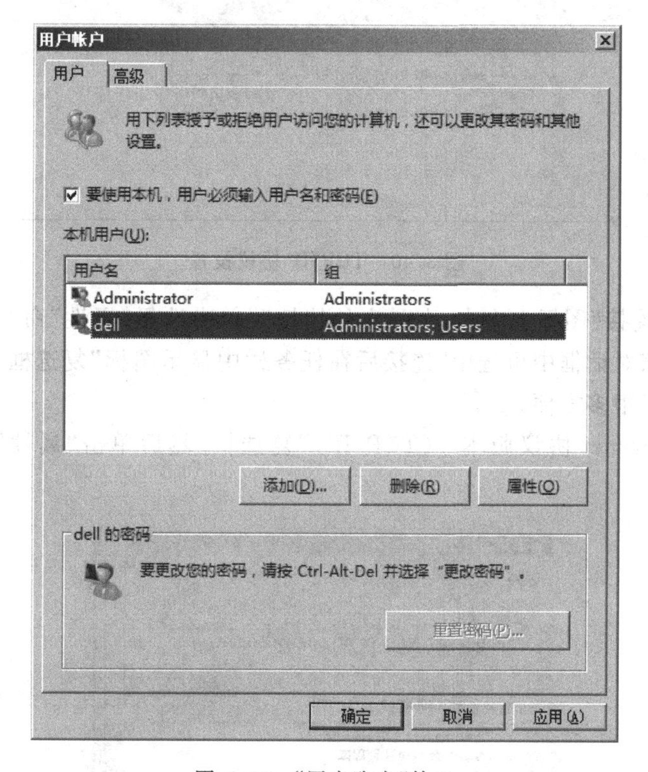

图 3.39 “用户账户”管理

当然，如果不需要 Administrator 账户，可以依次打开“开始”→“控制面板”→“管理工具”→“计算机管理”，在“计算机管理”窗口，展开“系统工具”→“本地用户和组”→“用户”，在“用户”右边窗口双击 Administrator 账户，在弹出的“属性”对话框中选中“账号已停用”复选框，单击“确定”按钮即可停用 Administrator 账户。

4. TCP/IP 协议的设置及测试

1）设置 TCP/IP 协议

(1) 在桌面上右击“网络”图标，在弹出的快捷菜单中选择“属性”命令，打开“网络和共享中心”对话框，如图 3.40 所示。

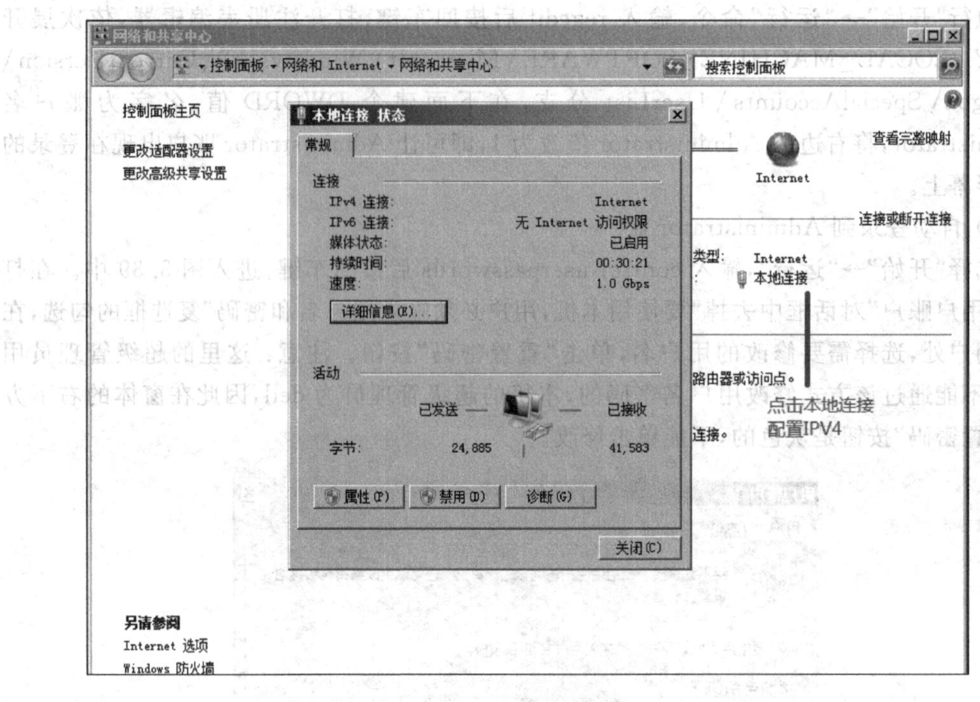

图 3.40 TCP/IP 协议设置

(2) 在“本地连接”图标上右击，在弹出的快捷菜单中选择“属性”命令，打开“本地连接属性”对话框，在该对话框中可选中“连接后在任务栏中显示图标”复选框，这将给以后判断网络连接故障带来很多方便。

(3) 选中“Internet 协议版本 4(TCP/IP)”复选框，然后单击“属性”按钮，如图 3.41 所示。

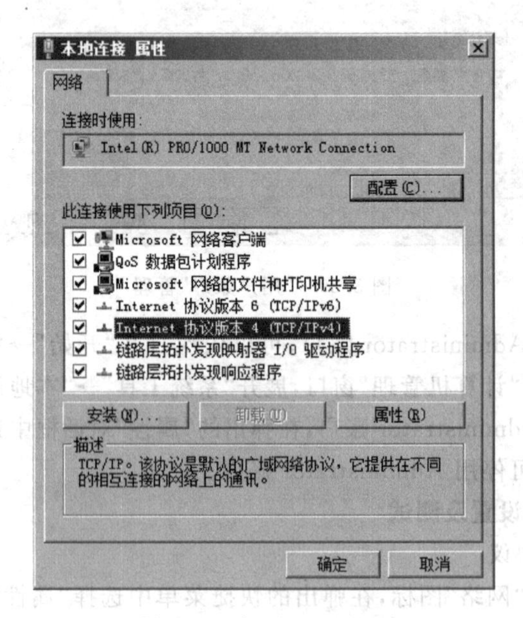

图 3.41 打开 IPv4 配置

(4) 在“常规”选项卡中，选中“使用下面的 IP 地址”单选按钮，可手工设置静态 IP 地址，也可选中“自动获得 IP 地址”单选按钮，可使该计算机成为 DHCP 客户端，动态获取 IP 地址。设置完成后，单击“确定”按钮，如图 3.42 所示。

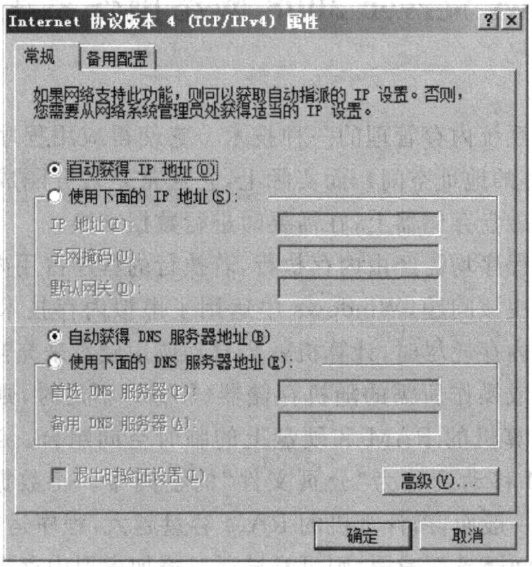

图 3.42　自动获取 IP 地址

2) TCP/IP 协议测试工具

Windows Server 2008 提供了许多在命令提示符下运行的协议测试工具以及连接实用程序。

(1) ipconfig。显示本地主机的 IP 地址配置，也用于手动释放和更新 DHCP 服务器指定的 TCP/IP 配置。

常用参数如下。

/?：显示帮助。

/all：显示 IP 配置的完整信息。

/release：释放 DHCP 服务器指定的 TCP/IP 配置。

/renew：更新 DHCP 服务器指定的 TCP/IP 配置。

(2) ping。验证 IP 的配置情况并测试 IP 的连通性。

常用参数如下。

-t：无限次 ping 指定的计算机直至按下 Ctrl+C 组合键强制中断。默认情况下 ping 只测试 4 次。

(3) tracert。跟踪数据包到达目的地所采取的路由。

(4) pathping。跟踪数据包到达目标所采取的路由，并显示路径中每个路由器的数据包损失信息，也可用于解决服务质量(QoS)连通性的问题。该命令结合了 ping、tracert 命令的功能。

(5) hostname。返回本地计算机的主机名。

(6) netstat。显示当前 TCP/IP 网络连接，并统计会话信息。

(7) ftp。在 Windows Server 2008 和任何运行 FTP(文件传输协议)服务器软件的计算机之间传输任意大小的文件。

(8) telnet。使用基于终端的登录,远程访问运行 Telnet 服务器软件的网络设备。

3.4 Windows Server 2008 网络操作系统的高级配置

1. 虚拟内存

虚拟内存是计算机系统内存管理的一种技术。它使得应用程序认为它拥有连续的、可用的内存(一个连续完整的地址空间),而实际上,它通常是被分隔成多个物理内存碎片,还有部分暂时存储在外部磁盘存储器上,在需要时进行数据交换。

计算机中所运行的程序均需经由内存执行,若执行的程序占用内存很大或很多,则会导致内存消耗殆尽。为解决该问题,Windows 中运用了虚拟内存技术,即匀出一部分硬盘空间来充当内存使用。当内存耗尽时,计算机就会自动调用硬盘来充当内存,以缓解内存的紧张。若计算机运行程序或操作所需的随机存储器(RAM)不足时,则 Windows 会用虚拟存储器进行补偿。它将计算机的 RAM 和硬盘上的临时空间组合。当 RAM 运行速率缓慢时,它便将数据从 RAM 移动到称为"分页文件"的空间中。将数据移入分页文件可释放 RAM,以便完成工作。一般而言,计算机的 RAM 容量越大,程序运行得越快。若计算机的速率由于 RAM 可用空间匮乏而减缓,则可尝试通过增加虚拟内存来进行补偿。但是,计算机从 RAM 读取数据的速率要比从硬盘读取数据的速率快,因而扩增 RAM 容量(可加内存条)是最佳选择。

手动设置虚拟内存可按照以下几步操作设置:

(1) 右击桌面上的"计算机"图标,在弹出的右键快捷菜单中选择"属性"命令,打开"系统属性"对话框,在对话框中单击"高级"选项卡。

(2) 单击"性能"区域的"设置"按钮,在出现的"性能选项"对话框中选择"高级"选项卡,打开对话框。

(3) 在该对话框中可看到关于虚拟内存的区域,单击"更改"按钮进入"虚拟内存"的设置对话框。选择一个有较大空闲容量的分区,选中"自定义大小"单选按钮,将具体数值填入"初始大小"、"最大值"文本框中,而后依次单击"设置"和"确定"按钮即可,最后重新启动计算机使虚拟内存设置生效,如图 3.43 所示。

2. 故障恢复选项

尽管 Windows Server 2008 系统的安全性能已经无与伦比,并不能说明 Windows Server 2008 系统在安全方面就可以高枕无忧。因为在不同的使用环境下,Windows Server 2008 系统表现出来的安全防范能力是不一样的,甚至该系统在某些方面没有一点安全抵抗能力,这时就需要自己动手来保护 Windows Server 2008 系统的运行安全。为此,采取切实可行的措施来保护 Windows Server 2008 系统更安全。

1) 封堵远程桌面验证

一些恶意用户偷偷通过远程桌面连接功能来非法攻击 Windows Server 2008 服务器系统。可以通过设置系统的远程桌面功能来强制远程用户进行网络身份验证。要想让 Windows Server 2008 系统强制远程用户进行网络身份验证,可以依照下面的操作来设置服务器系统:

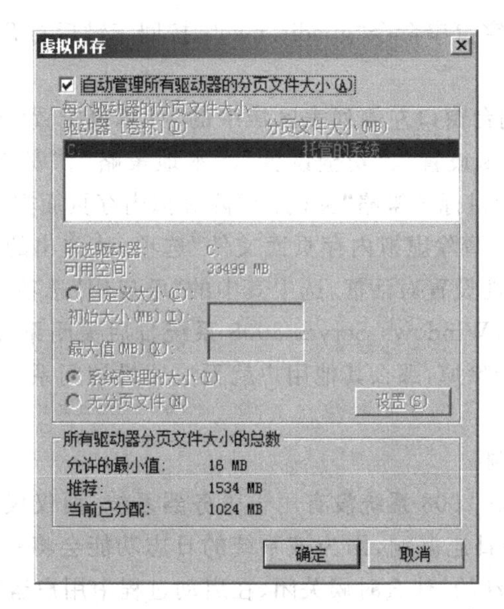

图 3.43 “虚拟内存”配置

(1) 首先以特权账号登录进入 Windows Server 2008 系统，从该系统的“开始”菜单中逐一选择“程序”→“管理工具”→“服务器管理器”命令，进入对应系统的服务器管理器界面。

(2) 其次在服务器管理器界面的左侧子窗格中选中“服务器管理”分支选项。在目标分支选项的右侧子窗格中找到“服务器摘要”设置项，并单击该设置区域下面的“配置远程桌面”按钮，进入 Windows Server 2008 系统的远程桌面属性设置对话框。

(3) 在该属性设置对话框的“远程桌面”位置处，看到 Windows Server 2008 系统为远程用户提供了 3 个安全选项，要是希望局域网中的所有用户都能非常顺畅地通过远程桌面连接功能来对 Windows Server 2008 服务器系统进行远程控制时，那就需要将这里的“允许运行任意版本远程桌面的计算机连接”安全项目选中，不过轻易选中该安全选项，Windows Server 2008 服务器系统容易遭受非法攻击。

(4) 为了防止服务器系统开通远程桌面连接功能后会给自身带来安全麻烦，Windows Server 2008 系统为远程控制用户提供了“只允许运行带网络级身份验证的远程桌面的计算机连接”安全设置选项，只要选中该安全控制选项，同时单击“确定”按钮退出设置对话框，那样一来 Windows Server 2008 系统日后就会强行对任何一位企图通过远程桌面连接功能控制服务器的用户执行网络身份验证，通不过网络身份验证的远程控制用户自然就不能对 Windows Server 2008 服务器系统进行远程管理和控制。

2) 封堵虚拟内存漏洞

当启用 Windows Server 2008 系统的虚拟内存功能后，该功能在默认状态下支持在内存页面未使用时，会自动使用系统页面文件将其交换保存到本地磁盘中。这样一来，一些具有访问系统页面文件权限的非法用户，可能就能访问到保存在虚拟内存中的隐私信息。为封堵虚拟内存漏洞，可以强行在 Windows Server 2008 系统执行关闭系统操作时，自动清除虚拟内存页面文件，那么本次操作过程中出现的一些隐私信息就不会被非法用户偷偷访问。下面介绍封堵系统虚拟内存漏洞的具体操作步骤：

(1) 首先在 Windows Server 2008 系统桌面中依次执行“开始”→“运行”命令，在弹出的系统运行对话框中，输入字符串命令“gpedit. msc”，按回车键后打开对应系统的组策略控制台窗口。

(2) 其次展开该控制台窗口左侧列表区域中的“计算机配置”节点分支，再从该节点分支下面依次选择“Windows 设置”、“安全设置”、“本地策略”、“安全选项”，在对应“安全选项”右侧列表区域中，找到目标组策略“关机：清除虚拟内存页面文件”选项。

(3) 接着右击“关机：清除虚拟内存页面文件”选项，从弹出的快捷菜单中选择“属性”命令，打开目标组策略属性设置对话框，选中其中的“已启用”选项，同时单击“确定”按钮保存好上述设置操作，这样，Windows Server 2008 系统日后关闭系统之前，会自动将保存在虚拟内存中的隐私信息清除掉，那么其他用户就无法通过访问系统页面文件的方式来窃取本地系统的操作隐私。

3) 封堵系统日志漏洞

如果 Windows Server 2008 系统没有用于服务器系统，而仅仅是作为普通计算机使用时，需要谨防对应系统的日志漏洞，因为该系统的日志功能会将一举一动自动记忆保存下来，包括系统什么时候启动的、什么时候关闭、在启动过程中用户运行了哪些应用程序、访问了什么网站等。

为封堵系统日志漏洞，可以按照下面的操作来设置 Windows Server 2008 系统：

(1) 首先依次执行 Windows Server 2008 系统桌面上的“开始”→“程序”→“管理工具”→“服务器管理器”命令，在弹出的服务器管理器控制台窗口中，依次展开“配置”→“服务”分支选项。

(2) 其次在弹出的服务配置窗口中，双击其中的 Windows Event Log 系统服务，打开目标系统服务属性设置对话框，单击“停止”按钮，将目标系统服务强行停止运行，最后单击“确定”按钮保存好上述设置操作，如此就能成功封堵 Windows Server 2008 系统日志漏洞。

4) 封堵系统转存漏洞

有的时候，Windows Server 2008 系统由于操作不当或其他意外运行崩溃时，往往会将故障发生那一刻的内存镜像内容保存为系统转存文件，这些文件中可能保存比较隐私的信息，如登录系统的特权账号信息。为了封堵系统转存漏洞，可以按照下面的操作来设置 Windows Server 2008 系统：

(1) 首先打开 Windows Server 2008 系统的“开始”菜单，选择“设置”→“控制面板”选项，打开对应系统的“控制面板”对话框，双击该对话框中的“系统”图标，进入 Windows Server 2008 系统的属性设置界面。

(2) 其次选择该属性界面左侧列表区域处的“高级系统设置”功能选项，弹出高级系统属性设置界面，在该设置界面的“启动和故障恢复”位置处单击“设置”按钮，打开 Windows Server 2008 系统的启动和故障恢复设置对话框。

(3) 接着在“系统失败”位置处，单击“写入调试信息”选项的下拉按钮，并从下拉列表框中选择“无”，再单击“确定”按钮保存好上述设置操作，这样 Windows Server 2008 系统日后即使发生了系统崩溃现象，也不会将故障发生那一刻的内存镜像内容保存为系统转存文件，那么本地系统的一些隐私信息也就不会被他人非法偷看。

5) 封堵网络发现漏洞

为了提高网络管理效率，Windows Server 2008 系统在默认状态下启用运行一项新功能，那就是网络发现功能，该功能可以通过 Link-Layer Topology Discovery Responder 网络协议，来自动判断出当前内网环境中究竟有哪些网络设备或计算机处于在线连接状态。可以巧妙利用该功能来快速定位网络故障位置，找到网络故障原因，提升网络故障解决效率。可是，在网络连接安全要求较高的场合下，网络发现功能的默认启用运行，往往会让内网环境中的重要网络设备或计算机直接“暴露”在网络中，那样的话重要网络设备或计算机就容易受到非法攻击。为封堵网络发现漏洞，可以按照下面的操作来设置 Windows Server 2008 系统：

(1) 选择 Windows Server 2008 系统“开始”菜单中的“设置”→“控制面板”选项，打开 Windows Server 2008 系统的控制面板对话框，双击该对话框中的“网络和共享中心”选项，展开网络发现功能设置区域，选中其中的“关闭网络发现”选项，同时单击“应用”按钮保存好上述设置操作。

(2) 其次依次单击“开始”→“设置”→“网络连接”选项，在弹出的网络连接列表窗口中，右击本地连接图标，并执行快捷菜单中的“属性”命令，打开本地连接属性设置对话框，取消默认选中的 Link-Layer Topology Discovery Responder 协议选项，再单击“确定”按钮，之后再将“链路层拓扑发现映射器 I/O 驱动程序”的选中状态一并取消，最后单击“确定”按钮执行参数设置保存操作，这样 Windows Server 2008 系统的网络发现漏洞就被成功封堵。

3. 组策略概述

在 Windows Server 2008 环境中，策略是一种让管理员集中管理计算机和用户的手段或方法。组策略适用于众多方面的配置，如软件、安全性、IE、注册表等。在活动目录中利用组策略可以在站点、域等对象上进行配置，以管理其中的计算机和用户对象，可以说组策略是活动目录的一个非常大的功能体现。

如图 3.44 所示，组策略分为两大部分：计算机配置和用户配置。每一个部分都有自己的独立性，因为它们配置的对象类型不同。计算机配置部分控制计算机账户，同样用户配置部分控制用户账户。其中计算机配置部分在用户部分同样也有，它们是不会跨越执行的。假设某个配置选项管理员希望计算机账户启用、用户账户也启用，那么就必须在计算机配置和用户配置部分都进行设置。总之，计算机配置下的设置仅对计算机对象生效，用户配置下的设置仅对用户对象生效。

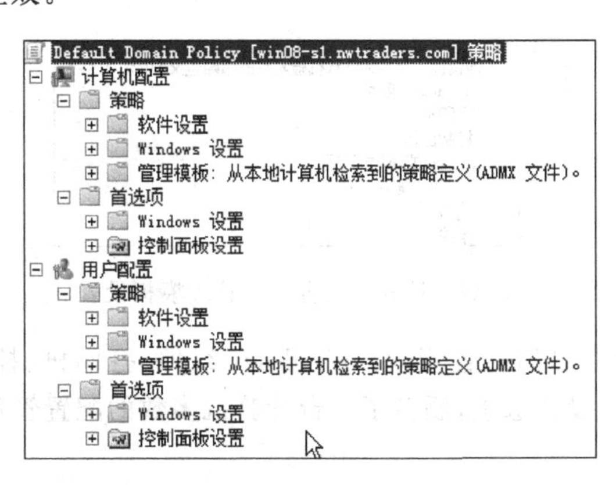

图 3.44 组策略管理界面

1）计算机配置部分

如图 3.45 所示，计算机配置有 3 个主要部分。

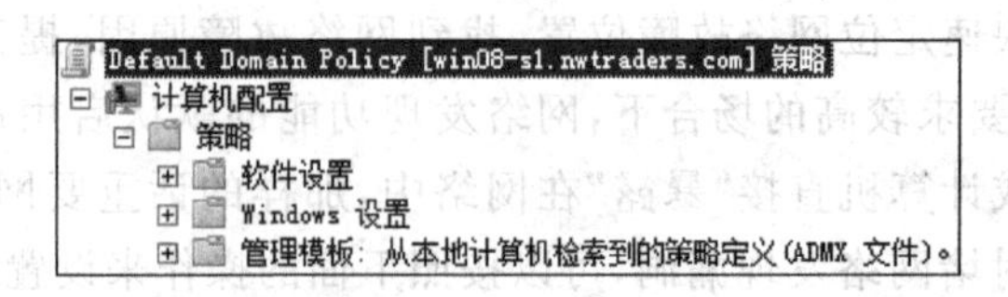

图 3.45 计算机配置界面

（1）软件设置。这一部分相对简单，它可以让管理员实现 MSI、ZAP 等软件部署分发。

（2）Windows 设置。Windows 设置更复杂一些，包含脚本、安全设置等很多子项，如图 3.46 所示。

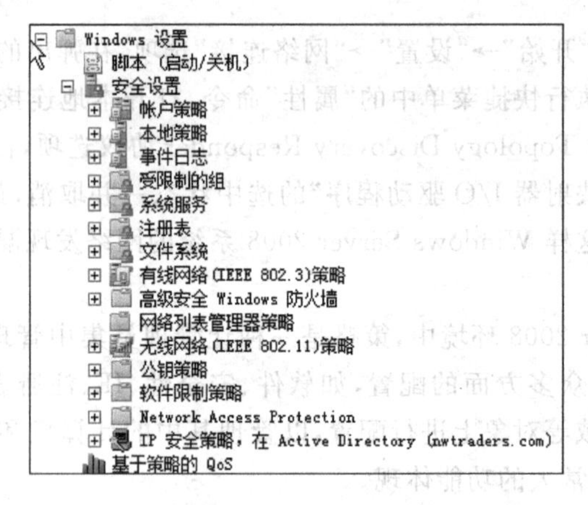

图 3.46 计算机配置——Windows 设置

子项都提供很多选择，账户策略能够对用户账户密码等进行管理控制；本地策略则提供更多的控制，如审核、用户权利及安全设置。特别是安全设置包括了超过 75 个的策略配置项。还有其他的一些设置，如防火墙设置、无线网络设置、PKI 设置、软件限制等。

（3）管理模板。管理模板是设置项最多的，包含各式各样的对计算机的配置，如图 3.47 所示。

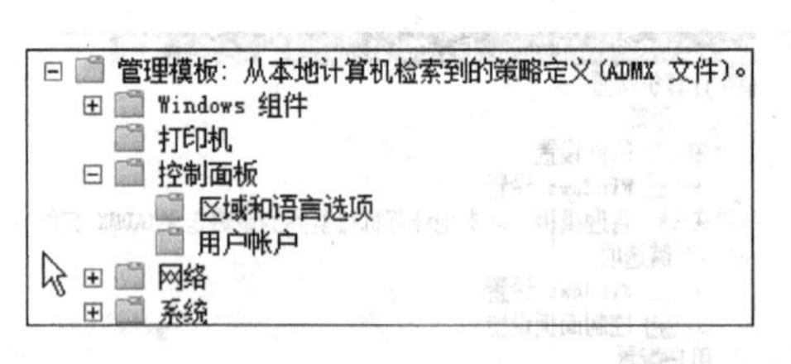

图 3.47 计算机配置——管理模板设置

管理模板包含 5 个主要的配置管理：Windows 组件、打印机、控制面板、网络和系统。其中包含了超过 1250 个设置选项，涵盖了一台计算机多数的配置管理信息。

2）用户配置部分

用户配置部分类似于计算机配置，主要不同之处在于这一部分配置的目标是用户账户，而相对于用户账户而言会有更多对用户使用上的控制，如图 3.48 所示。

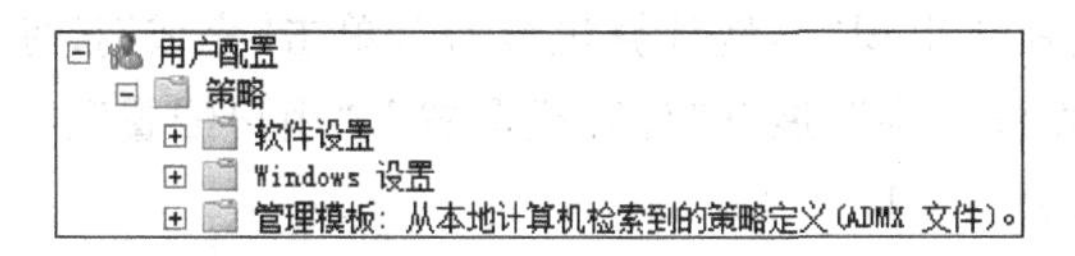

图 3.48 用户设置

用户设置同样也包含软件设置、Windows 设置和管理模板 3 个方面。

(1) 软件设置。可以通过在这里配置实现针对用户进行软件部署分发。

(2) Windows 设置。Windows 设置与计算机配置里的 Windows 设置有很多的不同，如图 3.49 所示。

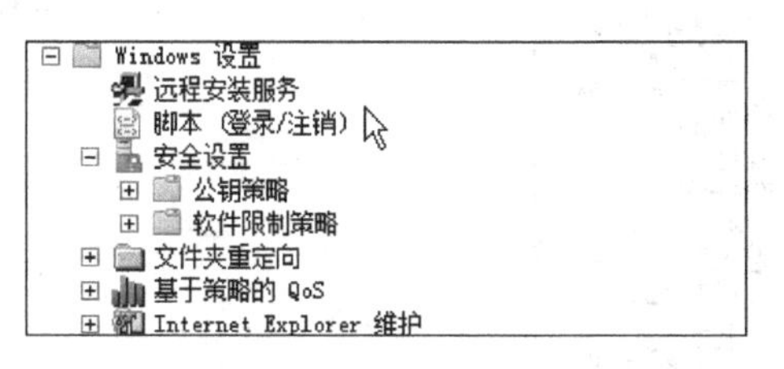

图 3.49 用户设置——Windows 设置

可以看到其中多了“远程安装服务”、“文件夹重定向”、“IE 维护”等，而在安全设置中只有“公钥策略”和“软件限制策略”。

(3) 管理模板。在管理模板展开后，会发现比计算机配置里的管理模板有更多的配置，如图 3.50 所示。

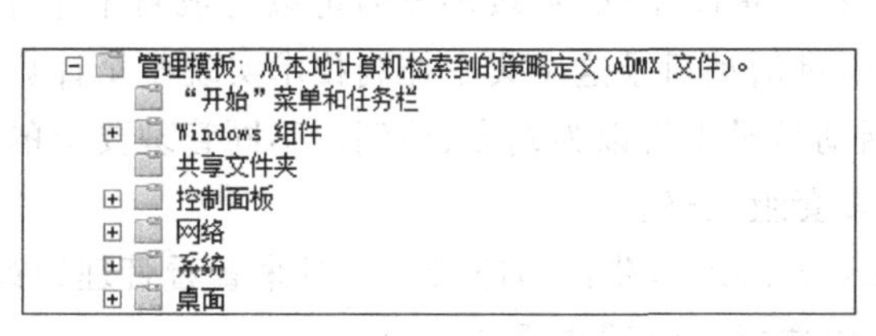

图 3.50 用户设置——管理模板

用户部分的管理模板可以用来管理控制用户配置文件，而用户配置文件是可以影响用户对计算机的使用体验，所以这里出现“开始菜单”、“桌面”、“任务栏”、“共享文件夹”等配置。

4. 本地组策略和域组策略的配置

1) 本地组策略

Windows Server 2008 操作系统有且只有一份本地组策略。本地组策略的设置都存储在各个计算机内部，不论该计算机是否属于某个域。本地组策略包含的设置要少于非本地组策略的设置，如在“安全设置”上就没有域组策略那么多的配置，也不支持“文件夹重定向”和“软件安装”这些功能。

在任意一台非域控制器的计算机上编辑管理本地组策略的步骤如下：

(1) 选择“开始”菜单中的“运行”命令，输入 MMC。

(2) 在 MMC 控制台选择“文件”→“添加删除管理单元”。

(3) 在列表框中选择“组策略对象编辑器”，并单击“添加”按钮。

(4) 在向导界面上默认出现“本地计算机策略”,单击“完成”按钮,再单击“确定”按钮。

(5) 展开“本地计算机策略”,展开“计算机配置”、“用户配置”。

本地组策略界面如图 3.51 所示。

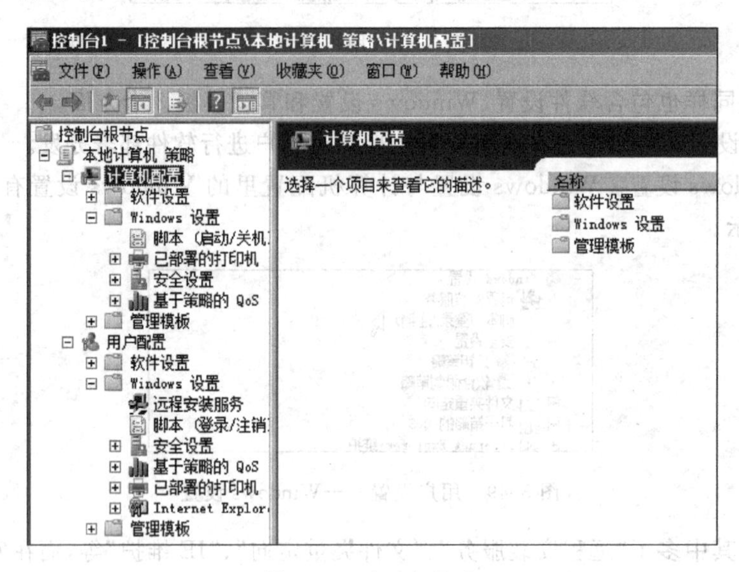

图 3.51　本地组策略

2) 域组策略

与本地组策略的一机一策略不同,在域环境内可以有成百上千个组策略创建和存在于活动目录中,并且能够通过活动目录这个集中控制技术实现整个计算机、用户网络的基于组策略的控制管理。在活动目录中可以为站点、域创建不同管理要求的组策略,而且允许每一个站点、域能同时设置多套组策略。

使用 Windows Server 2008 自带组策略管理工具来查看管理组策略的步骤如下:

(1) 在“开始”菜单中选择“运行”选项,输入 gpmc.msc。

(2) 在 GPMC 管理界面展开森林和域节点。

(3) 在域节点展开组策略对象节点。

这样就能看到图 3.52 所示的组策略列表。

从图 3.52 所示的列表中可以创建更多的组策略,并且能够根据需求将组策略应用到相应的站点、域,实现对整个站点、整个域的计算机或用户的管理控制。

3) 组策略的管理和维护

(1) 创建组策略。

在域环境中已经有了一套默认的域组策略,通过对默认域策略进行配置,实现对全域里的计算机和用户管理配置。需要进行配置管理时通常都将新建一套组策略来实现。新建一个组策略步骤如下:

① 在“开始”菜单运行 gpmc.msc 或者从“开始”菜单导向到“管理工具”,然后选择“组策略管理”快捷方式,打开“组策略管理”控制台,在组策略管理控制台右击“组策略对象”,在弹出的快捷菜单中选择“新建”命令,如图 3.53 所示。

② 在“新建 GPO”对话框中输入要新建的组策略名称,一般推荐命名时体现该组策略

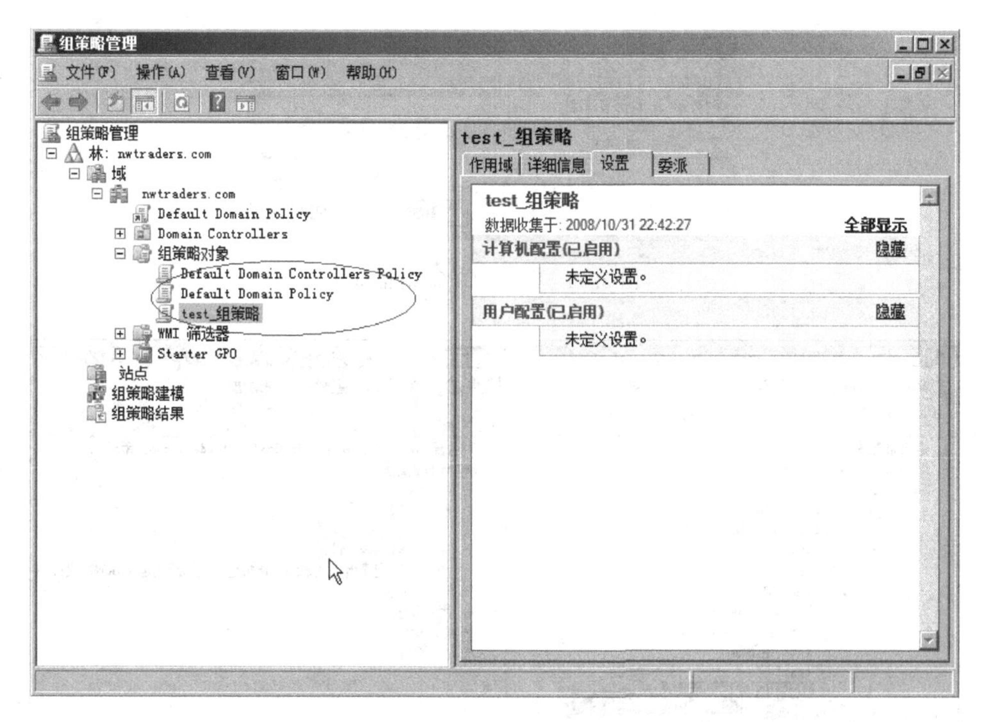

图 3.52 组策略列表

图 3.53 新建组策略

将要实现的管理功能及应用的范围,如图 3.54 所示的"财务部门软件部署策略",这样有利于将来对大量的组策略进行管理,甚至排错。

③ 输入完成后单击"确定"按钮,GPO 创建完成,接下来单击创建好的组策略进行编辑配置,如图 3.55 所示。

(2) 链接组策略。

在建立好一些新的组策略后,还需要将组策略与容器对象链接起来,以实现管理目的。可以链接的容器有站点、域等,通过对不同的容器进行链接,可以达到对管理范围的控制。

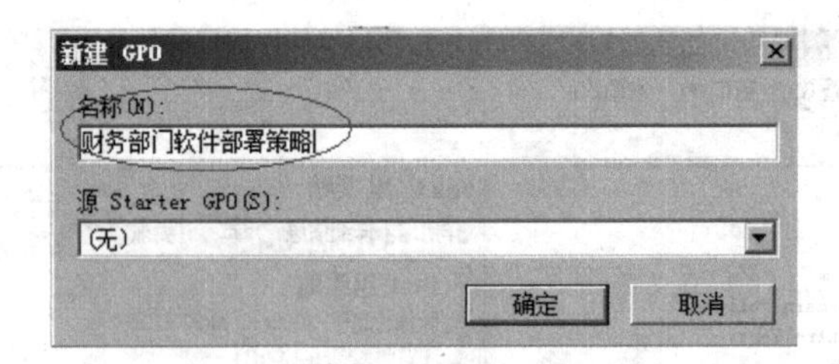

图 3.54 “新建 GPO”对话框

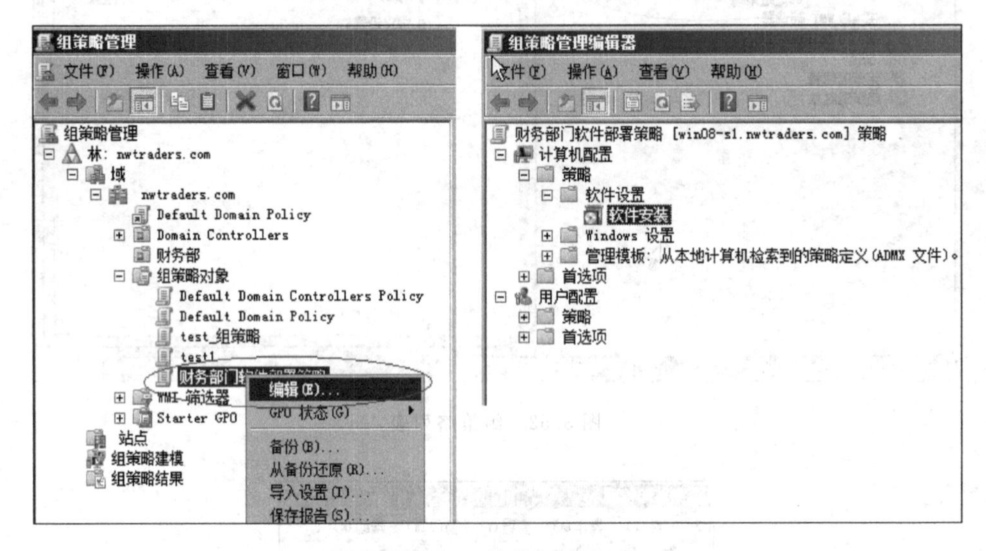

图 3.55 编辑组策略

链接组策略步骤如下：

① 在“开始”菜单运行 gpmc.msc 或者从“开始”菜单导向到“管理工具”，然后选择“组策略管理”快捷方式，打开“组策略管理”控制台，在控制台上选择好需要链接的策略站点、域，右击后在弹出的快捷菜单中选择“链接现有 GPO”命令，图 3.56 所示链接“财务部门软件部署策略”组策略。

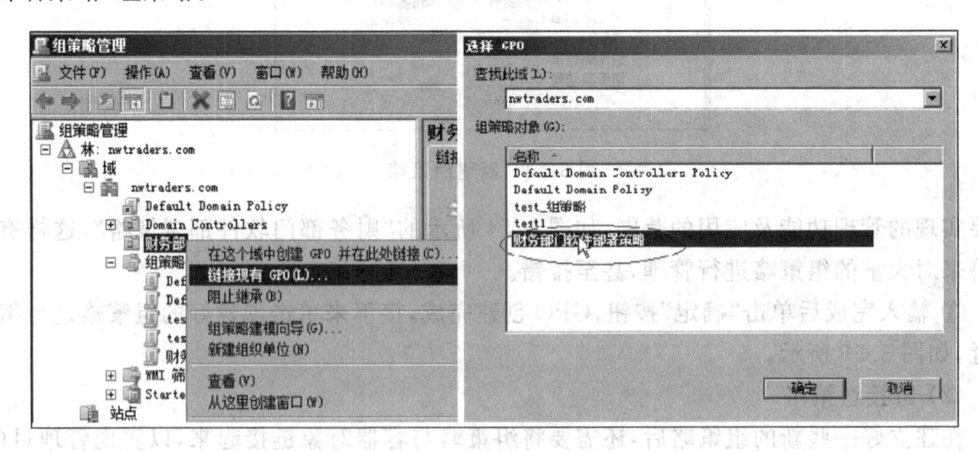

图 3.56 财务部链接组策略

② 组策略应用顺序。组策略按照应用范围划分可以分为站点级别组策略、域级别组策略、OU 级别组策略及本地计算机策略。一台客户端一定是属于某一个站点、域,那么各个级别的组策略客户端都将应用,它们的应用生效顺序是最接近目标计算机的组策略优先于组织结构中更远一点的组策略。组策略应用顺序如图 3.57 所示。

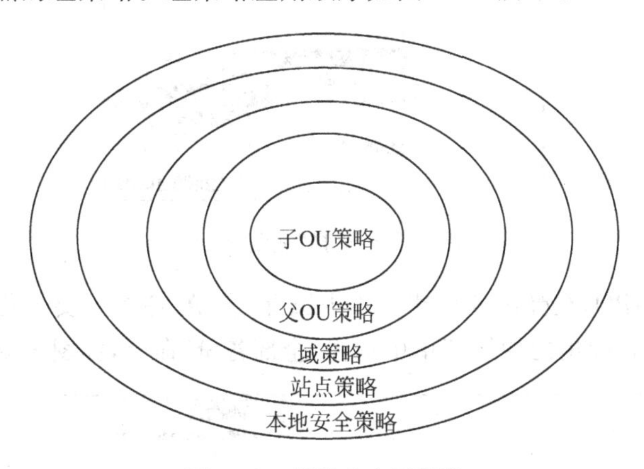

图 3.57 组策略应用顺序

组策略应用顺序意味着先处理本地组策略,后处理链接到计算机或用户直接所属组织单位的组策略,后处理的组策略会覆盖先处理的组策略中有冲突的设置(如果不存在冲突,则只是将之前的设置和之后的设置进行结合)。

③ 组策略的阻止和强制继承。通过上述阐述可以了解到组策略应用顺序实际是一个默认继承的规则。在域内次一级的容器会默认继承使用上一级容器链接的组策略。可以根据实际应用需求去人为干预默认的继承规则,可以阻止或强制继承。

阻止继承:在“组策略管理”窗口中,右击上一级容器组策略的对象,在弹出的快捷菜单中选择“阻止继承”命令,如图 3.58 所示。

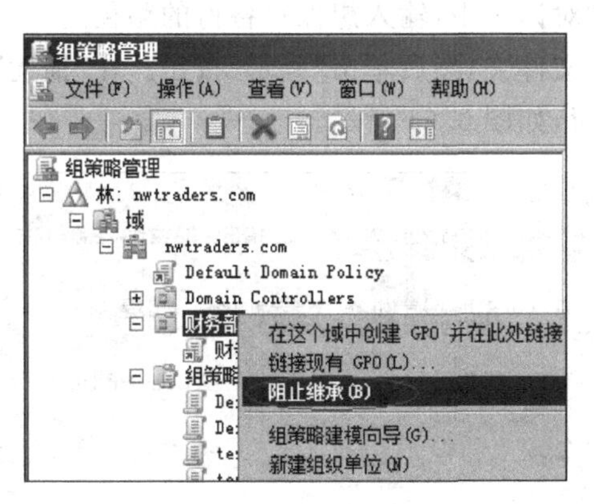

图 3.58 选择“阻止继承”命令

强制继承:在实际应用中有时需要上一级容器的组策略配置被应用到子容器中去,并且要求在冲突时不被子容器的策略覆盖,这时就可以使用强制继承。在“组策略管理控制台”上右击上一级的组策略对象,在弹出的快捷菜单中选择“强制”命令,如图 3.59 所示。

④ 组策略备份。打开组策略管理控制台,在控制台树中,展开“组策略对象”。要备份

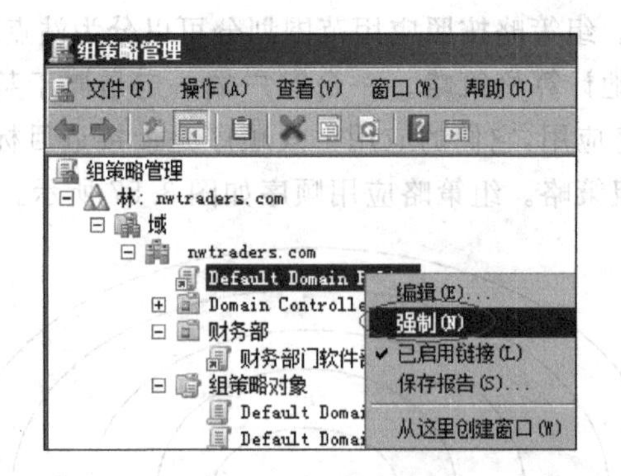

图 3.59 选择“强制”命令

单个 GPO,右击该 GPO,在弹出的快捷菜单中选择“备份”命令。要备份域中的所有 GPO,右击“组策略对象”,在弹出的快捷菜单中选择“全部备份”命令,如图 3.60 所示。

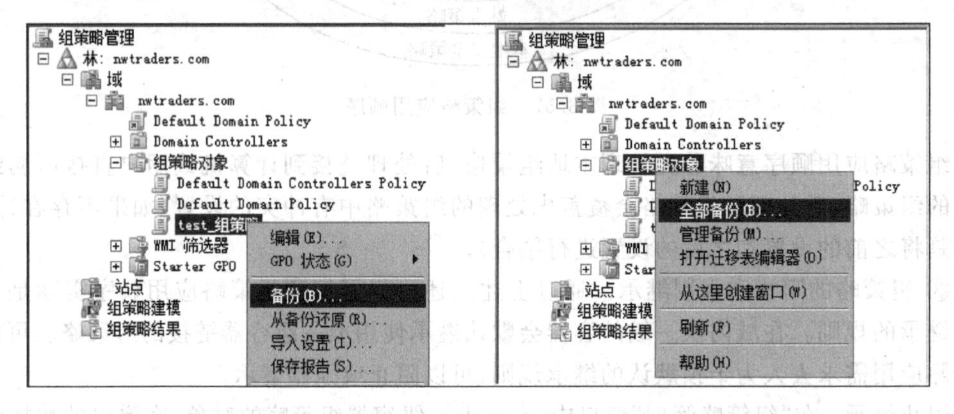

图 3.60 组策略备份

在“备份组策略对象”对话框中,输入想保存备份的路径到“位置”输入框,或单击“浏览”按钮定位到想保存备份的文件夹,然后单击“确定”按钮。在“描述”文本框中,输入要备份的描述,然后单击“备份”按钮,如图 3.61 所示。

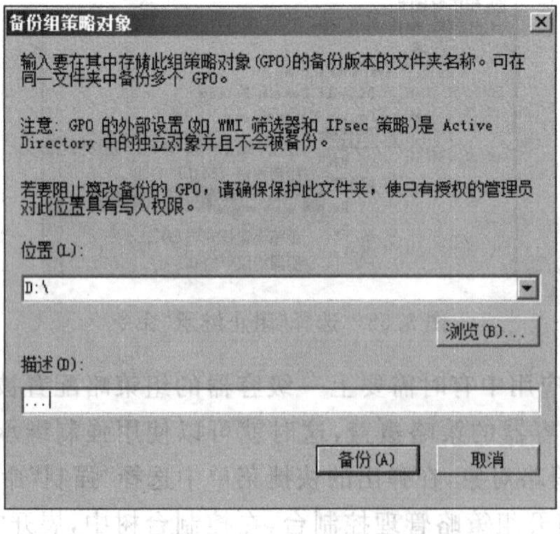

备份组策略对象

输入要在其中存储此组策略对象(GPO)的备份版本的文件夹名称。可在同一文件夹中备份多个 GPO。

注意: GPO 的外部设置(如 WMI 筛选器和 IPsec 策略)是 Active Directory 中的独立对象并且不会被备份。

若要阻止篡改备份的 GPO,请确保保护此文件夹,使只有授权的管理员对此位置具有写入权限。

位置(L):

D:\

浏览(B)...

描述(D):

...

备份(A) 取消

图 3.61 “备份组策略对象”对话框

操作完成后，单击“确定”按钮备份完成。

4）组策略应用场景举例

组策略设置用户工作环境中，假定要对整个域内的用户工作环境做统一的设定，因此新建了一套组策略——“全域用户工作环境策略”，并链接到域级别容器上，而后开始逐项配置（好的做法是在逐项配置完成后再链接到相应容器），如图 3.62 所示。

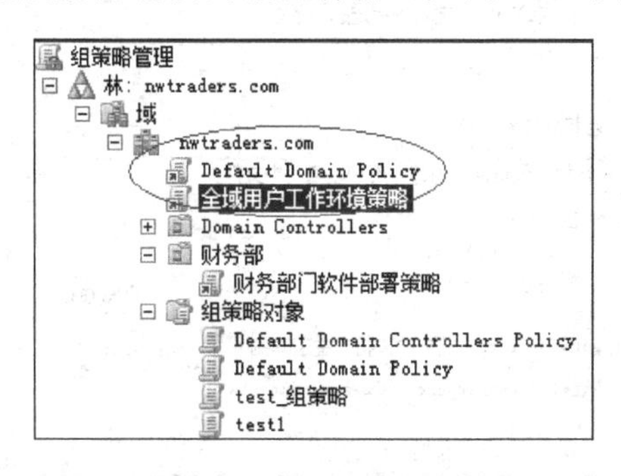

图 3.62 组策略设置用户环境

应用组策略来设定工作环境的配置项非常多，在此从 4 个方面进行介绍。

① 实现“我的文档”文件夹重定向，确保用户在网络中任意节点登录，都可访问各自的数据，且确保不因为客户端故障导致“我的文档”中文件丢失。

步骤 1：在域内文件服务器上新建一个共享文件夹，并赋予此文件夹所有用户都有通过网络访问的读、写权限。这里假定共享文件夹的访问路径为\\FileServer\docroot。

步骤 2：选择“全域用户工作环境策略”→“用户配置”→“文件夹重定向”→“文档”并右击，在弹出的快捷菜单中选择“属性”命令，如图 3.63 所示。

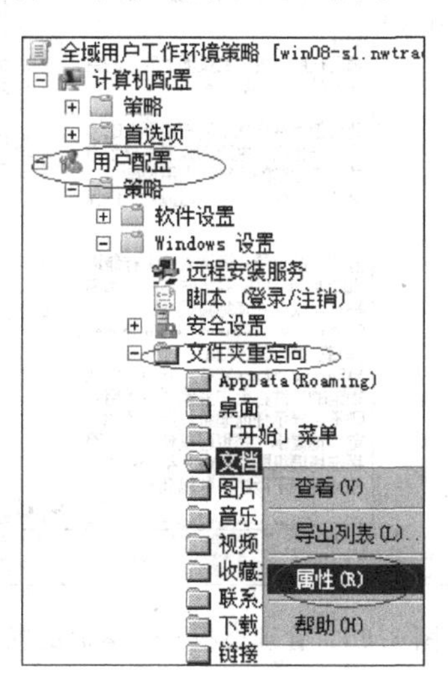

图 3.63 文件夹重定向

步骤 3：进行属性配置编辑，如图 3.64 所示。

步骤 4：设置完成后对客户端测试。

② 控制客户端显示统一桌面壁纸设定，实现企业工作环境统一的 VI。

步骤 1：选择“全域用户工作环境策略”→“用户配置”→“管理模板”→“桌面”，如

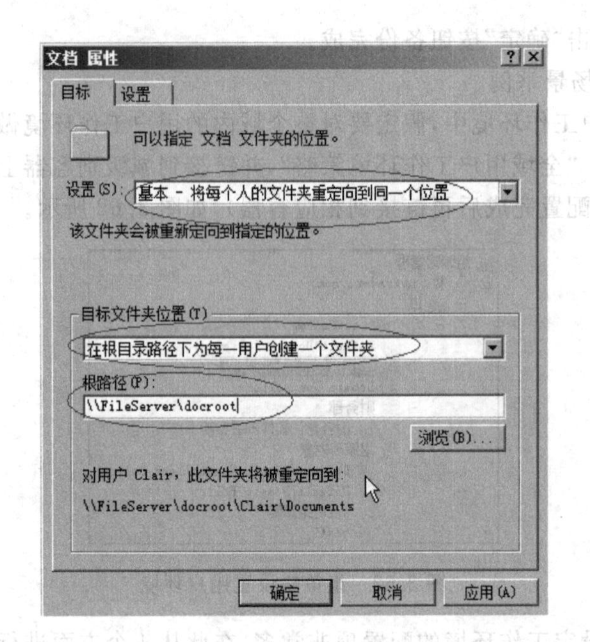

图 3.64 文档属性配置

图 3.65 所示。

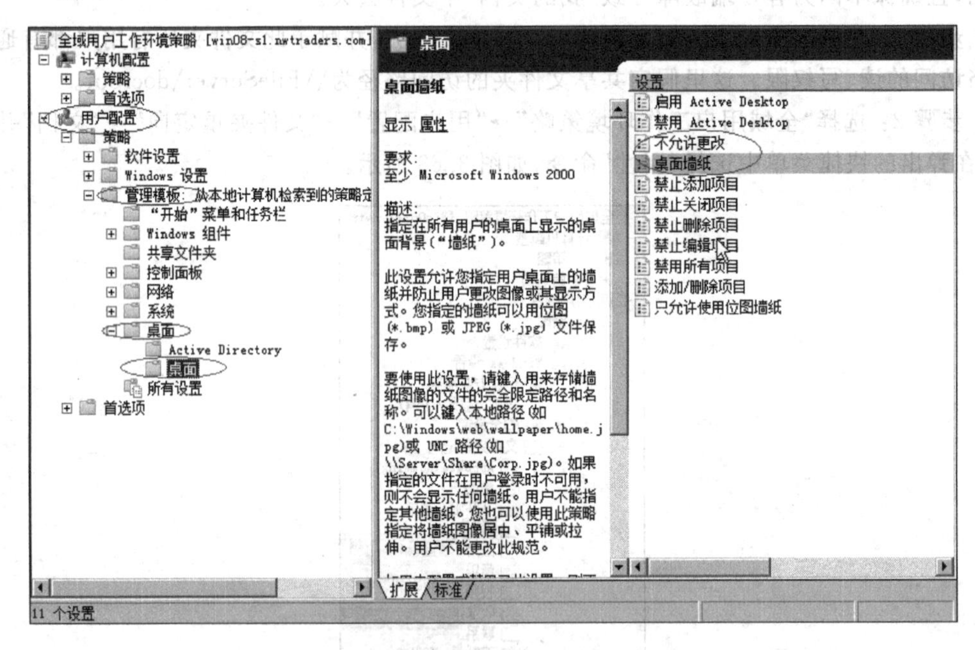

图 3.65 管理模板——桌面配置

步骤 2：设定统一的桌面墙纸文件，双击图 3.65 中右边"桌面墙纸"，进行配置，如图 3.66 所示。

步骤 3：设定用户不能自行修改桌面，双击"桌面墙纸"上的配置项"不允许更改"进行启用配置，如图 3.67 所示。

步骤 4：配置完成后对客户端进行测试。

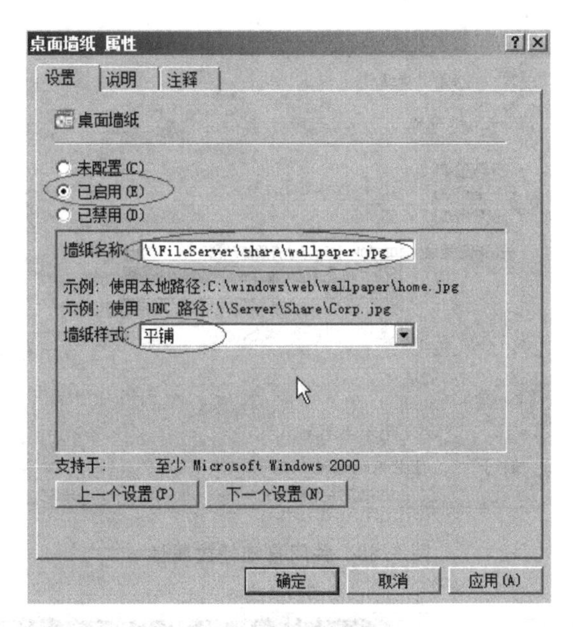

图 3.66 桌面墙纸属性设置

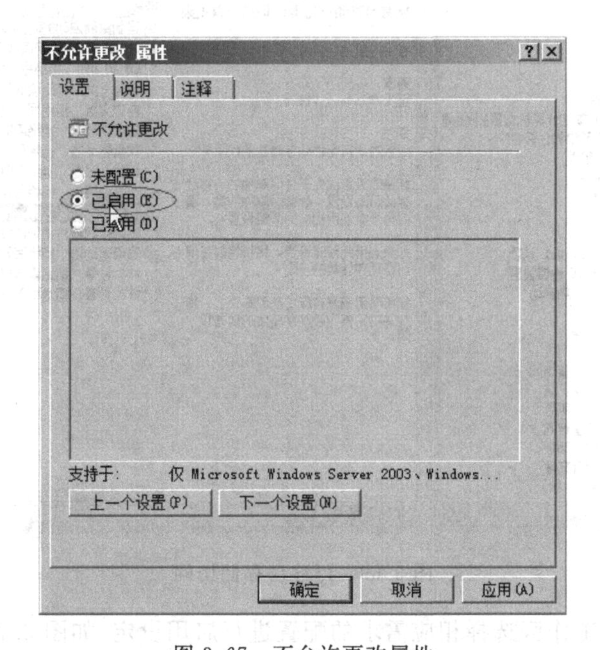

图 3.67 不允许更改属性

③ 实现客户端驱动器不自动播放。

步骤 1：选择“全域用户工作环境策略”→“用户配置”→“管理模板”→“Windows 组件”→“自动播放策略”。

步骤 2：在右边工作区双击“关闭自动播放”进行配置，如图 3.68 所示。

④ 限制移动磁盘使用加强企业文件安全性。

步骤 1：选择“全域用户工作环境策略”→“用户配置”→“管理模板”→“系统”→“可移动存储访问”，如图 3.69 所示。

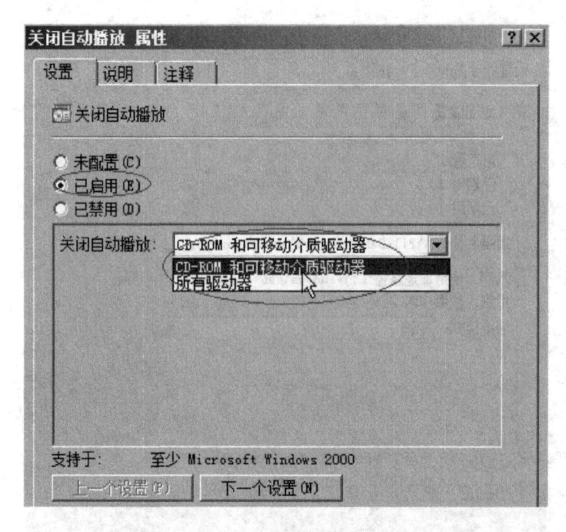

图 3.68　关闭自动播放属性

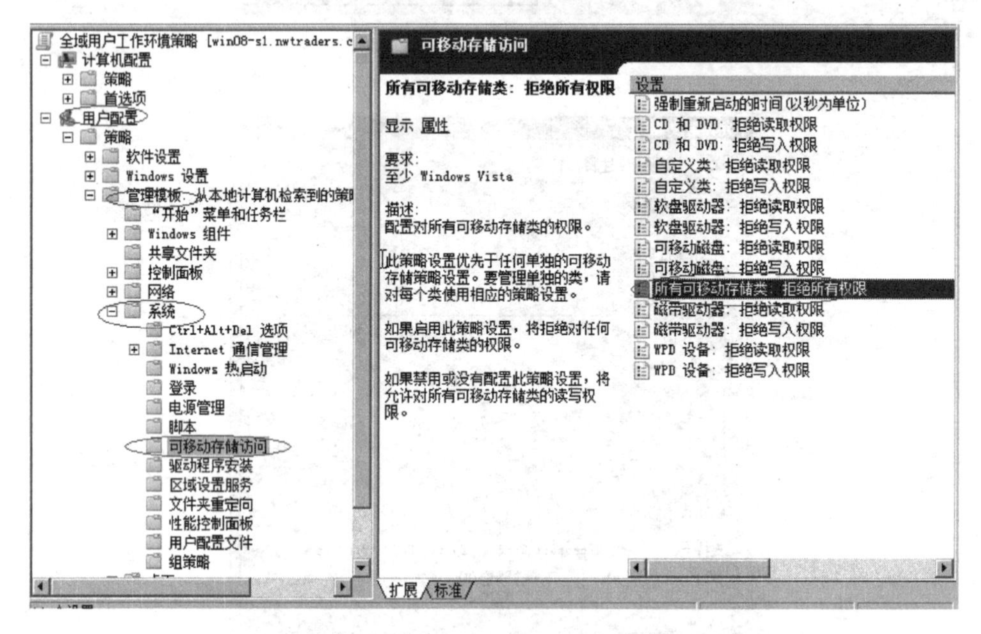

图 3.69　可移动存储访问

步骤 2：在右边工作区选择相应需求的配置进行启用设定，如图 3.70 所示。

5）应用组策略配置高级安全 Windows 防火墙

Windows Server 2008 中的高级安全防火墙（WFAS）支持双向保护，可以对出站、入站通信进行过滤，而且还集成了“连接安全规则”设定，可以实现企业所需的方式配置密钥交换、数据保护及身份验证设置。使用组策略配置企业网络中高级安全 Windows 防火墙时，可以配置一个域中所有计算机使用相同的防火墙设置并且本地系统管理员无法修改这个规则的属性。

例如，某企业所有计算机都在统一域环境内，并且该企业要求较高的安全网络通信，希望做到非域内的计算机或者非域内的用户无法正常访问域内数据。使用组策略步骤如下。

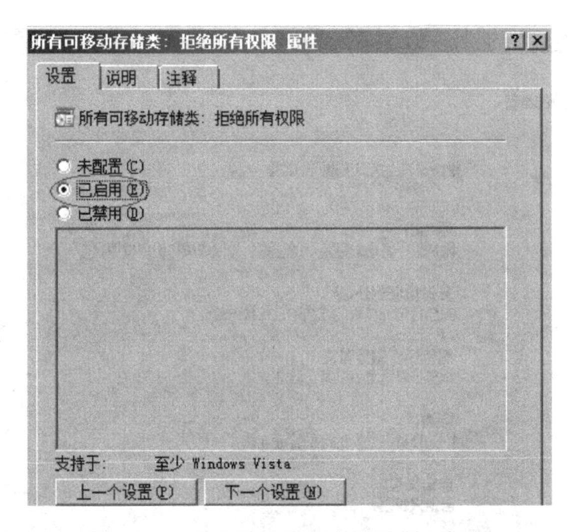

图 3.70 启动可移动存储拒绝所有权限

步骤 1：打开组策略管理控制台，定位到“组策略对象”，新建“域内安全网络通信策略”。

步骤 2：选择“域内安全网络通信策略”→“计算机配置”→“Windows 设置”→“安全设置”→“高级安全 Windows 防火墙”→“连接安全规则”并右击，在弹出的快捷菜单中选择“新规则”命令，如图 3.71 所示。

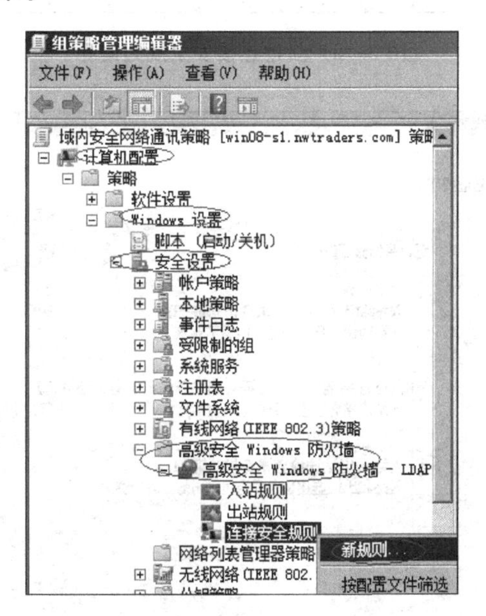

图 3.71 编辑域内安全网络通信策略

步骤 3：编辑新规则，分别选中“隔离”、“入站和出站连接要求身份验证”、“计算机和用户(kerberos V5)”单选按钮和“计算机连接到其企业域时应用”复选框，如图 3.72 至图 3.75 所示。

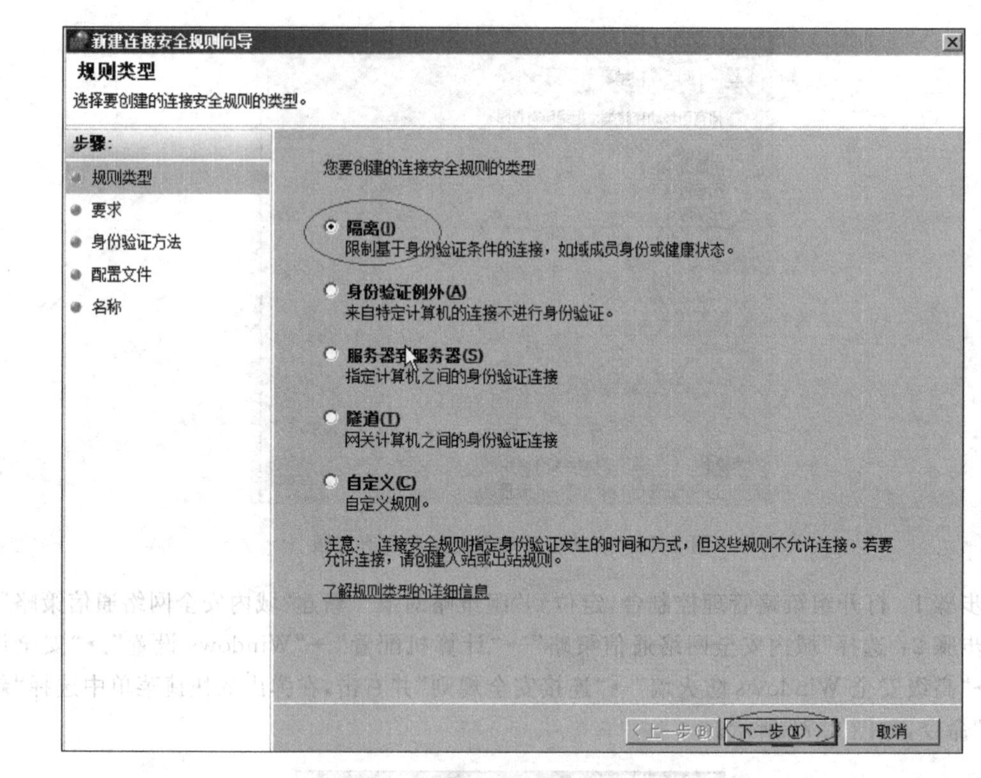

图 3.72　新建连接安全规则向导

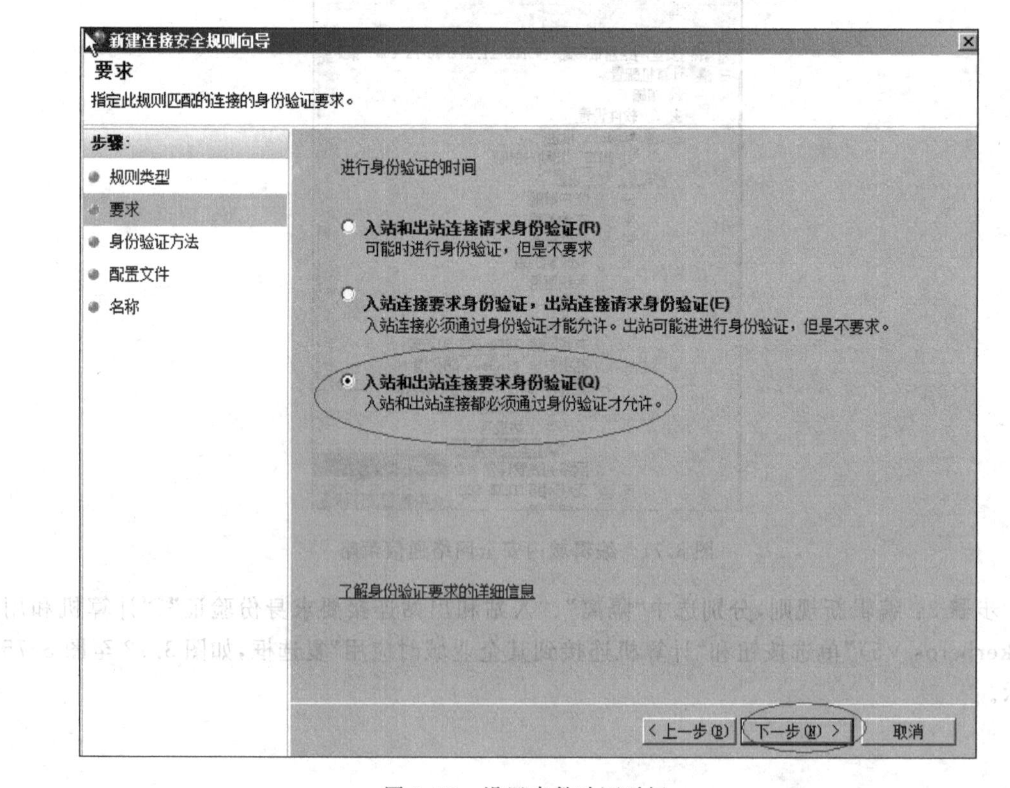

图 3.73　设置身份验证时间

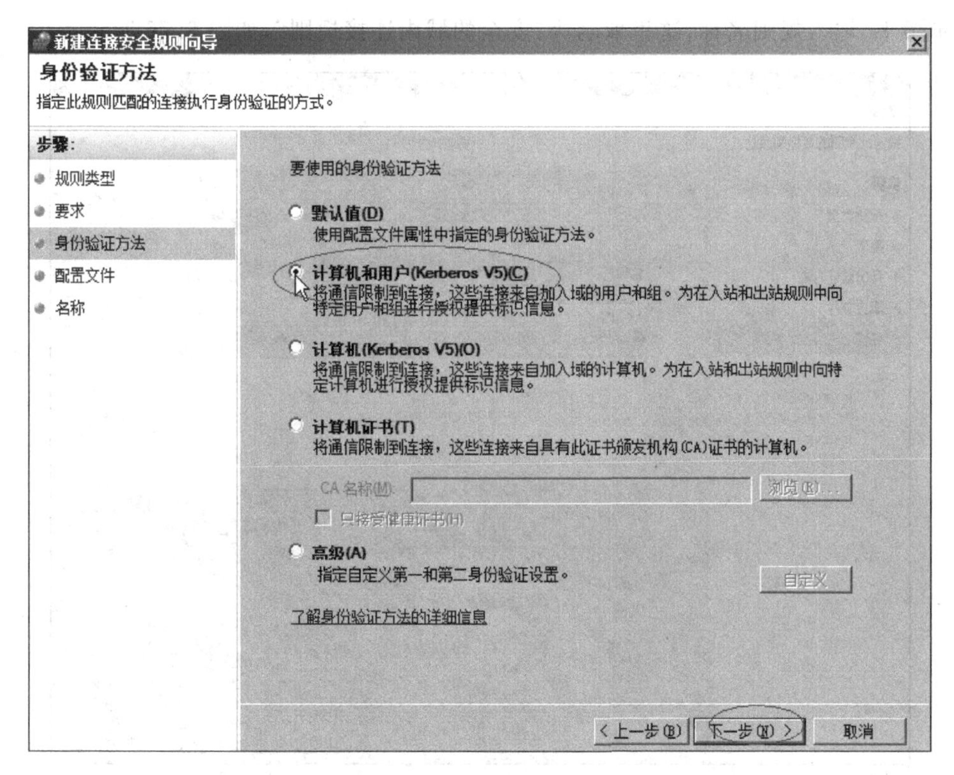

图 3.74 选择身份验证方法

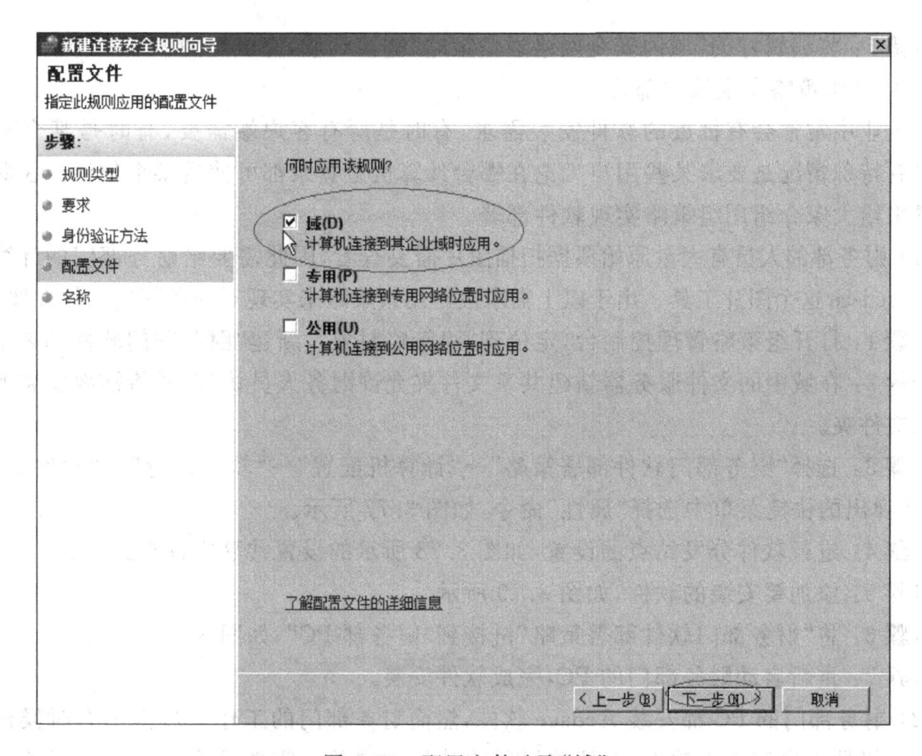

图 3.75 配置文件选取“域”

步骤 4：输入规则名称，这里取名为“安全的域内连接规则”，如图 3.76 所示。

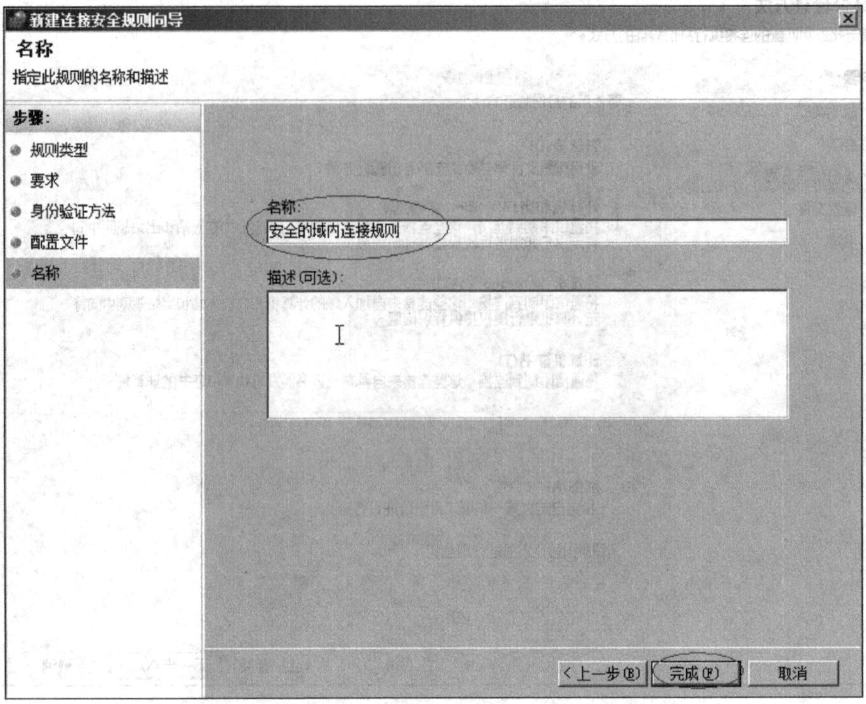

图 3.76 设置安全域内连接规则名称

步骤 5：将编辑好的“域内安全网络通信策略”链接到域，完成配置。

6）应用组策略实现软件部署

在企业中常常会有批量的软件安装需求，有时是所有客户端需要，有时是某个部门需要。更有特殊情况是要求某些用户无论在哪台计算机上登录都可使用某个软件。在此分两个场景来给大家介绍用组策略实现软件部署。

（1）财务部的人员有大量原始票据扫描图片需要查看，因此需要给财务部门的计算机都安装上 Acdsee 这个图片工具。出于以上需求决定用组策略来实现对财务部门的软件部署。

步骤 1：打开组策略管理控制台，定位到“组策略对象”，新建“财务部门软件部署策略”。

步骤 2：在域中的文件服务器新建共享文件夹允许财务人员访问，并将需要安装的软件放入该文件夹。

步骤 3：选择“财务部门软件部署策略”→“计算机配置”→“软件设置”→“软件安装”并右击，在弹出的快捷菜单中选择“属性”命令，如图 3.77 所示。

步骤 4：进行软件分发站点的设置，如图 3.78 所示的设置共享文件夹路径。

步骤 5：添加要安装的软件，如图 3.79 所示。

步骤 6：将“财务部门软件部署策略”链接到“财务部 PC”，如图 3.80 所示。

步骤 7：重新启动财务部门的 PC，完成软件安装。

（2）财务部门的 PC 都安装 Acdsee 软件，然而财务部门的工作人员提出有时候他们需要到其他机器上也使用该软件，但那些机器的其他用户并不需要这个软件。基于这种需求可以用上述(1)环节的“财务部门软件部署策略”来实现。

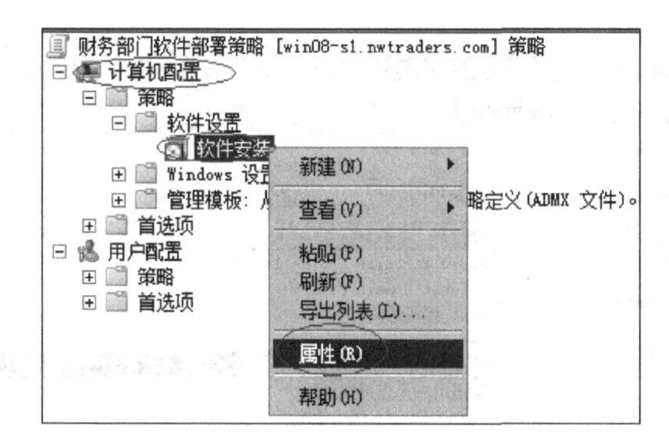

图 3.77　设置软件安装属性

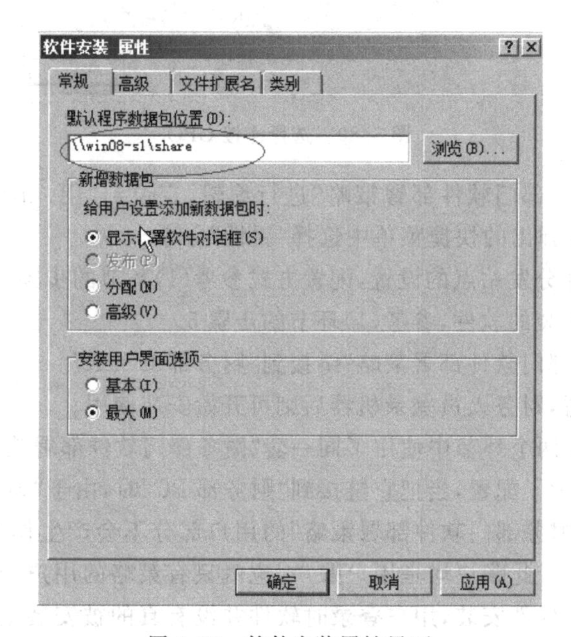

图 3.78　软件安装属性界面

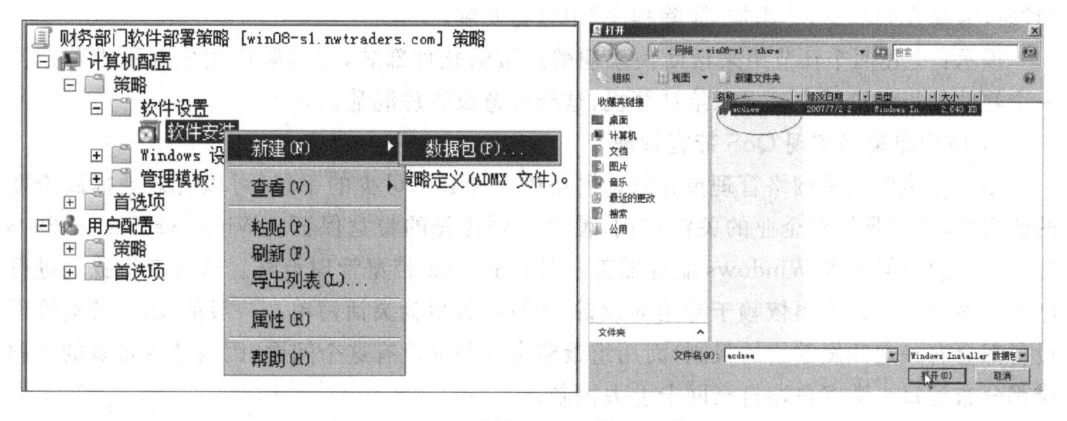

图 3.79　添加需要安装的软件

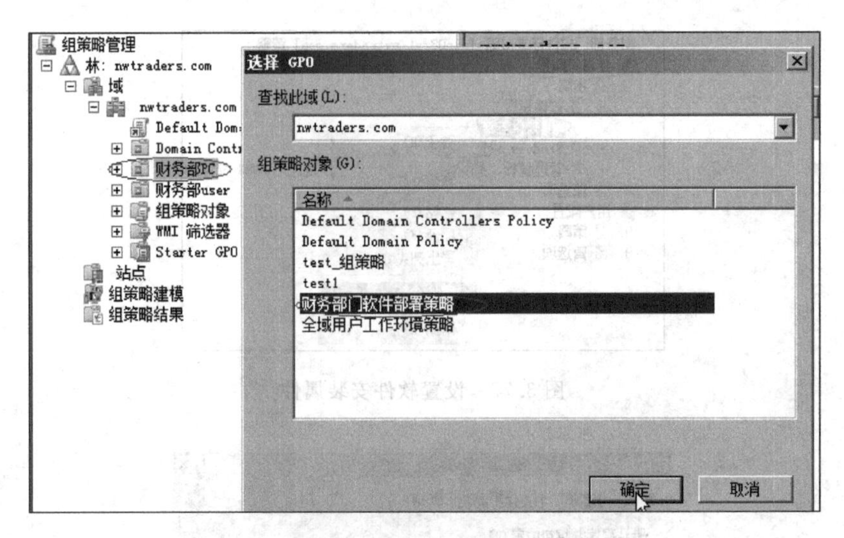

图 3.80 选择连接 GPO

步骤 1：打开“财务部门软件部署策略”进行编辑，定位到“用户配置”→“软件设置”→“软件安装”并右击，在弹出的快捷菜单中选择“属性”命令。

步骤 2：进行软件分发站点的设置，配置方式参考(1)环节的步骤 4。

步骤 3：添加要安装的软件，参考(1)环节的步骤 5。

步骤 4：将“财务部门软件部署策略”链接到“财务部 USER”。

步骤 5：完成设置，财务人员登录机器后则可开始安装使用。

综合分析说明，在两个环节中使用了同一套“财务部门软件部署策略”，在此策略的计算机部分和用户部分均做了配置，当把它链接到“财务部 PC”时，由于“财务部 PC”内的账户都是计算机账户，所以“财务部门软件部署策略”的用户部分不会产生作用。反之策略链接到“财务部 USER”时，由于此账户均是用户账户，也就只有策略的用户配置部分会产生作用。此外，在用户部分配置软件安装，用户登录时软件并没有真的被安装上，策略中设置的安装方式是“指派”时，需要在用户单击快捷方式后才真正安装。策略中设置的安装方式是“发布”时，需要在用户进入“添加/删除程序”中进行安装。

提示：上述两个环节用来帮助大家理解组策略软件部署，在实际应用中并不推荐把同一个软件既指派给用户又指派给计算机，这样会造成管理混乱。

7) 应用组策略实现 QoS 带宽管理

QoS 带宽管理是网络管理员在管理网络中一种必不可少的手段，可以有效地提高带宽的使用率，特别是针对企业的关键应用，使之得到优先的带宽保证。Windows Server 2008 提供了以前任何版本 Windows 服务器都不具备的 QoS 带宽管理策略。这就使得我们进行 QoS 带宽管理可以不再依赖于专用的设备，而且设置更为灵活简单。一般的 QoS 带宽管理设备都会有一定并发数量的限制，而用组策略来控制就没有这个问题，因为这些带宽的控制全都分布到每一个客户端自己网卡上去控制。

场景：使用组策略分配域内所有计算机的出口带宽。

步骤 1：打开“组策略管理”控制台，新建组策略名为“全域出口带宽限制策略”，并打开进行配置。

步骤 2：定位到“计算机配置”→“Windows 设置”→“基于策略的 QoS”并右击，在弹出的快捷菜单中选择“新建策略”命令，如图 3.81 所示。

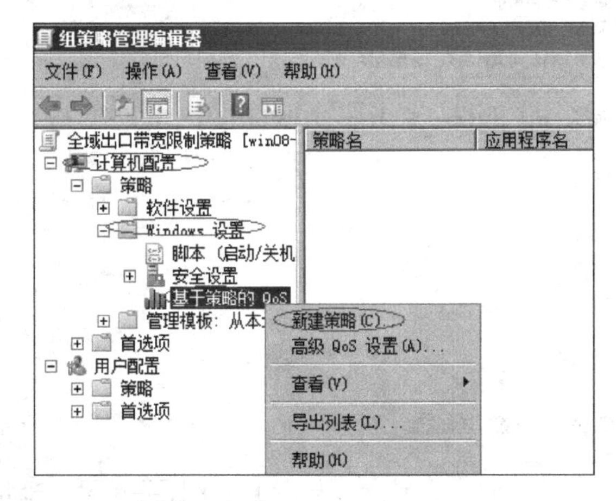

图 3.81 新建 QoS 策略

步骤 3：设定策略名称，指定最高使用带宽，如图 3.82 所示。

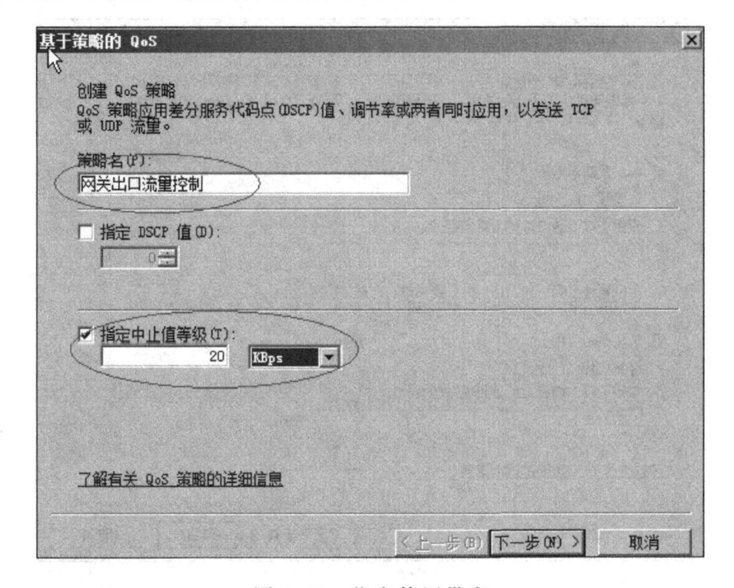

图 3.82 指定使用带宽

步骤 4：设定相关的应用程序，把上一步设定的带宽绑定到某个特定的应用程序上，如 FTP 软件。在此选择所有应用程序，如图 3.83 所示。

步骤 5：设定要控制的数据流量的来源和方向，由于是要控制出口带宽，那么这里只需要配置网关服务器的地址作为目标，如图 3.84 所示。

步骤 6：设定需要参与控制的协议及端口号，由于是要控制任何到出口网关的流量，所以选择了所有协议和所有端口，如图 3.85 所示。

步骤 7：将配置好的组策略对象链接到域，完成配置。

策略应用前后网络带宽使用对比如图 3.86 和图 3.87 所示。

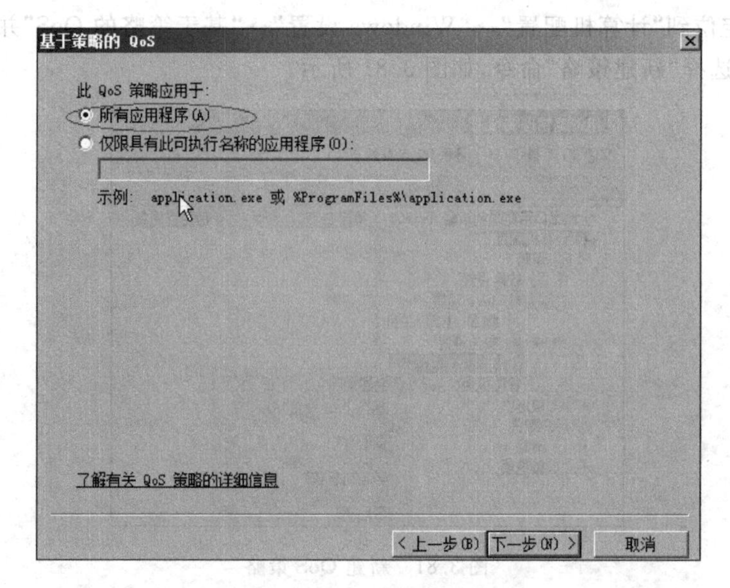

图 3.83　基于策略的 QoS

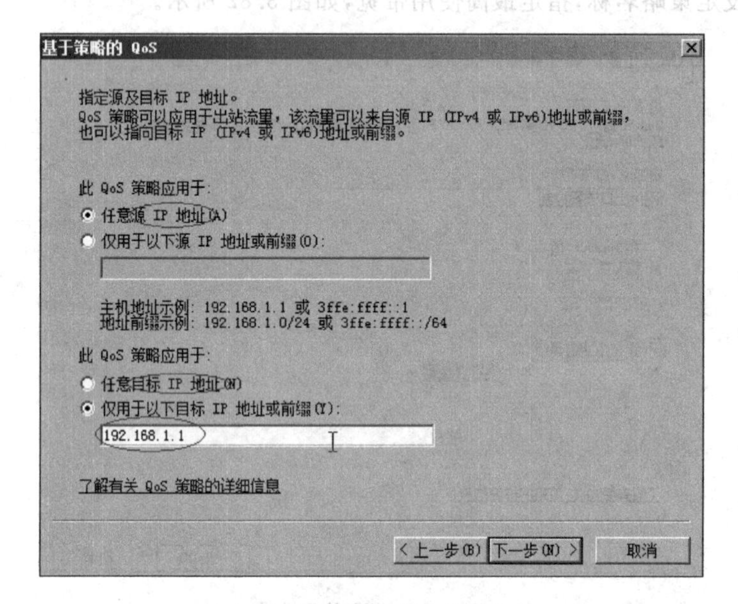

图 3.84　配置网关服务器的地址

通过以上的配置过程可以发现，基于策略的 QoS 不但可以控制出口带宽，还可以应用到更多场景，如某些客户端访问特定服务器的流量控制、某些应用程序在网络中的流量控制，并且由于这个策略在组策略的用户配置部分也有，那么就可以用来控制不同的用户在不同的计算机上使用不同的应用而被控制着使用被管理的带宽。

8) 组策略管理控制台使用进阶

上述使用 GPMC(组策略管理控制台)对组策略对象进行了创建、编辑、链接、阻止、继承等操作，接着再来了解一下策略结果分析和策略应用结果模拟测试。

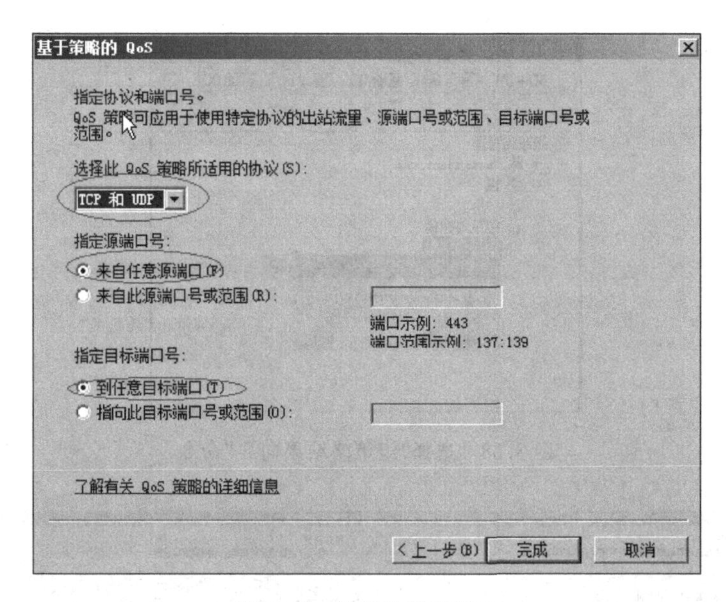

图 3.85 选择协议和端口

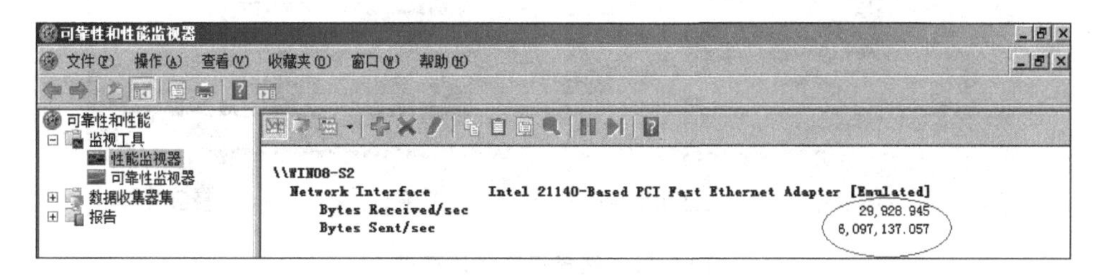

图 3.86 策略应用前

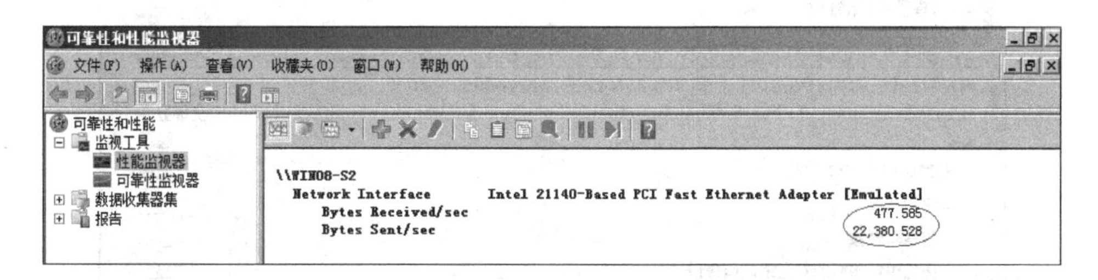

图 3.87 策略应用后

(1) 策略结果分析应用。

使用 Gpresult 或是“组策略结果”,可以知道客户端用到了哪些策略。前者是命令行模式,后者是图形界面,功能都是相同的。下面介绍“组策略结果”的使用。

步骤 1:在组策略管理控制台(GPMC)树中,双击要在其中创建组策略结果查询的林,右击“组策略结果”,在弹出的快捷菜单中选择“组策略结果向导”命令,如图 3.88 所示。

步骤 2:在组策略结果向导中,单击“下一步”按钮,然后输入相应的信息,可以选择需要查看的计算机或用户,如图 3.89 所示。

步骤 3:完成向导后,单击“完成”按钮,开始查看报告。可以选择全部显示,也可以选择逐项显示,从而进行检查该计算机应用了哪些组策略对象,如图 3.90 和图 3.91 所示。

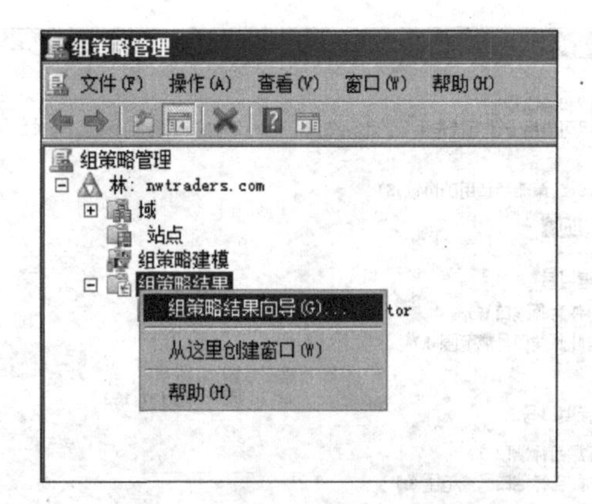

图 3.88 选择“组策略结果向导”命令

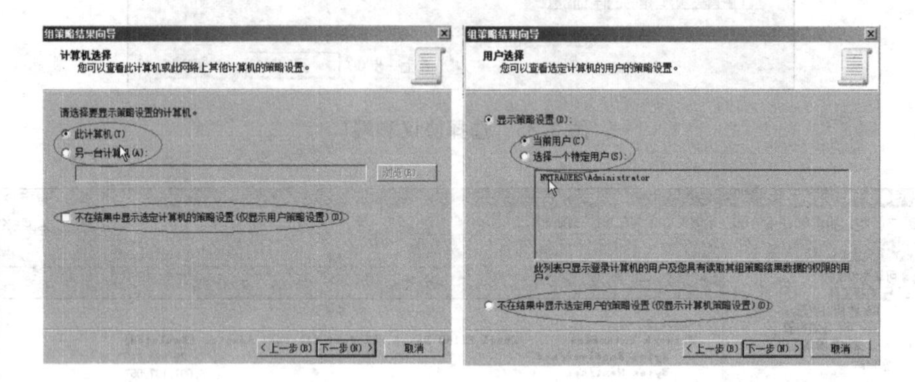

图 3.89 选择组策略计算机

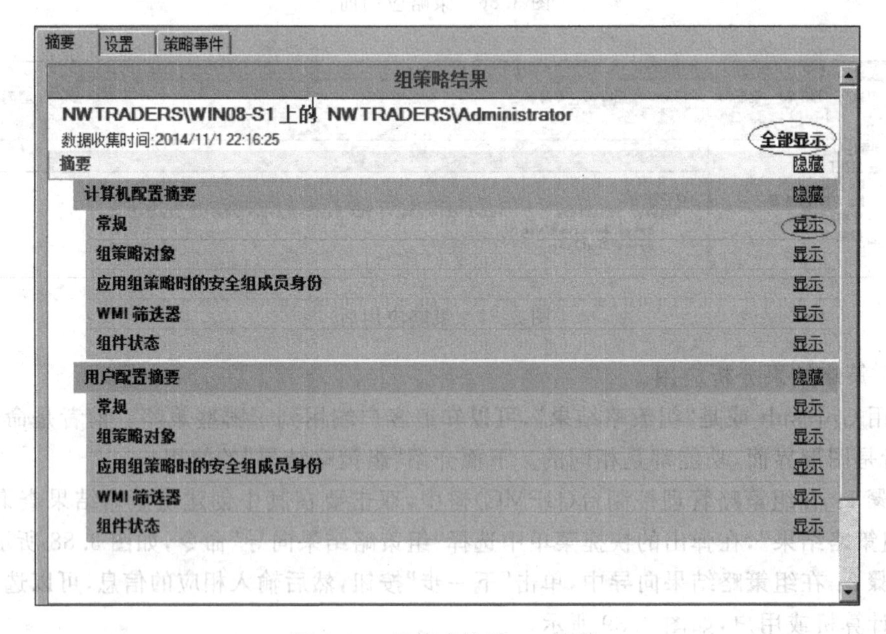

图 3.90 组策略结果——摘要

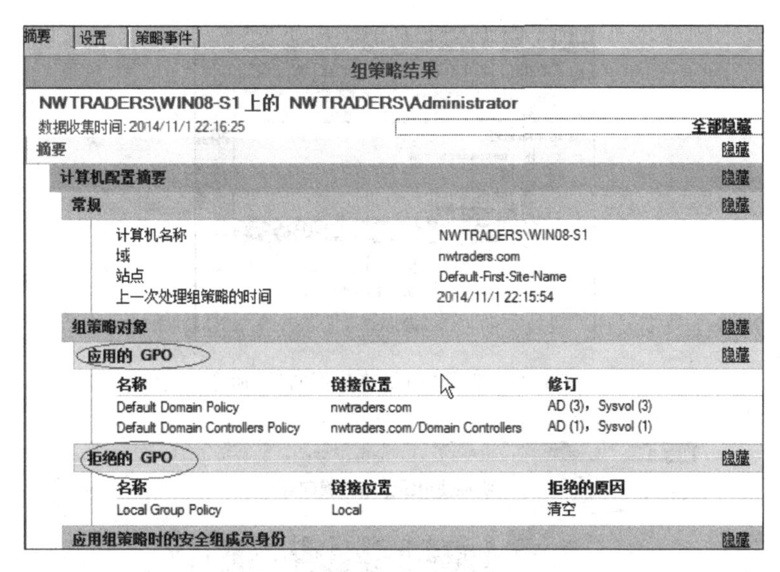

图 3.91 组策略结果——设置

步骤 4：可以选择将结果打印或保存文件，右击显示界面即可选择，如图 3.92 所示。

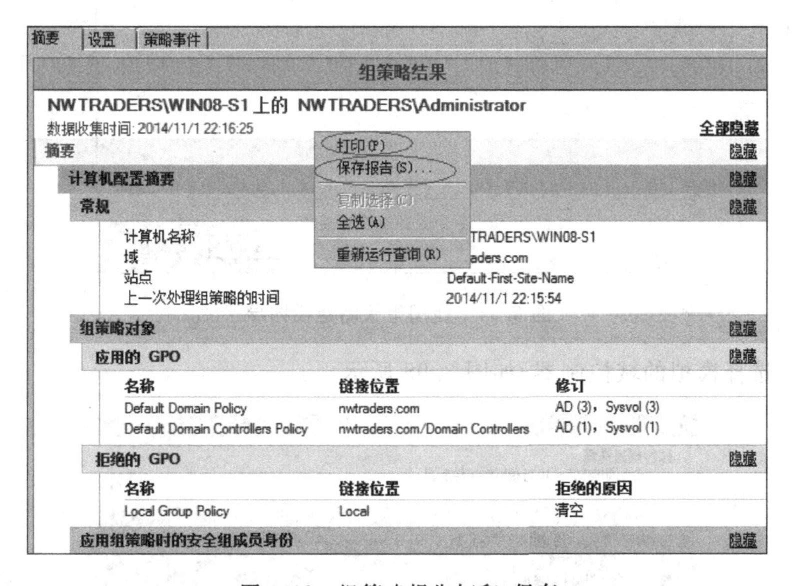

图 3.92 组策略报告打印、保存

(2) 使用组策略建模模拟策略应用结果。

由于在一个域环境内可能设置了多条组策略，其中有一些继承或者阻止继承的策略，那么多条策略最终将会对计算机和用户产生什么样的影响，就成为管理员常常关心的问题。可以使用 GPMC 内置的“组策略建模”功能对相应的某个域内容器做一个策略应用结果的综合模拟。使用步骤如下：

步骤 1：打开组策略管理控制台，定位到“组策略建模”并右击，在弹出的快捷菜单中选择“组策略建模向导”命令，如图 3.93 所示。

步骤 2：使用向导建模，如图 3.94 所示。

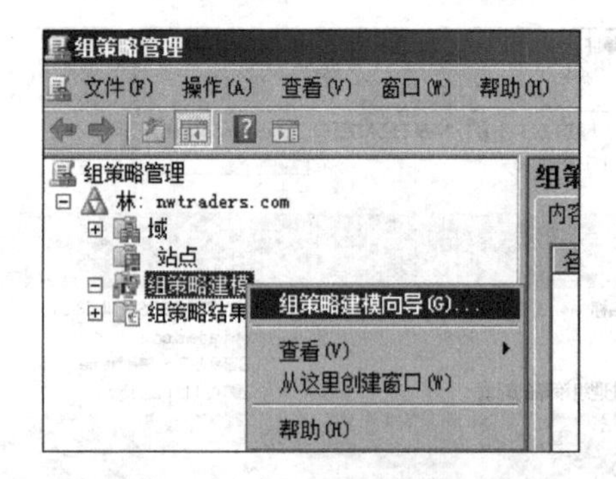

图 3.93 选择"组策略建模向导"命令

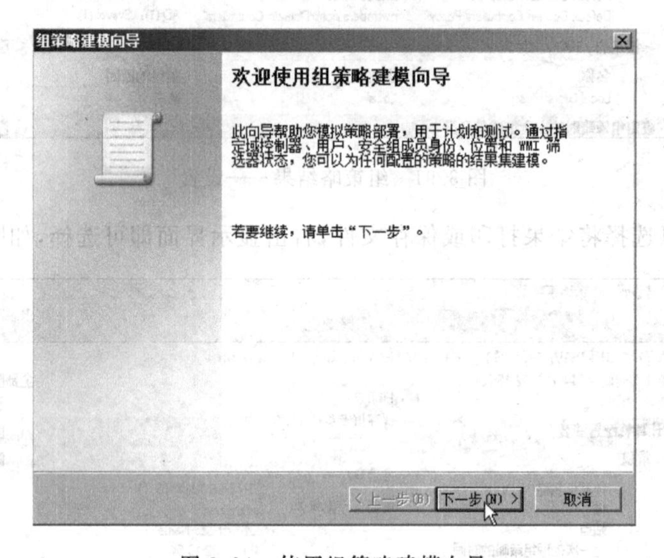

图 3.94 使用组策略建模向导

步骤 3：选择模拟的域控制器，如图 3.95 所示。

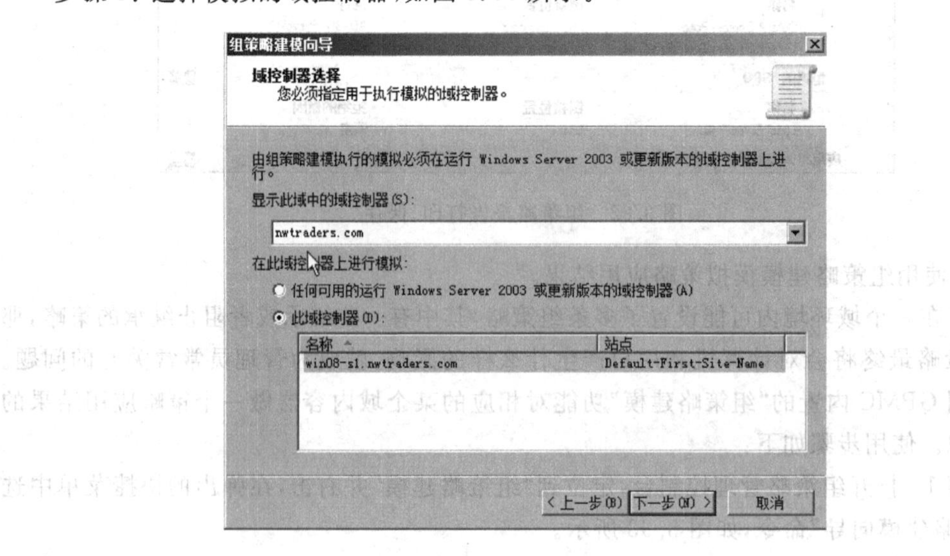

图 3.95 域控制器选择

步骤 4：选择为用户容器下的计算机和用户模拟策略应用，如图 3.96 所示。

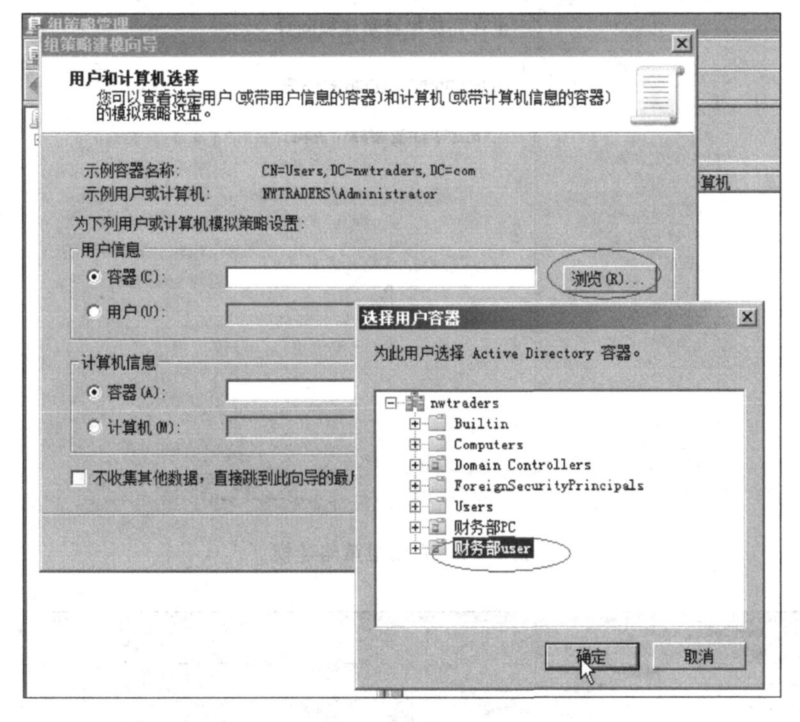

图 3.96 选择用户容器

步骤 5：根据向导选择完成安全组、站点等设置，如图 3.97 和图 3.98 所示。

步骤 6：完成模拟，查看模拟结果，如图 3.99 所示。

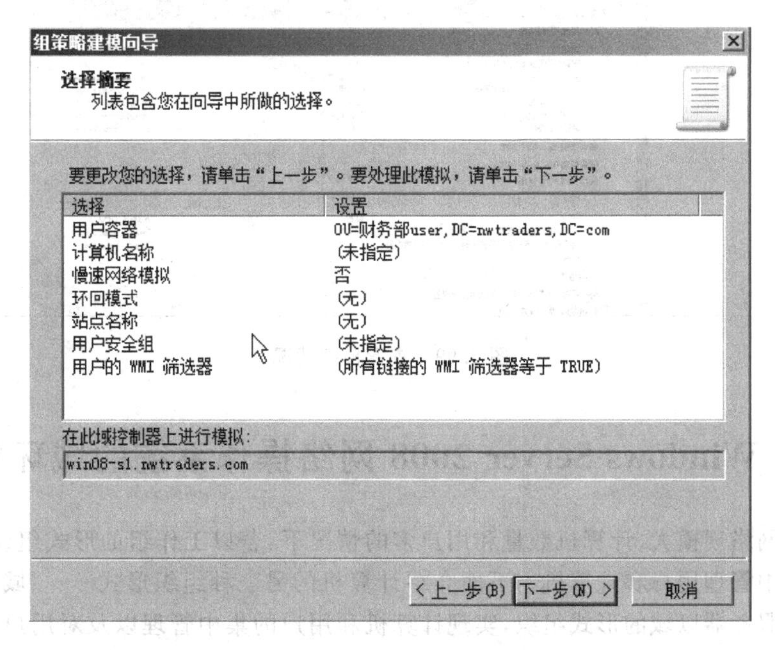

图 3.97 处理用户模拟策略

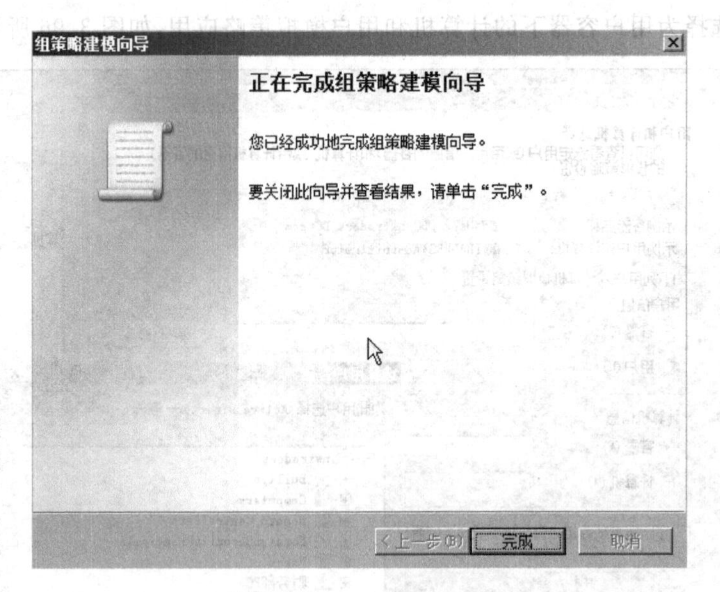

图 3.98 完成组策略建模

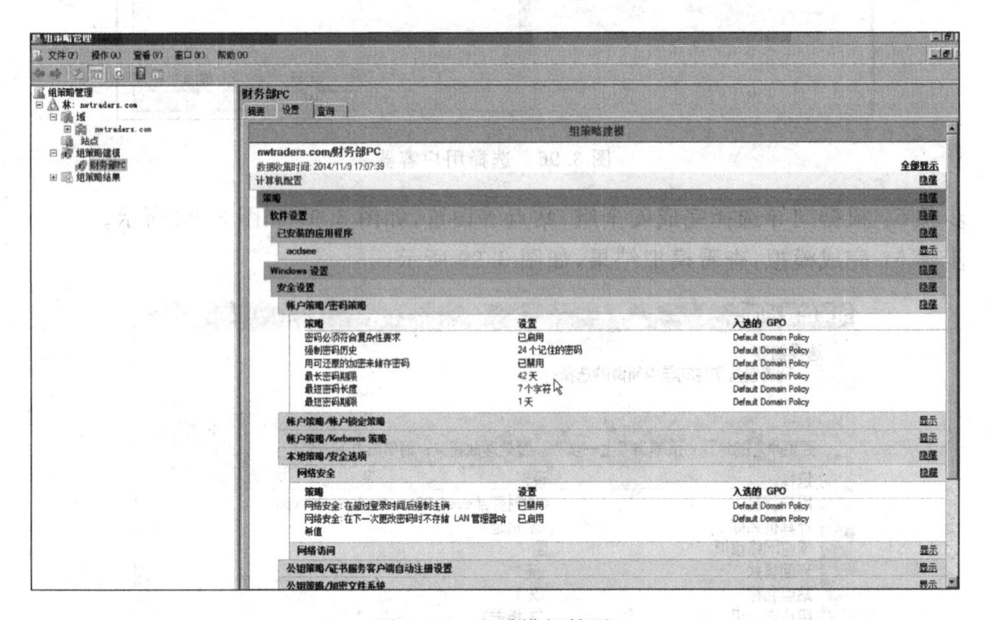

图 3.99 查看模拟情况

3.5 Windows Server 2008 网络操作系统的域环境

在企业网络规模大、计算机数量和用户多的情况下，若以工作组的形式组织计算机，就没有办法集中管理用户和计算机。下面介绍计算机的另一种组织形式——“域”，将企业中的计算机和服务器以域的形式组织，实现计算机和用户的集中管理以及对用户的集中身份验证。

1. 域的定义

域(Domain)是 Windows 网络中独立运行的单位,域之间相互访问则需要建立信任关系(即 Trust Relation)。信任关系是连接在域与域之间的桥梁。当一个域与其他域建立了信任关系后,两个域之间不但可以按需要相互进行管理,还可以跨网分配文件和打印机等设备资源,使不同的域之间实现网络资源的共享与管理。

域既是 Windows 网络操作系统的逻辑组织单元,也是 Internet 的逻辑组织单元,在 Windows 网络操作系统中,域是安全边界。域管理员只能管理域的内部,除非其他的域赋予他管理权限,才能够访问或者管理其他的域。每个域都有自己的安全策略,以及它与其他域的安全信任关系。

2. 域与工作组的关系

在工作组上的一切计算机设置的各种策略均在本地计算机上完成验证。如果计算机加入域的话,各种策略是域控制器统一设定,并放到域控制器去验证。

如果说工作组是“免费的旅店”,那么域就是“星级的宾馆”。工作组可以随便出出进进,而域则需要严格控制。“域”的真正含义指的是服务器控制网络上的计算机能否加入的计算机组合。

工作组是一群计算机的集合,它仅仅是一个逻辑的集合,计算机还是各自管理的,要访问其中的计算机,还是要到被访问计算机上来实现用户验证的。而域不同,域是一个有安全边界的计算机集合,在同一个域中的计算机彼此之间已经建立了信任关系,在域内访问其他机器,不再需要被访问机器的许可。为什么是这样的呢?因为在加入域的时候,管理员为每个计算机在域中建立了一个计算机账户,这个账户和用户账户一样,也是有密码保护的。

3. 域控制器

在“域”模式下,至少有一台服务器负责每一台联入网络的计算机和用户的验证工作,这类服务器被称为“域控制器”(Domain Controller,DC)。

域控制器中包含了由这个域的账户、密码、属于这个域的计算机等信息构成的数据库。当计算机联入网络时,域控制器首先要鉴别这台计算机是否属于这个域,用户使用的登录账号是否存在、密码是否正确。如果以上信息有一样不正确,那么域控制器就会拒绝这个用户从这台计算机登录。不能登录,用户就不能访问服务器上有权限保护的资源,这样就在一定程度上保护了网络的资源安全。

要把一台计算机加入域,仅仅使它和服务器在网上邻居中能够相互“看”到是远远不够的,必须要由网络管理员进行相应的设置,把这台计算机加入到域中,这样才能实现文件的共享。

4. DNS 服务器在域环境中的作用

活动目录域服务角色要求域名系统(DNS)按名称查找计算机、域控制器、成员服务器和网络服务。DNS 服务器角色通过将名称映射到 IP 地址,为基于 TCP/IP 的网络提供 DNS 名称解析服务,从而使计算机可以查找网络环境中的网络资源。

(1) 域名解析 DNS 服务器通过其 A 记录将域名解析成 IP 地址。

(2) 客户机通过 DNS 服务器上 SRV 记录定位活动目录服务。

通常情况下,DNS 和 DC 两个服务装在同一台计算机上。DNS 上的 SRV 记录是由域控制器注册上去的,客户机如果要想找到域控制器,就必须指向域控制器上的 DNS。

5. 安装活动目录和 DNS 服务

Windows Server 2008 作为 DNS 服务器和域控制器,要求 IP 地址必须是固定的。因此安装活动目录前需要设置 IP 地址。域控制器需要向 DNS 注册相应的 SRV 记录,因此将首选的 DNS 服务器设置为本地的 IP 地址,并且按照以下操作进行配置:

(1) 如图 3.100 所示,选择"开始"→"设置"→"本地连接"命令,更改本地连接的 TCP/IP 属性,将 IP 地址设置为固定的,将首选的 DNS 设置为本地 IP 地址。

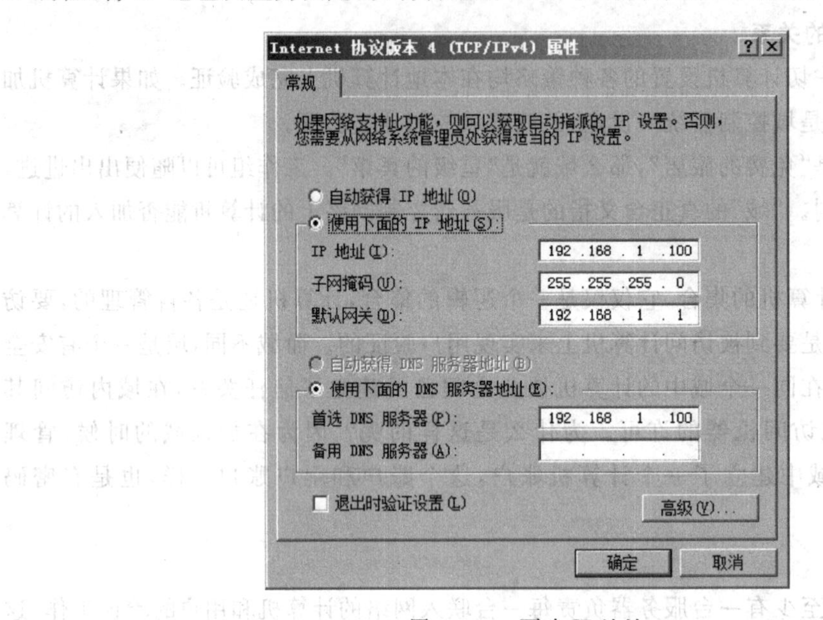

图 3.100 更改 IP 地址

(2) 如图 3.101 所示,单击"开始"→"运行"命令,打开"运行"对话框,输入 dcpromo,单击"确定"按钮。

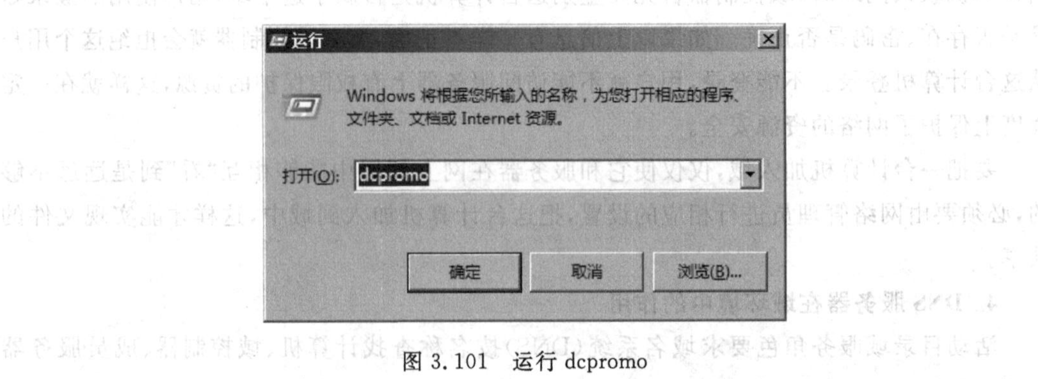

图 3.101 运行 dcpromo

提示:删除活动目录也是用这个命令。

(3) 在出现的"欢迎使用 Active Directory 域服务安装向导"对话框中,单击"下一步"按钮。在出现的“操作系统兼容性”对话框中，单击“下一步”按钮。在出现的“选择某一部署配置”对话框中，选择“在新林中新建域”，单击“下一步”按钮。

(4) 如图 3.102 所示，在出现的“命名林根域”对话框中，输入目录林根级域的全称，单击“下一步”按钮。注意，名称必须使用“.”隔开。

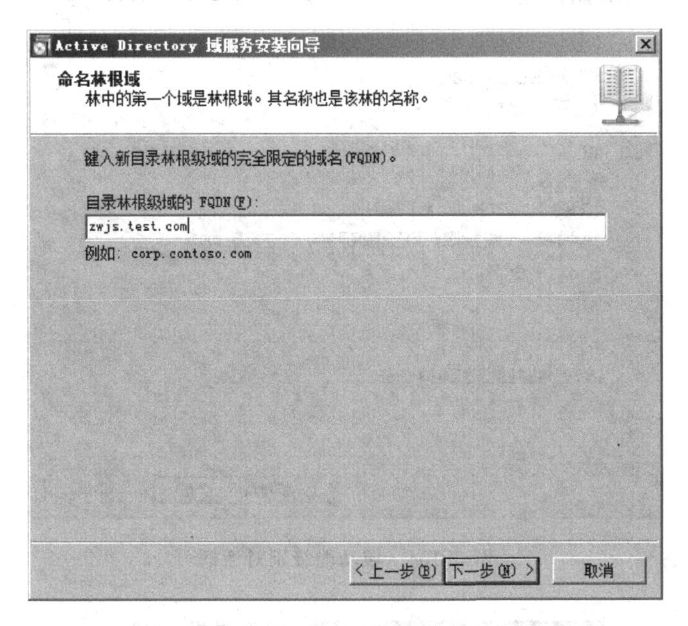

图 3.102 输入目录林的名字

如图 3.103 所示，在“设置林功能级别”对话框中选择 Windows Server 2008 R2 选项，单击“下一步”按钮。

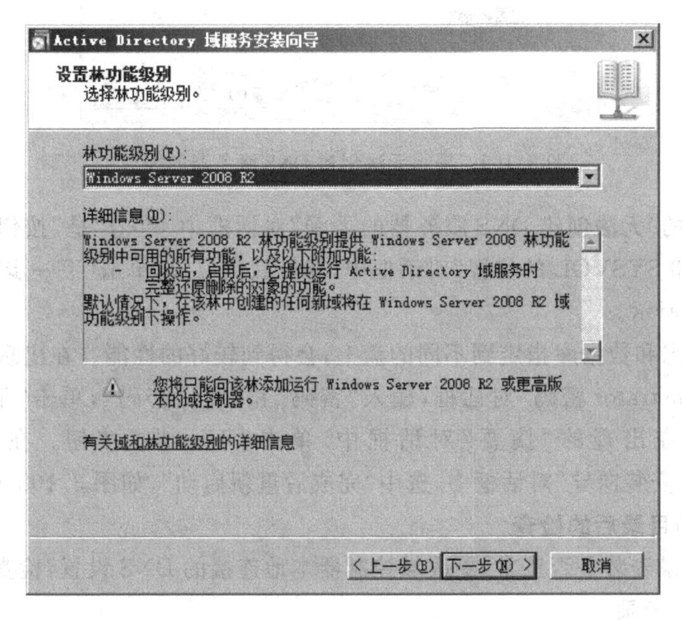

图 3.103 选择林功能级别

(5) 如图 3.104 所示,选中“DNS 服务器”复选框,单击“下一步”按钮,系统将提示无法创建 DNS 服务器的委派信息,如图 3.105 所示。

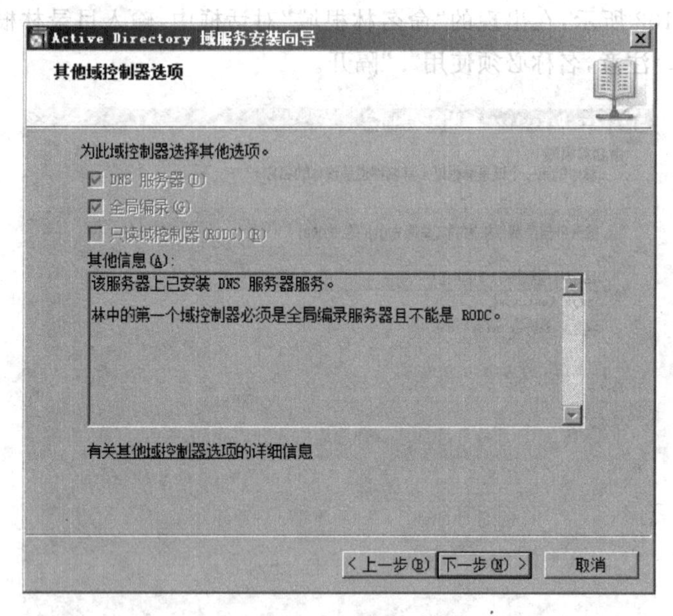

图 3.104 域功能级别对话框

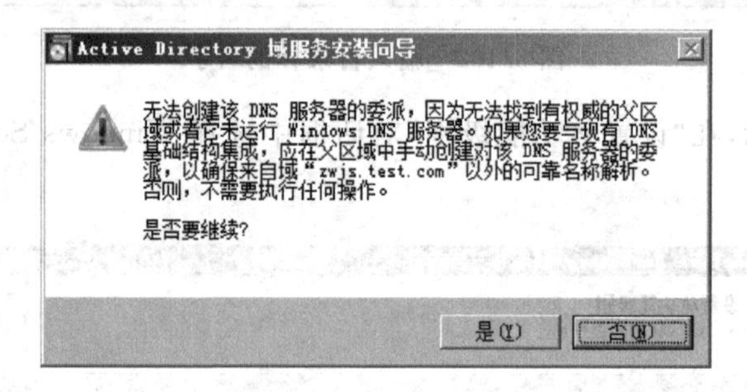

图 3.105 提示无法创建 DNS 服务器的委派

(6) 在出现的“无法创建 DNS 服务器的委派”对话框中,单击“是”按钮。在出现的“数据库、日志文件和 SYSVOL 的位置”对话框中,保持默认位置,单击“下一步”按钮,选择文件路径如图 3.106 所示。

注意:将日志和数据库指定到不同的盘上,会得到较好的性能。在出现的“目录服务还原模式的 Administrator 密码”对话框,输入“密码”和“确认密码”,单击“下一步”按钮,如图 3.107 所示。在出现的“摘要”对话框中,单击“下一步”按钮。在出现的“Active Directory 域服务安装向导”对话框中,选中“完成后重新启动”,如图 3.108 所示。

6. 安装活动目录后的检查

检查活动目录安装是否正常,更改域控制器本地连接的 DNS 设置,检查 DNS 服务域控制器注册的 SRV 记录。

(1) 安装完活动目录并重启后,以域管理员身份登录到域控制器,如图 3.109 和图 3.110 所示。

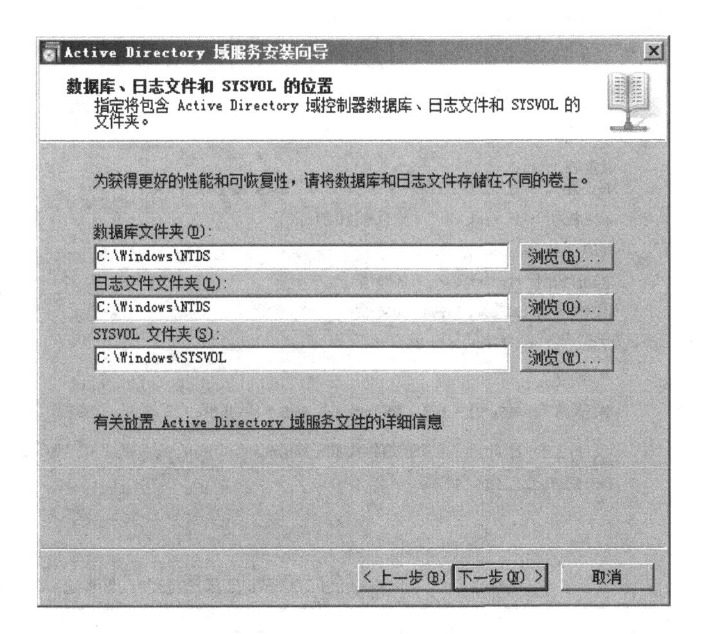

图 3.106 选择文件保存路径

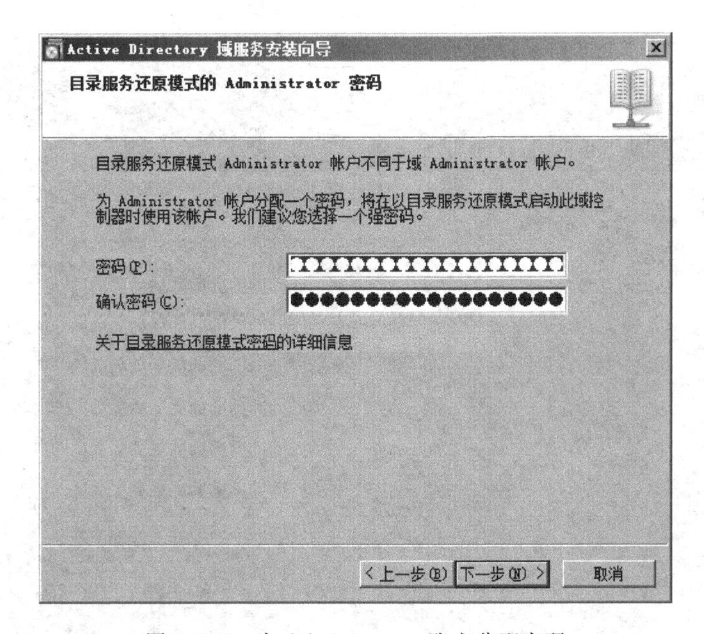

图 3.107 为 Administrator 账户分配密码

(2) 如图 3.111 所示，更改域控制器使用的 DNS 服务器，打开 TCP/IPv4 协议，将首选的 DNS 服务器更改为 192.168.1.100。

注意：默认安装活动目录后，首选 DNS 会指定成 127.0.0.1，所以启动后的第一件事就是将首选的 DNS 设置为本地 IP 地址。

(3) 如图 3.112 所示，打开 DNS 服务管理器，检查 DNS 上的 SRV 记录。注意上面是 4 项，下面是 6 项。

提示：这些 SRV 记录是域控制器注册的。通过这些记录，客户机能够找到 zwjs.test.

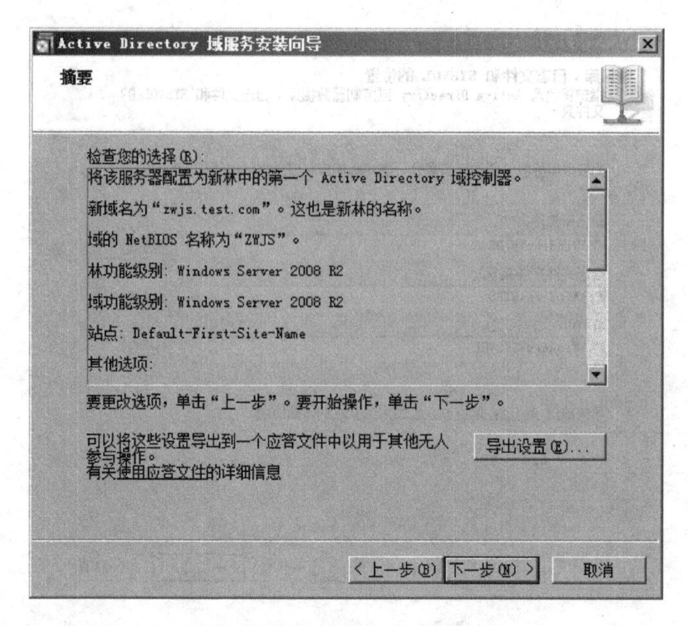

图 3.108　域服务安装摘要

图 3.109　以域管理员身份登录

com 这个域的域控制器。如果安装完活动目录后,发现 SRV 记录不全。客户端就没有办法找到域控制器。如何处理呢?请看下面的操作。

(4) 检查活动目录的默认结构。单击"开始"→"程序"→"管理工具"→"Active Directory 用户和计算机"。

(5) 单击 zwjs.test.com,如图 3.113 所示。

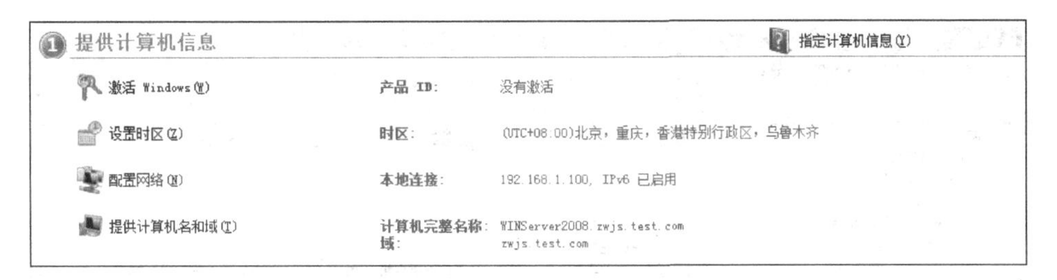

图 3.110 以域管理员身份登录的计算机信息

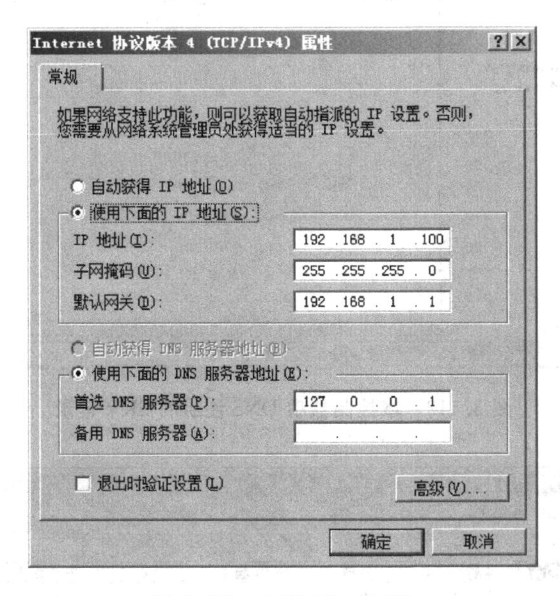

图 3.111 TCP/IPv4 属性

① Builtin 存放的是内置组。

② 计算机加入域后，计算机账户存放的位置就是 Computers。

③ Domain Controllers 存放该域中的域控制器，不要轻易将域控制器移动到其他位置。

④ ForeignSecurityPrincipals 存放信任的外部域中安全主体。

⑤ Users 为用户默认的存放位置。

(6) 如图 3.114 所示，选中 zwjs.test.com，单击“查看”→“高级功能”菜单命令。

提示：启用高级功能后能够看到隐藏的系统目录。

7. 强制域控制器注册 SRV 记录

由于某种原因，装完活动目录后发现 DNS 上的正向区域和 SRV 记录没有或不全。需要采取以下措施，强制让域控制器向 DNS 注册 SRV 记录。

下面先删除 DNS 服务器上的正向区域，同时也就删除了该区域下的所有记录。然后，将会让域控制器向 DNS 服务器注册其 SRV 记录。

(1) 在 Windows Server 2008 上，单击“开始”→“程序”→“管理工具”→“DNS”命令。

(2) 如图 3.115 所示，右击“_msdcs.zwjs.test.com”区域，在弹出的快捷菜单中选择“删除”命令。

(3) 在弹出的提示框中，单击“是”按钮。

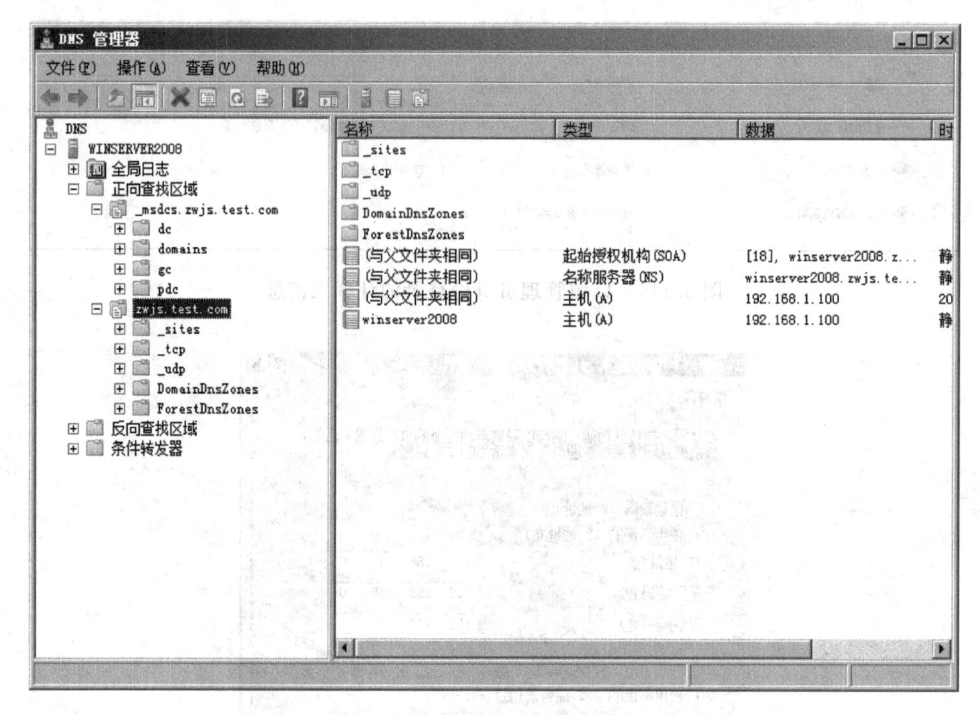

图 3.112 域控制器项 DNS 注册的 SRV 记录

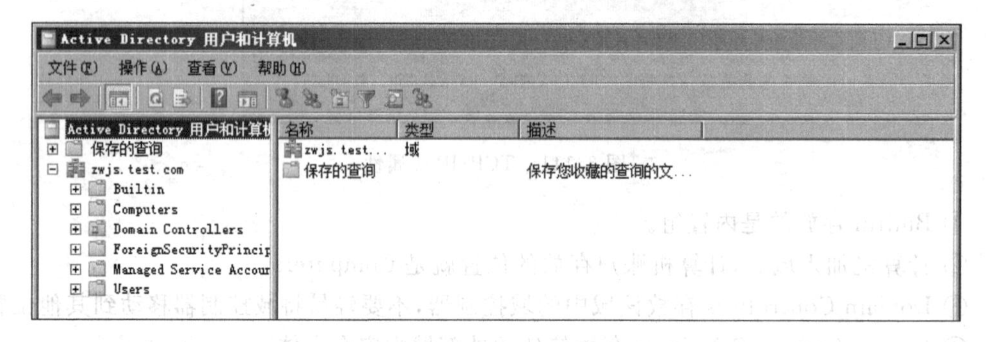

图 3.113 活动目录默认结构

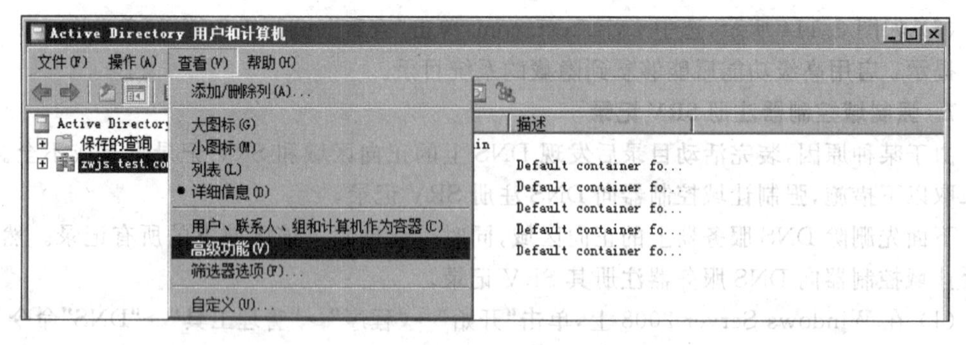

图 3.114 启用高级功能

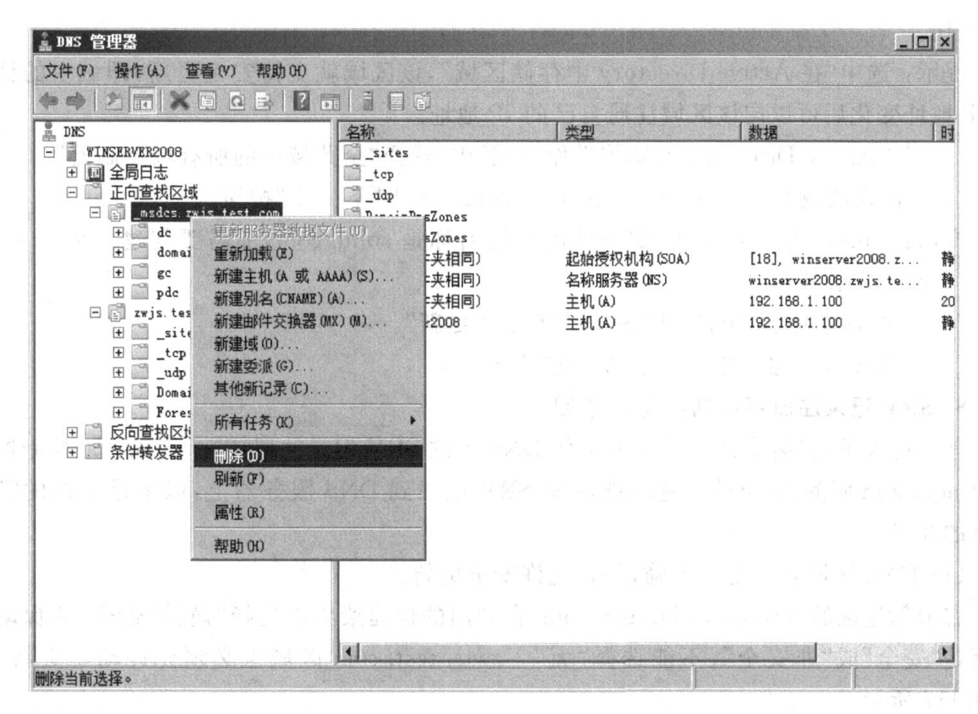

图 3.115 删除整个区域

(4) 右击“zwjs. test. com”区域，在弹出的快捷菜单中选择“删除”命令。

(5) 在弹出的提示框中，单击“是”按钮。

提示：现在相当于 DNS 没有配置成功，没有正向查找区域，也没有 SRV 记录。这种情况域中的其他计算机没有办法通过 DNS 找到 zwjs. test. com 域的域控制器。

(6) 如图 3.116 所示，右击“正向查找区域”，在弹出的快捷菜单中选择“新建区域”命令。

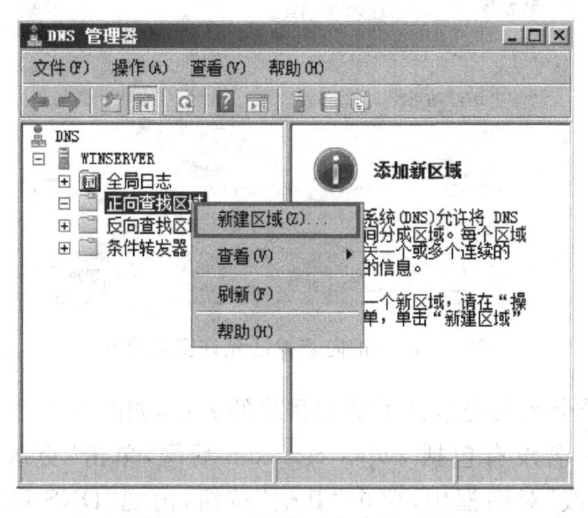

图 3.116 新建正向查找区域

(7) 在新建区域向导中，单击“下一步”按钮。

(8) “区域类型”选择“主要区域”，选中“在 Active Directory 中存储区域”，单击“下一步”按钮。

提示：选中“在 Active Directory 中存储区域”，该区域就支持安全更新，即域中的计算机 IP 地址变化后可以向该区域注册自己的 IP 地址。

(9) 在“Active Directory 区域传送作用域”中，选择“至此域中的所有域控制器”。

(10) 输入区域名字“_msdcs. zwjs. test. com”，单击“下一步”按钮。

提示：_msdcs 是固定格式，如安装的林的名称是 sohu. com，那需要创建一个_msdcs. sohu. com 正向查找区域。

(11) 在“动态更新”中，选中“只允许安全的更新”。

(12) 单击“下一步”按钮，单击“完成”按钮。

8. SRV 记录注册不成功的可能原因

默认情况下，安装完活动目录就会使 DNS 中的 SRV 记录注册成功，如果在域控制器上重启 netlogon 服务，有可能还是不能注册 SRV 记录到 DNS 服务器上，以下是总结的需要检查的几点。

(1) DNS 区域名字是否正确，是否允许安全更新。

右击创建区域_msdcs. zwjs. test. com，在弹出的快捷菜单中选择“属性”命令，确保动态更新是“安全”或“非安全”，不能选择“无”。zwjs. test. com 区域也必须允许动态更新，如图 3. 117 所示。

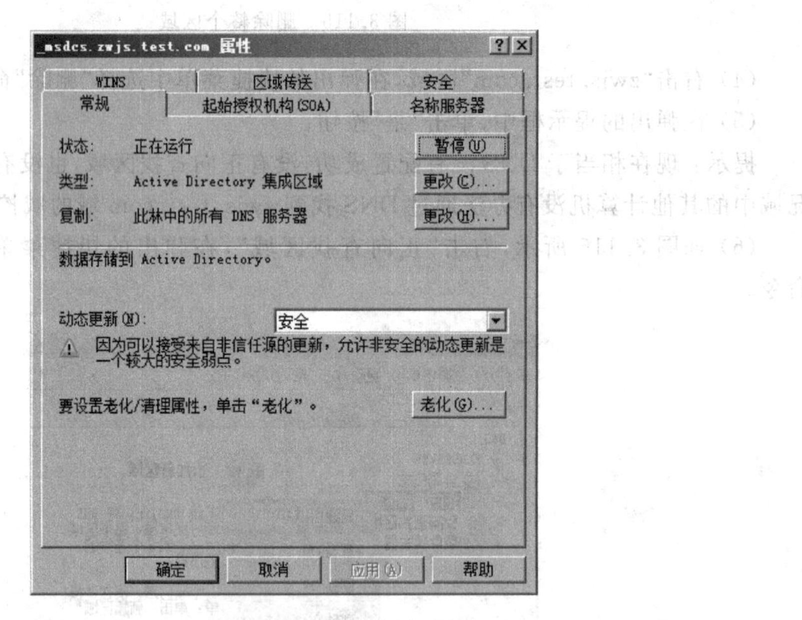

图 3. 117　正向查找区允许安全更新

(2) 确保域控制器全名已经包括了活动目录的名字，如图 3. 118 所示。

如果域控制器的全名没有包括 zwjs. test. com 后缀，单击“更改”按钮，如图 3. 119 所示，在“计算机名/域更改”对话框中，单击“其他”按钮，出现“DNS 后缀和 NetBIOS 计算机名”对话框，默认已经选中“在域成员身份变化时，更改主 DNS 后缀”复选框，输入 zwjs. test. com 后缀，单击“确定”按钮，如图 3. 120 所示，这样就给域控制器的计算机添加一个域后缀。

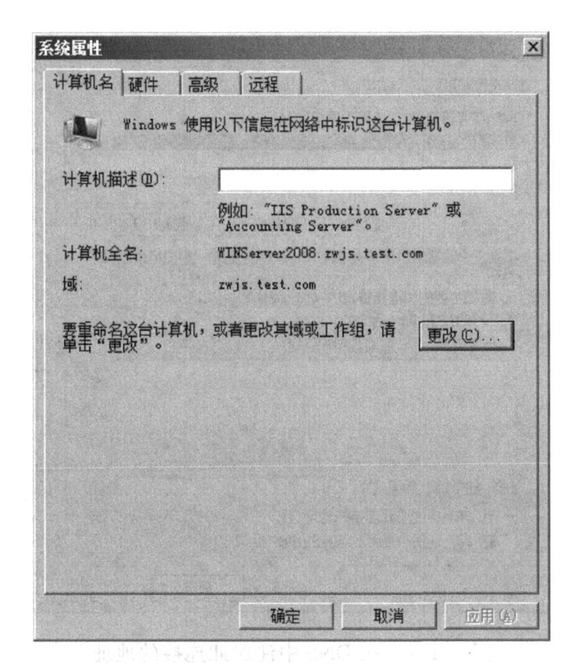

图 3.118 域控制器的全名必须有域名后缀

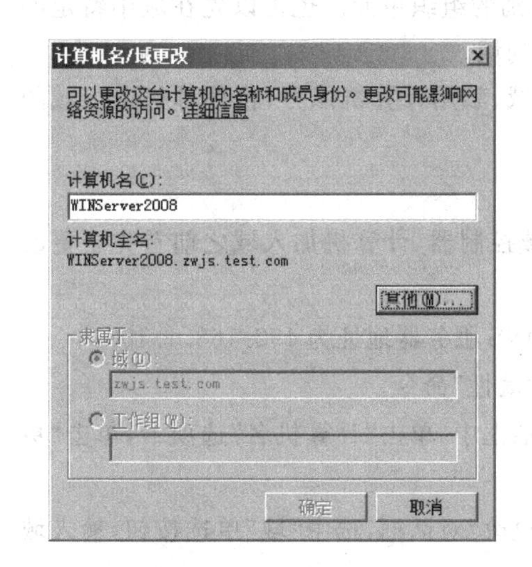

图 3.119 提示对话框

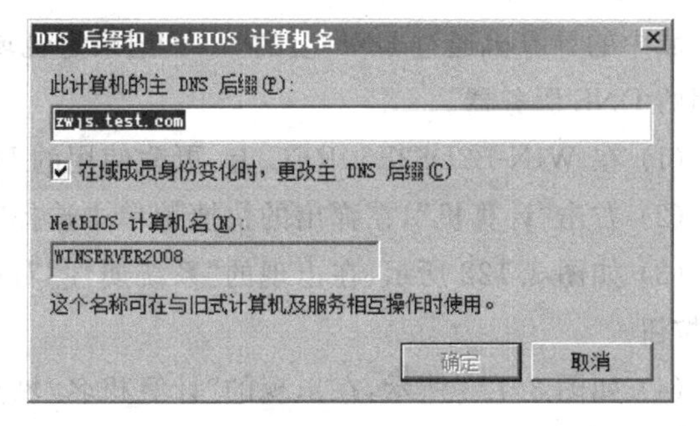

图 3.120 更改后缀

(3) 如图 3.121 所示，确保域控制器的 TCP/IP 属性已经选中“在 DNS 中注册此连接的地址”复选框。

9. 管理域成员

将计算机加入到域实际是和域控制器建立信任的过程，计算机通过和域控制器共享一个信任密钥建立信任，如果信任丢失，需要将计算机退出域，再次加入域，重新建立信任。将计算机加入域时会自动在活动目录中创建计算机账号，每台加入域并运行操作系统的计算机都具有一个计算机账户。与用户账户类似，计算机账户对访问网络和域资源提供了一种身份验证和审核方式。每个计算机账户都必须是唯一的。默认计算机账号存储在域

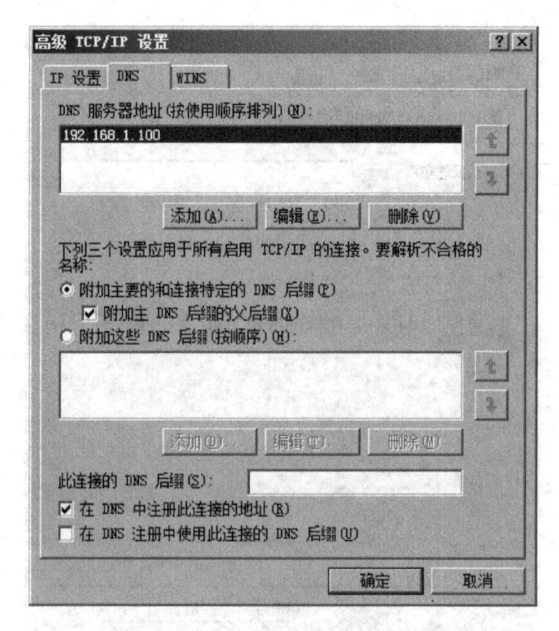

图 3.121　在 DNS 中注册此连接的地址

computers 中。可以根据需要将计算机账户移动到别的组织单元。也可以先在域中特定的组织单元中创建计算机账号，然后再把计算机加入到域。

下面展示将计算机 WIN-B2DS3F50REC 添加域、禁用计算机账号、将计算机退出域的过程。

1) 将计算机加入到域

域中的计算机通过 DNS 上的 SRV 记录定位域控制器，计算机加入域之前首先要更改使用的 DNS 服务器。

(1) 在 WIN-B2DS3F50REC 上，更改使用的 DNS 服务器地址为 192.168.1.100。

(2) 右击“计算机”，在弹出的快捷菜单中选择“属性”命令。

(3) 如图 3.122 所示，在出现的“系统属性”对话框中，单击“计算机名”选项卡，单击“更改”按钮。

(4) 如图 3.123 所示，在出现的“计算机名/域更改”对话框，选中“域”单选按钮，输入域名，单击“确定”按钮。

(5) 在出现的“计算机名/域更改”对话框，输入 Windows Server 2008 服务器域用户名(zwjs/dell)和登录密码，单击“确定”按钮。默认普通的域用户能够将 10 台计算机加入域，域管理员没有限制。

(6) 在出现的欢迎加入域对话框中，单击“确定”按钮。

(7) 重启后，按 Ctrl+Alt+Delete 组合键登录计算机，出现登录界面，单击“切换用户”按钮。

(8) 如图 3.124 所示，若输入 ZWJS\administrator，则 ZWJS 表示是域用户，administrator 表示是 ZWJS 的管理员。单击“确定”后，系统提示域管理员登录成功，如图 3.125 所示。

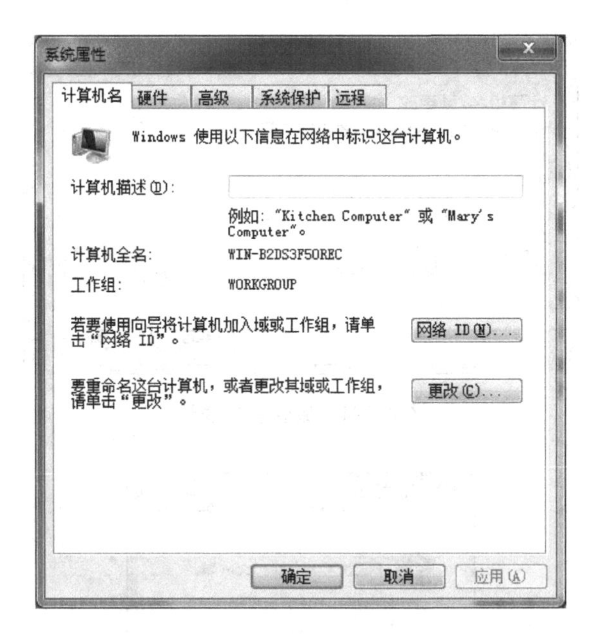

图 3.122 更改系统属性

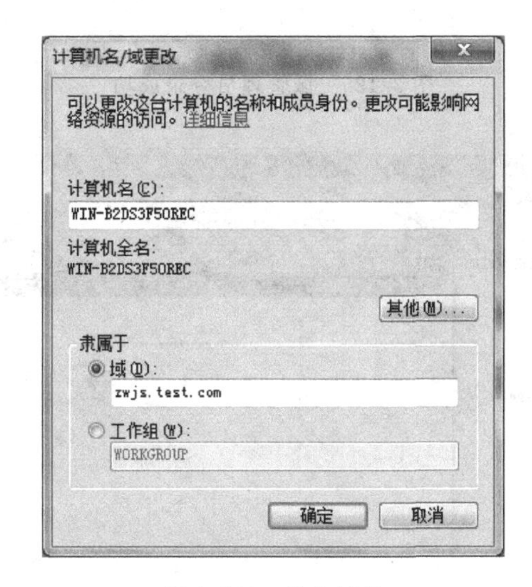

图 3.123 输入域名

2）禁用计算机账号

在 Windows Server 2008 上，打开“Active Directory 用户和计算机”窗口，单击 Computer 文件夹，可以看到加入域的计算机账户，如图 3.126 所示。

对于加入到域的计算机，如果不打算让使用者在该计算机上使用域账户登录，可以禁用计算机账户，对于已经登录到域的用户，访问域中其他服务器上共享资源时，需要输入账号和密码。

计算机账户被禁用后，域用户不能在此计算机登录，提示：“服务器上的安全数据库没有此工作站信任关系的计算机账户”。

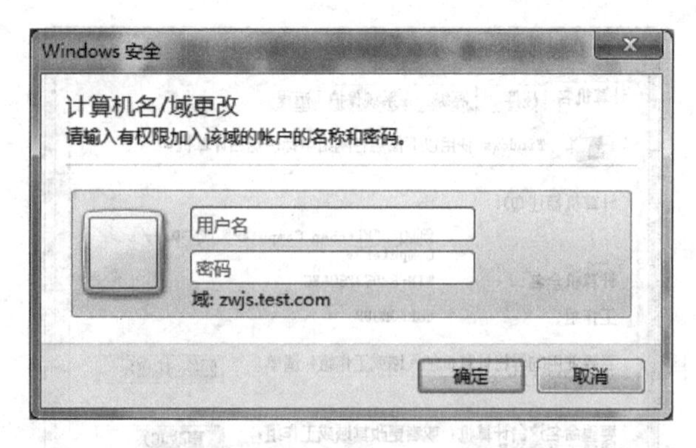

图 3.124　域管理员登录

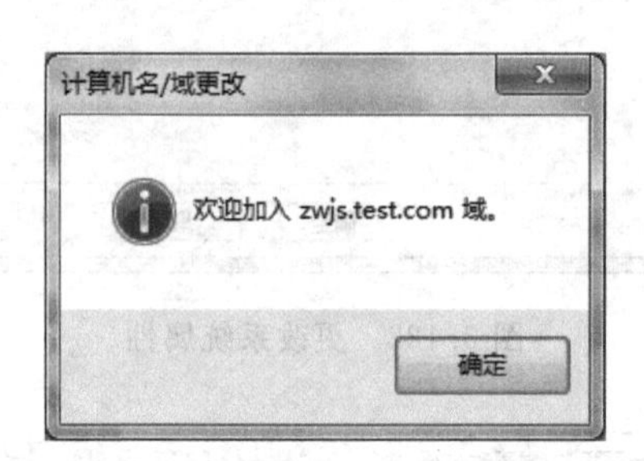

图 3.125　域管理员登录成功

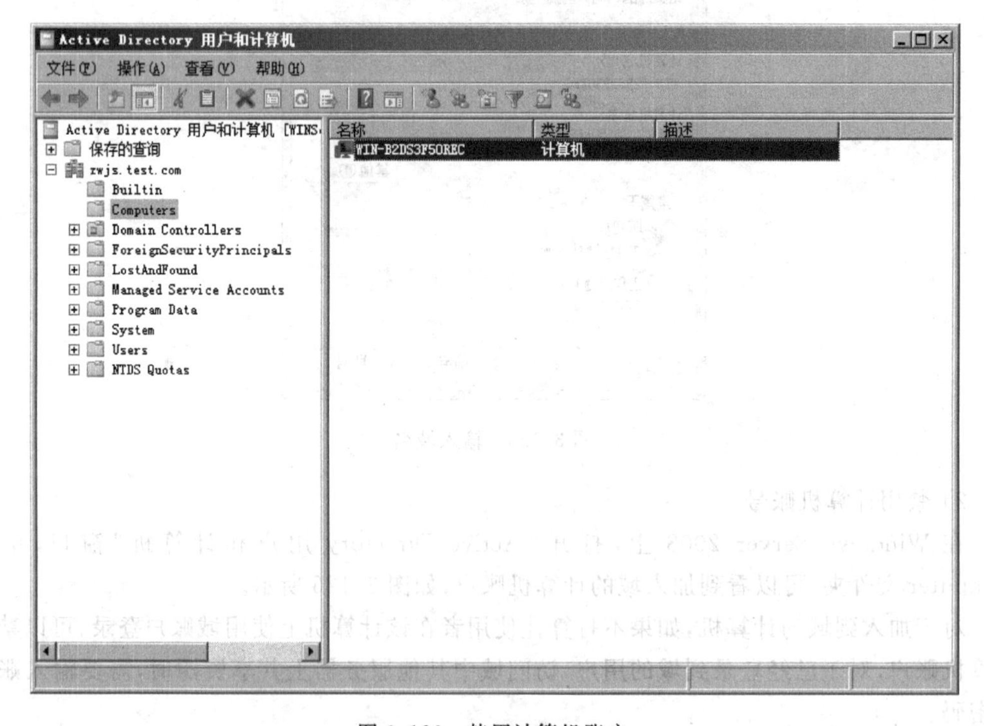

图 3.126　禁用计算机账户

3) 将计算机退出域

计算机要么是工作组中的计算机，要么是域中的计算机，不可能同时属于域和工作组，如果将计算机加入到工作组，就必须从域中退出。退出域时需要输入域管理员账号和密码，这样会把该计算机账号从活动目录中禁用，如图 3.127 所示。

图 3.127　将计算机退出域

10. 域环境中计算机名称解析

在企业局域网中，用户习惯使用计算机名访问网络资源，而不习惯使用域名或 IP 地址访问。访问同一个网段的计算机，计算机名称解析使用广播，跨网段实现计算机名称解析，可以使用 WINS 服务器来实现。在域环境中，计算机可以使用 DNS 实现跨网段计算机名解析，而不用配置 WINS 服务器。

域中的计算机全称由计算机名加上域名构成。将 DNS 服务器的区域设置成允许安全更新，域中的计算机会向 DNS 服务器注册自己名称对应的 IP 地址。当用户解析计算机名称时，会自动在该名称后添加域名后缀，构造一个完全限定域名，通过 DNS 服务器解析出 IP 地址。

(1) 在 Windows Server 2008 上，打开 DNS 管理工具。

(2) 如图 3.128 所示，单击正向查找区域 zwjs.test.com，可以在右侧看到加入到域中的计算机注册的 A 记录。

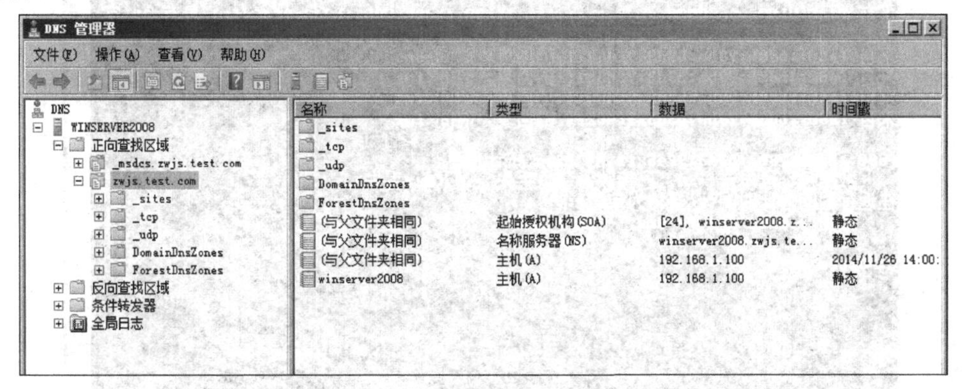

图 3.128　域中计算机注册的 A 记录

(3) 如图 3.129 所示，在命令行提示符下输入 ipconfig/all，可以看到主 DNS 后缀 zwjs.test.com。

图 3.129　查主 DNS 后缀和 DNS 搜索列表

提示 1：主 DNS 后缀，决定了客户机向 DNS 哪个正向查找区注册 A 记录。

提示 2：计算机名称解析时，会在计算机名后添加主 DNS 后缀 zwjs.test.com，构造完整的计算机名。

如图 3.130 所示，在命令提示符下输入 ping winserver 2008，可以看到构造的完整的名称 WINServer 2008.zwjs.test.com。

图 3.130　构造的完整的域名

小结

本章讲述了 Windows Server 2008 的安装方法、基本配置、高级配置和域环境管理等。通过本章的学习,希望读者能够熟悉掌握 Windows Server 2008 的安装方法、基本配置和域环境配置管理等操作。

习题

1. Windows Server 2008 安装中,对于处理器的硬件最低要求是(　　)。

A. x64　　B. x86　　C. IA-32e　　D. EM64T

2. Windows Server 2008 安装过程中,对于"计算机名"的命名最大长度为(　　)。

A. 32B　　B. 31B　　C. 63B　　D. 64B

3. Windows Server 2008 安装过程中,对"计算机名"命名正确的是(　　)。

A. abcd_ABCD　　B. abcd&ABCD　　C. 1234_abcd　　D. 1234-abcd

4. 在 Windows Server 2008 中,在"运行"窗体中,查看本机 IP 配置的完整信息的命令正确的是(　　)。

A. ipconfig \all　　B. ipconfig　　C. ipconfig /all　　D. show ip

5. 在 Windows Server 2008 中,在"运行"窗体中显示当前 TCP/IP 网络连接的命令正确的是(　　)。

A. tracert　　B. netstat　　C. ping　　D. telnet

6. 在 Windows Server 2008 系统中,如果要输入 DOS 命令,则在"运行"对话框中输入(　　)。

A. CMD　　B. MMC　　C. AUTOEXE　　D. TTY

7. Windows Server 2008 系统安装时生成的 Documents and Settings、Windows 以及 Windows\System32 文件夹是不能随意更改的,因为它们是(　　)。

A. Windows 的桌面

B. Windows 正常运行时所必需的应用软件文件夹

C. Windows 正常运行时所必需的用户文件夹

D. Windows 正常运行时所必需的系统文件夹

8. 启用 Windows 自动更新和反馈功能,不能进行手动配置设置的是(　　)。

A. Windows 自动更新　　B. Windows 错误报告

C. Windows 激活　　D. 客户体验改善计划

9. 远程桌面被启用后,服务器操作系统被打开的端口为(　　)。

A. 80　　B. 3389　　C. 8080　　D. 1024

10. 某公司搭建了 Windows 2008 域,管理员创建了"zuwang"、"jishu"两个 OU,组网部员工账户与计算机都在"zuwang"OU 中,而技术部员工账户在"jishu"OU 中。管理员在域组策略上启用了“删除桌面上我的文档图标”，在“zuwang”OU 上创建组策略，启用“删除桌面上的计算机图标”并配置“阻止继承”，则当技术部员工登录到组网部计算机时，会(　　)。

A. 桌面上没有“计算机”图标

B. 桌面上没有“计算机”、“我的文档”图标

C. 桌面上有“计算机”、“我的文档”图标

D. 桌面上没有“我的文档”图标而有“计算机”图标

第 4 章

网络服务构建

网络服务指的是网络为用户提供的各种应用。网络服务可分为 C/S 网络和 B/S 网络等。

C/S(Client/Server)即客户机/服务器网络，它通常由表示层、业务逻辑层、数据访问层三部分组成。表示层功能是实现与用户的交互；业务逻辑层的作用是进行具体的运算和数据处理；数据访问层的功能是实现对数据库进行查询、修改、更新等任务。

B/S(Browser/Server)即浏览器/服务器网络，是一种以 Web 技术为基础的网络管理信息系统平台模式。B/S 结构也是由表示层、业务逻辑层、数据访问层 3 个独立的单元所组成，可对应于 Web 浏览器。

下面详细介绍各个服务器的构建步骤及服务器的配置方法。

4.1 构建 Web 服务器

Web 服务器主要是为 HTTP 协议访问网络资源提供服务。当前常见的 Web 服务器有 Microsoft IIS、Apache、Tomcat、Resin、IBM WebSphere、BEA WebLogic 等。不同的服务器都可以支持静态页面的解析，但是解析动态页面可能有所不同。

4.1.1 Web 服务简介

Web 服务是目前 Internet 上应用非常广泛的技术。Web 服务以超文本标记语言(Hyper Text Markup Language，HTML)、超文本传输协议(Hyper Text Transport Protocol，HTTP)和统一资源定位符(Uniform Resource Locator，URL)为基础。

4.1.2 配置 Microsoft IIS Web 服务器

IIS(Internet Information Services)是微软公司推出的 Web 服务，集成于 Windows 操作系统内，可以通过系统组件的方式安装。接下来介绍 IIS Web 服务器的基本配置。

1. 安装 IIS Web 服务

(1) 单击"开始"→"管理工具"→"服务器管理器"命令，如图 4.1 所示，在弹出的"角色摘要"窗口中单击"添加角色"，如图 4.2 所示。

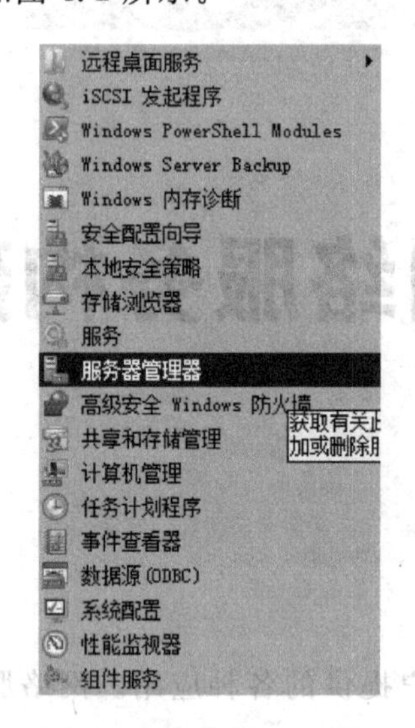

图 4.1 "开始"菜单的"服务器管理器"命令

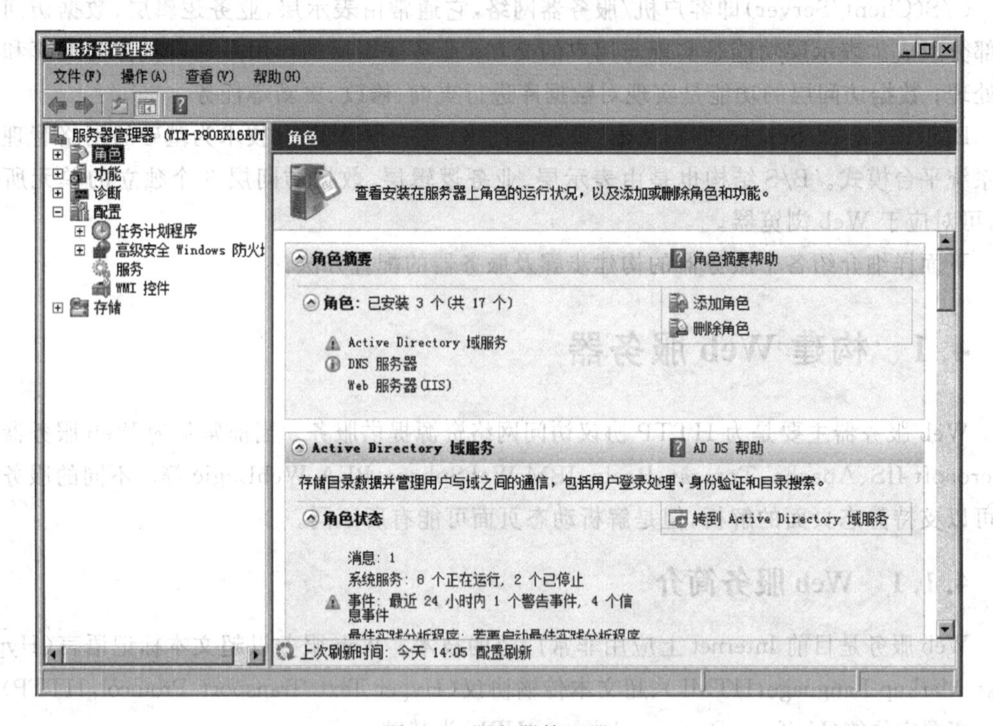

图 4.2 服务器管理器

(2) 在打开的"选择服务器角色"对话框中，勾选"Web 服务器(IIS)"复选框，如图 4.3 所示，然后单击"下一步"按钮，打开"选择角色服务"对话框，如图 4.4 所示，在打开的对话框中选择必要组件。

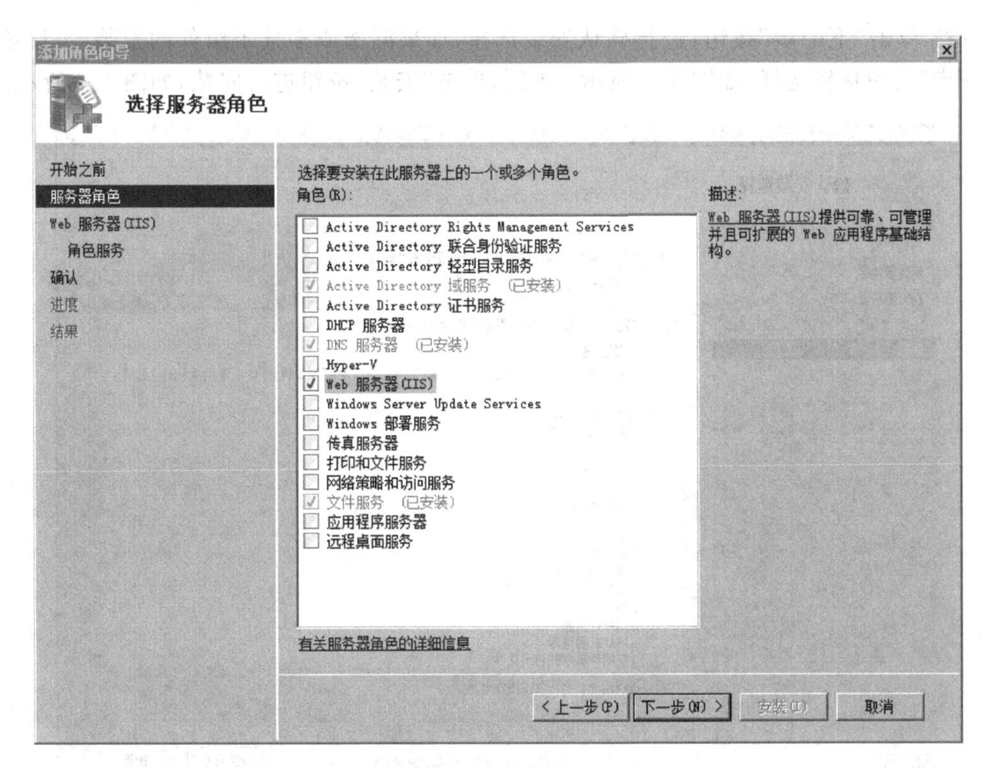

图 4.3 “选择服务器角色”对话框

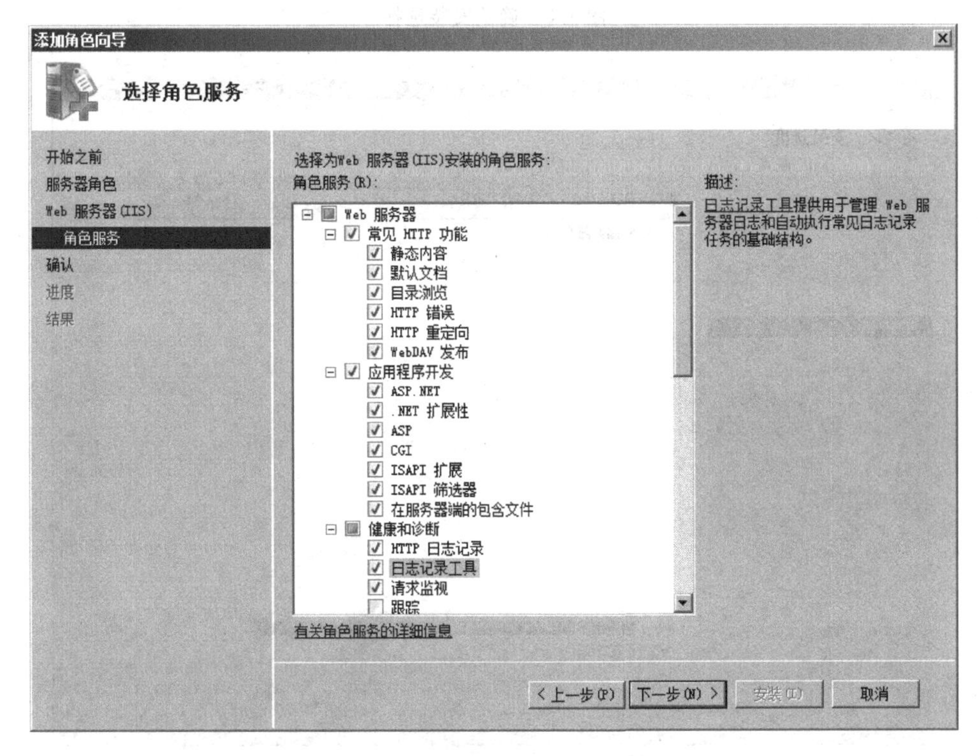

图 4.4 选择 Web 服务器组件

(3) 单击“下一步”按钮，进行确认安装选择，如果漏选或多选了组件的安装，可以单击“上一步”按钮重新选择，如图 4.5 所示；否则，单击“安装”按钮进行安装，如图 4.6 所示。

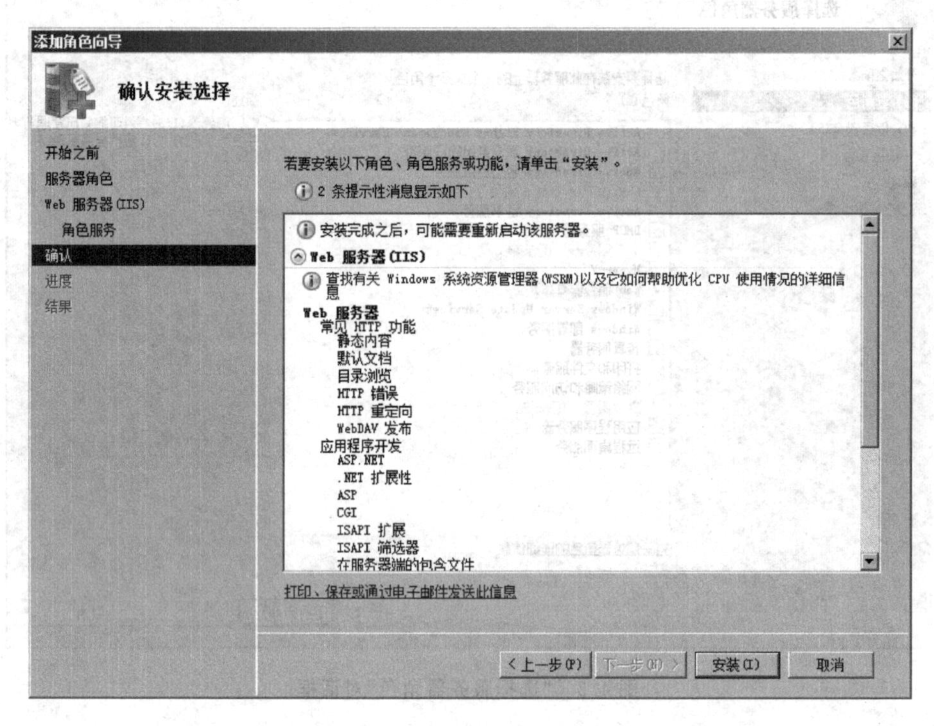

图 4.5　确认安装选择

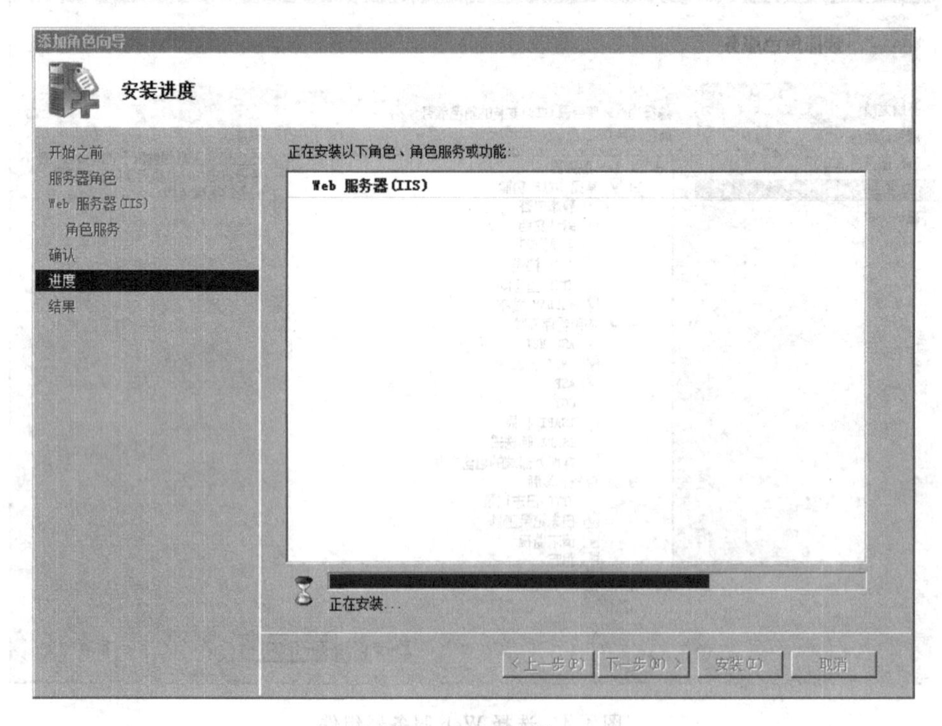

图 4.6　安装进度

(4) 安装完成后，单击“关闭”按钮，完成安装，如图 4.7 所示。

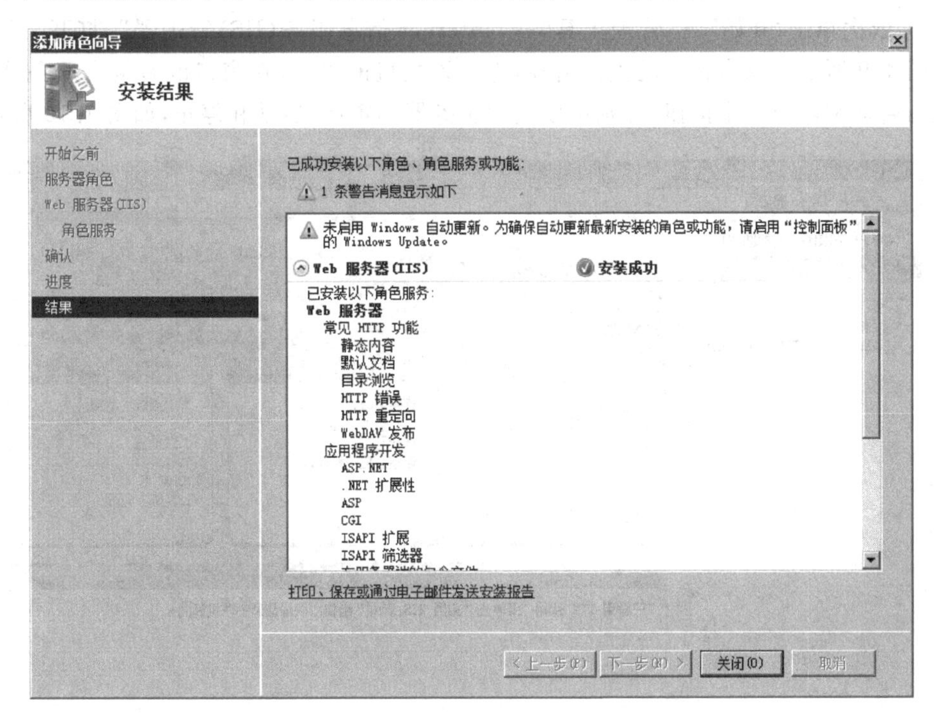

图 4.7 服务器安装结束

(5) 服务器安装结束后，可以进行简单的测试。打开浏览器，在地址栏中输入“localhost”或者输入“127.0.0.1”，弹出 IIS 默认页面，说明服务器已经正确安装，如图 4.8 所示。

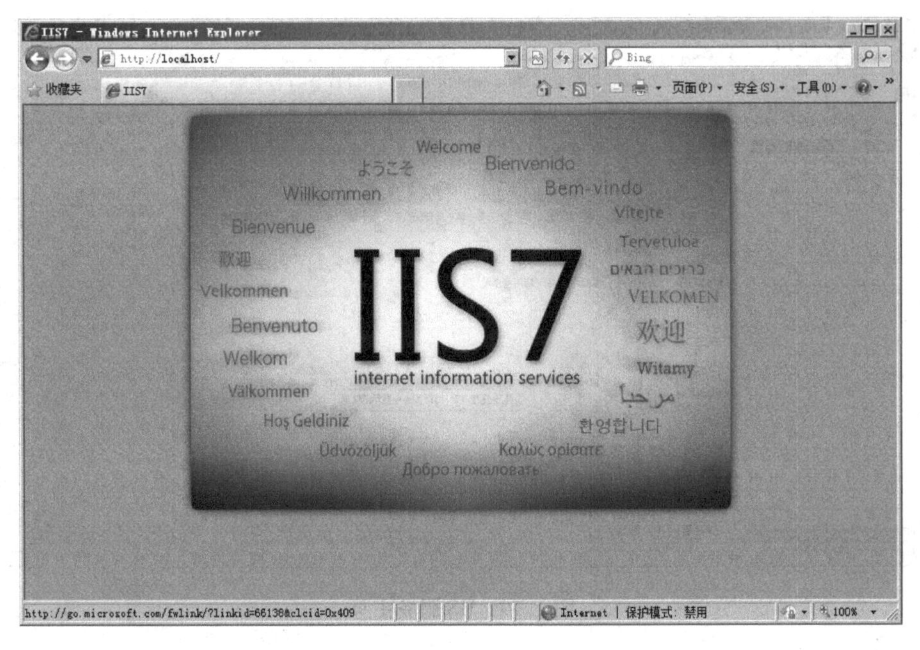

图 4.8 IIS 默认页面

2. 配置 IIS Web 服务器

(1) 依次单击“开始”→“管理工具”→“Internet 信息服务(IIS)管理器”，打开 IIS 管理器，如图 4.9 所示。双击相应的主机名称，进入该主机的主页，在窗口的右侧有服务器的重新启动、启动和停止 3 个按钮，分别可以实现服务器的重启、启动和停止，如图 4.10 所示。

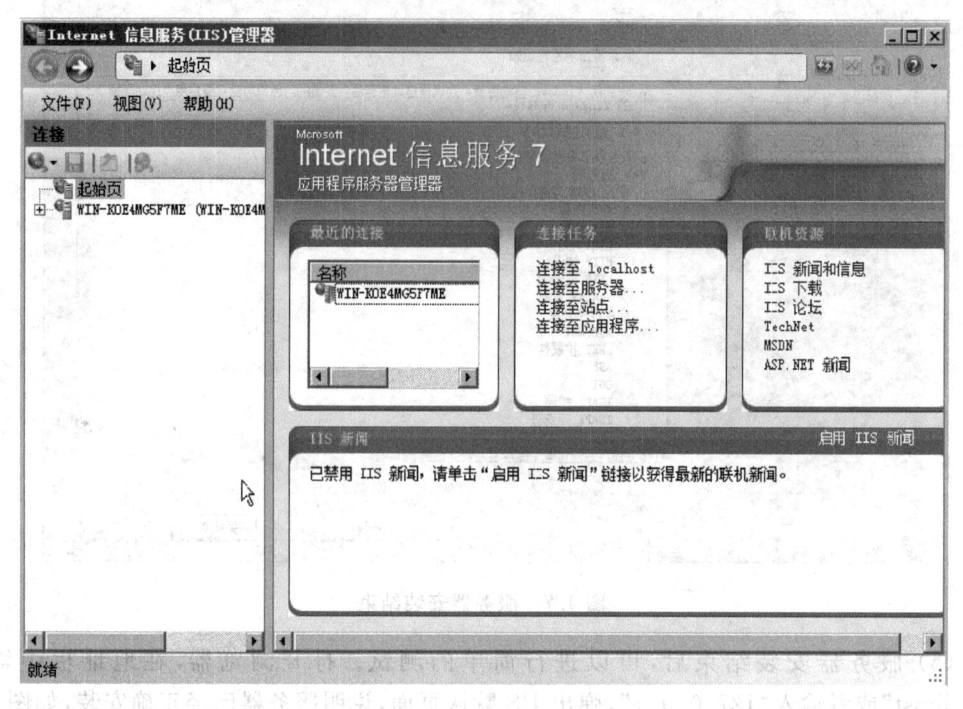

图 4.9 IIS 起始页

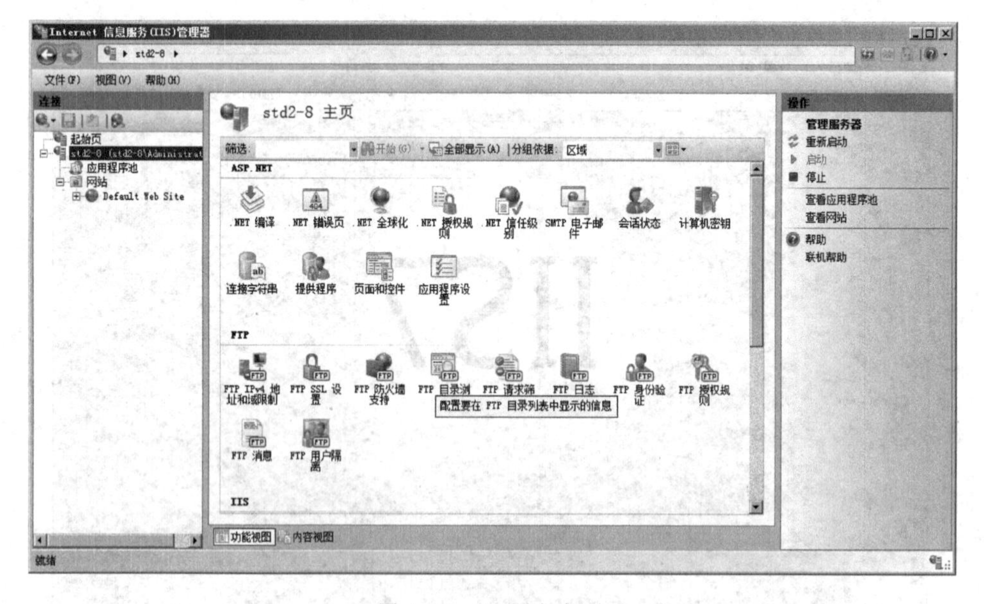

图 4.10 IIS 服务主页

（2）添加默认文档。默认文档的作用是指定当前客户端未请求特定文件名时所返回的默认文件。如图 4.11 所示，在 IIS 服务主页中找到 IIS 服务下的“默认文档”图标并双击，然后通过单击右侧“添加”按钮实现默认文档的添加，如图 4.12 所示，在输入框中输入默认文档名称，也可以单击“禁用”按钮禁用整个默认文档功能。

图 4.11　默认文档按钮

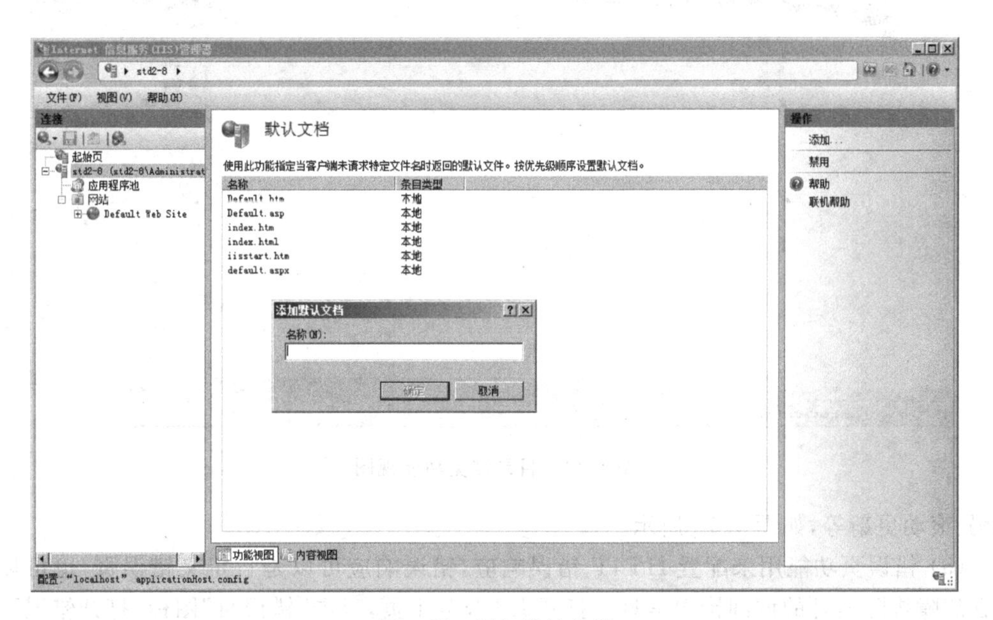

图 4.12　添加默认文档

（3）目录浏览功能设置。在 IIS 服务主页中，双击“目录浏览”图标，打开目录浏览窗口，如图 4.13 所示。包括时间、大小、扩展名、日期和长日期，如图 4.14 所示；在图中信息选项为灰色，表示目录浏览功能已禁用，如需要此功能，单击右侧的“启用”按钮开启功能。

（4）日志查看用来配置 IIS 在 Web 服务器上记录请求的方式。打开 IIS 服务主页，双击“日志”图标，打开日志窗口，对日志的格式进行设置，包括记录方式、文件格式、存储目录、

图 4.13　目录浏览图标

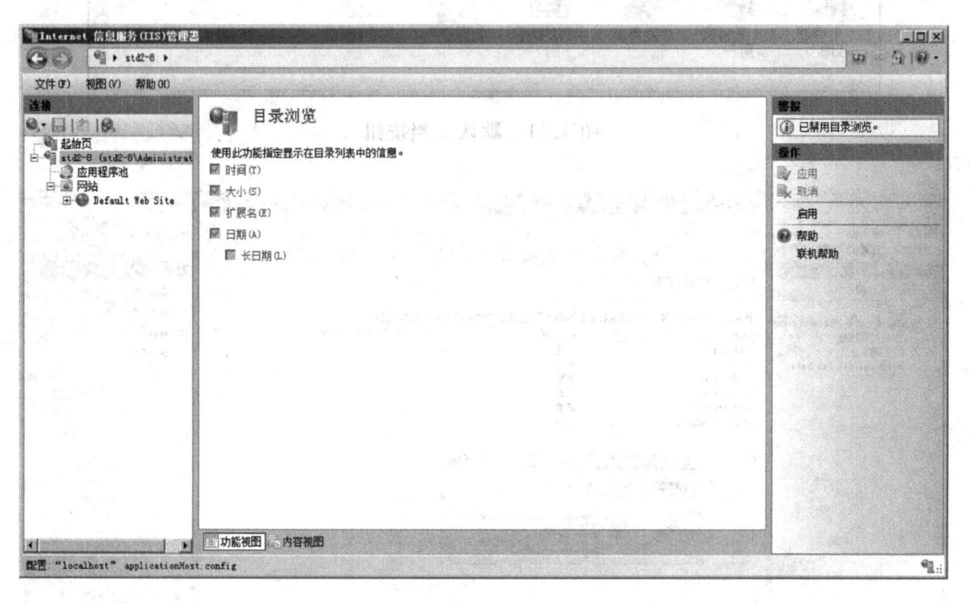

图 4.14　目录浏览功能视图

编码、滚动更新等,如图 4.15 所示。

(5) 错误页功能用来配置 HTTP 错误响应,错误响应可以是自定义错误页,也可以是包含故障排除信息的详细错误消息。打开 IIS 服务主页,双击"错误页"图标,打开错误页设置窗口,如图 4.16 所示。一般情况下,为了方便系统的管理,采用默认的错误页设置。

(6) 使用"网站"功能页可以管理 Web 服务器上的网站列表。打开"Internet 信息服务(IIS)管理器",单击连接栏中的网站,即可对 Web 服务器上的网站进行管理,包括网站的增加、删除、网站默认设置、权限、命名、启动、停止等,如图 4.17 所示。单击操作栏的"添加网站"链接,弹出图 4.18 所示对话框,在该对话框中设置网站的名称、应用程序池、物理路径、绑定类型、IP 地址、端口和主机名后,单击"确定"按钮,网站建立成功,单击操作栏的"高级

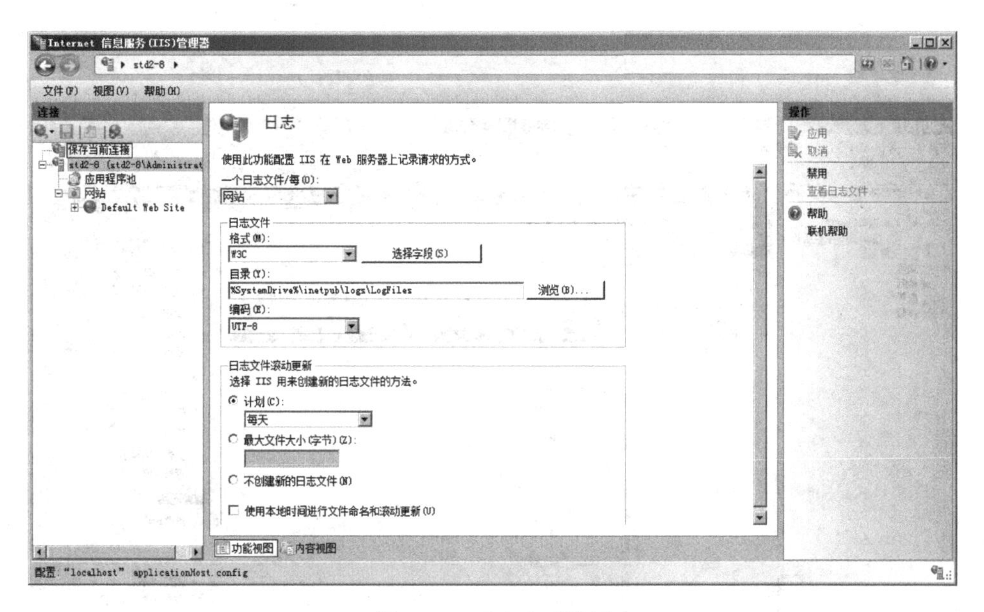

图 4.15　日志查看设置

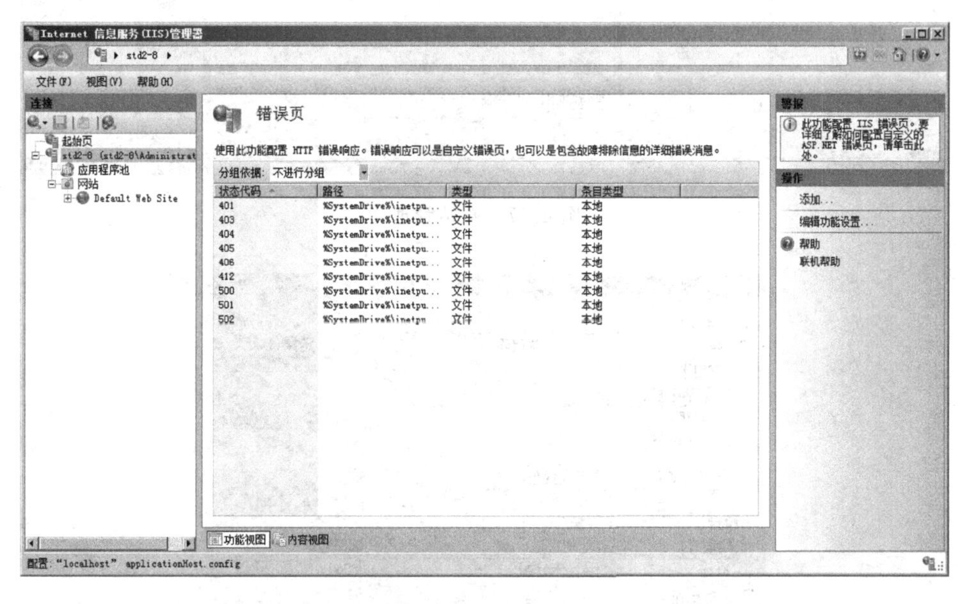

图 4.16　错误页设置

设置”链接，弹出“高级设置”对话框，如图 4.19 所示。

(7) 在主界面单击“绑定”链接，弹出图 4.20 所示对话框，该对话框中显示了当前的网站所绑定的类型、端口、IP 地址等，单击“添加”按钮，弹出图 4.21 所示对话框添加网站绑定。

(8) 在弹出的快捷菜单中选择“添加虚拟目录”命令，如图 4.22 所示，添加的虚拟目录包括别名和物理路径等。

(9) 在“Internet 信息服务(IIS)管理器”右侧链接中，单击“限制”链接，弹出图 4.23 所示对话框，可以设置对网站的限制，包括限制带宽使用、连接超时和限制连接数。

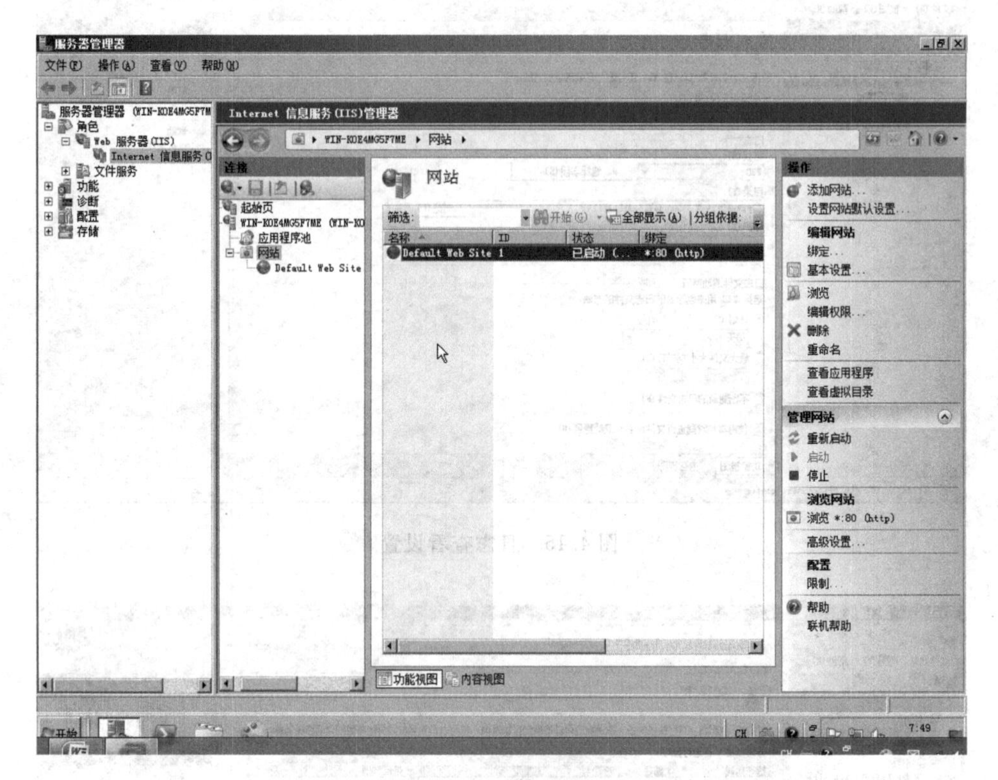

图 4.17 网站管理

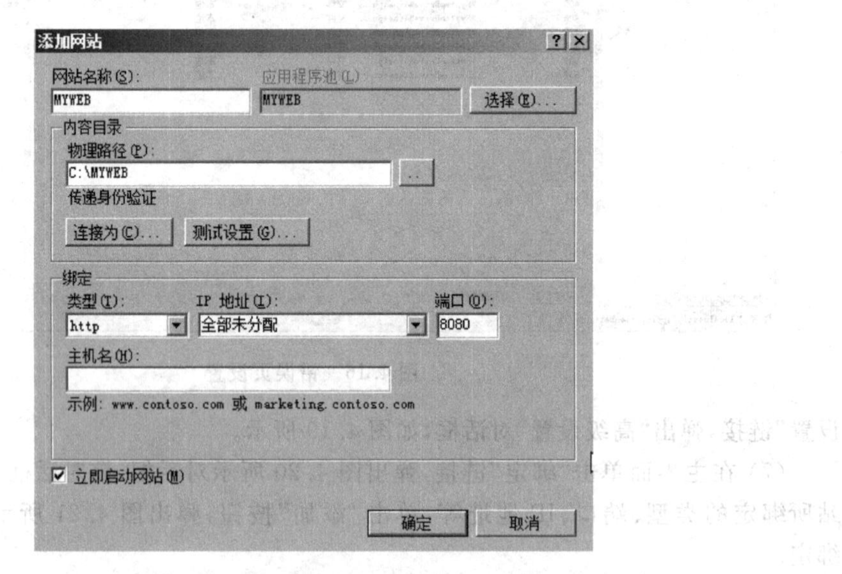

图 4.18 添加网站窗口

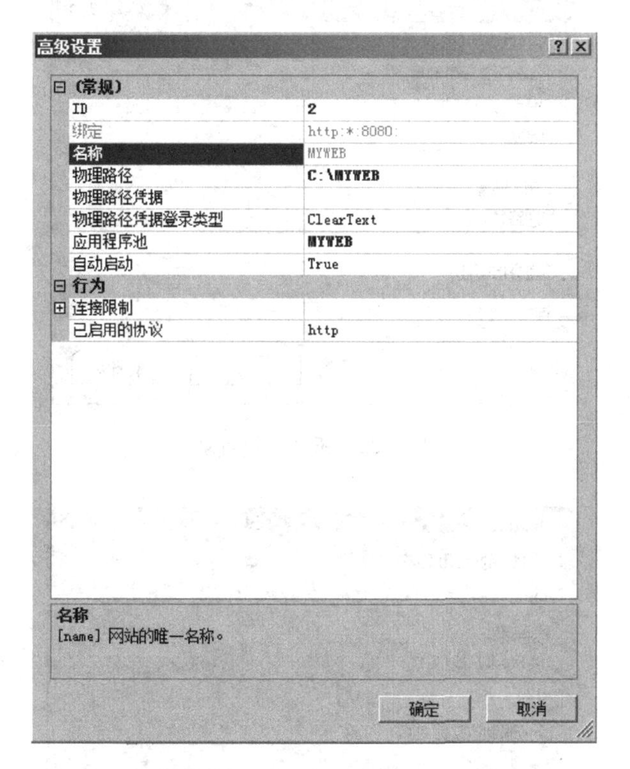

图 4.19　网站的高级设置

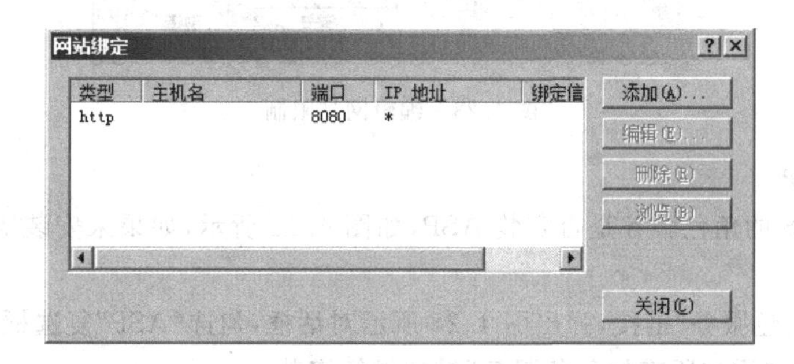

图 4.20　网站绑定设置

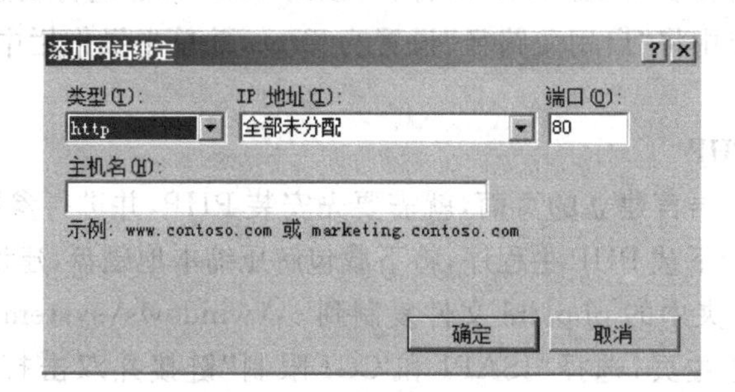

图 4.21　添加网站绑定

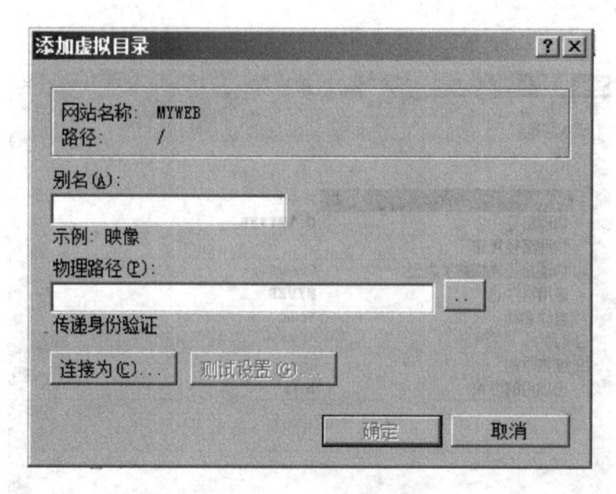

图 4.22　添加虚拟目录

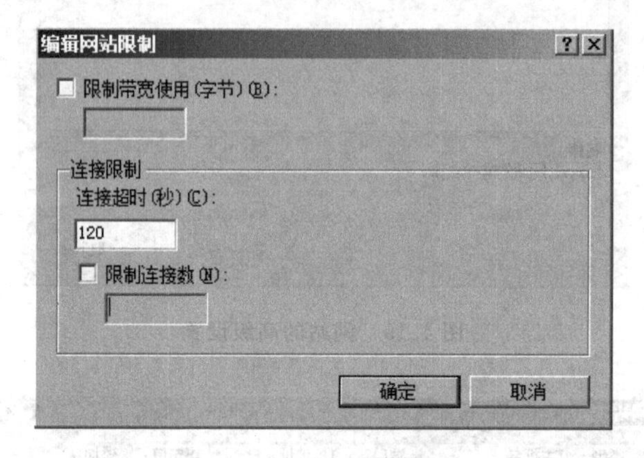

图 4.23　编辑网站限制

3. 安装 ASP

(1) 查看 IIS 的角色服务是否安装 ASP，如图 4.24 所示，如果未安装需要先安装 ASP 角色服务。

(2) 单击“角色服务”链接，弹出图 4.25 所示对话框，勾选“ASP”复选框，会弹出图 4.26 所示对话框，单击“添加所需的角色服务”按钮继续安装。

(3) 进入 IIS 服务主页，双击 ASP 图标，可以对 ASP 属性进行设置。ASP 的启用与父路径有关，在“行为”组中将“启用父路径”设置为 True，并单击操作栏中的“应用”，如图 4.27 所示。

4. 安装和配置 PHP

如果想浏览 PHP 语言建立的页面，就需要先安装 PHP，并进行参数的设置。

(1) 需要到网站上下载 PHP 主程序，将下载包解压缩本地磁盘，建议放到 C 盘根目录下。

(2) 将 PHP 文件夹中的 php.ini 文件复制到 c:\windows\system32 下。

(3) 进入 IIS 服务主页，选择“ISAPI 和 CGI 限制”链接并双击打开，如图 4.28 所示。单击右侧操作栏的“添加”按钮，如图 4.29 所示，在弹出的对话框中输入路径和描述，并且勾选“允许执行扩展路径”复选框，单击“确定”按钮。

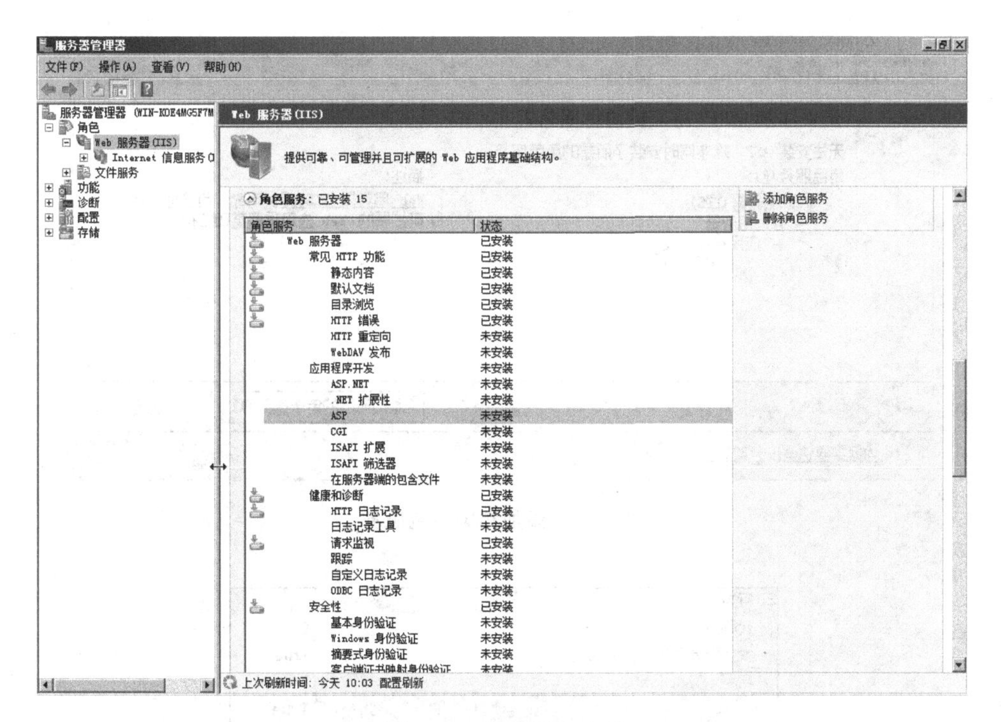

图 4.24 角色服务查看

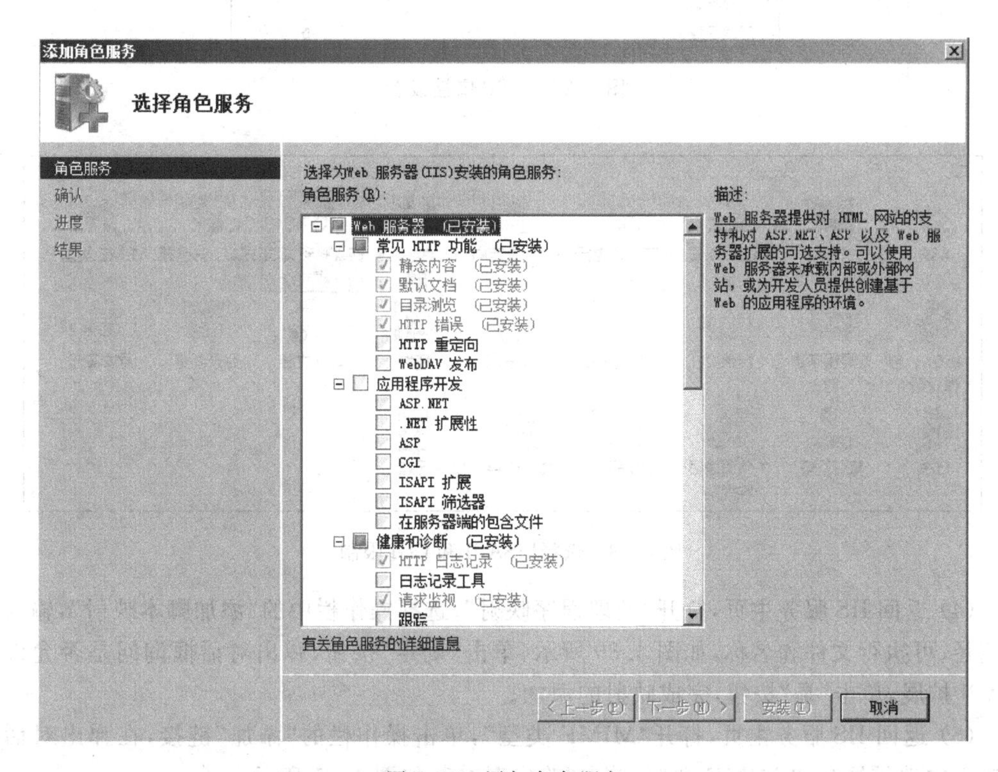

图 4.25 添加角色服务

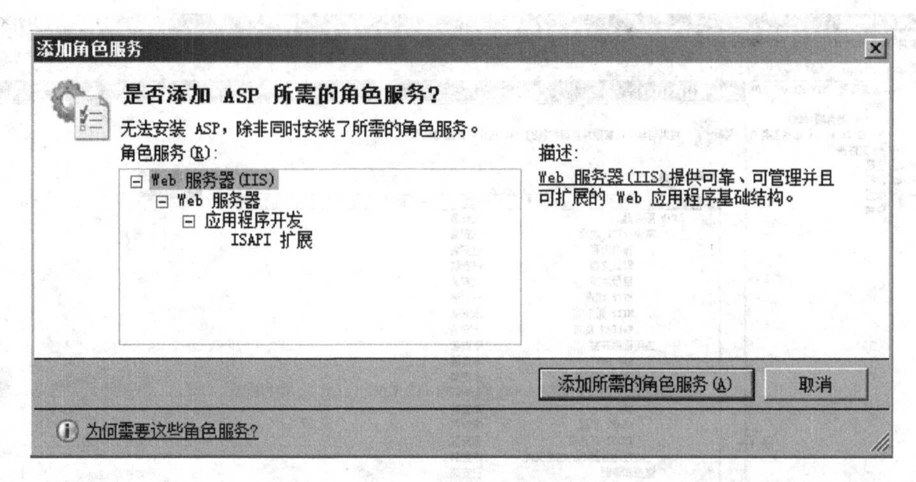

图 4.26 添加相关角色服务

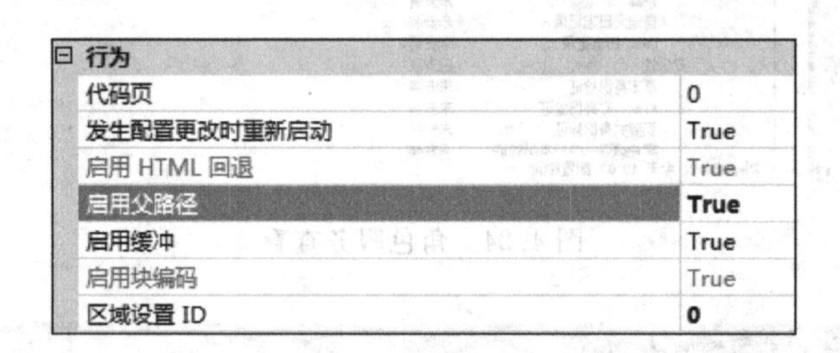

图 4.27 ASP 属性设置

图 4.28 选择“ISAPI 和 CGI 限制”

(4) 返回 IIS 服务主页，打开“处理程序映射”，选择操作栏中的“添加脚本映射”，输入请求路径、可执行文件和名称，如图 4.30 所示，单击“确定”按钮，弹出对话框询问是否允许此 ISAPI 扩展，单击“是”按钮，完成映射的添加。

(5) 返回 IIS 服务主页，打开“MIME 类型”，单击操作栏的“添加”链接，在弹出对话框中输入文件扩展名和 MIME 类型，单击“确定”按钮，如图 4.31 所示。

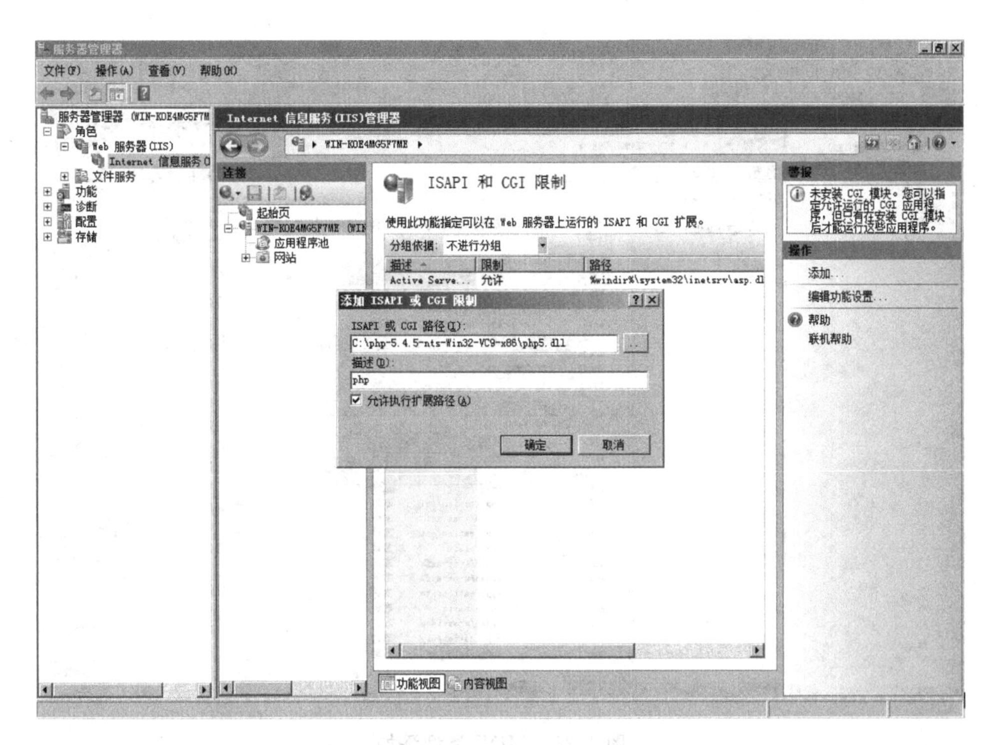

图 4.29　添加 ISAPI 和 CGI 限制

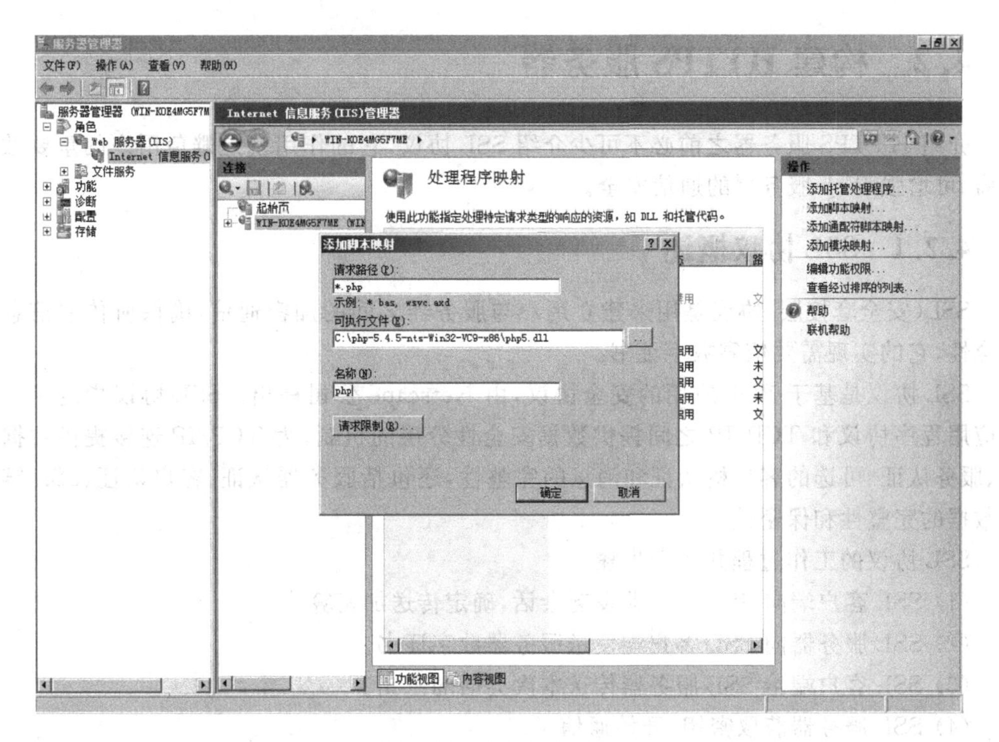

图 4.30　处理程序映射

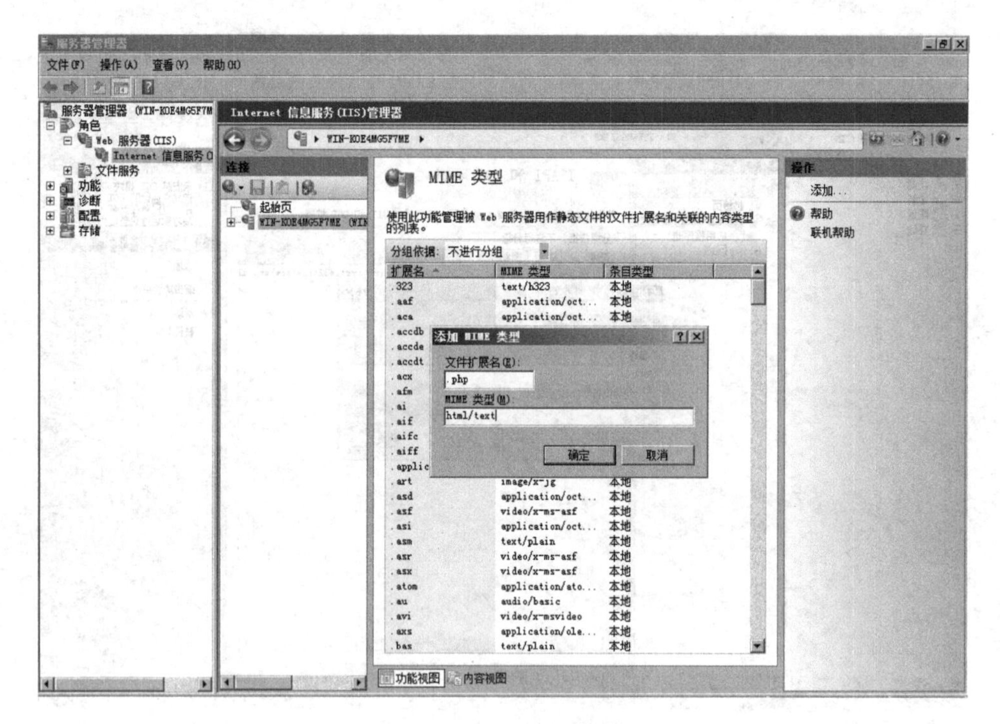

图 4.31 MINI 类型添加

4.2 构建 HTTPS 服务器

介绍 HTTPS 服务器之前必不可少介绍 SSL 协议，它的作用就是避免用户的重要数据被盗，可增强 Web 服务器的通信安全。

4.2.1 SSL 协议概述

SSL(安全套接层)协议是用来建立用户与服务器之间的加密通信，确保所传递信息的安全性，它的实现需要依靠数字证书。

SSL 协议是基于 Web 应用的安全协议，由 Netscape 公司提出。SSL 协议指定了一种在应用程序协议和 TCP/IP 之间提供数据安全性分层的机制，为 TCP/IP 连接提供数据加密、服务认证、可选的客户机认证和消息的完整性，还包括服务器认证、客户认证、SSL 链路上数据的完整性和保密性。

SSL 协议的工作过程共 4 个步骤。

(1) SSL 客户端向 SSL 服务器发起会话，确定传送加密算法。

(2) SSL 服务器向 SSL 客户端发送服务器数字证书。

(3) SSL 客户端给 SSL 服务器传送本次会话的密钥。

(4) SSL 服务器获取密钥，开始通信。

4.2.2 HTTPS 协议概述

HTTPS(Hyper Text Transfer Protocol over Secure Socket Layer)指的是安全超文本

传输协议，换句话说就是安全版的 HTTP。由美国 Netscape 公司开发并内置于浏览器中，用于在服务器和客户端之间使用 SSL 进行信息交换。

实际上，HTTPS 应用了 Netscape 的 SSL 作为 HTTP 应用层的子层。HTTPS 所使用的端口为 443 与 TCP/IP 进行通信。HTTPS 和 SSL 支持使用 X.509 数字认证，如果用户需要可以确认谁是发送者。

4.2.3 HTTPS 服务器架设

架设 HTTPS 服务器之前，首先为 Web 网站“MYWEB”申请证书，以保证客户机访问该网站的安全性。

(1) 启动 Internet 信息服务(IIS)管理器，在 Web 服务器上，停止已创建的“MYWEB”网站，如图 4.32 所示。

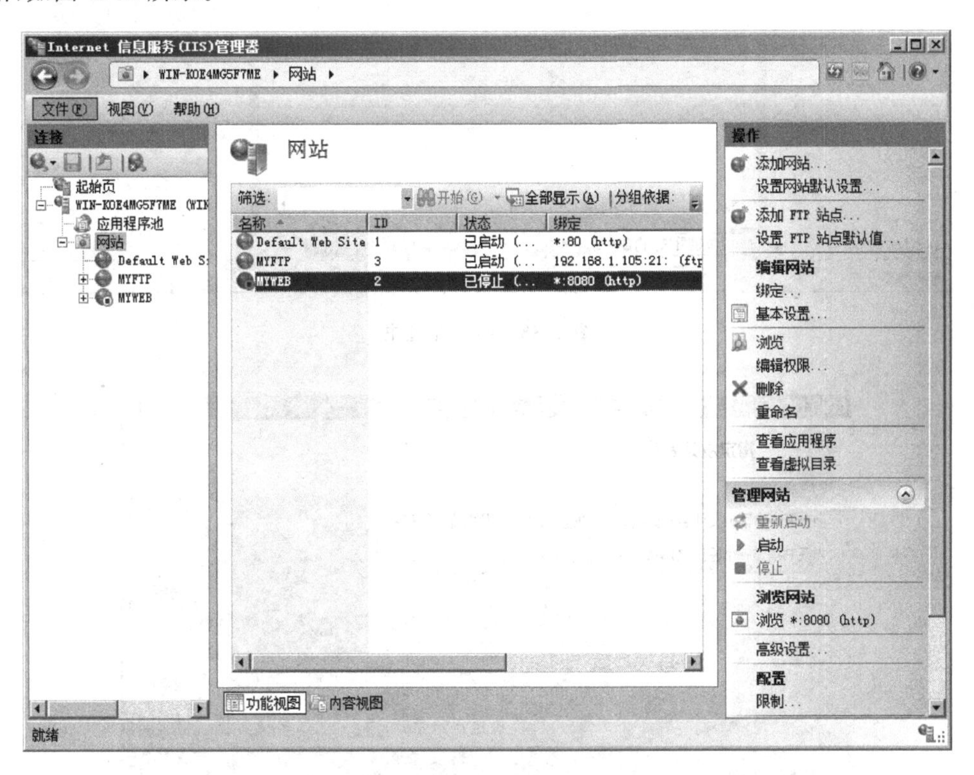

图 4.32 IIS 管理器

(2) 打开“IIS 服务主页”窗口，双击“服务器证书”选项，打开“服务器证书”窗口，如图 4.33 所示。

(3) 单击“创建自签名证书”链接，在打开的对话框中输入“myssl”(名字可以自行更改)，如图 4.34 所示，单击“确定”按钮。

(4) 在 Web 服务器上启动 SSL 功能，打开“IIS 服务主页”窗口，单击网站“MYWEB”，然后单击“绑定”链接，如图 4.35 所示。单击“添加”按钮，修改相关属性，如图 4.36 所示，将类型修改为“https”，SSL 证书修改为已创建的“myssl”证书。

(5) 现在已经完成了 HTTPS 服务器的架设。如需通过 SSL 访问站点，可以做相应的

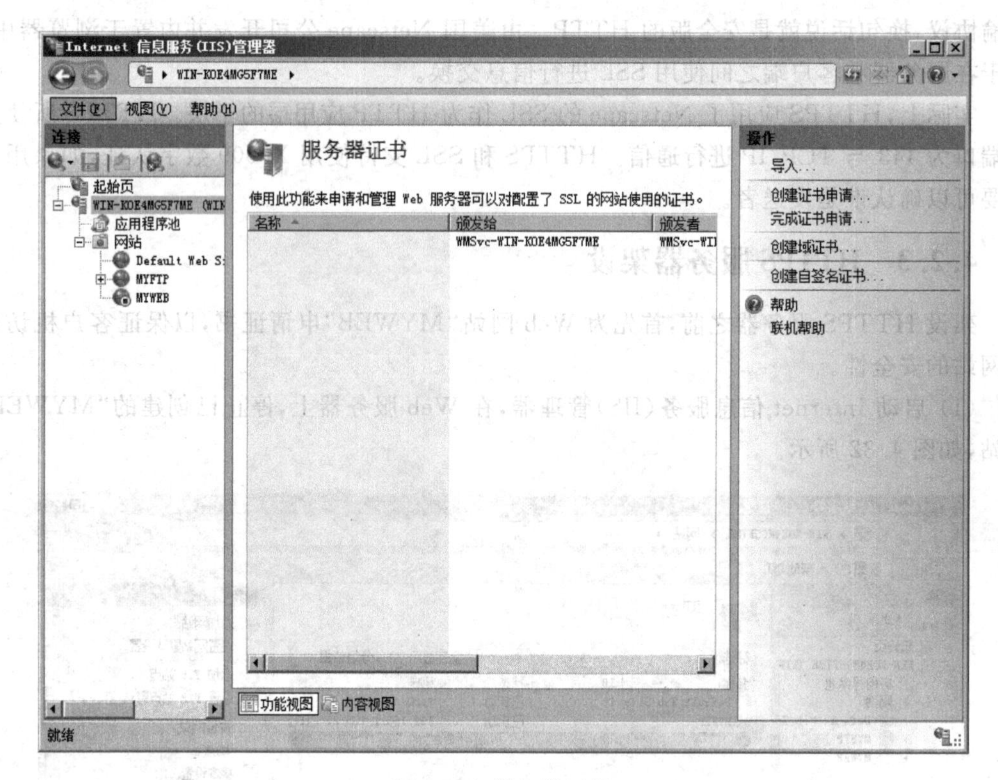

图 4.33 服务器证书

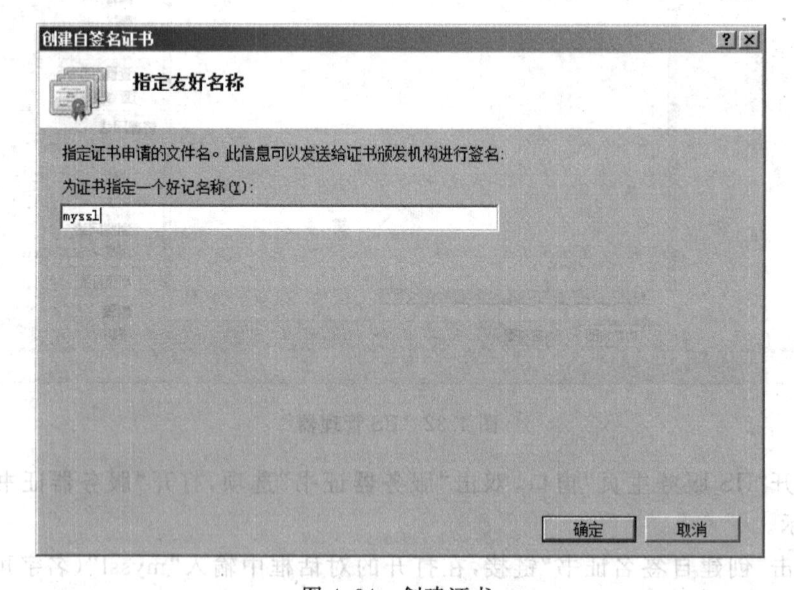

图 4.34 创建证书

设置。打开"IIS 服务主页"窗口,单击 MYWEB 网站,在主页区域中找到"SSL 设置"选项并双击,打开图 4.37 所示窗口,勾选"要求 SSL"复选框。

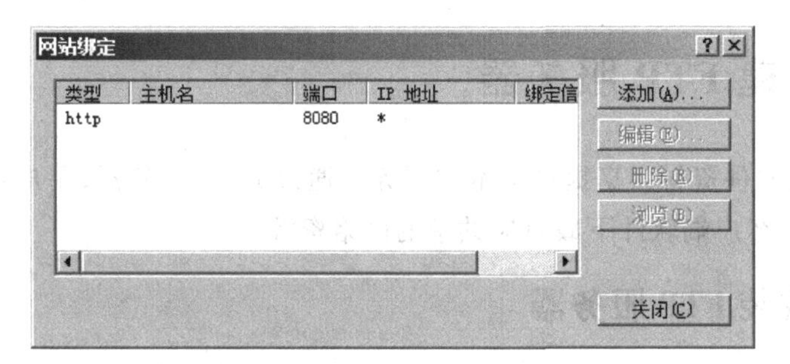

图 4.35 网站绑定

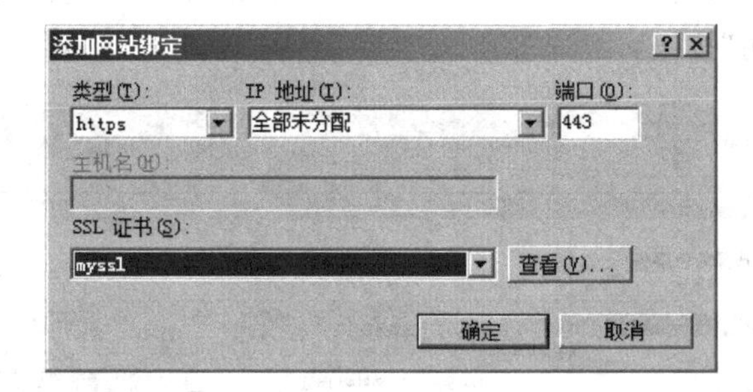

图 4.36 添加网站绑定

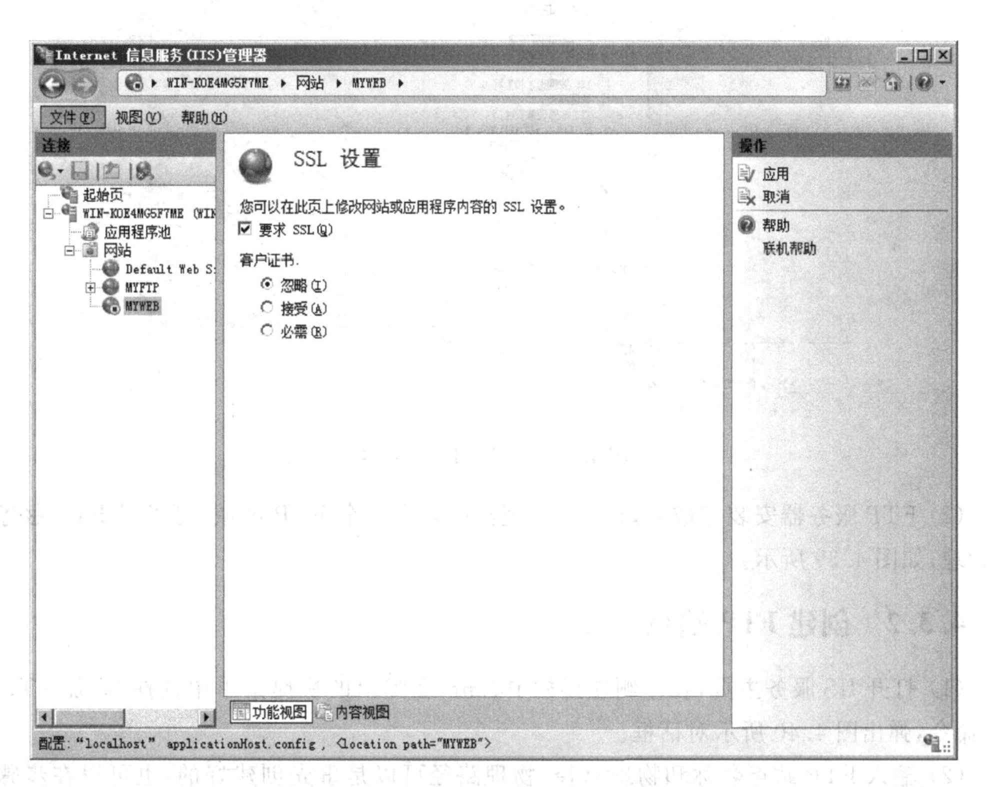

图 4.37 SSL 设置

4.3 构建 FTP 服务器

FTP 能够为文件资料共享提供基本的服务。通过 FTP 服务器,用户可以使用 FTP 命令、浏览器或相关客户端软件下载对应共享的网络资源。

4.3.1 安装 FTP 服务器

(1) FTP 服务器是 IIS 的一个角色服务,打开服务器管理器,选择 Web 服务中的“添加角色服务”功能安装 FTP 服务器,如图 4.38 所示。单击“下一步”按钮,再单击“安装”按钮,安装完成后单击“关闭”按钮。

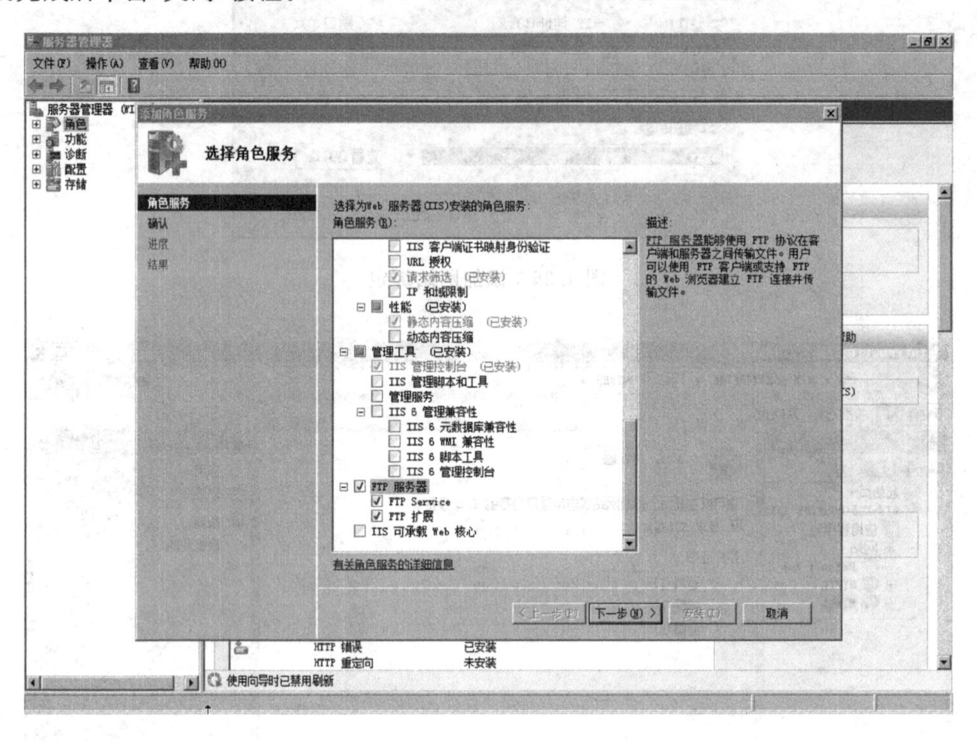

图 4.38 安装 FTP 服务器

(2) FTP 服务器安装完成后,在 IIS 管理器中多出一个 FTP 区域,可以对 FTP 服务进行管理,如图 4.39 所示。

4.3.2 创建 FTP 站点

(1) 打开 IIS 服务主页,在左侧连接栏中右击,在弹出的快捷菜单中选择“添加 FTP 站点”命令,弹出图 4.40 所示对话框。

(2) 输入 FTP 站点名称和物理路径,物理路径可以是事先创建好的,也可以在步骤中直接创建,然后单击“下一步”按钮,可以设置 IP 地址、端口、虚拟主机名、启动 FTP 站点的方式和 SSL 设置,如图 4.41 所示。

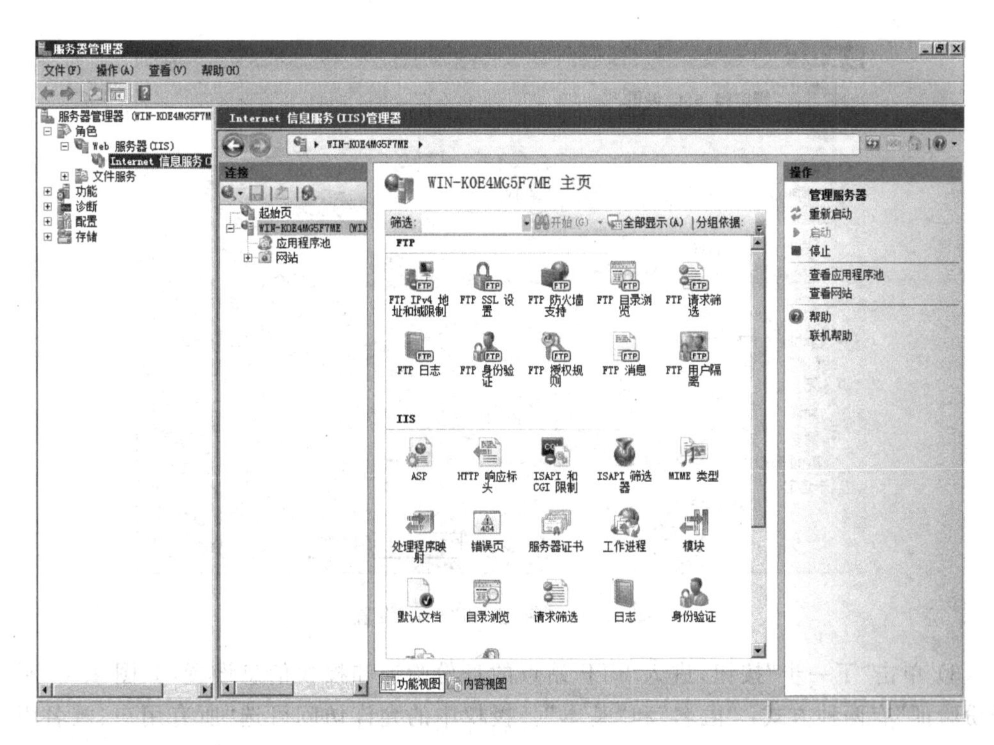

图 4.39　FTP 服务器管理区域

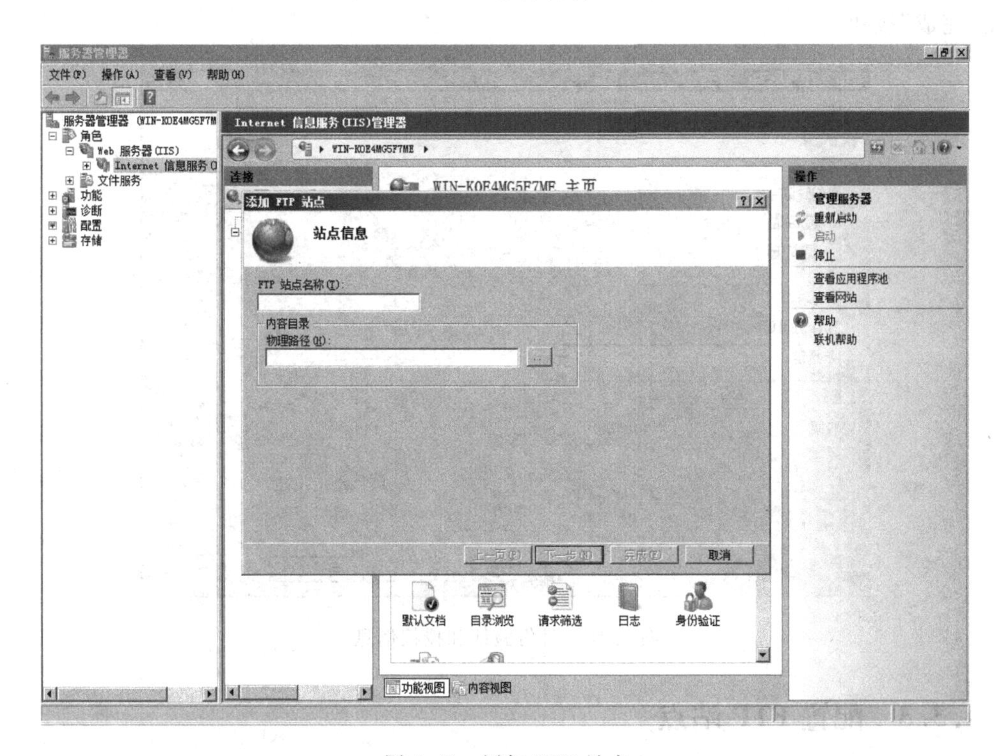

图 4.40　添加 FTP 站点

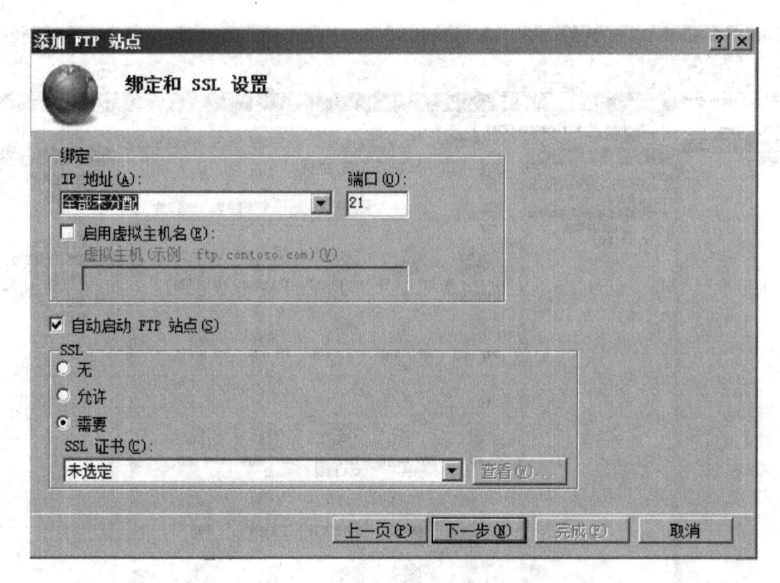

图 4.41 “绑定”和“SSL”设置

(3) 单击“下一步”按钮,进入 FTP 站点的身份验证和授权信息设置,如图 4.42 所示,“身份验证”有两种方式:“匿名”和“基本”。授权中的允许访问可选“所有用户、匿名用户、指定角色或用户组、指定用户”这 4 个方式。当选择某种方式后,权限方可设置,设置完成后单击“完成”按钮。

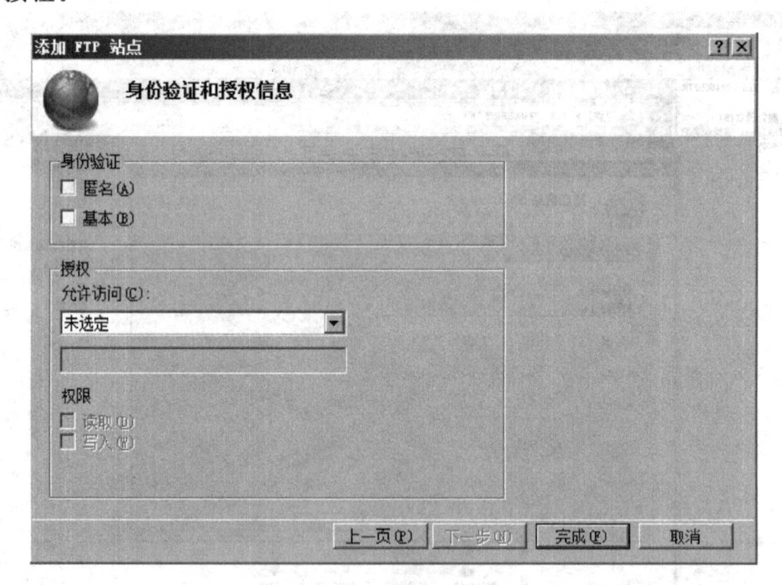

图 4.42 身份验证和授权信息

4.3.3 配置 FTP 站点

(1) “FTP IPv4 地址和域限制”功能可以定义和管理允许或拒绝访问特定 IPv4 地址、地址范围或者域名名称的相关内容规则,如图 4.43 所示。若要根据域名配置限制,必须要先启用限制,方法是在任务列表单击“编辑功能设置”,并设置“启用域名限制”选项。

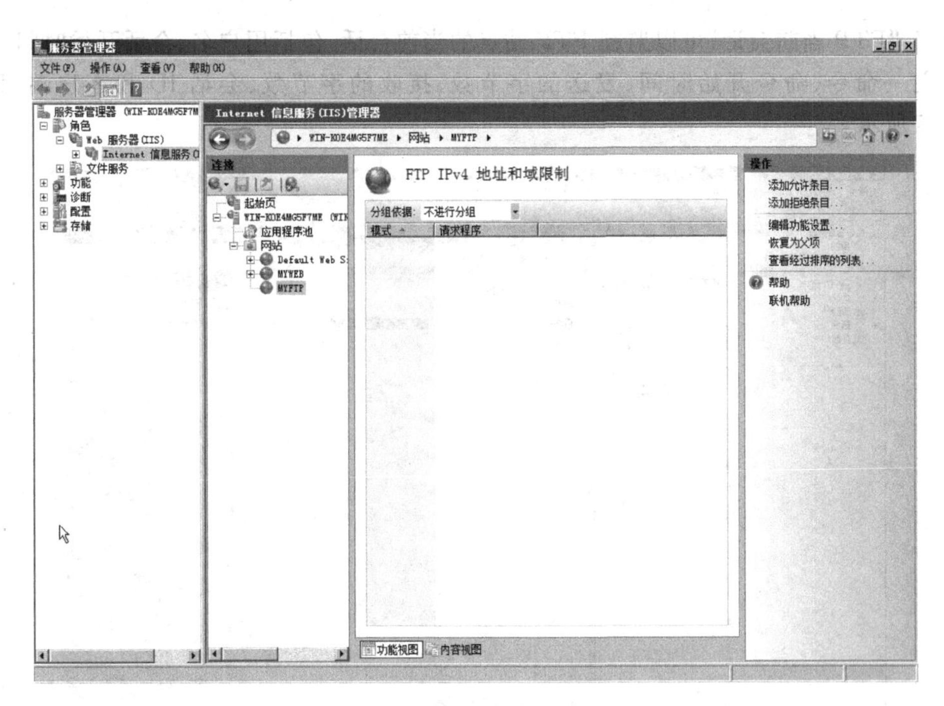

图 4.43 FTP IPv4 地址和域限制

(2) 如果在新建 FTP 站点过程中未对 SSL 设置或者需要修改 SSL 设置，那么可使用该 FTP 站点下的“FTP SSL 设置”功能来实现，如图 4.44 所示。其功能是可以管理 FTP 服务器与客户端之间的控制通道，并提供数据通道传输的加密。需要注意的是，这些设置既可以使用于 Intranet 环境，也使用于 Internet 环境。

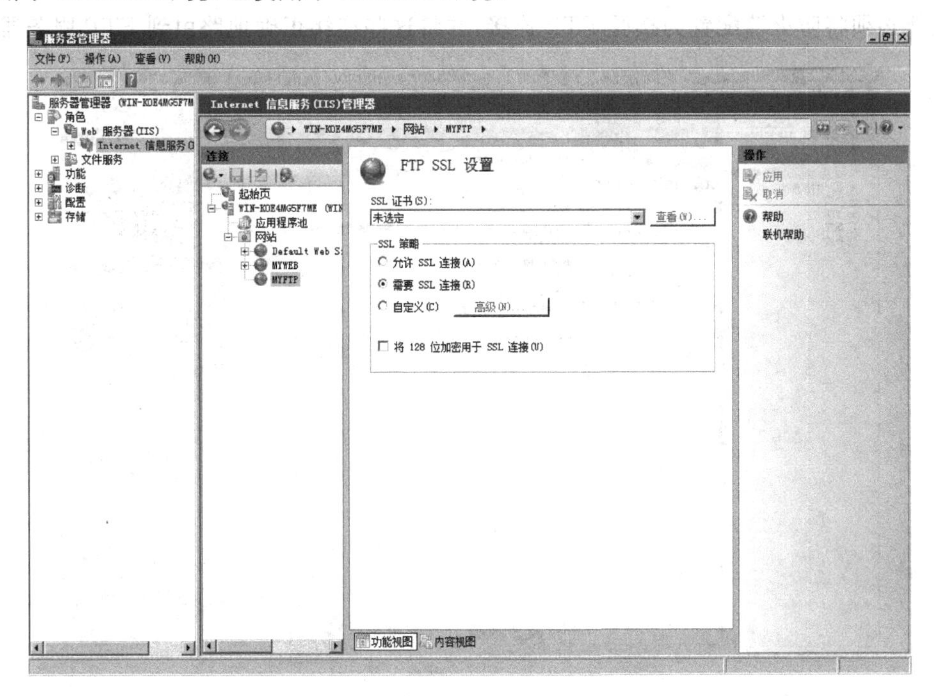

图 4.44 FTP SSL 设置

(3)“FTP 当前会话”可以监视 FTP 站点的当前会话，包括用户名、会话开始时间、当前命令、前一命令、命令开始时间、发送的字节数、接收的字节数、会话 ID 和客户端 IP，如图 4.45 所示。

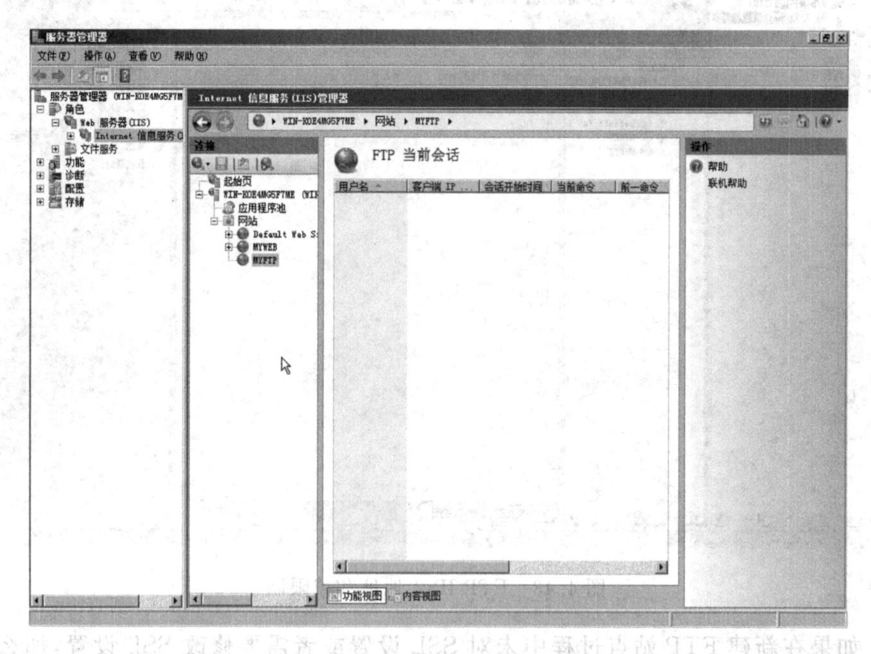

图 4.45 “FTP 当前会话”对话框

(4)“FTP 防火墙支持”可以在 FTP 客户端连接位于防火墙后的 FTP 服务器时修改被动连接的设置，如图 4.46 所示。需要注意如果配置这些选项，则只控制 FTP 服务器的行为，此外必须将防火墙配置为接受 FTP 连接，并将这些连接正确地路由到 FTP 服务器。

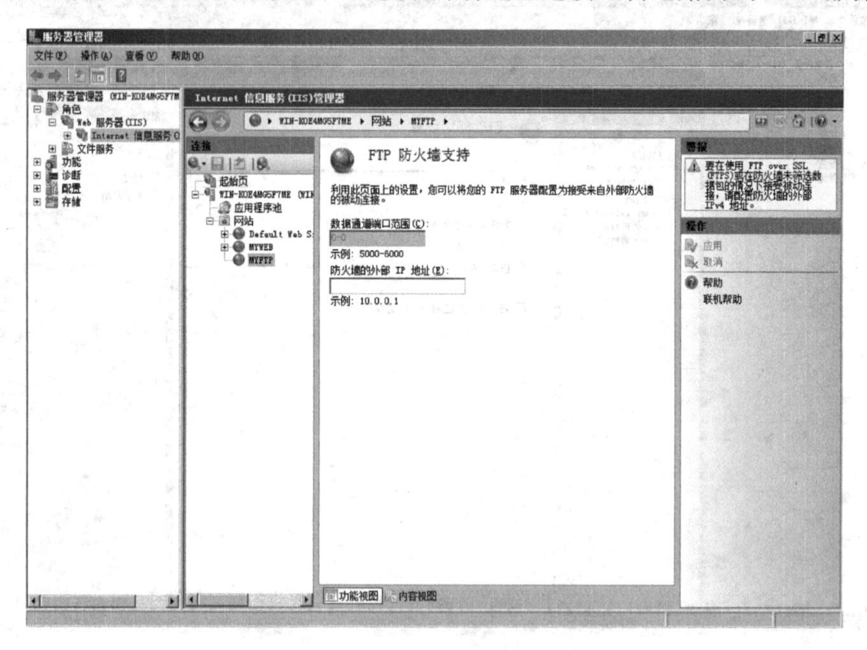

图 4.46 “FTP 防火墙支持”对话框

① “数据通道端口范围”用来指定用于数据通道连接的被动连接端口范围。

② “防火墙的外部 IP 地址”为防火墙的外部指定的 IPv4 地址。

(5) “FTP 目录浏览”用于在 FTP 服务器上浏览目录的内容设置，如图 4.47 所示。

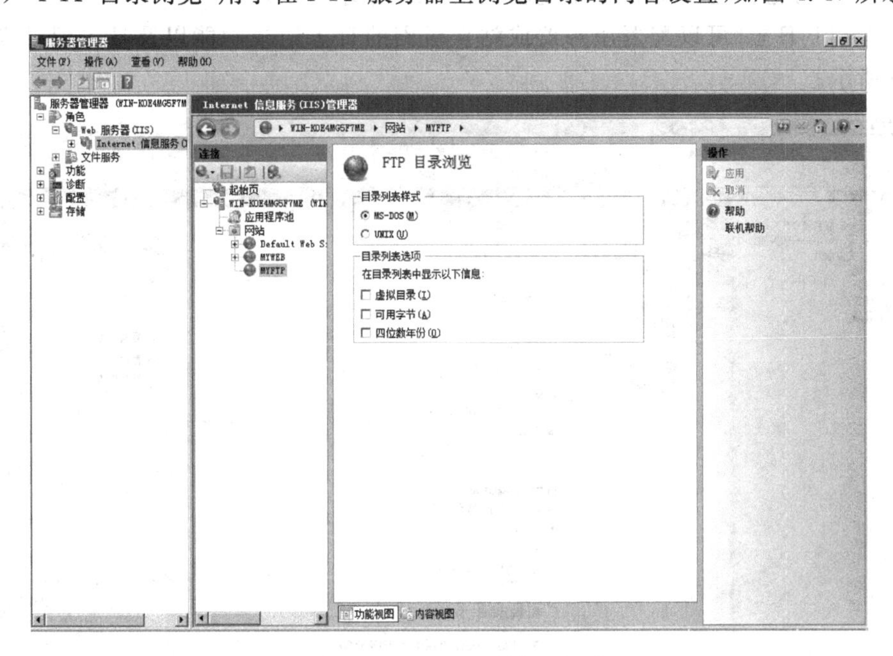

图 4.47 “FTP 目录浏览”对话框

(6) “FTP 请求筛选”可以定义 FTP 服务器允许或拒绝对其进行访问的文件扩展名列表，进而加强服务器的安全性，如图 4.48 所示。

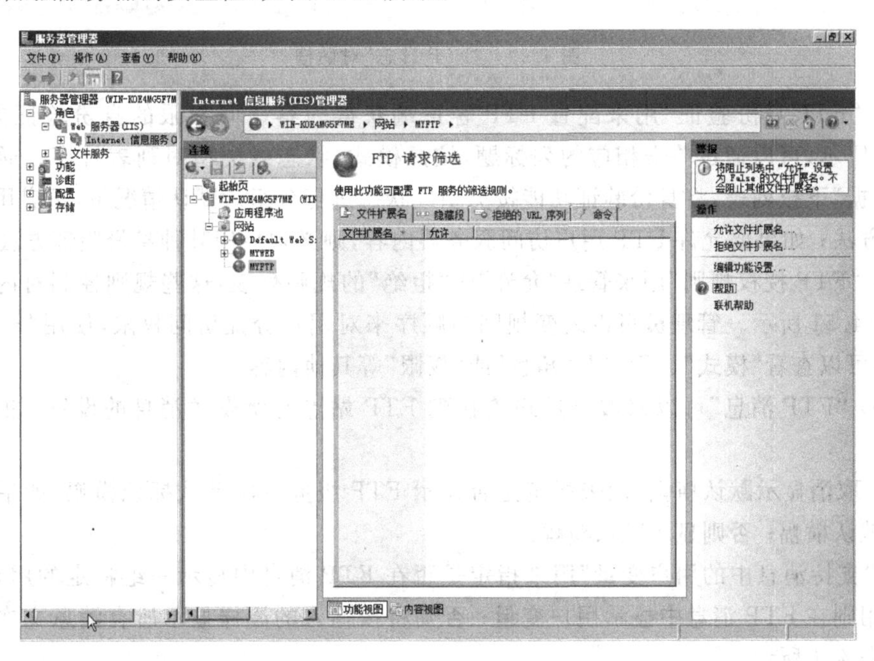

图 4.48 “FTP 请求筛选”对话框

① “允许文件扩展名”用来打开所允许的文件扩展名列表,并添加文件扩展名。

② “拒绝文件扩展名”用来打开被拒绝的文件扩展名列表,并添加文件扩展名。

③ “编辑功能设置”用来配置常规属性和 FTP 请求限制。

(7) “FTP 日志”可以配置服务器或站点级别的日志记录功能以及日志记录设置,如图 4.49 所示。

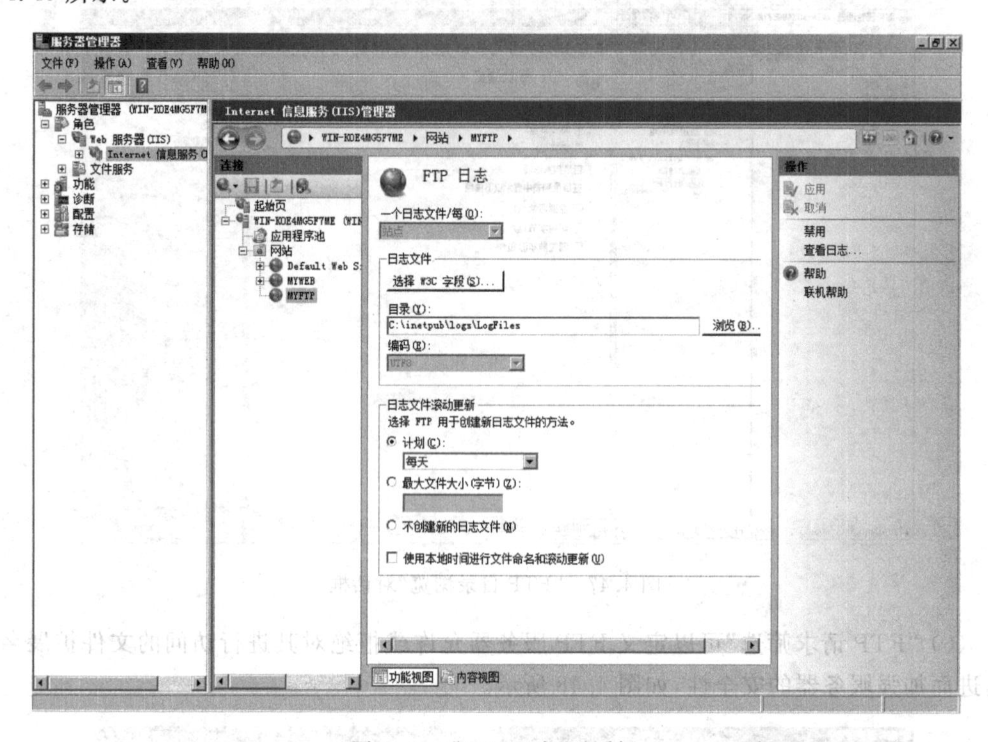

图 4.49 “FTP 日志”对话框

(8) “FTP 身份验证”用来配置 FTP 客户端获得内容访问权限的身份验证方法,如图 4.50 所示,可以通过单击相应的列标题,按照模式、状态或类型对列表排序。通过使用“分组依据”下拉列表,将身份验证功能按类型或状态进行分组。默认情况下,不启用任何身份验证方法;如果要允许 FTP 用户访问服务器内容,则必须启用某种身份验证方法。

(9) “FTP 授权规则”用来管理“允许”或“拒绝”的规则列表,这些规则控制对内容的访问,如图 4.51 所示。管理员可以改变规则的顺序来对用户分配访问权限,使用“FTP 授权规则”还可以查看“模式”、“用户”、“角色”或“权限”等其他内容。

(10) “FTP 消息”可以修改当用户连接到 FTP 站点时所发送消息的设置,如图 4.52 所示。

① “取消显示默认横幅”用来指定是否显示 FTP 服务器的默认标识横幅,如果启用则不显示默认横幅;否则显示默认横幅。

② “支持消息中的用户变量”用来指定是否在 FTP 消息中显示一组特定的用户变量。如果启用则在 FTP 消息中显示用户变量;否则将按输入的原样显示所有消息文本。用户变量如表 4.1 所示。

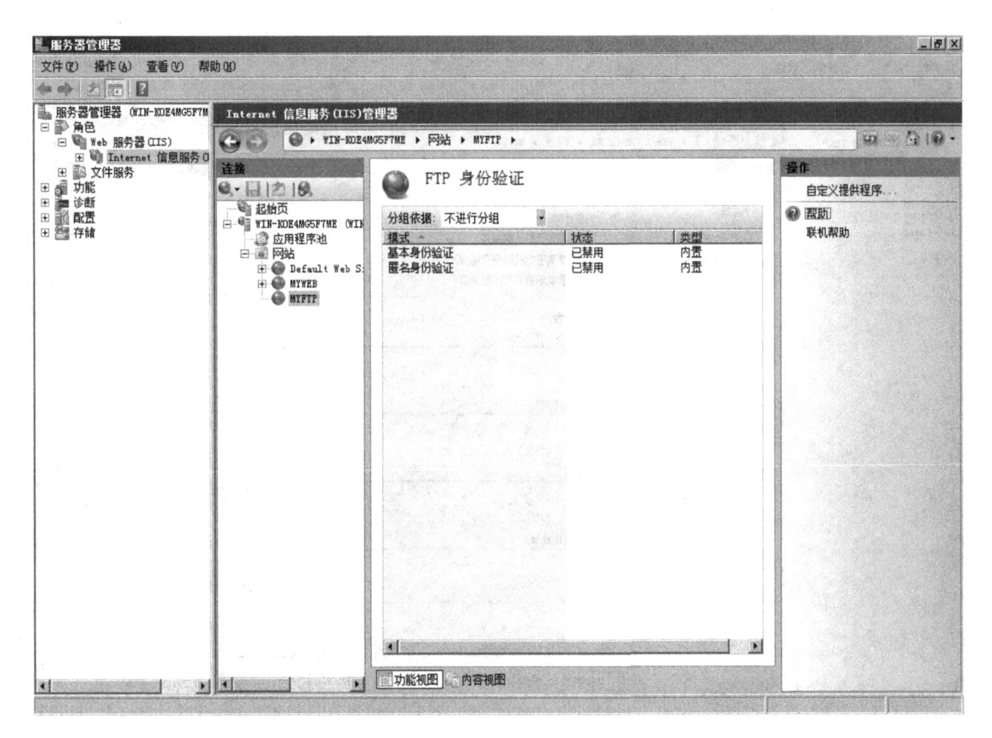

图 4.50 “FTP 身份验证”对话框

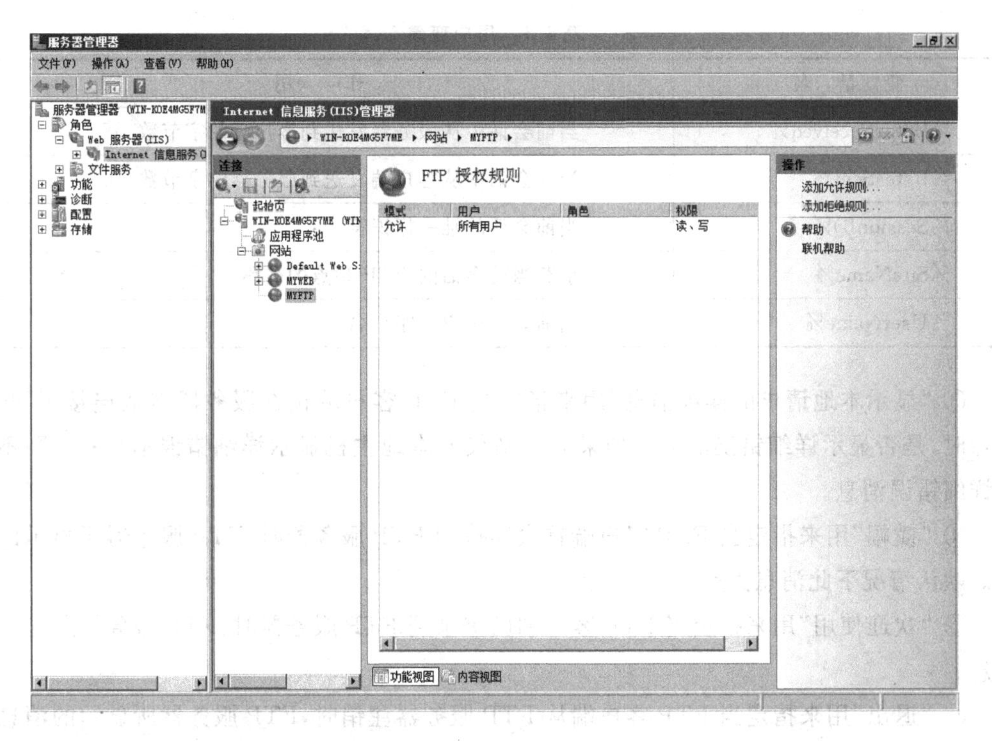

图 4.51 “FTP 授权规则”对话框

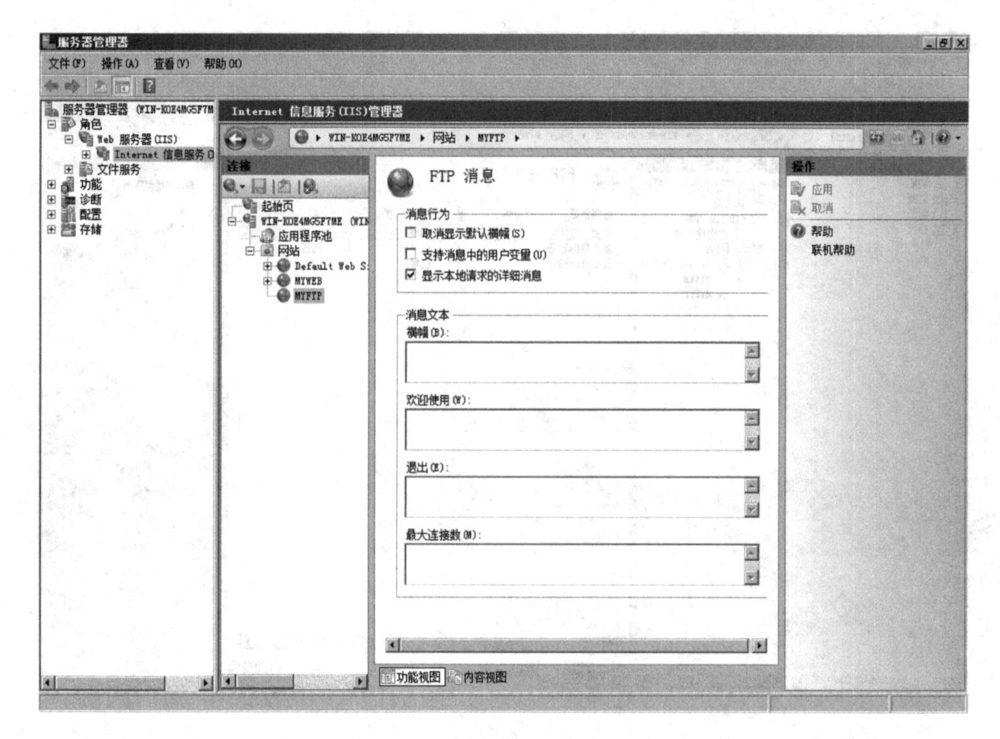

图 4.52 “FTP 消息”对话框

表 4.1 用户变量

变 量 名	作 用
%BytesReceived%	当前会话中从服务器发送到客户端的字节数
%BytesSent%	当前会话中从客户端发送到服务器的字节数
%SessionID%	当前会话的唯一标识符
%SiteName%	承载当前会话的 FTP 站点的名称
%UserName%	当前登录用户的账户名

③ “显示本地请求的详细消息”用来指定当 FTP 客户端正在服务器本地连接 FTP 服务器时，是否显示详细错误消息。如果启用则仅向本地主机显示详细错误消息；否则不显示详细错误消息。

④ “横幅”用来指定当 FTP 客户端首次连接到 FTP 服务器时，FTP 服务器所显示的消息。默认情况下此消息为空。

⑤ “欢迎使用”用来指定当 FTP 客户端已登录到 FTP 服务器时，FTP 服务器所显示的消息。

⑥ “退出”用来指定当 FTP 客户端从 FTP 服务器注销时，FTP 服务器所显示的消息。

⑦ “最大连接数”用来指定当客户端尝试连接，但由于 FTP 服务已达到所允许的最大客户端连接数而无法连接时，FTP 服务器所显示的消息。

(11) “FTP 用户隔离”可以定义 FTP 站点中用户的隔离模式，如图 4.53 所示。FTP

用户隔离为 Internet 服务提供商(ISP)提供一种解决方案,可以为其客户提供单独的 FTP 目录以供上载内容。

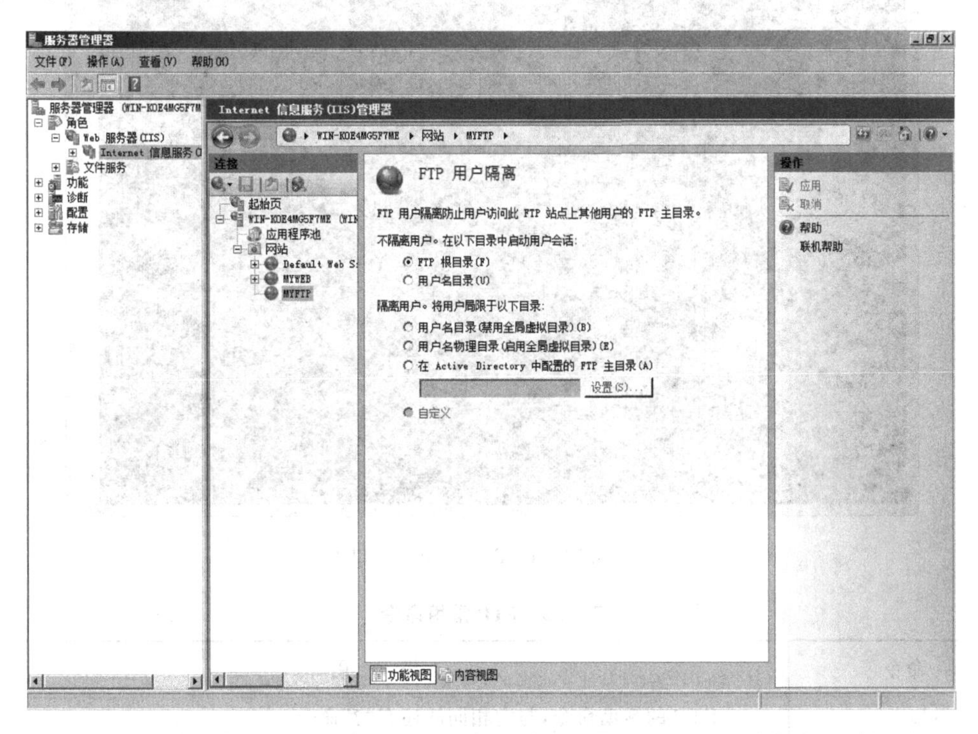

图 4.53 “FTP 用户隔离”对话框

4.3.4 使用 FTP 服务

1. 使用客户端软件方式

使用 FTP 客户端软件方式既有较高的效率又有良好的可视化界面,这种方式目前使用最为广泛。常用的 FTP 客户端软件如 FlashFTP、LeapFTP、CuteFTP 等,用户可以根据实际需要和习惯选择合适的软件。

2. 使用浏览器方式

使用浏览器方式最为直观、过程简单,但是运行速度较慢,且占用系统资源多,系统响应速度慢。使用时只需要直接在浏览器中输入 FTP 服务器的 URL 地址,其格式为“FTP://主机域名或 IP 地址:端口”,其中端口如果是默认值 21,则可以省略的;否则必须写明端口。

3. 使用命令方式

使用命令方式直观性较差,但是速度快,不过需要用户记忆大量的 FTP 命令,因此难度较大。在“开始”菜单中单击“运行”命令,在弹出的对话框中输入“cmd”,输入“FTP”进入 FTP 命令方式,如图 4.54 所示。

下面简单介绍几个 FTP 命令,如表 4.2 所示。

图 4.54 FTP 命令操作窗口

表 4.2 FTP 常用命令

命令	作　用
help	FTP 的帮助命令，与它相同的还有“?”命令
mdelete	删除远程主机文件
mdir	与 dir 类似，但是可以指定多个远程文件
bell	每个命令执行完毕后计算机响铃 1 次
bin	使用二进制文件传输方式
bye	退出 FTP 会话过程
put	将本地文件 local-file 传送到远程主机，与之相同作用的还有“send”
close	中断与远程服务器的 FTP 会话(与 open 对应)

4.4 构建邮件服务器

邮件一般指电子邮件，即 E-mail，它的服务被广泛应用于因特网中。邮件必不可少的是信息的传输服务，电子邮件非常受企业和用户的喜爱，主要因为其收费低、使用方式简单灵活、附带的信息资源类型丰富且具有较强的移动性。

邮件系统很多，比较常见的有 Microsoft Exchange、Sendmail、Qmail、Postfix、IBM Lotus Notes 等，本节主要讲述 IIS 中的 SMTP 服务器的安装和配置。

4.4.1 安装 SMTP 服务器

(1) 打开服务器管理器，单击“功能”节点，在窗口的右侧单击“添加功能”链接，如图 4.55 所示。

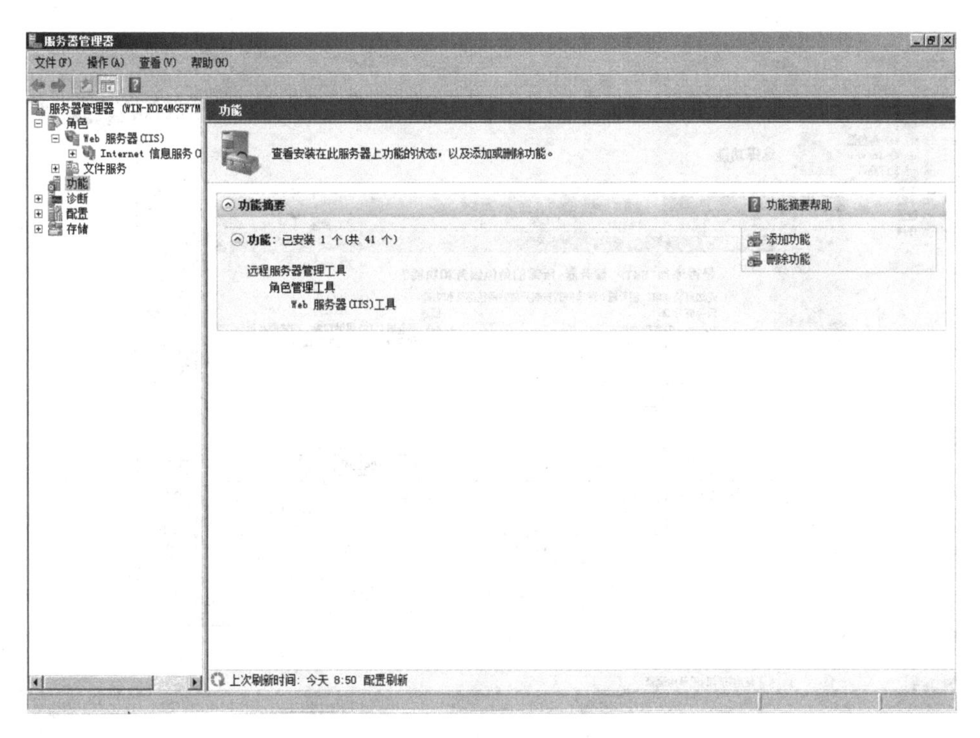

图 4.55　添加功能页面

(2) 在弹出对话框中勾选“SMTP 服务器”复选框，如图 4.56 所示。如果缺少相关支持服务，会弹出图 4.57 所示对话框，单击“添加所需的角色服务”按钮。

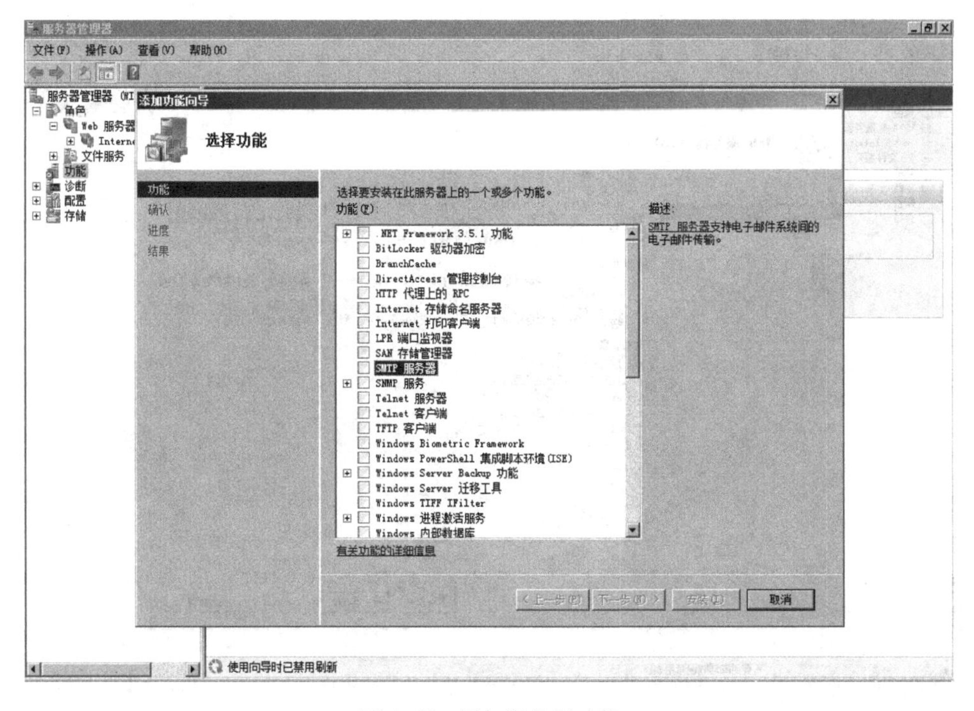

图 4.56　添加服务器功能

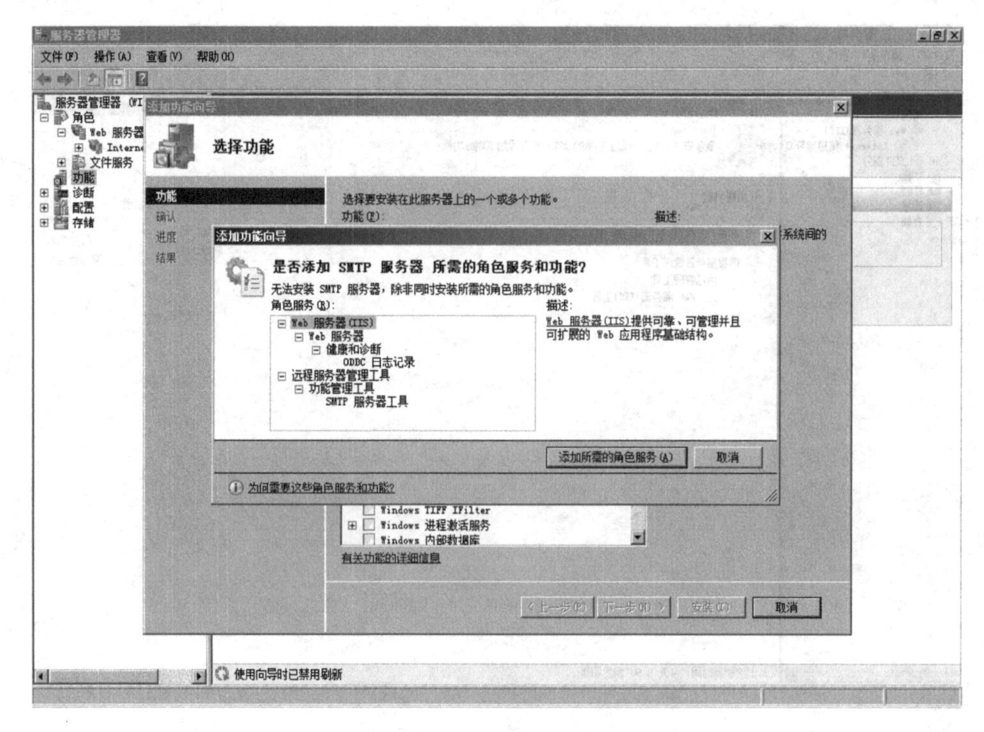

图 4.57 添加所需角色服务

(3) 单击“下一步”按钮，弹出图 4.58 所示对话框，单击“下一步”按钮，可以添加所需的角色服务，如图 4.59 所示。

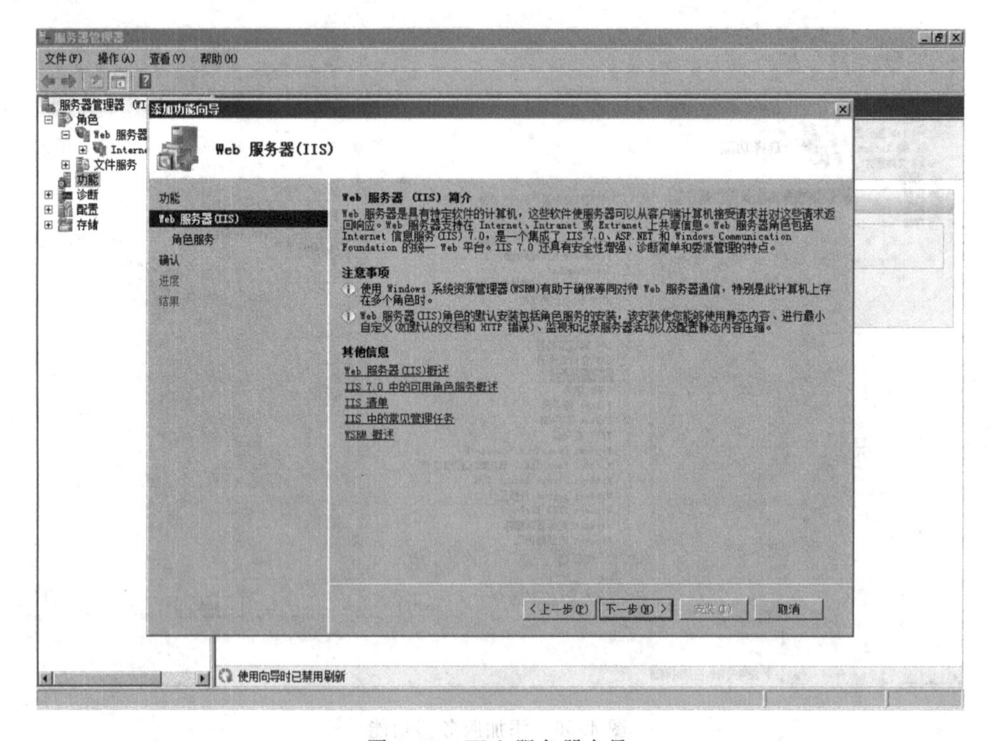

图 4.58 Web 服务器向导

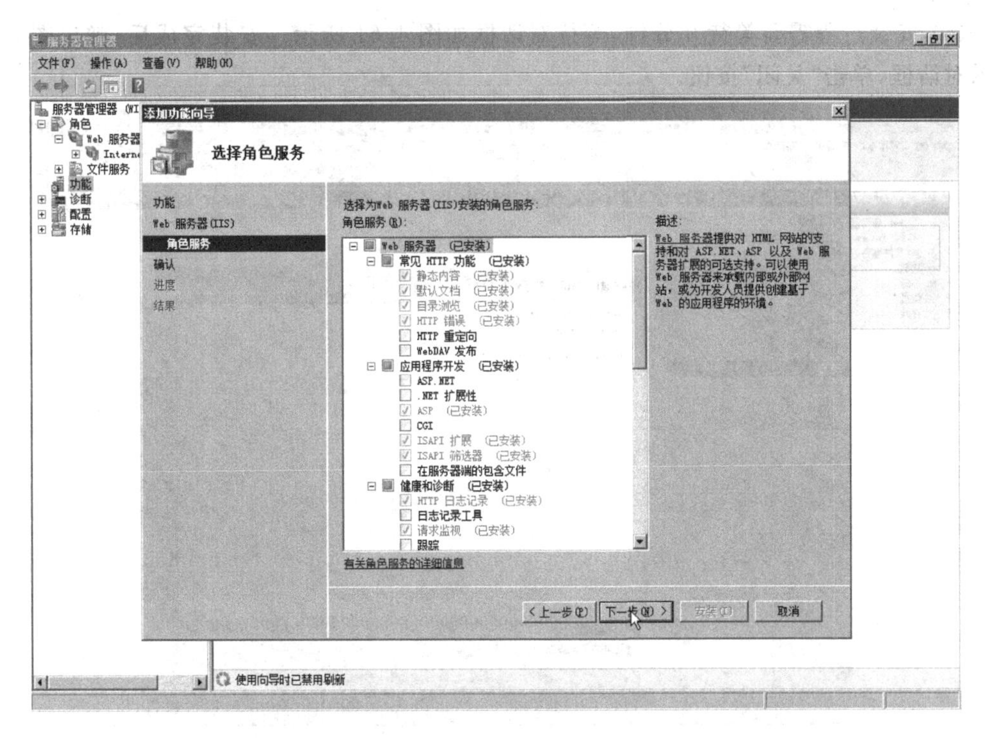

图 4.59　选择角色服务

(4) 单击“下一步”按钮，得到确认安装对话框，如图 4.60 所示，单击“安装”按钮进行对应服务的安装。

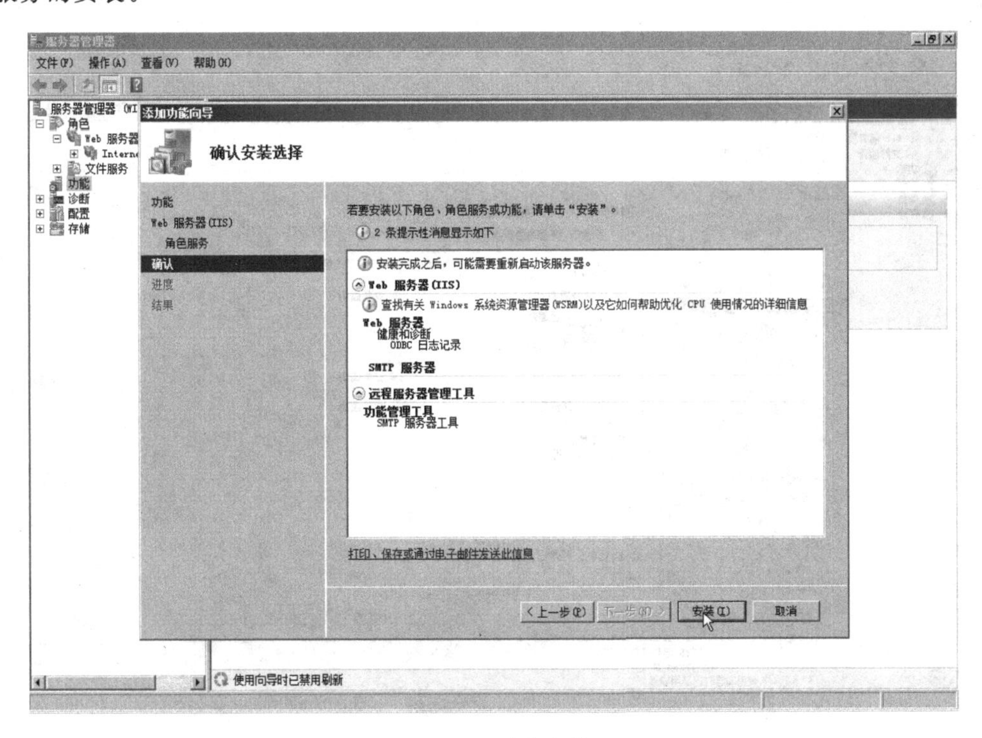

图 4.60　确认安装

(5) 安装过程需要等待几分钟,等待对话框如图 4.61 所示。安装完成后,弹出图 4.62 所示对话框,单击“关闭”按钮。

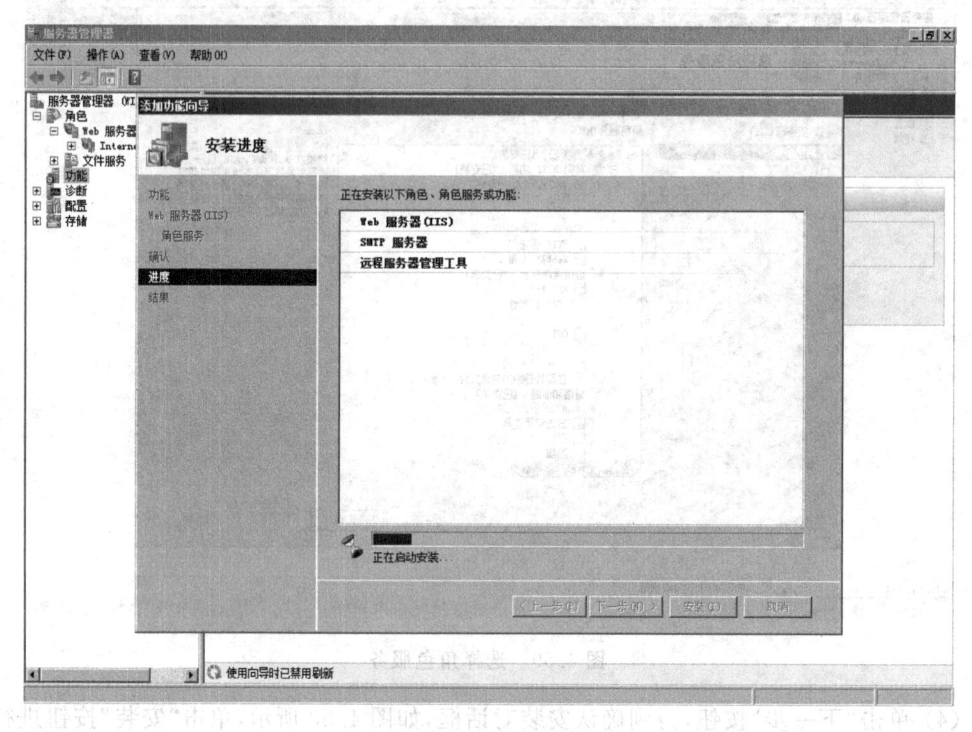

图 4.61 安装进度

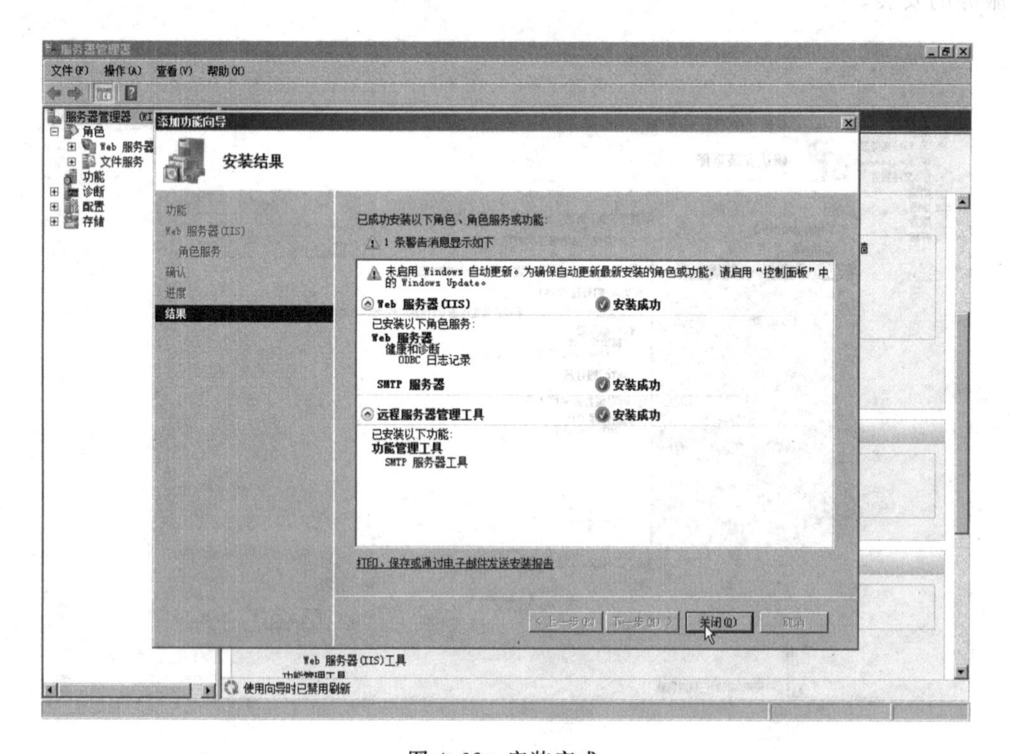

图 4.62 安装完成

4.4.2 配置 SMTP 服务器

(1) 在"开始"菜单中展开"管理工具",选择"Internet 信息服务(IIS)6.0 管理器",右击"SMTP Virtual Sever＃1",如图 4.63 所示,在弹出的快捷菜单中选择"属性"命令。

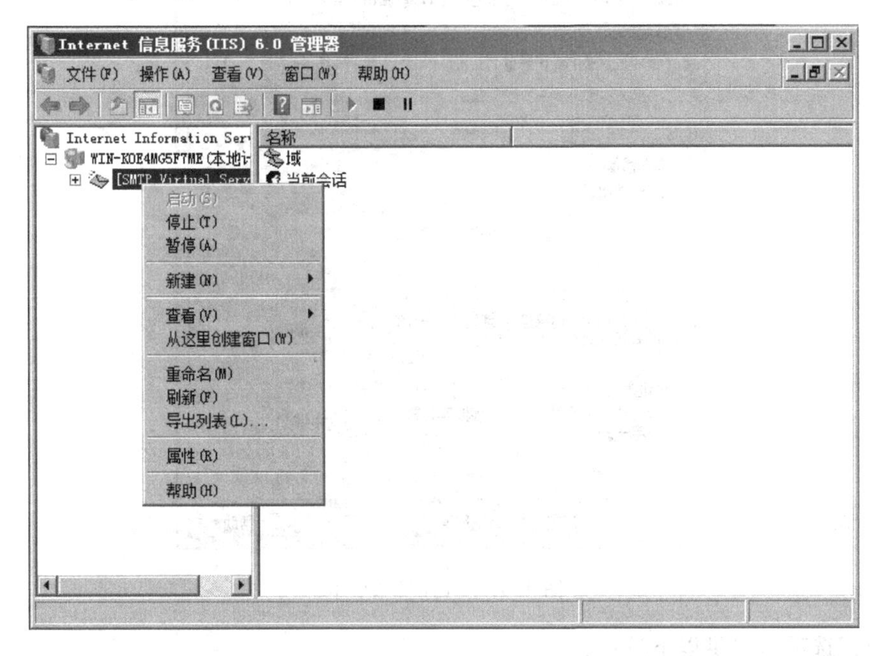

图 4.63 Internet 信息服务(IIS)6.0 管理器

(2) 打开"SMTP Virtual Sever＃1 的属性"对话框,打开"常规"选项卡,如图 4.64 所示。选择本机 IP 地址,设置限制连接数不超过 1000,选中"启用日志记录"复选框。

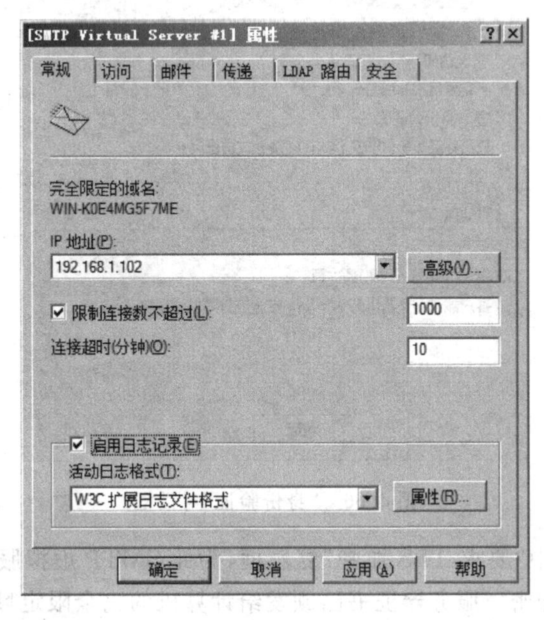

图 4.64 "常规"选项卡

(3) 使用“访问”选项卡配置对 SMTP 虚拟服务器的客户端访问,并创建传输安全性,如图 4.65 所示。

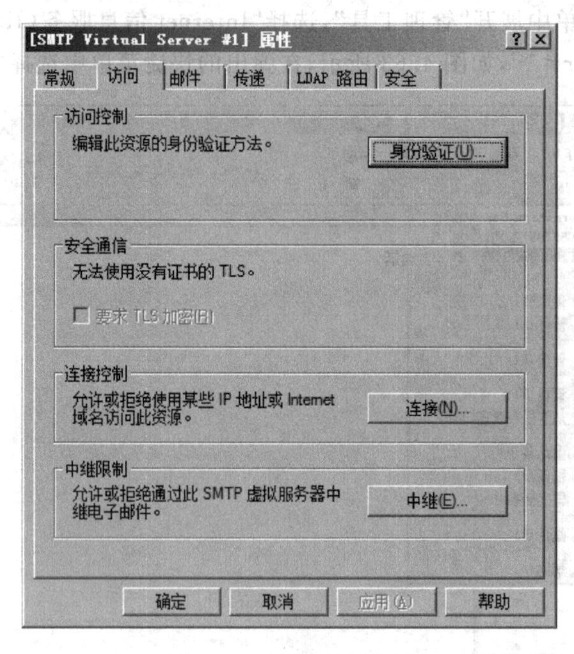

图 4.65 “访问”选项卡

“访问”选项卡提供以下选项:

① 访问控制:此选项选择 SMTP 虚拟服务器的一种或多种身份验证方法。单击“身份验证”按钮打开对话框并配置身份验证选项,如图 4.66 所示。

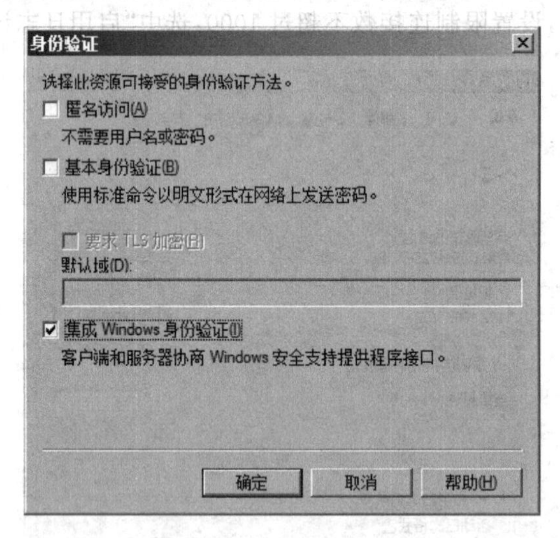

图 4.66 “身份验证”对话框

② 安全通信:选中“要求 TLS 加密”复选框,为此 SMTP 虚拟服务器的所有会话启用传输层安全性(TLS)加密。服务器证书已颁发给计算机的完全限定域名(FQDN)并已安装时,此选项才可用。

③ 连接控制：使用此选项限制对 SMTP 虚拟服务器的访问。默认情况下，所有 IP 地址都可访问 SMTP 虚拟服务器，在向大型组授予或拒绝访问权限时，授予或拒绝对特定 IP 地址的访问权限可以通过指定单个 IP 地址、使用同一子网掩码的一组地址或一个域名来设置限制。要查看访问限制选项，请单击“连接”按钮。

④ 中继限制：Windows Server 2008 SMTP 服务器会阻止计算机通过虚拟服务器中继不需要的邮件。

(4) 使用“邮件”选项卡上的选项配置，应用到邮件大小、会话大小、每个连接的邮件数和每封邮件收件人数的限制，还可配置控制如何处理无法送达邮件的选项，如图 4.67 所示。

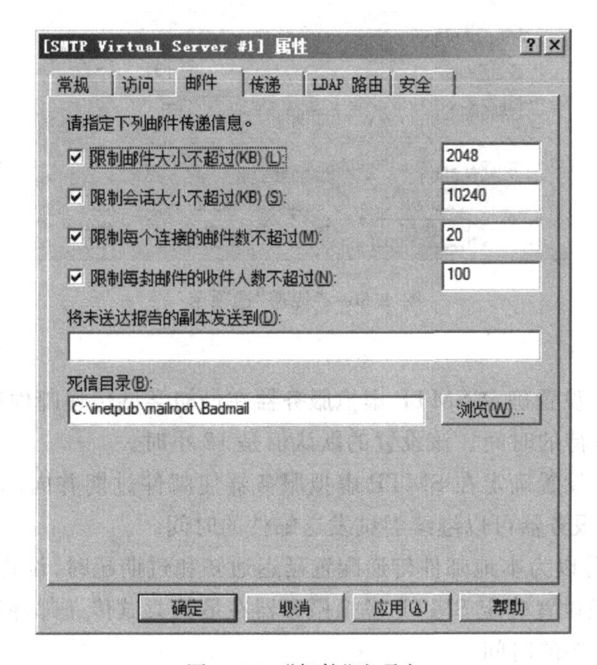

图 4.67 “邮件”选项卡

(5) 打开连接且接收服务器已确认准备好接收数据后，就可以发送邮件进行传递了。可使用 SMTP 虚拟服务器“属性”页的“传递”选项卡来设置所有传递和路由选项，如图 4.68 所示。

① “出站”使用相关设置可以配置 SMTP 虚拟服务器处理延迟邮件的方式，设置如下：

a. 第一次重试间隔(分钟)：该设置确定在第一次传递尝试失败时，SMTP 虚拟服务器在尝试重新发送邮件之前等待的时间。此设置的默认值是 15 分钟。

b. 第二次重试间隔(分钟)：该设置确定在第一次重试失败时，SMTP 虚拟服务器在尝试重新发送邮件之前等待的时间。此设置的默认值是 30 分钟。

c. 第三次重试间隔(分钟)：该设置确定在第二次重试失败时，SMTP 虚拟服务器在尝试重新发送邮件之前等待的时间。此设置的默认值是 60 分钟。

d. 后续重试间隔(分钟)：该设置确定在第三次重试失败时，SMTP 虚拟服务器尝试重新发送邮件的时间间隔，在达到过期超时时间之前，将一直尝试传递邮件。此设置的默认值

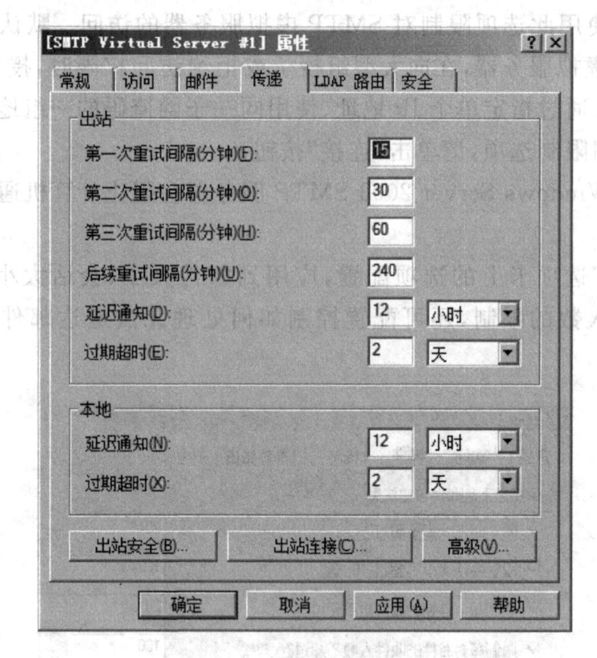

图 4.68 “传递”选项卡

是 240 分钟。

e. 延迟通知：该设置确定 SMTP 虚拟服务器在最初尝试传递邮件后，在通知邮件发件人传递延迟之前所等待的时间。该设置的默认值是 12 小时。

f. 过期超时：该设置确定在 SMTP 虚拟服务器使邮件过期并向邮件发件人发送未送达报告(NDR)之前，服务器可以继续尝试发送邮件的时间。

② “本地”设置可以为本地邮件传递配置延迟通知和过期超时，设置如下：

a. 延迟通知：该设置确定 SMTP 虚拟服务器在最初尝试传递邮件后，在通知邮件发件人传递延迟之前所等待的时间。

b. 过期超时：该设置确定在 SMTP 虚拟服务器使邮件过期并向发件人发送 NDR 之前，可以继续尝试发送邮件的时间。

③ “出站安全”可以访问出站安全对话框，以及配置 SMTP 虚拟服务器用来对接收服务器进行身份验证的方法和凭据。

④ “出站连接”可以配置 SMTP 虚拟服务器以限制并发出站连接数。

⑤ “高级”可以配置高级传递选项，其中包括最大跃点计数、虚拟域、完全限定域名(FQDN)和智能主机标识。

(6) “LDAP 路由”选项卡可以配置 SMTP 虚拟服务器，使其查询轻型目录访问协议(LDAP)服务器来解析发件人和收件人。

(7) 使用“安全”选项卡可以指定具有 SMTP 虚拟服务器操作员权限的客户端账户。通过从列表中选择任何现有 Windows 账户，可以为该账户授予虚拟服务器的访问权限，也可以通过从 SMTP 虚拟服务器操作员列表中删除账户来撤销这些权限。

4.5 构建 DNS 服务器

4.5.1 DNS 服务器概述

DNS(Domain Name System,域名系统)服务器主要包含域名解析器和域名服务器两部分。域名服务器主要是用来保存有该网络中所有主机的域名和对应的 IP 地址,并具有将域名转换为 IP 地址功能。其中域名必须对应一个 IP 地址,而某个 IP 地址不一定有域名。域名系统采用类似目录树的等级结构。

Internet 中的域名是采用层次结构来定义的。例如,sina. com. cn 的三级域名,sina 域名是从二级域名“. com”分配下来的,“. com”又是顶级域名“. cn”分配的,而“. cn”是从“根域”分配来的。根域是由 Inter NIC 所管理的,是域名系统的最高层。

4.5.2 安装 DNS 服务器

DNS 服务器的安装很简单,下面简单讲述其安装过程。

(1) 在“服务器管理器”中右击“角色”,在弹出的快捷菜单中选择“添加角色”命令,如图 4.69 所示,在列表框中勾选“DNS 服务器”复选框。

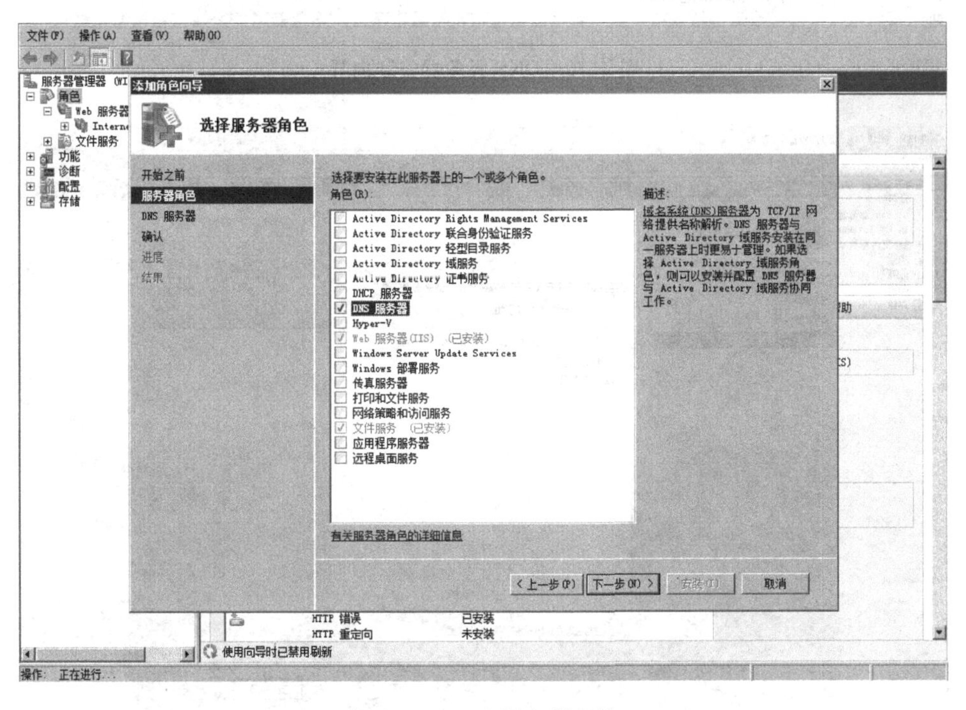

图 4.69 DNS 服务器安装

(2) 单击“下一步”按钮,打开 DNS 服务器的简介和注意事项对话框,如图 4.70 所示。

(3) 单击“下一步”按钮,打开 DNS 服务器确认安装选择,如图 4.71 所示。

(4) 单击“安装”按钮,进行 DNS 服务器的安装,这个过程需要等待几分钟,如图 4.72 所示。直到弹出图 4.73 所示对话框,表示安装过程完成,单击“关闭”按钮完成安装。

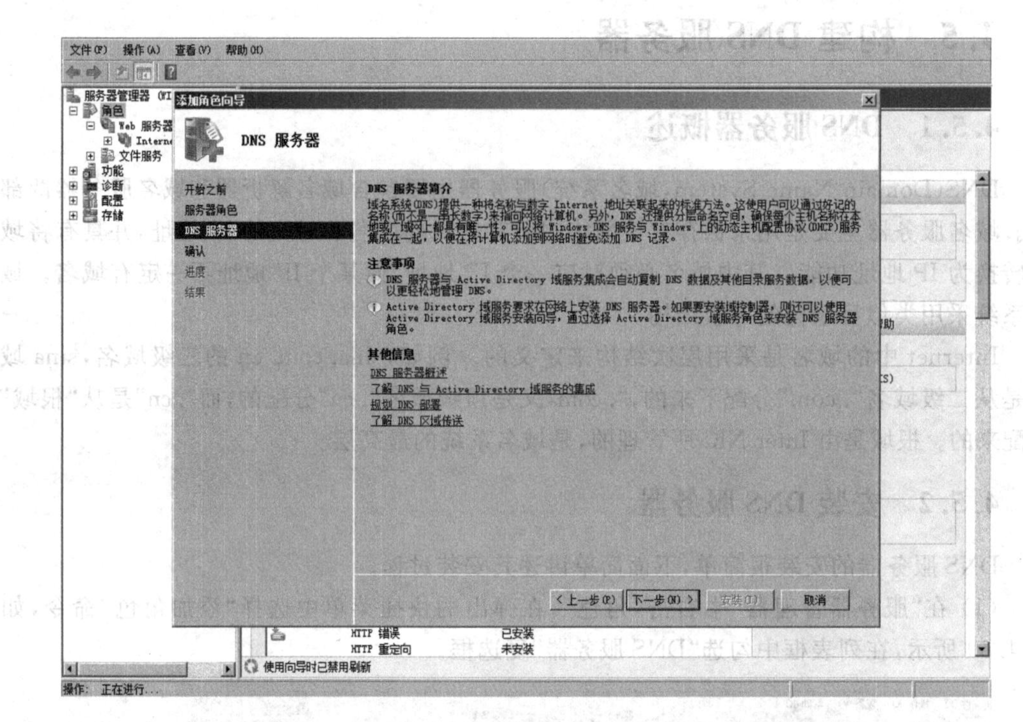

图 4.70 DNS 服务器安装向导

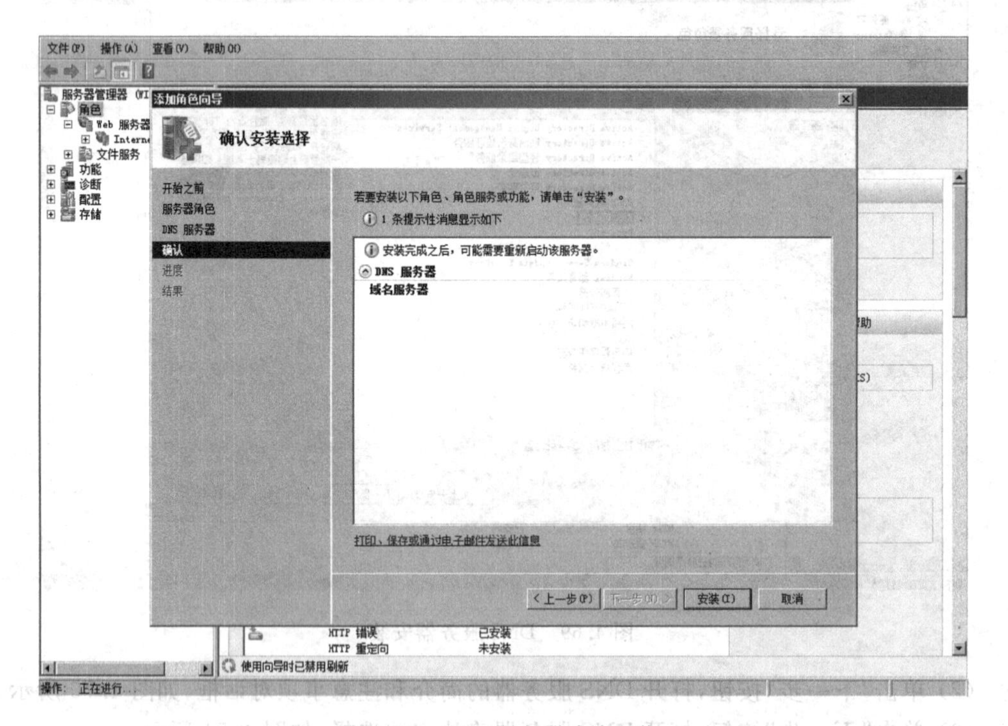

图 4.71 DNS 服务器确认安装

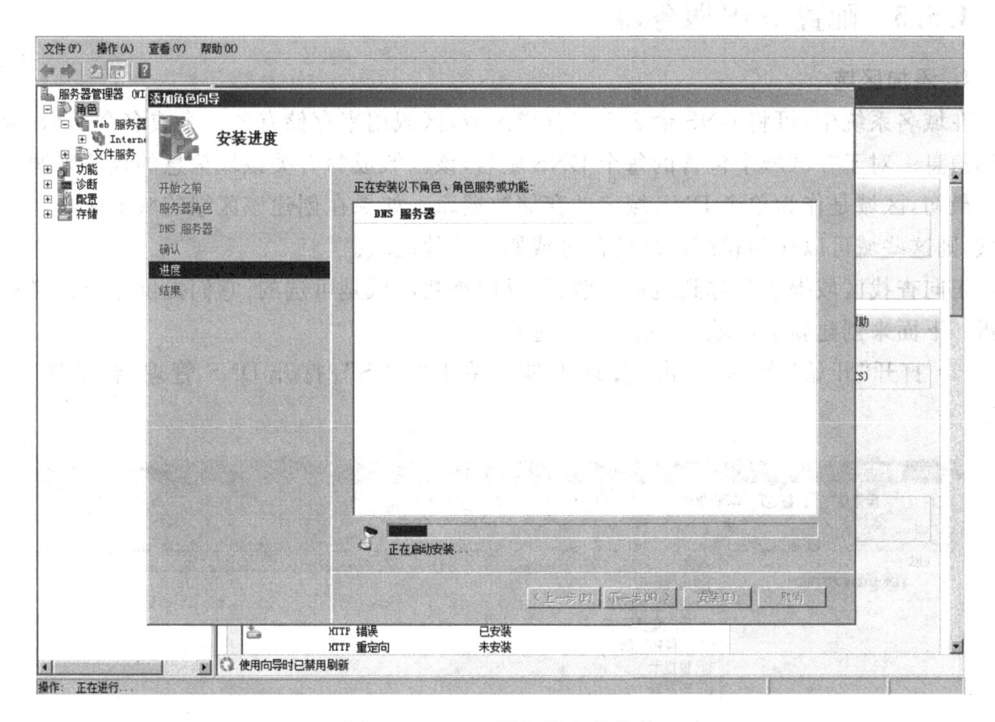

图 4.72　DNS 服务器安装等待

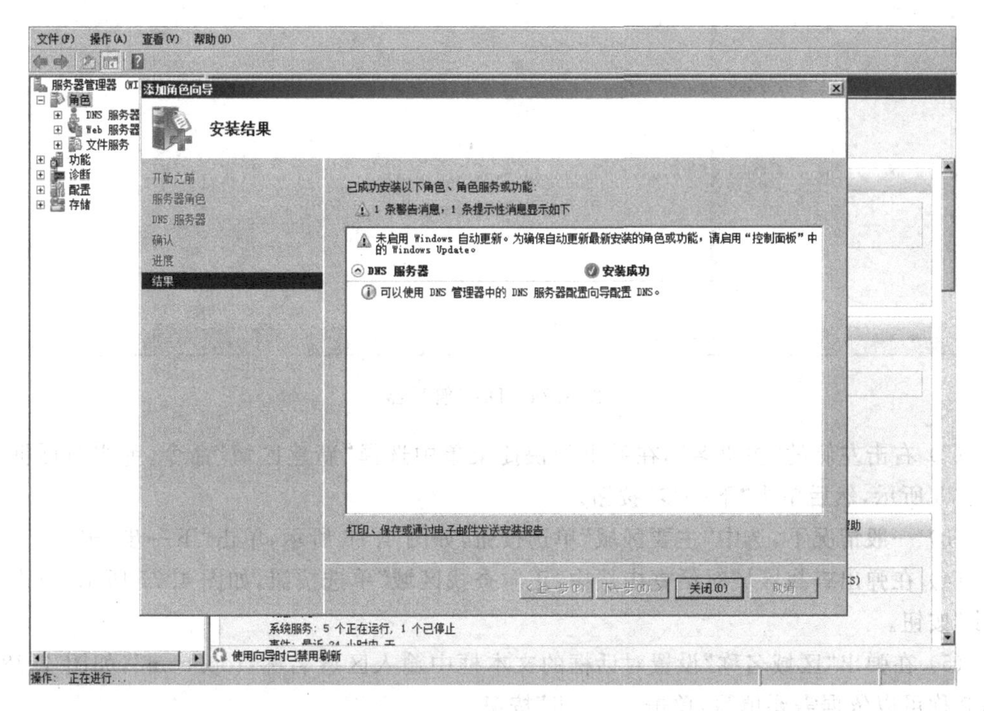

图 4.73　DNS 服务器安装结束

4.5.3 配置 DNS 服务器

1. 添加区域

在域名系统中,可将 DNS 命名空间分成区域,区域用来存储有关一个或多个 DNS 域的名称信息。对于在区域中包含的每个 DNS 域名,该区域成为有关该域信息的权威来源。

最初,区域是作为单个 DNS 域名的存储数据库。如果在创建该区域的域下面添加了其他域,则这些域可以作为相同区域的部分或属于其他区域。

正向查找区域提供名称到地址的解析,反向查找区域是可选的,它们提供地址到名称的解析。下面来创建新的区域,讲述其创建过程。

(1) 打开“开始”菜单,单击“管理工具”,单击“DNS”,打开 DNS 管理器,如图 4.74 所示。

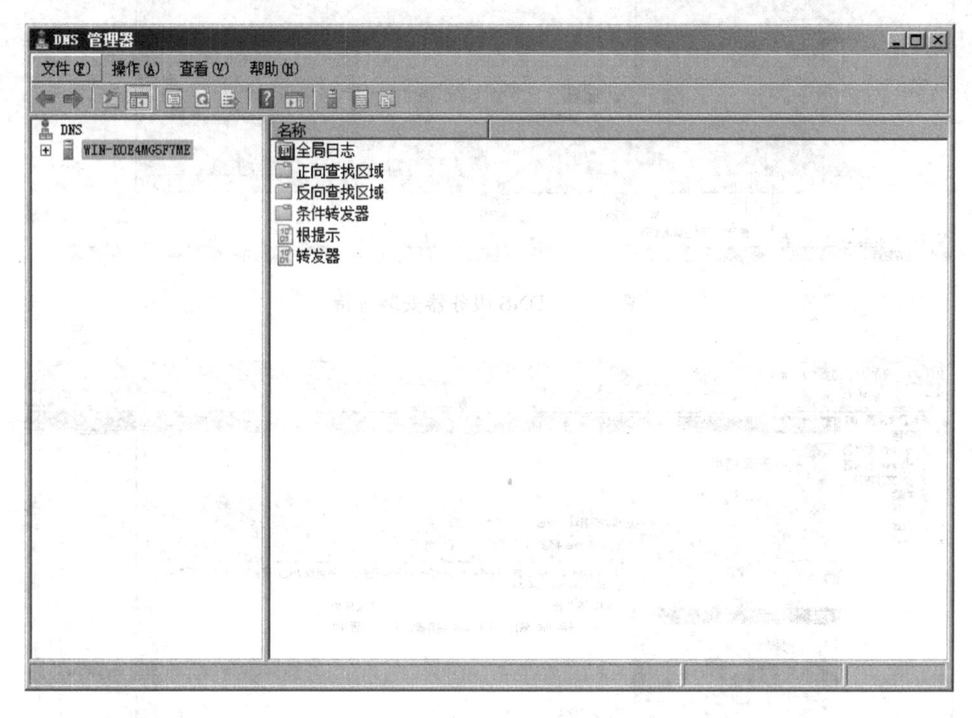

图 4.74 DNS 管理器

(2) 右击左侧的“主机名”,在弹出的快捷菜单中选择“新建区域”命令,弹出对话框,如图 4.75 所示,然后单击“下一步”按钮。

(3) 一般情况下,选中“主要区域”单选按钮,如图 4.76 所示,单击“下一步”按钮。

(4) 在弹出查找区域对话框中选中“正向查找区域”单选按钮,如图 4.77 所示,单击“下一步”按钮。

(5) 在弹出“区域名称”设置对话框的文本框中输入区域名称“top. com”,如图 4.78 所示,名称可以依据需要填写,单击“下一步”按钮。

(6) 在打开的“区域文件”对话框中选中“创建新文件,文件名为”单选按钮,如图 4.79 所示,在下方的文本框中自动产生名为“top. com. dns”的文件,单击“下一步”按钮。

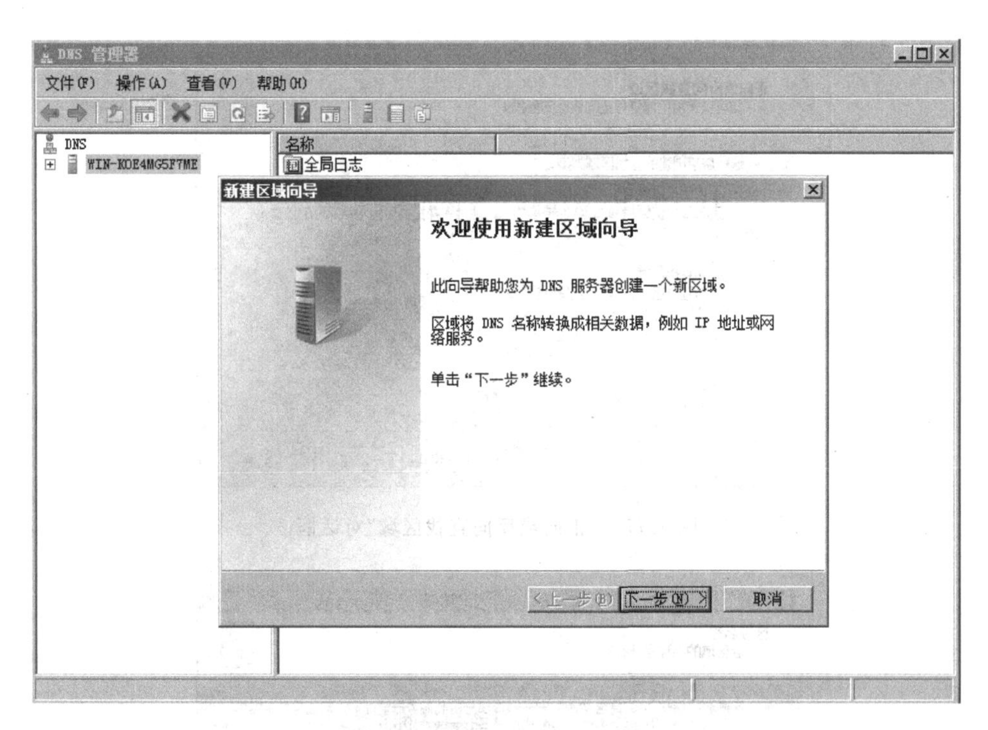

图 4.75　新建区域安装向导

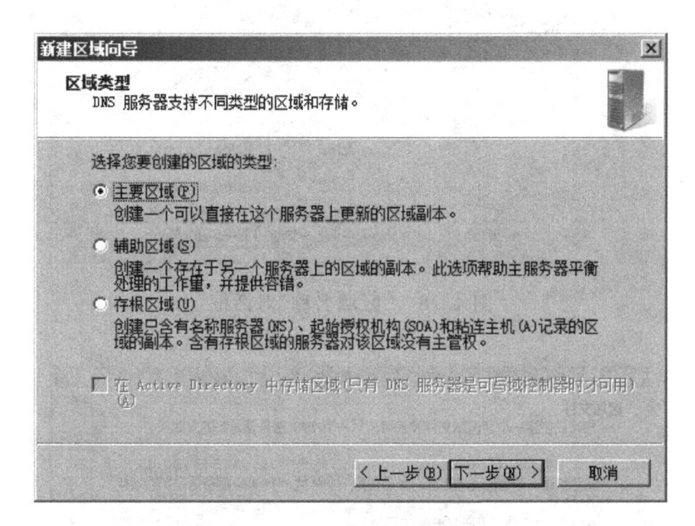

图 4.76　“区域类型”对话框

(7) 在打开的“动态更新”对话框中选中“不允许动态更新”单选按钮，如图 4.80 所示，单击“下一步”按钮。

(8) 安装完成后，弹出图 4.81 所示对话框，单击“完成”按钮。

2. 创建正向查找记录

创建实际需要的区域后，可以根据需要在区域中创建主机记录。DNS 服务器中主要有 3 种类型：A 记录、邮件交换器记录、别名记录。

新建区域向导
正向或反向查找区域
您可以使用区域进行正向或反向查找。
选择您想创建的查找区域类型:
正向查找区域(F)
正向查找区域将 DNS 名称转换为 IP 地址，并提供可用网络服务的信息。
反向查找区域(R)
反向查找区域将 IP 地址转换为 DNS 名称。
< 上一步(B)
下一步(N) >
取消

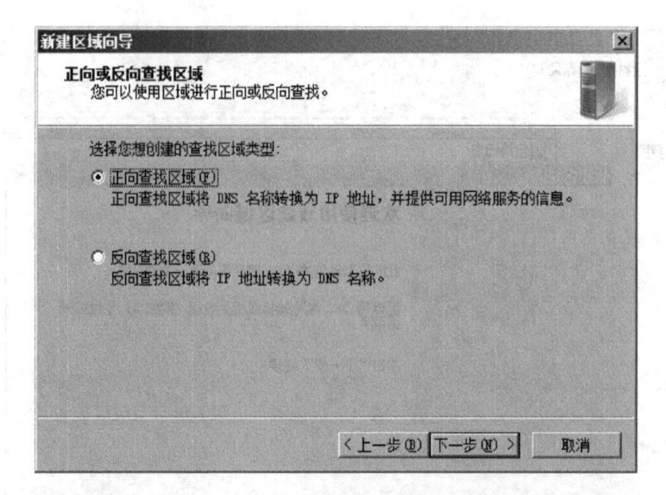

图 4.77 “正向或反向查找区域”对话框

新建区域向导
区域名称
新区域的名称是什么?
区域名称指定 DNS 命名空间的部分，该部分由此服务器管理。这可能是您组织单位的域名(例如，microsoft.com)或此域名的一部分(例如，newzone.microsoft.com)。区域名称不是 DNS 服务器名称。
区域名称(Z):
top.com
< 上一步(B)
下一步(N) >
取消

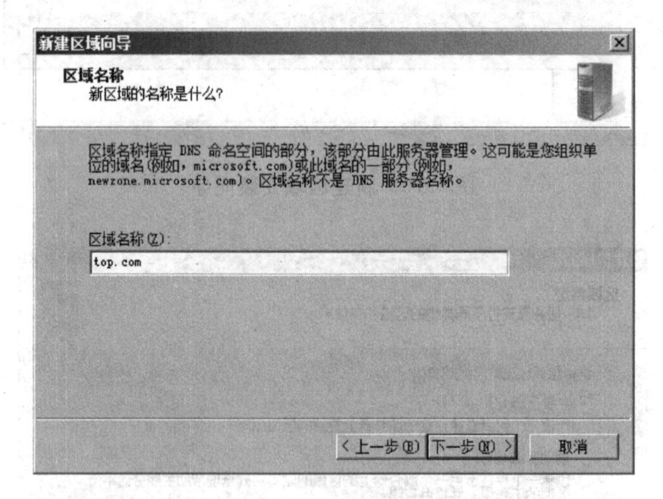

图 4.78 “区域名称”对话框

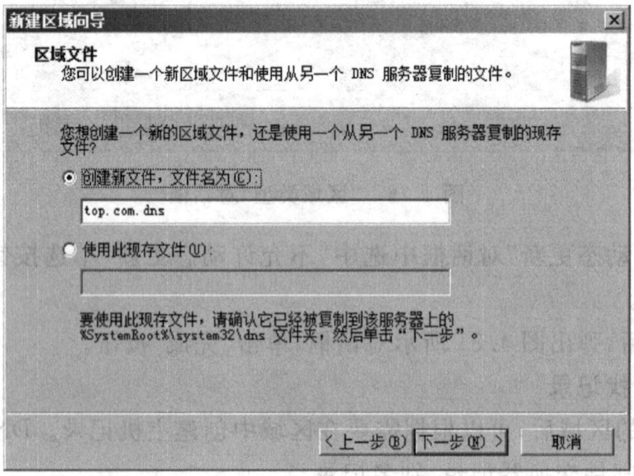

新建区域向导
区域文件
您可以创建一个新区域文件和使用从另一个 DNS 服务器复制的文件。
您想创建一个新的区域文件，还是使用一个从另一个 DNS 服务器复制的现存文件?
创建新文件，文件名为(C):
top.com.dns
使用此现存文件(U):
要使用此现存文件，请确认它已经被复制到该服务器上的 %SystemRoot%\system32\dns 文件夹，然后单击“下一步”。
< 上一步(B)
下一步(N) >
取消

图 4.79 “区域文件”对话框

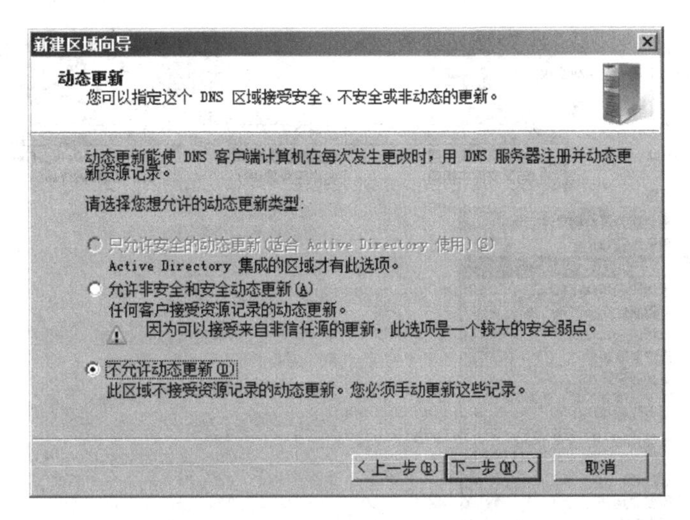

图 4.80 “动态更新”对话框

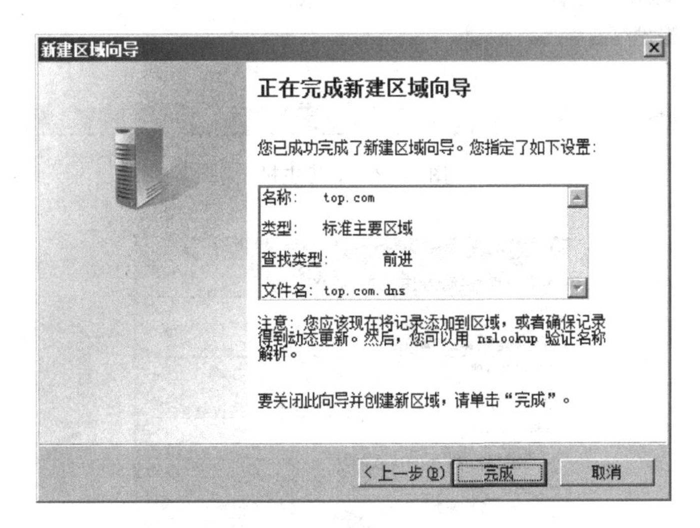

图 4.81 完成新区域向导

这里以 A 记录为例，创建 Web、FTP 等标准 A 记录。A 记录是用来记录指定的主机名对应的 IP 地址记录。用户可以指定自己的 Web Server 来记录该域名下的网站服务器记录。具体的步骤如下：

(1) 从“开始”菜单中打开“DNS 服务器”管理器，在左侧点开服务器的“正向查找区域”右击其中的 top.com，在弹出的快捷菜单中选择“新建主机”命令，如图 4.82 所示。

(2) 在弹出的“新建主机”对话框的“名称”文本框中输入“www”，“IP 地址”则输入主机的 IP 地址，如图 4.83 所示。

(3) 单击“添加主机”按钮，在弹出的对话框中单击“确定”按钮，完成安装并查看“DNS 服务器”管理器，如图 4.84 所示

3. 创建反向查找区域

反向查找区域是指对 IP 地址的反向解析，其作用就是通过查询 IP 地址的 PTR 记录来得到该 IP 地址所指向的域名。这种方式主要用来验证电子邮件。创建反向查找区域的具

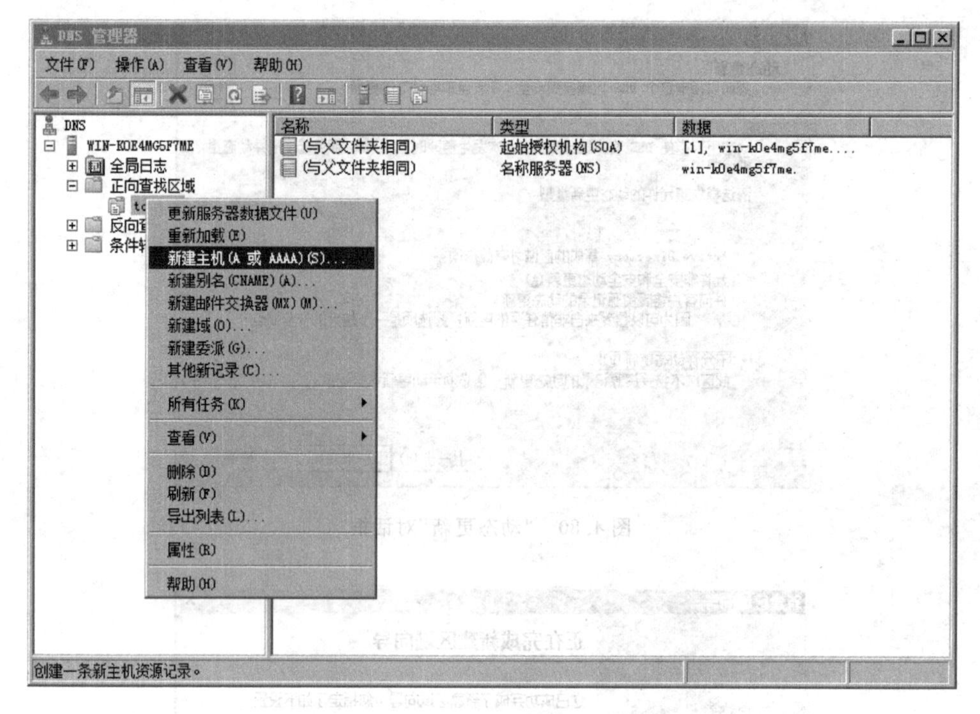

图 4.82 新建主机

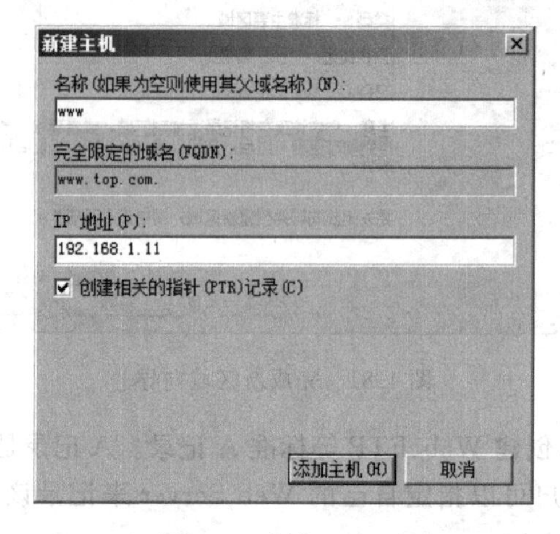

图 4.83 添加 A 记录

体步骤如下：

(1) 打开“DNS 服务器”管理器，在“反向查找区域”上右击，如图 4.85 所示。在弹出的快捷菜单中选择“新建区域”命令，打开“新建区域向导”对话框。单击“下一步”按钮，然后选中“主要区域”单选按钮，再单击“下一步”按钮，选中“IPv4 反向查找区域”单选按钮。

(2) 单击“下一步”按钮，在弹出对话框中输入网络 ID，查找区域名称会自动生成，也可以编写名称，这里选择自动生成，如图 4.86 所示。

(3) 单击“下一步”按钮，选用默认选项。

(4) 单击“下一步”按钮，仍然选择默认项“不允许动态更新”。

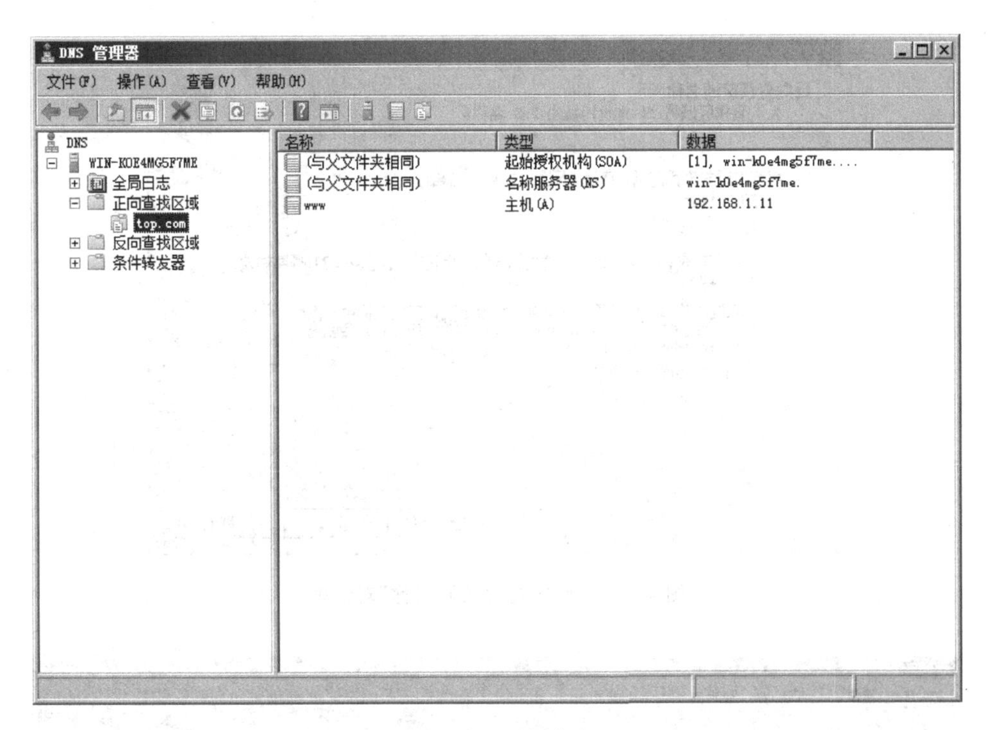

图 4.84　添加完成

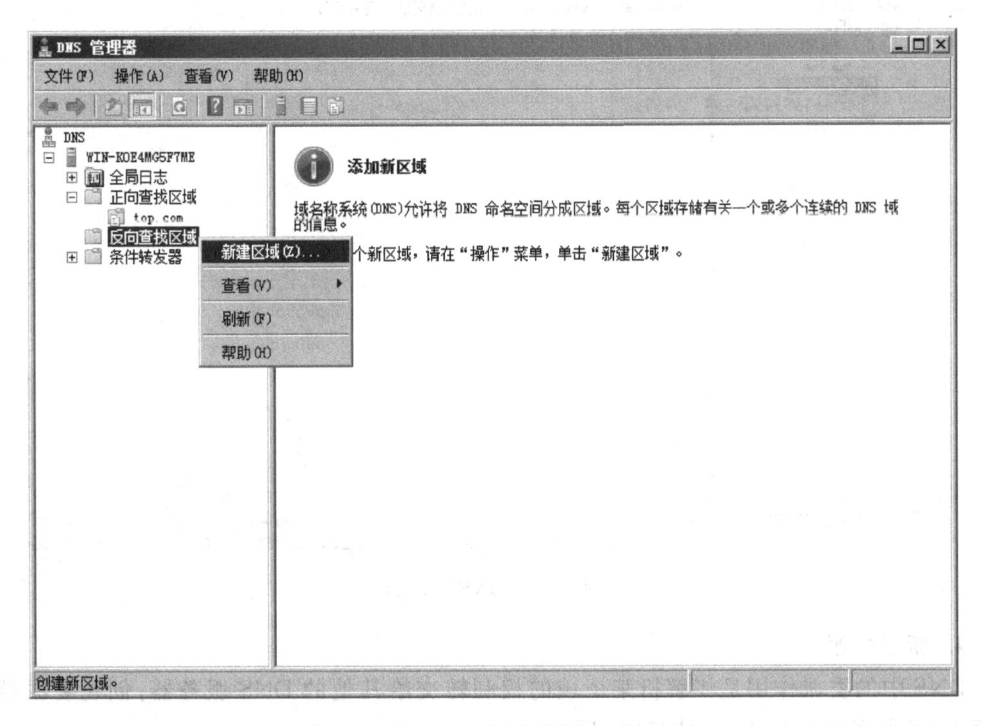

图 4.85　创建新区域

(5) 单击“完成”按钮，完成反向查找区域的添加。

(6) 可以在“DNS 服务器”管理器中查看到反向 DNS 区域，如图 4.87 所示。

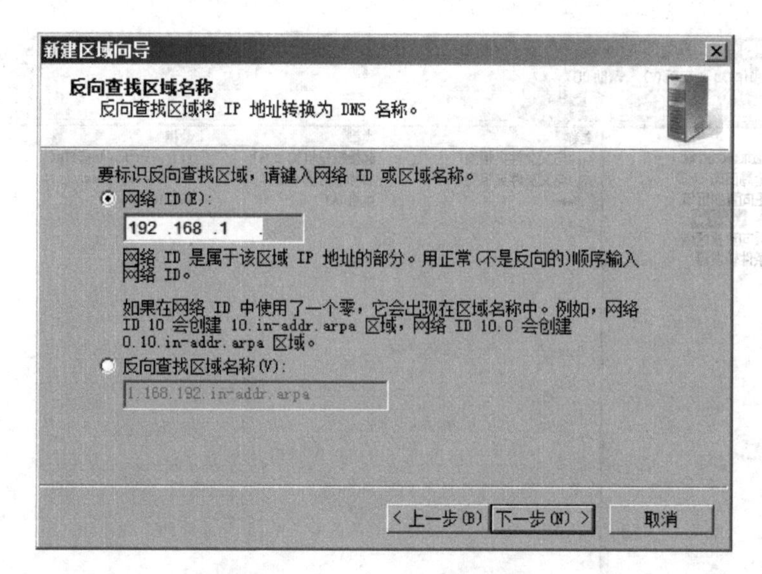

图 4.86 “反向查找区域名称”对话框

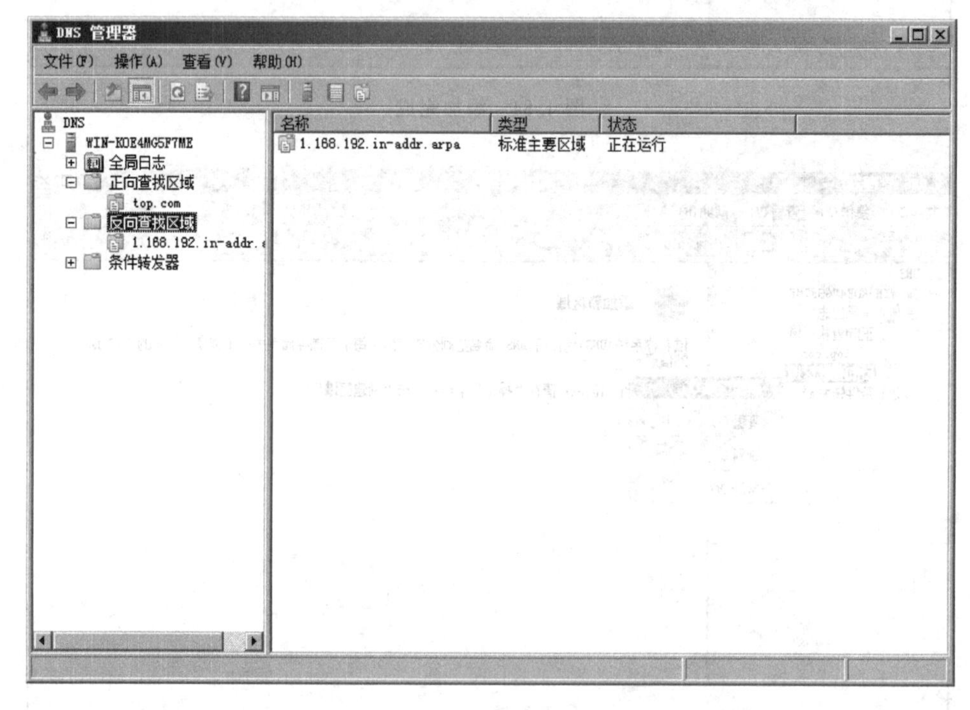

图 4.87 DNS 管理器

4. 新建委派

DNS 中的委派作用是将解析某个域的权利转交给其他的 DNS 服务器，创建委派就是减轻 DNS 服务器的压力，具体步骤如下：

(1) 打开“DNS 服务器”管理器，右击正向查找区域下的 top.com，在打开的快捷菜单中选择“新建委派”命令，如图 4.88 所示。

(2) 单击“下一步”按钮，在弹出的对话框中输入委派的域，如图 4.89 所示。

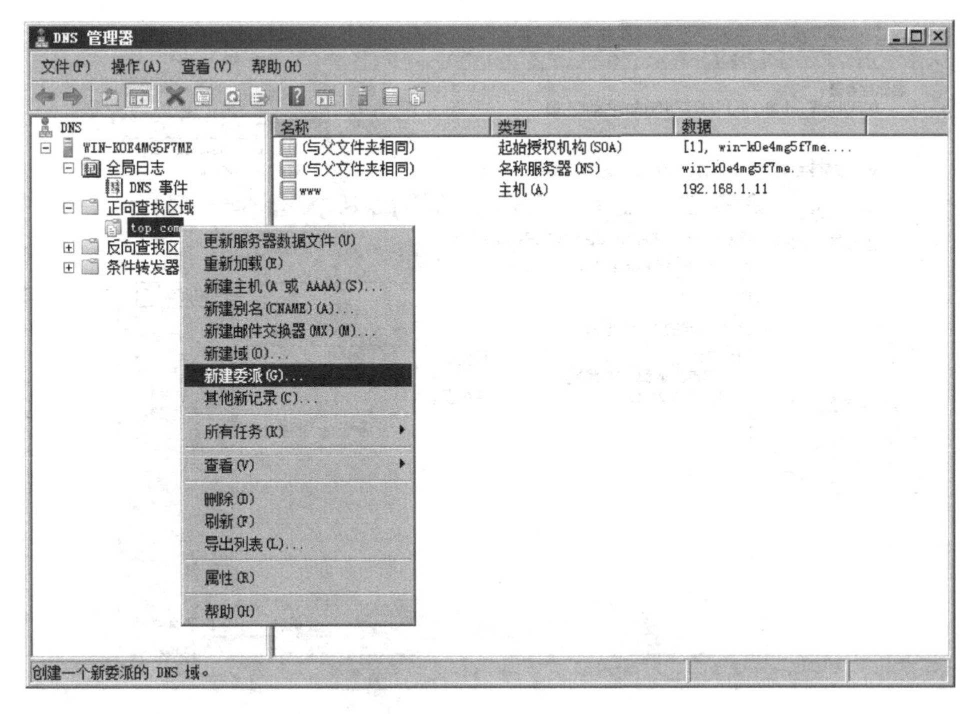

图 4.88 选择“新建委派”命令

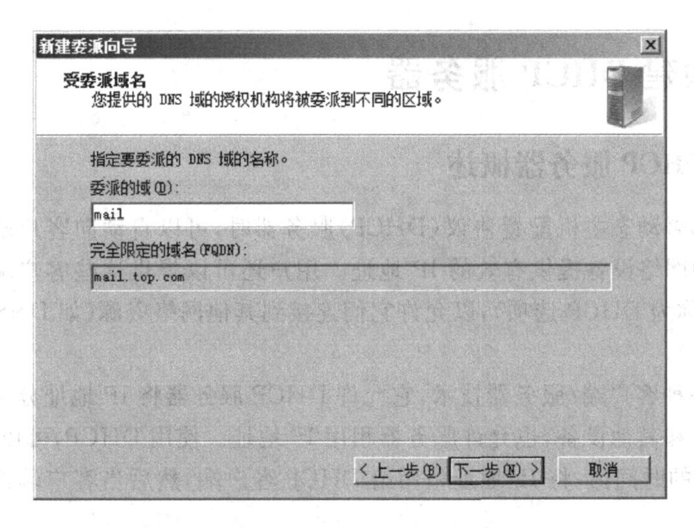

图 4.89 “受委派域名”对话框

(3) 单击“下一步”按钮，打开“名称服务器”对话框，如图 4.90 所示。第一次添加委派没有服务器，所以需要单击“添加”按钮，在弹出的“服务器完全限定的域名”对话框中的文本框中输入“dns.zj.com”，单击“解析”按钮，解析完成后单击“确定”按钮。

(4) 单击“下一步”按钮，然后单击“完成”按钮，完成新建委派。

完成所有的操作后，需要在委派的目标服务器上建立 mail 域和 top.com 域，使解析正确，所有的主机项目都将在委派的目标服务器的 mail 域下创建。

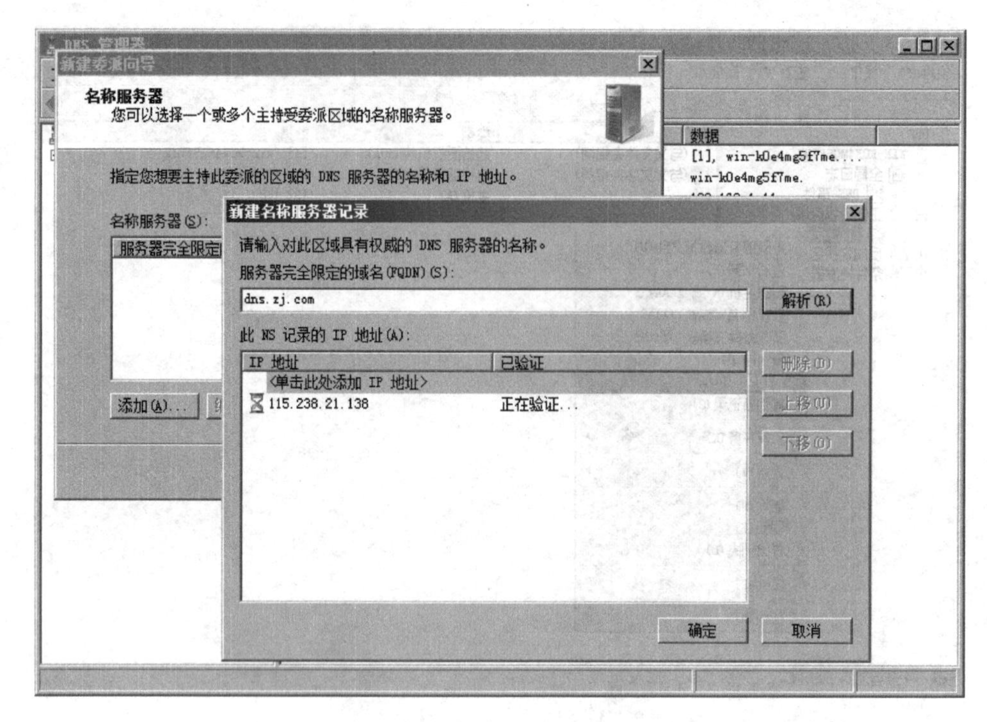

图 4.90 添加 DNS 服务器名称

4.6 构建 DHCP 服务器

4.6.1 DHCP 服务器概述

在网络上部署动态主机配置协议(DHCP)服务器时,可以自动向客户端计算机和其他基于 TCP/IP 的网络设备提供有效的 IP 地址。用户还可以提供这些客户端和设备所需的额外配置参数(称为 DHCP 选项),以允许它们连接到其他网络资源(如 DNS 服务器、WINS 服务器和路由器)。

DHCP 是一种客户端/服务器技术,它允许 DHCP 服务器将 IP 地址分配给作为 DHCP 客户端的计算机和其他设备,也允许服务器租用 IP 地址。使用 DHCP,可以进行以下操作:

(1) 在特定的时间内,将 IP 地址租用给 DHCP 客户端,然后当客户端请求续订时自动续订 IP 地址。

(2) 通过更改 DHCP 服务器中的作用域选项,更新 DHCP 客户端参数。

(3) 在 DHCP 服务器分发地址的过程中,排除 IP 地址或地址范围,以便能够使用这些地址和地址范围对服务器、路由器和其他需要静态 IP 地址的设备进行配置。

4.6.2 安装与配置 DHCP 服务器

(1) 打开“服务器管理器”窗口,单击“角色”选项,勾选“DHCP 服务器”复选框,单击“下一步”按钮,如图 4.91 所示。

(2) 弹出“DHCP 服务器”对话框,单击“下一步”按钮,如图 4.92 所示。

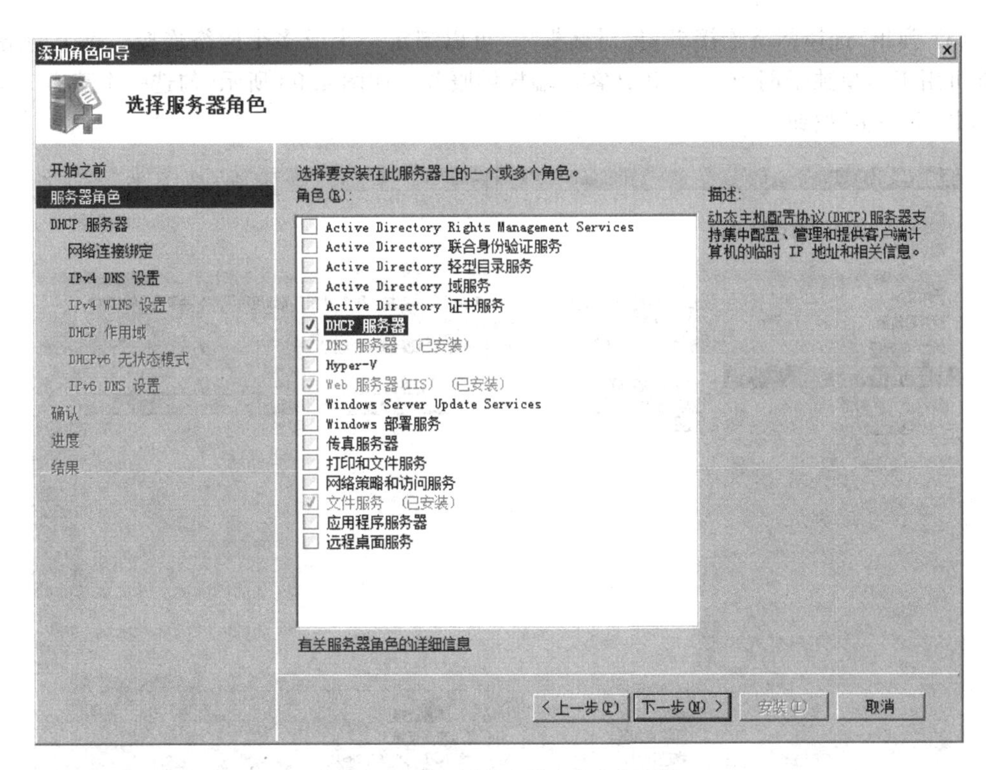

图 4.91 “选择服务器角色”对话框

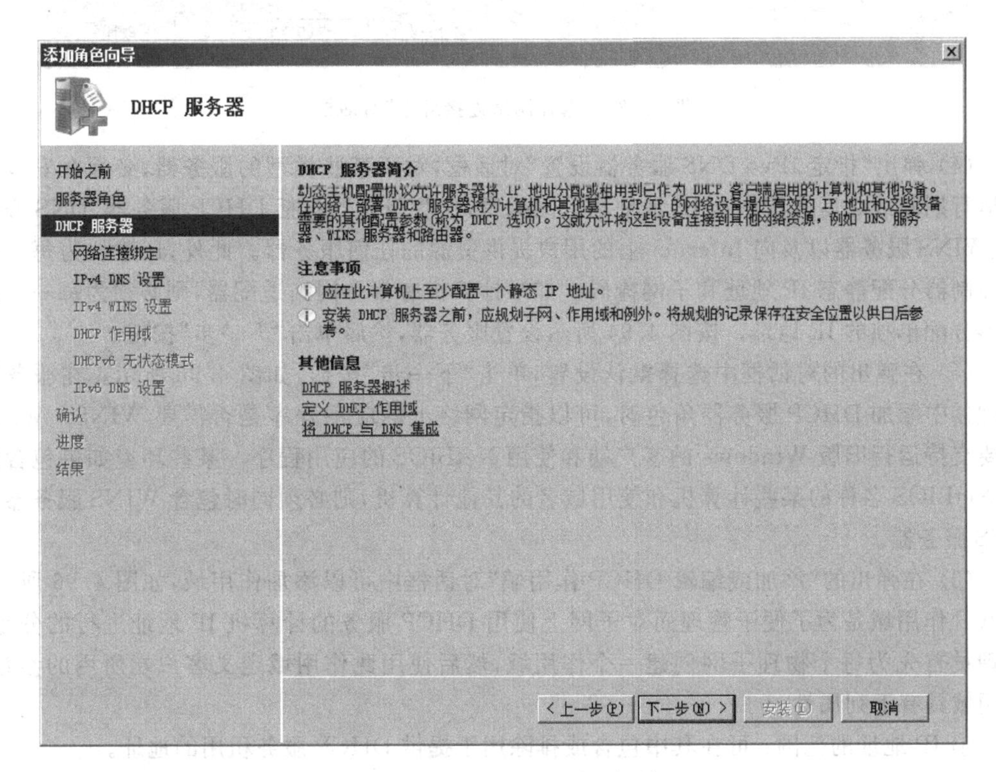

图 4.92 “DHCP 服务器”对话框

(3) 弹出“选择网络连接绑定”对话框中，可以绑定一个或多个网络连接。每个网络连接都可用于为单独子网中的DHCP客户端提供服务。如图4.93所示，勾选一个静态IP，然后单击“下一步”按钮。

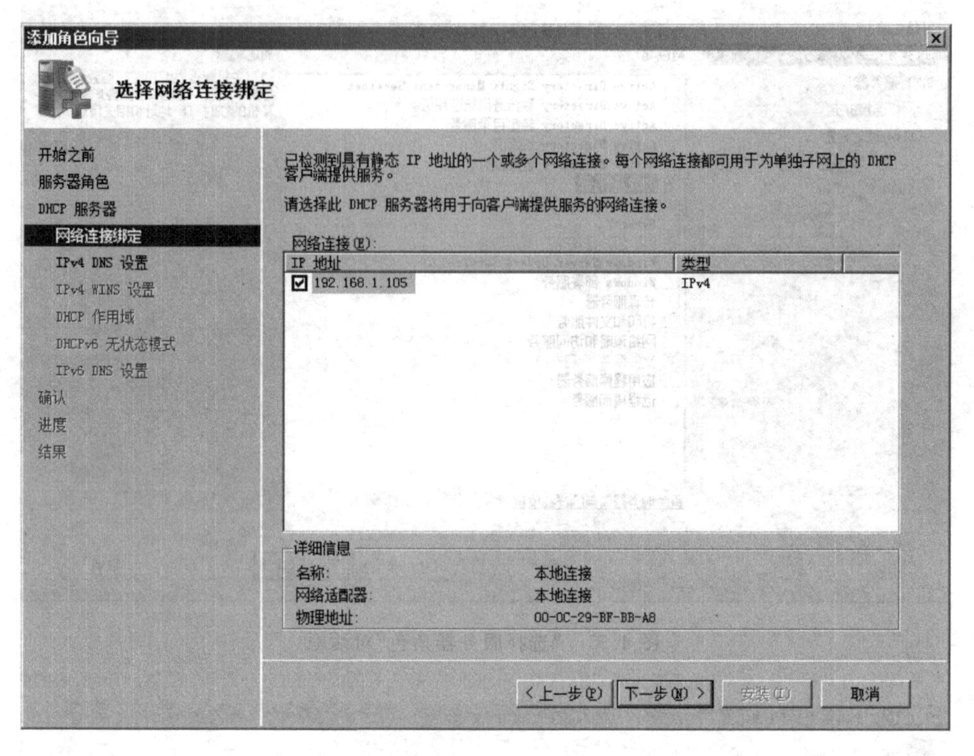

图4.93 “选择网络连接绑定”对话框

(4) 弹出“指定IPv4 DNS服务器设置”对话框，对于某些类型的服务器，必须在安装程序运行期间或之后分配静态IP地址和子网掩码，这些服务器包括DHCP服务器、DNS服务器、WINS服务器以及向Internet上的用户提供资源的任何服务器。此外，还建议为每一台域控制器分配静态IP地址和子网掩码。如果计算机有多个网络适配器，则必须为每一个适配器分配单独的IP地址。按图4.94所示设置服务器，然后单击“下一步”按钮。

(5) 在弹出的对话框中选择默认设置，单击“下一步”按钮，如图4.95所示。在服务器管理器中添加DHCP服务器角色时，可以指定网络上的应用程序是否需要WINS。WINS主要支持运行旧版Windows的客户端和使用NetBIOS的应用程序。某些环境如果包含使用NetBIOS名称的某些计算机和使用域名的其他计算机，则必须同时包含WINS服务器和DNS服务器。

(6) 在弹出的“添加或编辑DHCP作用域”对话框中可以添加作用域，如图4.96所示。DHCP作用域是为了便于管理而对子网上使用DHCP服务的计算机IP地址进行的分组。管理员首先为每个物理子网创建一个作用域，然后使用此作用域定义客户端所用的参数。作用域具有下列属性。

① IP地址的范围：可在其中包含或排除用于提供DHCP服务租用的地址。

② 子网掩码：它确定给定IP地址的子网。

③ 作用域名称：在创建作用域时指定该名称。

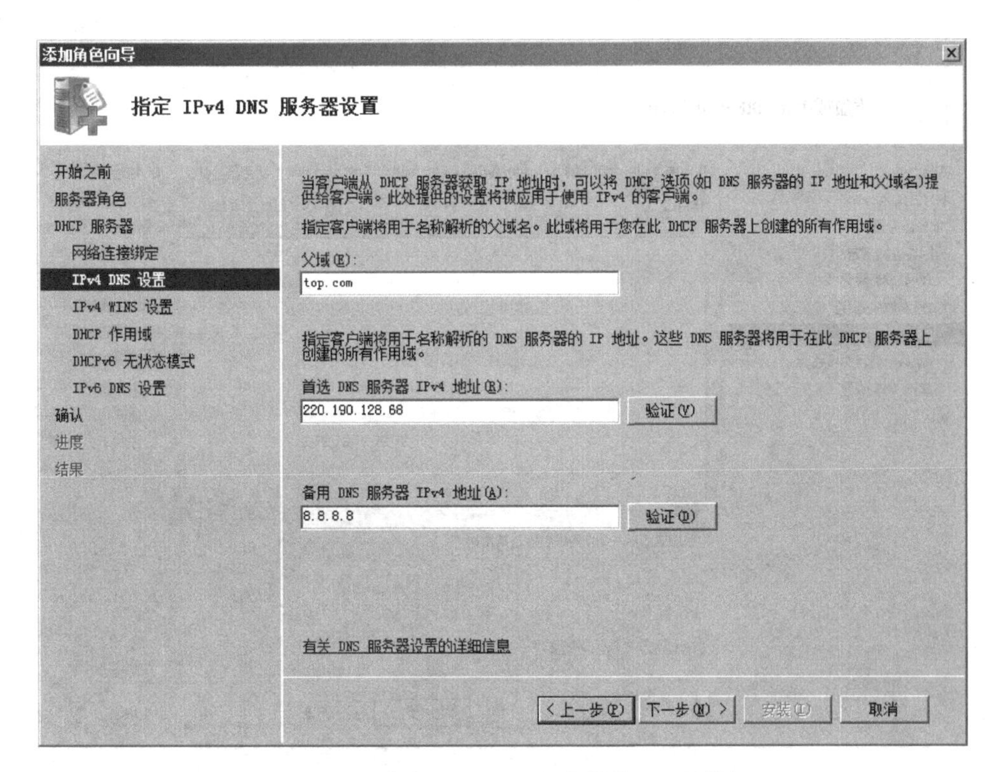

图 4.94 “指定 IPv4 DNS 服务器设置”对话框

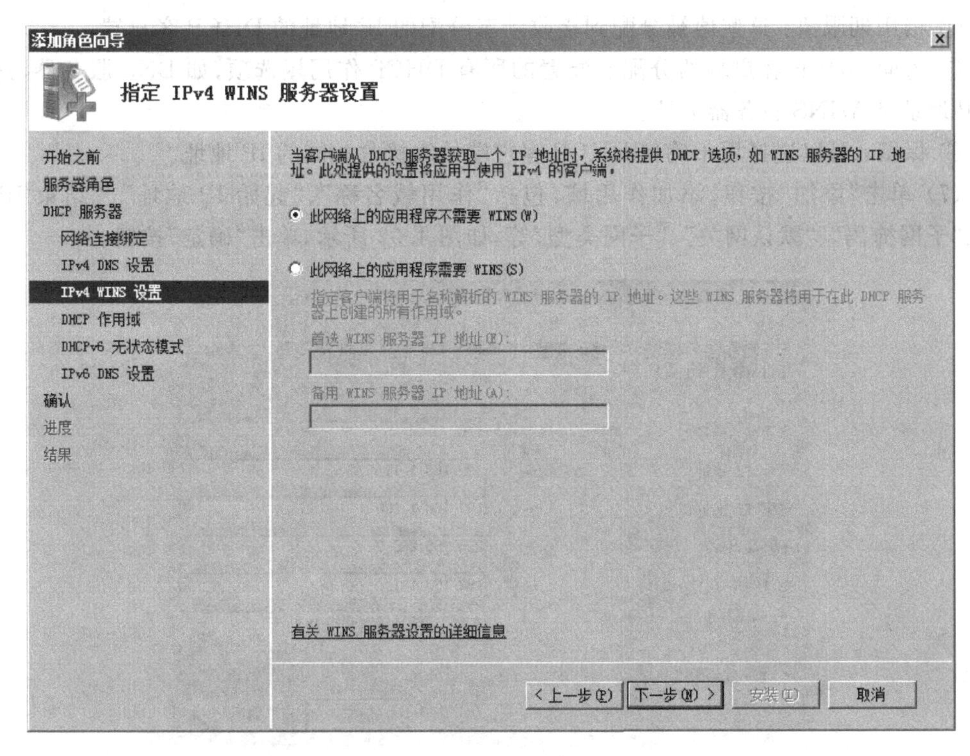

图 4.95 “指定 IPv4 WINS 服务器设置”对话框

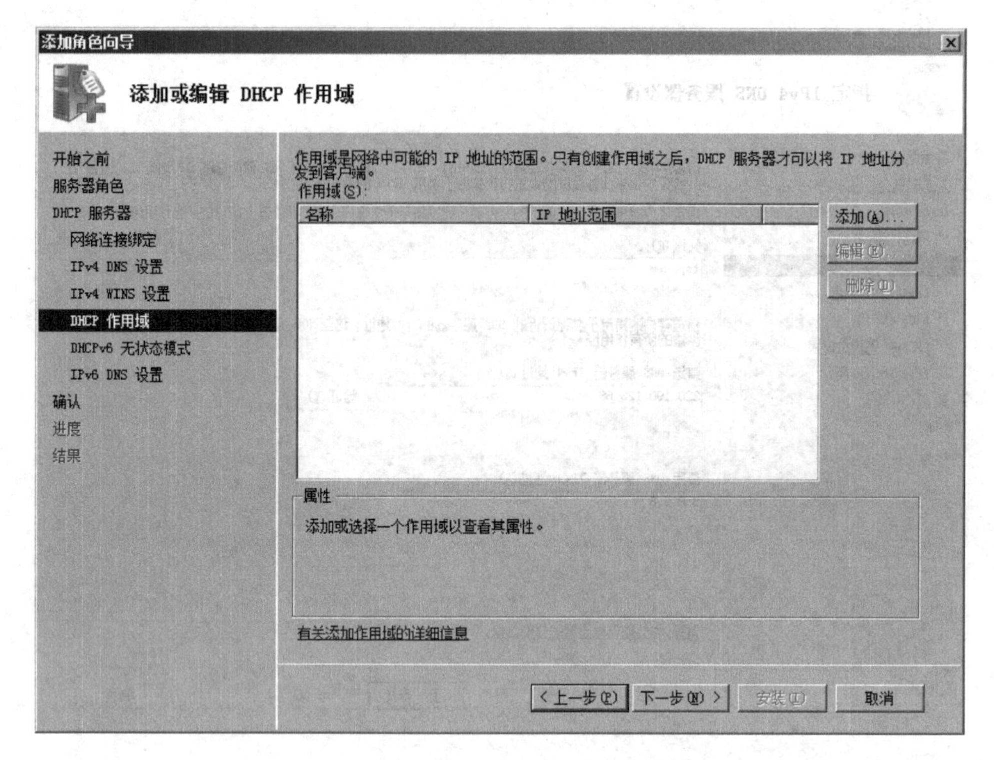

图 4.96 “添加或编辑 DHCP 作用域”对话框

④ 租用期限值：这些值被分配到接收动态分配的 IP 地址的 DHCP 客户端。

⑤ 为向 DHCP 客户端的分配而配置的所有 DHCP 作用域选项，如 DNS 服务器、路由器 IP 地址和 WINS 服务器地址。

⑥ 保留：可以选择用于确保 DHCP 客户端始终接收相同的 IP 地址。

(7) 单击“添加”按钮，添加作用域，包括“作用域名称”、“起始 IP 地址”、“结束 IP 地址”、“子网掩码”、“默认网关”、“子网类型”等，如图 4.97 所示，单击“确定”按钮。

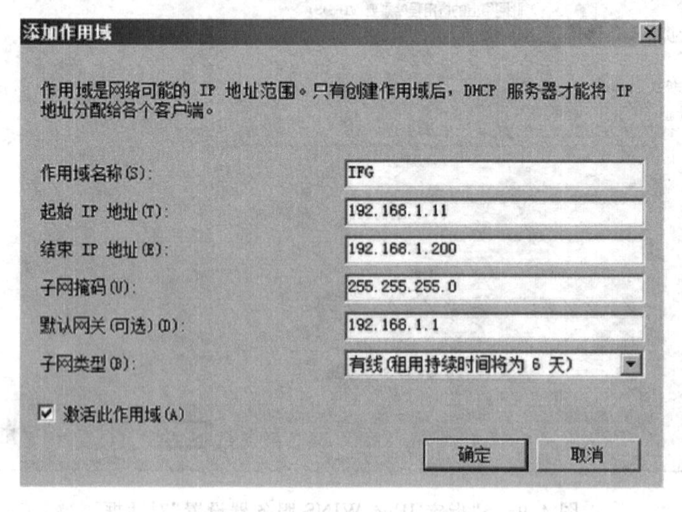

图 4.97 “添加作用域”对话框

(8) 单击“下一步”按钮，弹出“配置 DHCPv6 无状态模式”对话框，选中第二个单选按钮，如图 4.98 所示，单击“下一步”按钮。Windows Server 2008 支持无状态和有状态 DHCPv6 服务器功能。DHCPv6 无状态模式客户端使用 DHCPv6 获取 IPv6 地址之外的网络配置参数。客户端通过基于非 DHCPv6 的机制配置 IPv6 地址。在 DHCPv6 有状态模式下，客户端通过 DHCPv6 获取 IPv6 地址和其他网络配置参数。

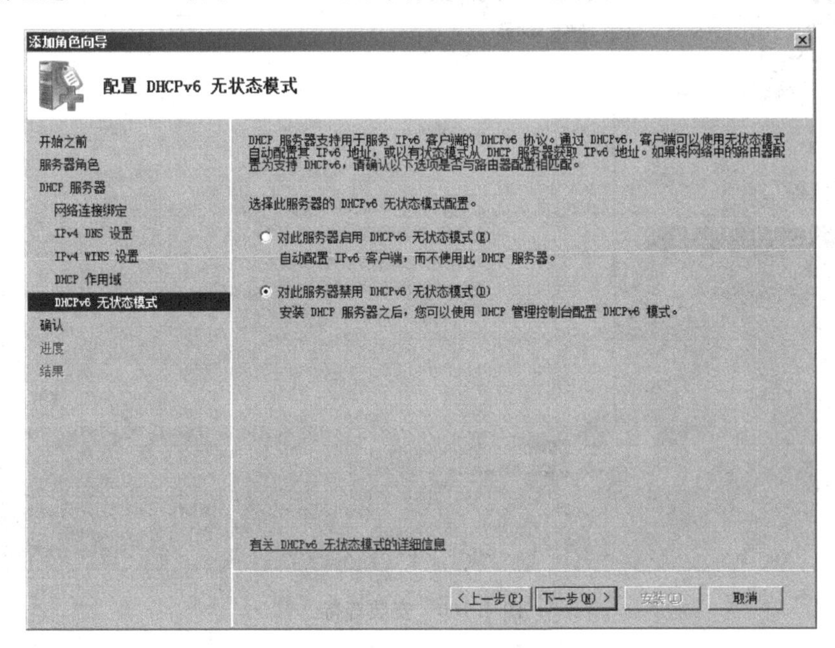

图 4.98 “配置 DHCPv6 无状态模式”对话框

(9) 单击“下一步”按钮，在弹出的图 4.99 所示对话框中单击“安装”按钮，开始安装。

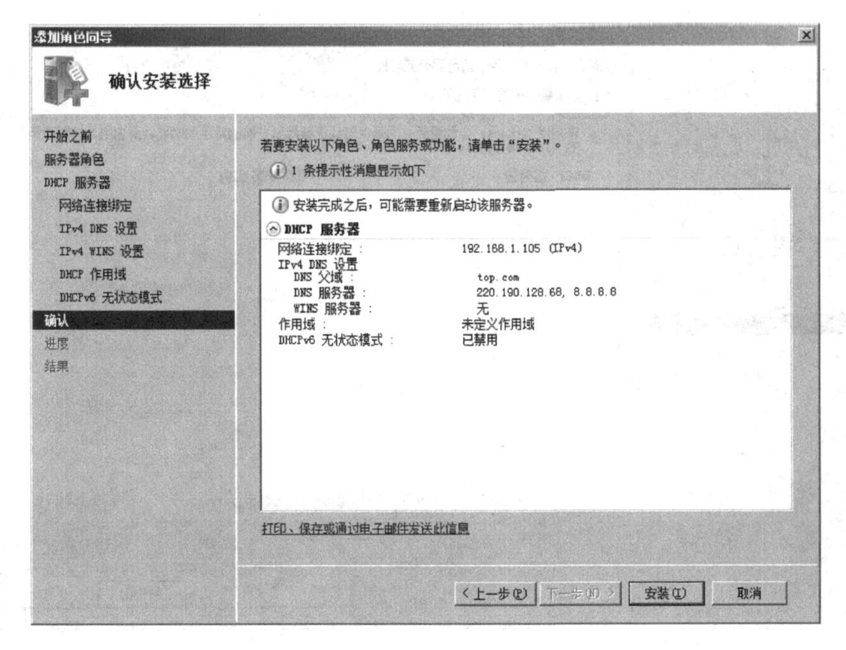

图 4.99 安装角色

(10) 安装过程需等待几分钟，如图 4.100 所示。直到完成安装，如图 4.101 所示。

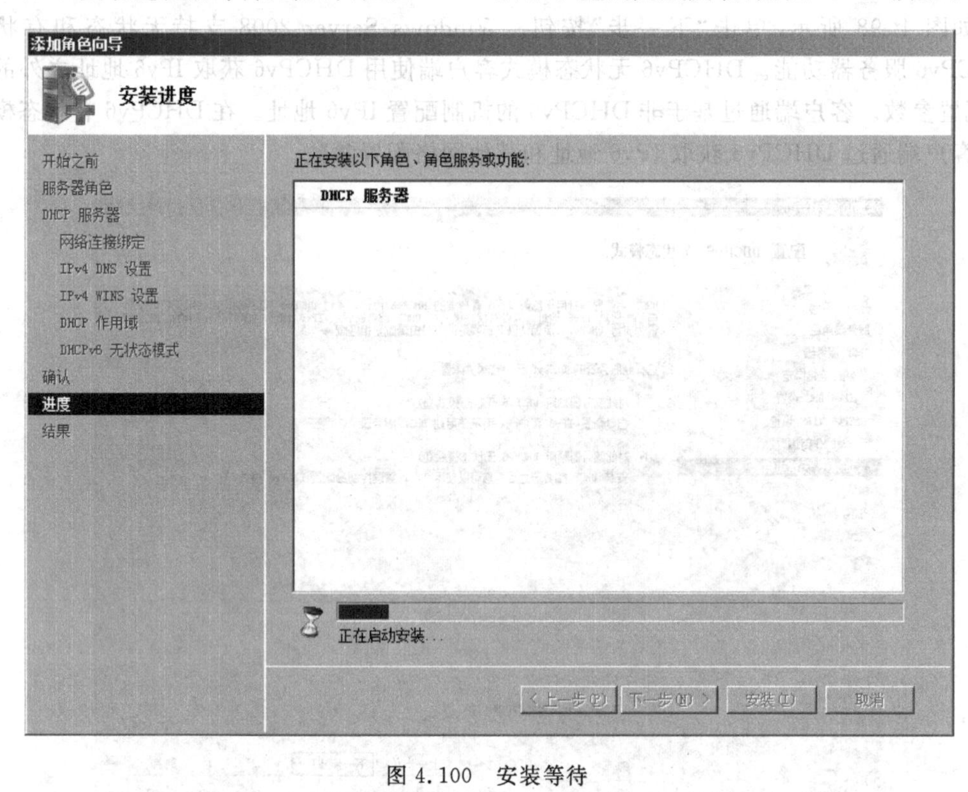

图 4.100 安装等待

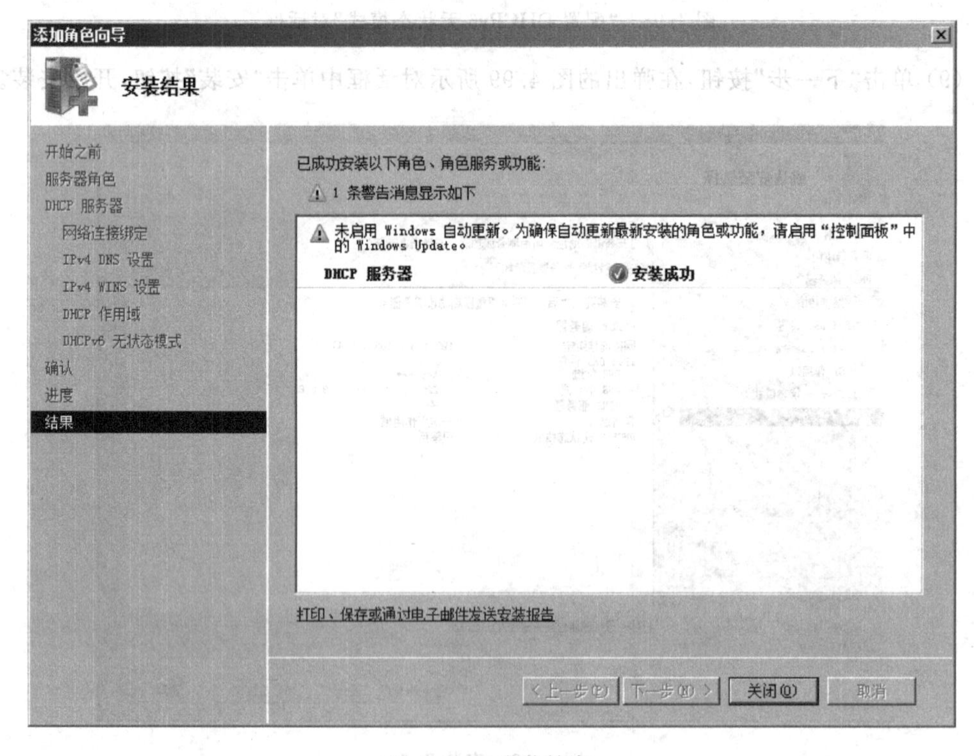

图 4.101 安装结束

4.7 构建 VPN 服务器

4.7.1 VPN 服务器概述

远程访问内网资源，利用 VPN 的解决方法就是在内网中架设一台 VPN 服务器。远程通过互联网连接 VPN 服务器，通过 VPN 服务器进入企业内网。为了保证数据安全，VPN 服务器和客户机之间的通信数据都进行了加密处理。有了数据加密，就可以认为数据是在一条专用的数据链路上进行安全传输，就如同专门架设了一个专用网络一样，但实际上 VPN 使用的是互联网上的公用链路，因此 VPN 称为虚拟专用网络，其实质上就是利用加密技术在公网上封装出一个数据通信隧道，只要能上互联网就能利用 VPN 访问内网资源，这就是 VPN 在企业中应用得如此广泛的原因。

4.7.2 安装网络策略和访问服务

架设 VPN 服务器并通过 VPN 访问内部网络，先要安装“网络策略和访问服务”角色服务，安装步骤如下：

(1) 打开服务器管理器，添加角色，选中“网络策略和访问服务”选项，单击“下一步”按钮，如图 4.102 所示，再次单击“下一步”按钮。

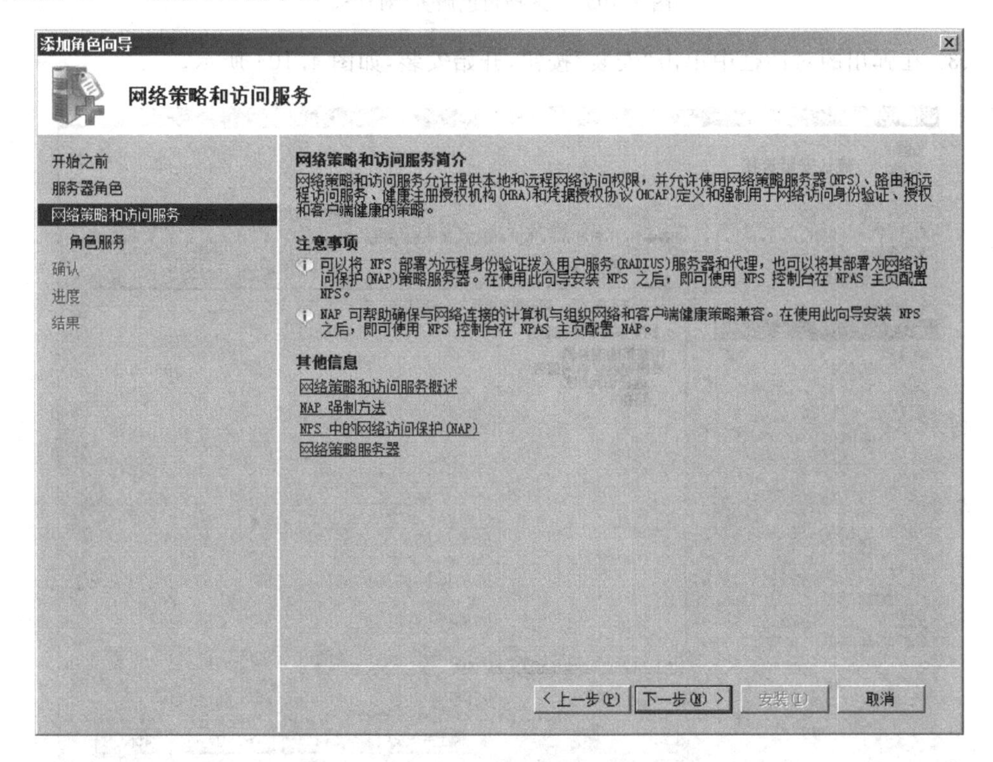

图 4.102 “网络策略和访问服务”对话框

(2) 在弹出的“选择角色服务”对话框中，勾选需要安装的服务，如图 4.103 所示，单击“下一步”按钮。

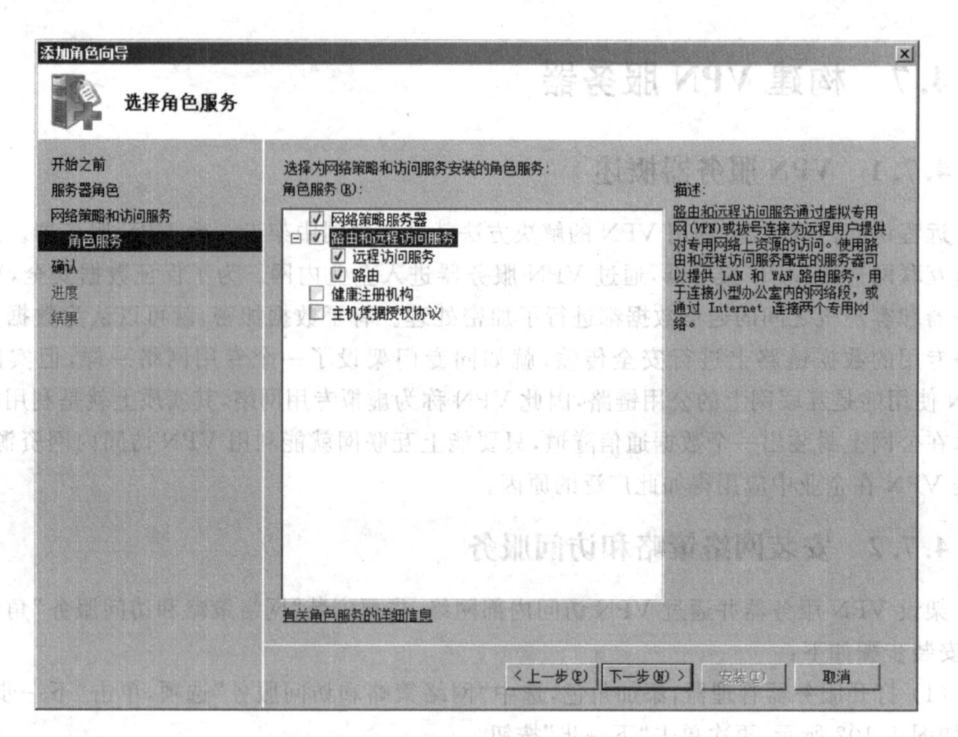

图 4.103 “选择角色服务”对话框

(3) 在弹出的对话框中单击“安装”按钮,开始安装,如图 4.104 所示。

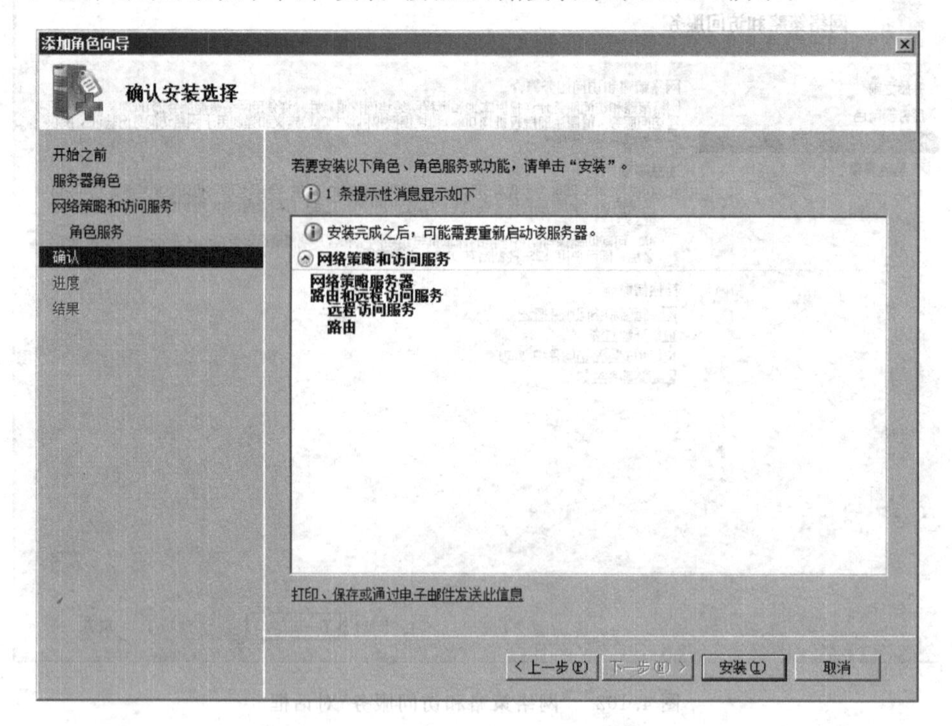

图 4.104 “确认安装选择”对话框

(4) 安装过程需要等几分钟,如图 4.105 所示,直到安装完成,如图 4.106 所示。

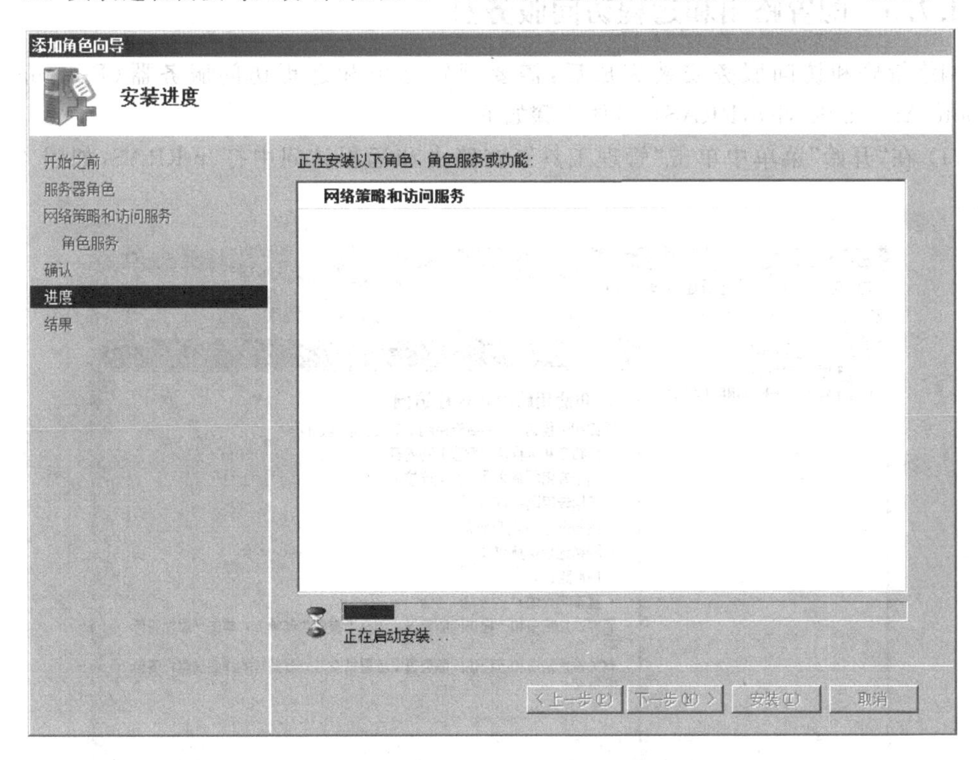

图 4.105　网络策略和访问服务安装进度

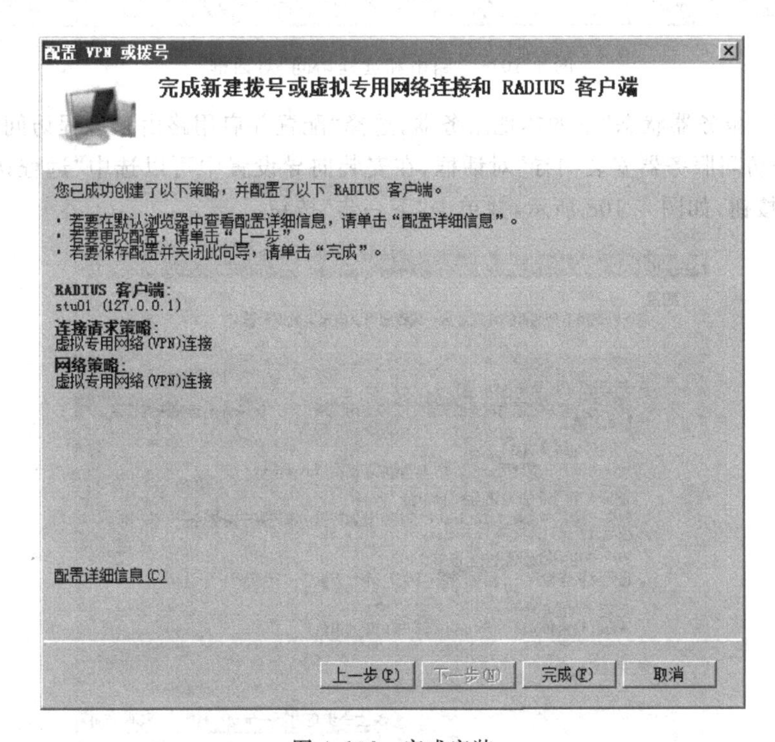

图 4.106　完成安装

4.7.3 配置路由和远程访问服务器

网络策略和访问服务安装完成后，需要配置路由和远程访问服务器(Routing and Remote Access Service,RRAS)，具体步骤如下：

(1) 在“开始”菜单中单击“管理工具”，在路由和远程访问中打开 RRAS，如图 4.107 所示。

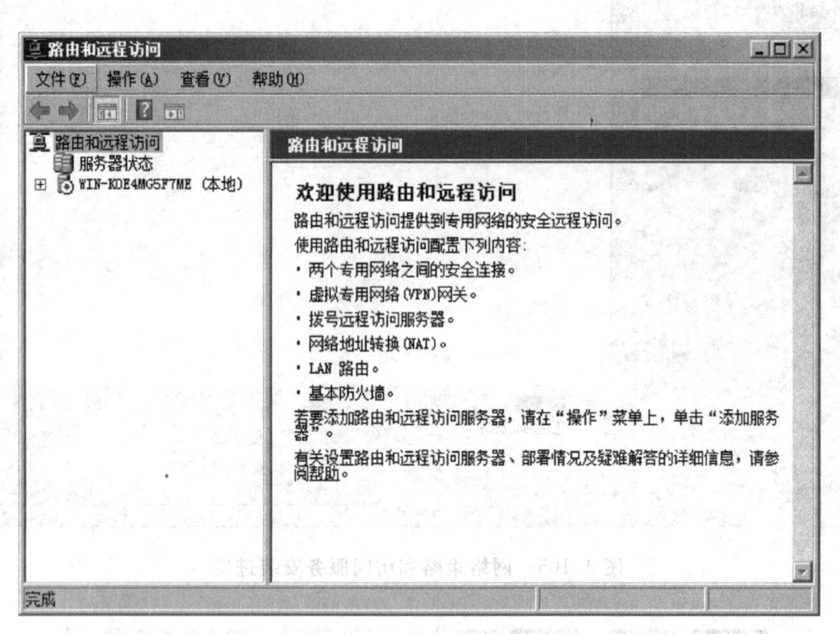

图 4.107 “路由和远程访问”对话框

(2) 右击“服务器状态”下的本地服务器，选择“配置并启用路由和远程访问”选项，打开“路由和远程访问服务器安装向导”对话框，在安装向导设置中可以选中“远程访问(拨号或 VPN)”单选按钮，如图 4.108 所示，并单击“下一步”按钮。

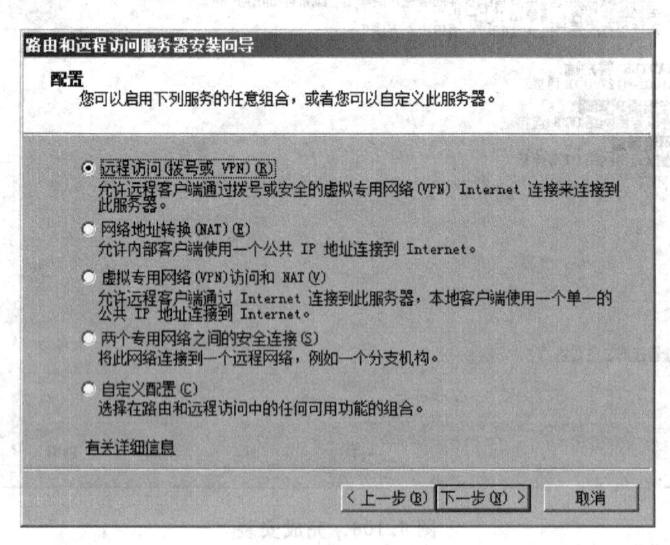

图 4.108 “路由和远程访问服务器安装向导”配置

(3) 在弹出对话框中勾选“VPN”复选框，如图 4.109 所示，并单击“下一步”按钮。

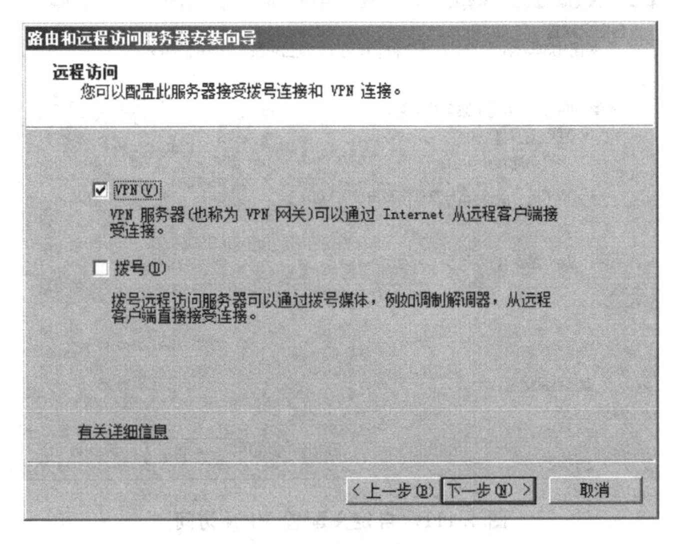

图 4.109　“远程访问”对话框

(4) 也可在图 4.108 所示对话框中选中“自定义配置”单选按钮，如图 4.110 所示，并单击“下一步”按钮，在弹出对话框中勾选“VPN 访问”复选框，如图 4.111 所示，单击“下一步”按钮进行安装。

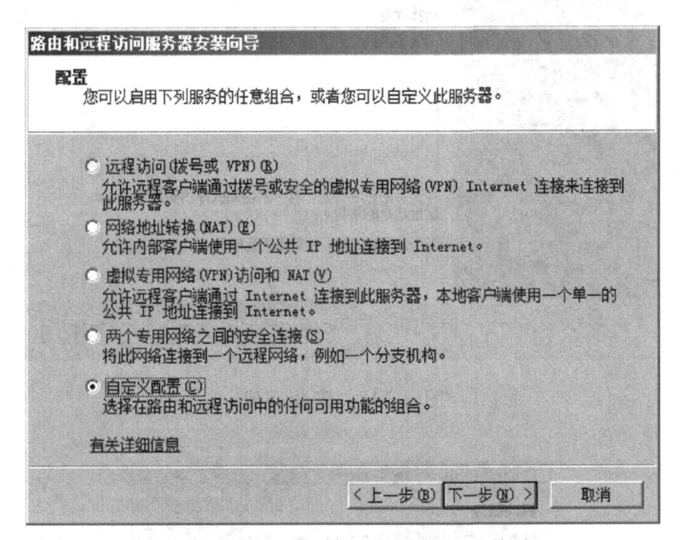

图 4.110　自定义配置

(5) 安装完成后单击“完成”按钮，如图 4.112 所示，随即相关服务启动，如图 4.113 所示。

4.7.4　配置 VPN 的 IP 地址分配方式

进行上述配置后，需要对 VPN 的 IP 地址分配方式进行配置，具体步骤如下：

(1) 右击“路由和远程访问”窗口中的本地服务器并在弹出的快捷菜单中选择“属性”命

路由和远程访问服务器安装向导
自定义配置
关闭此向导后，您可以在路由和远程访问控制台中配置选择的服务。
选择您想在此服务器上启用的服务。
VPN 访问(V)
拨号访问(D)
请求拨号连接(由分支机构路由使用)(E)
NAT(A)
LAN 路由(L)
有关详细信息
< 上一步(B)
下一步(N) >
取消

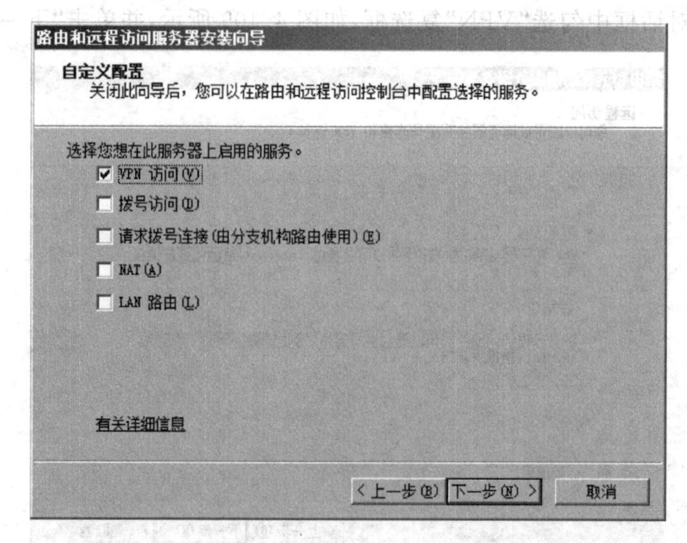

图 4.111　自定义配置 VPN 访问

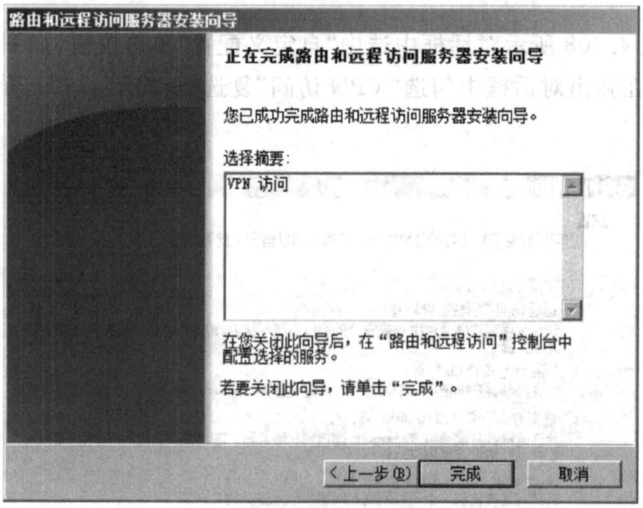

路由和远程访问服务器安装向导
正在完成路由和远程访问服务器安装向导
您已成功完成路由和远程访问服务器安装向导。
选择摘要:
VPN 访问
在您关闭此向导后，在“路由和远程访问”控制台中配置选择的服务。
若要关闭此向导，请单击“完成”。
< 上一步(B)
完成
取消

图 4.112　安装完成

路由和远程访问
启动服务
路由和远程访问服务已处于可用状态。
启动服务
取消

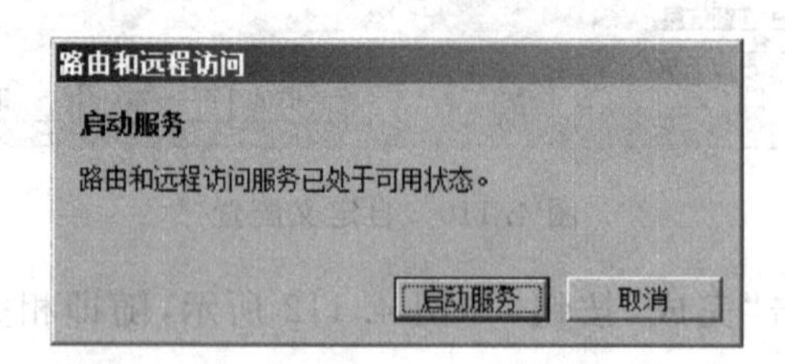

图 4.113　启动“路由和远程访问”

令，转到 IPv4 选项卡，如图 4.114 所示。

(2) 可以选中“动态主机配置协议(DHCP)”或“静态地址池”单选按钮，这里以选择“静态地址池”为例，添加一个地址段(10.10.0.100～10.10.0.199，共 100 个地址)，如图 4.115

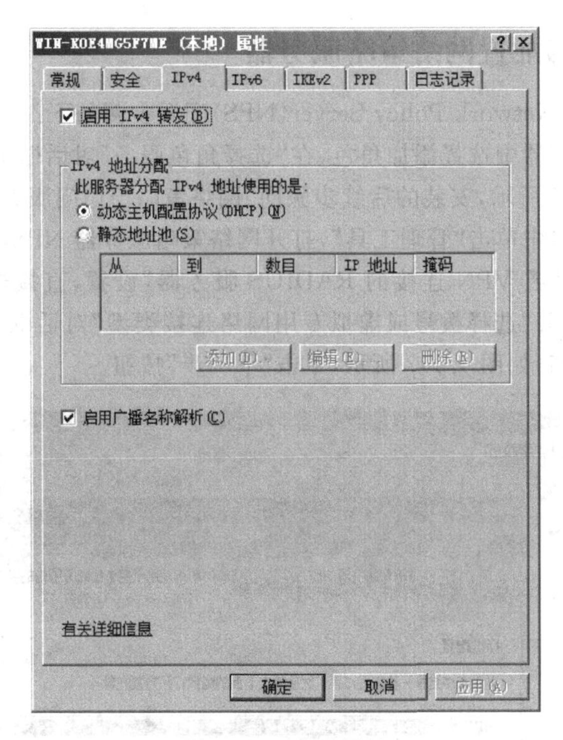

图 4.114　本地属性

所示。注意主机一定是 10.10.0.100。至此"路由和远程访问服务器(RRAS)"配置完成，下面进行"网络策略服务器(NPS)"配置。

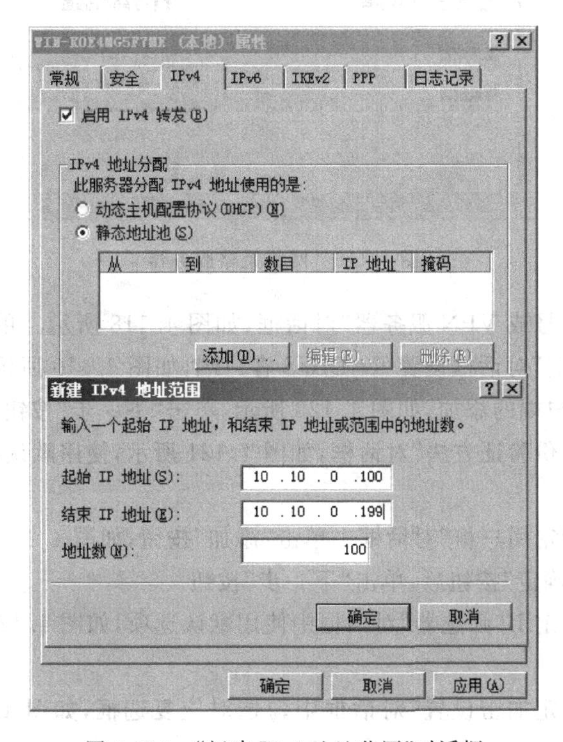

图 4.115　"新建 IPv4 地址范围"对话框

4.7.5 安装与配置网络策略服务器

网络策略服务器(Network Policy Server,NPS)配置步骤如下：

(1) 在服务器管理器中选择添加角色，在“选择角色服务”对话框中勾选“网络策略服务器”复选框，如图 4.103 所示，安装的后续步骤同“网络策略与访问服务”，此处不再赘述。

(2) 在“开始”菜单中单击“管理工具”，打开网络策略服务器 NPS，如图 4.116 所示。在 NPS 中内置“用于拨号或 VPN 连接的 RADIUS 服务器”设置，直接选择该项，单击“配置 VPN 或拨号”链接，打开“选择拨号或虚拟专用网络连接类型”对话框，选择“虚拟专用网络(VPN 连接)”单选按钮，如图 4.117 所示，单击“下一步”按钮。

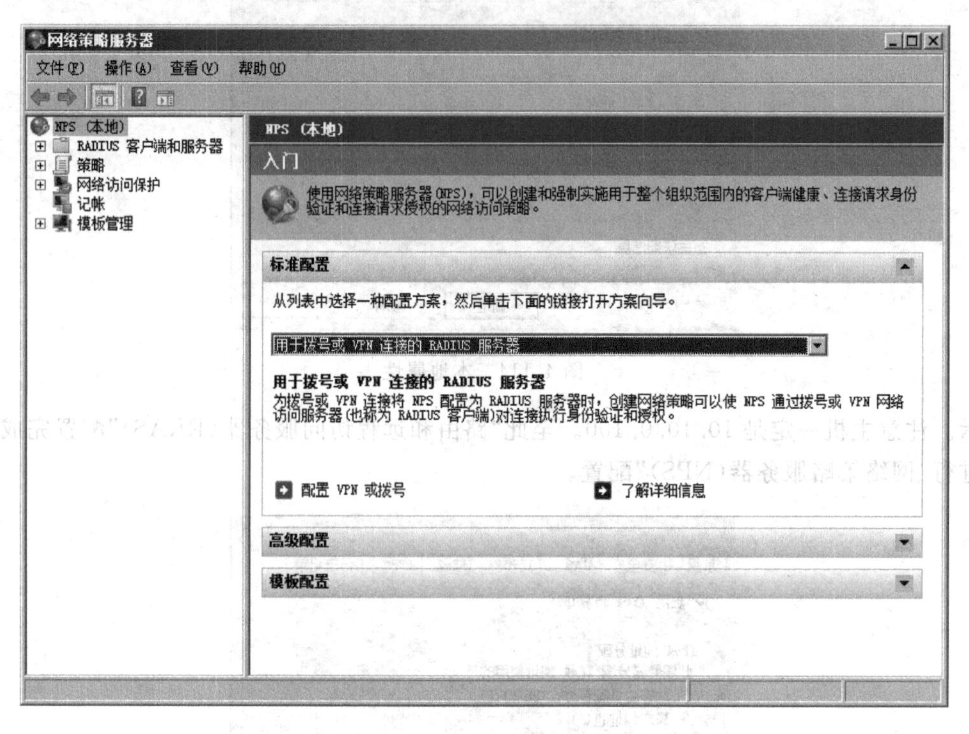

图 4.116 网络策略服务器

(3) 弹出“指定拨号或 VPN 服务器”对话框，如图 4.118 所示。单击“添加”按钮，弹出“新建 RADIUS 客户端”对话框设置 RADIUS 客户端，如图 4.119 所示，然后单击“确定”按钮，完成 RADIUS 客户端的添加，如图 4.120 所示，单击“下一步”按钮。

(4) 弹出“配置身份验证方法”对话框，如图 4.121 所示，使用默认选项，然后单击“下一步”按钮。

(5) 在弹出的“指定用户组”对话框中单击“添加”按钮，如图 4.122 所示，选择相应的组为其增加权限，单击“确定”按钮后，单击“下一步”按钮。

(6) 在弹出的“指定 IP 筛选器”对话框中使用默认选项，如图 4.123 所示，然后单击“下一步”按钮。

(7) 在弹出的“指定加密设置”对话框中勾选对应复选框，如图 4.124 所示，然后单击“下一步”按钮。

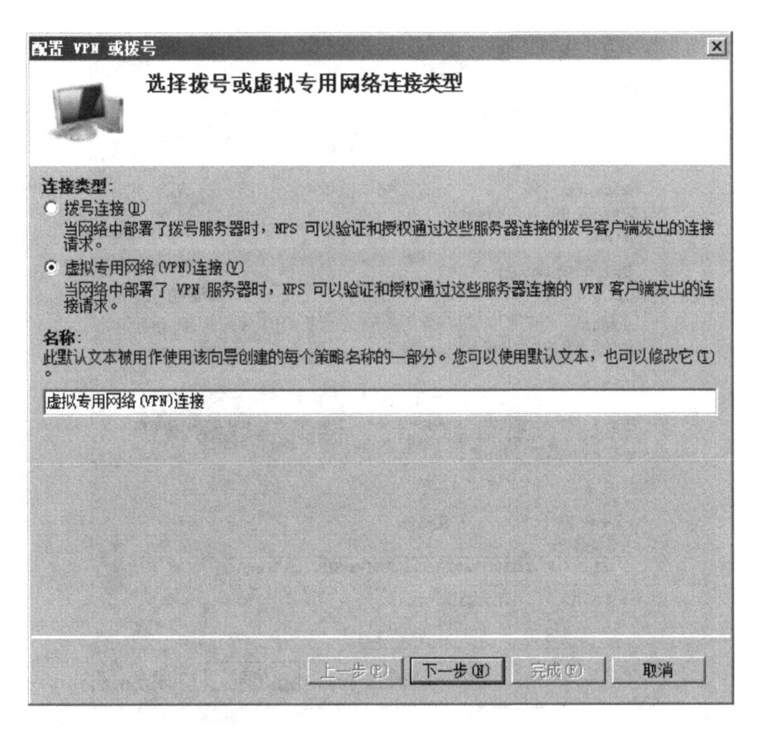

图 4.117 “选择拨号或虚拟专用网络连接类型”对话框

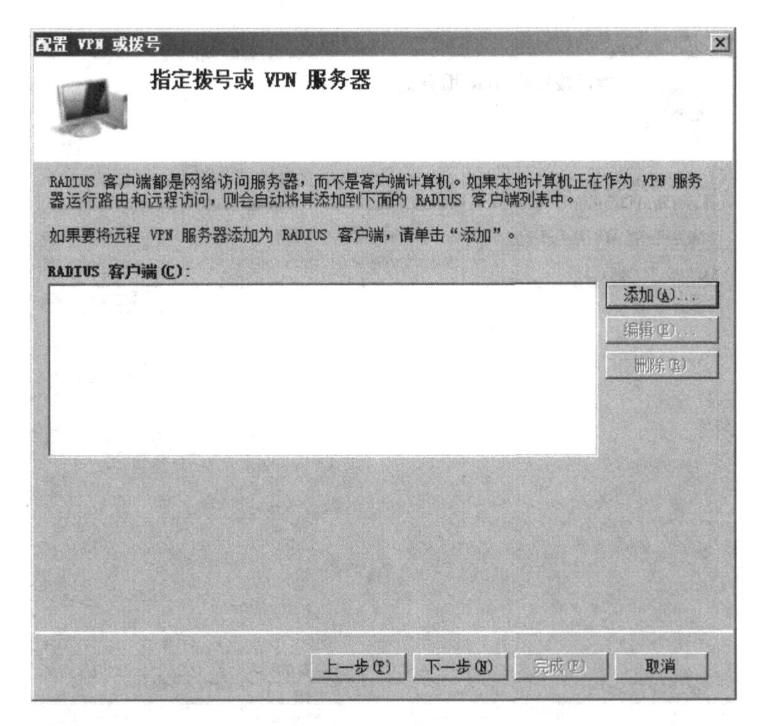

图 4.118 “指定拨号或 VPN 服务”对话框

（8）弹出“指定一个领域名称”对话框，在文本框中输入要指定的领域名称，一般情况下保持默认即可，如图 4.125 所示，单击“下一步”按钮，完成网络策略服务器的安装。

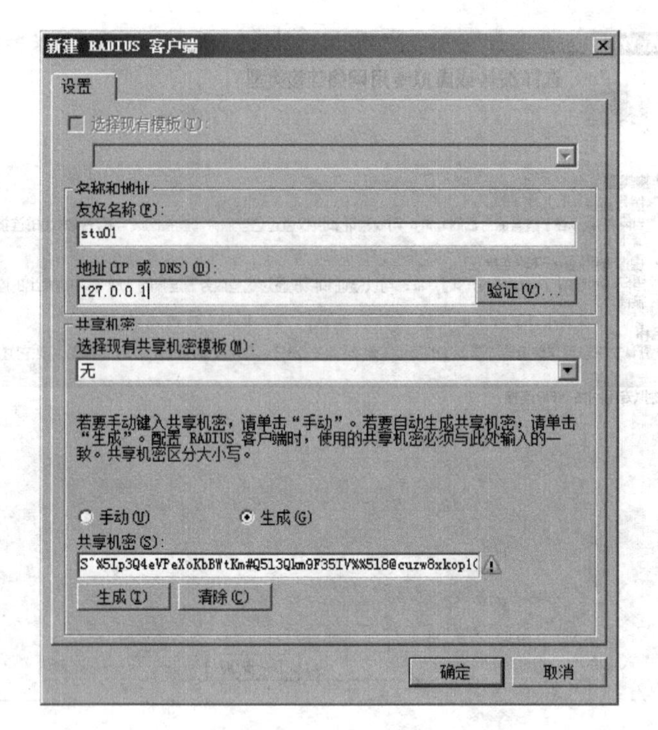

图 4.119 “新建 RADIUS 客户端”对话框

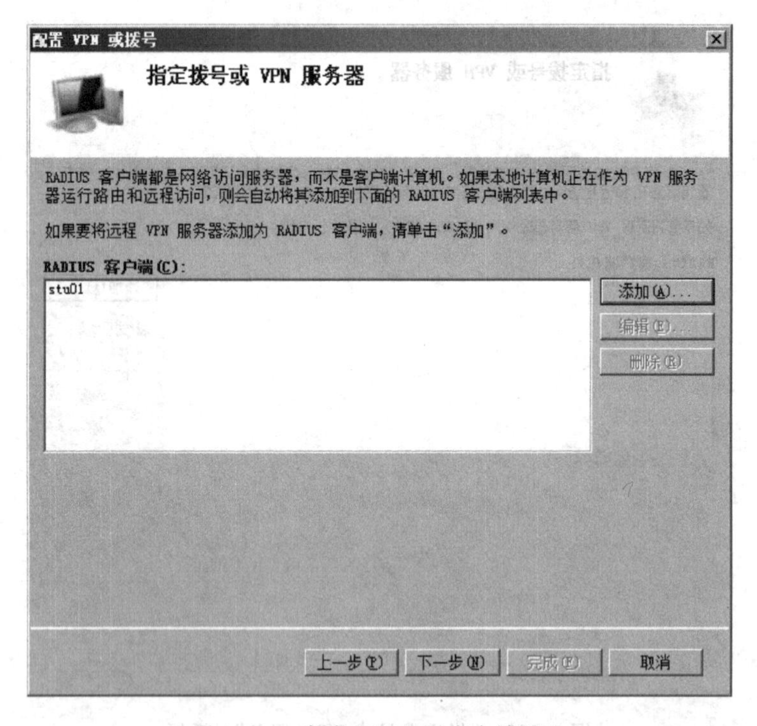

图 4.120 完成 RADIUS 客户端配置

(9) 最后打开服务器管理，在配置中打开“本地用户与组”，新建一个用户并设置密码，如图 4.126 所示。

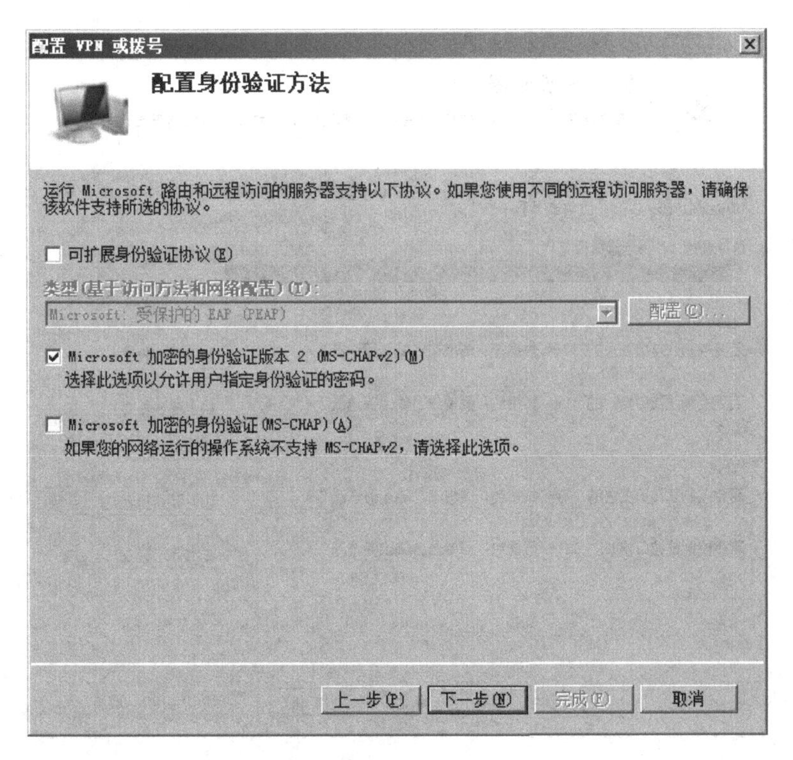

图 4.121　“配置身份验证方法”对话框

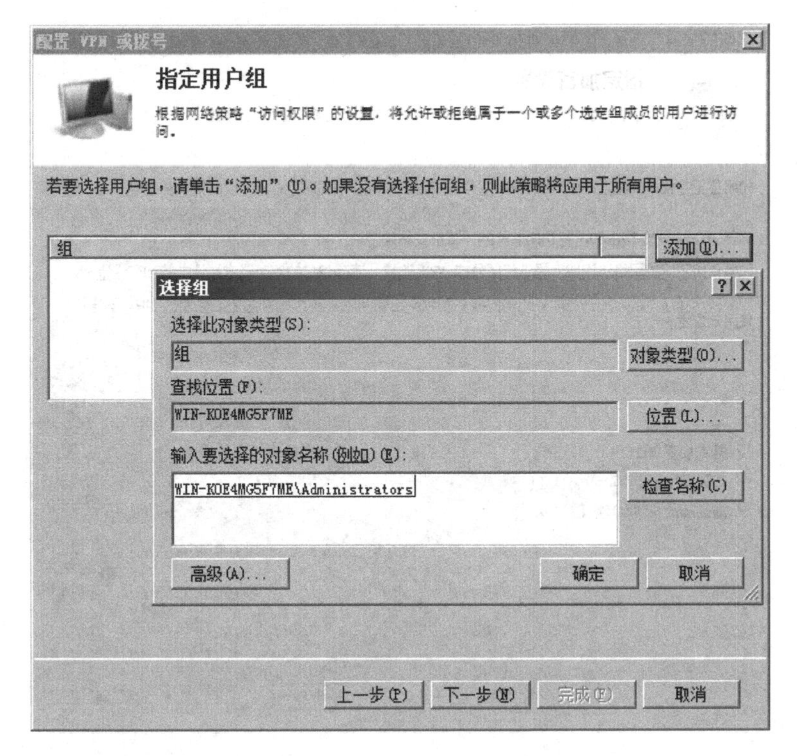

图 4.122　“指定用户组”对话框

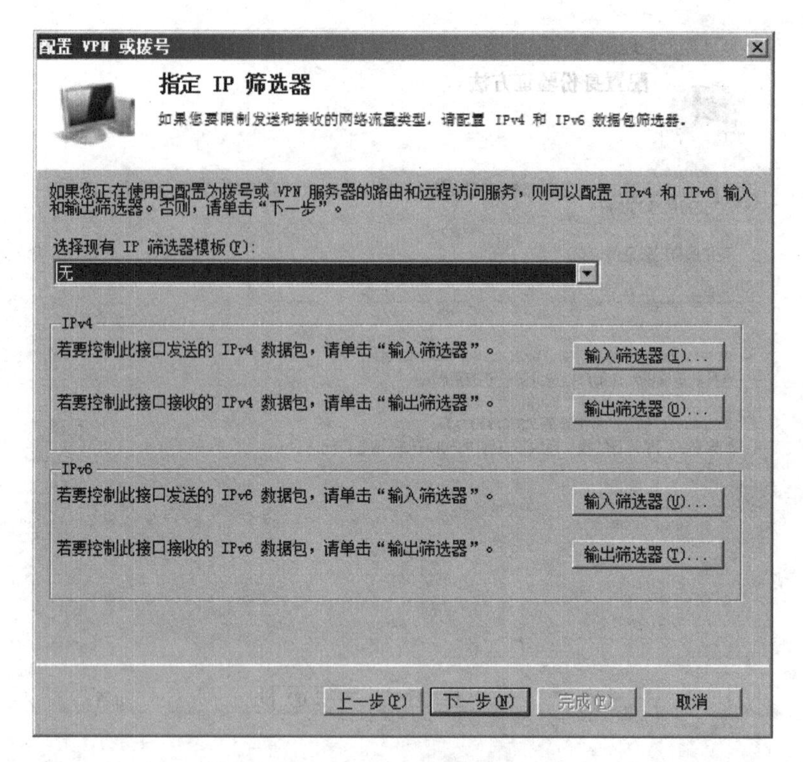

图 4.123 “指定 IP 筛选器”对话框

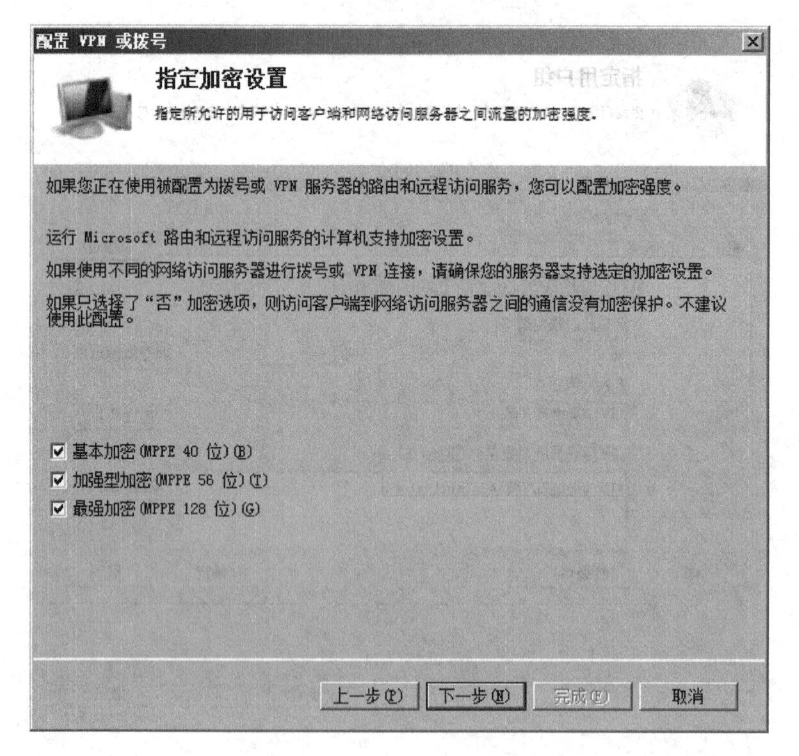

图 4.124 “指定加密设置”对话框

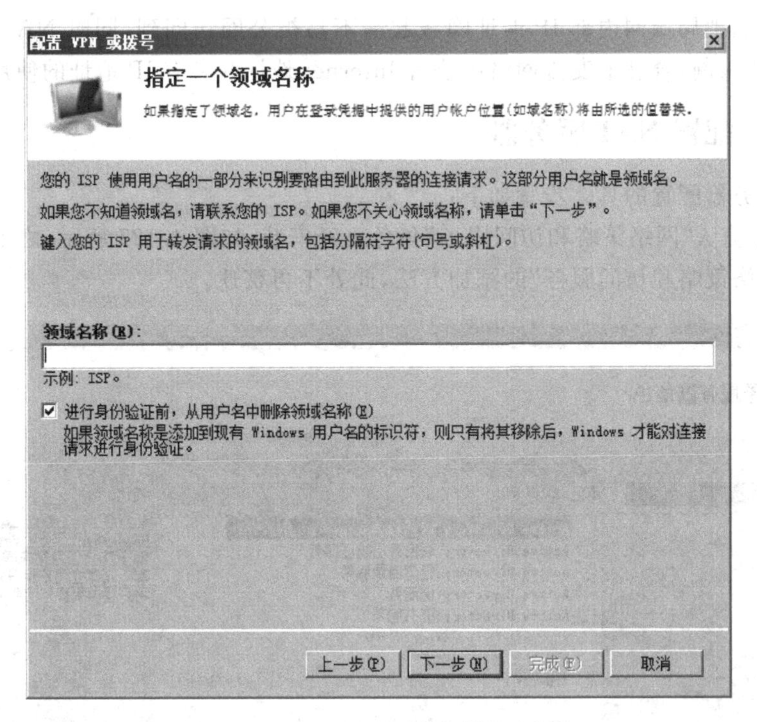

图 4.125　“指定一个领域名称”对话框

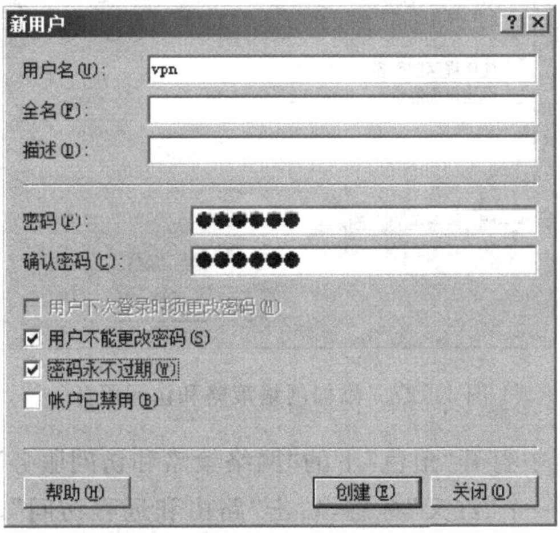

图 4.126　创建新用户

4.8　构建 NAT 服务器

4.8.1　NAT 服务概述

NAT(Network Address Translation，网络地址转换)可以将局域网内每台计算机的私网 IP 地址转换成一个公网合法的 IP 地址，以使得局域网计算机能访问 Internet 资源。

NAT技术可以把局域网内部IP地址隐藏起来不易被公网访问到,同时NAT可以帮助网络超越地址的限制,合理地安排网络中公有Internet地址和私有IP地址的使用。

4.8.2 配置NAT服务器

NAT服务器配置的具体步骤如下:

(1) 首先确认"网络策略和访问服务"角色已经安装,如图4.127所示,之前的配置中已详细介绍"网络策略和访问服务"的添加方法,此处不再赘述。

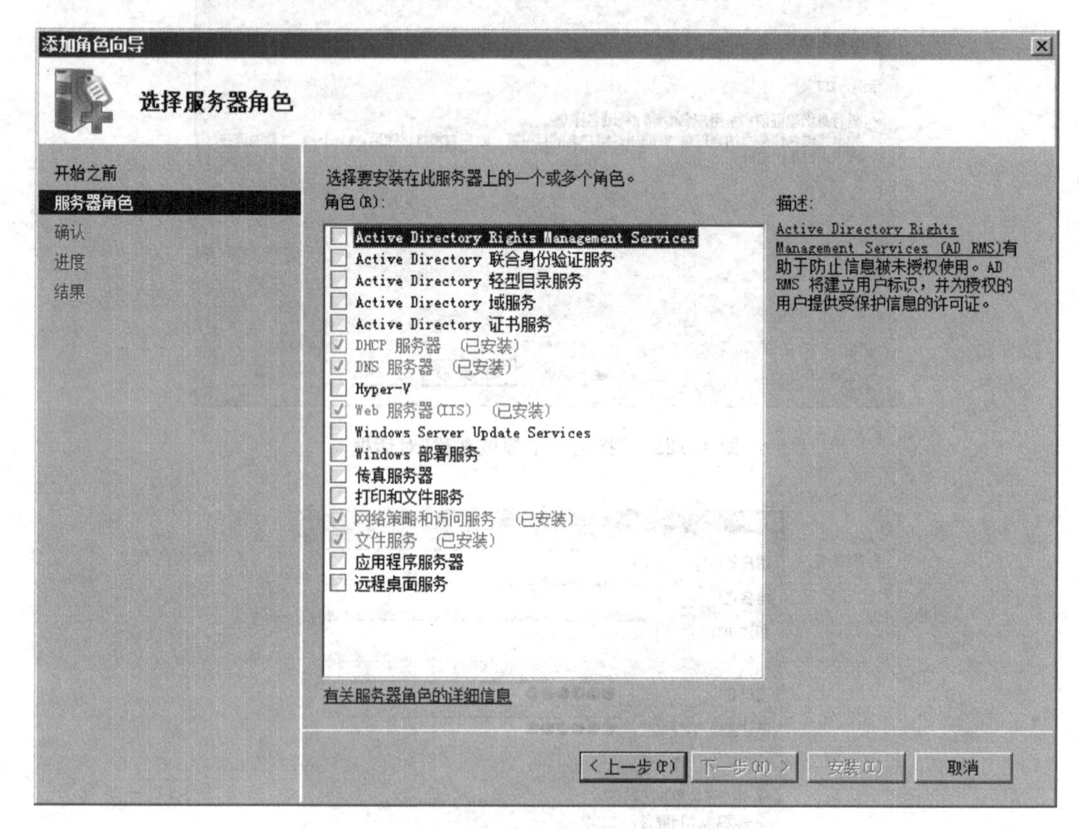

图4.127 添加网络策略和访问服务

(2) 在服务器管理器中打开"角色"下的"网络策略和访问服务"选项。在未启动该服务的情况下,在服务名前是一个"红叉"标志,右击"路由和远程访问",在弹出的快捷菜单中选择"配置并启用路由和远程访问"命令,配置服务,如图4.128所示。

(3) 在弹出的"路由和远程访问服务器安装向导"对话框中,单击"下一步"按钮,如图4.129所示。

(4) 在弹出的对话框中选中"网络地址转换(NAT)"单选按钮,如图4.130所示,单击"下一步"按钮。

(5) 打开"NAT Internet连接"对话框,如图4.131所示。选中"使用此公共接口连接到Internet"单选按钮,并在网络接口中选择相关网卡,单击"下一步"按钮,直到完成安装。

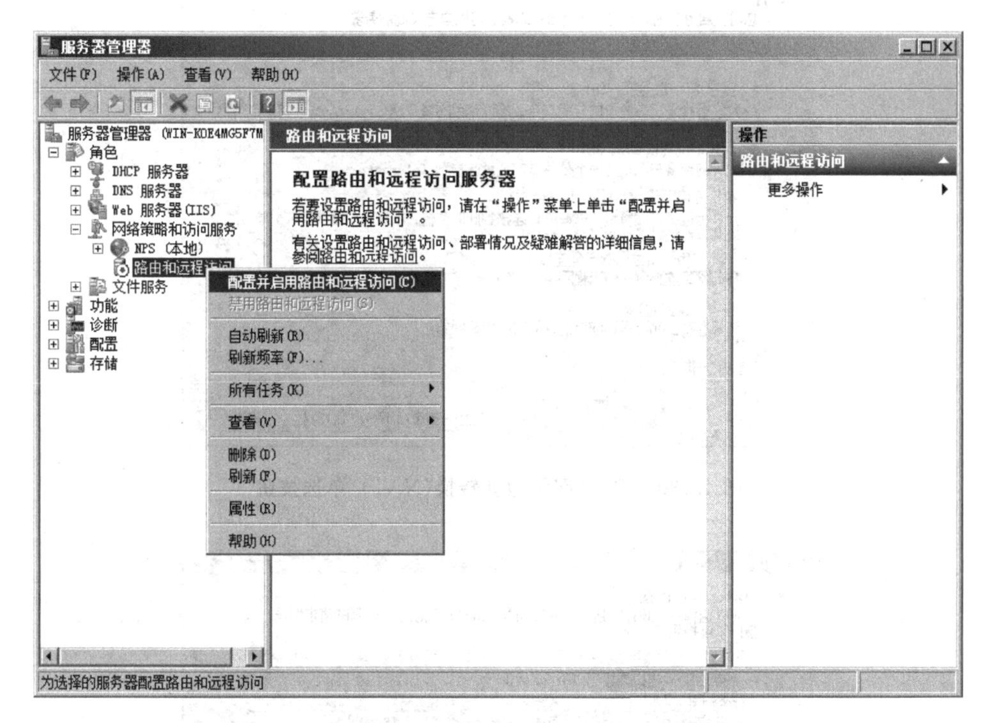

图 4.128 选择“配置并启用路由和远程访问”命令

图 4.129 路由和远程访问服务器配置

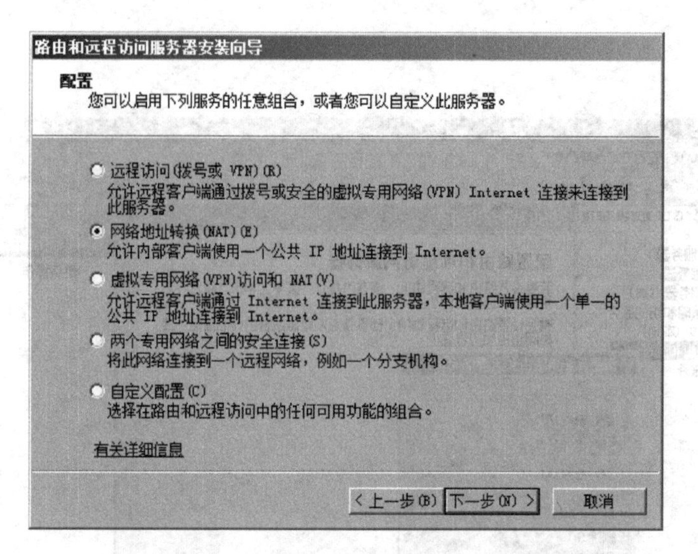

图 4.130 选中“网络地址转换(NAT)”单选按钮

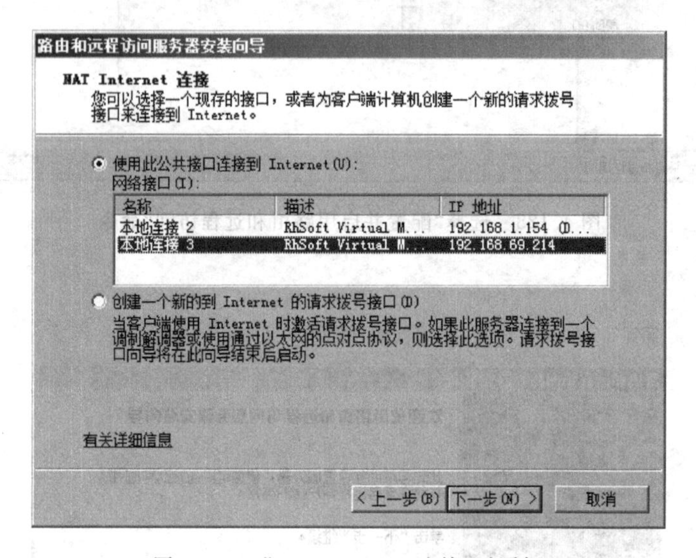

图 4.131 “NAT Internet 连接”对话框

4.8.3 管理 NAT 服务器

NAT 服务器配置完成后，需要对其进行管理，NAT 服务器的管理比较简单，具体步骤如下：

(1) 在服务器管理器中，左侧导航栏中展开“路由和远程访问”，右击“NAT”，在弹出的快捷菜单中选择“增加接口”命令，如图 4.132 所示。

(2) 如果没有可添加的新路由器接口的情况，会弹出图 4.133 所示的提示对话框。如果有新的接口，按照提示添加即可。

(3) 通过 NAT 服务，内网用户可以访问互联网，也可以使内网的服务器供外网的用户访问，如在内部网络中架设某 Web 服务器。单击“NAT”选项，在右侧内容中找到公共接口

"本地连接 3"(前面已配置),右击该连接打开"属性"对话框,选择"服务和端口"选项卡,如图 4.134 所示。

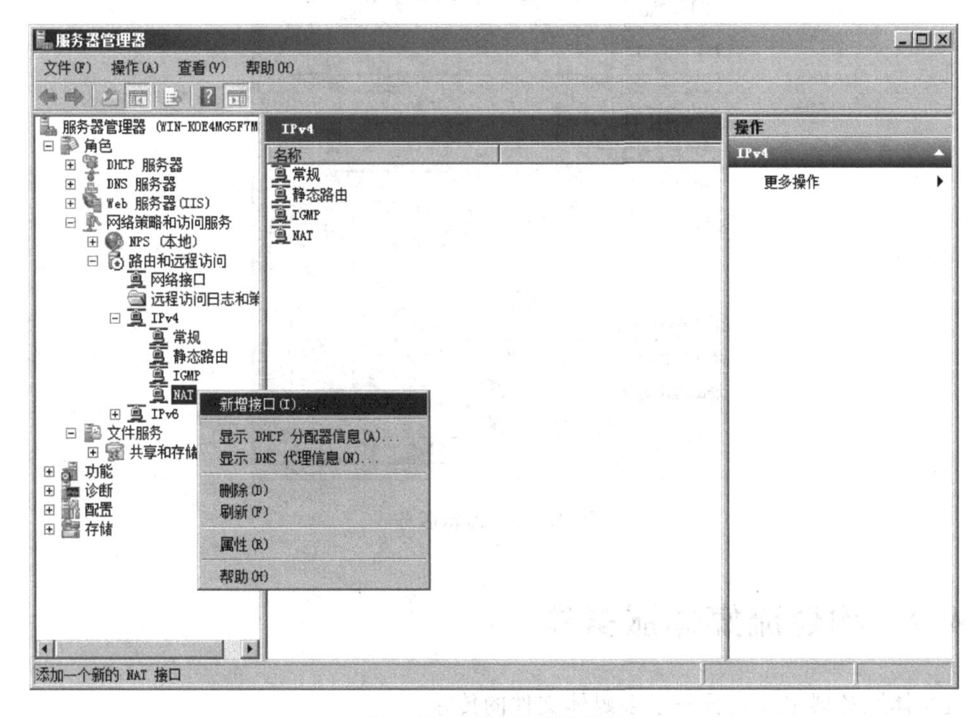

图 4.132 NAT 新增接口

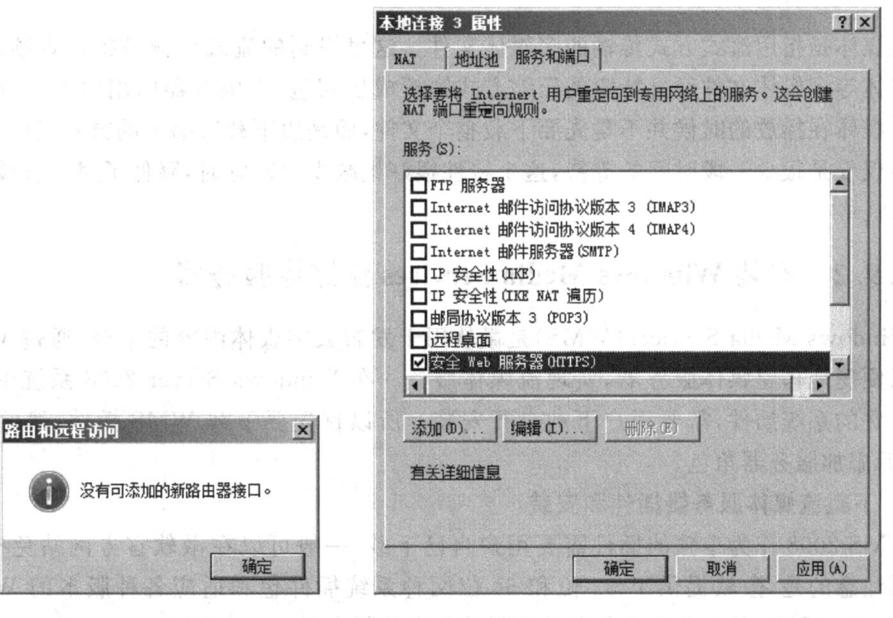

图 4.133 无可添加的接口提示　　　　图 4.134 NAT 连接属性

(4) 勾选"安全 Web 服务器(HTTPS)"复选框,会弹出"编辑服务"对话框,设置专用地址,如图 4.135 所示。

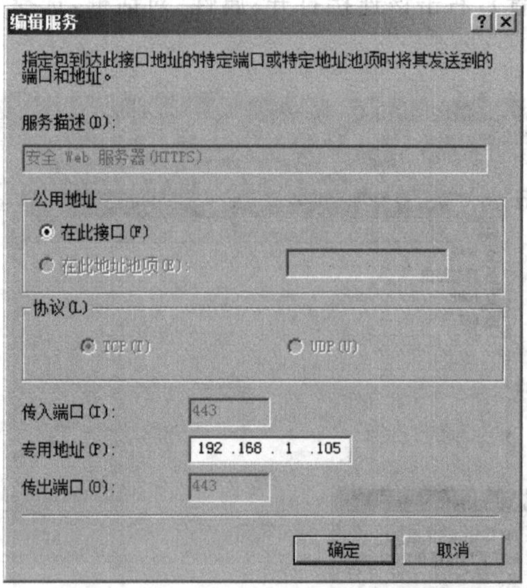

图 4.135 编辑服务

4.9 构建流媒体服务器

流媒体服务器主要是服务于多媒体文件的传输。

4.9.1 流媒体概述

流媒体是指用流式方式传输的多媒体文件。这里提到的流式传输是指将音频、视频或三维媒体等多媒体文件经过特定的压缩方式解析成压缩包,由服务器向用户计算机顺序传送。流媒体在播放的时候并不是先要下载整个文件,而是边下载边播放的方式,这使得用户的体验仅仅是很少一段时间的等待,这个特性很好地减少启动延时,降低了对系统缓存容量的要求。

4.9.2 安装 Windows Media Services 流媒体服务器

Windows Media Services(WMS)是微软用于发布数字媒体内容的平台,通过 WMS 用户可以便捷地构建媒体服务器,实现流媒体服务。在 Windows Server 2008 系统中,WMS 属于免费的系统插件,需要用户下载自行安装。所以首先要下载 WMS 插件,然后安装插件,最后添加服务器角色。

1. 下载流媒体服务器插件和安装

WMS 2008 作为单独的插件需要用户自己下载,一般可以在微软官方网站免费下载。要特别注意的是,微软提供了 32 位和 64 位两种系统插件包和适应各种版本的 Windows Server 2008 系统,用户要根据自身系统下载匹配的版本。

插件的安装比较简单,双击安装.msu 文件,弹出图 4.136 所示对话框,单击“是”按钮,弹出图 4.137 所示对话框,单击“我接受”按钮接受相关协议,开始安装更新。安装过程等待几分钟,如图 4.138 所示,安装完成后单击“关闭”按钮。

图 4.136 WMS 安装

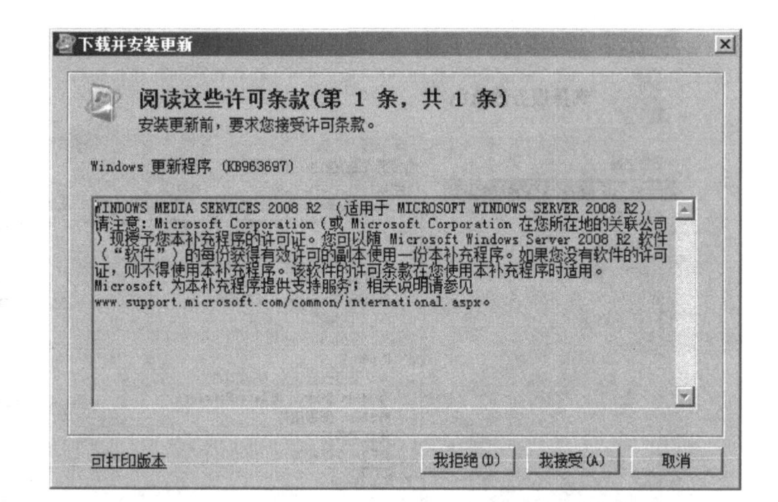

图 4.137 阅读安装条款

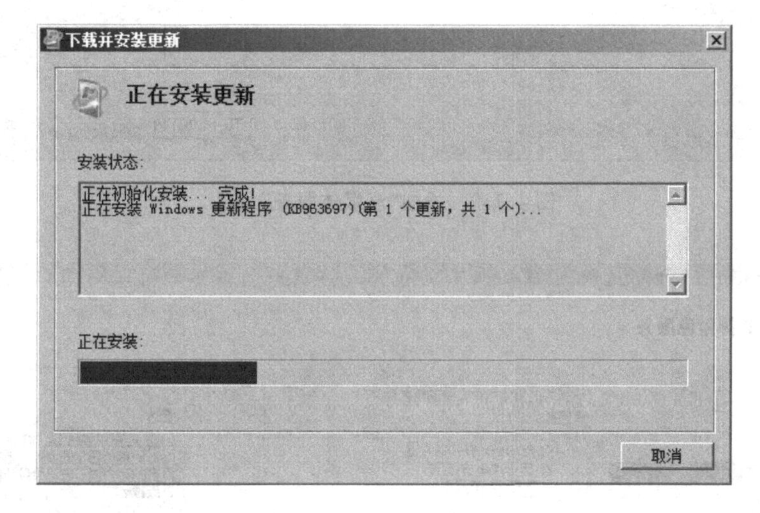

图 4.138 WMS 安装过程

2. 添加流媒体服务器角色

(1) 打开服务器管理器窗口，单击“添加角色”链接，单击后弹出图 4.139 所示对话框。勾选“流媒体服务”复选框。

(2) 单击“下一步”按钮，弹出介绍流媒体服务器的相关信息的对话框。

(3) 单击“下一步”按钮，弹出图 4.140 所示对话框，默认勾选 Windows 媒体服务器角色，可以选择安装基于 Web 的管理工具和日志代理功能。

(4) 单击“下一步”按钮，弹出“选择数据传输协议”对话框，勾选“实时流协议”复选框，单击“下一步”按钮，弹出图 4.141 所示对话框，可以根据需要选择 Web 服务的扩展支持。

(5) 单击“下一步”按钮，弹出图 4.142 所示对话框，开始安装角色，等待安装完成。

安装完成后可以在“服务器管理器”中打开媒体服务控制台，如图 4.143 所示。

3. 流媒体服务器基本配置

(1) 添加完成流媒体服务器角色后，打开媒体服务器控制台，右击发布点，在右键菜单

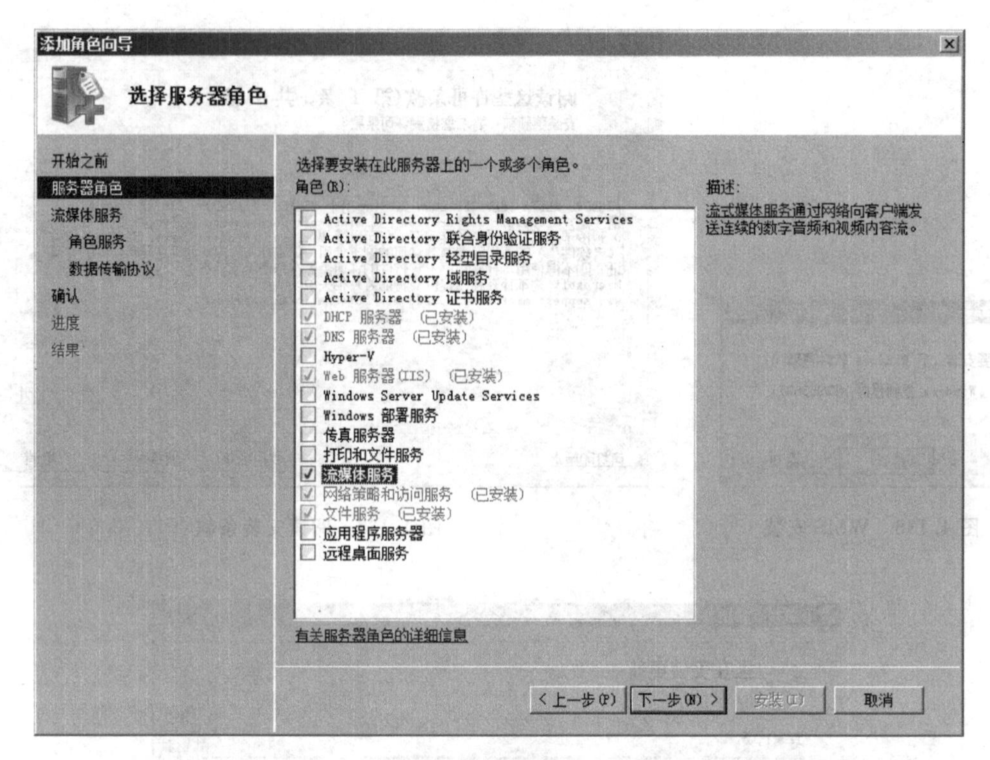

图 4.139 添加“流媒体服务”角色

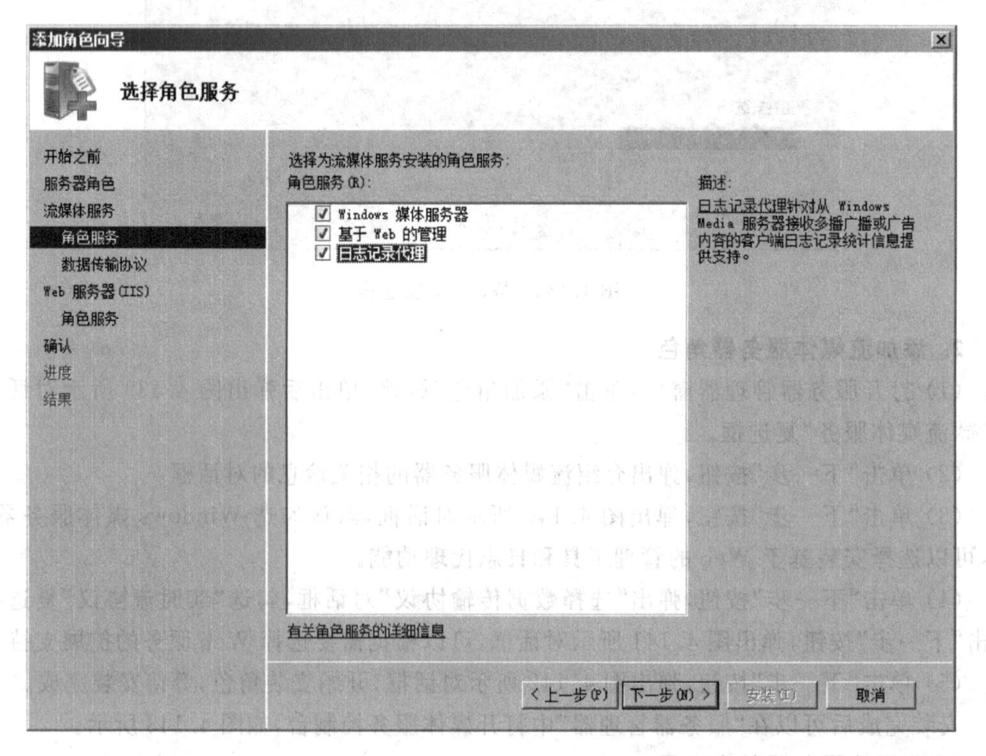

图 4.140 “选择角色服务”对话框

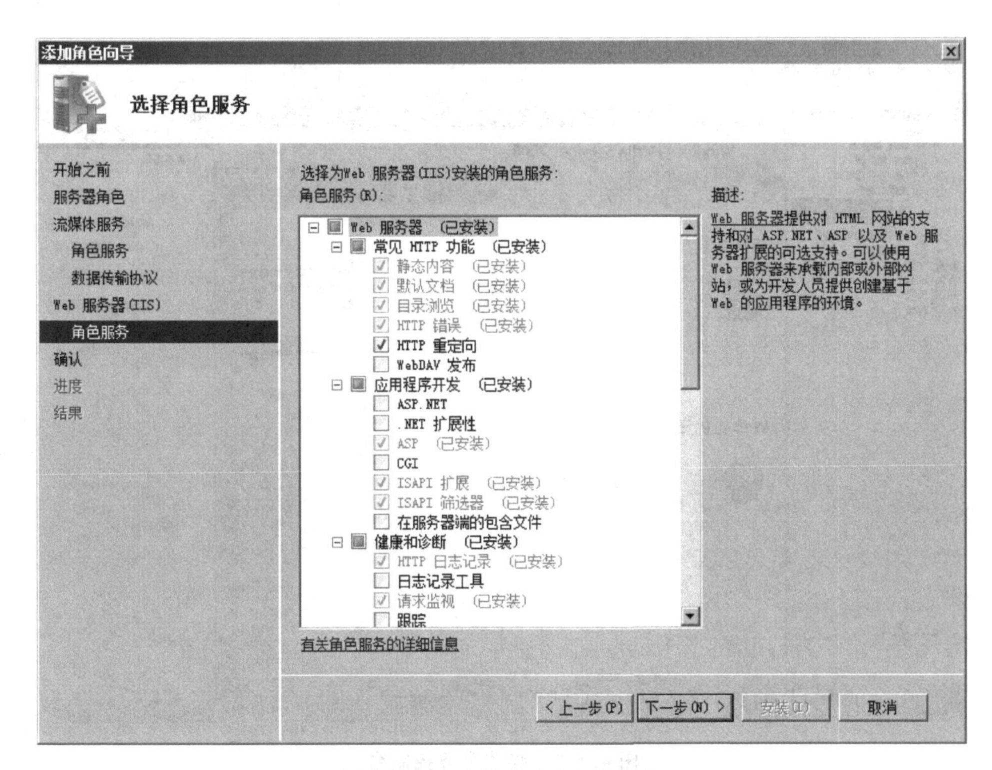

图 4.141 选择需要的角色服务

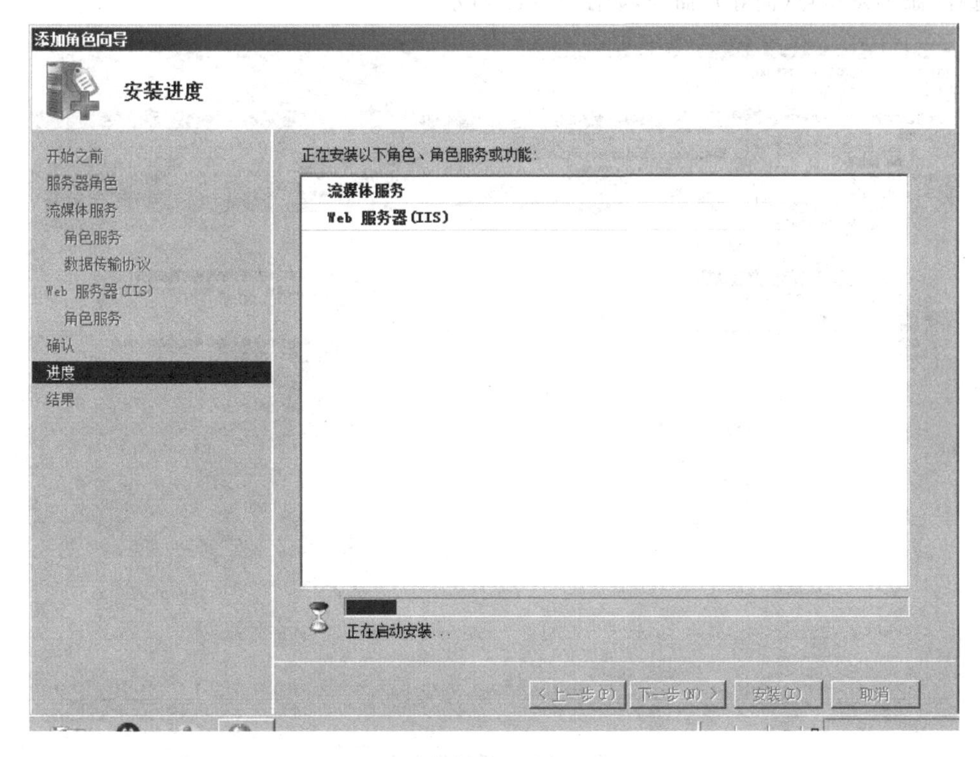

图 4.142 流媒体角色安装

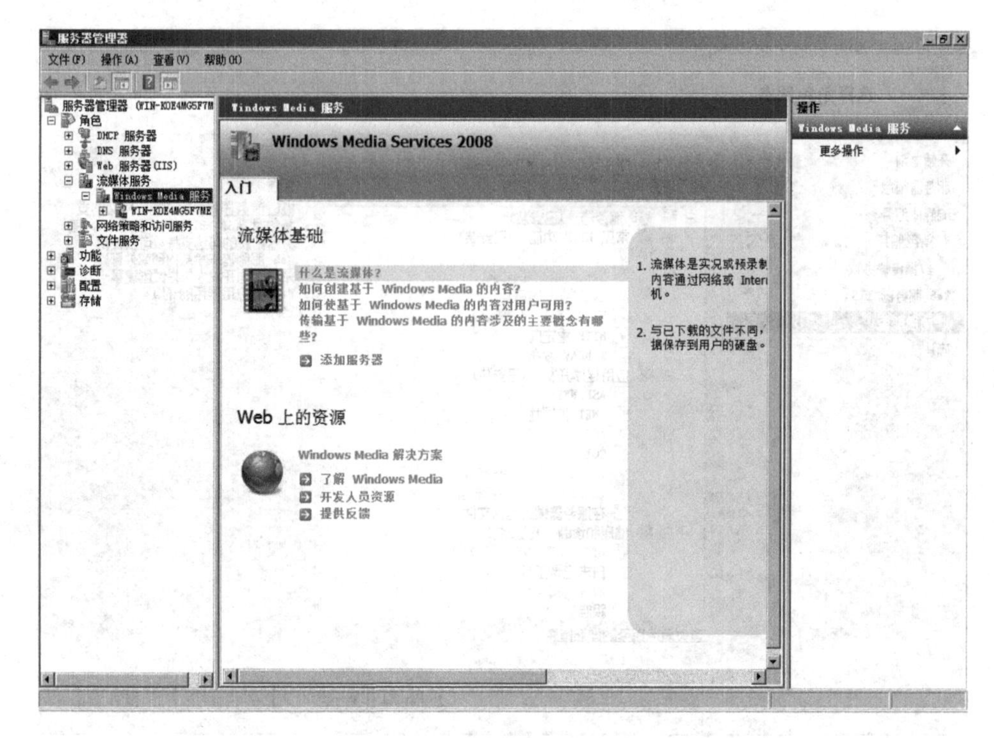

图 4.143 媒体服务控制台

中选择“添加发布点(向导)”命令,如图 4.144 所示。

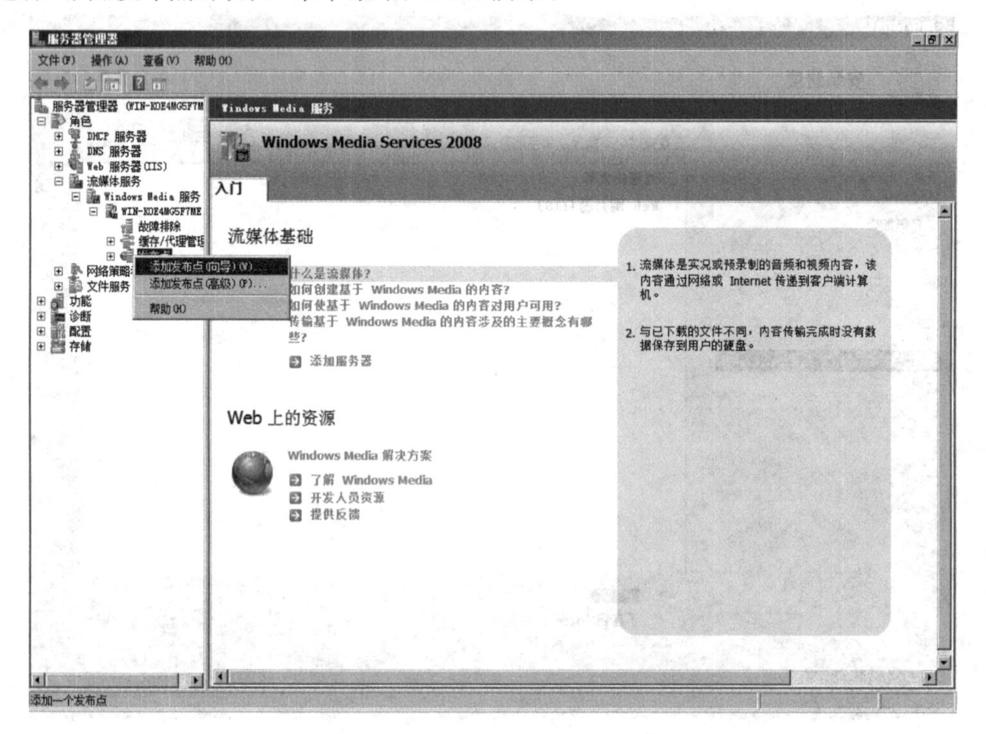

图 4.144 添加发布点

(2) 弹出图 4.145 所示的“添加发布点向导”对话框。

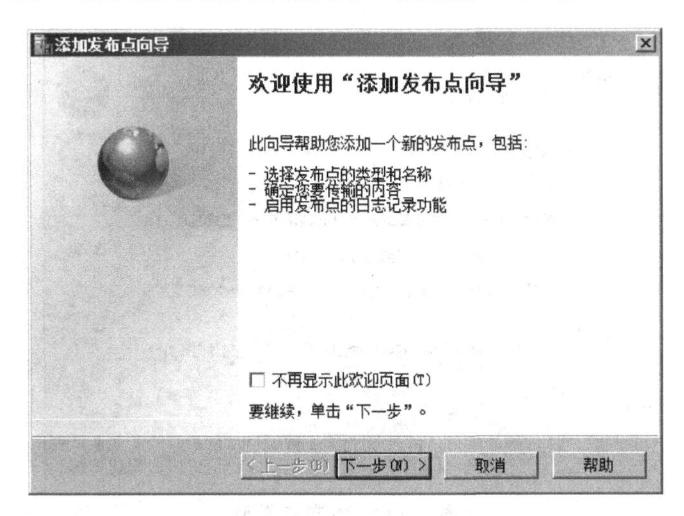

图 4.145 “添加发布点向导”对话框

(3) 单击“下一步”按钮，弹出图 4.146 所示的设置对话框，为发布点设置名称。

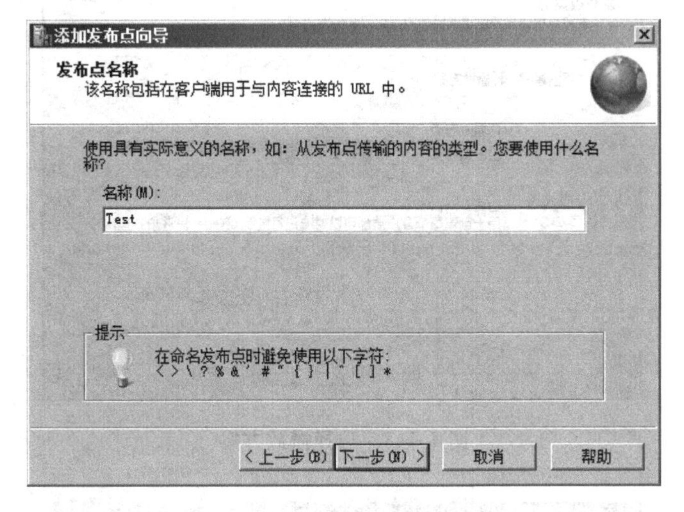

图 4.146 “发布点名称”对话框

(4) 单击“下一步”按钮，打开图 4.147 所示对话框，可以选择发布点类型，在本例中选中“播放列表”单选按钮。

(5) 单击“下一步”按钮，弹出图 4.148 所示对话框，选择播放方案，本例选中“广播发布点”单选按钮。

(6) 弹出广播发布点的传递选项，本例选择“单播”，单击“下一步”按钮，弹出图 4.149 所示对话框，选择传输内容，本例选中“新建播放列表”单选按钮。

(7) 单击“下一步”按钮，弹出图 4.150 所示对话框，单击“添加媒体”按钮，弹出图 4.151 所示对话框，选择“文件”类型，内容位置按图示选择即可。

(8) 单击“确定”按钮，单击“下一步”按钮，弹出图 4.152 所示对话框，可根据需要更改文件位置。

(9) 单击“下一步”按钮，弹出图 4.153 所示对话框，本例选中“循环播放”复选框。

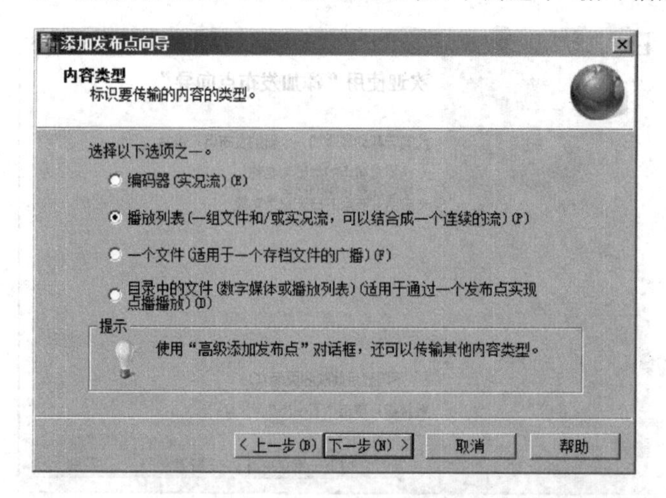

图 4.147 发布点类型

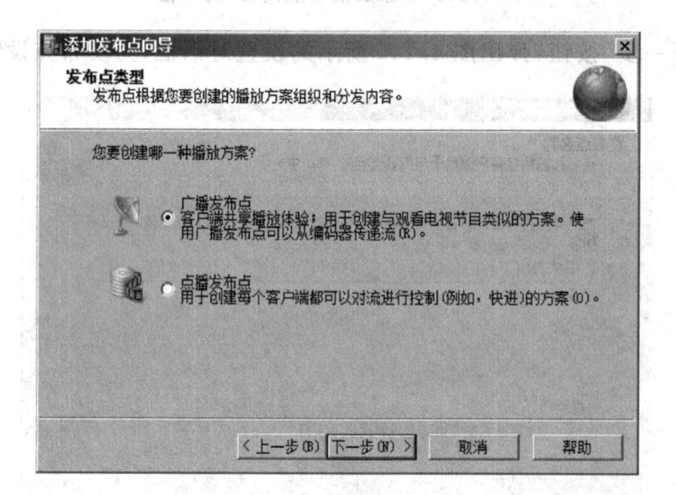

图 4.148 选择播放方案

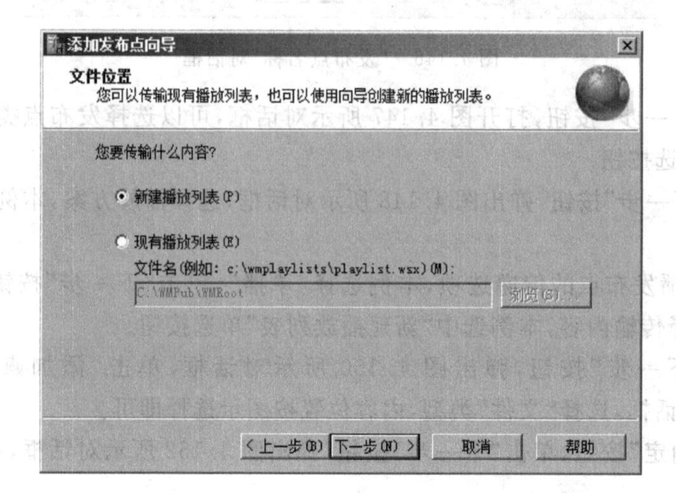

图 4.149 “文件位置”对话框

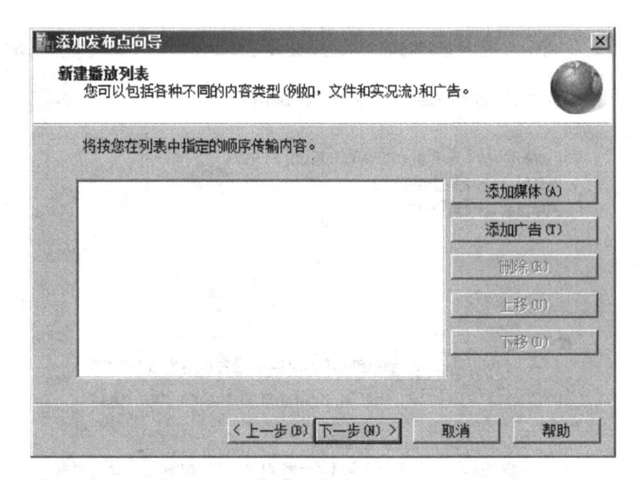

图 4.150 “新建播放列表”对话框

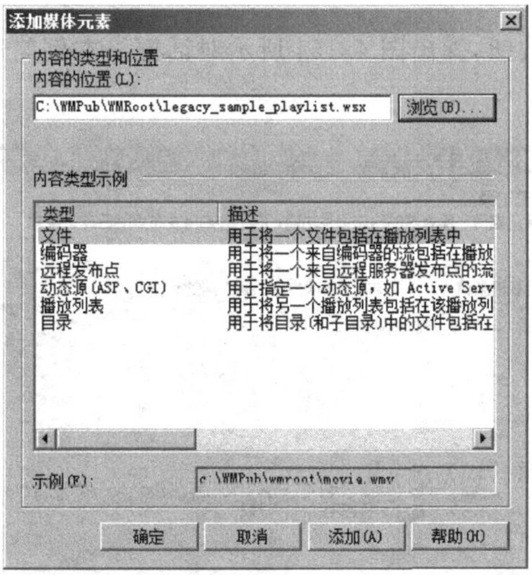

图 4.151 添加媒体元素

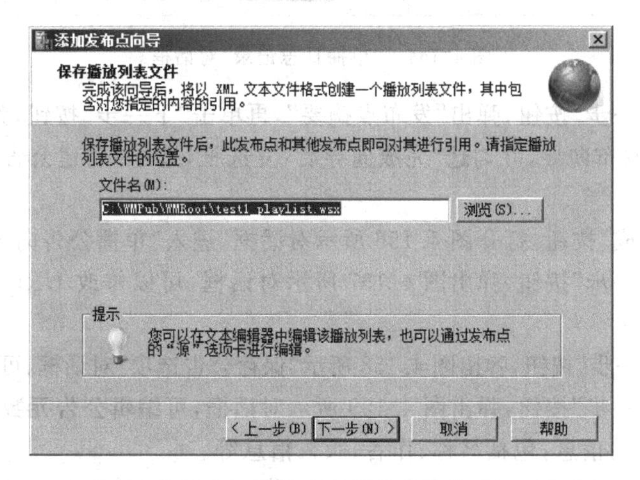

图 4.152 设置播放列表播放位置

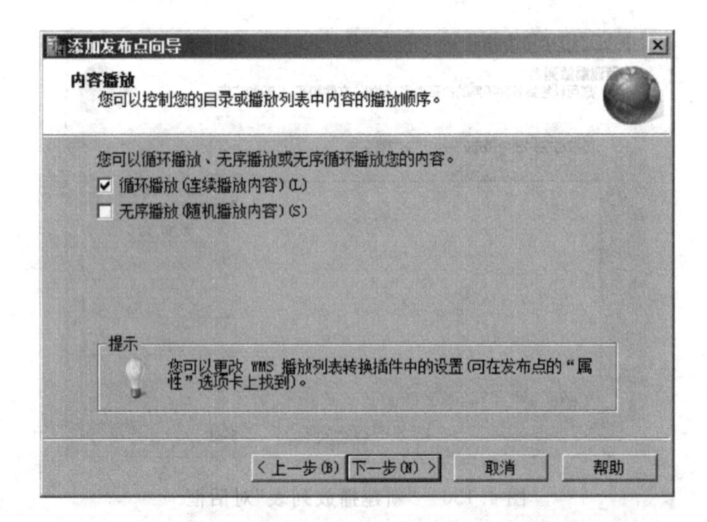

图 4.153　播放控制

(10) 单击“下一步”按钮，弹出图 4.154 所示对话框。本例勾选“是，启用该发布点的日志记录”复选框。

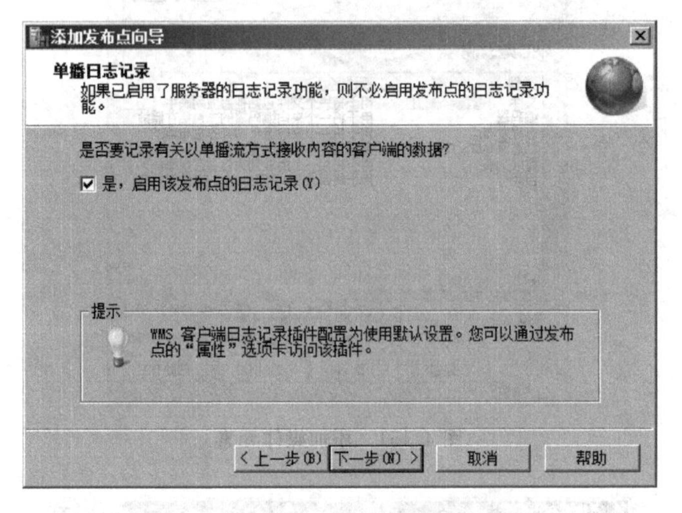

图 4.154　“单播日志记录”对话框

(11) 单击“下一步”按钮，弹出“发布点摘要”，再单击“下一步”按钮，弹出图 4.155 所示对话框，完成添加发布向导，并勾选“完成向导后”复选框，选中“创建公告文件或网页”单选按钮。

(12) 单击“完成”按钮，打开图 4.156 所示对话框，进入“单播公告向导”对话框。

(13) 单击“下一步”按钮，弹出图 4.157 所示对话框，可以修改 URL 地址，不过一般使用默认地址。

(14) 单击“下一步”按钮，弹出图 4.158 所示“保存公告选项”对话框，可设置保存的位置。

(15) 单击“下一步”按钮，弹出图 4.159 所示对话框，可编辑公告元数据，可以在这里编辑视频播放时显示的信息，包括名称、作者、版权信息等。

(16) 单击“下一步”按钮，完成本向导安装，再单击“完成”按钮后，会弹出图 4.160 所示对话框,可以实现测试公告和测试带有嵌入的播放机的网页。

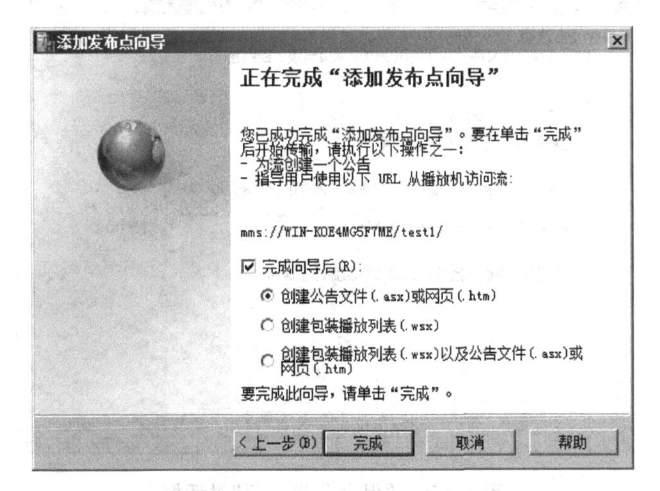

图 4.155　完成添加发布点向导

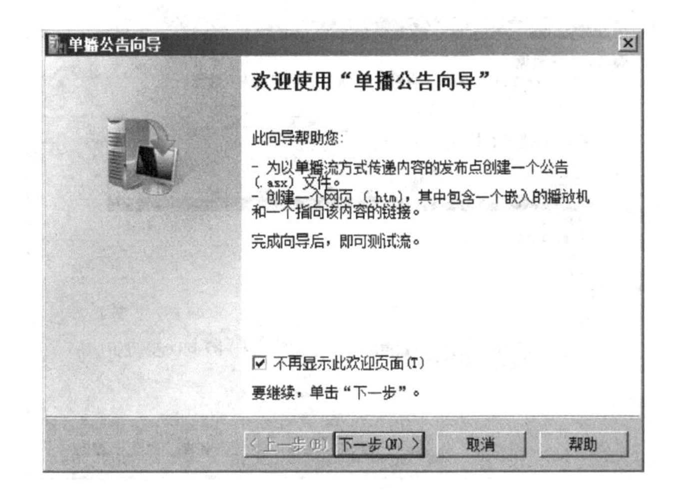

图 4.156　“单播公告向导”对话框

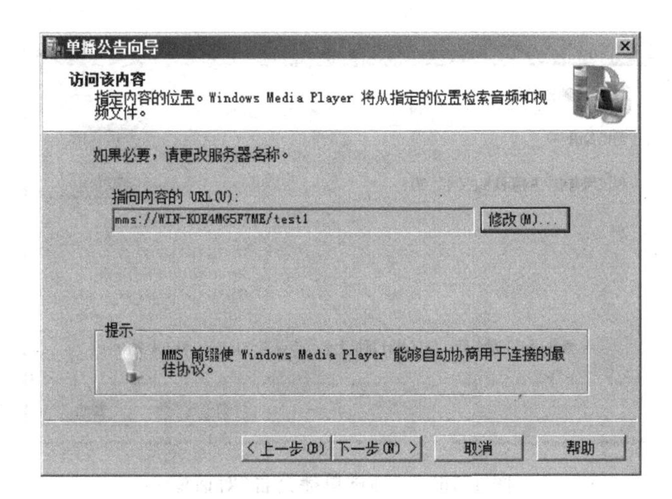

图 4.157　用户访问 URL

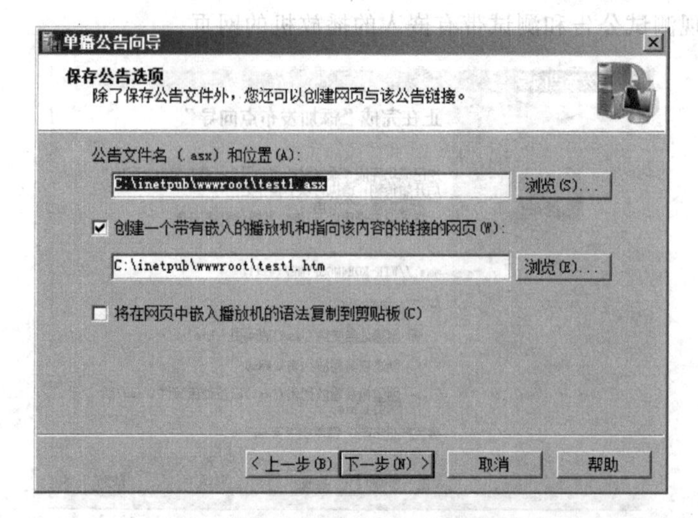

图 4.158 “保存公告选项”对话框

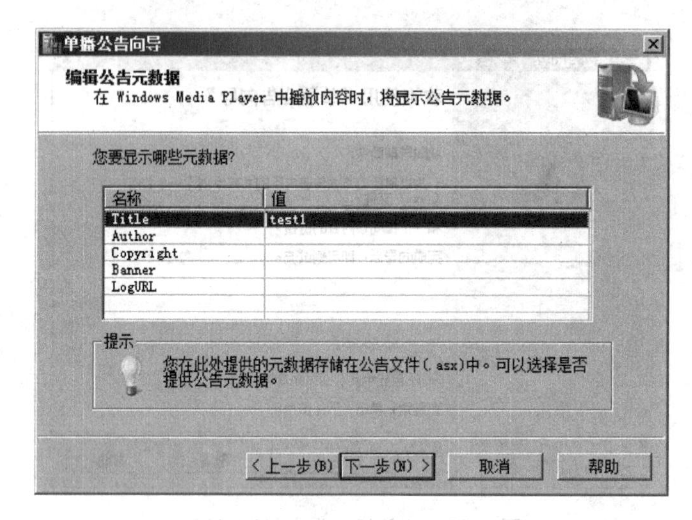

图 4.159 “编辑公告元数据”对话框

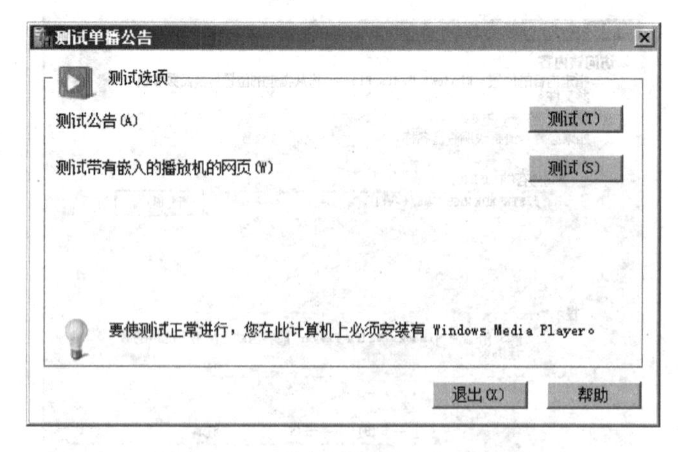

图 4.160 “测试单播公告”对话框

4.10 构建网络负载平衡集群

4.10.1 网络负载平衡集群概述

随着客户端访问量的不断增加，在网络中配置的服务器投入使用后，仍需要不断提升自身性能，来减少响应时间、提升处理速度等。针对这个问题，最直接的办法就是更换功能更强大、处理速度更快的服务器，但是这样做并非最合理，如果把新的服务器添加到原有服务器中而不是替换它，效果会更好。

Windows Server 2008 操作系统已经内置了网络负载平衡（Network Load Balancing，NLB）功能，因此可以直接采用 Windows NLB 来搭建某应用程序的多服务器托管（简称 Web Farm）。Web Farm 内每一台 Web 服务器的外网卡都有一个静态 IP 地址，这些服务器的对外流量是通过静态 IP 地址送出的。若新建 NLB 群集，启用外网卡的 Windows NLB，将 Web 服务器加入 NLB 群集后，则服务器还会共享一个相同的群集 IP 地址，并通过这个群集 IP 地址来接收外部的访问请求，NLB 群集接收到这些请求后会将它们分散交给群集中的 Web 服务器来处理，以达到负载平衡、提高运行效率的目的。

4.10.2 安装网络负载平衡群集

准备工作 1：每台 Web 服务器都需要两块网卡，一块用来做群集，另一块用作内部网页的传输。为了方便标示，分别将两块网卡命名为内网卡和外网卡，如图 4.161 所示。

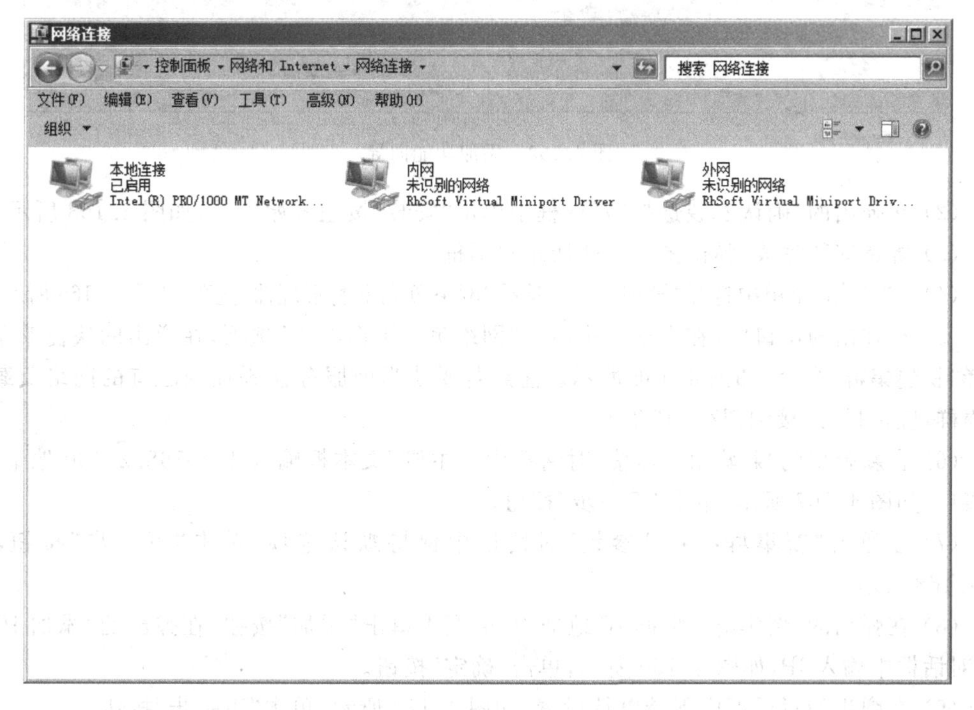

图 4.161 服务器网络连接

准备工作2：对于每台要做Web Farm的服务器都必须安装IIS，并搭建一个Web站点（站点的目录为共享目录，即为每一个Web站点提供相同的页面）。

网络负载平衡群集的安装步骤如下：

（1）打开“服务器管理器”，添加“网络负载平衡”功能，如图4.162所示，单击“下一步”按钮。

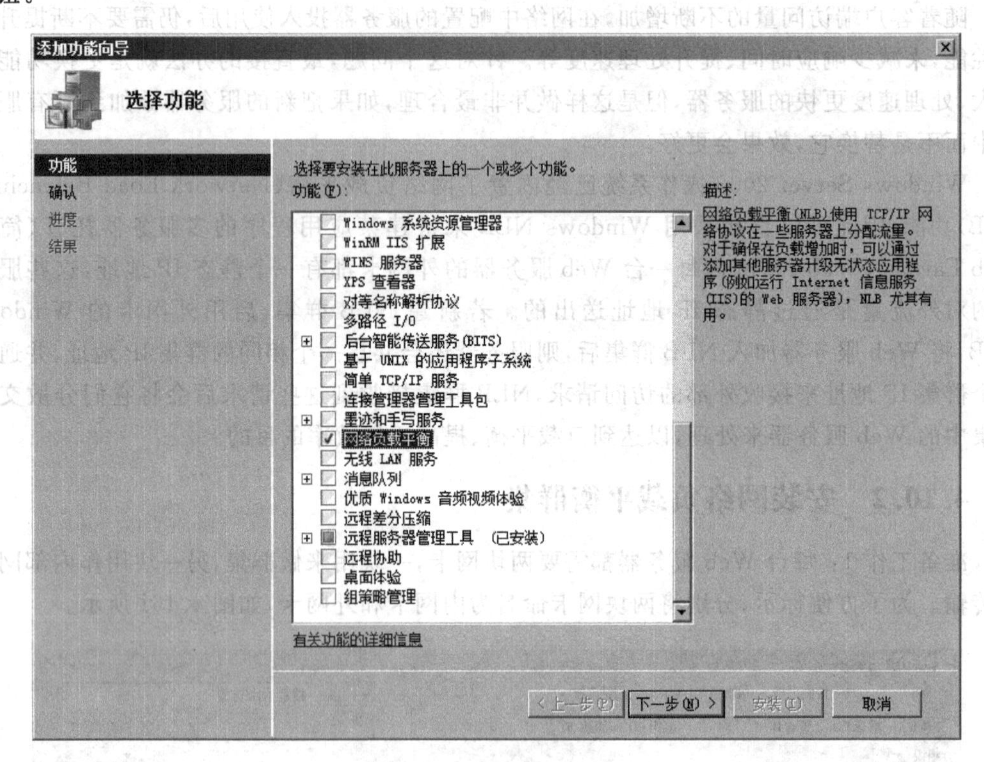

图4.162 添加功能向导

（2）在弹出的“确认安装选择”对话框中单击“安装”按钮开始安装，如图4.163所示。

（3）等待安装完成，弹出图4.164所示对话框。

（4）在“开始”菜单中打开“管理工具”，选择“网络负载平衡管理器”选项，如图4.165所示。

（5）在弹出的窗口中，在左侧栏中右击“网络负载平衡群集”选项，在弹出的快捷菜单中选择“新建集群”命令，如图4.166所示。注意若要使当前服务器添加到已有的网络负载平衡集群，应选择“连接到现存的”命令。

（6）在新弹出的“新集群：连接”对话框中，“主机”文本框输入192.168.2.100地址，选择接口，如图4.167所示，单击“下一步”按钮。

（7）在弹出“新集群：主机参数”对话框中保持默认选项，单击“下一步”按钮，如图4.168所示。

（8）在弹出的“新集群：集群IP地址”对话框中单击“添加”按钮，在弹出的“添加IP地址”对话框中输入IP，如图4.169所示，单击“确定”按钮。

（9）在弹出的对话框中保持默认设置，如图4.170所示，单击“下一步”按钮。

（10）在打开的对话框中保持默认设置，如图4.171所示，单击“完成”按钮，以完成安装。

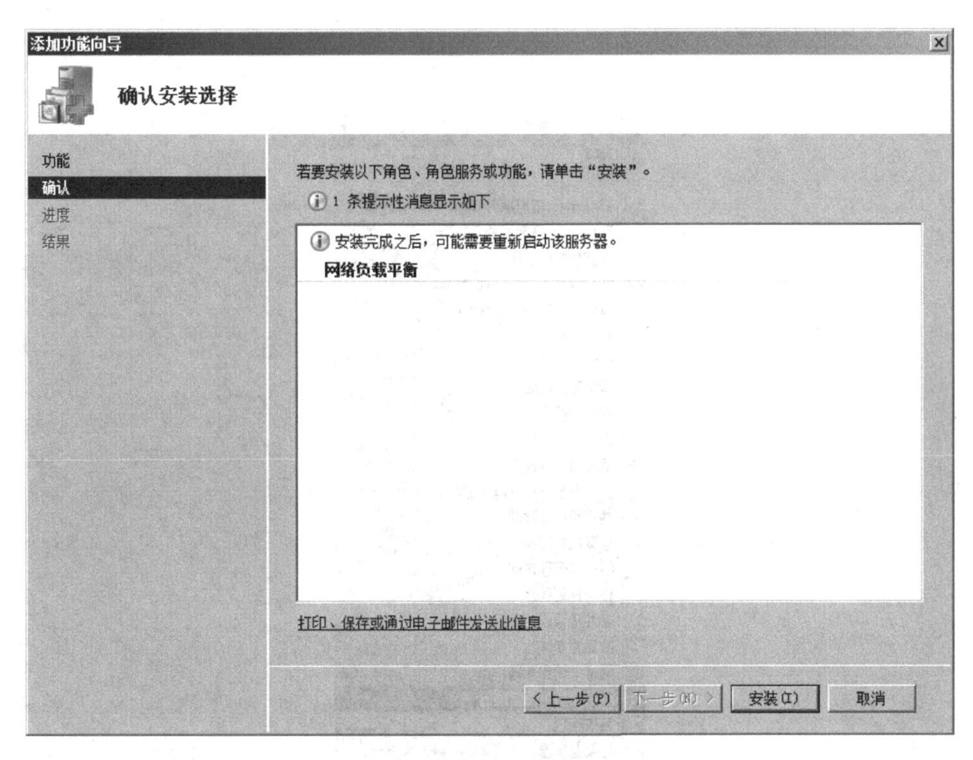

图 4.163　确认安装

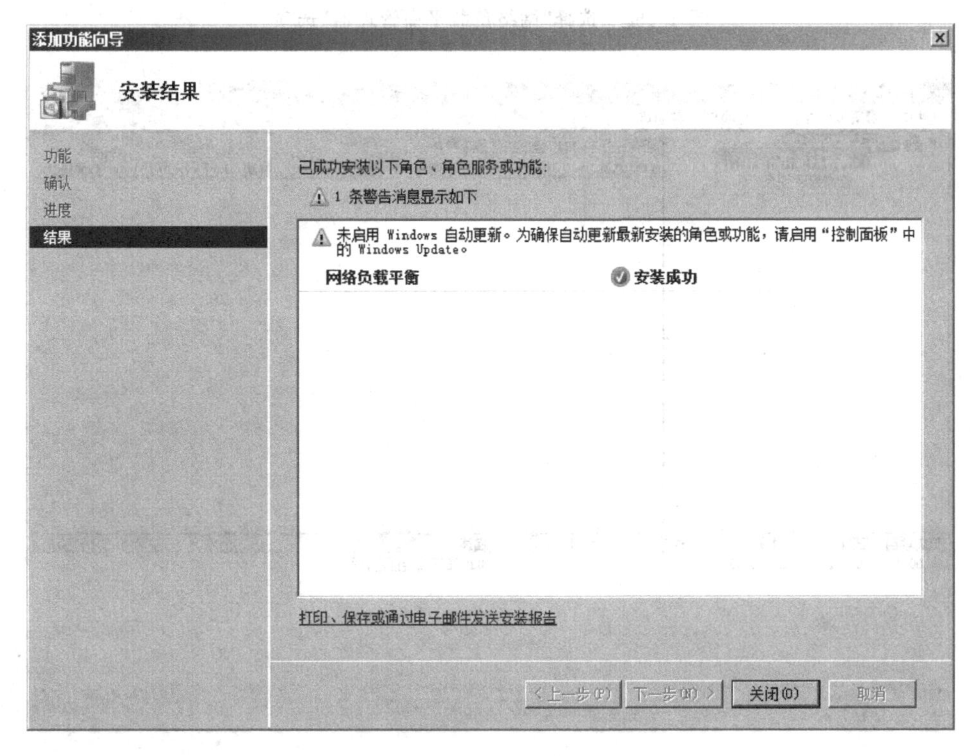

图 4.164　安装完成

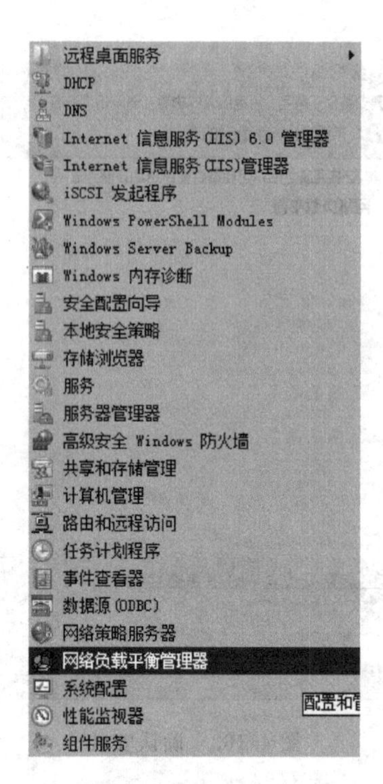

图 4.165 选择“网络负载平衡管理器”选项

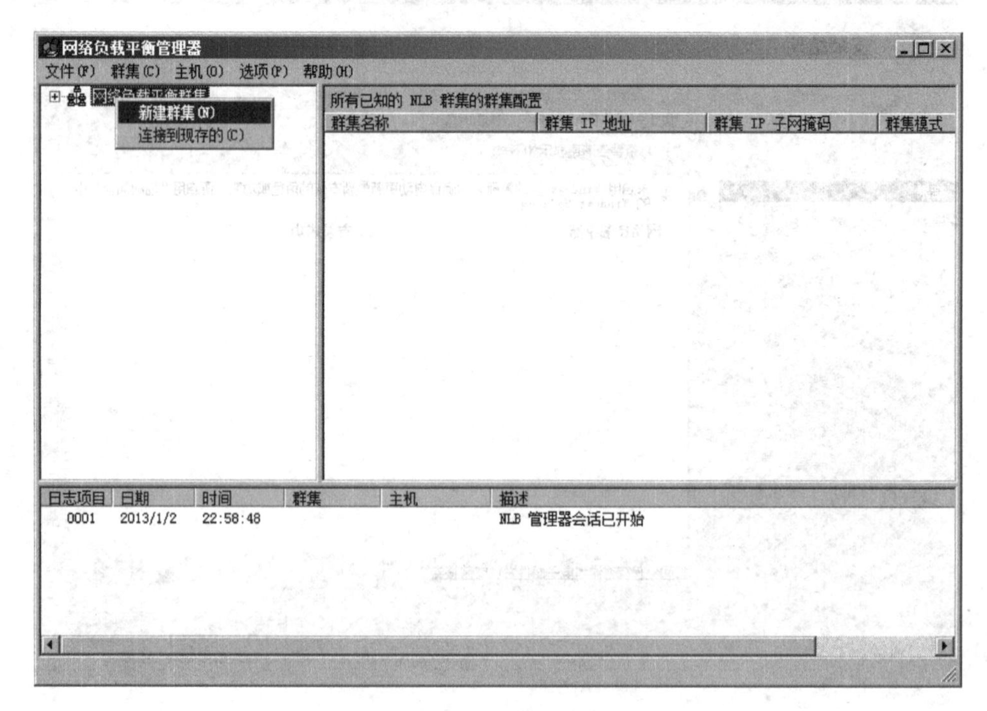

图 4.166 新建集群

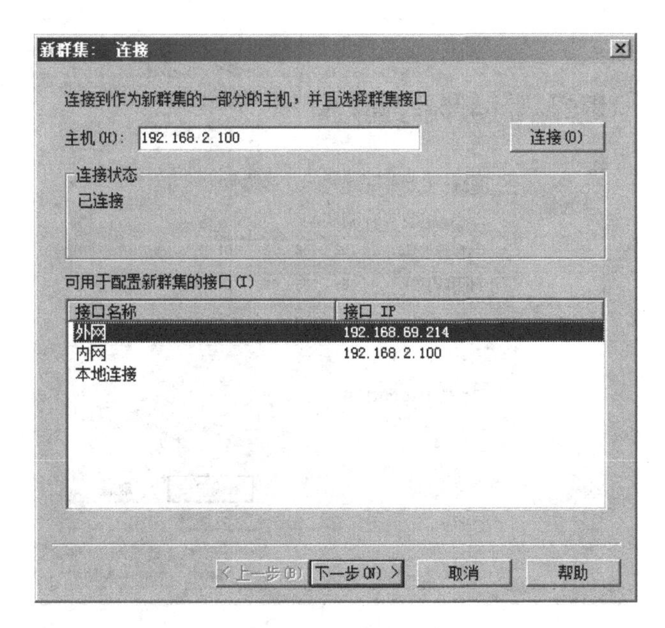

图 4.167 新集群连接

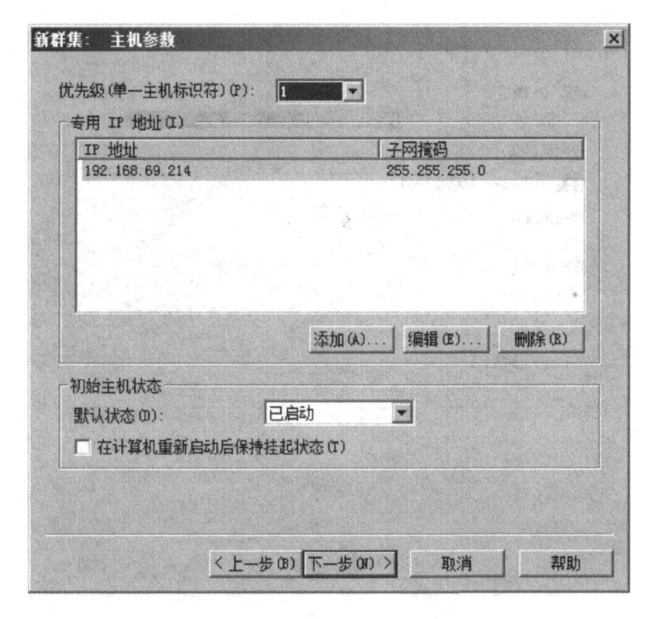

图 4.168 主机参数

编辑网络负载平衡端口规则的步骤：

① 右击已建立的群集，选择“群集属性”选项，在新打开的窗口中选择“端口规则”选项卡，在“定义的端口规则”列表框中选中某个规则，然后单击“编辑”按钮。

② 根据需要修改希望应用该规则的群集 IP 地址、端口范围、协议和筛选模式参数等，然后单击“确定”按钮。

③ 应用对 NLB 参数的更改、停止 NLB(如果它正在运行)、重新加载参数，然后重新启动群集操作。

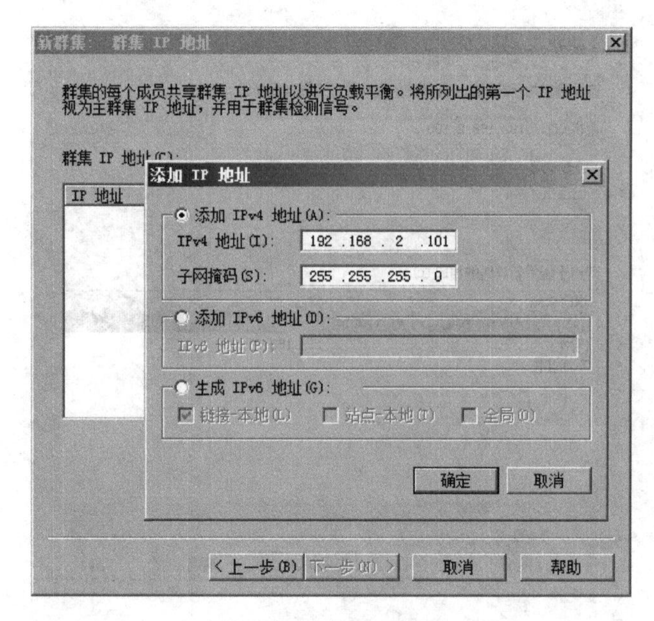

图 4.169 添加 IP 地址

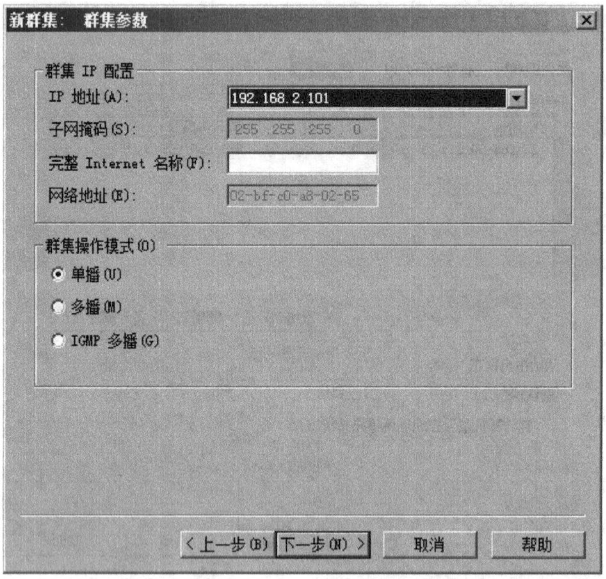

图 4.170 集群参数

(11) 接下来客户端就可以通过群集的 IP 地址访问 Web 服务器，当其中一台出现故障还有其他的 Web 提供服务。

上述设置在实际使用中，NLB 是根据源主机的 IP 地址与端口，将请求分配给其中一台服务器处理，群集中每一台服务器都有一个主机 ID，而 NLB 根据源主机的 IP 地址与连接端口计算出来的哈希值与主机 ID 有关联性，因此 NLB 群集会根据哈希值将此请求转发给拥有对应主机 ID 的服务器来负责处理，分为以下情况：

① NLB 同时根据源主机的 IP 地址与端口将请求分配给其中一台服务器处理，因此同

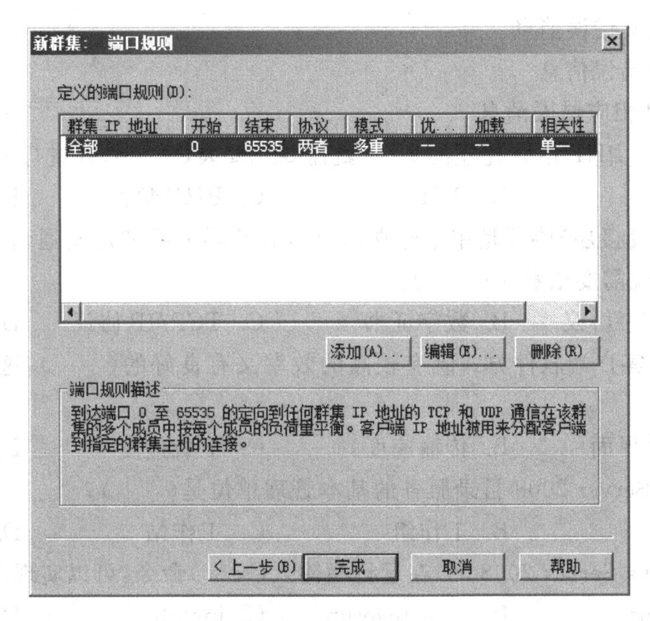

图 4.171 端口规则

一台外部主机提出的多个连接 Web Farm 请求,可能会分别由不同的 Web 服务器来负责。

② NLB 仅根据源主机的 IP 地址将请求分配给其中一台 Web 服务器处理,因此同一台外部主机提出的所有连接 Web Farm 请求,都会由同一台服务器来负责处理。

③ NLB 根据源主机的 IP 地址中最高 3 个字节,将请求分配给其中一台 Web 服务器处理。也就是 IP 地址中最高 3 个字节相同的所有外部主机,它所提出的连接 Web Farm 请求都会由同一台 Web 服务器负责。

小结

本章主要讲述了 Windows Server 2008 构建 Web 服务器、HTTPS 服务器、FTP 服务器、邮件服务器、DNS 服务器、DHCP 服务器、VPN 服务器、NAT 服务器、流媒体服务器和网络负载平衡集群及各个服务器的配置方法。

习题

1. 下面(　　)不是 C/S 网络的组成。

A. 表示层　　B. 功能层　　C. 数据层　　D. 计算层

2. Web 服务器主要是为 HTTP 协议访问网络资源提供服务,下列选项中不属于当前常见的 Web 服务器的是(　　)。

A. Microsoft IIS　　B. Apache　　C. Tomcat　　D. Java

3. 错误页功能用来配置 HTTP 响应,错误响应可以是自定义错误页,也可以是包含(　　)。

A. 故障排除信息的详细错误消息

B. 用户定义错误消息

C. 修改的错误信息

D. HTTP 相应错误消息

4. 如果想浏览 PHP 语言建立的页面,就需要先安装(　　),并进行参数的设置。

A. 浏览器　　B. PHP　　C. PHP 角色　　D. PHP 服务

5. SSL(安全套接层)协议是用来建立用户与服务器之间的加密通信,确保所传递信息的安全性,它的实现需要依靠于(　　)。

A. 应用程序协议　　B. 数字证书　　C. TCP/IP 协议　　D. 数据安全性

6. 使用 FTP 客户端软件方式既有较高的效率又有良好的(　　),这种方式目前使用最为广泛。

A. 可视化界面　　B. 传输速度　　C. 下载速度　　D. 操作按钮

7. Windows Server 2008 目录服务的基本管理单位是(　　)。

A. 域　　B. 工作组　　C. 工作站　　D. 服务器

8. 在 Windows Server 2008 下,在运行栏输入(　　)命令,可以实现活动目录的安装。

A. dcpromo　　B. domainsetup　　C. install　　D. autorun

9. 目录树中的域通过(　　)关系连接在一起。

A. 信任　　B. 连接　　C. 查询　　D. 传递

10. 微软的远程桌面连接服务器依赖于(　　)协议实现。

A. FTP　　B. RDP　　C. ARP　　D. HTTP

11. 网络打印机是指通过(　　)将打印机作为独立的设备接入局域网或者 Internet。

A. 打印机服务器　　B. 网卡　　C. 交换机　　D. 路由器

12. 终端服务网关使用(　　)上的远程桌面协议(RDP)在 Internet 上的远程用户和运行其应用程序的内部网络资源之间建立安全、加密的连接。

A. HTTP　　B. HTTPS　　C. FTP　　D. VPN

13. 下列用于实现域名解析的服务器是(　　)。

A. DNS　　B. IIS　　C. Serv-U　　D. DHCP

14. 下列用于实现 IP 地址自动分配的服务器是(　　)。

A. DNS　　B. IIS　　C. Serv-U　　D. DHCP

15. 下列用于和 RTP 共同提供流量控制和拥塞控制服务的协议是(　　)。

A. TCP/IP　　B. RTCP　　C. RIP　　D. MMS

第 5 章

交换机基本配置

本章学习目标

- 了解常见数据交换方式的工作原理与特点。
- 了解交换机的数据转发方式及转发规则。
- 了解交换机的分类。
- 了解交换机的级联与堆叠。
- 掌握交换机的配置途径和基本配置方法。
- 掌握虚拟局域网 VLAN 的配置。
- 掌握交换机 DHCP 中继协议的配置。
- 掌握交换机端口聚合配置。
- 掌握快速生成树 RSTP 配置。

本章在具体介绍交换机基本知识的前提下,举例说明了交换机的配置途径、基本配置、虚拟局域网 VLAN 的配置、DHCP 中继协议的配置、端口聚合配置和快速生成树 RSTP 配置等。

5.1 数据交换基本方式

5.1.1 数据交换技术概述

在数据通信系统中,若不同网络系统之间不是直通专线连接,而是要经过通信网建立连接的时候,那么网络系统之间的传输通路就是通过通信网络中若干节点转接而成的“交换线路”。

在任意一种拓扑结构的数据通信网络中,通过网络节点的某种转接方式来实现从一端系统到另一端系统之间接通数据通路的技术,就称为数据交换技术。数据交换技术主要分为电路交换、分组交换和报文交换。

5.1.2 电路交换

电路交换原理与一般电话交换原理相同，根据主叫数据终端设备（Data Terminal Equipment，DTE）的拨号信号所指定的被叫 DTE 地址，在收发 DTE 之间建立一条临时的物理电路，这条电路一直保持到通信结束才被拆除。在通信过程中，不论进行什么样的数据传输，交换机完全不干预地提供透明传输，但通信双方必须采用相同的速率和相同的字符代码，不能实现不兼容 DTE 间的通信。

由于电路交换在通信之前要在通信双方之间建立一条被双方独占的物理通路（由通信双方之间的交换设备和链路逐段连接而成），因而存在以下优、缺点：

1. 优点

(1) 由于通信线路为通信双方用户专用且数据直达，所以传输数据的时延非常小。

(2) 通信双方之间的物理通路一旦建立，双方可以随时通信，实时性强。

(3) 双方通信时按发送顺序传送数据，不存在失序问题。

(4) 电路交换既适用于传输模拟信号，也适用于传输数字信号。

(5) 电路交换的设备（交换机等）及其控制较简单。

2. 缺点

(1) 电路交换的平均连接建立时间对计算机通信来说较长。

(2) 电路交换连接建立后，物理通路被通信双方独占，即使通信线路空闲，也不能供其他用户使用，因而信道利用率较低。

(3) 电路交换时数据直达，不同类型、不同规格、不同速率的终端很难相互进行通信，也难以在通信过程中进行差错控制。

5.1.3 报文交换

报文交换是以报文为数据交换的单位，报文携带有目标地址、源地址等信息，在交换结点采用存储转发的传输方式，因而具有以下优、缺点。

1. 优点

(1) 报文交换不需要为通信双方预先建立一条专用的通信线路，不存在连接建立时延，用户可随时发送报文。

(2) 由于采用存储转发的传输方式，使之具有下列优点：①在报文交换中便于设置代码检验和数据重发设施，加之交换节点还具有路径选择机制，就可以做到某条传输路径发生故障时，重新选择另一条路径传输数据，提高了传输的可靠性；②在存储与转发中容易实现代码转换和速率匹配，甚至收发双方可以不同时处于可用状态，这样就便于类型、规格和速度不同的计算机之间进行通信；③提供多目标服务，即一个报文可以同时发送到多个目的地址，这在电路交换中是很难实现的；④允许建立数据传输的优先级，使优先级高的报文优先转换。

(3) 通信双方不是固定占有一条通信线路，而是在不同的时间一段一段地部分占有这条物理通路，因而大大提高了通信线路的利用率。

2. 缺点

(1) 由于数据进入交换节点后要经历存储、转发这一过程，从而引起转发时延（包括接收报文、检验正确性、排队、发送时间等)，而且网络的通信量越大，造成的时延就越大，因此报文交换的实时性差，不适合传送实时或交互式业务的数据。

(2) 报文交换只适用于数字信号传输。

(3) 由于报文长度没有限制，而每个中间节点都要完整地接收传来的整个报文，当输出线路不空闲时，还可能要存储几个完整报文等待转发，要求网络中每个节点有较大的缓冲区。为了降低成本，减少节点的缓冲存储器的容量，有时要把等待转发的报文存储在磁盘上，进一步增加了传送时延。

5.1.4 分组交换

针对电路交换的缺点，产生了另一种利用网络设备进行存储、转发的报文交换。它的基本原理是当DTE信息到达作为报文交换用的网络设备时，先存放在其外部存储器中，然后中央处理机分析报头，确定转发路由，并选择到与此路由相应的输出中继电路上进行排队，等待输出。一旦中继电路空闲，立即将报文从外存储器取出后发往下一网络节点。由于输出中继电路上传送不同用户发来的报文，不是专门传送某一用户的报文，所以提高了这条中继电路的利用率。

分组交换仍采用存储、转发传输方式，但将一个长报文先分割为若干个较短的分组，然后把这些分组(携带源、目的地址和编号信息)逐个地发送出去，与报文交换相比有以下优、缺点：

1. 优点

(1) 加速数据在网络中的传输。因为分组是逐个传输，可以使后一个分组的存储操作与前一个分组的转发操作并行，这种流水线式传输方式减少了报文的传输时间。此外，传输一个分组所需的缓冲区比传输一份报文所需的缓冲区小得多，这样因缓冲区不足而等待发送的概率及等待的时间也必然少得多。

(2) 简化存储管理。因为分组的长度固定，相应的缓冲区的大小也固定，在交换节点中存储器的管理通常被简化为对缓冲区的管理，相对比较容易。

(3) 减少出错概率和重发数据量。因为分组较短，其出错概率必然减少，每次重发的数据量也就大大减少，这样不仅提高了可靠性，也减少了传输时延。

(4) 由于分组短小，更适用于采用优先级策略，便于及时传送一些紧急数据，因此对于网络终端之间突发式的数据通信，分组交换显然更为合适。

2. 缺点

(1) 尽管分组交换比报文交换的传输时延少，但仍存在存储、转发时延，而且其网络节点必须具有更强的交换处理能力。

(2) 分组交换与报文交换一样，每个分组都要加上源、目的地址和分组编号等信息，使传送的信息量增加5%～10%，一定程度上降低了通信效率，增加了处理的时间，使控制复杂、时延增加。

(3) 当分组交换采用数据报服务时，可能出现失序、丢失或重复分组情况，分组到达目的节点时，要对分组按编号进行排序，增添了麻烦。若采用虚电路服务，虽无失序问题，但有呼叫建立、数据传输和虚电路释放3个过程。

5.2 交换机配置基础

5.2.1 交换机的用途

交换机(Switch)是一种基于 MAC 地址识别,能完成封装转发数据包功能的网络设备。交换机拥有一个共享内存交换矩阵,用来将局域网分成多个独立冲突段并以全线速度提供这些段间互连。数据帧直接从一个物理端口传送到另一个物理端口,在用户间提供并行通信,允许不同用户同时进行数据传送。交换机的出现解决了连接在集线器上的所有终端共享可用带宽的缺陷。交换机的主要功能包括物理编址、网络拓扑结构发现、错误校验、帧序列及流控、VLAN、链路汇聚等。交换机根据数据帧的 MAC(Media Access Control)地址(即物理地址)进行数据帧的转发操作。

5.2.2 交换机的数据转发方式

1. 直接交换方式

也称为快捷方式。交换机在接收整个数据帧之前就读取帧头,并决定把数据转发到何处。只要从帧头中得到目的 MAC 地址,交换机就能判断出应该将帧转发到哪个端口,并开始向此端口转发该帧。

直接交换方式的交换机传输效率高,但是不对数据进行缓存,也不能利用帧校验序列(FCS)来校验数据的正确性和完整性。交换机即使接收到错误的数据也会转发,这样,当发生大量的数据冲突时,会造成网络阻塞,所以直接交换方式比较适合于小型网络。

2. 存储-转发交换方式

存储-转发交换方式要求将一个数据帧完整接收过来,放在一个端口的输入缓冲区中,并进行校验,检查其正确性,检验无误后,再转发到目的端口。

存储-转发交换方式可靠性很高,也可以在不同传输速率的网段间传输数据。但是交换机的转发延迟长,速度慢。所以该方式适合于大型网络和有多种传输速率的环境。

3. 改进的直接交换方式

改进的直接交换方式是以上两种方式的折中。在接收数据帧的前 64B 后,再查表找到目的端口并进行转发。以太网的帧长至少为 64B,所以小于 64B 的帧必然是因为冲突而形成的帧碎片(错误帧)。所以,一旦检测到某个小于 64B 的帧,就立即丢弃掉,并要求对方重发。

该方式即使有一定的坏包检测,也不至于使交换机的速率降低很多,但是长度大于 64B 的错误帧仍会转发,转发延时高于直接交换方式。

5.2.3 交换机的数据转发规则

交换机转发数据帧时,应遵循以下规则:

(1) 数据帧的目的 MAC 地址是广播地址或者组播地址,则向交换机所有端口转发(除数据帧来的端口)。

(2) 数据帧的目的地址是单播地址,但是这个地址并不在交换机的 MAC 地址表中,那么也会向所有的端口转发(除数据帧来的端口)。

(3) 数据帧的目的地址在交换机的 MAC 地址表中,那么就根据 MAC 地址表转发到相应的端口。

(4) 数据帧的目的地址与数据帧的源地址相同,它就会丢弃这个数据帧,交换也就不会发生。

5.2.4　交换机的地址管理机制

交换机的 MAC 地址表中,一条表项主要由一个主机 MAC 地址和该地址所位于的交换机端口号组成。整张地址表的生成采用动态自主学习的方法,即当交换机收到一个数据帧以后,将数据帧的源地址和输入端口记录在 MAC 地址表中。交换机中,MAC 地址表放置在内容可寻址存储器(Content-Address able Memory,CAM)中,因此也被称为 CAM 表。

当然,在存放 MAC 地址表项之前,交换机首先应该查找 MAC 地址表中是否已经存在该源地址的匹配表项,仅当匹配表项不存在时才能存储该表项。每一条地址表项都有一个时间标记,用来指示该表项存储的时间周期。地址表项每次被使用或者被查找时,表项的时间标记就会被更新。如果在一定的时间范围内地址表项仍然没有被引用,它就会从地址表中被移走。因此,MAC 地址表中所维护的一直是最有效和最精确的 MAC 地址/端口信息。

5.2.5　交换机的分类

1. 根据网络覆盖范围分类

(1) 广域网交换机。其主要应用于城域网互联、互联网接入等领域的广域网中,提供通信应用的基础平台。

(2) 局域网交换机。其主要应用于局域网络,用于连接终端设备,如服务器、工作站、集线器、路由器、网络打印机等网络设备,提供高速独立通信通道。

2. 根据传输速度分类

根据交换机的传输速度的不同,一般可以将交换机分为以太网交换机、快速以太网交换机、千兆(Gbit)以太网交换机、10 千兆(10Gbit)以太网交换机、FDDI 交换机、ATM 交换机和令牌环交换机等。

3. 根据交换机应用规模分类

根据交换机应用规模的不同,一般可将交换机分为企业级交换机、部门级交换机和工作组交换机。企业级交换机是指支持 500 个信息点以上的大型企业应用的交换机;部门级交换机是指支持 300 个信息点以下中型企业的交换机;工作组交换机是指支持 100 个信息点以内的交换机。

4. 根据交换机端口结构分类

(1) 固定端口交换机。一般具有固定的接口配置,硬件不可升级。

(2) 模块化交换机。可以根据需要配置不同的模块,模块可以插拔,交换机上有相应的插槽,使用时将模块插入插槽中,具有很强的可扩展性。

5. 根据工作协议层分类

(1) 第二层交换机。对应于 OSI/RM 的第二协议层来定义的,它只能工作在 OSI/RM 开放体系模型的第二层——数据链路层。二层交换机依赖于链路层中的信息(如 MAC 地址)完成不同端口的数据交换,一般应用于中、小型企业网络的桌面层次。

(2) 第三层交换机。对应于OSI/RM开放体系模型的第三层——网络层来定义的,也就是说,这类交换机可以工作在网络层,它比第二层交换机更加高档,功能更强。第三层交换机因为工作于OSI/RM模型的网络层,所以它具有路由功能,它是将根据IP地址信息进行网络路径选择,并实现不同网段间的数据交换。

(3) 第四层交换机。采用第四层交换技术而开发出来的交换机产品,工作于OSI/RM模型的第四层,即传输层,直接面对具体应用。

6. 根据是否支持网管功能分类

(1) 网管型交换机。网管型交换机产品提供了基于终端控制口(Console)、基于Web页面及支持Telnet远程登录网络等多种网络管理方式。因此,网络管理人员可以对该交换机的工作状态、网络运行状况进行本地或远程的实时监控,纵观全局地管理所有交换端口的工作状态和工作模式。

(2) 非网管型交换机。相对于网管型交换机而言,对数据都是不做处理直接转发。

5.2.6 交换机的级联与堆叠

当一台交换机的端口数量不能满足联网计算机用户的数量要求时,需要扩充交换机的端口。常见的方法是将一台交换机与另一台或多台交换机连接起来。交换机之间的连接有级联、堆叠和集群3种方式。

1. 交换机的级联

级联可以定义为两台或两台以上的交换机通过一定的方式相互连接,根据需要,多台交换机按照性能和用途一般形成总线型、树形或星形的级联结构。

交换机间一般是通过普通用户端口进行级联,如图5.1所示;有些交换机则提供了专门的级联端口(Uplink Port),如图5.2所示。这两种端口的区别仅仅在于普通端口符合MDIX(Medium Dependent Interface cross-over)标准,而级联端口(或称上行口)符合MDI(Medium Dependent Interface)标准。由此导致了两种方式下接线方式不同:当两台交换机都通过普通端口级联时,端口间电缆采用交叉电缆(Crossover Cable);当且仅当其中一台通过级联端口时,采用直通电缆(Straight Through Cable)。

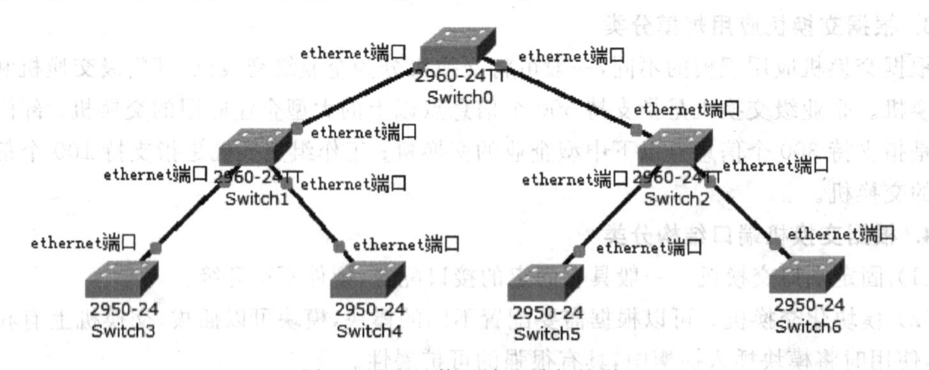

图5.1 通过普通端口进行级联

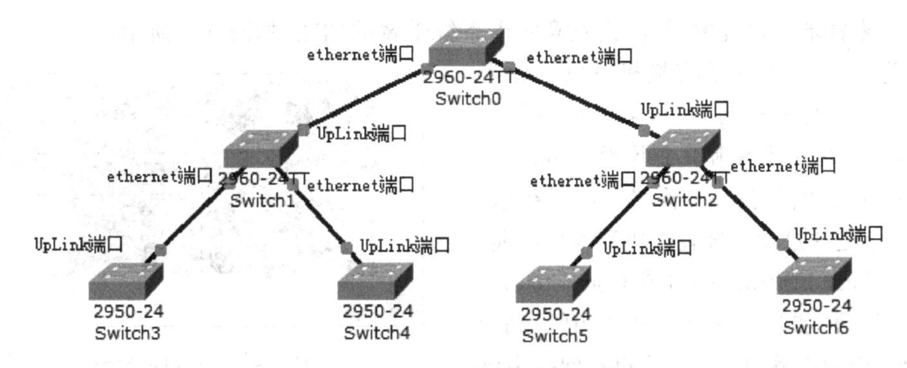

图 5.2　通过级联端口进行级联

为了方便进行级联，某些交换机上提供一个两用端口，可以通过开关或管理软件将其设置为 MDI 或 MDIX 方式。某些交换机上全部或部分端口具有 MDI/MDIX 自校准功能，可以自动区分网线类型，进行级联时更加方便。

用交换机进行级联时要注意以下几个问题：

(1) 原则上任何厂家、任何型号的以太网交换机均可相互进行级联，但也不排除一些特殊情况下两台交换机无法进行级联。

(2) 交换机间级联的层数是有一定限度的。成功实现级联的最根本原则，就是任意两节点之间的距离不能超过媒体段的最大跨度。

(3) 多台交换机级联时，应保证它们都支持生成树(Spanning-Tree)协议，既要防止网内出现环路，又要允许冗余链路存在。

(4) 进行级联时，应该尽力保证交换机间中继链路具有足够的带宽，为此可采用全双工技术和链路汇聚技术。交换机端口采用全双工技术后，不但相应端口的吞吐量加倍，而且交换机间中继距离大大增加，使得异地分布、距离较远的多台交换机级联成为可能。链路汇聚也叫端口汇聚、端口捆绑、链路扩容组合，由 IEEE 802.3ad 标准定义，即两台设备之间通过两个以上的同种类型的端口并行连接，同时传输数据，以便提供更高的带宽、更好的冗余度以及实现负载均衡。链路汇聚技术不但可以提供交换机间的高速连接，还可以为交换机和服务器之间的连接提供高速通道，但是并非所有类型的交换机都支持这两种技术。

2. 交换机的堆叠

堆叠是指将一台以上的交换机组合起来共同工作，以便在有限的空间内提供尽可能多的端口。多台交换机经过堆叠形成一个堆叠单元。可堆叠的交换机性能指标中有一个“最大可堆叠数”的参数，它是指一个堆叠单元中所能堆叠的最大交换机数，代表一个堆叠单元中所能提供的最大端口密度。

堆叠与级联这两个概念既有区别又有联系。堆叠可以看做是级联的一种特殊形式。它们的不同之处在于：级联的交换机之间可以相距很远(在媒体许可范围内)，而一个堆叠单元内的多台交换机之间的距离非常近，一般不超过几米；级联一般采用普通端口，而堆叠一般采用专用的堆叠模块和堆叠电缆。一般来说，不同厂家、不同型号的交换机可以互相级联，堆叠则不同，它必须在可堆叠的同类型交换机(至少应该是同一厂家的交换机)之间进行；级联仅仅是交换机之间的简单连接，堆叠则是将整个堆叠单元作为一台交换机来使用，这不但意味着端口密度的增加，而且意味着系统带宽的加宽，如图 5.3 所示。

目前，市场上的主流交换机可以细分为可堆叠型和非堆叠型两大类，可以堆叠的交换机中，又有虚拟堆叠和真正堆叠之分。

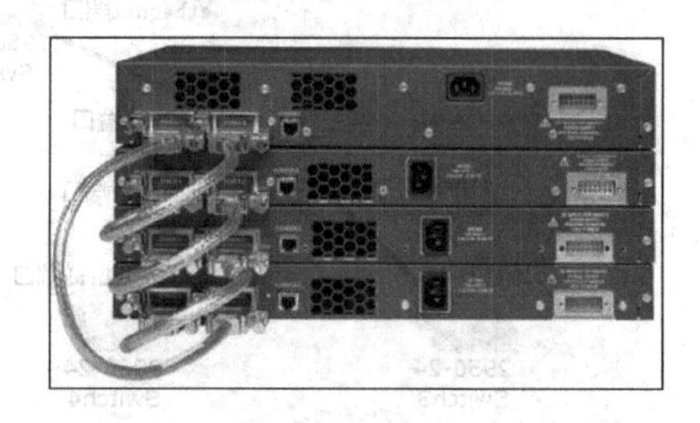

图 5.3　交换机的堆叠

虚拟堆叠，实际就是交换机之间的级联。交换机并不是通过专用堆叠模块和堆叠电缆，而是通过 Fast Ethernet 端口或 Giga Ethernet 端口进行堆叠，实际上这是一种变相的级联。即便如此，虚拟堆叠的多台交换机在网络中已经可以作为一个逻辑设备进行管理，从而使网络管理变得简单。

真正意义上的堆叠应该满足：采用专用堆叠模块和堆叠总线进行堆叠，不占用网络端口；多台交换机堆叠后，具有足够的系统带宽，从而保证堆叠后每个端口仍能达到线速交换；多台交换机堆叠后，VLAN 等功能不受影响。

3. 交换机的集群

集群就是将多台互相连接（级联或堆叠）的交换机作为一台逻辑设备进行管理。集群中，一般只有一台起管理作用的交换机，称为命令交换机，它可以管理若干台其他交换机。在网络中，这些交换机只需要占用一个 IP 地址（仅命令交换机需要），节约了宝贵的 IP 地址资源。在命令交换机统一管理下，集群中多台交换机协同工作，大大降低管理强度。

集群技术给网络管理工作带来的好处是毋庸置疑的。但要使用这项技术，应当注意到，不同厂家对集群有不同的实现方案，一般厂家都是采用专有协议实现集群的，这就决定了集群技术有其局限性：不同厂家的交换机可以级联，但不能集群；即使同一厂家的交换机，也只有指定的型号才能实现集群。

综上所述，交换机的级联、堆叠和集群这 3 种技术既有区别又有联系。级联和堆叠是实现集群的前提，集群是级联和堆叠的目的；级联和堆叠是基于硬件实现的；集群是基于软件实现的；级联和堆叠有时很相似（级联和虚拟堆叠），有时则差别很大（级联和真正的堆叠）。随着局域网和城域网的发展，上述 3 种技术必将得到越来越广泛的应用。

5.3　交换机配置途径

配置方法之一是使用 Console 连接线将计算机直接连接到交换机的 Console 端口；配置方法之二是使用 Telnet 命令对交换机进行远程配置。

5.3.1　通过 Console 端口进行配置

通过交换机的 Console 端口配置交换机，其特点是需要使用配置线缆近距离配置，不占用交换机的网络接口。

说明：使用 Telnet 命令配置交换机时，需要借助 IP 地址方可实现，而新购置的交换机不可能内置上述参数，所以这种配置方式必须在通过 Console 端口对交换机进行基本配置之后进行。

通过 Console 端口对交换机进行配置的步骤如下：

(1) 连线。按照图 5.4 所示用配置线缆将交换机的 Console 端口与 PC 的 COM 端口相连。

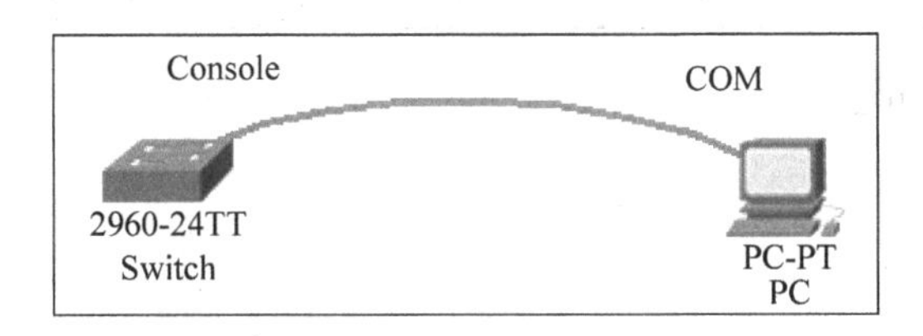

图 5.4 配置连接图

(2) 配置超级终端，进入交换机命令行界面。

① 单击“开始”→“程序”→“附件”→“通信”→“超级终端”命令，弹出“连接描述”对话框，如图 5.5 所示。在“名称”文本框中输入 test，单击“确定”按钮后进入下一步。

② 在弹出的“连接到”对话框中的“连接时使用”下拉列表框中，根据第 1)步的连线进行选择(本例中选择 COM1)，单击“确定”按钮，如图 5.6 所示。

图 5.5 “连接描述”对话框

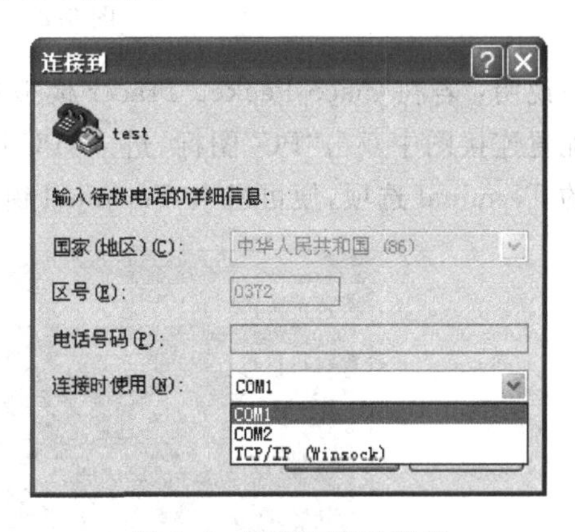

图 5.6 “连接到”对话框

③ 在“COM1 属性”对话框中，单击“还原为默认值”按钮，如图 5.7 所示，单击“确定”按钮，打开“超级终端”命令行界面，可对交换机进行配置和管理，如图 5.8 所示。

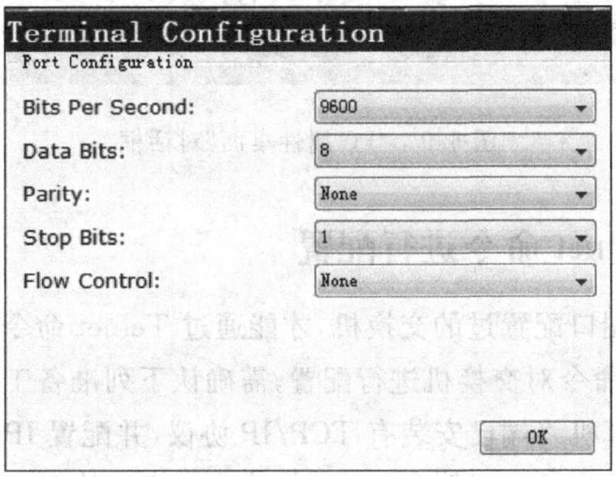

Terminal Configuration
Port Configuration
Bits Per Second: 9600
Data Bits: 8
Parity: None
Stop Bits: 1
Flow Control: None
OK

图 5.7 “COM1 属性”对话框

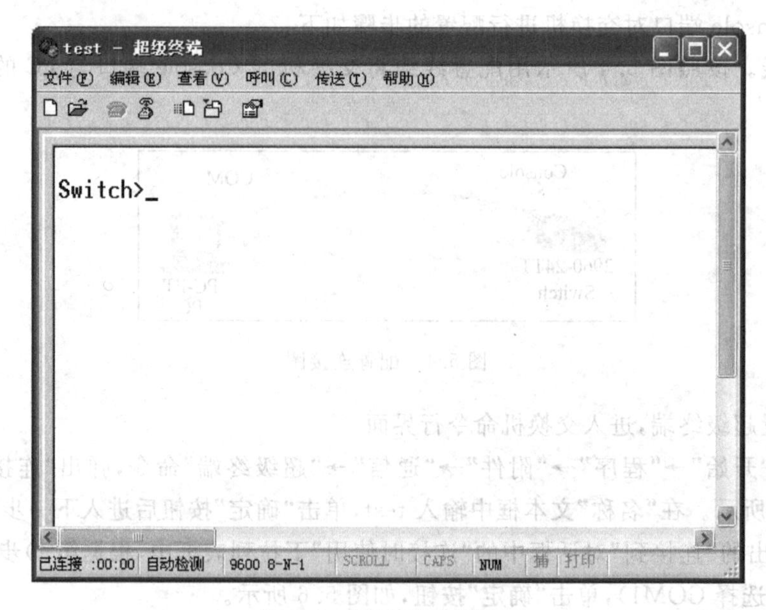

图 5.8 “超级终端”窗口

说明：若在 Cisco Packet Tracer 模拟环境下进行上述配置操作，可直接在图 5.4 所示的配置连接图中双击“PC”图标，进入“PC 属性桌面”，如图 5.9 所示，选择 Desktop 选项卡中的 Terminal 选项，便可进入 Terminal 窗口对交换机进行配置，如图 5.10 所示。

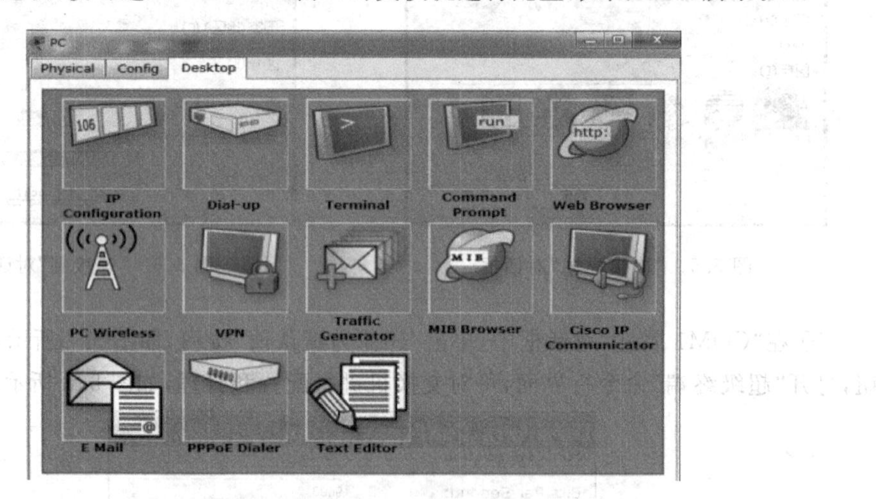

图 5.9 “PC 属性桌面”对话框

5.3.2 通过 Telnet 命令进行配置

只有通过 Console 端口配置过的交换机，才能通过 Telnet 命令进行配置。

说明：通过 Telnet 命令对交换机进行配置，需确认下列准备工作已经完成：

(1) 用于管理的计算机终端已安装有 TCP/IP 协议，并配置 IP 地址。

(2) 被管理的交换机中已配置管理 IP，且与计算机终端的 IP 地址处于相同网段。

(3) 被管理的交换机中已建立具有管理权限的账户。

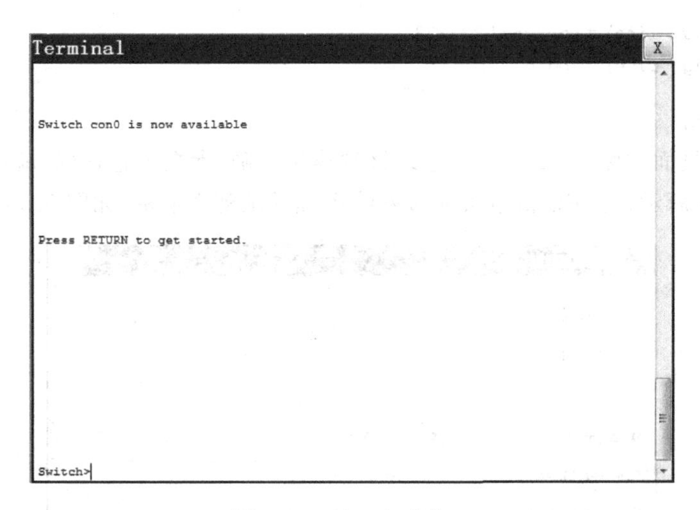

图 5.10 Terminal 窗口

通过 Telnet 命令对交换机进行配置的步骤如下：

1. 连线

按照图 5.11 所示，将交换机的 Console 端口与 PC 的 COM 端口进行连接；将交换机的 FastEthernet0/1 端口与 PC 的 FastEthernet 端口进行连接。

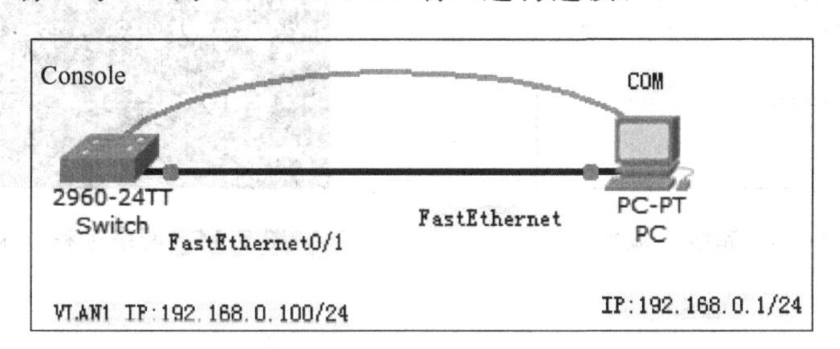

图 5.11 配置连接

2. 配置交换机的管理 IP 地址

```
Switch>enable
Switch#configure terminal                        !进入全局配置模式
Switch(config)#interface vlan 1                  !进入交换机管理接口配置模式
!配置交换机管理接口 IP 地址
Switch(config-if)#ip address 192.168.0.100 255.255.255.0
Switch(config-if)#no shutdown                    !开启交换机管理接口
Switch(config-if)#end
!验证交换机管理 IP 地址已经配置,管理端口已经开启
Switch#show ip interface
Vlan1 is up, line protocol is up
  Internet address is 192.168.0.100/24
  Broadcast address is 255.255.255.255
```

3. 配置交换机的远程登录密码

```
Switch#configure terminal
Switch(config)#line vty 0 4              !进入 vty 端口,表示从 0 到 4 共 5 条虚拟终端接口线路
```

```
Switch(config-line)#password 222222
Switch(config-line)#login
```

4. 配置测试

PC的配置页面如图5.12所示。超级终端连接正确,参数配置正确,就能够直接登录交换机,如图5.13所示;从PC机也可通过网线远程登录到交换机,如图5.14所示。

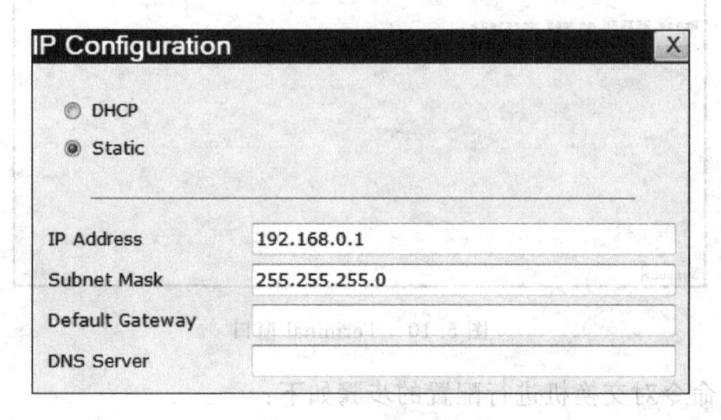

图5.12 PC的配置页面

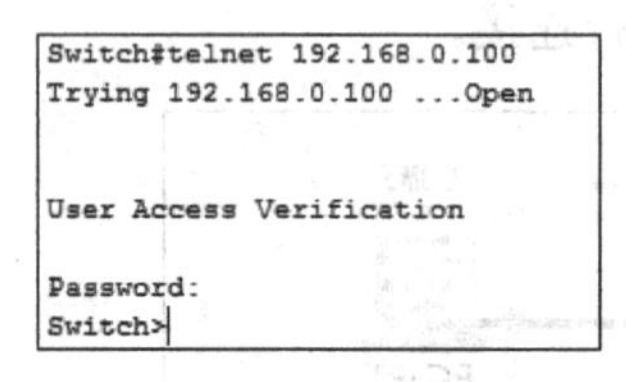

图5.13 超级终端登录

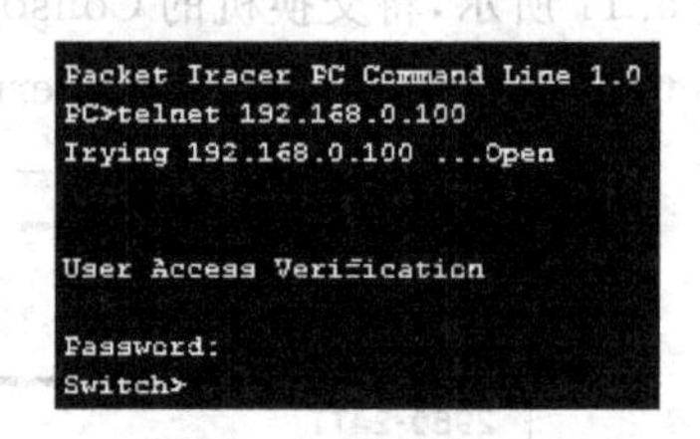

图5.14 网络远程登录

5.4 交换机的基本配置

5.4.1 交换机的配置模式

交换机的每种配置模式对应一组命令集合,若要使用相应的命令,必须进入相应的配置模式。各种配置模式可通过命令提示符加以区分,以Cisco交换机为例,列出几种常见的配置模式,如表5.1所示。

表5.1 Cisco交换机常见配置模式

配置模式	提示符	进入相关配置模式的命令
普通用户模式	Switch>	设备启动后,按回车键
特权用户模式	Switch#	Switch>enable
全局配置模式	Switch(config)#	Switch#configure terminal
端口配置模式	Switch(config-if)#	Switch(config)#interface fastethernet 0/1
线路配置模式	Switch(config-line)#	Switch(config)#line console 0
虚拟局域网配置模式	Switch(vlan)#	Switch#vlan database

说明：

(1) 普通用户模式。交换机启动后直接进入该模式，该模式只包含少数几条命令，用于查看交换机简单运行状态和统计信息。

(2) 特权用户模式。该模式有口令保护，用户进入该模式后可查看交换机的全部运行状态和统计信息，并可进行文件管理和系统管理，特权用户模式是进入其他用户模式的“关口”，要进入其他用户模式，必须先进入特权用户模式。

(3) 全局配置模式。该模式下可配置交换机的全局参数，如主机名、密码等。

(4) 端口配置模式。该模式可对交换机的各种端口进行配置，如配置 IP 地址、封装网络协议等。

(5) 线路配置模式。该模式用于对虚拟终端(vty)和控制台端口进行配置，设置虚拟终端和控制台的用户登录密码。

(6) 虚拟局域网配置模式。在该模式下可对交换式网络进行虚拟局域网的划分。

5.4.2 交换机配置命令的输入技巧

(1) 命令不区分大小写，并且可以使用简写。命令中的每个单词只需要输入前几个字母，仅要求输入的字母个数足够与其他命令相区别即可，如 configure terminal 命令可简写为 conf t 或者 conf ter。

(2) 用 Tab 键可简化命令的输入。输入简写命令，可使用 Tab 键输入单词的剩余部分，每个单词只需输入前面几个字母，当足够区别于其他命令时，使用 Tab 键可以得到完整的单词。

(3) 可以调出输入历史简化命令的输入。对于重复性输入的命令，可使用“↑”键和“↓”键找出历史输入，再按回车键执行此命令即可。上述两键只能找到当前提示符下的输入历史。

(4) 使用“?”可帮助输入命令和参数。在提示符下输入“?”可查看该提示符的命令集，在命令后加“?”，可查看它的参数。

(5) 使用 no 和 default 选项。no 选项用来禁止某项功能，或者说删除某项配置。default 选项用来将设置恢复为默认值。

5.4.3 交换机的基本配置方法

1. 交换机命令行操作模式及模式间的切换

```
switch>enable                                  !进入特权模式
switch#configure terminal                      !进入全局配置模式
switch(config)#interface fastEthernet 0/1      !进入交换机 f0/1 的接口模式
switch(config-if)#exit                         !退回到上一级全局配置模式
switch(config)#exit                            !退回到上一级特权模式
!退回到上一级用户模式。如果用 exit 命令，则交换机重启后进入用户模式
switch#disable
switch(config-if)#end                          !在接口模式下直接退回到特权模式
```

2. 全局配置模式下常用的基本命令

(1) 配置交换机的主机名称。

```
switch>enable                                    !进入特权模式
switch#configure terminal                        !进入全局配置模式
switch(config)#hostname switchA                  !设置设备名称
!命令提示符中设备名称由 switch 变为 switchA
switchA(config)#
```

(2) 配置交换机每日提示信息。

```
switchA(config)#banner motd &                    !配置每日提示信息,以 & 为终止符
welcome to switch department&
switchA(config)#exit
switchA#exit
Press RETURN to get started.                     !按回车键重启交换机
welcome to switch department
switchA>
```

3. 端口模式下常用的基本命令

(1) 查看全局配置模式下的配置命令。

```
switchA>enable
switchA#configure terminal                       !进入全局配置模式
switchA(config)#?                                !显示全局配置模式下的配置命令
Configure commands:
  access-list        Add an access list entry
  banner             Define a login banner
  boot               Boot Commands
  cdp                Global CDP configuration subcommands
  clock              Configure time-of-day clock
  do                 To run exec commands in config mode
  enable             Modify enable password parameters
  end                Exit from configure mode
  exit               Exit from configure mode
  hostname           Set system's network name
  interface          Select an interface to configure
  ip                 Global IP configuration subcommands
  line               Configure a terminal line
  logging            Modify message logging facilities
  mac-address-table  Configure the MAC address table
  mls                mls global commands
  no                 Negate a command or set its defaults
  port-channel       EtherChannel configuration
  privilege          Command privilege parameters
  service            Modify use of network based services
  snmp-server        Modify SNMP engine parameters
  spanning-tree      Spanning Tree Subsystem
  username           Establish User Name Authentication
  vlan               Vlan commands
  vtp                Configure global VTP state
```

(2) 查看端口配置模式下的配置命令。

```
switchA(config)#interface fastEthernet 0/1      !进入 f0/1 端口配置模式
switchA (config-if)#?                          !显示端口配置模式下的配置命令
  cdp                   Global CDP configuration subcommands
  channel-group         Etherchannel/port bundling configuration
  channel-protocol      Select the channel protocol (LACP, PAgP)
  description           Interface specific description
  duplex                Configure duplex operation.
  exit                  Exit from interface configuration mode
  mac-address           Manually set interface MAC address
  mdix                  Set Media Dependent Interface with Crossover
  mls                   mls interface commands
  no                    Negate a command or set its defaults
  shutdown              Shutdown the selected interface
  spanning-tree         Spanning Tree Subsystem
  speed                 Configure speed operation
  storm-control         storm configuration
  switchport            Set switching mode characteristics
  tx-ring-limit         Configure PA level transmit ring limit
```

(3) 端口配置模式下的常用配置命令。

```
switchA(config-if)#speed 10                    !配置端口速率为 10
switchA(config-if)#duplex half                 !配置端口传输模式为 half
switchA(config-if)#no shutdown                 !开启交换机 f0/1 端口
```

4. 查看系统配置信息

(1) 查看系统配置的常用命令。

```
switchA#show ?
  access-lists          List access lists
  arp                   Arp table
  boot                  show boot attributes
  cdp                   CDP information
  clock                 Display the system clock
  dtp                   DTP information
  etherchannel          EtherChannel information
  flash:                display information about flash: file system
  history               Display the session command history
  hosts                 IP domain-name, lookup style, nameservers, and host table
  interfaces            Interface status and configuration
  ip                    IP information
  logging               Show the contents of logging buffers
  mac-address-table     MAC forwarding table
  mls                   Show MultiLayer Switching information
  port-security         Show secure port information
  privilege             Show current privilege level
  processes             Active process statistics
  running-config        Current operating configuration
  sessions              Information about Telnet connections
  snmp                  snmp statistics
```

```
spanning - tree        Spanning tree topology
startup - config       Contents of startup configuration
storm - control        Show storm control configuration
tcp                    Status of TCP connections
tech - support         Show system information for Tech - Support
terminal               Display terminal configuration parameters
users                  Display information about terminal lines
version                System hardware and software status
vlan                   VTP VLAN status
vtp                    VTP information
```

(2) 查看设备的软、硬件等系统版本信息。

```
switchA # show version
Cisco IOS Software, C2960 Software (C2960 - LANBASE - M), Version 12.2(25)FX, RELEASE SOFTWARE
(fc1)
Copyright (c) 1986 - 2005 by Cisco Systems, Inc
Compiled Wed 12 - Oct - 05 22:05 by pt_team
ROM: C2960 Boot Loader (C2960 - HBOOT - M) Version 12.2(25r)FX, RELEASE SOFTWARE (fc4)
System returned to ROM by power - on
Cisco WS - C2960 - 24TT (RC32300) processor (revision C0) with 21039K bytes of memory
24 FastEthernet/IEEE 802.3 interface(s)
2 Gigabit Ethernet/IEEE 802.3 interface(s)
63488K bytes of flash - simulated non - volatile configuration memory.
Base ethernet MAC Address                      : 0001.63A3.AB98
Motherboard assembly number                    : 73 - 9832 - 06
Power supply part number                       : 341 - 0097 - 02
Motherboard serial number                      : FOC103248MJ
Power supply serial number                     : DCA102133JA
Model revision number                          : B0
Motherboard revision number                    : C0
Model number                                   : WS - C2960 - 24TT
System serial number                           : FOC1033Z1EY
Top Assembly Part Number                       : 800 - 26671 - 02
Top Assembly Revision Number                   : B0
Version ID                                     : V02
CLEI Code Number                               : COM3K00BRA
Hardware Board Revision Number                 : 0x01
Switch      Ports      Model          SW Version      SW Image
------      -----      -----          ----------      --------
*  1        26      WS - C2960 - 24TT    12.2        C2960 - LANBASE - M
Configuration register is 0xF
switchA #
```

(3) 查看当前的全部配置信息。

```
switchA # show running - config
Building configuration...
Current configuration : 1010 bytes
version 12.2
no service timestamps log datetime msec
no service timestamps debug datetime msec
```

```
no service password-encryption
hostname switchA
interface FastEthernet0/1
......
interface FastEthernet0/24
interface GigabitEthernet1/1
interface GigabitEthernet1/2
interface Vlan1
  no ip address
  shutdown
line con 0
line vty 0 4
  login
line vty 5 15
  login
end
switchA#
```

(4) 查看二层接口信息。

```
switchA# show interfaces switchport
Name: Fa0/1
Switchport: Enabled
Administrative Mode: dynamic auto
Operational Mode: down
Administrative Trunking Encapsulation: dot1q
Operational Trunking Encapsulation: native
Negotiation of Trunking: On
Access Mode VLAN: 1 (default)
Trunking Native Mode VLAN: 1 (default)
Voice VLAN: none
Administrative private-vlan host-association: none
Administrative private-vlan mapping: none
Administrative private-vlan trunk native VLAN: none
Administrative private-vlan trunk encapsulation: dot1q
Administrative private-vlan trunk normal VLANs: none
Administrative private-vlan trunk private VLANs: none
Operational private-vlan: none
Trunking VLANs Enabled: All
Pruning VLANs Enabled: 2-1001
Capture Mode Disabled
Capture VLANs Allowed: ALL
Protected: false
Unknown unicast blocked: disabled
Unknown multicast blocked: disabled
Appliance trust: none
......
```

(5) 查看交换机 f0/1 端口的配置信息。

```
switchA# show interfaces fastethernet 0/1
FastEthernet0/1 is down, line protocol is down (disabled)
```

```
  Hardware is Lance, address is 000b.be49.6701 (bia 000b.be49.6701)
BW 100000 Kbit, DLY 1000 usec,
     reliability 255/255, txload 1/255, rxload 1/255
  Encapsulation ARPA, loopback not set
  Keepalive set (10 sec)
  Half-duplex, 100Mb/s
  input flow-control is off, output flow-control is off
  ARP type: ARPA, ARP Timeout 04:00:00
  Last input 00:00:08, output 00:00:05, output hang never
  Last clearing of "show interface" counters never
  Input queue: 0/75/0/0 (size/max/drops/flushes); Total output drops: 0
  Queueing strategy: fifo
  Output queue :0/40 (size/max)
  5 minute input rate 0 bits/sec, 0 packets/sec
  5 minute output rate 0 bits/sec, 0 packets/sec
     956 packets input, 193351 bytes, 0 no buffer
     Received 956 broadcasts, 0 runts, 0 giants, 0 throttles
     0 input errors, 0 CRC, 0 frame, 0 overrun, 0 ignored, 0 abort
     0 watchdog, 0 multicast, 0 pause input
     0 input packets with dribble condition detected
     2357 packets output, 263570 bytes, 0 underruns
     0 output errors, 0 collisions, 10 interface resets
     0 babbles, 0 late collision, 0 deferred
     0 lost carrier, 0 no carrier
     0 output buffer failures, 0 output buffers swapped out
switchA#
```

5. 设置 Console 密码

Console 密码是用户进入 Console 端口时进行认证使用的密码，如果没有正确的 Console 密码，则无法进入交换机。一般为防止其他用户在本地通过 Console 端口登录交换机可以设置此密码。相关配置命令如下：

```
Switch>enable
Switch#configure terminal
Switch(config)#line console 0
Switch(config-line)#password zhonghuan        !设置 Console 密码为 zhonghuan
Switch(config-line)#login                     !确认配置项,使配置生效
Switch(config-line)#end
```

设置完 Console 密码后，下一次在 Console 端口登录交换机时，直接按回车键，则启用 Console 端口的认证请求过程，须输入正确的密码才能进入用户模式，如图 5.15 所示。

取消 Console 密码的命令如下：

```
Switch>enable
Switch#configure terminal
Switch(config)#line console 0
Switch(config-line)#no password
Switch(config-line)#end
```

6. 设置特权密码

特权密码的设置包括 Password 密码和 Secret 密码两种，特权密码设置后，从用户模式

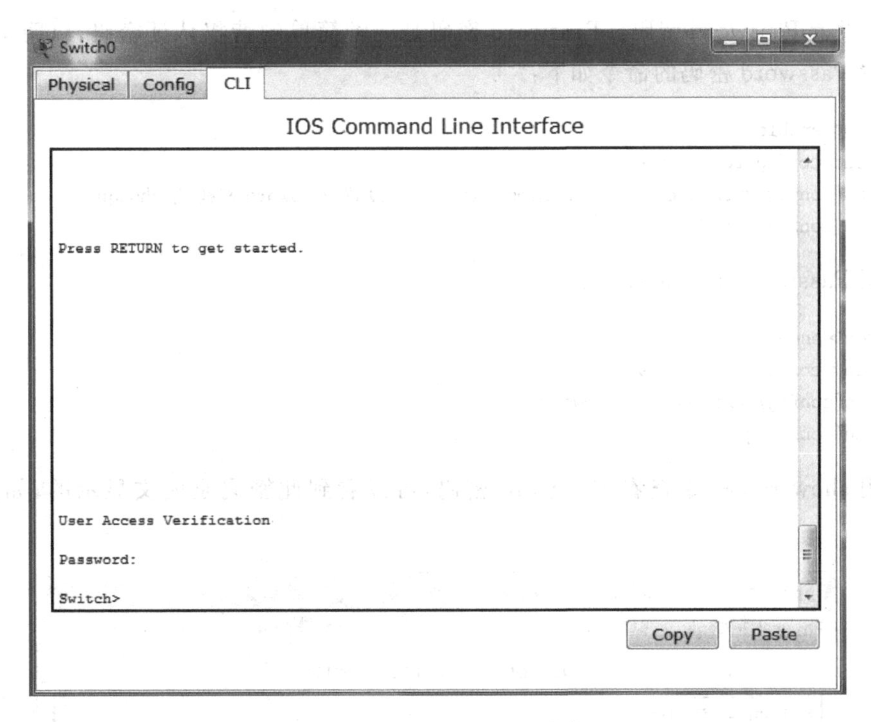

图 5.15 Console 端口的认证请求过程

通过 enable 命令进入特权模式时，会出现特权密码认证过程。无论是 Password 密码还是 Secret 密码，登录验证窗口相同，如图 5.16 所示。

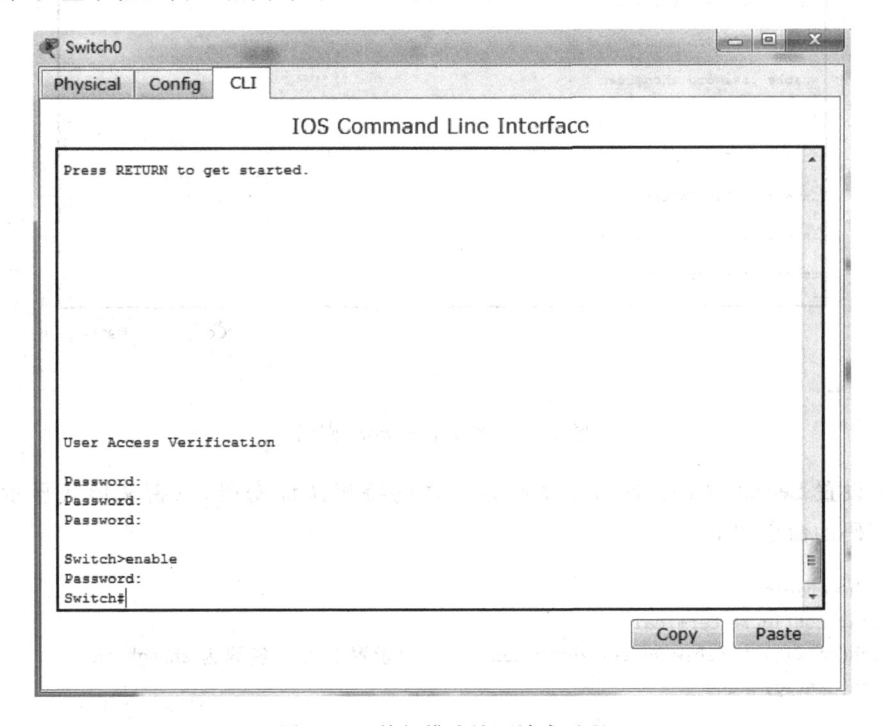

图 5.16 特权模式认证请求过程

(1) 设置 Password 密码。Password 密码是一种简单的特权认证密码，以明文形式显示。设置 Password 密码的命令如下：

```
Switch>enable
Switch#configure terminal
Switch(config)#enable password zhonghuan        !设置 Password 密码为 zhonghuan
Switch(config)#end
```

取消 Password 密码的命令如下：

```
Switch>enable
Switch#configure terminal
Switch(config)#no enable password
Switch(config)#end
```

使用 show run 命令查看 Password 密码，可以看到此密码是明文显示的，如图 5.17 所示。

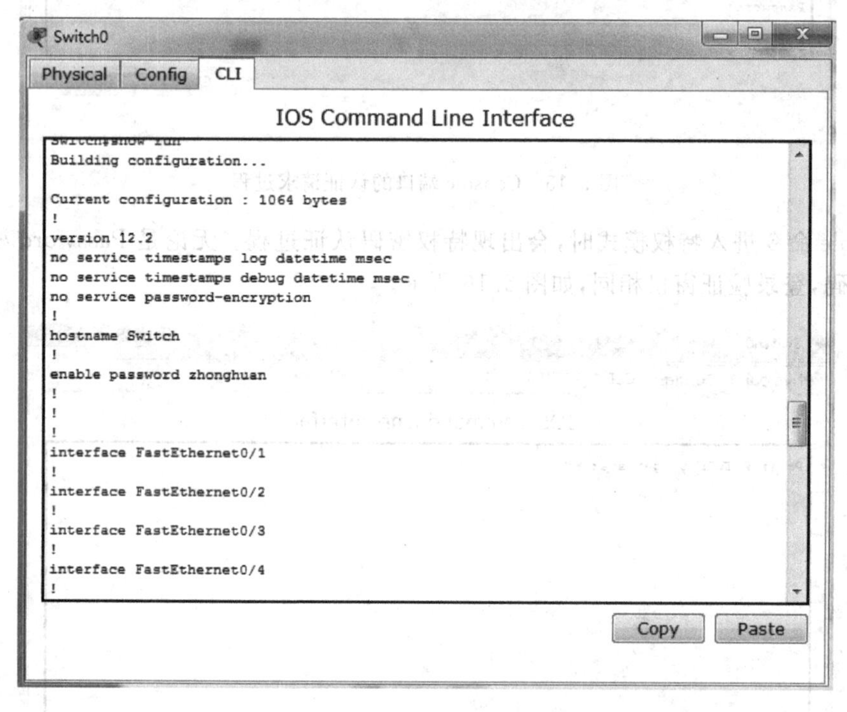

图 5.17 查看 Password 密码

(2) 设置 Secret 密码。Secret 密码是加密的特权认证密码，以密文形式显示。设置 Secret 密码的命令如下：

```
Switch>enable
Switch#configure terminal
Switch(config)#enable secret zhonghuan        !设置 Secret 密码为 zhonghuan
Switch(config)#end
```

取消 Secret 密码的命令如下：

```
Switch>enable
Switch#configure terminal
Switch(config)#no enable secret
Switch(config)#end
```

使用 show run 命令查看 Secret 密码，可以看到此密码是密文显示的，如图 5.18 所示。

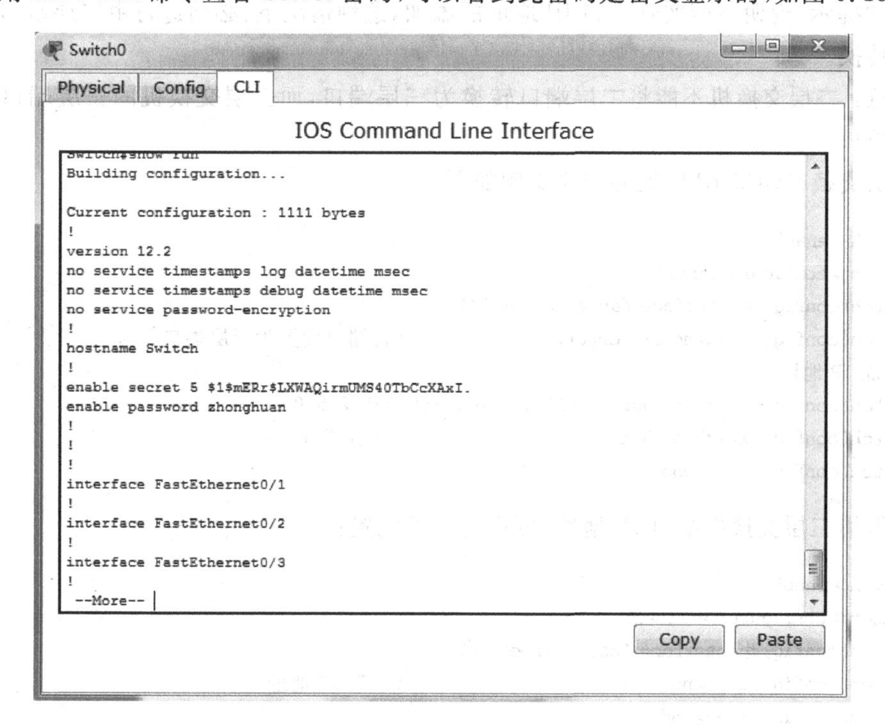

图 5.18 查看 Secret 密码

7. 配置 IP 地址和子网掩码

三层交换机可以给每个端口配置 IP 地址，二层交换机只能给相关的 VLAN 配置 IP 地址。

(1) 二层交换机 VLAN IP 的配置。二层交换机不能直接针对端口配置 IP 地址，因此在二层交换机中，配置 VLAN IP 地址用于远程登录交换机。默认情况下，交换机的所有端口属于虚拟局域网 VLAN 1，VLAN 1 是交换机自动创建和管理的，每个 VLAN 只有一个活动的管理地址，所以对二层交换机设置管理 IP 地址之前，应先选择 VLAN 接口，而后再利用 ip address 配置命令配置管理 IP 地址，配置实例如下：

```
Switch>enable
Switch#configure terminal
!配置 VLAN 1 的管理 IP 地址
Switch(config)#interface vlan 1
Switch(config-if)#ip address 192.168.0.1 255.255.255.0
Switch(config-if)#end
```

若取消 VLAN 1 的管理 IP 地址，可进行以下配置：

```
Switch(config)#interface vlan 1
```

```
Switch(config-if)# no ip address                    !取消 VLAN 1 的 IP 地址
Switch(config-if)# end
```

(2) 三层交换机端口 IP 的配置。三层交换机的端口可以直接配置 IP 地址。值得注意的是,如果没有将端口设置为三层端口,将出现"IP Addresses may not be configured on L2 links."的提示,说明不能实现端口 IP 地址的添加,这种情况下,必须进行由二层端口向三层端口的转换。

注意:二层交换机不能将二层端口转换为三层端口,而三层交换机的三层端口能转换为二层端口。

三层交换机端口 IP 地址的配置实例如下:

```
Switch> enable
Switch# configure terminal
Switch(config)# interface fastethernet 0/1
Switch(config-if)# no switchport                    !将端口设置为三层端口
!添加 IP 地址
Switch(config-if)# ip address 192.168.0.1 255.255.255.0
Switch(config-if)# no shut                          !激活端口
Switch(config-if)# end
```

若取消三层交换机端口 IP 地址,可进行以下配置:

```
Switch> enable
Switch# configure terminal
Switch(config)# interface fastethernet 0/1
Switch(config-if)# no ip address                    !取消 IP 地址
Switch(config-if)# end
```

8. 三层交换机默认网关的配置

为了使三层交换机能够与其他网络进行通信,就需要为三层交换机配置默认网关。该默认网关通常是某个端口的 IP 地址,此端口充当路由器的功能。三层交换机默认网关的配置实例如下:

```
Switch> enable
Switch# configure terminal
!设置默认网关
Switch(config)# ip default-gateway 192.168.0.254
Switch(config)# exit
```

9. 交换机域名解析的配置

为了使交换机能解析域名,需要为交换机指定 DNS 服务。

1) 启用和禁用 DNS 服务

启用 DNS 服务的基本配置如下:

```
Switch> enable
Switch# configure terminal
Switch(config)# ip domain-lookup                    !启用 DNS 服务
Switch(config)# end
```

禁用DNS服务的基本配置如下：

```
Switch>enable
Switch#configure terminal
Switch(config)#no ip domain-lookup              !禁用DNS服务
Switch(config)#end
```

2）指定DNS服务器地址

交换机最多可以指定6个DNS服务器的地址，各地址之间用空格分隔，排在最前面的为首选DNS服务器。指定DNS服务器地址配置实例如下：

```
Switch>enable
Switch#configure terminal
!指定DNS服务器地址
Switch(config)#ip name-server 202.99.96.68 219.150.32.132
Switch(config)#end
```

说明：如果启用了DNS服务并指定DNS服务器地址，则在对交换机进行配置时，对于输入错误的配置命令，交换机会试着进行域名解释，导致交换机的速度下降，这会影响交换机的执行效率，因此，在实际应用中，通常禁用DNS服务。

5.5 虚拟局域网配置

5.5.1 虚拟局域网概述

1. 虚拟局域网的概念

虚拟局域网（Virtual Local Area Network，VLAN）是建立在交换技术基础之上，通常状况下，一个逻辑工作组分布在一个相同网段上，多个逻辑工作组可以通过实现网络互联的路由器或者网桥来交换数据。若一个逻辑工作组的部分节点需要转移到其他的逻辑工作组中，那么需要将上述节点从所在网段中撤出，连接到其他的网段上。因此，逻辑工作组在很大程度上受到网段物理位置的局限。

虚拟局域网建立在局域网交换机之上，以软件的方式实现逻辑工作组的划分与管理。虚拟局域网把一台交换机的端口分割成若干个逻辑工作组，同一逻辑工作组的节点可以分布在不同的物理位置上，并且当一个节点从一个逻辑工作组转移到另一个逻辑工作组时，只需要通过软件进行简单设定即可。因此，逻辑工作组的节点组成不受物理位置的限制，组建和更新也更加方便灵活。

由此可见，虚拟局域网技术是指网络中的各个节点可以不拘泥于各自所在的物理位置，而根据需要灵活地加入不同逻辑工作组的一种网络技术。

2. 虚拟局域网的特点

（1）简化网络管理。对于采用虚拟局域网技术的网络而言，一个虚拟局域网可以根据实际应用需要将不同地理位置上的网络用户划分成一个逻辑网段，在不改动网络物理连接的情况下可以任意将网络节点在逻辑工作组之间移动。利用虚拟局域网技术可以大大减轻网络管理的负担，降低网络管理的成本。

(2) 控制网络风暴。通过将一个网络划分成多个虚拟局域网,可以实现广播范围的控制,并且能够有效减少广播风暴、广播碰撞以及网络带宽资源的浪费问题。

(3) 提高网络整体的安全性。不同的虚拟局域网之间是不能够直接实现相互访问的。因此,按照实际应用将网络主机划归到不同的虚拟局域网中,就可使得各虚拟局域网的内部信息得到保护,增强网络的安全性。

5.5.2 常见的 VLAN 划分方式

1. 基于端口的 VLAN

基于端口的 VLAN 划分是一种最简单的 VLAN 划分方式。在具体划分时,可以把同一交换机的不同端口划分为同一虚拟局域网,也可以把不同交换机的端口划分为同一虚拟局域网。这样,就可把位于不同物理位置、连接在不同交换机上的用户按照一定的逻辑功能和安全策略进行分组,根据需要将其划分为同一或者不同的 VLAN。基于端口的虚拟局域网通常使用网络管理软件来配置和维护端口,如果需要改变端口的属性,则需要重新配置。

2. 基于 MAC 的 VLAN

基于 MAC 地址进行 VLAN 划分时,硬件设备的 MAC 地址会存储进 VLAN 的应用管理数据库中,当该主机被移到一个没划分 VLAN 的交换机端口时,其硬件地址将会被读取,与在 VLAN 管理数据库中数据进行比较,如果找到匹配的数据,管理软件会自动地配置该端口,使其能够加入到正确的 VLAN 里。

3. 基于 IP 地址的 VLAN

基于 IP 地址的 VLAN 是根据连接到交换机端口上主机的 IP 地址来划分 VLAN。二层交换机不支持该功能,第三层交换机因能够识别网络层的数据报文,所以可以使用报文中的 IP 地址来定义 VLAN。这种方法的优点在于当主机的 IP 地址发生变化时,交换机能够自动识别并重新定义 VLAN,而不需要网络管理员进行干预。

4. 基于组播的 VLAN

基于组播实现 VLAN 划分,每个组播组形成一个 VLAN 单元,这种划分方法将 VLAN 扩大到广域网,具有较大的灵活性,适用于不在同一地理位置的用户使用。利用这种方式进行数据传输,执行效率较低,故不适合在局域网中使用。

5. 基于策略的 VLAN

基于策略划分 VLAN 是在交换机上绑定终端的 MAC 地址、IP 地址或交换机端口,并与 VLAN 关联,以证实只有符合条件的终端才能加入指定 VLAN。相当于采用了 IP 地址与 MAC 地址双重绑定,甚至再加上与所连接的交换机端口的三重绑定,一旦配置就可以禁止用户修改 IP 地址或 MAC 地址,甚至禁止改变所连接的交换机端口;否则会导致终端从指定 VLAN 中退出,可能访问不了指定的网络资源。

5.5.3 单交换机的 VLAN 配置

通过访问连接(Access Link)方式接入 VLAN 的成员仅仅属于广播域内的一个简单成员,它只与同一个 VLAN 里的其他成员进行通信,并不需要了解其他 VLAN 的信息。网络连接拓扑如图 5.19 所示。

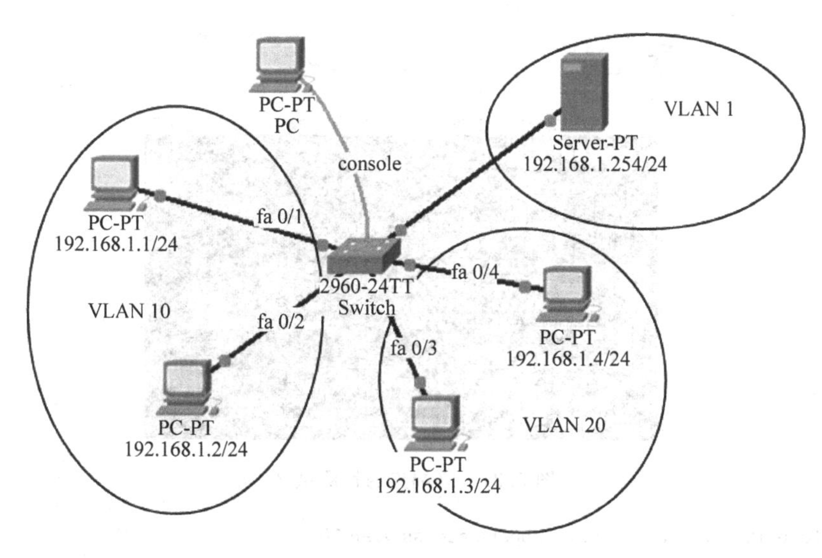

图 5.19 单交换机的 VLAN 配置

1. VLAN 的创建

(1) 配置终端的 IP 地址和子网掩码,测试能互相 ping 通,如图 5.20 和图 5.21 所示。

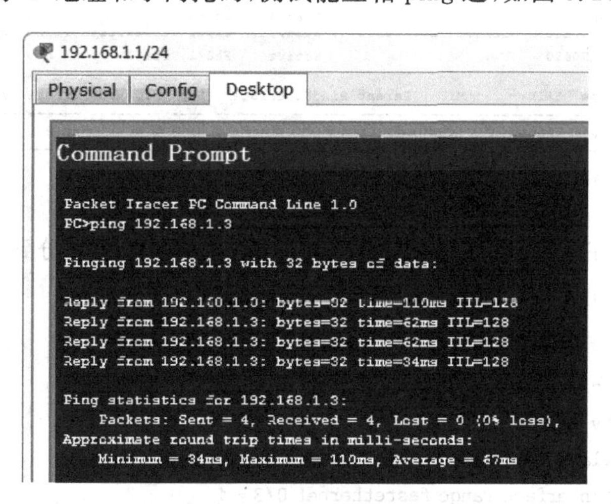

图 5.20 终端连通性测试 1

(2) 在交换机上配置 VLAN。

① 在交换机上创建 VLAN 10,并将 f0/1-2 端口划分到 VLAN 10 中。检查已创建 VLAN 10,如图 5.22 所示。

```
switch>enable
switch#configure terminal                                  !进入全局配置模式
switch(config)#vlan 10                                     !创建 VLAN 10
switch(config-vlan)#exit                                   !返回到全局配置模式
switch(config)#interface range fastethernet 0/1-2          !进入接口配置模式
!将 f0/1-2 端口模式设为 access
switch(config-if-range)#switchport mode access
!将 f0/1-2 端口划分到 vlan 10
```

```
192.168.1.1/24
Physical  Config  Desktop

Command Prompt
PC>ping 192.168.1.254

Pinging 192.168.1.254 with 32 bytes of data:

Reply from 192.168.1.254: bytes=32 time=93ms TTL=128
Reply from 192.168.1.254: bytes=32 time=63ms TTL=128
Reply from 192.168.1.254: bytes=32 time=62ms TTL=128
Reply from 192.168.1.254: bytes=32 time=63ms TTL=128

Ping statistics for 192.168.1.254:
    Packets: Sent = 4, Received = 4, Lost = 0 (0% loss),
Approximate round trip times in milli-seconds:
    Minimum = 62ms, Maximum = 93ms, Average = 70ms
```

图 5.21　终端连通性测试 2

```
switch(config-if-range)# switchport access vlan 10
switch(config-if-range)# end
switch#
```

```
switch#show vlan id 10

VLAN Name                             Status    Ports
---- -------------------------------- --------- -------------------------------
10   VLAN0010                         active    Fa0/1, Fa0/2

VLAN Type  SAID       MTU   Parent RingNo BridgeNo Stp  BrdgMode Trans1 Trans2
---- ----- ---------- ----- ------ ------ -------- ---- -------- ------ ------
10   enet  100010     1500  -      -      -        -    -        0      0
```

图 5.22　查看已创建的 VLAN 10

② 用同样方法在交换机上创建 VLAN 20，并将 f0/3-4 端口划分到 VLAN 20 中。检查已创建 VLAN 20，如图 5.23 所示。

```
switch> enable
switch# configure terminal
switch(config)# vlan 20
switch(config-vlan)# exit
switch(config)# interface range fastethernet 0/3-4
switch(config-if-range)# switchport mode access
switch(config-if-range)# switchport access vlan 20
switch(config-if-range)# end
switch#
```

```
switch#show vlan id 20

VLAN Name                             Status    Ports
---- -------------------------------- --------- -------------------------------
20   VLAN0020                         active    Fa0/3, Fa0/4

VLAN Type  SAID       MTU   Parent RingNo BridgeNo Stp  BrdgMode Trans1 Trans2
---- ----- ---------- ----- ------ ------ -------- ---- -------- ------ ------
20   enet  100020     1500  -      -      -        -    -        0      0
```

图 5.23　查看已创建的 VLAN 20

(3) 测试主机的连通性,相同 VLAN 的主机可以 ping 通,不同 VLAN 的主机不能 ping 通,如图 5.24 和图 5.25 所示。

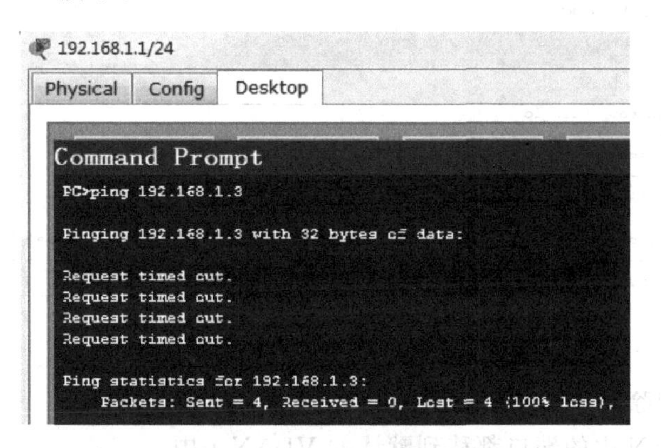

图 5.24　终端连通性测试 1

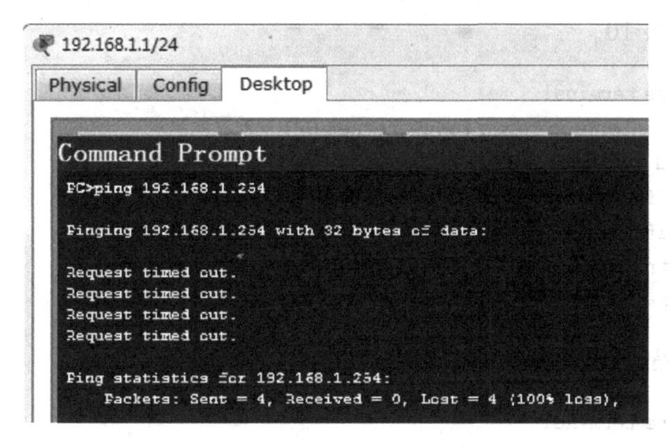

图 5.25　终端连通性测试 2

(4) 将当前配置保存到配置文件中。

```
switch# write memory
Building configuration...
[OK]
```

或者

```
switch# copy running - config startup - config
Destination filename [startup - config]?
Building configuration...
[OK]
```

注意:如果把一个接口分配给一个不存在的 VLAN,那么这个 VLAN 将自动被创建。假设 VLAN 2 不存在,则以下命令创建 VLAN 2 的同时将 f0/5 口加入 VLAN 2 中。检查 VLAN 2,如图 5.26 所示。

```
switc > enable
switch# configure terminal
switch(config) # interface fa 0/5
```

```
switch(config-if)#switchport access vlan 2
% Access VLAN does not exist. Creating vlan 2
switch(config-if)#end
switch#
```

```
switch#show vlan id 2

VLAN Name                             Status    Ports
---- -------------------------------- --------- -------------------------------
2    VLAN0002                         active    Fa0/5

VLAN Type  SAID       MTU   Parent RingNo BridgeNo Stp  BrdgMode Trans1 Trans2
---- ----- ---------- ----- ------ ------ -------- ---- -------- ------ ------
2    enet  100002     1500  -      -      -        -    -        0      0
```

图 5.26　查看已创建的 VLAN 2

2. VLAN 的删除

首先将该 VLAN 中的端口都移到默认的 VLAN 1 中；

其次用 no vlan vlanid 命令将其删除。

(1) 删除 VLAN 10。

```
switch#configure terminal
switch(config)#interface range fastEthernet 0/1-2
!将 vlan 内的端口全部移到 vlan 1 中
switch(config-if)#switchport access vlan 1
switch(config-if)#exit
switch(config)#no vlan 10                              !删除 VLAN 10
switch(config)#exit
```

(2) 用同样的操作将 VLAN 20 删除。

```
switch#configure terminal
switch(config)#interface range fastethernet 0/3-4
switch(config-if-range)#switchport access vlan 1
switch(config-if-range)#exit
switch(config)#no vlan 20
switch(config)#exit
```

(3) 检查是否已将 VLAN 10、VLAN 20 删除，如图 5.27 所示。

```
switch#show vlan

VLAN Name                             Status    Ports
---- -------------------------------- --------- -------------------------------
1    default                          active    Fa0/1, Fa0/2, Fa0/3, Fa0/4
                                                Fa0/6, Fa0/7, Fa0/8, Fa0/9
                                                Fa0/10, Fa0/11, Fa0/12, Fa0/13
                                                Fa0/14, Fa0/15, Fa0/16, Fa0/17
                                                Fa0/18, Fa0/19, Fa0/20, Fa0/21
                                                Fa0/22, Fa0/23, Fa0/24, Gig1/1
                                                Gig1/2
2    VLAN0002                         active    Fa0/5
```

图 5.27　VLAN 10 和 VLAN 20 已被删除

由图 5.27 所示结果可知，当前所有接口都属于默认 VLAN 1，已将 VLAN 10 和 VLAN 20 删除。

注意：不能删除默认的 VLAN 1。

5.5.4　跨交换机的 VLAN 划分

1. 汇聚链路

跨交换机的 VLAN 划分存在着严重浪费交换机端口的缺陷。例如，当同一 VLAN 的成员分布在多台交换机的端口上时，为了实现彼此间的通信，要求每个隶属于这个 VLAN 的交换机各拿出一个端口，实现交换机间的级联。随着 VLAN 数量的增多，交换机间的级联线缆也会增加，这种网络的扩展性和管理效率较差。

为此，提出了跨交换机的 VLAN 划分方式，即实现将多个 VLAN 通过一条实际的级联线缆来实现数据传输，让该链路允许各个 VLAN 的通信流经过，这样就可解决对交换机端口的额外占用问题，这条用于实现各 VLAN 在交换机间通信的链路，称为交换机的汇聚链路或主干链路(Trunk Link)，如图 5.28 所示。

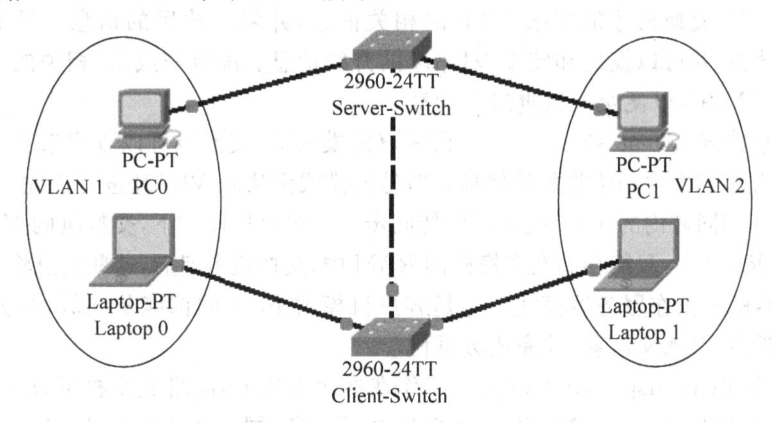

图 5.28　交换机的汇聚链路

2. VTP 协议概述

(1) VTP 协议概念。

VTP(Vlan Trunking Protocol，VLAN 链路聚集协议)是 Cisco 专用的、一个建立在汇聚链路的交换机之间同步和传递 VLAN 配置信息的协议，进而可以在同一个 VTP 域中维持 VLAN 配置的一致性。在同一个 VTP 域中的交换机，可以通过 VTP 协议来相互学习 VTP 信息，VTP 对于运行 ISL 和 IEEE 802.1Q 封装协议的汇聚链路也都适用。

(2) VTP 的特点。

① 保持多交换机间配置的一致性。

② 提供跨不同介质类型(如 ATM FDDI 和以太网)配置虚拟局域网的方法。

③ 提供跟踪和监视虚拟局域网的方法。

④ 提供检测加到另一个交换机上的虚拟局域网的方法。

⑤ 提供从一个交换机在整个管理域中增加虚拟局域网的方法。

(3) VTP 工作域。

VTP 工作域，也称为 VLAN 管理域，由一个以上共享 VTP 域名的相互接连的交换机组成。交换机默认 VTP 域名为空，VTP 信息只能在 VTP 域内保持，一台交换机可属于并且只属于一个 VTP 域。默认情况下，Cisco 交换机处于 VTP 服务器模式，并且不属于任何管理域，直到交换机通过中继链路接收了关于一个域的通告，或者在交换机上配置了一个

VLAN 管理域，交换机才能在 VTP 服务器上把创建或者更改 VLAN 的消息通告给本管理域内的其他交换机，如果在 VTP 服务器上进行了 VLAN 配置变更，所做的修改会传播到 VTP 域内的所有交换机上。

VTP 域的要求如下：

① 不论是通过配置实现，还是由交换机自学，域内的每台交换机必须使用相同的 VTP 域。

② 交换机必须是相邻的，这意味着 VTP 域内的所有交换机形成了一棵相互连接的树，而每台交换机都通过这棵树与其他交换机互联。

③ 在所有的交换机之间，必须启用中继。

(4) VTP 的工作模式。

① 服务器模式(Server Mode)。对于 Cisco 交换机来说，Server 模式是默认选项。工作在服务器模式下，交换机才能对本 VTP 域内的 VLAN 进行创建、修改、删除等工作，也只有工作在该模式下，交换机才能更改 VTP 的相关信息，并将更改后的信息广播到整个 VTP 域内的所有设备，并可以发送和转发 VLAN 的升级信息。配置完成后，相关的 VLAN 信息存储在 NVRAM 中，以便交换机重启后加载。

② 客户机模式(Client Mode)。工作在客户机模式下，交换机可以收到来自 VTP 服务器的所有信息，并能够发送和接收更新信息。但是该模式无法对 VLAN 进行创建、修改、删除等工作，只能与在相同域内的 VTP 服务器保持同步。在客户机模式下，交换机的 VLAN 信息无法保存在 NVRAM 中，只能存储在交换机的 RAM 中，交换机重启后，这些信息将丢失。

无论交换机工作在服务器模式下还是客户机模式下，它们都能从同域内的其他交换机那里接收最新的 VLAN 信息，并完成数据同步。

③ 透明模式(Transparent Mode)。工作在透明模式下，网络交换机可以转发来自其他交换机的 VTP 信息，但无法接收并升级这些更新信息，同时也无法向 VTP 域内的其他交换机广播自己的信息。因此，它并不能与 VTP 域内的其他交换机取得同步，它具有对 VLAN 进行创建、修改、删除的权限。

3. 跨交换机配置 VLAN

(1) 在交换机 switchA 上创建 VLAN，并将交换机 switchA 和 switchB 相应的端口加入指定的 VLAN 中，如图 5.29 所示。

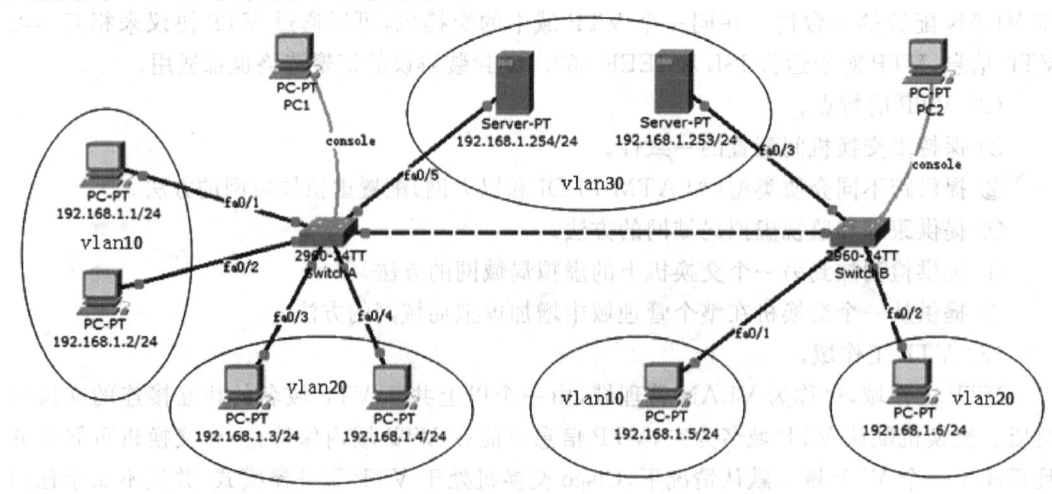

图 5.29 跨交换机的 VLAN 配置

switchA 的配置信息：

```
switchA > enable
switchA # vlan database
switchA(vlan) # vtp server
Device mode already VTP SERVER.
switchA(vlan) # vtp domain zhonghuan
switchA(vlan) # exit
APPLY completed.
Exiting....
switchA # configure terminal
switchA(config) # vlan 10
switchA(config - vlan) # exit
switchA(config) # vlan 20
switchA(config - vlan) # exit
switchA(config) # vlan 30
switchA(config - vlan) # exit
switchA(config) # interface range fastethernet 0/1 - 2
switchA(config - if - range) # switchport access vlan 10
switchA(config - if - range) # exit
switchA(config) # interface range fastethernet 0/3 - 4
switchA(config - if - range) # switchport access vlan 20
switchA(config - if - range) # exit
switchA(config) # interface range fastethernet 0/5
switchA(config - if - range) # switchport access vlan 30
switchA(config - if - range) # exit
```

switchB 的配置信息：

```
switchB > enable
switchB # vlan database
switchB(vlan) # vtp client
Setting device to VTP CLIENT mode.
switchB(vlan) # vtp domain zhonghuan
switchB(vlan) # exit
APPLY completed.
Exiting....
switchB # configure terminal
switchB(config) # interface range fastethernet 0/1
switchB(config - if - range) # switchport access vlan 10
switchB(config - if - range) # exit
switchB(config) # interface range fastethernet 0/2
switchB(config - if - range) # switchport access vlan 20
switchB(config - if - range) # exit
switchB(config) # interface range fastethernet 0/3
switchB(config - if - range) # switchport access vlan 30
switchB(config - if - range) # exit
```

(2) 配置 VLAN 的 Trunk 端口。

switchA 的配置信息：

```
switchA(config) # interface fastethernet 0/24
!将交换机 switchA 的 f0/24 配置为 Trunk 类型
switchA(config - if) # switchport mode trunk
```

```
switchA(config-if)#end
switchA#
```

switchB 的配置信息：

```
switchB(config)#interface fastethernet 0/24
!将交换机 switchB 的 f0/24 配置为 Trunk 类型
switchB(config-if)#switchport mode trunk
switchB(config-if)#end
switchB#
```

测试结果，相同 VLAN 的计算机之间可以 ping 通，如图 5.30 和图 5.31 所示。

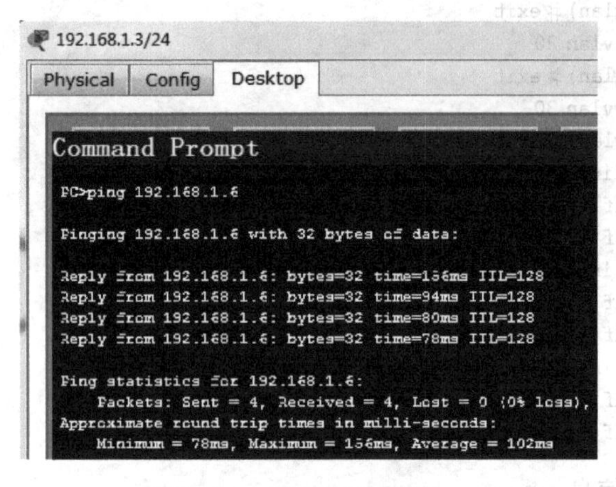

图 5.30　终端连通性测试 1

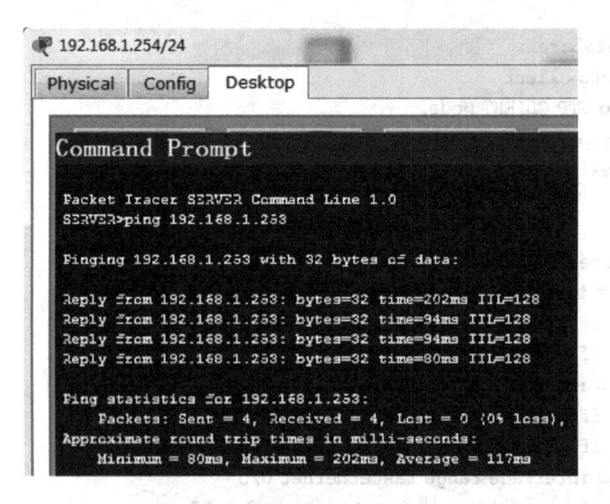

图 5.31　终端连通性测试 2

(3) 配置 Trunk 端口的许可 VLAN 列表，在任一交换机上均可进行，以 switchA 为例。

```
switchA>enable
switchA#configure terminal
switchA(config)#interface fastethernet 0/24
!将 vlan 20 从许可列表中删除
```

```
switchA(config-if)#switchport trunk allowed vlan except 20
switchA(config-if)#
```

测试结果，VLAN 20 中跨交换机的计算机之间不可 ping 通，如图 5.32 至图 5.34 所示。

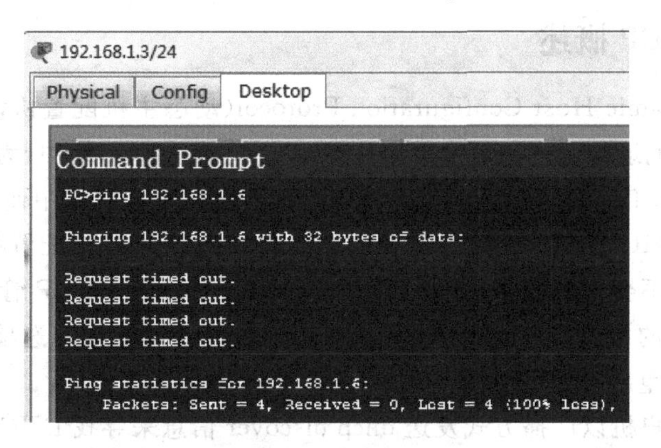

图 5.32　终端连通性测试 3

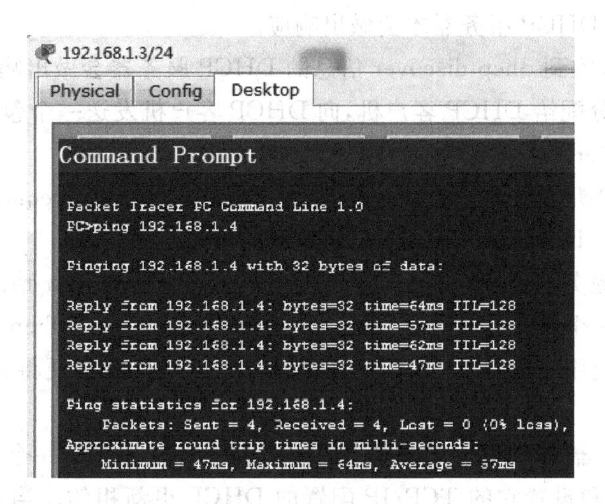

图 5.33　终端连通性测试 4

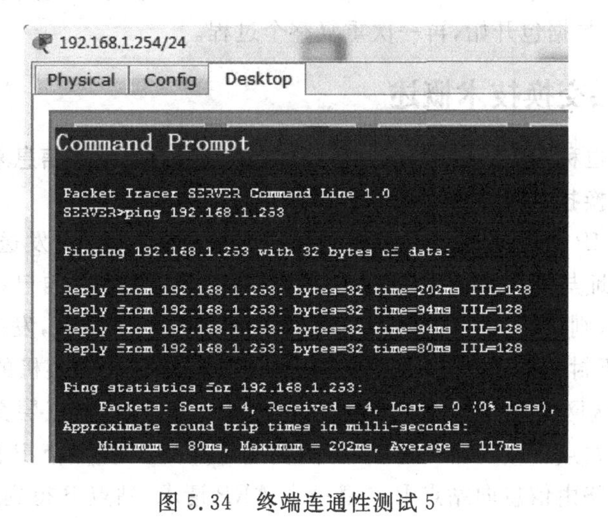

图 5.34　终端连通性测试 5

5.6 交换机 DHCP 配置

5.6.1 DHCP 概述

DHCP 是 Dynamic Host Configuration Protocol(动态主机配置协议)的缩写。在常见的小型网络中,IP 地址的分配一般都采用静态方式,但在大型网络中,为每一台计算机分配一个静态 IP 地址的工作量非常巨大且容易出错。因此在大型网络中使用 DHCP 服务是很有效率的。使用 DHCP 服务,网络管理员可以验证 IP 地址和其他配置参数,而不用去检查每个主机;DHCP 不会同时租借相同的 IP 地址给两台主机;DHCP 管理员可以约束特定的计算机使用特定的 IP 地址;可以为每个 DHCP 作用域设置很多选项;客户机在不同子网间移动时不需要重新设置 IP 地址。DHCP 协议的执行步骤如下:

(1) DHCP 客户机以广播方式发送 dhcp discover 信息来寻找 DHCP 服务器,即向地址 255.255.255.255 发送特定的广播信息。网络上每一台 TCP/IP 协议的主机都会接收到这种广播信息,但只有 DHCP 服务器才会做出响应。

(2) 在网络中接收到 dhcp discover 信息的 DHCP 服务器会做出响应,它从尚未出租的 IP 地址中挑选一个分配给 DHCP 客户机,向 DHCP 客户机发送一个包含出租的 IP 地址和其他设置的 dhcp offer 信息。

(3) DHCP 客户机收到 dhcp offer 信息,然后回答一个 dhcp request 请求信息,该信息中包含向它所选定的 DHCP 服务器请求 IP 地址的内容。

(4) 当 DHCP 服务器收到 DHCP 客户机回答的 dhcp request 请求信息之后,它便向 DHCP 客户机发送一个包含它所提供的 IP 地址和其他设置的 dhcp ack 确认信息,告诉 DHCP 客户机可以使用它所提供的 IP 地址,然后 DHCP 客户机便将其 TCP/IP 协议与网卡绑定。

(5) DHCP 服务器向 DHCP 客户机出租的 IP 地址一般都有一个租借期限,当租约过了一半时,客户机将和设置它的 TCP/IP 配置的 DHCP 更新租约。当租期过了 87.5%时,如果客户机仍然无法与当初的 DHCP 联系上,该客户机必须停止使用该 IP 地址,并从发送一个 dhcp discover 数据包开始,再一次重复整个过程。

5.6.2 三层交换技术概述

三层交换技术也称为 IP 交换技术,是一种利用三层协议中的信息来加强第二层交换功能的机制。三层交换技术的工作原理如下:

假设两个使用 IP 协议的站点 A、B 通过三层交换机进行通信,发送站点 A 在开始发送时,把自己的 IP 地址与站点 B 的 IP 地址比较,判断站点 B 是否与自己在同一子网内。若两站点在同一子网内,则进行二层的转发;若两站点不在同一子网内,发送站点 A 要向"默认网关"发出地址解析封包,而"默认网关"的 IP 地址其实是三层交换机的三层交换模块。当发送站点 A 对"默认网关"的 IP 地址广播出一个 ARP 请求时,若三层交换模块在以前的通信过程中已经知道站点 B 的 MAC 地址,则向发送站点 A 回复站点 B 的 MAC 地址;否则三层交换模块根据路由信息向站点 B 广播一个 ARP 请求,站点 B 得到此 ARP 请求后向三层交换模块回复其 MAC 地址，三层交换模块保存此地址并回复给发送站点 A，同时将站点 B 的 MAC 地址发送到二层交换引擎的 MAC 地址表中。从这以后，从站点 A 向站点 B 发送的数据包便全部交给二层交换处理，信息得以高速交换。

实际应用中经常会出现 A、B 两站点不在同一子网内的情况，这就要求掌握三层交换机的虚拟局域网配置，配置实例如下：

```
Switch>enable
Switch#configure terminal
Switch(Config)#vlan 2                           !创建虚拟局域网
Switch(Config)#exit
Switch(Config)#interface vlan 2
!设置 vlan IP 地址
Switch(config-if)#ip address 192.168.1.1 255.255.255.0
Switch(config-if)#no shutdown
Switch(Config-vlan)exit
Switch(Config)#interface range fastethernet 0/1-2
Switch(Config-if-range)#switchport access vlan 2
Switch(Config-if-range)#exit
```

5.6.3 三层交换机 DHCP 的配置

从 DHCP 的执行过程可以看出，在客户机和服务器之间进行联系的消息以广播的形式进行，这在一个基于共享或没有划分 VLAN 的交换网络中是很容易实现的。当网络划分了多个 VLAN 后，广播信息只限于客户机所在的 VLAN。如果客户机和 DHCP 服务器不在同一个 VLAN 中，请求信息将不能传送到 DHCP 服务器，也就不能自动地获得 IP 地址及相关配置参数。针对这个问题，可以在每个 VLAN 中都设置一台 DHCP 服务器，客户机通过位于同一个 VLAN 的 DHCP 服务器获得 IP 地址、子网掩码、默认网关和 DNS 服务器地址等信息。但这种解决方式需要设置多台计算机作为 DHCP 服务器，不仅需要较多的资金投入，而且服务器的维护工作量也比较大。三层交换机中的 DHCP 中继功能很好地解决了这些问题。通过启动每个 VLAN 及三层交换机中相关端口的 DHCP 中继功能，VLAN 的接口地址（默认网关）收到该 VLAN 中客户机发出的 DHCP 请求广播信息后，由该默认网关充当 DHCP 代理的角色将请求信息转发给 DHCP 服务器。在 DHCP 中继中，每个 VLAN 的接口地址都作为该 VLAN 的 DHCP 代理。利用 DHCP 中继功能只需要在网络中设置一台 DHCP 服务器即可，并且 DHCP 服务器可以位于任何一个 VLAN 中，只需要在设置 DHCP 中继参数的时候，指定 DHCP 服务器的地址即可。

三层交换机 DHCP 中继协议的配置步骤如下：

（1）按照图 5.35 所示进行连线。

（2）配置三层交换机 Multilayer Switch，创建 VLAN 10 和 VLAN 20，并将交换机相应接口加入 VLAN（将 0/1-0/8 端口加入 VLAN 10 中，将 0/9-0/16 端口加入 VLAN 20 中）。

```
Switch>enable
Switch#configure terminal
Switch(config)#vlan 10
Switch(config-vlan)#exit
```

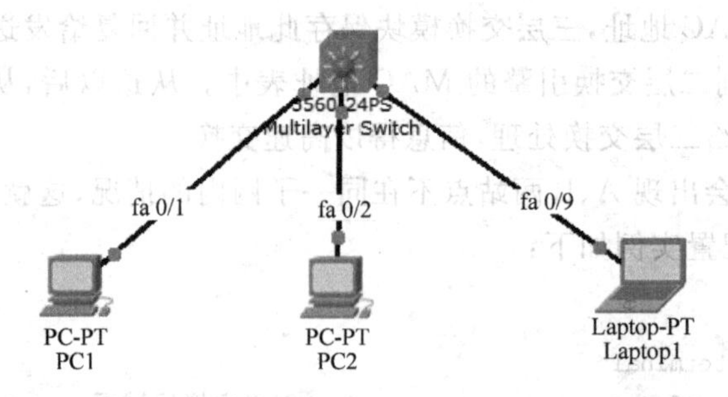

图 5.35　三层交换机 DHCP 中继协议的配置拓扑

```
Switch(config)#vlan 20
Switch(config-vlan)#exit
Switch(config)#interface range fa 0/1-8          !进入 fa 0/1 到 fa 0/8 端口
!把 fa 0/1 到 fa 0/8 端口加入到 vlan 10 中
Switch(config-if-range)#switchport access vlan 10
Switch(config-if-range)#exit
Switch(config)#interface range fa 0/9-16         !进入 fa 0/9 到 fa 0/16 端口
!把 fa 0/9 到 fa 0/16 端口加入到 vlan 20 中
Switch(config-if-range)#switchport access vlan 20
Switch(config-if-range)#exit
```

(3) 配置 VLAN 10、VLAN 20 的虚拟接口地址。

```
Switch(config)#interface vlan 10                 !进入 VLAN 10 接口
!设置 VLAN 10 的管理 IP 地址
Switch(config-if)#ip address 192.168.10.1 255.255.255.0
Switch(config-if)#no shutdown                    !打开端口
Switch(config-if)#exit
Switch(config)#interface vlan 20                 !进入 vlan 20 接口
!设置 vlan 20 的管理 IP 地址
Switch(config-if)#ip address 192.168.20.1 255.255.255.0
Switch(config-if)#no shut                        !打开端口
Switch(config-if)#exit
```

(4) 配置 DHCP 服务器，排除两个网段的网关地址 192.168.10.1 和 192.168.20.1，创建两个地址池，并设置分配的网段和网关。

```
!设置 DHCP 排除地址，即 192.168.10.1 和 192.168.20.1 不分配给客户机
Switch(config)#ip dhcp excluded-address 192.168.10.1
Switch(config)#ip dhcp excluded-address 192.168.20.1
!创建名称为 vlan 10 的地址池
Switch(config)#ip dhcp pool vlan 10
!配置 DHCP 分配的 IP 地址段
Switch(dhcp-config)#network 192.168.10.0 255.255.255.0
!配置 DHCP 地址池的默认网关
Switch(dhcp-config)#default-router 192.168.10.1
Switch(dhcp-config)#exit
!创建名称为 VLAN 20 的地址池
```

```
Switch(config)#ip dhcp pool vlan 20
!配置 DHCP 分配的 IP 地址段
Switch(dhcp-config)#network 192.168.20.0 255.255.255.0
!配置 DHCP 地址池的默认网关
Switch(dhcp-config)#default-router 192.168.20.1
Switch(dhcp-config)#exit
Switch(config)#
```

(5) 查看计算机自动获取的 IP 信息，如图 5.36 和图 5.37 所示。

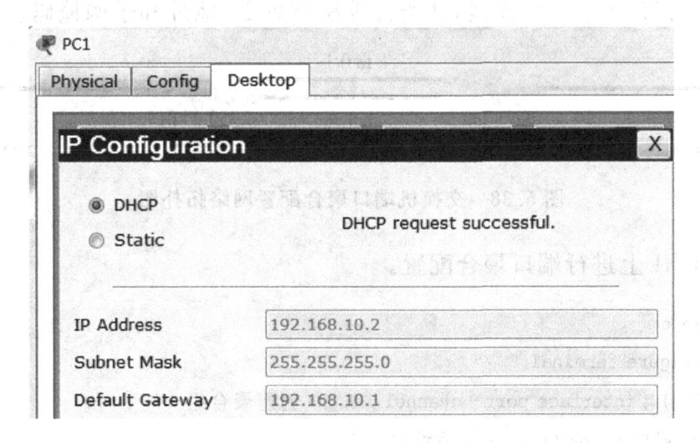

图 5.36　自动获取的 IP 信息 1

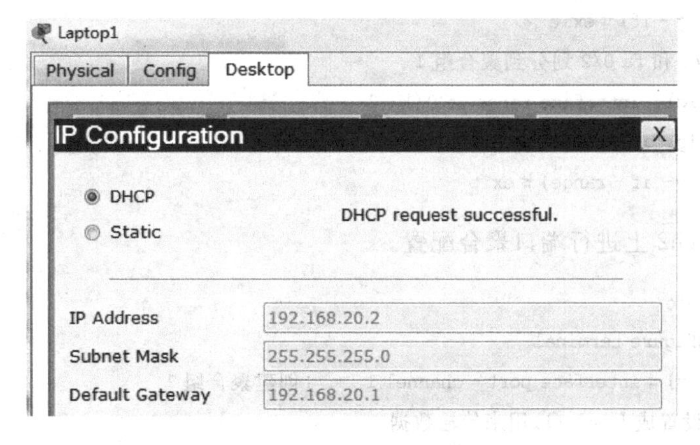

图 5.37　自动获取的 IP 信息 2

5.7　交换机端口聚合配置

5.7.1　交换机端口聚合技术概述

把交换机的多个物理链接捆绑在一起形成一个简单的逻辑链接，称为一个端口聚合(Aggregate Port，AP)，也称链路聚合。一方面，端口聚合是链路带宽扩展的重要途径，它可以把多个端口的带宽叠加起来使用，比如，当两个 100Mb/s 的端口进行聚合时，所形成的逻辑端口的通信速度为200Mb/s；另一方面，当端口聚合中的一条成员链路断开时，系统会将该链路的流量分配到端口聚合的其他有效链路上去，从而实现链路的备份。端口聚合中一条链路收到的广播或者多播报文不会被转发到其他链路上。此外，端口聚合根据报文的MAC地址或IP地址进行流量平衡，把流量平均地分配到端口聚合的成员链路中去，以充分利用网络的带宽。

5.7.2 交换机端口聚合配置方法

(1) 按照图5.38所示进行连线，并给计算机配置IP地址和子网掩码。

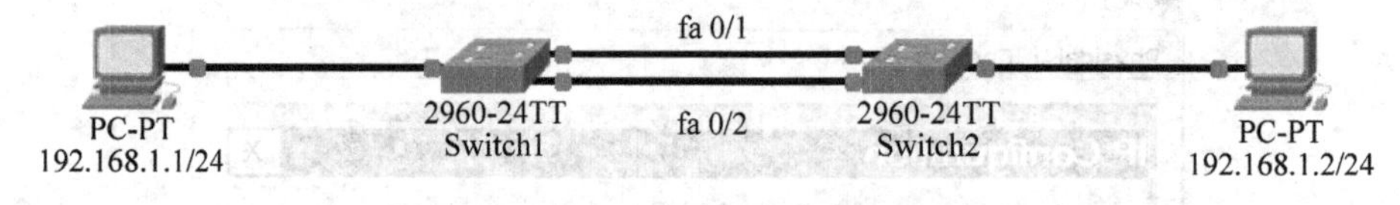

图5.38 交换机端口聚合配置网络拓扑图

(2) 在Switch1上进行端口聚合配置。

```
Switch1 > enable
Switch1 # configure terminal
Switch1(config) # interface port - channel 1        !创建聚合组 1
!把聚合组 1 设置成 trunk 口,用来传输数据
Switch1(config - if) # switchport mode trunk
Switch1(config - if) # exit
!把端口 fa 0/1 和 fa 0/2 划分到聚合组 1
Switch1(config) # interface range fa 0/1 - 2
Switch1(config - if - range) # channel - group 1 mode on
Switch1(config - if - range) # exit
```

(3) 在Switch2上进行端口聚合配置。

```
Switch2 > enable
Switch2 # configure terminal
Switch2(config) # interface port - channel 1        !创建聚合组 1
!把聚合组 1 设置成 trunk 口,用来传输数据
Switch2(config - if) # switchport mode trunk
Switch2(config - if) # exit
!把端口 fa 0/1 和 fa 0/2 划分到聚合组 1
Switch2(config) # interface range fa 0/1 - 2
Switch2(config - if - range) # channel - group 1 mode on
Switch2(config - if - range) # exit
```

(4) 查看端口聚合配置，如图5.39所示。

(5) 验证测试。当交换机之间的一条链路断开时，两台计算机仍能ping通，如图5.40所示。

```
Switch>show etherchannel summary
Flags:  D - down        P - in port-channel
        I - stand-alone s - suspended
        H - Hot-standby (LACP only)
        R - Layer3      S - Layer2
        U - in use      f - failed to allocate aggregator
        u - unsuitable for bundling
        w - waiting to be aggregated
        d - default port


Number of channel-groups in use: 1
Number of aggregators:           1

Group  Port-channel  Protocol    Ports
------+-------------+-----------+-----------------------

1      Po1(SU)           PAgP   Fa0/1(P) Fa0/2(P)
```

图 5.39 查看端口聚合配置

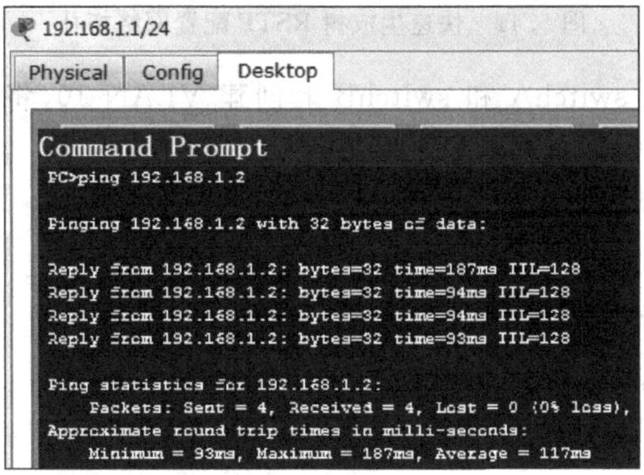

```
192.168.1.1/24
Physical  Config  Desktop

Command Prompt
PC>ping 192.168.1.2

Pinging 192.168.1.2 with 32 bytes of data:

Reply from 192.168.1.2: bytes=32 time=187ms TTL=128
Reply from 192.168.1.2: bytes=32 time=94ms TTL=128
Reply from 192.168.1.2: bytes=32 time=94ms TTL=128
Reply from 192.168.1.2: bytes=32 time=93ms TTL=128

Ping statistics for 192.168.1.2:
    Packets: Sent = 4, Received = 4, Lost = 0 (0% loss),
Approximate round trip times in milli-seconds:
    Minimum = 93ms, Maximum = 187ms, Average = 117ms
```

图 5.40 终端连通性测试

5.8 快速生成树协议配置

5.8.1 快速生成树协议概述

快速生成树协议(Rapid Spanning Tree Protocol,RSTP)802.1w 由 802.1d 发展而成,这种协议在网络结构发生变化时,能更快地收敛网络。它比 802.1d 多了两种端口类型:预备端口类型和备份端口类型。

STP 协议可应用于环路网络,通过一定的算法实现路径冗余,同时将环路网络修剪成无环路的树型网络,从而避免报文在环路网络中的增生和无限循环。STP 通过在交换机之间传递一种特殊的协议报文 BPDU(在 IEEE 802.1d 中这种协议报文被称为"配置消息")来确定网络的拓扑结构,配置消息中包含了足够的信息来保证交换机完成生成树计算。

STP 的基本思想就是生成"一棵树",树的根是一个称为根桥的交换机,根据设置不同,不同的交换机会被选为根桥,但任意时刻只能有一个根桥。由根桥开始,逐级形成一棵树,根桥定时发送配置报文,非根桥接收配置报文并转发,如果某台交换机能够从两个以上的端口接收到配置报文,则说明从该交换机到根有不止一条路径,便构成了循环回路,此时交换机根据端口的配置选出一个端口并把其他的端口阻塞,消除循环。当某个端口长时间不能接收到配置报文的时候,交换机认为端口的配置超时,网络拓扑可能已经改变,此时重新计算网络拓扑，重新生成一棵树。

生成树协议最主要的应用是为了避免局域网中的网络环回，解决成环以太网网络的“广播风暴”问题，从某种意义上说是一种网络保护技术，可以消除由于失误或者意外带来的循环连接。STP也同时提供了为网络提供备份连接的可能。

5.8.2 快速生成树协议配置方法

(1) 按照图5.41所示进行连线，并给计算机配置IP地址和子网掩码。

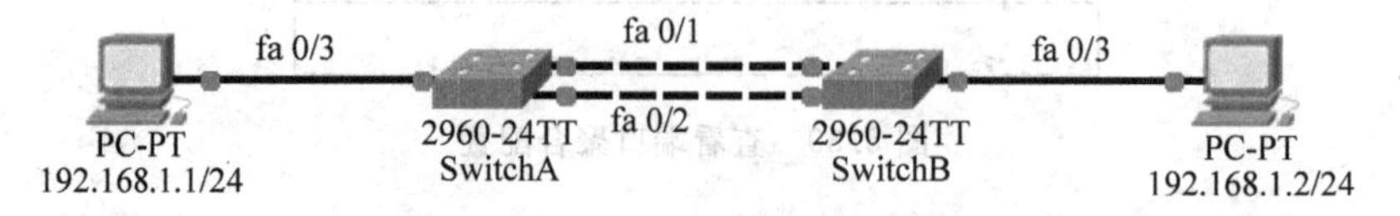

图5.41 快速生成树RSTP配置网络拓扑

(2) 分别在交换机switchA和switchB上创建VLAN 10，将指定端口f0/3加入到VLAN 10中，f0/1-2口设为trunk类型。

switchA的配置信息：

```
SwitchA>enable
SwitchA#configure terminal
SwitchA (config)#vlan 10
SwitchA (config-vlan)#exit
SwitchA (config)#interface fastethernet 0/3
SwitchA (config-if)#switchport access vlan 10
SwitchA (config-if)#exit
SwitchA (config)#interface range fastethernet 0/1-2
SwitchA (config-if-range)#switchport mode trunk
SwitchA (config-if-range)#exit
```

switchB的配置信息：

```
SwitchB>enable
SwitchB#configure terminal
SwitchB (config)#vlan 10
SwitchB (config-vlan)#exit
SwitchB (config)#interface fastethernet 0/3
SwitchB (config-if)#switchport access vlan 10
SwitchB (config-if)#exit
SwitchB (config)#interface range fastethernet 0/1-2
SwitchB (config-if-range)#switchport mode trunk
SwitchB (config-if-range)#exit
```

(3) 分别在交换机switchA和switchB上配置RSTP。

switchA的配置信息：

```
SwitchA(config)#spanning-tree mode rapid-pvst
SwitchA(config)#end
```

switchB的配置信息：

```
SwitchB(config)#spanning-tree mode rapid-pvst
```

SwitchB(config)#end

(4) 查看 switchA、switchB 的 RSTP 配置信息，如图 5.42 和图 5.43 所示。

```
Switch#show spanning-tree
VLAN0001
  Spanning tree enabled protocol rstp
  Root ID     Priority      32769
              Address       0005.5E6B.231C
              This bridge is the root
              Hello Time    2 sec  Max Age 20 sec  Forward Delay 15 sec

  Bridge ID   Priority      32769  (priority 32768 sys-id-ext 1)
              Address       0005.5E6B.231C
              Hello Time    2 sec  Max Age 20 sec  Forward Delay 15 sec
              Aging Time    20

Interface         Role Sts Cost      Prio.Nbr Type
----------------- ---- --- --------- -------- --------------------------------
Fa0/1             Desg FWD 19        128.1    P2p
Fa0/2             Desg FWD 19        128.2    P2p

VLAN0010
  Spanning tree enabled protocol rstp
  Root ID     Priority      4106
              Address       000A.F320.7E0D
              Cost          19
              Port          1(FastEthernet0/1)
              Hello Time    2 sec  Max Age 20 sec  Forward Delay 15 sec

  Bridge ID   Priority      32778  (priority 32768 sys-id-ext 10)
              Address       0005.5E6B.231C
              Hello Time    2 sec  Max Age 20 sec  Forward Delay 15 sec
              Aging Time    20

Interface         Role Sts Cost      Prio.Nbr Type
----------------- ---- --- --------- -------- --------------------------------
Fa0/1             Root FWD 19        128.1    P2p
Fa0/2             Altn BLK 19        128.2    P2p
Fa0/3             Desg FWD 19        128.3    P2p
```

图 5.42　查看 switchA 的 RSTP 配置信息

```
Switch#show spanning-tree
VLAN0001
  Spanning tree enabled protocol rstp
  Root ID     Priority      32769
              Address       0005.5E6B.231C
              Cost          19
              Port          1(FastEthernet0/1)
              Hello Time    2 sec  Max Age 20 sec  Forward Delay 15 sec

  Bridge ID   Priority      32769  (priority 32768 sys-id-ext 1)
              Address       000A.F320.7E0D
              Hello Time    2 sec  Max Age 20 sec  Forward Delay 15 sec
              Aging Time    20

Interface         Role Sts Cost      Prio.Nbr Type
----------------- ---- --- --------- -------- ------------------------
Fa0/1             Root FWD 19        128.1    P2p
Fa0/2             Altn BLK 19        128.2    P2p

VLAN0010
  Spanning tree enabled protocol rstp
  Root ID     Priority      32769
              Address       0000.0CC9.8935
              Cost          19
              Port          1(FastEthernet0/1)
              Hello Time    2 sec  Max Age 20 sec  Forward Delay 15 sec

  Bridge ID   Priority      32778  (priority 32768 sys-id-ext 10)
              Address       000A.F320.7E0D
              Hello Time    2 sec  Max Age 20 sec  Forward Delay 15 sec
              Aging Time    20

Interface         Role Sts Cost      Prio.Nbr Type
----------------- ---- --- --------- -------- ------------------------
Fa0/1             Root FWD 19        128.1    P2p
Fa0/2             Desg FWD 19        128.2    P2p
Fa0/3             Desg FWD 19        128.3    P2p
```

图 5.43　查看 switchB 的 RSTP 配置信息

(5) 查看 switchA、switchB 的 f0/1、f0/2 状态，如图 5.44 和图 5.45 所示。

```
Switch#show spanning-tree inter fa 0/1
Vlan             Role Sts Cost      Prio.Nbr Type
---------------- ---- --- --------- -------- -----
VLAN0001         Desg FWD 19        128.1    P2p
VLAN0010         Root FWD 19        128.1    P2p
```

图 5.44　交换机 f0/1 端口状态

```
Switch#show spanning-tree inter fa 0/2
Vlan             Role Sts Cost      Prio.Nbr Type
---------------- ---- --- --------- -------- -----
VLAN0001         Desg FWD 19        128.2    P2p
VLAN0010         Altn BLK 19        128.2    P2p
```

图 5.45　交换机 f0/2 端口状态

小结

本章主要讲述了交换机的基本配置，主要包括 3 种数据交换方式，交换机的数据转发方式和规则，交换机的地址管理机制，交换机的分类、级联与堆叠的方法，交换机的配置途径与基本配置项目，虚拟局域网 VLAN 的配置，DHCP 中继协议的配置，端口聚合配置以及快速生成树 RSTP 配置等。

习题

1. 下列(　　)命令用来显示 NVRAM 中的配置文件。

   A. show running-config　　B. show startup-config
   C. show backup-config　　D. show version

2. 以下描述中，不正确的是(　　)。

   A. 设置了交换机的管理地址后，就可使用 Telnet 方式来登录连接交换机，并实现对交换的管理与配置
   B. 首次配置交换机时，必须采用 Console 口登录配置
   C. 默认情况下，交换机的所有端口均属于 VLAN1，设置管理地址，实际上就是设置 VLAN1 接口的地址
   D. 交换机允许同时建立多个 Telnet 登录连接

3. (　　)命令提示符是在接口配置模式下。

   A. >　　B. #　　C. (config)#　　D. (config-if)#

4. 划分 VLAN 的方法有多种，这些方法中不包括(　　)。

   A. 根据端口划分　　B. 根据路由设备划分
   C. 根据 MAC 地址划分　　D. 根据 IP 地址划分

5. 交换机如何知道将帧转发到哪个端口？(　　)。

   A. 用 MAC 地址表　　B. 用 ARP 地址表
   C. 读取源 ARP 地址　　D. 读取源 MAC 地址

6. 以太网交换机一个端口在接收到数据帧时，如果没有在 MAC 地址表中查找到目的 MAC 地址，通常应该(　　)。

A. 把以太帧复制到所有端口

B. 把以太网帧单点传送到特定端口

C. 把以太网帧发送到除本端口以外的所有端口

D. 丢弃该帧

7. 以下对 VTP 的描述，不正确的是(　　)。

A. VTP 有三种工作模式，只有其中的 Server 模式才允许创建与删除 VLAN

B. 利用 VTP 可以从 trunk 链路中裁剪掉不必要的流量

C. 利用 VTP 可以同步同一 VTP 域中的 VLAN 配置

D. 可以在同一个 VTP 域中，工作模式为 server 的任何一台交换机上创建 VLAN

8. STP 的主要目的是(　　)。

A. 保护单一环路　　B. 消除网络的环路

C. 保持多个环路　　D. 减少环路

9. 交换机的(　　)技术可减少广播域。

A. ISL　　B. 802.1Q　　C. VLAN　　D. STP

10. 以下对 VLAN 的描述，不正确的是(　　)。

A. 利用 VLAN 可有效隔离广播域

B. 要实现 VLAN 间的通信，必须使用外部的路由器为其指定路由

C. 可以将交换机的端口静态地或动态地指派给某一个 VLAN

D. VLAN 中的成员可相互通信，只有访问其他 VLAN 中的主机时，才需要网关

11. 下列对生成树协议的理解，正确的是(　　)。

A. 生成树协议就是在交换网络中形成一个逻辑上的树形结构，从而避免某些物理上的环路形成的交换网中的无用帧形成阻塞

B. 生成树协议实际上已经在交换网络中形成物理上的树形结构

C. 生成树协议状态一旦稳定，后续发送的数据包将沿着这个树形路径发送到目的地

D. 生成树协议只为消除环路的存在，并不能提供冗余备份的功能

第6章

路由器基本配置

本章学习目标

- 掌握路由器的基本功能与分类。
- 掌握路由器的基本配置方法。
- 掌握静态路由的基本配置。
- 掌握 RIP 路由协议的配置。
- 掌握 OSPF 路由协议的配置。
- 掌握 EIGRP 路由协议的配置。
- 掌握 BGP 路由协议的配置。
- 掌握 VLAN 间路由的配置。
- 掌握 ACL 的配置。
- 掌握 NAT 的配置。
- 掌握 VPN 的配置。

本章在具体介绍路由器基本知识的前提下，举例说明路由器基本配置方法、常见静态路由和动态路由协议的配置以及访问控制列表（ACL）、网络地址转换（NAT）、虚拟专用网（VPN）的配置方法等。

6.1 路由器配置基础

6.1.1 路由器的功能

路由器是网络互联的关键设备，用来连接多个网络，将信息从一个网络发送到另一个网络。路由器是互联网的基本组成部分，它们不仅能够进行网络的互联，而且还是实现网络安全性、流量管理和服务质量等网络功能的重要部件。

路由器从 20 世纪 80 年代产生至今，已从原先单纯为了分隔网络这一目的，发展成为多用途的网络设备，路由器的主要功能包括以下几方面：

1. 分隔子网、防范网络风暴

分隔子网是路由器最主要的功能之一，分隔子网是根据实际需求将整个网络分割成不同的子网。分隔子网的最大优点在于：一些局域网技术具有广播能力，任意一个站点的信息可以转发给局域网中所有其他站点，显而易见，子网的站点越多，产生的广播信息量就越大，而类似交换机这样的网络设备，无法控制这些广播信息。路由器则截然不同，一个站点发送的广播信息在路由器处被截获，由路由器进行转发，这样路由器就能够阻止从一个子网到另一个子网的广播，进而减少整个网络的广播流量，避免网络风暴的产生。

2. 子网间信息的传输

路由器对收到的每个数据包进行分析，并且根据目的网络地址查找路由表，进行数据包的转发。这样，路由器可以为跨越不同子网的数据包在网络中选择最合适的路径。另外，路由器也能够使数据包转发到源站点和目的站点间的冗余链路上，以保证网络负载均衡。

3. 连接不同类型的网络

路由器可以把使用不同传输介质、不同拓扑结构、不同网络协议的网络互联起来，并且能够自适应网络规模的增长和网络复杂性的提高。

4. 提供安全访问机制

随着互联网规模的扩大以及网络用户数量的增多，网络的安全性就显得尤为重要。因为路由器在互联网中的特殊位置和作用，所以路由器对网络安全起着至关重要的作用。用户可以在路由器中设置防火墙功能来保护网络的安全，只有授权的用户才能在权限允许的范围内访问网络资源。

6.1.2 路由器的分类

1. 按功能分类

路由器可分为高、中、低档路由器。

低端路由器主要适用于小型网络的 Internet 接入或企业网络远程接入，端口数量和类型、包处理能力都非常有限。中端路由器适用于较大规模的网络，拥有较强的包处理能力，具有较为丰富的网络接口，能够适应较为复杂的网络环境。高端路由器主要是应用于大型网络的核心路由器，具有非常高的包处理能力，并且端口密度高、类型多，能适应复杂的网络环境。

通常将路由器吞吐量大于 40Gb/s 的路由器称为高档路由器，吞吐量在 25～40Gb/s 之间的路由器称为中档路由器，而将低于 25Gb/s 的看做低档路由器。

2. 按结构分类

路由器可分为模块化路由器和非模块化路由器。

模块化路由器有若干插槽，可以插入不同的接口卡，可根据实际需要进行升级，可扩展性较好，灵活性较高，能够适应不断变化的业务需求。非模块化路由器只能提供固定端口，可扩展性较差，价格一般比较便宜。通常中、高端路由器为模块化结构，低端路由器为非模块化结构。

3. 按应用领域分类

路由器可分为骨干级路由器、企业级路由器和接入级路由器。

(1) 骨干级路由器是实现企业级网络互联的关键设备，位于网络中心位置，通常具有快速的包交换能力和高速的网络接口，数据吞吐量较大。骨干级路由器普遍采用热备份、双电源、双数据通路等传统冗余技术来保证硬件的可靠性。

(2) 企业级路由器连接许多终端系统，连接对象较多，但系统相对简单且数据流量较小，对这类路由器的要求是以尽量便宜的方法实现尽可能多的端点互联，同时还要求能够支持不同的服务质量。

(3) 接入级路由器主要应用于连接家庭或小型企业的局域网。接入级路由器通常为中、低端路由器，具有相对低速的端口及较强的接入控制能力。

4. 按所处网络位置分类

路由器可分为边界路由器和中间节点路由器。

边界路由器处于网络边缘，用于不同网络路由器的连接；而中间节点路由器则处于网络的中间，通常用于连接不同网络，起到一个数据转发的桥梁作用。由于各自所处的网络位置有所不同，其主要性能也就有相应的侧重：中间节点路由器因为要面对各种各样的网络，所以要求其缓存容量更大，MAC地址记忆功能更强；边界路由器因为要同时接受来自不同网络路由器发来的数据，所以要求其背板带宽充足。

6.1.3 路由器的重要性能指标

(1) 背板能力。通常指路由器背板容量或者总线能力。

(2) 吞吐量。通常指路由器包转发能力。

(3) 丢包率。通常指路由器在稳定的持续负荷下，由于资源的缺少，在应该转发的数据包中未转发的数据包所占的比例。

(4) 转发时延。通常指需转发的数据包最后一比特进入路由器接口，到该数据包的第一比特出现在端口链路上的时间间隔。

(5) 路由表容量。通常指路由器运行时可以容纳的路由数量。

(6) 可靠性。通常指路由器的可用性、无故障工作时间和故障恢复时间等性能指标。

6.1.4 常见路由协议分类

(1) 一般状况下，路由协议可以分为被路由协议和路由选择协议两种。

① 被路由协议。该协议以寻址方案为基础，为分组从一个主机发送到另一个主机提供充分的第三层地址信息。被路由协议通过网络传输数据，主要用在路由器之间引导用户流量。

被路由协议包括任何网络协议集，以提供足够的网络层地址信息，使路由器能够转发到下一个设备并最终到达目的地，它定义了分组的格式和其中所用的字段，使得分组能够实现端到端的传递。

IP协议、Novell的网际分组交换(Internetwork Packet eXchange，IPX)和AppleTalk的数据报传送协议(Datagram Delivery Protocol，DDP)等都能提供第3层的支持，因此都是被路由协议。

② 路由选择协议。该协议用来确定被路由协议为了到达目标所遵循的路径。路由器使用路由选择协议来交换路由选择信息。路由选择协议使得网络中的路由设备能够相互交换网络状态信息，从而在内部生成关于网络连通性的映像(Map)，并由此计算出到达不同目

标网络的最佳路径或确定相应的转发端口。

通常，按照路由选择算法的不同，路由协议被分为距离矢量路由协议、链路状态路由协议和混合型路由协议三大类。距离矢量路由协议包括路由消息协议（Routing Information Protocol，RIP）、内部网关路由协议（Interior Gateway Routing Protocol，IGRP）。链路状态路由协议有开放最短路径优先协议（Open Shortest Path First，OSPF）。混合型路由协议是综合了距离矢量路由协议和链路状态路由协议的优点而设计出来的路由协议，主要有增强型内部网关路由协议（Enhanced Interior Gateway Routing Protocol，EIGRP）。

(2) 根据路由是否有管理员参与，路由协议可分为静态路由和动态路由。

① 静态路由。静态路由是指由管理员手工添加的固定路由表项。除非网络管理员干预，否则静态路由不会发生变化。由于静态路由不能对网络的改变做出反应，一般适用于网络规模不大、拓扑结构固定的网络中。静态路由的优点是简单、高效、可靠。在所有的路由中，静态路由的优先级最高。当动态路由与静态路由发生冲突时，以静态路由为准。

② 默认路由。默认路由是静态路由的特殊情况，是指当路由表中没有与包的目的地址匹配的路由表项时路由器做出的选择。

③ 动态路由。动态路由是指路由器能够自动地建立自己的路由表，并且能够根据实际情况的变化自动进行调整。动态路由的配置依赖路由器的两个基本功能：对路由表的维护和路由器之间实时的路由信息交换。动态路由能自动适应网络拓扑结构和流量的变化，动态路由适用于网络规模大、网络拓扑复杂的网络。

根据是否在一个自治域内部使用，动态路由协议分为内部网关协议（Interior Gateway Protocol，IGP）和外部网关协议（External Gateway Protocol，EGP）。自治域指一个具有统一管理机构、统一路由策略的网络。内部网络协议主要用于自治区域的路由选择，常用的有RIP、OSPF。外部网关协议主要用于多个自治区域之间的路由选择，常用的有 BGP。

6.2 路由器的基本配置

6.2.1 路由器的常见配置

路由器常见配置的部分内容与交换机的常见配置类似，此处不再赘述，只列出有区别的常用配置加以补充。

1. 最大传输单元(Maximum Transmission Unit，MTU)的配置

MTU 指的是端口最大传输单元，通过设置这个值实现网络中传输数据包大小限制，配置实例如下：

```
Router > enable
Router # configure terminal
Router(config) # interface fa 0/0
Router(config - if) # mtu 1500                          !< 64 - 1600 > MTU size in bytes
Router(config - if) # exit
```

2. 封装协议的配置

可以封装的协议类型为 FR 帧中继、HDLC 和 PPP，配置实例如下：

```
Router > enable
Router # configure terminal
Router(config) # interface s 0/0/0
Router(config - if) # encapsulation ?
  frame - relay  Frame Relay networks
  hdlc           Serial HDLC synchronous
  ppp            Point - to - Point protocol
Router(config - if) # encapsulation PPP
Router(config - if) # exit
```

3. 端口时钟频率的配置

使用 clock rate 命令可以配置网络接口模块(Network Interface Module,NIM)的时钟频率,可以配置的时钟频率为 1200b/s、2400b/s、4800b/s 等,配置实例如下:

```
Router > enable
Router # configure terminal
Router(config) # interface Serial 0/0/0
Router(config - if) # clock rate ?
    Speed (bits per second
              1200
              2400
              4800
              ...
              2000000
              4000000
              < 300 - 4000000 > Choose clockrate from list above)
Router(config - if) # clock rate 1200
Router(config - if) # exit
```

6.2.2 端口的 IP 配置

端口的 IP 配置是路由器最主要的配置项目,路由器的端口包括以太口(Ethernet)、快速以太口(Fastethernet)、串口(Serial)等。不同的端口配置的基本项目有所区别,路由器最关键的配置项目是路由协议的配置,而端口 IP 地址的配置是路由配置的基础。

路由器端口 IP 配置的基本原则如下:

(1) 一般情况下,路由器的物理网络端口通常要有一个 IP 地址。

(2) 相邻路由器的相邻端口 IP 地址必须在同一网段上。

(3) 同一路由器的不同端口 IP 地址必须在不同网段上。

(4) 除了相邻路由器的相邻端口外,所有路由器的任意两个非相邻端口 IP 必须在不同网段上。

1. 以太网端口 IP 的配置

配置实例如下:

```
Router > enable
Router # configure terminal
!进入 fastethernet 0/0 端口
Router(config) # interface fa 0/0
```

```
!为端口指定 IP 地址和子网掩码
Router(config-if)# ip address 192.168.0.1 255.255.255.0
Router(config-if)# no shutdown                          !激活端口
Router(config-if)# exit
```

2. 串口 IP 的配置

路由器的串口分为 DTE 和 DCE 两种类型。一般来说，通信双方一边为 DTE，另一边为 DCE，DCE 需要指定通信双方额定工作时钟频率，DTE 则根据这个时钟频率进行数据传输。配置实例如下：

1) DTE 端口的设置

```
Router> enable
Router# configure terminal
!进入 Serial 0/0 端口
Router(config)# interface serial 0/0
!为串口指定 IP 地址和子网掩码
Router(config-if)# ip address 172.16.0.1 255.255.0.0
Router(config-if)# no shutdown                          !激活端口
Router(config-if)# exit
```

2) DCE 端口的设置

```
Router> enable
Router# configure terminal
Router(config)# interface serial 0/0
Router(config-if)# ip address 172.16.0.1 255.255.0.0
Router(config-if)# clock rate 64000                     !设置时钟频率
Router(config-if)# no shutdown
Router(config-if)# exit
```

6.3 静态路由和默认路由的配置

6.3.1 静态路由概述

静态路由是指由用户或网络管理员手工配置的路由信息。当网络的拓扑结构或链路的状态发生变化时，网络管理员需要手工去修改路由表中相关的静态路由信息。静态路由信息在默认情况下是私有的，不会传递给其他的路由器。静态路由一般适用于比较简单的网络环境，在这样的环境中，网络管理员易于清楚地了解网络的拓扑结构，便于设置正确的路由信息。

静态路由的特点：不需要路由器之间频繁交换各自的路由表，不占用网络带宽，路由器之间不会产生更新信息的数据流量，进而无法通过针对路由表的分析破解网络的拓扑结构和网络地址信息，网络安全的可靠性较好。但大型和复杂的网络环境通常不宜采用静态路由：一方面，网络管理员难以全面地了解整个网络的拓扑结构；另一方面，当网络的拓扑结构和链路状态发生变化时，路由器中的静态路由信息需要大范围地调整，这一工作的难度和复杂程度非常高。

6.3.2 静态路由的配置方法

静态路由的配置步骤如下：

(1) 为路由器的每个端口配置 IP 地址。

(2) 确定路由器直连网段的路由信息。

(3) 确定路由器的非直连网段的路由信息。

(4) 添加路由器的非直连网段的相关路由信息。

静态路由配置实例如下：

(1) 按照图 6.1 所示连线，配置计算机终端的 IP 地址、子网掩码和网关。

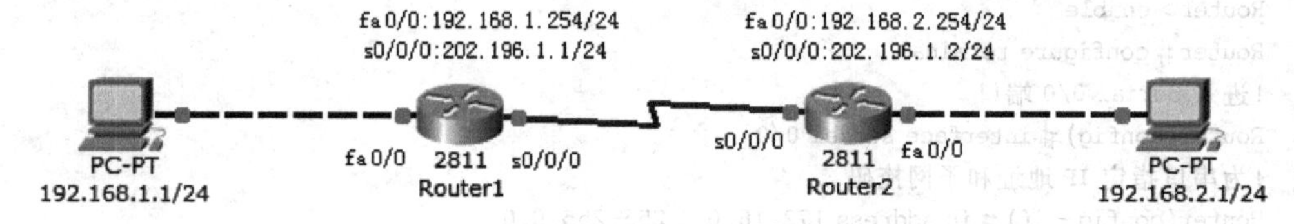

图 6.1 静态路由配置拓扑

(2) Router1 的基本配置：

```
router1 > enable
router1 # configure terminal
router1(config) # interface fastEthernet 0/0
router1(config - if) # ip address 192.168.1.254 255.255.255.0
router1(config - if) # no shutdown
router1(config - if) # exit
router1(config) # inter serial 0/0/0
router1(config - if) # ip address 202.196.1.1 255.255.255.0
router1(config - if) # clock rate 64000
router1(config - if) # no shutdown
router1(config - if) # exit
!配置 router1 非直连网段的路由信息
router1(config) # ip route 192.168.2.0 255.255.255.0 202.196.1.2
router1(config) # end
```

(3) Router2 的基本配置：

```
router2 > enable
router2 # configure terminal
router2(config) # interface fastEthernet 0/0
router2(config - if) # ip address 192.168.2.254 255.255.255.0
router2(config - if) # no shutdown
router2(config - if) # exit
router2(config) # interface serial 0/0/0
router2(config - if) # ip address 202.196.1.2 255.255.255.0
router2(config - if) # no shutdown
router2(config - if) # exit
!配置 router2 非直连网段的路由信息
router2(config) # ip route 192.168.1.0 255.255.255.0 202.196.1.1
router2(config) # end
```

(4) 查看 router1、router2 的路由表,如图 6.2 和图 6.3 所示。

```
routerA#show ip route
Codes: C - connected, S - static, I - IGRP, R - RIP, M - mobile, B - BGP
       D - EIGRP, EX - EIGRP external, O - OSPF, IA - OSPF inter area
       N1 - OSPF NSSA external type 1, N2 - OSPF NSSA external type 2
       E1 - OSPF external type 1, E2 - OSPF external type 2, E - EGP
       i - IS-IS, L1 - IS-IS level-1, L2 - IS-IS level-2, ia - IS-IS inter area
       * - candidate default, U - per-user static route, o - ODR
       P - periodic downloaded static route

Gateway of last resort is not set

C    192.168.1.0/24 is directly connected, FastEthernet0/0
S    192.168.2.0/24 [1/0] via 202.196.1.2
C    202.196.1.0/24 is directly connected, Serial0/0/0
```

图 6.2 router1 路由表信息

```
Router>enable
Router#show ip route
Codes: C - connected, S - static, I - IGRP, R - RIP, M - mobile, B - BGP
       D - EIGRP, EX - EIGRP external, O - OSPF, IA - OSPF inter area
       N1 - OSPF NSSA external type 1, N2 - OSPF NSSA external type 2
       E1 - OSPF external type 1, E2 - OSPF external type 2, E - EGP
       i - IS-IS, L1 - IS-IS level-1, L2 - IS-IS level-2, ia - IS-IS inter area
       * - candidate default, U - per-user static route, o - ODR
       P - periodic downloaded static route

Gateway of last resort is not set

S    192.168.1.0/24 [1/0] via 202.196.1.1
C    192.168.2.0/24 is directly connected, FastEthernet0/0
C    202.196.1.0/24 is directly connected, Serial0/0
```

图 6.3 router2 路由表信息

6.3.3 默认路由概述

默认路由是一种特殊的静态路由,指的是当路由表中与数据包目的地址之间没有匹配的表项时路由器能够做出的选择。如果没有默认路由,那么目的地址在路由表中没有匹配表项的数据包将被丢弃。

默认路由的特点:当存在末梢网络时,默认路由会大大简化路由器的配置,减轻管理员的工作负担,提高网络性能。

6.3.4 默认路由的配置方法

默认路由配置实例如下:

(1) 按照图 6.4 所示连线,配置计算机终端的 IP 地址、子网掩码和网关。

(2) Router1 的基本配置:

```
Router1>enable
Router1#configure terminal
Router1(config)#interface fastethernet 0/0
Router1(config-if)#ip address 192.168.1.1 255.255.255.0
Router1(config-if)#no shutdown
Router1(config-if)#exit
Router1(config)#interface fastethernet 0/1
Router1(config-if)#ip address 192.168.2.1 255.255.255.0
Router1(config-if)#no shutdown
```

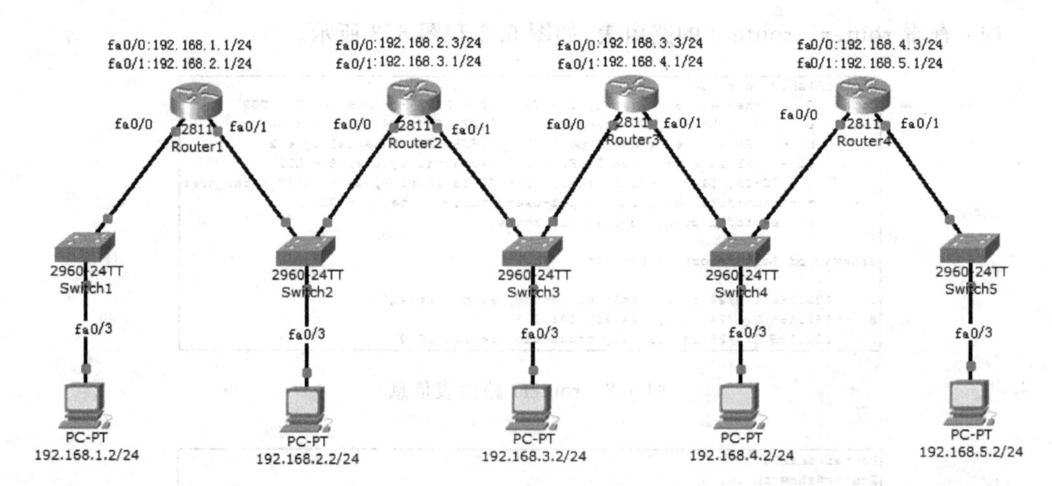

图 6.4 静态路由配置拓扑

```
Router1(config-if)#exit
!配置 Router1 的默认路由
Router1(config)#ip route 0.0.0.0 0.0.0.0 192.168.2.3
Router1(config)#end
```

（3）Router2 的基本配置：

```
Router2>enable
Router2#configure terminal
Router2(config)#interface fastethernet 0/0
Router2(config-if)#ip address 192.168.2.3 255.255.255.0
Router2(config-if)#no shutdown
Router2(config-if)#exit
Router2(config)#interface fastethernet 0/1
Router2(config-if)#ip address 192.168.3.1 255.255.255.0
Router2(config-if)#no shutdown
Router2(config-if)#exit
!配置 Router2 的静态路由
Router2(config)#ip route 192.168.1.0 255.255.255.0 192.168.2.1
!配置 Router2 的默认路由
Router2(config)#ip route 0.0.0.0 0.0.0.0 192.168.3.3
Router2(config)#end
```

（4）Router3 的基本配置：

```
Router3>enable
Router3#configure terminal
Router3(config)#interface fastethernet 0/0
Router3(config-if)#ip address 192.168.3.3 255.255.255.0
Router3(config-if)#no shutdown
Router3(config-if)#exit
Router3(config)#interface fastethernet 0/1
Router3(config-if)#ip address 192.168.4.1 255.255.255.0
Router3(config-if)#no shutdown
Router3(config-if)#exit
```

```
!配置 Router3 的默认路由
Router3(config) # ip route 0.0.0.0 0.0.0.0 192.168.3.1
Router3(config) # ip route 0.0.0.0 0.0.0.0 192.168.4.3
Router3(config) # exit
```

(5) Router4 的基本配置：

```
Router4 > enable
Router4 # configure terminal
Router4(config) # interface fastethernet 0/0
Router4(config - if) # ip address 192.168.4.3 255.255.255.0
Router4(config - if) # no shutdown
Router4(config - if) # exit
Router4(config) # interface fastethernet 0/1
Router4(config - if) # ip address 192.168.5.1 255.255.255.0
Router4(config - if) # no shutdown
Router4(config - if) # exit
!配置 Router4 的默认路由
Router4(config) # ip route 0.0.0.0 0.0.0.0 192.168.4.1
Router4(config) # exit
```

6.4 路由信息协议的配置

6.4.1 路由信息协议概述

RIP(Routing Information Protocol,路由信息协议)是第一个出现的内部网关协议,采用距离矢量算法,目前在结构简单的小型网络环境中广泛使用。

RIP 通过广播 UDP 报文来交换路由信息,定时发送路由信息更新。RIP 提供跳数(Hop Count)作为尺度来衡量路出的优劣。跳数是一个数据包到达目标所必须经过的路由器的数目,跳数最少的路径,RIP 就认为是最佳路径。RIP 最多支持的跳数为 15,即在源和目的网络间所要经过的路由器的数目最多为 15,若跳数为 16,则视为数据包不可达。

RIP 的缺点很明显,路由的尺度标准过于简单,只考虑了跳数这一种因素。如果有到相同目标的两个不等速或者不同带宽的路由,但跳数相同,则 RIP 认为这两个路由是等距离的。而其他因素,如链路带宽、阻塞程度,对路径优劣的影响甚至远大于跳数。因此 RIP 是一个比较简单"粗糙"的路由协议。

RIP 路由协议有两个版本,称为版本 1 和版本 2,版本 2 是对版本 1 的改进。版本 1 不支持变长子网掩码,而版本 2 支持。

6.4.2 路由信息协议的配置方法

RIP 路由协议配置实例如下：

(1) 按照图 6.5 所示连线,配置计算机终端的 IP 地址、子网掩码和网关。

(2) Router1 的基本配置：

```
Router1 > enable
Router1 # configure terminal
```

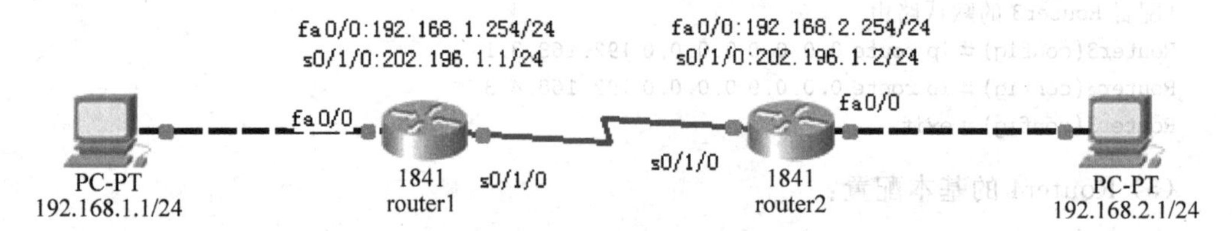

图 6.5 RIP 路由协议配置拓扑

```
router1(config)# interface fastethernet 0/0
router1(config-if)# ip address 192.168.1.254 255.255.255.0
router1(config-if)# no shutdown
router1(config-if)# exit
router1(config)# interface serial 0/1/0
router1(config-if)# ip address 202.196.1.1 255.255.255.0
router1(config-if)# clock rate 64000
router1(config-if)# no shutdown
router1(config-if)# exit
!在 router1 上配置 RIP v2
router1(config)# router rip                          !开启 RIP 协议进程
router1(config-router)# network 192.168.1.0          !声明 router1 的直连网段
router1(config-router)# network 202.196.1.0          !声明 router1 的直连网段
router1(config-router)# version 2                    !定义 RIP 协议 v2
router1(config-router)# end
```

(3) Router2 的基本配置：

```
Router2> enable
Router2# configure terminal
router2(config)# interface fastethernet 0/0
router2(config-if)# ip address 192.168.2.254 255.255.255.0
router2(config-if)# no shutdown
router2(config-if)# exit
router2(config)# interface serial 0/1/0
router2(config-if)# ip address 202.196.1.2 255.255.255.0
router2(config-if)# no shutdown
router2(config-if)# exit
!在 router2 上配置 RIP v2
router2(config)# router rip                          !开启 RIP 协议进程
router2(config-router)# network 192.168.2.0          !声明 router2 的直连网段
router2(config-router)# network 202.196.1.0          !声明 router2 的直连网段
router2(config-router)# version 2                    !定义 RIP 协议 v2
router2(config-router)# end
```

6.5 开放最短路径优先协议的配置

6.5.1 开放最短路径优先协议概述

开放最短路径优先(Open Shortest Path First,OSPF)协议是由 Internet 工程任务组(Internet Engineering Task Force,IETF)于 20 世纪 80 年代中期提出的，目的是为了改进

RIP 协议的不足,因而开发一种新的协议来适应复杂大型网络互联的需求。

OSPF 目前已成为 Internet 和企业内联网(Intranet)采用最多、应用最广泛的路由协议之一。OSPF 可以把网络划分为不同层次的区域,称为一个路由域,也被称为一个自治系统(Autonomous System,AS),在同一个 AS 中,所有的路由器都维护一个相同的描述此 AS 结构的数据库,该数据库中存放的是路由域中相应链路的状态信息,路由器正是通过这个数据库计算出 OSPF 路由表。

作为一种链路状态路由协议,OSPF 将链路状态广播数据包(Link State Advertisement,LSA)传送给区域中的所有路由器,这一点与距离矢量路由器不同,因为运行距离矢量路由协议的路由器只将路由表传递给相邻的路由器。

当源地址和目标地址在同一区域时,OSPF 路由器之间的路由选择称为域内路由选择;否则称为域间路由选择。通常情况下,使用高性能的路由器作为域间路由选择的路由器,这些路由器构成了网络骨干,图 6.6 所示 area0 就是一个骨干网。

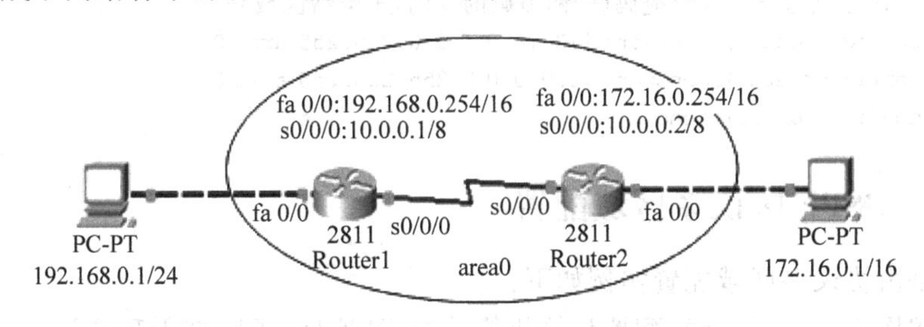

图 6.6 OSPF 路由协议单区域配置拓扑

6.5.2 OSPF 协议单区域配置

OSPF 路由协议单区域配置实例如下:

(1) 按照图 6.6 所示连线,配置计算机终端的 IP 地址、子网掩码和网关。

(2) Router1 的基本配置:

```
router1>enable
router1#configure terminal
router1(config)#interface fastethernet 0/0
router1(config-if)#ip address 192.168.0.254 255.255.255.0
router1(config-if)#no shutdown
router1(config-if)#exit
router1(config)#interface serial 0/0/0
router1(config-if)#ip address 10.0.0.1 255.0.0.0
router1(config-if)#clock rate 64000
router1(config-if)#no shutdown
router1(config-if)#exit
!在 router1 上配置 OSPF,进入 OSPF 配置模式
router1(config)#router ospf 1
!network + IP 子网号 + 通配符掩码(子网掩码的反码) + 网络区域号
router1(config-router)#network 192.168.0.0 0.0.0.255 area 0
router1(config-router)#network 10.0.0.0 0.255.255.255 area 0
router1(config-router)#end
```

(3) Router2 的基本配置：

```
router2 > enable
router2 # configure terminal
router2(config) # interface fastethernet 0/0
router2(config - if) # ip address 172.16.0.254 255.255.0.0
router2(config - if) # no shutdown
router2(config - if) # exit
router2(config) # interface serial 0/0/0
router2(config - if) # ip address 10.0.0.2 255.0.0.0
router2(config - if) # clock rate 64000
router2(config - if) # no shutdown
router2(config - if) # exit
!在 router2 上配置 OSPF,进入 OSPF 配置模式
router2(config) # router ospf 1
!network + IP 子网号 + 通配符掩码(子网掩码的反码) + 网络区域号
router2(config - router) # network 172.16.0.0 0.0.255.255 area 0
router2(config - router) # network 10.0.0.0 0.255.255.255 area 0
router2(config - router) # end
```

6.5.3 OSPF 协议多区域配置

OSPF 路由协议多区域配置实例如下：

(1) 按照图 6.7 所示连线,配置计算机终端的 IP 地址、子网掩码和网关。

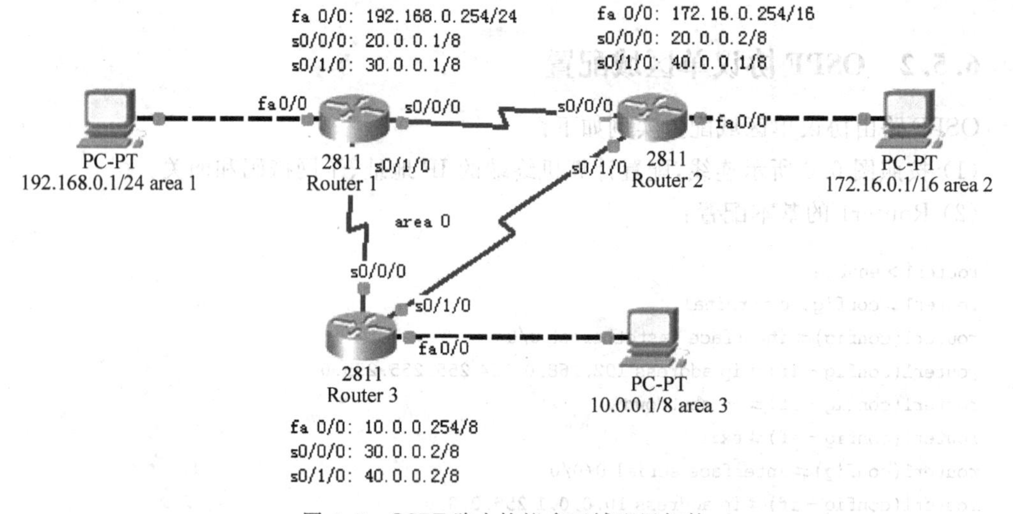

图 6.7 OSPF 路由协议多区域配置拓扑

(2) Router1 的基本配置：

```
router1 > enable
router1 # configure terminal
router1(config) # interface fastethernet 0/0
router1(config - if) # ip address 192.168.0.254 255.255.255.0
router1(config - if) # no shutdown
router1(config - if) # exit
```

```
router1(config)#interface serial 0/0/0
router1(config-if)#ip address 20.0.0.1 255.0.0.0
router1(config-if)#clock rate 64000
router1(config-if)#no shutdown
router1(config-if)#exit
router1(config)#interface serial 0/1/0
router1(config-if)#ip address 30.0.0.1 255.0.0.0
router1(config-if)#clock rate 64000
router1(config-if)#no shutdown
router1(config-if)#exit
router1(config)#route ospf 1
router1(config-router)#network 20.0.0.0 0.255.255.255 area 0
router1(config-router)#network 30.0.0.0 0.255.255.255 area 0
router1(config-router)#network 192.168.0.0 0.0.0.255 area 1
router1(config-router)#end
```

(3) Router2 的基本配置：

```
router2>enable
router2#configure terminal
router2(config)#interface fastethernet 0/0
router2(config-if)#ip address 172.16.0.254 255.255.0.0
router2(config-if)#no shutdown
router2(config-if)#exit
router2(config)#interface serial 0/0/0
router2(config-if)#ip address 20.0.0.2 255.0.0.0
router2(config-if)#clock rate 64000
router2(config-if)#no shutdown
router2(config-if)#exit
router2(config)#interface serial 0/1/0
router2(config-if)#ip address 40.0.0.1 255.0.0.0
router2(config-if)#clock rate 64000
router2(config-if)#no shutdown
router2(config-if)#exit
router2(config)#route ospf 1
router2(config-router)#network 20.0.0.0 0.255.255.255 area 0
router2(config-router)#network 40.0.0.0 0.255.255.255 area 0
router2(config-router)#network 172.16.0.0 0.0.255.255 area 2
router2(config-router)#exit
```

(4) Router3 的基本配置：

```
router3>enable
router3#configure terminal
router3(config)#interface fastethernet 0/0
router3(config-if)#ip address 10.0.0.254 255.0.0.0
router3(config-if)#no shutdown
router3(config-if)#exit
router3(config)#interface serial 0/0/0
router3(config-if)#ip address 30.0.0.2 255.0.0.0
router3(config-if)#clock rate 64000
router3(config-if)#no shutdown
```

```
router3(config-if)#exit
router3(config)#interface serial 0/1/0
router3(config-if)#ip address 40.0.0.2 255.0.0.0
router3(config-if)#clock rate 64000
router3(config-if)#no shutdown
router3(config-if)#exit
router3(config)#route ospf 1
router3(config-router)#network 30.0.0.0 0.255.255.255 area 0
router3(config-router)#network 40.0.0.0 0.255.255.255 area 0
router3(config-router)#network 10.0.0.0 0.255.255.255 area 3
router3(config-router)#exit
```

6.6 增强型内部网关路由协议的配置

6.6.1 增强型内部网关路由协议概述

增强型内部网关路由协议(Enhanced Interior Gateway Routing Protocol,EIGRP)是Cisco公司在IGRP协议基础上开发的距离矢量路由协议。EIGRP既有传统距离矢量协议的特点,又有传统的链路状态路由协议的特点,是一个平衡混合型路由协议。EIGRP采用差分更新算法(DUAL),使用相邻路由器发送的hello数据报中给定的维持时间来了解网络拓扑结构的变化,并在确保无路由环路的前提下,实现迅速收敛。EIGRP也使用自治域系统来划分网络,配置EIGRP协议时需要指明路由器所在的自治域系统。

6.6.2 增强型内部网关路由协议的配置方法

增强型内部网关路由协议配置实例如下:

(1) 按照图6.8所示连线,配置计算机终端的IP地址、子网掩码和网关。

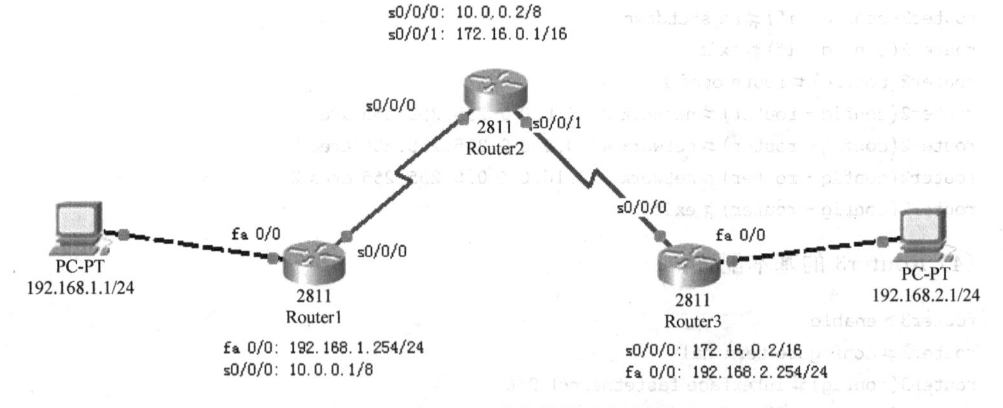

图6.8 EIGRP路由协议配置拓扑

(2) Router1的基本配置:

```
Router1>enable
Router1#configure terminal
Router1(config)#interface fastethernet 0/0
```

```
Router1(config-if)#ip address 192.168.1.254 255.255.255.0
Router1(config-if)#no shutdown
Router1(config-if)#exit
Router1(config)#interface serial 0/0/0
Router1(config-if)#ip address 10.0.0.1 255.0.0.0
Router1(config-if)#clock rate 64000
Router1(config-if)#no shutdown
Router1(config-if)#exit
Router1(config)#router eigrp 100                      !100 为自治域系统标号
Router1(config-router)#network 192.168.1.0            !声明 Router1 的直连网段
Router1(config-router)#network 10.0.0.0               !声明 Router1 的直连网段
Router1(config-router)#no auto-summary
Router1(config-router)#exit
```

(3) Router2 的基本配置：

```
Router2>enable
Router2#configure terminal
Router2(config)#interface serial 0/0/0
Router2(config-if)#ip address 10.0.0.2 255.0.0.0
Router2(config-if)#clock rate 64000
Router2(config-if)#no shutdown
Router2(config-if)#exit
Router2(config)#interface serial 0/0/1
Router2(config-if)#ip address 172.16.0.1 255.255.0.0
Router2(config-if)#clock rate 64000
Router2(config-if)#no shutdown
Router2(config-if)#exit
Router2(config)#route eigrp 100                       !100 为自治域系统标号
Router2(config-router)#network 10.0.0.0               !声明 Router2 的直连网段
Router2(config-router)#network 172.16.0.0             !声明 Router2 的直连网段
Router2(config-router)#no auto-summary
Router2(config-router)#exit
```

(4) Router3 的基本配置：

```
Router3>enable
Router3#configure terminal
Router3(config)#interface fastethernet 0/0
Router3(config-if)#ip address 192.168.2.254 255.255.255.0
Router3(config-if)#no shutdown
Router3(config-if)#exit
Router3(config)#interface serial 0/0/0
Router3(config-if)#ip address 172.16.0.2 255.255.0.0
Router3(config-if)#clock rate 64000
Router3(config-if)#no shutdown
Router3(config-if)#exit
Router3(config)#router eigrp 100                      !100 为自治域系统标号
Router3(config-router)#network 172.16.0.0             !声明 Router3 的直连网段
Router3(config-router)#network 192.168.2.0            !声明 Router3 的直连网段
Router3(config-router)#no auto-summary
Router3(config-router)#exit
```

6.7 边界网关协议的配置

6.7.1 边界网关协议概述

内部网关协议主要用于自治域系统内部的路由，而外部网关协议则用于自治系统之间的路由。边界网关协议(Border Gateway Protocol,BGP)是常用的外部网关协议，用来处理两个或多个自制系统边界路由器之间的路由，这些边界路由器又称为核心路由器(Core Route)。通常情况下，这些核心路由器彼此作为邻居，共享路由信息。

6.7.2 边界网关协议的配置方法

BGP路由协议配置实例如下：

(1) 按照图6.9所示连线，配置计算机终端的IP地址、子网掩码和网关。

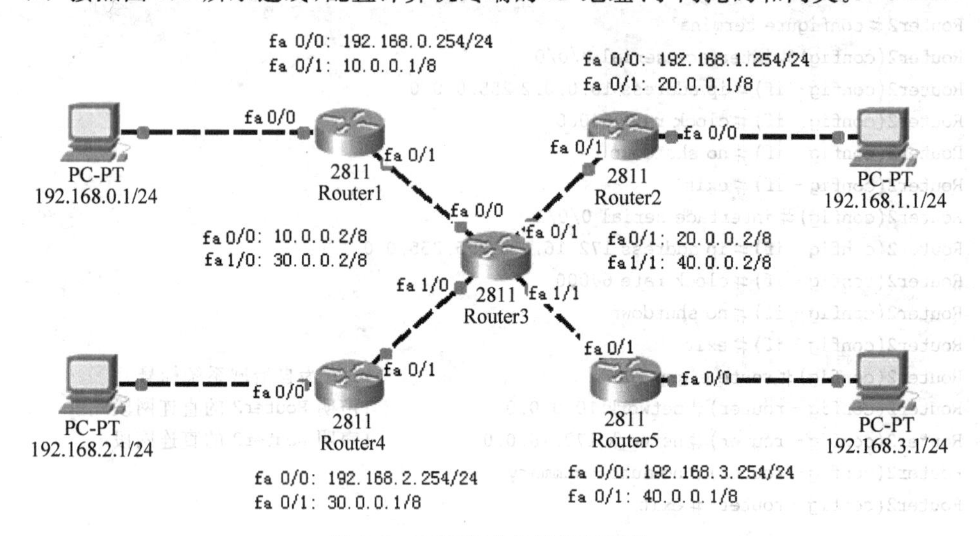

图6.9 BGP路由协议配置拓扑

(2) Router1的基本配置：

```
Router1 > enable
Router1 # configure terminal
Router1(config) # interface fastethernet 0/0
Router1(config - if) # ip address 192.168.0.254 255.255.255.0
Router1(config - if) # no shutdown
Router1(config - if) # exit
Router1(config) # interface fastEthernet 0/1
Router1(config - if) # ip address 10.0.0.1 255.0.0.0
Router1(config - if) # no shutdown
Router1(config - if) # exit
Router1(config) # router bgp 100                    !Router1 所在的自治系统标号为 100
Router1(config - router) # neighbor 10.0.0.2 remote - as 300
Router1(config - router) # network 192.168.0.0
Router1(config - router) # end
```

（3）Router2 的基本配置：

```
Router2 > enable
Router2 # configure terminal
Router2(config) # interface fastethernet 0/0
Router2(config - if) # ip address 192.168.1.254 255.255.255.0
Router2(config - if) # no shutdown
Router2(config - if) # exit
Router2(config) # interface fastEthernet 0/1
Router2(config - if) # ip address 20.0.0.1 255.0.0.0
Router2(config - if) # no shutdown
Router2(config - if) # exit
Router2(config) # router bgp 200                    !Router2 所在的自治系统标号为 200
Router2(config - router) # neighbor 20.0.0.2 remote - as 300
Router2(config - router) # network 192.168.1.0
Router2(config - router) # end
```

（4）Router4 的基本配置：

```
Router4 > enable
Router4 # configure terminal
Router4(config) # interface fastethernet 0/0
Router4(config - if) # ip address 192.168.2.254 255.255.255.0
Router4(config - if) # no shutdown
Router4(config - if) # exit
Router4(config) # interface fastEthernet 0/1
Router4(config - if) # ip address 30.0.0.1 255.0.0.0
Router4(config - if) # no shutdown
Router4(config - if) # exit
Router4(config) # router bgp 400                    !Router4 所在的自治系统标号为 400
Router4(config - router) # neighbor 30.0.0.2 remote - as 300
Router4(config - router) # network 192.168.2.0
Router4(config - router) # end
```

（5）Router5 的基本配置：

```
Router5 > enable
Router5 # configure terminal
Router5(config) # interface fastethernet 0/0
Router5(config - if) # ip address 192.168.3.254 255.255.255.0
Router5(config - if) # no shutdown
Router5(config - if) # exit
Router5(config) # interface fastEthernet 0/1
Router5(config - if) # ip address 40.0.0.1 255.0.0.0
Router5(config - if) # no shutdown
Router5(config - if) # exit
Router5(config) # router bgp 500                    !Router5 所在的自治系统标号为 500
Router5(config - router) # neighbor 40.0.0.2 remote - as 300
Router5(config - router) # network 192.168.3.0
Router5(config - router) # end
```

(6) Router3 的基本配置：

```
Router3>enable
Router3#configure terminal
Router3(config)#interface fastethernet 0/0
Router3(config-if)#ip address 10.0.0.2 255.0.0.0
Router3(config-if)#no shutdown
Router3(config-if)#exit
Router3(config)#interface fastEthernet 0/1
Router3(config-if)#ip address 20.0.0.2 255.0.0.0
Router3(config-if)#no shutdown
Router3(config-if)#exit
Router3(config)#interface fastethernet 1/0
Router3(config-if)#ip address 30.0.0.2 255.0.0.0
Router3(config-if)#no shutdown
Router3(config-if)#exit
Router3(config)#interface fastEthernet 1/1
Router3(config-if)#ip address 40.0.0.2 255.0.0.0
Router3(config-if)#no shutdown
Router3(config-if)#exit
Router3(config)#router bgp 300                 !Router3 所在的自治系统标号为 300
Router3(config-router)#neighbor 10.0.0.1 remote-as 100
Router3(config-router)#neighbor 20.0.0.1 remote-as 200
Router3(config-router)#neighbor 30.0.0.1 remote-as 400
Router3(config-router)#neighbor 40.0.0.1 remote-as 500
Router3(config-router)#end
```

6.8 VLAN 间路由的配置

6.8.1 VLAN 间的主机通信概述

在同一个 VLAN 广播域内的主机可以自由通信，并且数据的交换是在数据链路层进行的，就是通常所说的二层交换。在不同广播域之间的 VLAN 通信则需要建立在网络层的基础上，也就是说，需要具有路由功能的网络设备来实现不同 VLAN 间的主机通信，在实际应用中，通常使用路由器或三层交换机。

1. 使用路由器

在使用路由器时，通常在路由器的一个端口上对应每一个 VLAN 建立逻辑子接口，在交换机上则定义一个公共端口（该端口属于所有 VLAN）。这样，只需把路由器端口和交换机端口连接起来，即可实现不同 VLAN 间成员的通信。由于路由器只有一个端口连接到交换机上，故称其为单臂路由器。配置子接口时，应注意以下内容：

① 需要配置相关的网络地址及协议。

② 需要配置对应于每个 VLAN 所支持的帧标识。

③ 需要配置相关的路由协议。

2. 使用第三层交换机

第三层交换机除了具有第二层交换机的全部功能外，还具有第三层的路由功能，并且能自动识别交换帧和路由帧。对于同一网段的帧只进行交换处理，直接转发到相应的端口即可；对于不同网段的帧，则先路由到相应的网段后，再转发到相应端口。由于交换和路由均在同一设备中进行，能够实现线速交换和线速路由。

6.8.2 单臂路由实现 VLAN 间通信的配置

单臂路由实现 VLAN 间通信的配置实例如下：

(1) 按照图 6.10 所示连线，配置计算机终端的 IP 地址、子网掩码和网关。

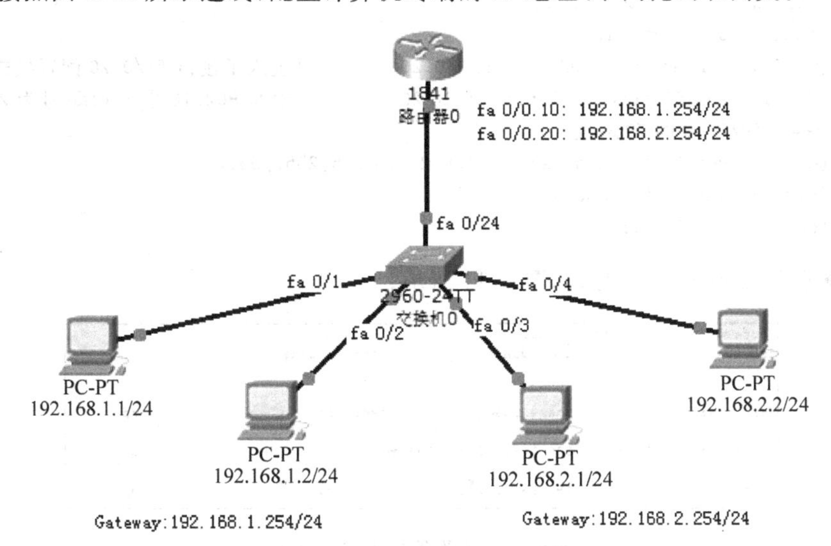

图 6.10 单臂路由实现 VLAN 间通信的配置拓扑

(2) switch 的基本配置。

```
switch>enable
switch#configure terminal
switch(config)#vlan 10
switch(config-vlan)#exit
switch(config)#vlan 20
switch(config-vlan)#exit
switch(config)#interface range fastEthernet 0/1-2
switch(config-if)#switchport access vlan 10
switch(config-if)#exit
switch(config)#interface range fastEthernet 0/3-4
switch(config-if)#switchport access vlan 20
switch(config-if)#exit
switch(config)#interface fastEthernet 0/24
switch(config-if)#switchport mode trunk                !将 f0/24 口设为 trunk 模式
switch(config-if)#end
```

测试：只有同一个 VLAN 内的计算机可通信。

(3) Router 配置子接口。

```
Router>enable
Router#configure terminal
Router(config)#interface fastEthernet 0/0
Router(config-if)#no shutdown
Router(config-if)#exit
Router(config)#interface fastEthernet 0/0.10            !进入子接口 f1/0.10 配置模式
Router(config-subif)#encapsulation dot1q 10             !封装 802.1Q 指定 vlan 号为 10
!配置子接口 f0/0.10 的 IP 地址
Router(config-subif)#ip address 192.168.1.254 255.255.255.0
Router(config-subif)#no shutdown
Router(config-subif)#exit
Router(config)#interface fastEthernet 0/0.20            !进入子接口 f1/0.20 配置模式
Router(config-subif)#encapsulation dot1q 20             !封装 802.1Q 指定 vlan 号为 20
!配置子接口 f0/0.20 的 IP 地址
Router(config-subif)#ip address 192.168.2.254 255.255.255.0
Router(config-subif)#no shutdown
Router(config-subif)#exit
```

(4) 查看 Router 接口状态,如图 6.11 所示。

Router#show ip interface brief

Interface	IP-Address	OK?	Method	Status	Protocol
FastEthernet0/0	unassigned	YES	unset	up	up
FastEthernet0/0.10	192.168.1.254	YES	manual	up	up
FastEthernet0/0.20	192.168.2.254	YES	manual	up	up

图 6.11 查看路由器接口状态

(5) 测试主机的连通性,相同 VLAN 的主机可以 ping 通,不同 VLAN 的主机也能 ping 通,如图 6.12 和图 6.13 所示。

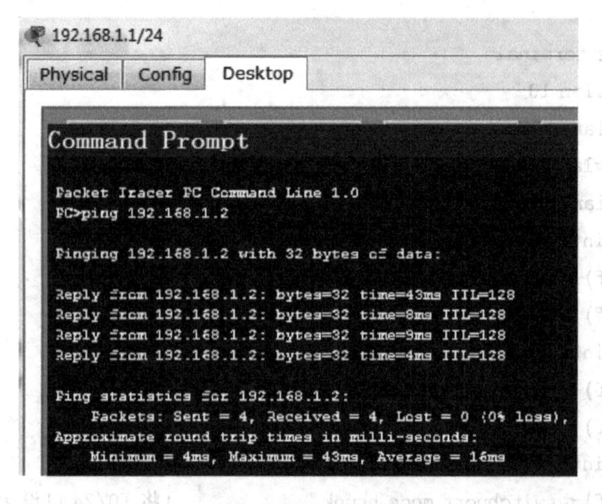

图 6.12 终端连通性测试 1

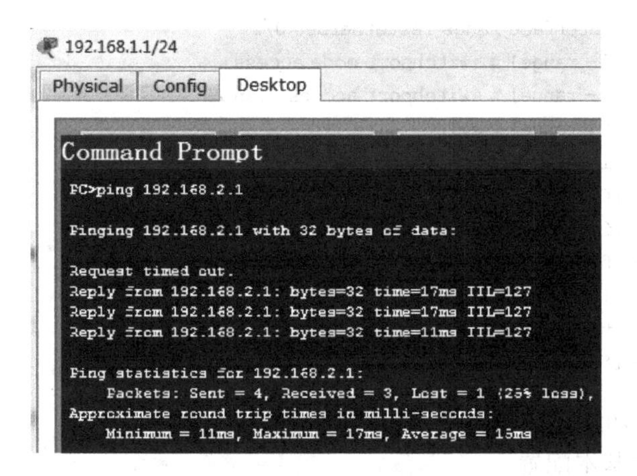

图 6.13 终端连通性测试 2

6.8.3 第三层交换机实现 VLAN 间通信的配置

第三层交换机实现 VLAN 间通信的配置实例如下：

(1) 按照图 6.14 所示连线，配置计算机终端的 IP 地址、子网掩码和网关。

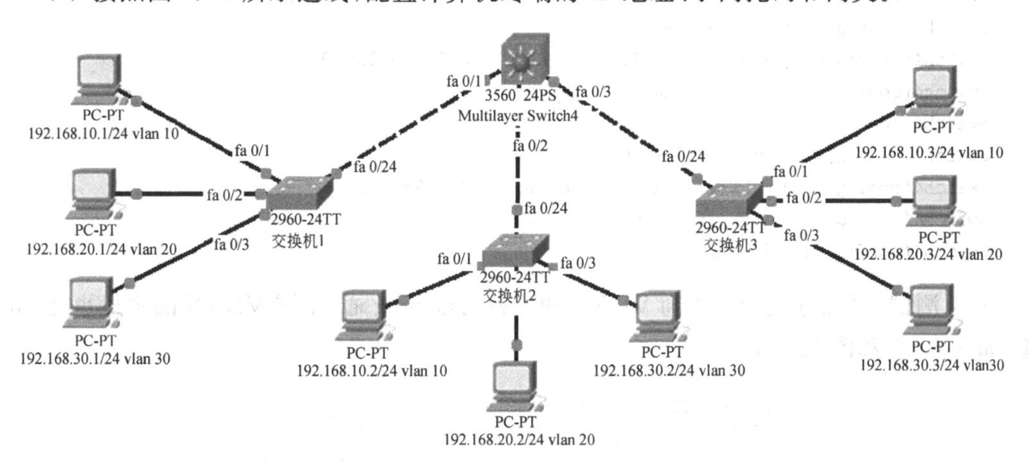

图 6.14 第三层交换机实现 VLAN 间通信的配置拓扑

(2) Switch1 的基本配置：

```
Switch1 > enable
Switch1 # configure terminal
Switch1(config) # vlan 10
Switch1(config - vlan) # exit
Switch1(config) # vlan 20
Switch1(config - vlan) # exit
Switch1(config) # vlan 30
Switch1(config - vlan) # exit
Switch1(config) # interface range fastethernet 0/1
Switch1(config - if - range) # switchport mode access
Switch1(config - if - range) # switchport access vlan 10
Switch1(config - if - range) # exit
```

```
Switch1(config)#interface range fastethernet 0/2
Switch1(config-if-range)#switchport mode access
Switch1(config-if-range)#switchport access vlan 20
Switch1(config-if-range)#exit
Switch1(config)#interface range fastethernet 0/3
Switch1(config-if-range)#switchport mode access
Switch1(config-if-range)#switchport access vlan 30
Switch1(config-if-range)#exit
Switch1(config)#interface fastethernet 0/24
Switch1(config-if)#switchport mode trunk
Switch1(config-if)#exit
```

(3) Switch2、Switch3 的基本配置：同 Switch1。

(4) Switch4 的基本配置：

```
Switch4>enable
Switch4#configure terminal
Switch4(config)#interface vlan 10
Switch4(config-if)#ip address 192.168.10.254 255.255.255.0
Switch4(config-if)#no shutdown
Switch4(config-if)#exit
Switch4(config)#interface vlan 20
Switch4(config-if)#ip address 192.168.20.254 255.255.255.0
Switch4(config-if)#no shutdown
Switch4(config-if)#exit
Switch4(config)#interface vlan 30
Switch4(config-if)#ip address 192.168.30.254 255.255.255.0
Switch4(config-if)#no shutdown
Switch4(config-if)#exit
```

(5) 测试主机的连通性，相同 VLAN 的主机可以 ping 通，不同 VLAN 的主机也能 ping 通，如图 6.15 和图 6.16 所示。

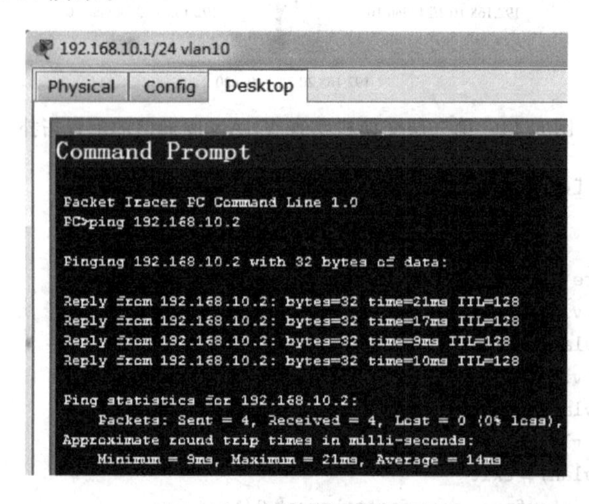

图 6.15 终端连通性测试 1

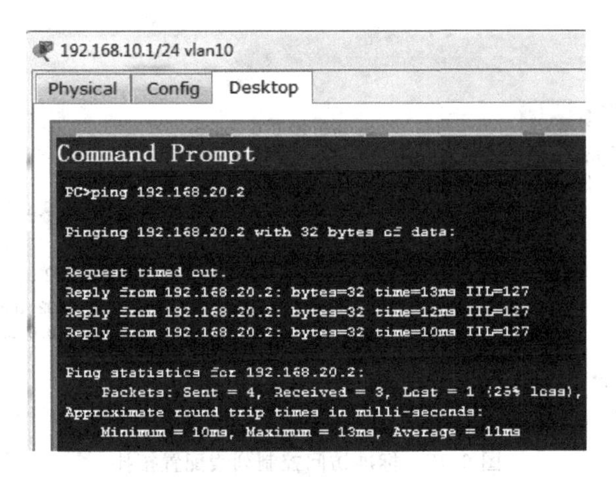

图 6.16 终端连通性测试 2

6.9 访问控制列表的配置

6.9.1 访问控制列表概述

访问控制列表(Access Control List,ACL)技术在路由器中被广泛采用,它是一种基于包过滤的流控制技术。控制列表通过把源地址、目的地址及端口号作为数据包检查的基本元素,并可以规定符合条件的数据包是否允许通过。

设置 ACL 的一些规则描述如下:

(1) 按顺序比较,先比较第一行,再比较第二行,直到最后一行。

(2) 从第一行起,直到找到符合条件的行执行,剩余规则行不再继续比较。

(3) 默认在每个 ACL 中最后一行为隐含的拒绝(deny),如果之前没有找到一条许可(permit)语句,意味着包将被丢弃。所以每个 ACL 必须至少有一行 permit 语句。

ACL 一般用号码区别列表类型,两种主要的列表类型如下:

(1) 标准访问控制列表(Standard Access Lists)。只针对 IP 地址进行过滤,列表编号范围 1~99、1300~1999。

(2) 扩展访问控制列表(Extended Access Lists)。针对 IP 地址、端口号等进行过滤,列表编号范围 100~199、2000~2699。

6.9.2 标准访问控制列表的配置

标准访问控制列表的配置实例如下:

(1) 按照图 6.17 所示连线,配置计算机终端的 IP 地址、子网掩码和网关。

(2) router1 的基本配置:

```
router1>enable
router1#configure terminal
router1(config)#interface fastethernet 0/0
router1(config-if)#ip address 10.0.0.254 255.0.0.0
router1(config-if)#no shutdown
```

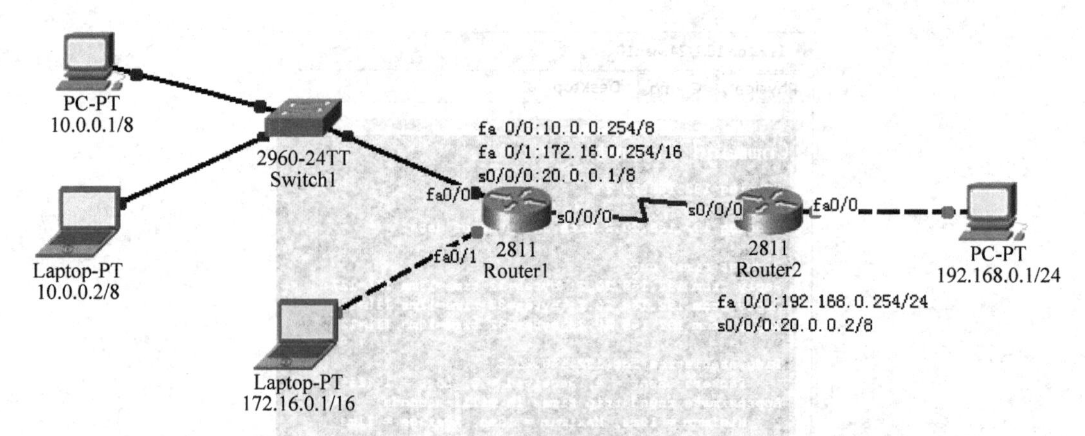

图 6.17　标准访问控制列表配置拓扑

```
router1(config-if)#exit
router1(config)#interface fastethernet 0/1
router1(config-if)#ip address 172.16.0.254 255.255.0.0
router1(config-if)#no shutdown
router1(config-if)#exit
router1(config)#interface serial 0/0/0
router1(config-if)#ip address 20.0.0.1 255.0.0.0
router1(config-if)#clock rate 64000
router1(config-if)#no shutdown
router1(config-if)#exit
router1(config)#router rip
router1(config-router)#network 10.0.0.0
router1(config-router)#network 172.16.0.0
router1(config-router)#network 20.0.0.0
router1(config-router)#version 2
router1(config-router)#end
```

(3) router2 的基本配置：

```
router2>enable
router2#configure terminal
router2(config)#interface fastethernet 0/0
router2(config-if)#ip address 192.168.0.254 255.255.255.0
router2(config-if)#no shutdown
router2(config-if)#exit
router2(config)#interface serial 0/0/0
router2(config-if)#ip address 20.0.0.2 255.0.0.0
router2(config-if)#clock rate 64000
router2(config-if)#no shutdown
router2(config-if)#exit
router2(config)#router rip
router2(config-router)#network 192.168.0.0
router2(config-router)#network 20.0.0.0
router2(config-router)#version 2
router2(config-router)#exit
!配置标准的 ACL: 允许源地址为 10.0.0.1 的数据包通过
```

```
router2(config)#access-list 1 permit host 10.0.0.1
!配置标准的 ACL: 阻止源地址为 10.0.0.2 的数据包通过
router2(config)#access-list 1 deny host 10.0.0.2
!配置标准的 ACL: 阻止源地址为 172.16.0.1 的数据包通过
router2(config)#access-list 1 deny host 172.16.0.1
!配置标准的 ACL: 允许其他数据包通过
router2(config)#access-list 1 permit any
router2(config)#interface s 0/0/0
router2(config-if)#ip access-group 1 in            !将 ACL 应用到接口上
router2(config-if)#end
```

(4) 查看 ACL 配置，如图 6.18 所示。

```
Router#show access-lists
Standard IP access list 1
    permit host 10.0.0.1
    deny host 10.0.0.2
    deny host 172.16.0.1
    permit any (2 match(es))
```

图 6.18 查看 ACL 配置

6.9.3 扩展访问控制列表的配置

扩展访问控制列表的配置实例如下：

(1) 按照图 6.19 所示连线，配置计算机终端的 IP 地址、子网掩码和网关。

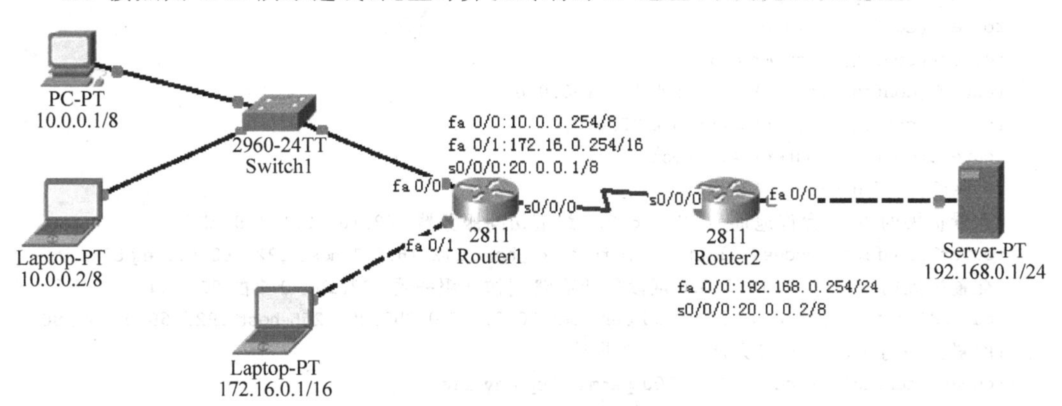

图 6.19 扩展访问控制列表配置拓扑

(2) router1 的基本配置：

```
router1>enable
router1#configure terminal
router1(config)#interface fastethernet 0/0
router1(config-if)#ip address 10.0.0.254 255.0.0.0
router1(config-if)#no shutdown
router1(config-if)#exit
router1(config)#interface fastethernet 0/1
router1(config-if)#ip address 172.16.0.254 255.255.0.0
router1(config-if)#no shutdown
router1(config-if)#exit
```

```
router1(config)#interface serial 0/0/0
router1(config-if)#ip address 20.0.0.1 255.0.0.0
router1(config-if)#clock rate 64000
router1(config-if)#no shutdown
router1(config-if)#exit
router1(config)#router rip
router1(config-router)#network 10.0.0.0
router1(config-router)#network 172.16.0.0
router1(config-router)#network 20.0.0.0
router1(config-router)#version 2
router1(config-router)#end
```

(3) router2 的基本配置：

```
router2>enable
router2#configure terminal
router2(config)#interface fastethernet 0/0
router2(config-if)#ip address 192.168.0.254 255.255.255.0
router2(config-if)#no shutdown
router2(config-if)#exit
router2(config)#interface serial 0/0/0
router2(config-if)#ip address 20.0.0.2 255.0.0.0
router2(config-if)#clock rate 64000
router2(config-if)#no shutdown
router2(config-if)#exit
router2(config)#router rip
router2(config-router)#network 192.168.0.0
router2(config-router)#network 20.0.0.0
router2(config-router)#version 2
router2(config-router)#exit
!配置扩展的 ACL：允许地址为 172.16.0.1 终端访问服务器 192.168.0.1 的 80 端口
router2(config)#access-list 100 permit tcp host 172.16.0.1 host 192.168.0.1 eq 80
!配置扩展的 ACL：拒绝 10.0.0.0 网段的所有终端访问服务器 192.168.0.1 的 80 端口
router2(config)#access-list 100 deny tcp 10.0.0.0 0.255.255.255 host 192.168.0.1 eq 80
!配置扩展的 ACL：允许其余所有 tcp 数据流
router2(config)#access-list 100 permit tcp any any
router2(config)#inter serial 0/0/0
router2(config-if)#ip access-group 100 in              !将 ACL 应用到接口上
router2(config-if)#end
```

6.10 网络地址转换的配置

6.10.1 网络地址转换概述

网络地址转换(Network Address Translation,NAT)是 1994 年提出的。当专用网内部的一些主机本来已经分配到了本地 IP 地址(即仅在本专用网内使用的专用地址)，但现在又想和因特网上的主机通信(并不需要加密)时，可使用 NAT 方法。这种方法需要在专用网连接到因特网的路由器上安装 NAT 软件，装有 NAT 软件的路由器叫做 NAT 路由器，它至少有一个有效的外部公有 IP 地址。这样，所有使用本地地址的主机在和外界通信时，都要在 NAT 路由器上将其本地地址转换成公有 IP 地址，才能和因特网连接。另外，这种通过使用少量的公有 IP 地址代表较多的私有 IP 地址的方式，将有助于减缓可用 IP 地址空间的枯竭。

常见 NAT 的实现方式有两种，即静态网络地址转换(Static Nat)和动态网络地址转换(Dynamic Nat)。

(1) 静态网络地址转换是指将内部网络的私有 IP 地址转换为公有 IP 地址，IP 地址对是一对一的，是一成不变的，某个私有 IP 地址只转换为某个公有 IP 地址。

(2) 动态网络地址转换是指将内部网络的私有 IP 地址转换为公用 IP 地址时，IP 地址是不确定的，是随机的，所有被授权访问 Internet 的私有 IP 地址可随机转换为任何指定的合法 IP 地址。也就是说，只要指定哪些内部地址可以进行转换，以及用哪些合法地址作为外部地址时，就可以进行动态转换。

6.10.2 静态网络地址转换的配置

静态网络地址转换的配置实例如下：

(1) 按照图 6.20 所示连线，配置计算机终端的 IP 地址、子网掩码和网关。

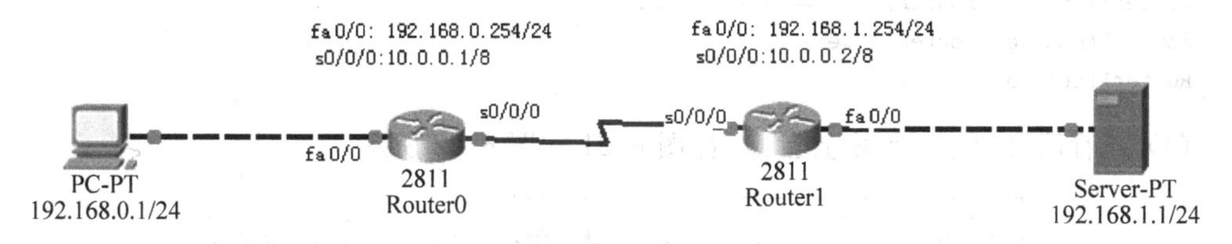

图 6.20 静态网络地址转换配置拓扑

(2) Router0 的基本配置：

```
Router0>enable
Router0#configure terminal
Router0(config)#interface fastethernet 0/0
Router0(config-if)#ip address 192.168.0.254 255.255.255.0
Router0(config-if)#ip nat inside
Router0(config-if)#no shutdown
Router0(config-if)#exit
Router0(config)#interface serial 0/0/0
Router0(config-if)#ip address 10.0.0.1 255.0.0.0
Router0(config-if)#clock rate 64000
Router0(config-if)#ip nat outside
Router0(config-if)#no shutdown
Router0(config-if)#exit
!将私有地址 192.168.0.1 转换为公有地址 10.0.0.1
Router0(config)#ip nat inside source static 192.168.0.1 10.0.0.1
Router0(config)#router rip
Router0(config-router)#network 192.168.0.0
Router0(config-router)#network 10.0.0.0
Router0(config-router)#version 2
Router0(config-router)#exit
```

```
Router0(config)#exit
```

(3) Router1 的基本配置:

```
Router1>enable
Router1#configure terminal
Router1(config)#interface fastethernet 0/0
Router1(config-if)#ip address 192.168.1.254 255.255.255.0
Router1(config-if)#ip nat inside
Router1(config-if)#no shutdown
Router1(config-if)#exit
Router1(config)#interface serial 0/0/0
Router1(config-if)#ip address 10.0.0.2 255.0.0.0
Router1(config-if)#clock rate 64000
Router1(config-if)#ip nat outside
Router1(config-if)#no shutdown
Router1(config-if)#exit
!将私有地址 192.168.1.1 转换为公有地址 10.0.0.2
Router1(config)#ip nat inside source static 192.168.1.1 10.0.0.2
Router1(config)#route rip
Router1(config-router)#network 192.168.1.0
Router1(config-router)#network 10.0.0.0
Router1(config-router)#version 2
Router1(config-router)#exit
```

(4) 查看网络地址转换配置信息,如图 6.21 和图 6.22 所示。

```
Router#show ip nat translations
Pro  Inside global     Inside local       Outside local      Outside global
---  10.0.0.1          192.168.0.1        ---                ---
```

图 6.21 Router0 的网络地址转换配置信息

```
Router#show ip nat t
Pro  Inside global     Inside local       Outside local      Outside global
---  10.0.0.2          192.168.1.1        ---                ---
```

图 6.22 Router1 的网络地址转换配置信息

(5) 测试主机的连通性,如图 6.23 和图 6.24 所示。

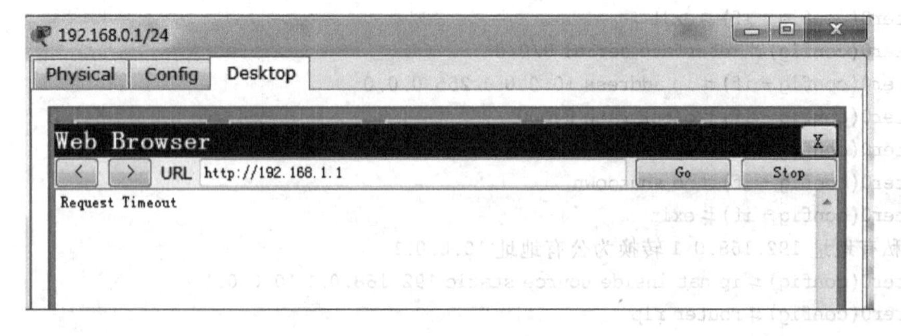

图 6.23 通过私有地址无法访问服务器

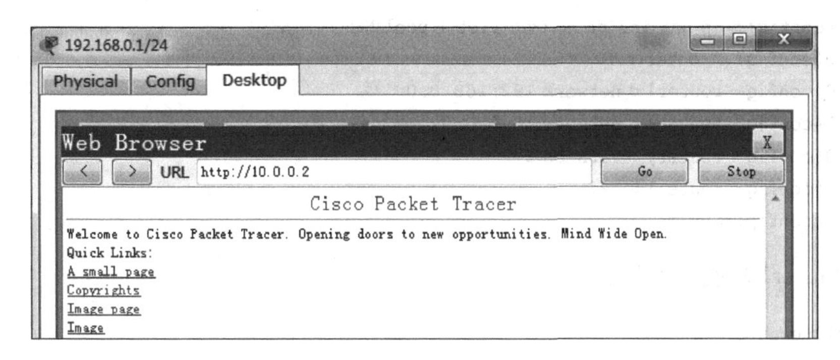

图 6.24 通过公有地址访问服务器

6.10.3 动态网络地址转换的配置

动态网络地址转换的配置实例如下：

(1) 按照图 6.25 所示连线，配置计算机终端的 IP 地址、子网掩码和网关。

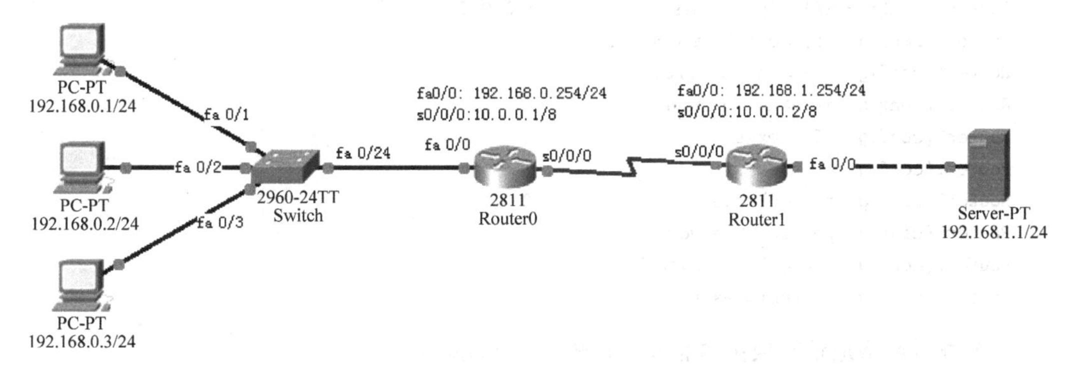

图 6.25 动态网络地址转换配置拓扑

(2) Router0 的基本配置：

```
Router0 > enable
Router0 # configure terminal
Router0(config) # interface fastethernet 0/0
Router0(config - if) # ip address 192.168.0.254 255.255.255.0
Router0(config - if) # ip nat inside
Router0(config - if) # no shutdown
Router0(config - if) # exit
Router0(config) # interface serial 0/0/0
Router0(config - if) # ip address 10.0.0.1 255.0.0.0
Router0(config - if) # clock rate 64000
Router0(config - if) # ip nat outside
Router0(config - if) # no shutdown
Router0(config - if) # exit
!定义转换地址池
Router(config) # ip nat pool NET 10.10.10.10 10.10.10.20 netmask 255.0.0.0
!定义可以转换的地址网段
Router(config) # access - list 1 permit 192.168.0.0 0.0.0.255
!定义内部网段调用转换地址池地址
```

```
Router(config)#ip nat inside source list 1 pool NET
Router0(config)#router rip
Router0(config-router)#network 192.168.0.0
Router0(config-router)#network 10.0.0.0
Router0(config-router)#version 2
Router0(config-router)#exit
Router0(config)#exit
```

(3) Router1 的基本配置：

```
Router1>enable
Router1#configure terminal
Router1(config)#interface fastethernet 0/0
Router1(config-if)#ip address 192.168.1.254 255.255.255.0
Router1(config-if)#ip nat inside
Router1(config-if)#no shutdown
Router1(config-if)#exit
Router1(config)#interface serial 0/0/0
Router1(config-if)#ip address 10.0.0.2 255.0.0.0
Router1(config-if)#clock rate 64000
Router1(config-if)#ip nat outside
Router1(config-if)#no shutdown
Router1(config-if)#exit
Router1(config)#route rip
Router1(config-router)#network 192.168.1.0
Router1(config-router)#network 10.0.0.0
Router1(config-router)#version 2
Router1(config-router)#exit
```

(4) 查看网络地址转换配置信息，如图 6.26 所示。

```
Router#show ip nat t
Pro  Inside global      Inside local       Outside local      Outside global
icmp 10.10.10.10:15     192.168.0.1:15     192.168.1.1:15     192.168.1.1:15
icmp 10.10.10.10:16     192.168.0.1:16     192.168.1.1:16     192.168.1.1:16
icmp 10.10.10.11:5      192.168.0.2:5      192.168.1.1:5      192.168.1.1:5
icmp 10.10.10.11:6      192.168.0.2:6      192.168.1.1:6      192.168.1.1:6
icmp 10.10.10.11:7      192.168.0.2:7      192.168.1.1:7      192.168.1.1:7
icmp 10.10.10.11:8      192.168.0.2:8      192.168.1.1:8      192.168.1.1:8
icmp 10.10.10.12:1      192.168.0.3:1      192.168.1.1:1      192.168.1.1:1
icmp 10.10.10.12:2      192.168.0.3:2      192.168.1.1:2      192.168.1.1:2
icmp 10.10.10.12:3      192.168.0.3:3      192.168.1.1:3      192.168.1.1:3
icmp 10.10.10.12:4      192.168.0.3:4      192.168.1.1:4      192.168.1.1:4
```

图 6.26 Router0 网络地址转换信息

6.11 虚拟专用网络的配置

6.11.1 虚拟专用网络概述

虚拟专用网络(Virtual Private Network,VPN)指的是依靠 Internet 服务提供商(ISP)或者其他网络服务提供商(NSP),在公用网络中建立专用的数据通信网络的技术。VPN 顾名思义不是真的专用网络,但能够实现专用网络的功能。在虚拟专用网中,任意两个节点之间的连接并没有传统专用网所需要的端到端的物理链路,而是利用某种公用网络的资源动态组成的。虚拟指的是用户不再需要拥有实际的长途数据线路，而是使用 Internet 公用数据网络的长途数据线路。专用网络指的是用户可以为自己制定一个最符合自己要求的网络。

所有的 VPN 均保证通过公用网络平台传输数据的安全性，在面向无连接的公用 IP 网络上建立一个逻辑的、点对点的连接，称为建立一个隧道，可以利用加密技术对经过隧道传输的数据进行加密，以保证数据仅被指定的发送者和接收者所了解，从而保证了数据的私有性和安全性。

6.11.2 虚拟专用网络的配置方法

虚拟专用网的配置实例如下：

(1) 按照图 6.27 所示连线，配置计算机终端的 IP 地址、子网掩码和网关。

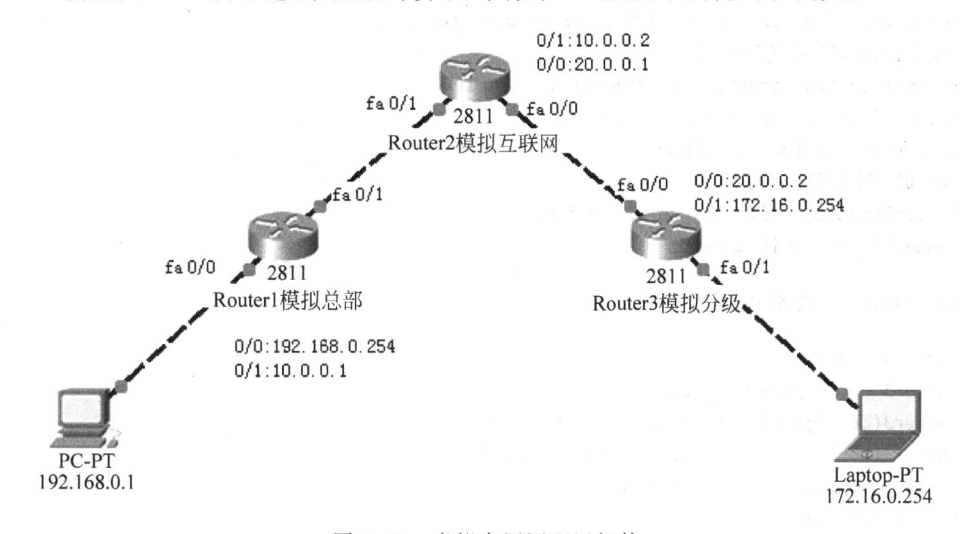

图 6.27 虚拟专用网配置拓扑

(2) Router1 的基本配置：

```
Router1 > enable
Router1 # configure terminal
Router1(config) # interface fastethernet 0/0
Router1(config - if) # ip address 192.168.0.254 255.255.255.0
Router1(config - if) # no shutdown
Router1(config - if) # exit
Router1(config) # interface fastethernet 0/1
Router1(config - if) # ip address 10.0.0.1 255.0.0.0
Router1(config - if) # no shutdown
Router1(config - if) # exit
Router1(config) # route rip
Router1(config - router) # network 192.168.0.0
Router1(config - router) # network 10.0.0.0
Router1(config - router) # version 2
Router1(config - router) # exit
!配置 IKE 策略,1 为策略号,可自定义
Router1(config) # crypto isakmp policy 1
```

```
Router1(config-isakmp)#encryption 3des
Router1(config-isakmp)#hash md5
!验证方法为预共享密钥认证方法
Router1(config-isakmp)#authentication pre-share
!远端对等体共享密钥
Router1(config)#crypto isakmp key example address 20.0.0.2
!设置名为"test"的交换集,指定AH散列算法为md5,ESP加密算法为3DES
Router1(config)#crypto ipsec transform-set test ah-md5-hmac esp-3des
Router1(config)#access-list 100 permit ip 192.168.0.0 0.0.0.255 172.16.0.0 0.0.255.255
!设置加密图,加密图名称为"testmap",序号为10
Router1(config)#crypto map testmap 10 ipsec-isakmp
!设置对端地址
Router1(config-crypto-map)#set peer 20.0.0.2
!设置隧道的AH及ESP,即将加密图用于交换集
Router1(config-crypto-map)#set transform-set test
!设置匹配100号访问列表
Router1(config-crypto-map)#match address 100
Router1(config-crypto-map)#exit
Router1(config)#inter fa 0/1
!将加密图应用于此端口
Router1(config-if)#crypto map testmap
Router1(config-if)#exit
```

(3) router3 的基本配置:

```
Router3>enable
Router3#configure terminal
Router3(config)#interface fastethernet 0/0
Router3(config-if)#ip address 20.0.0.2 255.0.0.0
Router3(config-if)#no shutdown
Router3(config-if)#exit
Router3(config)#interface fastethernet 0/1
Router3(config-if)#ip address 172.16.0.254 255.255.0.0
Router3(config-if)#no shutdown
Router3(config-if)#exit
Router3(config)#route rip
Router3(config-router)#network 172.16.0.0
Router3(config-router)#network 20.0.0.0
Router3(config-router)#version 2
Router3(config-router)#exit
Router3(config)#crypto isakmp policy 1
Router3(config-isakmp)#encryption 3des
Router3(config-isakmp)#hash md5
Router3(config-isakmp)#authentication pre-share
Router3(config)#crypto isakmp key example address 10.0.0.1
Router3(config)#crypto ipsec transform-set test ah-md5-hmac esp-3des
Router3(config)#access-list 100 permit ip 172.16.0.0 0.0.255.255 192.168.0.0 0.0.0.255
Router3(config)#crypto map testmap 10 ipsec-isakmp
Router3(config-crypto-map)#set peer 10.0.0.1
Router3(config-crypto-map)#set transform-set test
Router3(config-crypto-map)#match address 100
```

```
Router3(config-crypto-map)#exit
Router3(config)#inter fa 0/0
Router3(config-if)#crypto map testmap
Router3(config-if)#exit
```

(4) 查看虚拟专用网配置信息,如图 6.28 所示。

```
router1#show crypto isakmp sa
IPv4 Crypto ISAKMP SA
dst             src             state          conn-id slot status
20.0.0.2        10.0.0.1        QM_IDLE           1094    0 ACTIVE

IPv6 Crypto ISAKMP SA
```

图 6.28 虚拟专用网配置信息

小结

本章主要讲述了路由器的基本配置,主要包括路由器的基本功能与分类,路由器的常见基本配置,静态、动态路由协议的配置过程,VLAN 间路由的配置过程以及 ACL、NAT、VPN 的配置过程等。

习题

1. 能配置 IP 地址的提示符是( )。

A. Router>　　B. Router#

C. Router(config)#　　D. Router(config-if)#

2. 路由器的主要功能不包括( )。

A. 速率适配　　B. 子网协议转换

C. 七层协议转换　　D. 报文分片与重组

3. 路由器中时刻维持着一张路由表,这张路由表可以是静态配置的,也可以是( )产生的。

A. 生成树协议　　B. 链路控制协议

C. 动态路由协议　　D. 被承载网络层协议

4. ping 某台主机成功,路由器应出现( )提示。

A. Timeout　　B. Unreachable

C. Non-existent address　　D. Reply from...

5. 下列关于路由的描述中,( )较为接近静态路由的定义。

A. 明确了目的网络地址,但不能指定下一跳地址时采用的路由

B. 由网络管理员手工设定的,明确指出了目的网络地址和下一跳地址的路由

C. 数据转发的路径没有明确指定,采用特定的算法来计算一条最优的转发路径

D. 以上说法都不正确

6. 下列关于路由的描述中,( )较为接近动态路由的定义。

A. 明确了目的网络地址,但不能指定下一跳地址时采用的路由

B. 由网络管理员手工设定的，明确指出了目的网络地址和下一跳地址的路由

C. 数据转发的路径没有明确指定，采用特定的算法来计算一条最优的转发路径

D. 以上说法都不正确

7. 路由器在转发数据包到非直连网段的过程中，依靠数据包中的(　　)来寻找下一跳地址。

A. 帧头　　B. IP 报文头部　　C. SSAP 字段　　D. DSAP 字段

8. EIGRP 采用的路由算法是(　　)。

A. 扩展更新算法　　B. 扩散法

C. 最短路径优先算法　　D. 距离适量路由算法

9. 用于多个自治区域之间，交换网络可达信息的路由协议是(　　)。

A. OSPF　　B. BGP　　C. RIP　　D. EIGRP

10. 下列对访问控制列表的描述，不正确的是(　　)。

A. 访问控制列表能决定数据是否可以到达某处

B. 访问控制列表可以用来定义某些过滤器

C. 一旦定义了访问控制列表，则其规范的某些数据包就会严格被允许或者被拒绝

D. 访问控制列表可以应用于路由更新的过程中

第7章

广域网配置技术

本章学习目标

- 了解广域网的基本概念。
- 掌握 PPP 的基本配置。
- 掌握 X.25 的基本配置。
- 掌握 FR 的基本配置。

本章在简要介绍广域网知识的前提下，举例说明了点对点协议(PPP)、公共分组交换协议(X.25)及帧中继协议(FR)的配置方法。

7.1 广域网概述

广域网是覆盖范围很广的长距离网络。广域网由一些节点交换机及连接这些交换机的链路组成。广域网一般利用公共通信网络提供的信道进行数据传输，网络结构比较复杂。对照 OSI 模型，广域网技术主要位于物理层、数据链路层和网络层中。

7.1.1 物理层协议

广域网的物理层协议描述了如何提供电气、机械、操作和功能等方面的特性，描述了数据终端设备(Data Terminal Equipment，DTE)和数据通信设备(Data Communications Equipment，DCE)之间的接口，连接到广域网中的设备通常是一台路由器，它被认为是一台 DTE，而连接到另一端的设备为服务提供商提供接口，被认为是一台 DCE。

物理层的连接方式基本上属于专线连接、电路交换连接和包交换连接这 3 种类型，均使用同步或异步串行连接。

7.1.2 数据链路层协议

广域网的数据链路层定义了传输到远程站点的数据封装形式，并描述了在单一数据路径上各系统间的帧传送方式。在每个广域网的连接上，数据在通过广域网链路前都被封装到数据帧中。为了确保验证协议被使用，必须配置恰当的第二层封装类型，协议的选择主要取决于广域网的拓扑结构和通信设备。

广域网的数据链路层协议有两种类型：面向字节和面向比特。广域网中常用的SDLC、HDLC等协议都是同步协议，且具有相同的帧格式。

7.1.3 网络层协议

广域网的网络层协议规定了怎样分配地址，怎样把数据包从网络的一端传递到另一端或者从一个网络传递到另一个网络。广域网的网络层协议主要有X.25和IP等。

7.2 点对点协议的配置

7.2.1 点对点协议概述

点对点协议(Point to Point Protocol，PPP)是为在两个对等实体间传输数据包而设计的一种建立简单连接的链路层协议。这种链路提供全双工操作，并按照顺序传递数据包，主要是用来通过拨号或专线方式建立点对点连接发送数据，使其成为各种主机、网桥和路由器之间一种共通的解决方案。

点对点协议为在点对点连接上传输多协议数据包提供了一个标准方法，最初的设计是为两个对等节点之间的IP流量传输提供一种封装协议。在TCP/IP协议集中它是一种用来同步调制连接的数据链路层协议，替代了原来非标准的第二层协议，即SLIP。除了IP以外，PPP还可以携带其他协议，包括DECnet和Novell的Internet包交换(IPX)等。

7.2.2 点对点协议的配置方法

PPP协议的配置实例如下：

(1) 按照图7.1所示连线，配置计算机终端的IP地址、子网掩码和网关。

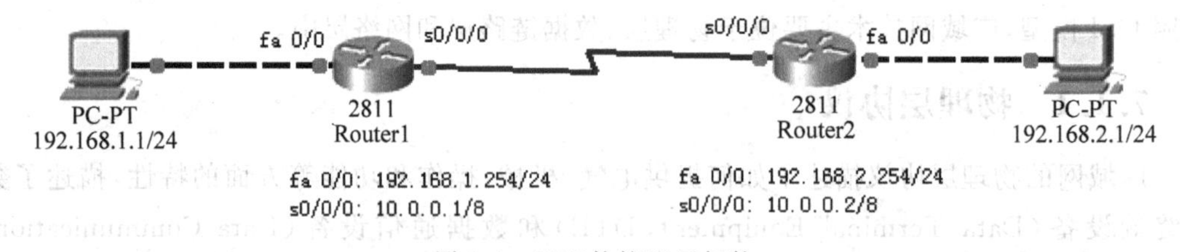

图7.1 PPP协议配置拓扑

(2) Router1的基本配置：

```
Router1 > enable
Router1 # configure terminal
Router1(config) # interface fastethernet 0/0
Router1(config - if) # ip address 192.168.1.254 255.255.255.0
Router1(config - if) # no shutdown
```

```
Router1(config-if)#exit
Router1(config)#inter serial 0/0/0
Router1(config-if)#ip address 10.0.0.1 255.0.0.0
Router1(config-if)#clock rate 64000
Router1(config-if)#encapsulation ppp              !将端口封装为PPP
Router1(config-if)#ppp authentication chap        !在端口开启认证
Router1(config-if)#no shutdown
Router1(config-if)#exit
Router1(config)#ip route 0.0.0.0 0.0.0.0 10.0.0.2
Router1(config)#username router2 password cisco   !设置认证用户名和口令
Router1(config)#exit
```

(3) Router2 的基本配置：

```
Router2>enable
Router2#configure terminal
Router2(config)#interface fa 0/0
Router2(config-if)#ip address 192.168.2.254 255.255.255.0
Router2(config-if)#no shutdown
Router2(config-if)#exit
Router2(config)#interface s 0/0/0
Router2(config-if)#ip address 10.0.0.2 255.0.0.0
Router2(config-if)#clock rate 64000
Router2(config-if)#encapsulation ppp
Router2(config-if)#ppp authentication chap
Router2(config-if)#no shutdown
Router2(config-if)#exit
Router2(config)#ip route 0.0.0.0 0.0.0.0 10.0.0.1
Router2(config)#username router1 password cisco
Router2(config)#exit
```

(4) 测试终端连通性，如图 7.2 所示。

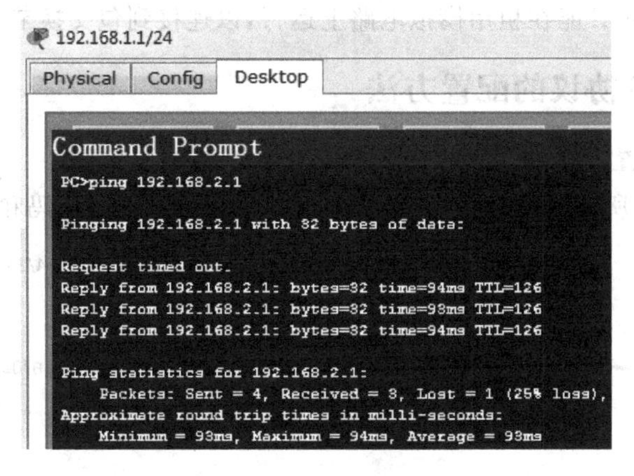

图 7.2 终端连通性测试

7.3 X.25 协议的配置

7.3.1 X.25 协议概述

X.25，即公共分组交换数据网，由国际电信联盟远程通信标准委员会(ITU-T)提出，是面向计算机数据通信的网络，它由传输线路、分组交换机、远程集中器和分组终端等基本设备组成。

X.25 协议出现在 OSI 模型之前，但是 ITU-T 规范定义了在 DTE 和 DCE 之间的分层通信与 OSI 模型的前 3 层相对应，即分组层对应 OSI 网络层、链路层对应 OSI 数据链路层、物理层对应 OSI 物理层。

(1) 分组层。分组层主要描述分组交换网络的数据交换过程。分组层协议 PLP 负责虚电路上 DTE 设备之间的分组交换。PLP 能在 LAN 和正在运行 LAPD 的 ISDN 接口上运行逻辑链路控制(LLC)。PLP 实现 5 种不同的操作方式：呼叫建立(Call Setup)、数据传送(Data Transfer)、闲置(Idle)、呼叫清除(Call Clearing)和重启(Restarting)。

(2) 链路层。链路层负责 DTE 和 DCE 之间的可靠通信传输。包括 4 种协议：

① LAPB 源自 HDLC，具有 HDLC 的所有特征，使用较为普遍，能够形成逻辑链路连接。

② 链路访问协议(LAP)是 LAPB 协议的前身，如今几乎不被使用。

③ LAPD 源自 LAPB，用于 ISDN，在 D 信道上完成 DTE 之间，特别是 DTE 和 ISDN 节点之间的数据传输。

④ 逻辑链路控制(LLC)是一种 IEEE 802 LAN 协议，使得 X.25 数据包能在 LAN 信道上传输。

(3) 物理层。定义了电气和物理端口特性。包括 3 种协议：

① X.21 接口运行于 8 个交换电路上。

② X.21bis 定义模拟接口，允许模拟电路访问数字电路交换网络。

③ V.24 使得 DTE 能在租用模拟电路上运行，以连接到包交换节点或集中器。

7.3.2 X.25 协议的配置方法

X.25 协议的配置实例如下：

(1) 按照图 7.3 所示连线，配置计算机终端的 IP 地址、子网掩码和网关。

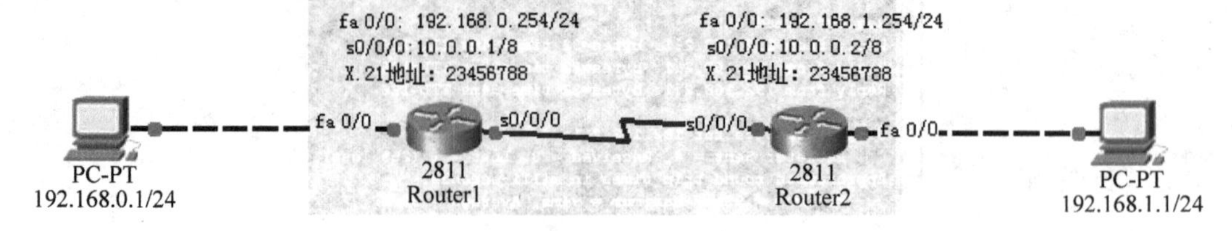

图 7.3 X.25 协议配置拓扑

(2) Router1 的基本配置：

```
Router1 > enable
Router1 # confifure terminal
Router1(config) # interface fastethernet 0/0
Router1(config - if) # ip address 192.168.0.254 255.255.255.0
Router1(config - if) # no shutdown
Router1(config - if) # exit
Router1(config) # interface serial 0/0/0
Router1(config - if) # ip address 10.0.0.1 255.0.0.0
Router1(config - if) # clock rate 64000
!将该端口封装为 x25 接口,并制定其工作在 DTE 方式
Router1(config - if) # encapsulation x25 dte
!指定该端口的 x.21 地址
Router1(config - if) # x25 address 23456788
!建立 Router2 的 IP 地址与 x.25 地址的映射关系
Router1(config - if) # x25 map ip 10.0.0.2 23456788
Router1(config - if) # no shutdown
Router1(config - if) # exit
Router1(config) # router rip
Router1(config - route) # network 192.168.0.0
Router1(config - route) # network 10.0.0.0
Router1(config - route) # version 2
Router1(config - route) # exit
```

(3) Router2 的基本配置：

```
Router2 > enable
Router2 # confifure terminal
Router2(config) # interface fastethernet 0/0
Router2(config - if) # ip address 192.168.1.254 255.255.255.0
Router2(config - if) # no shutdown
Router2(config - if) # exit
Router2(config) # interface serial 0/0/0
Router2(config - if) # ip address 10.0.0.2 255.0.0.0
Router2(config - if) # clock rate 64000
!将该端口封装为 x25 接口,并制定其工作在 DCE 方式
Router2(config - if) # encapsulation x25 dce
!指定该端口的 x.21 地址
Router2(config - if) # x25 address 23456788
!建立 Router1 的 IP 地址与 x.25 地址的映射关系
Router2(config - if) # x25 map ip 10.0.0.1 23456788
Router2(config - if) # no shutdown
Router2(config - if) # exit
Router2(config) # router rip
Router2(config - route) # network 192.168.1.0
Router2(config - route) # network 10.0.0.0
Router2(config - route) # version 2
Router2(config - route) # exit
```

7.4 帧中继的配置

7.4.1 帧中继概述

帧中继(Frame Relay,FR)网络是在20世纪90年代提出并已获得ANSI和ITU-T批准的一种新型公用数据交换网标准。帧中继和X.25属于相同类型的标准,但帧中继可以看作是由对X.25协议的简化和改进,帧中继只使用两个通信层:物理层和帧模式承载服务链接访问协议(LAPF),分别对应于OSI模型的物理层和数据链路层。帧中继采用面向连接的虚电路(Virtual Circuit)技术,可提供交换虚电路(SVC)和永久虚电路(PVC)服务。

7.4.2 帧中继的配置方法

帧中继的配置实例如下:

(1) 按照图7.4所示连线,配置计算机终端的IP地址、子网掩码和网关。

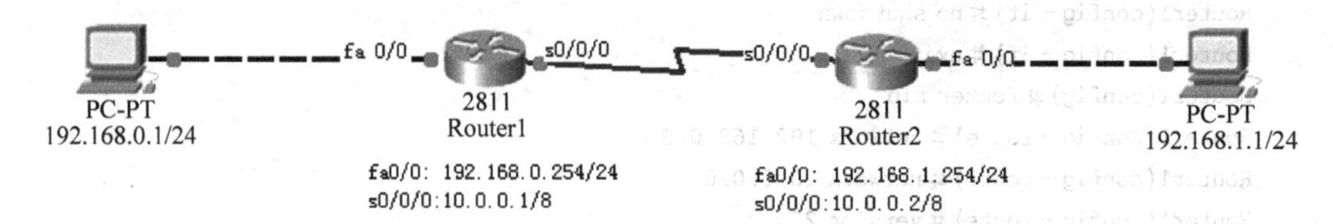

图7.4 帧中继配置拓扑

(2) Router1的基本配置:

```
Router1 > enable
Router1 # confifure terminal
Router1(config) # interface fastethernet 0/0
Router1(config - if) # ip address 192.168.0.254 255.255.255.0
Router1(config - if) # no shutdown
Router1(config - if) # exit
Router1(config) # interface serial 0/0/0
Router1(config - if) # ip address 10.0.0.1 255.0.0.0
Router1(config - if) # clock rate 64000
!将该端口封装为帧中继
Router1(config - if) # encapsulation frame - relay
!指定该端口工作在 DTE 方式
Router1(config - if) # frame - relay intf - type dte
!配置本地虚电路号
Router1(config - if) # frame - relay local - dlci 60
!如果 Router2 支持逆向地址解析功能,则配置 Router2 的动态地址映射
Router1(config - if) # frame - relay inverse - arp
!如果 Router2 不支持逆向地址解析功能,则配置 Router2 的静态地址映射(IP 地址到虚电路号的映射)
Router1(config - if) # frame - relay map ip 10.0.0.2 60
Router1(config - if) # no shutdown
Router1(config - if) # exit
Router1(config) # router rip
```

```
Router1(config-route)#network 192.168.0.0
Router1(config-route)#network 10.0.0.0
Router1(config-route)#version 2
Router1(config-route)#exit
```

(3) Router2 的基本配置:

```
Router2>enable
Router2#confifure terminal
Router2(config)#interface fastethernet 0/0
Router2(config-if)#ip address 192.168.1.254 255.255.255.0
Router2(config-if)#no shutdown
Router2(config-if)#exit
Router2(config)#interface serial 0/0/0
Router2(config-if)#ip address 10.0.0.2 255.0.0.0
Router2(config-if)#clock rate 64000
!将该端口封装为帧中继
Router2(config-if)#encapsulation frame-relay
!指定该端口工作在 DCE 方式
Router2(config-if)#frame-relay intf-type dce
!如果 Router1 支持逆向地址解析功能,则配置 Router1 的动态地址映射
Router2(config-if)#frame-relay inverse-arp
!如果 Router1 不支持逆向地址解析功能,则配置 Router1 的静态地址映射(IP 地址到虚电路号的映射)
Router2(config-if)#frame-relay map ip 10.0.0.1 60
Router2(config-if)#no shutdown
Router2(config-if)#exit
Router2(config)#router rip
Router2(config-route)#network 192.168.1.0
Router2(config-route)#network 10.0.0.0
Router2(config-route)#version 2
Router2(config-route)#exit
```

小结

本章简述了常见的广域网技术及其配置，主要包括广域网的基本概念、点对点协议(PPP)、公共分组交换协议(X.25)及帧中继协议(FR)的基本概念与基本配置。

习题

1. 在路由器上进行广域网连接时必须设置的参数是(　　)。
   A. 在 DTE 端设置 clock rate　　B. 在 DCE 端设置 clock rate
   C. 在路由器上配置远程登录　　D. 添加静态路由
2. 下列所述协议中，(　　)不是广域网协议。
   A. PPP　　B. X.25　　C. FR　　D. RIP
3. PPP 协议中，(　　)主要用于协商在该数据链路上所传输的数据包的格式与类型。

A. 链路控制协议　　　　　　　　　B. PPP扩展协议
C. 网络层控制协议　　　　　　　　D. PAP、CHAP协议

4. Cisco的路由器与其他厂商的路由器采用FR技术互联时采用的封装标准是(　　)。

A. IETF　　B. Dot1q　　C. IEEE　　D. 802.11

5. 以下有关帧中继的描述,不正确的是(　　)。

A. 帧中继在虚电路上可以提供不同的服务质量。
B. 在帧中继中,用户的数据速率可以在一定的范围内变化。
C. 帧中继只提供永久虚电路服务。
D. 帧中继不适合对传输延迟敏感的应用。

6. 帧中继的地址格式中,标识虚电路的标识符是(　　)。

A. CIR　　B. DLCI　　C. LMI　　D. VPI

7. 下列不属于X.25协议的物理层协议的是(　　)。

A. X.21　　B. X.21bis　　C. v.24　　D. LAPB

8. 帧中继交换机通过(　　)来创建和识别在DTE和FR之间的逻辑虚电路。

A. DLCI　　B. LMI　　C. MAC　　D. X.121

9. 下列关于PPP验证协议的描述,错误的是(　　)。

A. PPP存在PAP和CHAP两种认证协议。
B. PAP是一种简单的三次握手明文验证协议。
C. CHAP为三次握手协议,它只在网络上传送用户名而不传送口令,因此安全性比PAP高。
D. PAP协议直接将用户名和口令传递给验证方。

10. 在X.25中,用于查看虚电路相关情况的命令为(　　)。

A. router#show x25 vc　　　　B. router#show x.25 vc
C. router#show interface vc　　D. router#show routing vc

第8章

无线局域网

本章学习目标

- 了解无线局域网的基本概念。
- 了解无线局域网的基本组网方式。
- 掌握无线局域网的配置技术。

本章首先向读者介绍无线局域网的相关概念及基本组网方式，再通过介绍无线局域网的基本配置，使读者学会如何去架设所需要的无线局域网。

8.1 无线局域网概述

传统局域网主要采用铜缆或光缆作为传输介质，但这种有线网络在某些场合会受到布线的限制。例如，老旧建筑架设网络只能铺装明线；网络有变动，改造工程量大；线路易损坏；网络的各节点相对固定。这些问题都对人们日益增长的互联网需求造成严重的影响，限制了用户使用。

无线局域网（Wireless Local Area Networks，WLAN）的出现很好地解决了这个问题。它把无线通信技术应用在计算机网络领域，利用电磁波在空中发送和接收数据，以无线多址信道作为传输介质，无需实体作为传输介质，在保证传统有线局域网功能的同时，使用户真正实现随时、随地的接入网络。

8.1.1 无线局域网的特点

无线局域网是对传统有线网络的有效补充，是计算机网络与无线通信技术结合的产物，与有线网络相比，具有以下优点：

1. 可移动

有线网络中网络设备的安放位置会受到网络的制约，不能随意更改，而无线局域网在无线信号覆盖区域内的任何一个位置都可以接入网络，且连接到无线局域网的用户可以自由移动并能保持网络连接。

2. 便捷灵活

无线局域网组网便捷，可以很大程度地减少甚至免去布线的工作量，节省了布线费用。而且设备安装简单，一般只要安装一个或多个接入点设备，就可建立起覆盖整个区域的网络。适合应用在临时场合和不宜架设有线网络的地方。

3. 易更改

网络拓扑结构的调整对于有线网络来说，通常代表着要重新建网，而重新布线是一个复杂、琐碎的过程。这样不仅造成了原有设施的浪费，同时也带来了高昂的费用。无线局域网可以有效地减少或避免这种情况的发生。

4. 故障易排查

当有线网络出现物理故障，特别是线路接触不良，造成网络中断，往往很难查清具体的故障点。即使找到症结，进行维修也要付出很大代价。而无线局域网在出现故障后，很容易定位故障点，只需要对故障设备进行维修或更换，就可以恢复正常的网络连接。

5. 易扩展

无线局域网可以配置多种拓扑结构，无线网之间可以通过路由器或无线接入点相连，这样可以很快从几个用户的小型局域网扩展成上千用户的大型结构化网络。

8.1.2 无线局域网的传输方式

目前，无线局域网采用的传输媒体主要有两种，即红外线和无线电波。无线电波按照调制方式的不同，在技术上又可分为扩展频谱与正交频分复用。

1. 红外线(Infrared Rays，IR)

以波长小于 1μs 的红外线为传输媒体构成的红外线局域网，这种传输方式的最大优点是不受无线电波干扰，有较强的方向性，且安全性较高，使用不受无线电管理部门的限制，设备也相对便宜，但是红外线也有自身的缺点，如背景噪声较大，易受日光、环境、照明等外界影响，要求视距传输，非透明物体穿透和绕射能力差。因此，红外线仅适用于近距离的无线传输，通常 IR 局域网的覆盖范围只限制在一间房屋内。目前在日常生活中已很少使用。

2. 扩展频谱(Spread Spectrum，SS)

扩展频谱是指将原信号的频谱扩展至占用很宽的频带。采用扩展频谱方式时，用来传输信息的数据基带信号的频谱被扩展若干倍后再通过射频发射出去。信号到达接收端后，之前的扩频信号将被恢复成窄带的传输信号被接收。对于干扰信号，由于与扩频用的伪随机码不相关，这些信号就会被扩展到很宽的频带上，从而大大降低了进入信号通频带内的干扰功率，有效地抑制了干扰，提高了信噪比，提升了传输质量。

扩频通信具有抗干扰能力和隐蔽性强、保密性好、多址通信能力强等特点。技术实现上主要有跳频技术(FHSS)和直接序列扩频(DSSS)两种方式。

3. 正交频分复用(Orthogonal Frequency Division Multiplexing，OFDM)

OFDM 技术属于多载波调制技术(MCM)的一种。它将信道分成若干正交子信道，将串行的高速数据流转换成速率较低的多个并行子数据流后，调制到在每个子信道上，再合成输出。由于信道相互正交，使得各信道的频谱可以重叠，大大提高了频谱使用效率。

4. 窄带调制

窄带调制属于微波通信技术，目前主要应用于无线广域网中。它利用微波频带恰好可以容纳数据基带信号的特性，直接将信号加载到微波频带上进行传输。这种调制方式的优点是使用频带带宽少，利用率高，但它的抗干扰能力差，一般选用频段时还须向国家无线电管理部门申请无线电频谱执照。如果使用免申请的公共 ISM 频段，当邻近的设备也使用这一频段时，会严重影响通信质量，使通信的可靠性无法保证。

8.1.3 无线局域网技术标准

无线局域网和有线网络的区别主要在于物理层和数据链路层。WLAN 技术标准就是针对这两层，涉及所使用的无线频率范围、空中接口通信协议等技术规范与技术标准。近年来无线局域网迅猛发展，WLAN 的技术标准也成为了众多厂商和机构十分关注的一个话题。WLAN 会采用何种技术作为业界的主流标准直接影响了各个企业今后的发展方向。

1. IEEE 802.11 系列协议

作为世界公认的局域网权威，IEEE 802 工作组建立的标准在局域网领域内得到了广泛应用。802.11 协议簇正是 IEEE 为无线局域网络制定的标准，也是现今无线局域网通用的标准。该协议簇包括了 IEEE 802.11、IEEE 802.11a、IEEE 802.11b、IEEE 802.11g、IEEE 802.11n、IEEE 802.11ac 等众多协议。其中以 IEEE 802.11n 和 IEEE 802.11ac 在现今使用最为广泛。

1) IEEE 802.11

IEEE 802.11 是 IEEE 在 1997 年为无线局域网制定的第一个标准，主要用于解决办公室局域网和校园网中用户与用户终端的无线接入，业务主要限于数据存取。它定义了介质访问控制层(MAC 层，数据链路层中的一个子层)和物理层定义了工作在 2.4GHz 的 ISM 频段上的两种扩频传输方式和一种红外传输的方式，总数据传输速率设计为 2Mb/s。

2) IEEE 802.11a

IEEE 802.11a 在 1999 年就被批准，但符合该标准的产品直到 2001 年末才面市销售。802.11a 标准采用了与原始标准相同的核心协议，但是工作频段变为了 5GHz 的频段。802.11a 采用正交频分(OFDM)技术调制数据，它在物理层理论速率为 54Mb/s，在移动时可以将速率从 54Mb/s，依次调整为 48Mb/s、24Mb/s、18Mb/s 、12Mb/s 、9Mb/s 和 6Mb/s，满足了现实网络的基本要求。

3) IEEE 802.11b

1999 年 9 月，IEEE 802.11b 标准被正式批准。作为 802.11 的补充，它的载波频率与原始标准一样同为 2.4GHz，但在物理层上使用了补码键控(CCK)的直接序列扩频(DSSS)调制方式，因此根据传输距离和信号强度，传输速率可在 1、2、5.5 及 11Mb/s 之间进行自动调整。但因为其与 802.11a 的工作频段不同，使得两者不能相互兼容。虽然传输速率不及 802.11a，但是 2.4GHz 的 ISM 频段为世界上绝大多数国家通用，因此 802.11b 在推出后得到了广泛的应用。

FCC 批准的 2.4 GHz 频段中共有 14 个信道，每个信道宽 22 MHz。在美国，可使用的信道有 11 个，但只有 1、6、11，3 个信道没有相互重叠，如图 8.1 所示。因此为避免相互干扰，在信号覆盖区域最多只能安装 3 个接入点。

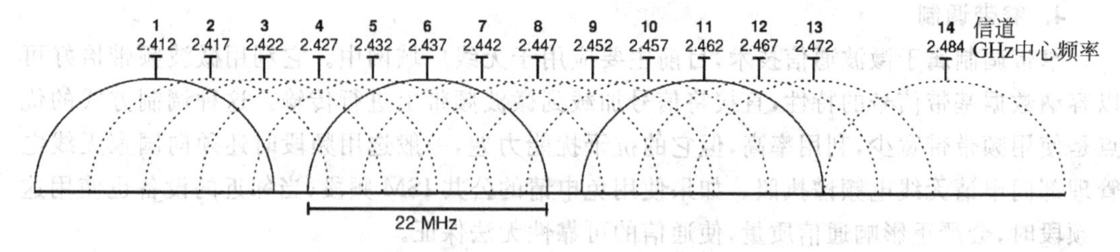

图 8.1 ISM 频段 2.4 GHz 信道

802.11b 又被人们称为 Wi-Fi,实际上 Wi-Fi 是 Wi-Fi 联盟(Wi-Fi Alliance,WFA)的一个商标,该商标仅保障使用该商标的商品互相之间可以合作,与标准本身实际上没有关系。

4) IEEE 802.11g

2003 年 7 月,IEEE 802.11g 草案获得 IEEE 802.11 工作组审批通过。它采用 CCK 技术使之与 802.11b 可以互联互通,保证了后向兼容性,同时又通过采用 OFDM 技术使其支持高达 54Mb/s 的数据流,实现了在 2.4GHz 频段达到与 802.11a 相同的速率。802.11g 的兼容性和高速率弥补了 802.11a 和 802.11b 各自的缺陷,使得 802.11a 实现与 802.11b 的互通,让用户可以配置与 802.11a、802.11b 及 802.11g 均相互兼容的多方式无线局域网,促进了无线网络的发展。

5) IEEE 802.11n

2004 年初,IEEE 成立了一个新的工作组用来发展新的无线局域网标准。802.11n 是该工作组在 802.11-2007 的基础上发展而来的标准,于 2009 年 9 月正式批准。该标准增加了对 MIMO(Multiple-Input Multiple-Output,多输入多输出)的支持,使用了多个发射和接收天线,支持 20MHz 和 40MHz 的射频带宽,使最大理论速率达到了 600Mb/s,并运用了 Alamouti 于 1998 年提出的空时分组编码来增加传输范围。

6) IEEE 802.11ac

IEEE 802.11ac 又称 5G WiFi,是新一代的无线局域网标准。作为 802.11n 的继任者,该标准于 2011 年 11 月起草,使用 5GHz 频带进行通信,最高可提供 1.3Gb/s 的传输速率。相对于 802.11n,它可以使用 80MHz 与 160MHz 射频带宽;支持 8 个 MIMO 空间流(802.11n 为4 个);支持多用户 MIMO(Mul-MIMO,最多 4 个);使用更高密度的 256QAM(Quadrature Amplitude Modulation,正交振幅调制,802.11n 为 64QAM)调制解调。

7) 其他协议

除了以上的这些协议外,IEEE 802.11 协议簇还包括了 802.11e(定义服务质量和服务类型)、802.11j(针对日本规范)、802.11h(欧洲 5GHz 规范)、802.11i(安全加密)、802.11k(无线网络频谱测量规范)、802.11m(维护标准)等数十个协议标准,覆盖了无线局域网的方方面面。现在 IEEE 802 工作组还在不断对 802.11 系列协议进行研讨,并计划制定一系列用于完善无线局域网的新标准。

2. HiperLAN 标准

相对于 IEEE 在美国和世界其他区域所推行的 802.11x 系列标准,在欧洲,ETSI 推出了与其相似的另一套无线局域网标准——HiperLAN,并在欧洲得到了广泛支持。HiperLAN 虽然与 802.11x 类似,但二者互不兼容。

3. HomeRF 标准

HomeRF 是 HomeRF 工作组针对家庭无线局域网制定的一个标准,用于实现家庭区域范围内计算机和其他电子设备之间的无线通信。

该标准工作在 2.4GHz 频段,采用跳频扩频技术,跳频速率为 50 跳/s,并有 75 个带宽为 1MHz 跳频信道,可同步支持 4 条高质量语音信道,并且具有低功耗的优点,传输速率为 1～2Mb/s。在新版 HomeRF2.x 中,采用了宽带频率群(Wide Band Frequency Hopping,WBFH)技术把跳频带宽增加到了 3MHz 和 5MHz,跳频速率也增加到 75 跳/s,数据传输速率达到了 10Mb/s。

4. 蓝牙规范(Bluetooth)

蓝牙是一种无线个人局域网,最初由爱立信创制,后来由蓝牙技术联盟制定技术标准,其成果再由 IEEE 进行批准。

蓝牙规范是一个公共的、无需许可证的规范,其目的是实现短距离无线语音和数据通信。蓝牙技术工作于 2.4GHz 的 ISM 频段,基带部分的数据速率为 1Mb/s,有效无线通信距离为 10cm～10m,通过增加发射功率可达到 100m,采用时分双工传输方案,实现了全双工传输。

8.1.4 无线局域网安全标准

无线局域网在迅速发展的同时,它的安全问题也越来越受到人们的关注。无线局域网安全的最大隐患就在于数据是在空中进行传播,而不是像有线网络那样有一定的物理实体进行保护。对于有线网络,通常只要保证物理介质不被非法接触,就可以保证数据不会被泄露。而无线网络由于自身的开放性,只要在无线接入点(AP)的覆盖范围内,任何无线终端都可以接收电磁波信号。这使得通信信息很容易被他人截获和篡改,因此针对无线局域网建立一套包括安全认证、访问控制和数据加密在内的安全体系就显得尤为重要。

1. WEP 安全标准

WEP(Wired Equivalent Privacy,有线等效加密协议)又称无线加密协议,是 IEEE 802.11 标准定义的加密规范,也是最基本无线安全协议。

1) 认证方式

WEP 有两种认证方式:开放式系统认证(Open System Authentication)和共享密钥认证(Shared Key Authentication)。其中的开放式系统认证,顾名思义,即不需要密钥验证,客户端就可以和接入点进行连接,它也是 802.11 的默认认证方式。而共享密钥认证,是指当客户端向接入点请求连接时,接入点会向客户端发送一个信息,客户端收到这个信息后,会使用预存的密钥对该信息进行加密并向接入点回传,接入点收到加密的信息后,又会进行解密,如果解密结果同之前发送的一致,则认为客户端通过验证,可以进行连接;反之则不能进行连接。

2) 加密过程

WEP 使用的是 RC4(Rivest Cipher)密钥长度可变流加密算法簇。该算法簇是由伪随机数生成器和异或运算组成。在 WEP 中使用时,会先将明文用 CRC32(Cyclic Redundancy Check,循环冗余校验码)算法进行计算,并将计算得出的完整性检验值附加在明文帧尾部。然后再把 24bit 初始化向量 IV(Initialization Vector)和 40bit 或 104bit 密钥混合成的密钥流种子输入伪随机数生成器，得到密钥流序列。最后再将该序列和明文进行异或相加生成密文。

2. IEEE 802.11i

IEEE 802.11i 于 2004 年 6 月正式发布，它提出了无线局域网新的安全体系 RSN(Robust Security Network，强健安全网络)。该标准主要包括 802.1x 认证机制、基于 TKIP 和 AES 的数据加密机制以及密钥管理技术，目标是实现身份识别、接入控制、数据的机密性、抗重放攻击、数据完整性校验，此标准大大增强了 WLAN 的安全性。

但是 802.11i 从开始讨论到正式发布经历很长的时间，在这期间为了能够满足厂商和用户的需求，也为了能解决好 WLAN 的安全问题，2002 年 10 月 Wi-Fi 联盟以 802.11i 的第三版草案为基础，制定了 WPA(Wi-Fi Protected Access)安全协议作为过渡。在 IEEE 完成并公布 IEEE 802.11i 无线局域网安全标准后，Wi-Fi 联盟也随即公布了 WPA 第二版(WPA2)。

1) WPA

WPA 作为 802.11i 完善前的临时解决方案，包含了 802.11i 标准的大部分内容，并针对 WEP 的缺陷进行了改进。

在身份认证上，WPA 既可以使用"预共享密钥模式"(Pre-Shared Key，PSK)，也可以使用包含认证服务器(RADIUS)的 802.1x 认证模式。当使用 PSK 模式时，在同一无线路由器下的所有用户使用同一密钥，因此在安全上存在一定隐患，但是由于 PSK 的设置和使用较为简便，个人用户和小型网络使用较多。使用 802.1x 认证模式时需要一个认证服务器，它会为每个终端分发不同的密钥，安全性较 PSK 要高，受到大型网络和企业用户的欢迎。

Wi-Fi 联盟把使用 PSK 模式的 WPA 称为"WPA-个人版"(WPA-Personal)，使用 802.1x 认证的称为"WPA-企业版"(WPA-Enterprise)。

WPA 使用的加密算法是以 RC4 流密码为核心的临时密钥完整性协议(Temporal Key Integrity Protocol，TKIP)。同 WEP 的 RC4 算法类似，但是 WPA 的密钥为 128 位，初始化向量为 48bit，比 WEP 要长。同时 TKIP 算法提供了密钥更新，会为每个数据包使用不同的密钥。通过这些手段，WPA 解决了 WEP 中的密钥窃取问题，大大提高了数据加密的安全性。

除了身份认证与加密算法外，WPA 对数据的完整性校验也进行了改进。使用了称为 MIC(Message Integrity Check，消息完整性查核)的更安全的消息校验。该校验使用 Michael 算法，并进行帧计数，有效地避免了中间人攻击和重放攻击。

2) WPA2

Wi-Fi 联盟在 IEEE 802.11i 正式发布的 3 个月后推出了 WPA 的第二个版本 WPA2。

WPA2 使用 CCMP(Counter-Mode/CBC-MAC Protocol，计数器模式密码块链消息完整码协议)代替了 WPA 的 MIC；数据加密上使用 AES(Advanced Encryption Standard，高级加密标准)代替了原来的 TKIP 协议。

CCMP 包含两个算法，分别是 CTR mode 及 CBC-MAC mode。其中 CTR mode 为加密算法，CBC-MAC 用于信息完整性的计算。

WPA2 作为 WPA 的继任者，同 WPA 没有本质的区别，只是在数据加密和数据验证上使用了更为安全的加密标准，但正是这一点点的改变，使得 WPA2 安全性远高于 WPA。

3) WAPI

WAPI(WLAN Authentication and Privacy Infrastructure，无线局域网鉴别和保密基础结构)，是中国无线局域网安全强制性标准，也是我国首个在计算机无线网络通信领域自主创新并拥有知识产权的安全接入技术标准。该标准在2003年5月颁布的无线局域网国家标准GB15629.11中被提出。

WAPI主要由无线局域网鉴别基础结构(WLAN Authentication Infrastructure，WAI)和无线局域网保密基础结构(WLAN Privacy Infrastructure，WPI)两部分组成，它们分别实现对用户身份的鉴别和对传输数据的加密。

其中WAI使用的是公开密钥密码机制，利用证书来对WLAN系统中的客户端(STA)和无线接入点(AP)进行双重、双向身份认证，并且采用专门的鉴权服务器ASU(Authentication Service Unit)来对参与信息交换各方所需要的证书进行管理。作为网络设备的身份凭证，证书包括了证书颁发者(ASU)的公钥和签名以及证书持有者的公钥和签名。为了保证安全，证书的数字签名采用的是WAPI特有的椭圆曲线数字签名算法。

当通信双方的证书都鉴定成功之后，就可以获得数据通信权限，之后通信过程中的安全保障由WPI负责。首先，通信双方对通信密钥的算法进行协商；其次，客户端和接入点各自产生一个随机数，并用自己的私钥加密后发送给对方；再次，双方把收到随机数用对方的公钥进行还原，再将这两个随机数模2运算的结果作为会话密钥；最后，数据发送方利用这个密钥以及开始协商好的算法对传输的数据进行加密，接收方收到后再进行解密处理。通过这一机制，使得双方的会话密钥不在网络上传输，也就没有给监听者获取密钥的机会，从而增强了安全性。同时，为进一步提高通信的安全性，WAPI还规定，在通信一段时间或者交换一定数量的数据之后，客户端和接入点可以重新协商会话密钥，有了这样的设定，入侵者基本上不可能获得动态的会话密钥。

8.1.5　无线局域网组网模式

无线局域网主要由计算机、无线网卡、无线接入点、无线天线以及其他一些相关设备组成。按照设施的类型，无线局域网可以分为有固定基础设施(图8.2)和无固定基础设施两大类。

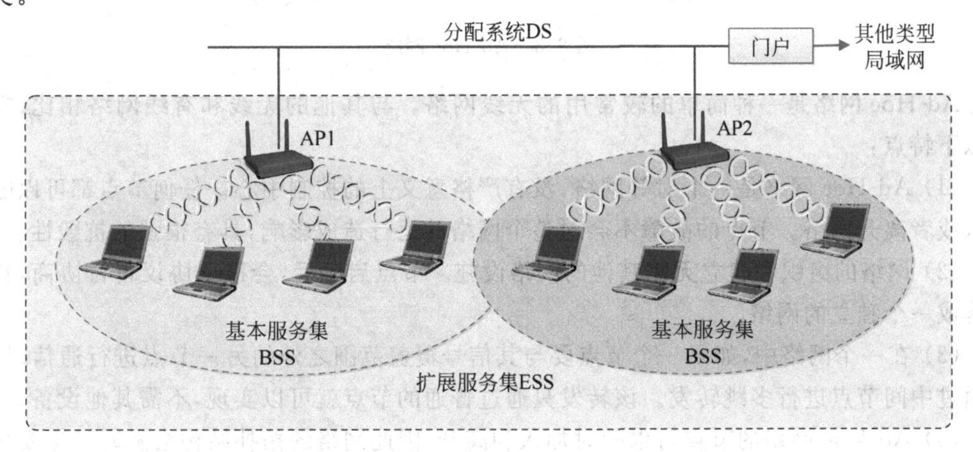

图8.2　有固定基础设施的无线局域网

有固定基础设施的无线局域网是由基础服务集(Basic Service Set,BSS)和扩展服务集(Extended Service Set,ESS)组成的。基础服务集包括一个基站,即AP(这里的AP意义较为广泛,它不仅包括单纯性无线接入点,也包括无线路由器、无线网关等类型的设备)和若干个移动节点,在通信时所有的节点都要通过本服务集的基站进行转发。当网络管理员架设AP时,必须为该AP指定一个不超过32B的服务集标识符SSID(Service Set IDentifier)和一个信道,用来帮助记忆以便区分其他的BSS。当多个基础服务集的AP上都设置了相同的SSID,并且这些AP都连接到一个主干分配系统(Distribution System,DS)上,这样就构成了一个扩展服务集(ESS)。同时ESS还可以通过门户或关口(Portal)使无线用户连接到非802.11无线局域网(如连接到有线网络)。同一ESS内部的节点可以在该ESS下的任意BSS内进行漫游通信。

无固定基础设施的无线局域网指的是没有AP参与的自组织网络(或叫Ad-Hoc网络)。自组织网络是没有固定基础设施AP的无线局域网,这种网络是由一些处于平等地位的移动节点组成的临时网络。

这两种基本类型根据接入方式的不同又可以细化为许多不同的组网模式,如点对点模式、基础架构模式、客户端模式、无线网桥模式、无线中继模式等。

1. 点对点模式

点对点模式即自组织网络Ad-Hoc,如图8.3所示,它与有线网络中的对等网类似,使用Peer to Peer的连接。对等方式下的无线局域网,不需要单独的具有总控接转的接入设备AP,所有的基站都能对等地相互通信。该结构省去了无线中介设备AP,只使用无线网卡,就使计算机彼此之间实现了无线互联。

图8.3 Ad-Hoc网络

Ad-Hoc网络是一种简单的较常用的无线网络。与其他的无线和有线网络相比,它具有以下特点:

(1) Ad-Hoc网络是一个对等网络,没有严格意义上的控制中心。任何节点都可以随时加入或者离开网络。节点的故障不会对整个网络的运行造成影响,具有很强的抗毁性。

(2) 网络的组织和建立无需其他的网络设施。节点启动后,会根据协议自行协商,自动组建成一个独立的网络。

(3) 在一个网络中,如果一个节点要与其信号覆盖范围之外的另一节点进行通信时,需要通过中间节点进行多跳转发。该转发只通过普通的节点就可以实现,不需其他设备。

(4) Ad-Hoc网络的节点可以随时加入和离开,因此网络的拓扑结构会随时发生变化。

2. 基础架构模式

基础架构(Infrastructure)的组网模式与基础服务集的组成一样，同传统有线网的星形拓扑方案类似，是无线网络最为常见的无线网络部署方式之一。它与点对点模式不同的是，无线节点之间并不是直接相连，而是通过无线接入点 AP 相连接入网络，任意节点之间通信都需要 AP 进行转发。相当于以无线链路作为原有的基干网或其中一部分。相应地在 MAC 帧中，同时有源地址、目的地址和接入地址。通过各基站的响应信号，接入点 AP 能在内部建立一个像路由表那样的桥接表，将各个基站和端口一一联系起来。当接转信号时，AP 就通过查询桥接表进行。由于无线局域网的 AP 有以太网接口，这样，即使以 AP 为中心独立建立一个无线局域网，当然也能够将 AP 作为一个有线网的扩展部分。基础架构模式与点对点模式相比，无线网络的覆盖范围更广，网络可控性和伸缩性都更好。

3. AP Client 客户端模式

AP Client 客户端模式又称 AP 主从模式，有着十分广泛的应用环境。在此模式下工作的 AP 会被主 AP 看做是一台无线客户端，其地位和无线网卡等同。如果把该模式应用在室外，其在物理结构上类似于点对多点的连接方式。区别在于，中心访问节点把远端局域网络看成一个无线终端，它不限制接入远端无线访问点连接的局域网络数量和网络连接方式。所以在设计时，需要充分考虑远端局域网络内部 PC 的数量和网络使用情况。

AP Client 模式与 AP 基础架构模式的结合，提供了一种相邻局域网络的连接方式。这种方式，在主网中与 AP 基础构架模式类似，可以实现网络内部的无线组网需求；远端的 AP Client 将相邻的局域网以客户端的模式接入主网络之中，如图 8.4 所示。这种模式同时实现了两种需求，便于网络的统一管理。

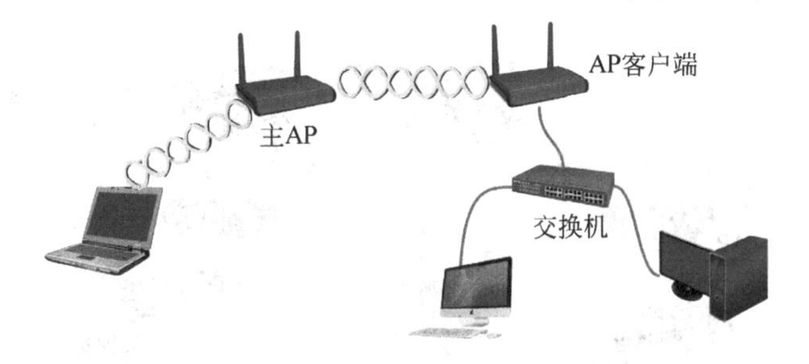

图 8.4 AP Client 模式网络

应用无线 AP Client 客户端模式可以使多个建筑物的多个不相同的局域网连接起来，节省了传统铺设光缆的费用和租借费用，在拓展现有以太网覆盖范围的同时，实现了节省成本、快速实用的解决方案。同时，由于使用高性能的无线技术连接，可以保证网络的灵活性，尤其在现今不断变化的办公环境下，更能够大大提高工作效率，并为移动终端用户及难以布线的用户提供方便的联网方式。同时此种方式，把连接的局域网看成一个终端，便于在整体上管理和控制，达到网络资源的高度利用。

4. 无线网桥模式

无线网桥模式是一种采用无线传输方式，通过 AP 或其他桥接设备把不同的网段连接起来，使之能相互通信的组网方式。通常应用在室外或距离相隔较远不便架设有线网络的地方。无线网桥又分为点对点型、点对多点型和中继型。

1）点对点无线网桥

点对点桥接模式，多用于两个有线局域网间，通过两台 AP 将它们连接在一起，实现两个有线局域网之间通过无线方式的互联和资源共享，也可以实现有线网络的扩展。

两个有线局域网间，通过两台 AP 将它们连接在一起，实现两个有线局域网之间通过无线方式的互联和资源共享，也可以实现有线网络的扩展。点对点无线网桥网络如图 8.5 所示。

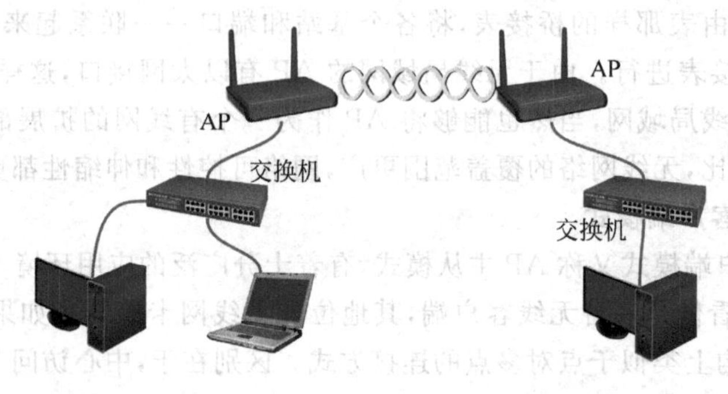

图 8.5　点对点无线网桥网络

如果是室外的应用，由于点对点连接一般距离较远，所以需要安装无线定向天线。

2）点对多点无线网桥

点对多点的无线网桥能够把多个离散的远程的网络连成一体，结构相对于点对点无线网桥来说较复杂。点对多点无线桥接通常以一个网络为中心点发送无线信号，其他接收点进行信号接收，如图 8.6 所示。

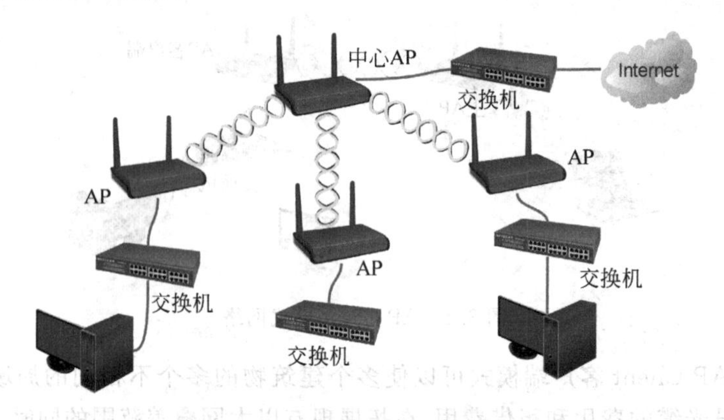

图 8.6　点对多点无线网桥网络

如果是室外应用的话，中心点的不同的天线配置可使用于不同的现场环境（全向天线、扇面天线、定向天线、组合天线）；远程接入点通常会使用定向天线对准中心点。

5. 无线中继模式

无线中继模式，顾名思义，AP 在网络连接中起的是中继的作用，如图 8.7 所示。通过 AP 来实现信号的中继和放大，以便延伸无线网络的覆盖范围。无线局域网中采用中继方式的组网模式多种多样，统称无线分布式系统（Wireless Distribution System，WDS）。无线分布式系统通过无线电接口在两个 AP 设备之间创建一个链路。此链路可以将来自一个不具有以太网连接的 AP 的通信量中继至另一具有以太网连接的 AP。WDS 最多允许在访问点之间配置 4 个点对点链路。中心 AP 最多支持 4 个远端无线中继模式的 AP 接入。

无线分布式系统的无线中继模式,改变了原有单一、简单的无线应用模式。大型热点区域和企业用户选用无线 WDS 技术的解决方案的时候,可以通过各种可选的无线应用方式来连接各个 AP,这样就大大提高了整个网络结构的灵活型和便捷性。

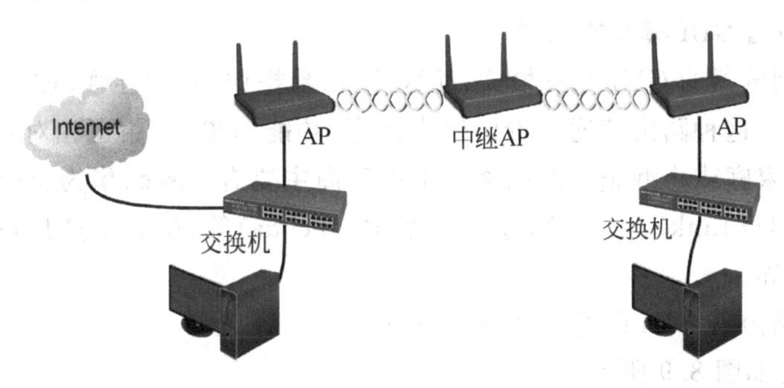

图 8.7 无线中继模式网络

6. 瘦 AP 与胖 AP

瘦 AP 指的是单纯的无线接入点 AP。它将用户认证、加密、漫游控制等功能全部上移至无线控制器 AC,AP 只提供接入功能。因此在使用瘦 AP 模式时,必须要配合 AC 或其他设备才能进行组网。同时由于控制功能的上移,使得整个网络的可控性大大增强,这种方式一般用于运营商的网络架设,如图 8.8 所示。

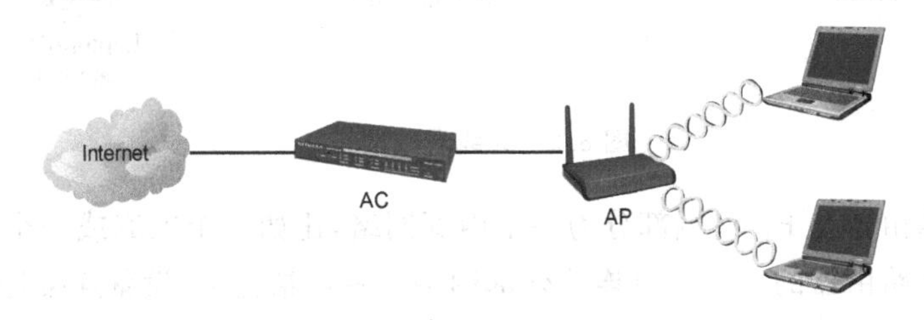

图 8.8 瘦 AP 网络

与瘦 AP 对应的是胖 AP,一般也叫做无线路由器,它不但可以提供无线接入功能,还集成了许多控制功能。胖 AP 适用于小型无线网络部署,不适用于大规模网络部署。因为每台胖 AP 都只支持单独进行配置,组建大、中型无线网络时,配置工作量大;当对网络中的胖 AP 进行软件升级时,需要手工逐台进行升级,维护工作量也很大;同时胖 AP 上保存着配置信息,当设备失窃时容易造成配置信息泄露;并且胖 AP 难以实现自动无线盲区修补、流氓 AP 检测等功能。此外,胖 AP 一般都不支持三层漫游。

8.2 无线局域网的配置

无线局域网涉及的设备有无线路由器、AP、无线网卡、天线等。每种设备针对不同的需求又可分为 SoHo 级、企业级、电信级等级别,同时各种级别的设备也有很多的生产厂商。配置方式上也分为多种。下面介绍无线路由器和无线客户端的具体配置。

8.2.1 无线路由器的配置

配置无线路由器时除了需要配置 IP 地址、子网掩码、网关等信息外，还需配置无线工作模式、SSID、信道及安全设置等参数。

1. 无线路由器 GUI 模式的配置

基于 Web 浏览器的 GUI 配置模式，配置简单，易操作，直观性强，被 SoHo 级别的无线路由器广泛采用。这种路由器通常价格较为低廉，功能简单，使用也相对容易，适合于接入终端数量较少的家庭或小型企业的网络。生产厂商主要有 Cisco、华为、华硕(ASUS)、普联(TP-Link)、友讯(D-Link)、网件(Netgear)、腾达(Tenda)等，虽然生产厂商不同，但在使用和配置上大同小异。

Cisco 无线路由器 GUI 的配置实例如下：

1) 连接设备如图 8.9 所示。

按照图 8.9 所示连接设备。

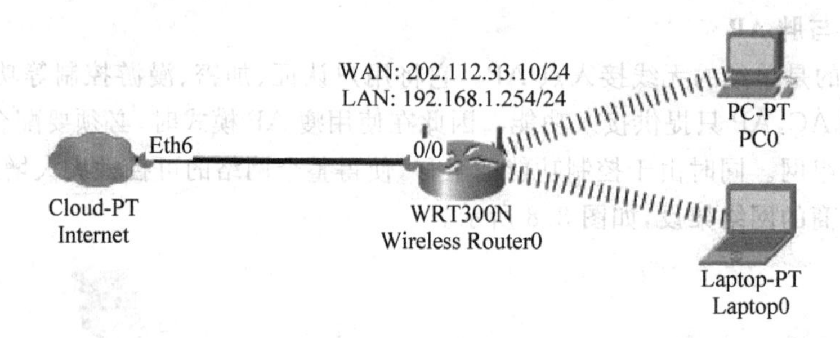

图 8.9 无线局域网拓扑

图中无线路由器及 PC 终端部分为一个内部网络，比如一个家庭或一个办公室，整个内部网络通过无线路由器的 WAN 口连接外部网络。默认情况下，设备连接好后，内部网络已经可以通信，但是为了能够和外部网络通信和保证安全，还需要进行其他配置。

2) Wireless Router0 的基本配置

(1) 登录无线路由器。

打开任意一台终端计算机(如 PC0)的 Web 浏览器，在地址栏中输入 192.168.0.1 并按回车键，弹出登录对话框，如图 8.10 所示。该地址为无线路由器的 LAN 端地址，不同的路由器可能会有所不同，具体情况可以参见设备的说明或路由器上的标签。

在对话框的 User Name 和 Password 文本框中都输入“admin”并按回车键，进入路由器配置界面，如图 8.11 所示。该登录用户名和密码根据不同的路由器也会有所不同。

(2) 配置无线路由器 Internet 连接。

单击 Setup 下的 Basic Setup 选项卡下的“Internet Connection type”下拉菜单。该菜单下有 Automatic Configuration—DHCP、Static IP、PPPoE 3 个选项，其中 Automatic Configuration—DHCP 选项用于 Internet 端 IP 地址为自动获取的情况；Static IP 选项为手动配置 Internet 端地址信息；PPPoE 选项用于 ISP 提供用户名和密码的拨号连接，多为家庭连接 Internet 使用。

选择 Static IP 选项。在下面的 Internet IP Address 中输入 202.112.33.10；Subnet

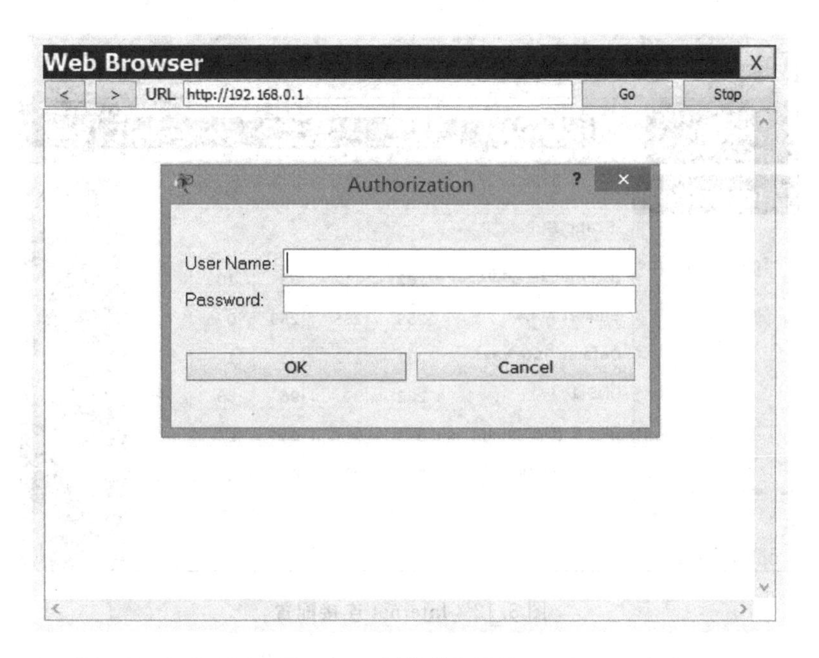

图 8.10 浏览器登录界面

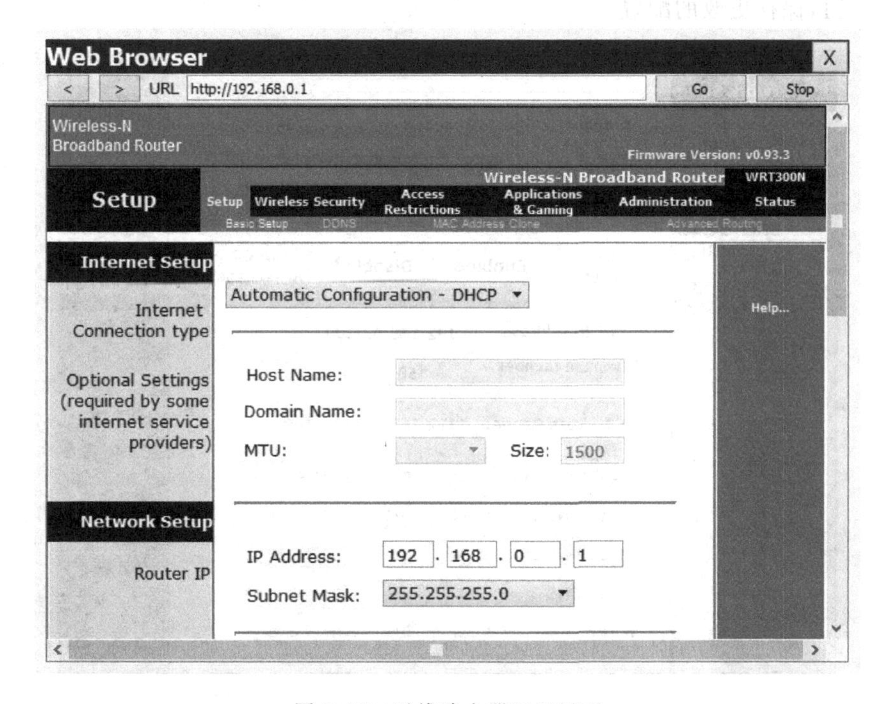

图 8.11 无线路由器配置界面

Mask 中输入 255.255.255.0；Default Gateway 中输入 202.112.33.1；DNS 1 中输入 202.99.96.68，如图 8.12 所示。

(3) 配置无线路由器 LAN 端连接。

把 Router IP 中的 IP Address 修改为 192.168.1.254；DHCP Server Settings 中的

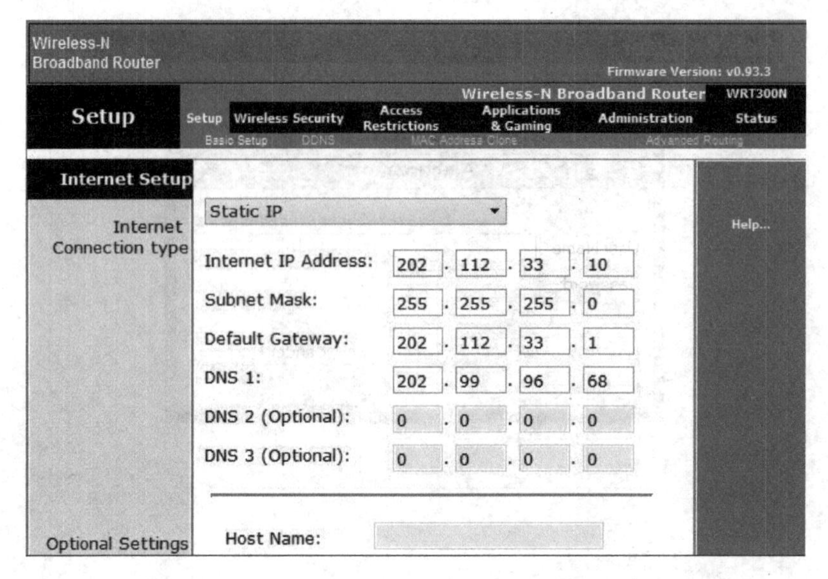

图 8.12 Internet 连接配置

Static DNS 1 修改为 202.99.96.68，如图 8.13 所示。然后单击该页面最下方的 Save Settings 按钮，保存更改的配置。

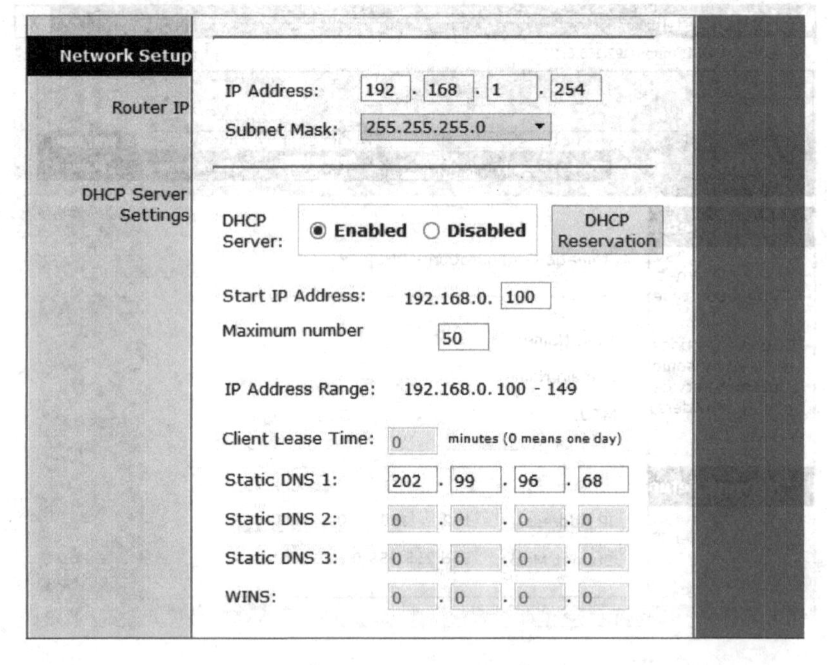

图 8.13 LAN 连接配置

DHCP Server 的选项为 Enabled 时，无线路由器 LAN 端下的终端设备可以自动获取 IP 地址等网络配置。IP 地址池的范围可以通过 Start IP Address 和 Maximum number 进行设置。如想手动分配接入的终端设备的网络地址，可以把 DHCP Server 选项改为 Disabled。

(4) 配置无线网络基本设置。

在浏览器的地址栏中输入新配置的 LAN 端 IP 为 192.168.1.254，重新登录路由器，选择 Wireless 下的 Basic Wireless Settings 选项卡。将 Network Name(SSID)中的默认选项改为 Test，并单击下边的“Save Settings”按钮，如图 8.14 所示。

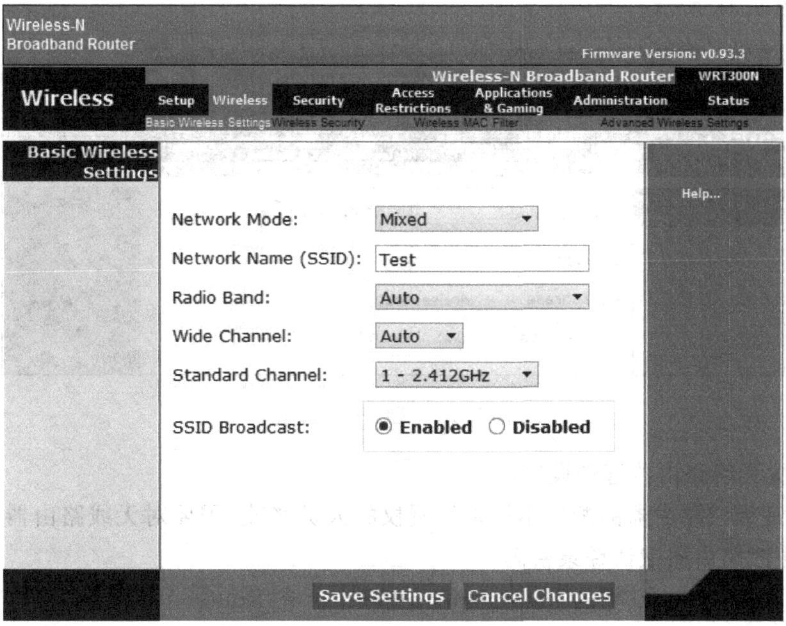

图 8.14 无线网络基本设置

Network Mode 下拉列表框中列出了无线路由器支持的网络模式，包括了混合型、BG 混合型、IEEE 802.11b、IEEE 802.11g、IEEE 802.11n 等。选取何种模式取决于它连接的终端的无线网卡类型，如果是只支持 802.11g 的设备，就可以选择 Wireless-G Only 模式。如果是只支持 802.11n 的设备，就选择 Wireless-N Only 模式。如果需要连接多种类型的无线设备，就可以选择 Mixed 混合模式。

“Network Name(SSID)”选项可以根据需求设置不同的 SSID 号，用以区分不同的网络。设置时注意尽量不要使用中文作为 SSID 号，因为部分设备对中文 SSID 不支持。

Radio Band、Wide Channel 和 Standard Channel 这 3 个选项用来设置信道带宽和信道号。信道带宽分为 Auto、20MHz、40MHz 3 种。当选择 40MHz 时，路由器将有两种信道可用，一种是 Wide Channel，一种是 Standard Channel。当遇到干扰时，可以通过调整这几个选项，避开存在干扰的信道，以便获得较好的通信质量。通常情况下使用默认值即可。

SSID Broadcast 选项为 Enabled 时，可以从无线客户端搜索到对应无线网络的 SSID 号，然后使用该 SSID 进行网络连接。如果选中 Disabled 单选按钮，则必须在客户端手动输入 SSID 号，才能进行连接通信。

(5) 配置无线网络安全设置。

无线终端重新选择 SSID 为 Test 的无线网络，并连接登录到无线路由器管理界面。在管理界面选择 Wireless 下的 Wireless Security 选项卡。该选项卡中可以设置无线的加密认证方式。它提供了 WEP、WPA Personal、WPA Enterprise、WPA2 Personal、WPA2 Enterprise 5 种安全规范。在现实生活中,为了保证无线网络的安全性,一般选择 WPA2 Personal+AES 或 WPA2 Enterprise+AES 的安全方案。

Security Mode 选项选择 WPA2 Personal 安全规范;Encryption 选项选择 AES 加密算法;Passphrase 选项中输入 wirelesstest 作为密钥。配置完成后,单击 Save Settings 按钮保存设置,如图 8.15 所示。

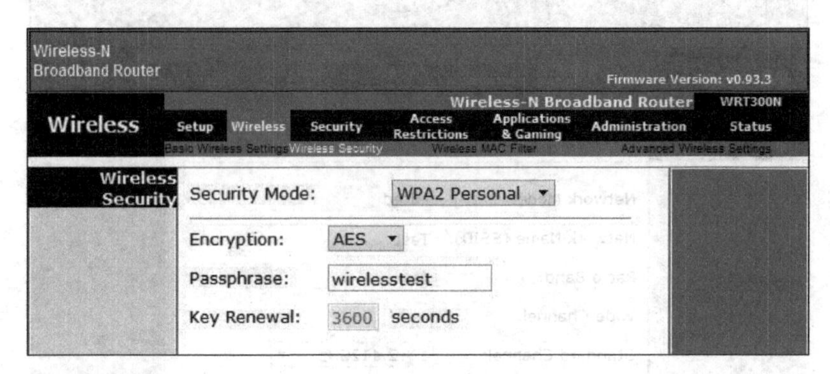

图 8.15　无线安全选项

(6) 配置无线路由器管理设置。

为了保证无线路由器的配置不被未经授权的人员修改,需要对无线路由器进行一些管理设置,如更改路由器默认登录密码。

选择 Administration 下的 Management 选项卡。在 Router Password 文本框中输入新的路由器登录密码 Wireless,并在 Re-enter to confirm 中再次输入该密码,进行确认,并单击 Save Settings 按钮保存配置,如图 8.16 所示。

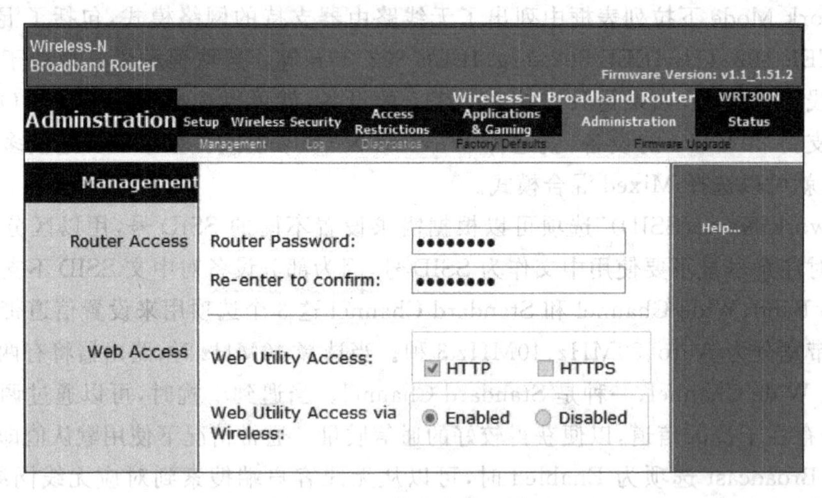

图 8.16　无线路由器管理设置

2. 无线路由器 CLI 模式的配置

CLI 命令行配置模式多为企业级无线路由器所使用,这种无线路由器适合大型企业和网吧,可以保证数百台设备的无线网络连接,同时功能较多,可以实现精确的路由控制、上网 IP 地址控制、QoS 服务质量保证等功能。部分企业级无线路由器除了支持 CLI 命令行配置模式外,也支持基于浏览器的 GUI 配置模式。

Cisco 无线路由器命令行配置实例如下：

(1) 参照无线局域网拓扑图 8.9 所示连接设备。

(2) Wireless Router0 命令行具体配置：

```
Router>enable
Router#configure terminal
Router(config)#ip name-server 202.99.96.68                  !配置 DNS 服务器地址
Router(config)#ip route 0.0.0.0 0.0.0.0 202.112.33.1        !配置默认网关地址
!以 FastEthernet0/0 端口为 WAN 口配置端口 IP,并启用端口
Router(config)#interface fastEthernet 0/0
Router(config-if)#ip address 202.112.33.10 255.255.255.0
Router(config-if)#no shutdown
!配置无线信息
Router(config-if)#dot11 ssid Test                           !建立以 Test 为名的 SSID
Router(config-ssid)#authentication key-management wpa       !使用 WPA 安全规范
Router(config-ssid)#wpa-psk ascii 7 wirelesstest            !定义加密密钥
Router(config-ssid)#interface Dot11Radio0/3/0               !进入无线网络端口
Router(config-if)#ip address 192.168.1.254 255.255.255.0
Router(config-if)#encryption mode ciphers aes-ccm            !定义 AES 加密方式
Router(config-if)#ssid Test                                 !应用已定义的 SSID 到接口上
Router(config-if)#no shutdown
```

8.2.2 无线客户端的配置

无线客户端配置相对于无线路由器要简单很多，一般分为基于无线网络管理软件的配置方式和操作系统默认配置方式两种。

1. 基于无线网络管理软件的配置

基于无线网络管理软件的配置方式，多是通过无线网卡生产商或其他第三方软件公司所提供的无线网络管理软件来对无线网络进行管理。

下面以 Cisco WPC300N 无线网卡的管理软件为例说明。

1) 启动 WPC300N 管理软件

在软件的开始界面可以看到当前的联网状况，Signal Strength 和 Link Quality 分别表示了当前无线网络的信号强度和链路质量，如图 8.17 所示。

2) 连接无线网络

选择 Connect 选项卡，单击 Refresh 按钮刷新当前可连接的无线网络，如图 8.18 所示。

在左侧的列表框中选中要连接的无线网络后，单击 Connect 按钮，弹出连接对话框，如图 8.19 所示。

在 Security 下拉列表框中，选择要连接的无线网络所使用的安全规范，这里按照之前无线路由器的例子，选择 WPA2-Personal。并在 Pre-share Key 中输入无线网络密钥 wirelesstest 后再单击 Connect 按钮连接网络。

3) 管理无线连接配置

选择 Profiles 选项卡，该选项卡界面与 Connect 选项卡类似，不同的是这里列出的是已经配置并保存过的网络配置，如图 8.20 所示。

图 8.17 网络管理软件启动界面

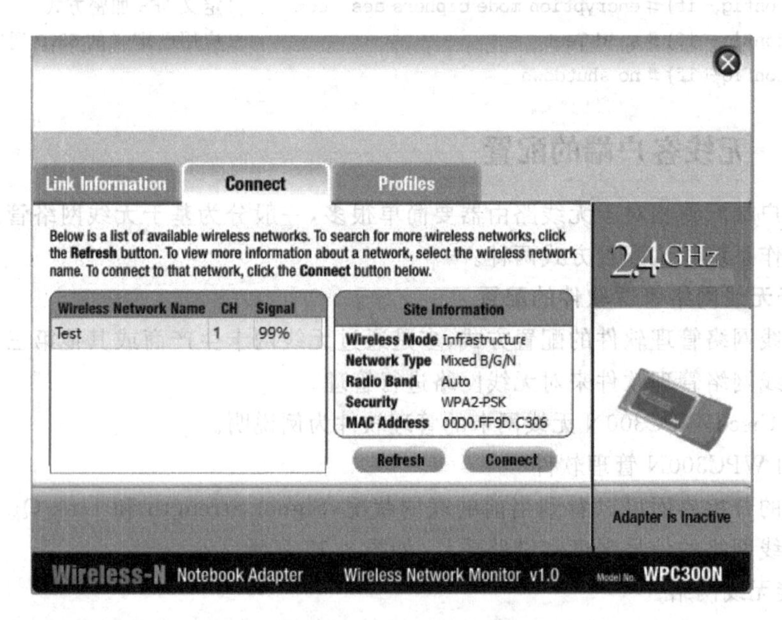

图 8.18 无线网络连接

单击 New 按钮，弹出新建对话框，要求输入一个新的配置文件名称，输入 Test，单击 OK 按钮。弹出 Creating a Profile 创建配置文件对话框，如图 8.21 所示。

在该对话框下的列表框中可以选择需要连接的无线网络，然后单击 Connect 按钮，进行配置，配置过程与网络连接时的配置一致。

如果所需连接的无线网络为隐藏 SSID 的网络，这里就不会将其显示，需要单击下方的 Advance Setup 按钮进行设置。单击 Advance Setup 按钮，弹出一个新的创建连接界面，如图 8.22 所示。

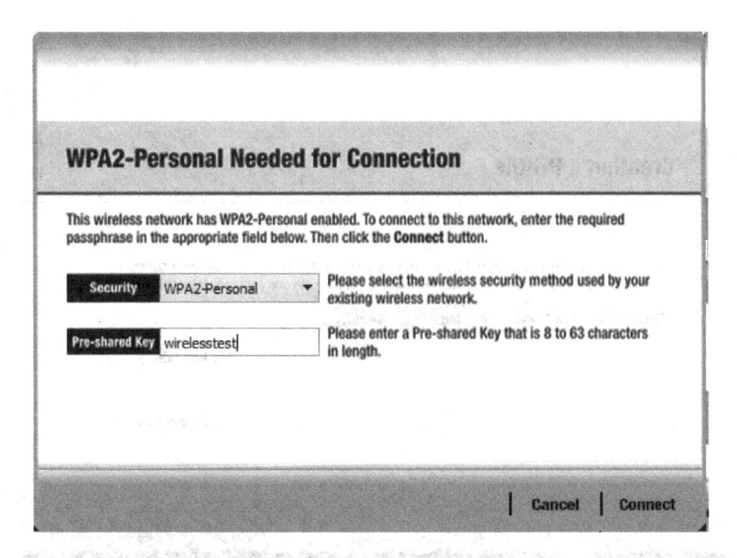

图 8.19　无线网络安全设置

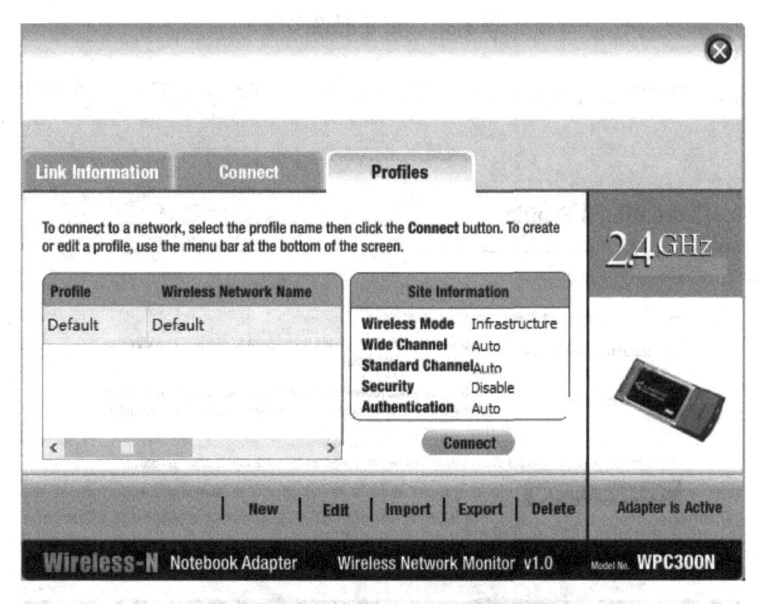

图 8.20　无线网络配置文件管理

该对话框下有 Infrastructure Mode 和 Ad-Hoc Mode 两种联网模式可供选择。其中 Infrastructure Mode 为无线客户端和无线路由器或 AP 连接时所使用的模式，Ad-Hoc Mode 为无线客户端之间直接相连时所使用的模式。这里选中 Infrastructure Mode 单选按钮，并在 Wireless Network Name 文本框中输入需要连接网络的 SSID 号，如 Test，单击 Next 按钮进入 Network Settings 对话框，如图 8.23 所示。

Obtain network setting automatically(DHCP)为客户端以 DHCP 方式自动获取 IP 地址等网络配置信息。Special network settings 为静态方式手动配置 IP 地址等网络配置信息。选中第 1 个单选按钮，单击 Next 按钮，进入 Wireless Security 对话框，如图 8.24 所示。

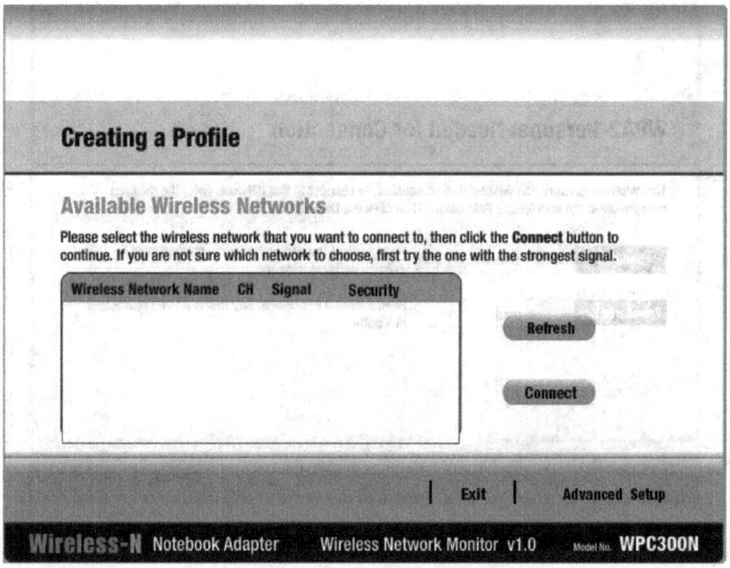

图 8.21　创建配置文件

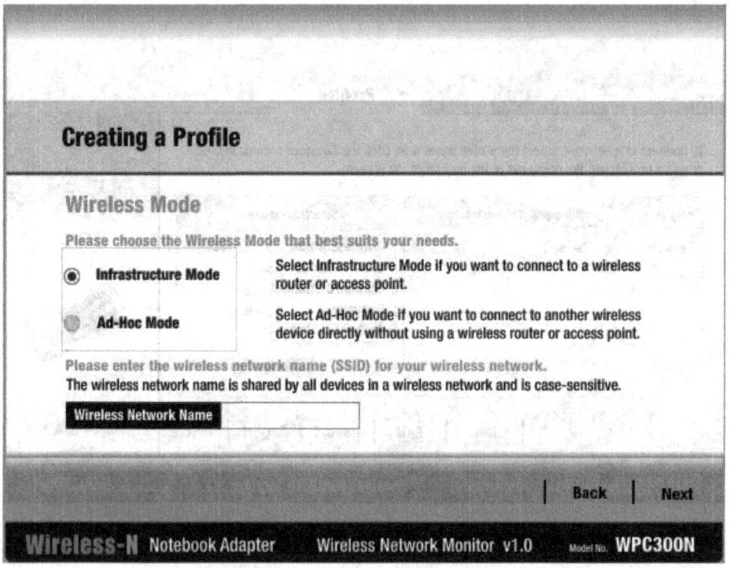

图 8.22　无线网络模式选择

在 Security 下拉列表框中选择所需连接无线网络的安全规范，这里选择 WPA2-Personal，单击 Next 按钮，进入密钥输入界面，在 Pre-Shared Key 中输入无线网络连接密钥，如 wirelesstest，单击 Next 按钮，进入 Confirm New Settings 对话框，如图 8.25 所示。

确认配置没有问题，单击 Save 按钮，保存网络配置。如网络配置需要修改，可以在 Profiles 选项卡下单击 Edit 按钮进行修改。

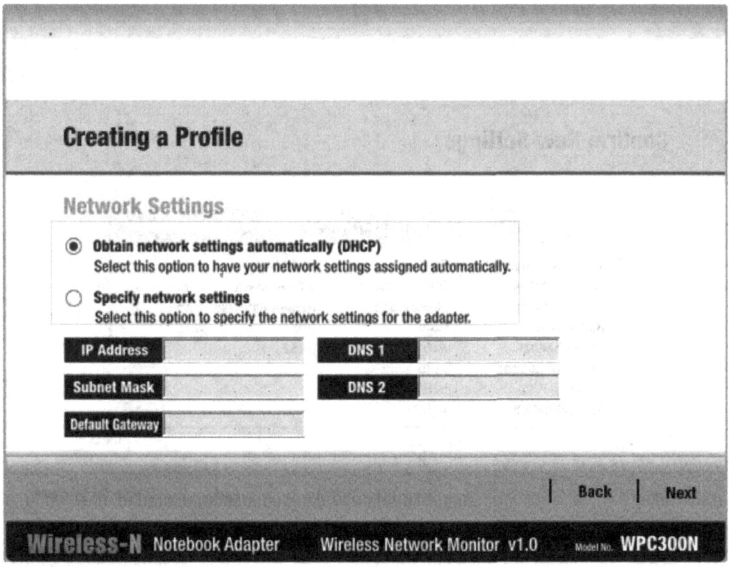

图 8.23 无线网络地址配置

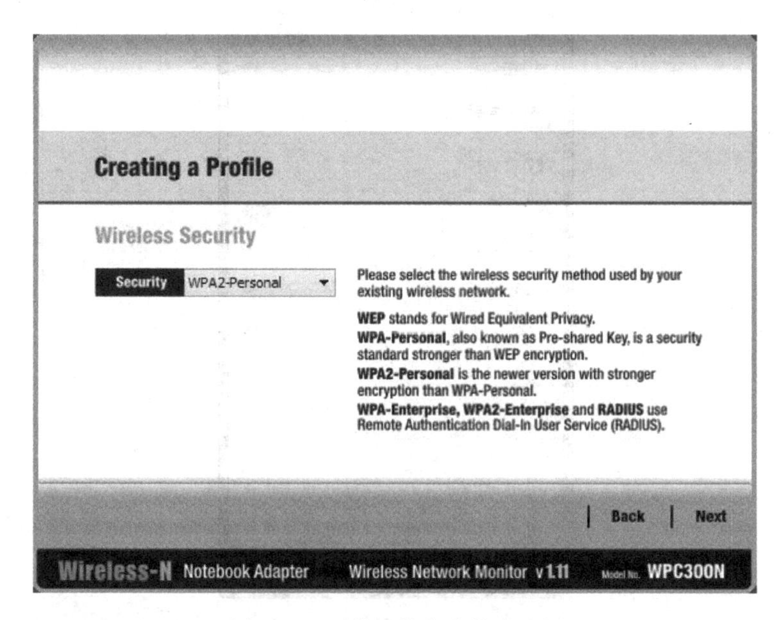

图 8.24 无线网络安全模式选择

2. 基于操作系统的配置

使用操作系统自带的程序进行网络连接管理相对于其他软件来说，在操作上更为简便，不需要再安装其他程序，所以也是目前使用最多的连接方式。

(1) 单击 Windows 操作系统右下角的网络图标，显示网络连接列表，如图 8.26 所示。

(2) 选中需要连入的无线网络，单击“连接”按钮，在弹出的“连接网络”对话框中输入该无线网络密码，即可接入该无线网络，如图 8.27 所示。

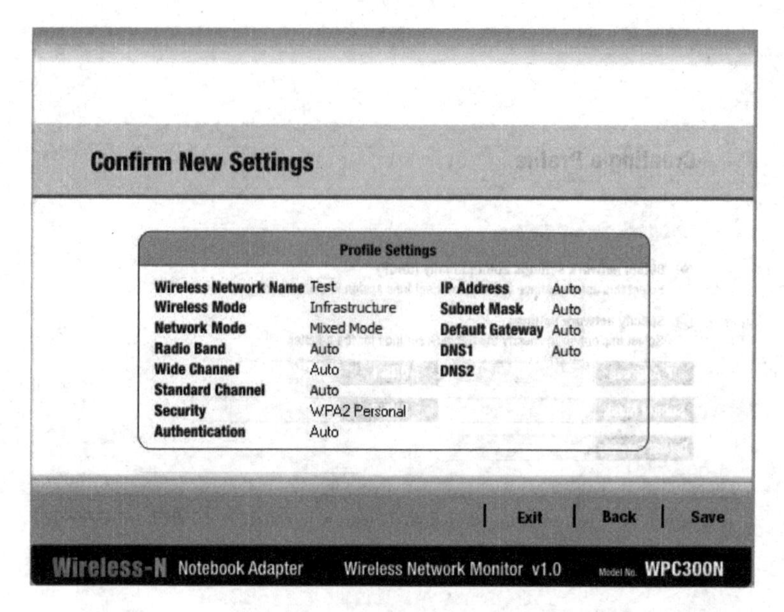

图 8.25 无线网络配置信息

图 8.26 可用无线网络列表

(3) 如在图 8.26 所示的连接列表中看不到想要连入的网络，则可能该网络关闭了 SSID 广播，这时需要单击列表中的“打开网络和共享中心”，打开“网络和共享中心”对话框，如图 8.28 所示。

选择左侧的“管理无线网络”选项，打开“管理无线网络”对话框，这里列出了曾经配置过的无线网络，如图 8.29 所示。

(4) 单击“添加”按钮，弹出“手动连接到无线网络”对话框，如图 8.30 所示。

如要建立 Ad-Hoc 网络，需要选择“创建临时网络”选项。如果是连接到无线路由器或

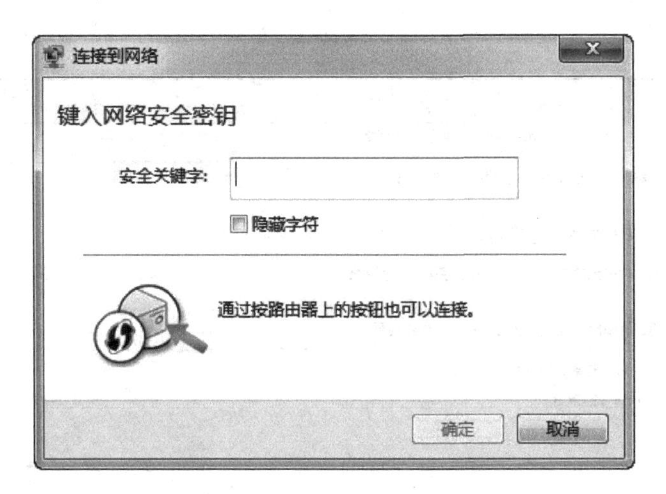

图 8.27 网络密钥输入对话框

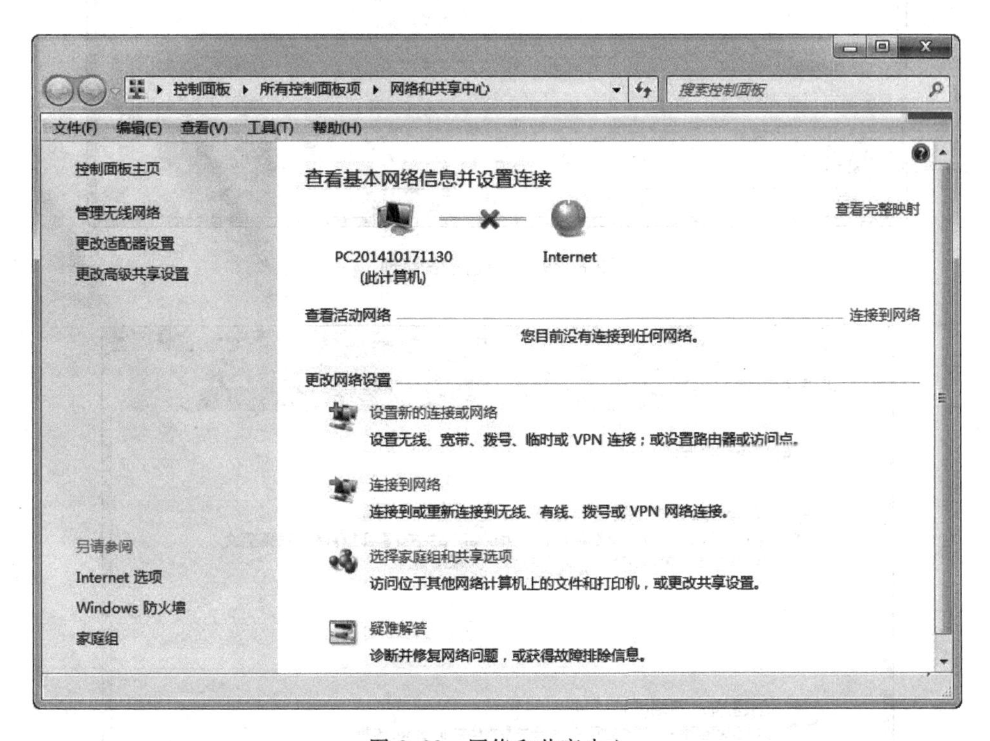

图 8.28 网络和共享中心

AP,需选择"手动创建网络配置文件"选项。进入添加无线网络信息对话框,如图 8.31 所示。

(5) 按照需要连入的无线网络实际情况,输入"网络名"即 SSID 号、"安全类型"、"加密类型"和"安全密钥",单击"下一步"按钮完成配置。

(6) 如果无线路由器没有启动 DHCP 服务,则还需在客户端上手动配置 IP 地址、网关、子网掩码、DNS 等网络信息。配置完成后,即可正常使用无线网络。

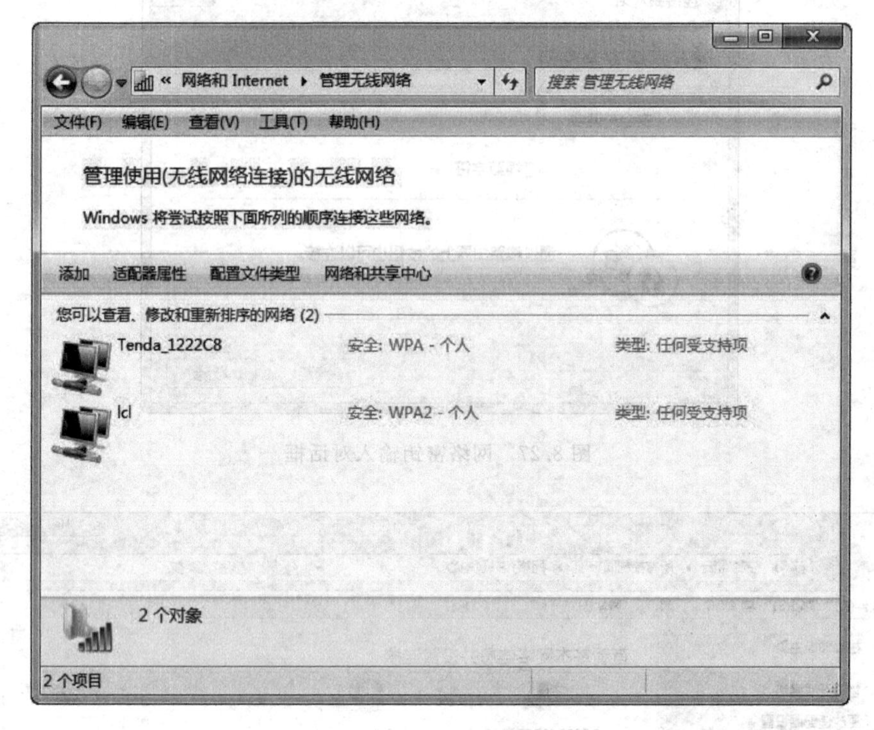

图 8.29　无线网络管理

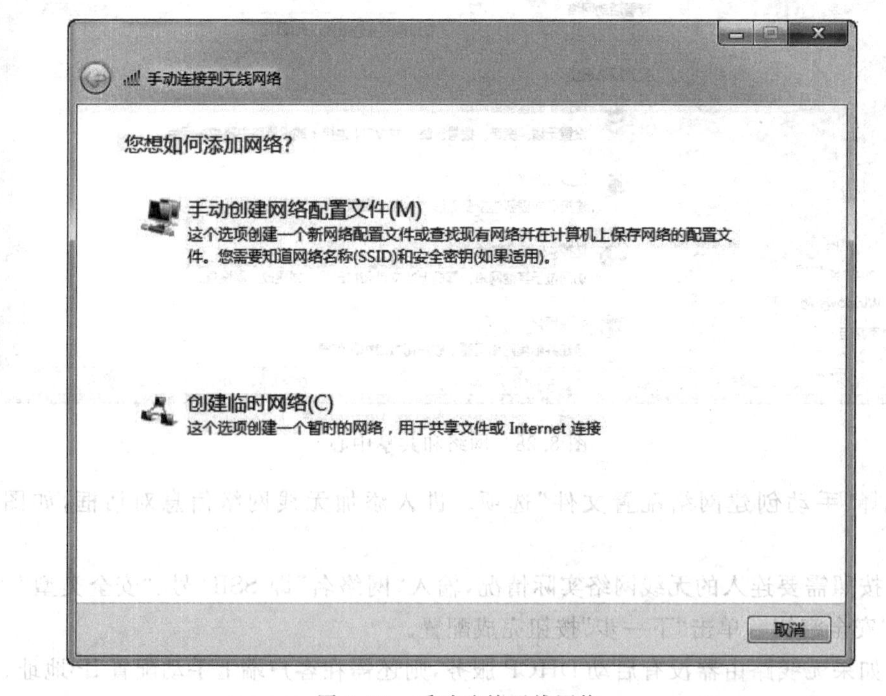

图 8.30　手动连接无线网络

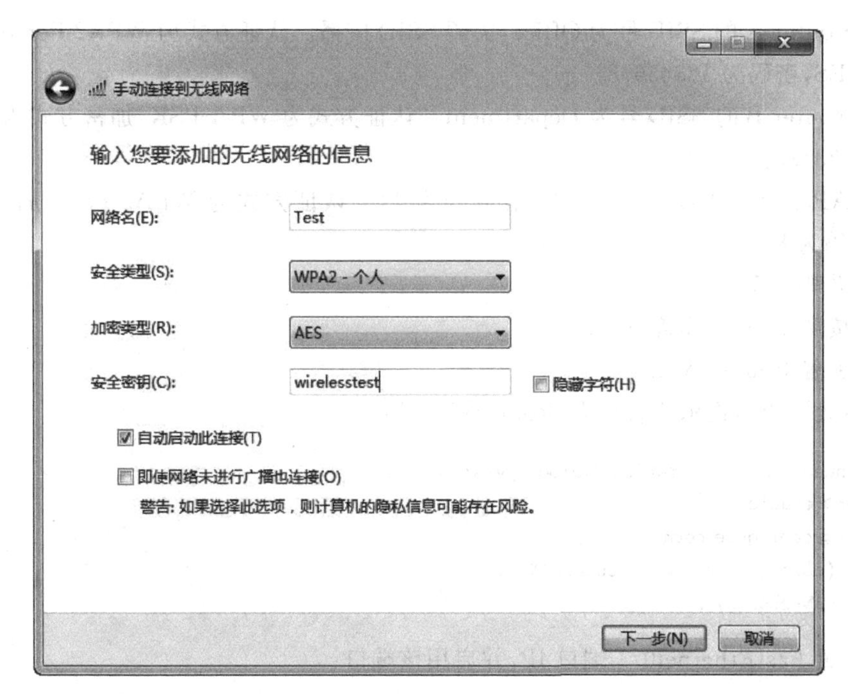

图 8.31 无线网络信息录入

8.2.3 无线局域网的综合应用

组建一个图 8.32 所示的无线局域网。其中：

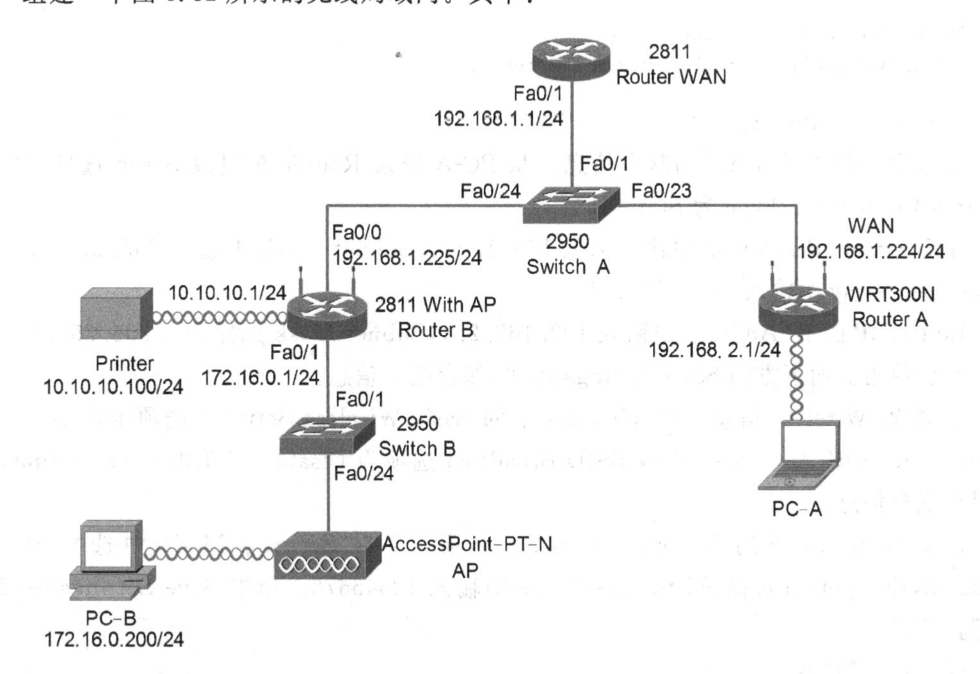

图 8.32 无线办公局域网拓扑

(1) Router A 的 SSID 号为 Office,关闭 SSID 广播。认证方式为 WPA2 Personal,加密方式为 AES,密码为 12345678。

(2) Router B 的 SSID 号为 Department。认证方式为 WPA-PSK,加密方式为 AES,密码为 123123123。

(3) AP 的 SSID 号为 DeptAP,信道号为 11。认证方式为 WPA2-PSK,加密方式为 TKIP,密码为 87654321。

具体步骤如下：

(1) 按照拓扑图,连接设备。

(2) 配置 Router WAN。

① 更改路由器提示符名称为"RouterWAN"：

```
Continue with configuration dialog? [yes/no]: no
Router > enable
Router # configure terminal
Router(config) # hostname RouterWAN
RouterWAN(config) #
```

② 配置 FastEthernet0/1 端口 IP,并启用该端口：

```
RouterWAN(config) # interface fastEthernet 0/1
RouterWAN(config - if) # ip address 192.168.1.1 255.255.255.0
RouterWAN(config - if) # no shutdown
```

③ 启动路由协议：

```
RouterWAN(config - if) # router rip
RouterWAN(config - router) # network 192.168.1.0
```

(3) 配置 Router A。

① 配置 WAN 和 LAN 的基本信息。从 PC-A 登录 Router A 更改 Setup 选项卡中的 Internet Connection Type 为 Static IP。

在 Internet IP Address 中输入 192.168.1.224,Subnet Mask 中输入 255.255.255.0,Default Gateway 中输入 192.168.1.1。

Router IP 的 IP Address 中输入 192.168.2.1,Subnet Mask 选择 255.255.255.0。

然后单击页面下方的 Save Settings 按钮,保存配置信息。

② 配置 Wireless 信息。在 Wireless 下的 Basic Wireless Settings 选项卡的 Network Name(SSID)中输入 Office。更改 SSID Broadcast 选项为 Disabled。单击 Save Settings 按钮保存配置信息。

选择 Wireless 下的 Wireless Security 选项卡。在 Security Mode 中选择 WPA2 Personal,Encryption 选择 AES,Passphrase 中输入 12345678。单击 Save Settings 按钮保存配置信息。

(4) 配置 PC-A。

在 PC-A 上添加新的无线网络 Office。单击 Windows 操作系统右下角网络图标,选择"网络和共享中心",在打开的新窗口中选择左侧的"管理无线网络"选项,打开"管理无线网络”对话框，单击“添加”按钮，在新对话框中选择“手动创建网络配置文件”选项，在“网络名”中输入“Office”，“安全类型”中选择“WPA2-个人”，“加密类型”中选择 AES，“安全密钥”中输入 12345678，单击“下一步”按钮完成配置，连入无线网络。至此拓扑图的右侧所有设备已配置完成，可以通信了。

(5) 配置 RouterB。

① 更改路由器提示符名称为 RouterB：

```
Continue with configuration dialog? [yes/no]: no
Router > enable
Router # configure terminal
Router(config) # hostname RouterB
RouterB(config) #
```

② 配置 FastEthernet0/0 与 FastEthernet0/1 端口 IP，并启用端口：

```
RouterB(config) # interface fastEthernet 0/0
RouterB(config - if) # ip address 192.168.1.225 255.255.255.0
RouterB(config - if) # no shutdown
RouterB(config - if) # interface fastEthernet 0/1
RouterB(config - if) # ip address 172.16.0.1 255.255.255.0
RouterB(config - if) # no shutdown
```

③ 配置无线信息：

```
RouterB(config - if) # dot11 ssid Department                    !建立 SSID 号 Department
RouterB(config - ssid) # authentication key - management wpa!使用 WPA 安全规范
RouterB(config - ssid) # wpa - psk ascii 7 123123123             !定义安全密钥
RouterB(config - ssid) # interface Dot11Radio0/3/0               !进入无线网络端口
RouterB(config - if) # ip address 10.10.10.1 255.255.255.0
RouterB(config - if) # encryption mode ciphers aes - ccm         !使用 AES 加密
RouterB(config - if) # ssid Department                           !应用已定义的 SSID 到接口上
RouterB(config - if) # no shutdown                               !启用端口
```

④ 启动路由协议：

```
RouterB(config - if) # router rip                                !启动 rip 路由协议
RouterB(config - router) # network 192.168.1.0
RouterB(config - router) # network 172.16.0.0
RouterB(config - router) # network 10.10.10.0
```

(6) 配置 Printer。

按照要求配置 Printer 的网络参数，网关中输入 10.10.10.1，IP 地址输入 10.10.10.100，子网掩码输入 255.255.255.0。

SSID 中输入 Department，认证方式选择 WPA-PSK，安全密钥输入 123123123，加密类型选择 AES。

(7) 配置 AP。

登录 AP，把 AP 的 SSID 设置为 DeptAP，信道选择为 11。认证方式选择 WPA2-PSK，安全密钥输入 87654321，加密类型选择 TKIP。

(8) 配置 PC-B。

PC-B 的配置与 PC-A 类似，在“管理无线网络”中添加网络名为 DeptAP，安全类型为

“WPA2-个人”,安全密钥为 87654321,加密类型为 TKIP 的网络。并把无线网卡的网关改为 172.16.0.1。

至此,全部配置已经完成。实验网络内的无线设备已经接入了正确的网络,各设备已经可以相互通信了。

小结

无线局域网是利用无线通信技术在有限的地理范围内建立的局域网,它使用无线电波作为数据传输的介质,不需其他任何导线或传输电缆。无线局域网全世界最通用的标准是 IEEE 定义的 802.11 系列标准。

WLAN 的安全标准包括 WEP 以及 IEEE 802.11i 所定义的 WAP、WAP2 和我国自主创新的 WAPI 标准。使用最多的是 WAP2 安全规范。

WLAN 分为有固定基础设施的和无固定基础设施两大基本类型。有固定基础设施的网络类型包括基本服务集 BSS 和扩展服务集 ESS。无固定基础设施的网络为无中心网络,又称独立基本服务集 Ad-Hoc。

习题

1. 下列(　　)是 WLAN 最常用的上网认证方式。
   A. WPA 认证　B. SIM 认证　C. 宽带拨号认证　D. PPPoE 认证
2. 当同一区域使用多个 AP 时,通常使用(　　)个信道。
   A. 1、2、3　B. 1、6、11　C. 1、5、10　D. 以上都不是
3. 802.11b 最大的数据传输速率可以达到(　　)。
   A. 108Mb/s　B. 54Mb/s　C. 24Mb/s　D. 11Mb/s
4. 无线局域网的最初协议是(　　)。
   A. IEEE 802.11　B. IEEE 802.5　C. IEEE 802.3　D. IEEE 802.1
5. 802.11g 规格使用(　　)频谱。
   A. 5.2GHz　B. 5.4GHz　C. 2.4GHz　D. 800MHz
6. IEEE 802.11b 标准采用(　　)调制方式。
   A. FHSS　B. DSSS　C. OFDM　D. MIMO
7. 下列设备中不会对 WLAN 产生电磁干扰的是(　　)。
   A. 微波炉　B. 蓝牙设备　C. 无线接入点　D. GSM 手机
8. WLAN 上的两个设备之间使用的标识码是(　　)。
   A. BSS　B. ESS　C. SSID　D. 隐形码
9. 计算机上需要安装(　　)设备才能连入无线网络。
   A. 接入点　B. 天线　C. 无线网卡　D. 中继器
10. 无线局域网相对于有线网络的主要优点是(　　)。
   A. 可移动性　B. 传输速度快　C. 安全性高　D. 抗干扰性强

第9章

网络管理

本章学习目标

- 了解网络管理的基本概念。
- 了解网络管理的功能。
- 熟悉网络管理协议和技术。
- 掌握常用网络命令。
- 了解常用网络管理软件的使用。

本章首先向读者介绍网络管理的基本概念、组成、表示和类型,再介绍网络管理的故障管理、配置管理、性能管理、安全管理、计费管理和桌面管理等功能。之后对网络管理协议、技术、常用网络命令进行了介绍。最后介绍了常见网络管理软件的使用。

9.1 网络管理概述

9.1.1 网络管理系统的组成特点

当前计算机网络的发展特点是规模不断扩大,复杂性不断提高,异构性越来越强。计算机网络技术的飞速发展,带来的不仅仅是技术上的更新,也是概念上的快速变革。随着计算机技术、通信技术和网络技术的发展,各个部门和企业都开始建立网络来推进各自的发展速度。网络业务和应用的丰富,使得计算机网络管理与维护变得至关重要。

按照国际标准化组织(ISO)的定义,网络管理是指规划、监督、控制网络资源的使用和网络的各种活动,以使网络的性能达到最优。一般而言,网络管理有五大功能:故障管理、配置管理、性能管理、安全管理和计费管理。目前有影响的网络管理协议是SNMP(Simple Network Management Protocol,简单网络管理协议)、CMIS/CMIP(the Common Management Information Service/Protocol,公共管理信息服务和协议)和RMON(Remote Network Monitoring远程网络监控)。

1. 网络管理系统的组成

网络管理的需求决定网络管理系统的组成和规模,任何网络管理系统无论其规模大小,基本上都是由软件平台、支撑软件、工作平台和网络设备组成的。

2. 网络管理系统的类型及优、缺点

1) 集中式网络管理

集中式网络管理模式是在网络系统中设置专门的网络管理节点。管理软件和管理功能主要集中在网络管理节点上,网络管理节点与被管理节点是主从关系。

优点:网络管理系统处于高度集中、易于做出全集决断的最佳位置,网络升级的时候仅需要处理这一点,同时由于所有数据均接到统一的中央数据库,所以便于集中管理、维护和扩容。

缺点:管理信息集中汇总到管理节点上,信息流拥挤,一旦出现故障,将导致全网瘫痪。此外,网络管理系统的链路承载的业务量非常大,有时会超出其负载能力。

2) 分级式网络管理

分级式网络管理模式是将一个网络管理系统(NMS)的管理者(Manager)作为另外几个网络管理系统管理的总管理者。各个管理者分别管理各自的管理部分(Managed Entity),总管理者对整个网络进行管理。

优点:将网络资源的负荷分散开来,让各个网络管理者更接近被管理单元,这样降低了总网络管理系统所需要收集和传送的业务量。此外,这种模式相比集中式网络管理更加可靠。

缺点:该模式对比集中式系统模式更加复杂,而且系统的设备价格也相应有所提高。

3) 分布式网络管理

分布式网络管理模式是将地理上分布的网络管理客户机与一组网络管理服务器交互作用,共同完成网络管理的功能。

优点:可以实现分部门管理,即限制每个客户机只能访问和管理本部门的部分网络资源,而由一个中心管理站实施全局管理。中心管理站还能对客户机发送指令,实现更高级的管理,同时具有灵活性和可伸缩性。

缺点:系统设备更为复杂一些,需要有分布式应用的架构。

综上所述,这3种模式各有优、缺点,并且有各自的应用范围。集中式网络管理适用于规模较小的网络系统。分级式网络管理适用于单一业务和网络拓扑结构简单的网络系统。分布式网络管理适用于业务量、信息量大的且能够灵活扩容、容易设计、异构的网络系统。由此可以看出,分布式网络管理模式更适合于未来的通信信息管理。由于海量信息、多种信息类型和异构并行信息处理需求的日益增加,这一定会促使未来的网络管理具有灵活升级和易于扩展的功能,而这正是分布式网络管理的优势所在。

9.1.2 网络管理的功能

根据国际标准化组织定义网络管理有五大功能:故障管理、配置管理、性能管理、安全管理、计费管理。另外还有当前较为流行的桌面管理6个方面网络管理功能。

1. 故障管理

故障管理主要包括以下内容:

(1) 过滤、归并网络事件。

(2) 有效地发现、定位网络故障。

(3) 给出排错建议与排错工具。

(4) 形成整套的故障发现、告知与处理机制。

(5) 实施故障排除作业，恢复网络运行。

2. 配置管理

配置管理主要包括以下内容：

(1) 自动发现网络拓扑结构。

(2) 构造和维护网络系统的配置。

(3) 监测网络被管对象的状态。

(4) 完成网络关键设备配置的语法检查。

(5) 配置自动生成和自动配置备份系统。

(6) 对于配置的一致性进行严格的检验。

3. 性能管理

性能管理主要包括以下内容：

(1) 性能管理采集。

(2) 分析网络对象的性能数据。

(3) 监测网络对象的性能。

(4) 对网络线路质量进行分析。

(5) 统计网络运行状态信息。

(6) 对网络的使用作出评测、估计。

(7) 为网络进一步规划与调整提供依据。

4. 安全管理

安全管理主要包括以下内容：

(1) 结合使用用户认证、访问控制、数据传输与存储的保密与完整性机制。

(2) 保障网络管理系统本身的安全。

(3) 维护系统日志。

(4) 使系统的使用和网络对象的修改有据可查。

(5) 控制对网络资源的访问。

5. 计费管理

计费管理主要包括以下内容：

(1) 对网际互联设备按 IP 地址的双向流量统计。

(2) 产生多种信息统计报告及流量对比。

(3) 提供网络计费工具，以便用户根据自定义的要求实施网络计费。

6. 桌面管理

桌面管理主要包括以下内容：

(1) 统计办公网络中所有计算机软、硬件信息，可根据用户需求，定制开发企业的资产管理系统。

(2) 根据桌面的安全漏洞下载最新补丁包，进行补丁分发、安装。

(3) 可自动分发、安装商用程序，实现终端标准化。

(4) 可自动对客户端进行操作系统部署,客户端无需手动安装。
(5) 统计软件资产利用率。
(6) 对客户端的故障问题进行远程故障排除,降低解决问题的时间。
(7) 手工定制生成资产统计报表、软件或补丁分发管理报表。

9.2 常用网络命令

Windows 下常用的网络命令有 ping、ipconfig、nslookup、netstat、tracert、ftp、telnet、nbtstat 及 route。

9.2.1 探测工具 ping

功能:通过向主机发出一个试探性的 IP 检测包,来测试该主机是否可以到达。
格式:

```
ping 目的地址[参数 1][参数 2][参数 3]
```

其中目的地址是指被探测主机的地址,既可以是域名,也可以是 IP 地址。
参数:-t:继续 ping 直到用户终止。
-a:解析主机地址。
-n 数值:发出的探测包的数目,默认值为 4。
-l 数值:发送缓冲区大小。
-f:设置禁止分割包标志。
-i 数值:包生存时间,该数值决定了 IP 包在网上传播的距离。
-v:服务类型。
实例:ping www.baidu.com,其实现如图 9.1 所示。

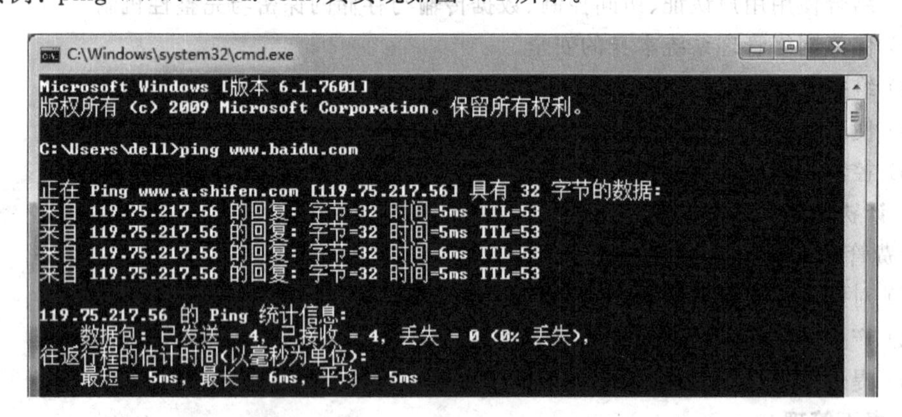

图 9.1 ping 命令

9.2.2 网络统计工具 netstat

功能:显示协议统计和当前 TCP/IP 网络连接。
格式:

```
netstat[参数 1][参数 2][参数 3]
```

参数：-a：显示所有网络连接和监听端口。

-e：显示以太网统计资料。

-n：以数字格式显示地址和端口。

-p：显示指定的 TCP 或者 UDP 协议的连接。

-r：显示路由表。

-s：显示每一个 TCP、UDP、IP 协议的统计。

-interval：按照指定间隔(interval)反复显示统计信息。

实例：输入命令：netstat -r，操作如图 9.2 所示。

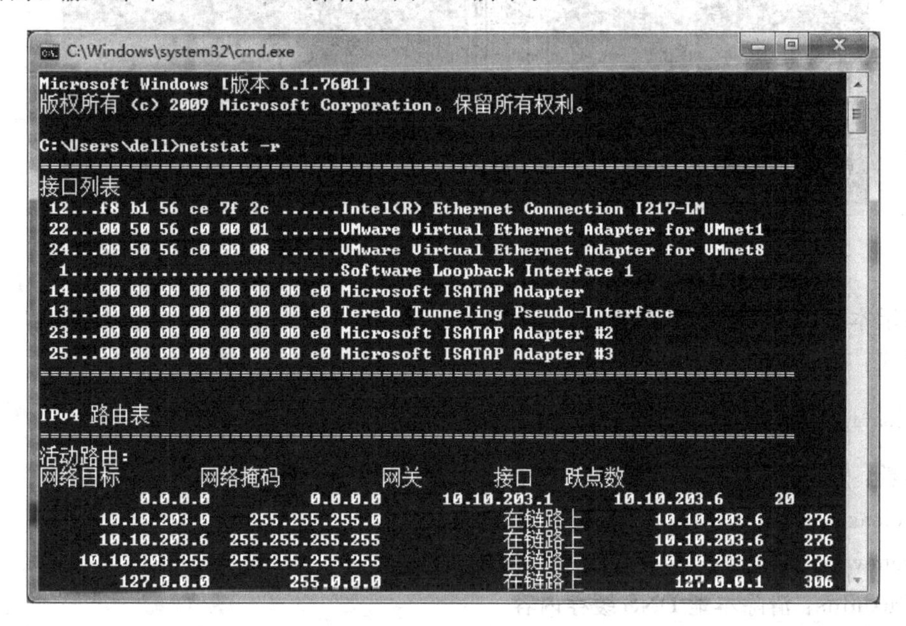

图 9.2 netstat 命令

9.2.3 跟踪路由工具 tracert

功能：查看从本地主机到目标主机的路由。

格式：

```
tracert [参数 1][参数 2]目标主机
```

参数：-d：不解析目标主机地址。

-h：指定跟踪的最大路由数，即经过的最多主机数。

-j：指定松散的源路由表。

-w：以毫秒为单位指定每个应答的超时时间。

实例：tracert -j binhai.nankai.edu.cn，操作如图 9.3 所示。

9.2.4 TCP/IP 配置程序 ipconfig

功能：DOS 界面的 TCP/IP 配置程序，可以查看和改变 TCP/IP 配置参数。在默认模

```
C:\Windows\system32\cmd.exe
Microsoft Windows [版本 6.1.7601]
版权所有 (c) 2009 Microsoft Corporation。保留所有权利。

C:\Users\dell>tracert -j binhai.nankai.edu.cn

通过最多 30 个跃点跟踪
到 binhai.nankai.edu.cn [222.30.44.231] 的路由:

  1     *        *        *     请求超时。
  2     *        *        *     请求超时。
  3     *        *        *     请求超时。
  4    12 ms     4 ms     4 ms  bogon [192.168.100.241]
  5     6 ms     4 ms     6 ms  202.113.18.134
  6     *        *        *     请求超时。
  7     *        *        *     请求超时。
  8     *        *        *     请求超时。
  9     *        *        *     请求超时。
 10     *        *        *     请求超时。
 11     *        *        *     请求超时。
 12     *        *        *     请求超时。
 13     *        *        *     请求超时。
 14     *        *        *     请求超时。
 15     *        *        *     请求超时。
 16     *        *        *     请求超时。
 17     *        *        *     请求超时。
```

图 9.3 tracert 命令

式下显示本机的 IP 地址、子网掩码、默认网关。

格式：

```
ipconfig [参数]
```

参数：/all：显示所有细节信息，包括主机名、IP 地址、网络掩码、默认网关等。

/release：DHCP 客户端手工释放 IP 地址。

/renew：DHCP 客户端手工向服务器刷新请求。

/flushdns：清除本地 DNS 缓存内容。

/displaydns：显示本地 DNS 内容。

/registerdns：DNS 客户端手工向服务器进行注册。

/showclassid：显示网络适配器的 DHCP 类别信息。

/setclassid：设置网络适配器的 DHCP 类别。

实例：ipconfig/all，操作如图 9.4 所示。

9.2.5 网络路由表设置程序 route

功能：查看、添加、删除、修改路由表条目。

格式：

```
route [-f] [command [destination] [MASK netmask] [gateway] [METRIC metric]]
```

参数：-f：清除所有网关条目的路由表，如果该参数与其他命令组合使用，则清除路由表的优先级大于其他命令。

command 包括以下内容。

print：打印路由。

```
C:\Users\dell>ipconfig /all

Windows IP 配置

   主机名 . . . . . . . . . . . . . : JSJ_GF_DELL
   主 DNS 后缀 . . . . . . . . . . :
   节点类型 . . . . . . . . . . . . : 混合
   IP 路由已启用 . . . . . . . . . . : 否
   WINS 代理已启用 . . . . . . . . . : 否

以太网适配器 本地连接 3:

   连接特定的 DNS 后缀 . . . . . . . :
   描述. . . . . . . . . . . . . . . : Intel(R) Ethernet Connection I217-LM
   物理地址. . . . . . . . . . . . . : F8-B1-56-CE-7F-2C
   DHCP 已启用 . . . . . . . . . . . : 是
   自动配置已启用. . . . . . . . . . : 是
   本地链接 IPv6 地址. . . . . . . . : fe80::5878:f1e9:ebd4:d02f%12(首选)
   IPv4 地址 . . . . . . . . . . . . : 10.10.203.6(首选)
   子网掩码 . . . . . . . . . . . . : 255.255.255.0
   获得租约的时间 . . . . . . . . . : 2014年11月5日 7:55:06
   租约过期的时间 . . . . . . . . . : 2014年11月6日 7:55:05
   默认网关. . . . . . . . . . . . . : 10.10.203.1
   DHCP 服务器 . . . . . . . . . . . : 10.10.203.1
   DHCPv6 IAID . . . . . . . . . . . : 297323066
   DHCPv6 客户端 DUID . . . . . . . : 00-01-00-01-17-97-CA-45-18-03-73-29-16-6D
```

图 9.4 ipconfig /all 命令

add：添加路由。

delete：删除路由。

change：修改存在的路由。

destination：指定目标主机。

mask netmask：mask 后指定该路由条目的子网掩码，若未指定，则默认为 255.255.255.255。

gateway：指定网关。

实例：route print，操作如图 9.5 所示。

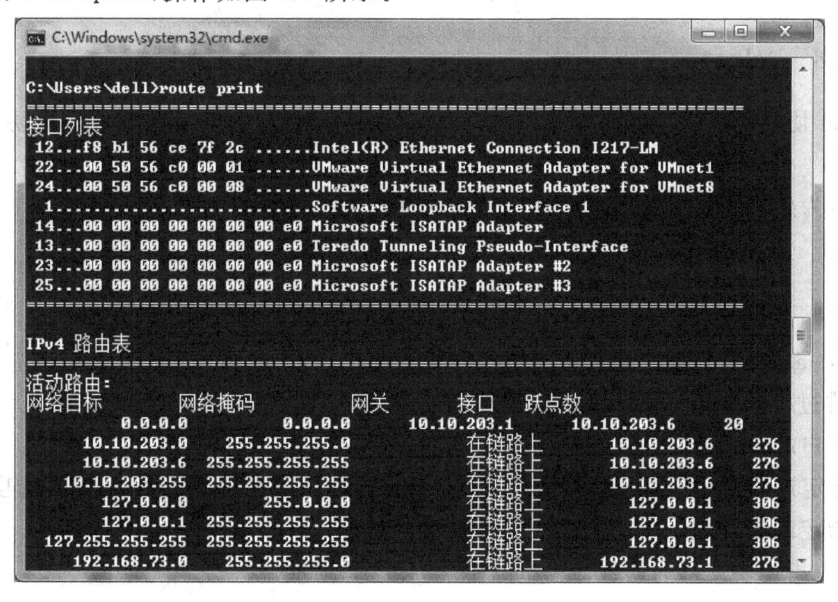

图 9.5 route print 命令

9.2.6 nslookup

功能:连接 DNS 服务器,查询域名信息。

实例:nslookup binhai.nankai.edu.cn,操作如图 9.6 所示。

```
C:\Windows\system32\cmd.exe

C:\Users\dell>nslookup binhai.nankai.edu.cn
服务器:  xslns4
Address:  202.99.96.68

非权威应答:
名称:    binhai.nankai.edu.cn
Address:  222.30.44.231
```

图 9.6 nslookup 命令

9.2.7 ftp

功能:利用 FTP 协议在网络上传输文件。

实例:ftp 10.10.98.10,操作如图 9.7 所示。

```
C:\Windows\system32\cmd.exe - ftp 10.10.98.10
Microsoft Windows [版本 6.1.7601]
版权所有 (c) 2009 Microsoft Corporation。保留所有权利。

C:\Users\dell>ftp 10.10.98.10
连接到 10.10.98.10。
220 欢迎访问南开大学滨海学院FTP
用户(10.10.98.10:(none)):
```

图 9.7 ftp 命令

9.2.8 telnet

Telnet 协议是 TCP/IP 协议簇中的一员,是 Internet 远程登录服务的标准协议和主要方式。

功能:为用户提供了在本地计算机上完成远程主机工作的能力。

格式:

```
telnet [-a][-e escape char][-f log file][-l user][-t term][host [port]]
```

参数:-a:自动登录。除了用当前已登录的用户名以外,与-l 选项相同。

-e:跳过字符来进入 telnet 客户提示。

-f:客户端登录的文件名。

-l:指定远程系统上登录用的用户名称,要求远程系统支持 telnet environ 选项。

-t:指定终端类型。支持的终端类型仅是 vt100、vt52、ansi 和 vtnt。

-host:指定要连接的远程计算机的主机名或 IP 地址。

-port:指定端口号或服务名。

telnet 客户端常用命令。

open：使用 openhostname 可以建立到主机的 telnet 连接。

close：使用命令 close 可以关闭现有的 telnet 连接。

display：使用 display 命令可以查看 telnet 客户端的当前设置。

send：使用 send 命令可以向 telnet 服务器发送命令，支持以下命令：

　　ao：放弃输出命令。

　　ayt："Are you there"命令。

　　esc：发送当前的转义字符。

　　ip：中断进程命令。

　　synch：执行 Telnet 同步操作。

　　brk：发送信号。

实例：telnet 邮箱服务器，如图 9.8 所示。

图 9.8　telnet 邮箱服务器

9.2.9　nbtstat

功能：显示基于 TCP/IP 的 NetBIOS 协议统计资料、本地计算机和远程计算机的 NetBIOS 名称表以及 NetBIOS 名称缓存。

格式：

```
nbtstat[ - aremotename][ - AIPAddress][ - c][ - n][ - r][ - R][ - RR][ - s][ - S][Interval]
```

参数：-aremotename：显示远程计算机的 NetBIOS 名称表。

-AIPAddress：显示远程计算机的 NetBIOS 名称表，其名称由远程计算机的 IP 地址指定(以小数点分隔)。

-c：显示 NetBIOS 名称缓存内容、NetBIOS 名称表及其解析的各个地址。

-n：显示本地计算机的 NetBIOS 名称表。

-r：显示 NetBIOS 名称解析统计资料。

-R：清除 NetBIOS 名称缓存的内容。

-RR：释放并刷新通过 WINS 服务器注册的本地计算机的 NetBIOS 名称。

-s：显示 NetBIOS 客户端和服务器会话，并试图将目标 IP 地址转化为名称。

-S：显示 NetBIOS 客户端和服务器会话，只通过 IP 地址列出远程计算机。

Interval：重新显示选择的统计资料，可以在每个显示内容之间中断 Interval 中指定的秒数。按 Ctrl+C 组合键停止重新显示统计信息。如果省略该参数，netstat 将只显示一次当前的配置信息。

实例：nbtstat -n，其操作如图 9.9 所示。

```
C:\Windows\system32\cmd.exe
Microsoft Windows [版本 6.1.7601]
版权所有 (c) 2009 Microsoft Corporation。保留所有权利。

C:\Users\dell>nbtstat -n

显示协议统计和当前使用 NBI 的 TCP/IP 连接
(在 TCP/IP 上的 NetBIOS)。

NBTSTAT [ [-a RemoteName] [-A IP address] [-c] [-n]
        [-r] [-R] [-RR] [-s] [-S] [interval] ]

  -a   <适配器状态>     列出指定名称的远程机器的名称表
  -A   <适配器状态>     列出指定 IP 地址的远程机器的名称表。
  -c   <缓存>           列出远程[计算机]名称及其 IP 地址的 NBT 缓存
  -n   <名称>           列出本地 NetBIOS 名称。
  -r   <已解析>         列出通过广播和经由 WINS 解析的名称
  -R   <重新加载>       清除和重新加载远程缓存名称表
  -S   <会话>           列出具有目标 IP 地址的会话表
  -s   <会话>           列出将目标 IP 地址转换成计算机 NETBIOS 名称的会话表。
  -RR  <释放刷新>       将名称释放包发送到 WINS，然后启动刷新

  RemoteName   远程主机计算机名。
  IP address   用点分隔的十进制表示的 IP 地址。
  interval     重新显示选定的统计、每次显示之间暂停的间隔秒数。
               按 Ctrl+C 停止重新显示统计。
```

图 9.9 nbtstat 命令

9.3 常见网络管理软件的使用

事实上，网络管理技术是伴随着计算机、网络和通信技术的发展而发展的。从网络管理范畴来分类，可分为：对网“路”的管理，即针对交换机、路由器等主干网络进行管理；对接入设备的管理，即对内部 PC、服务器、交换机等进行管理；对行为的管理，即针对用户的使用进行管理；对资产的管理，即统计 IT 软、硬件的信息等。

1. 网管软件的发展历程

根据网管软件的发展历史，可以将网管软件划分为 3 代。

第一代网管软件最常用的就是命令行方式，并结合一些简单的网络监测工具，它不仅要求使用者精通网络的原理及概念，还要求使用者了解不同厂商的不同网络设备的配置方法。

第二代网管软件有着良好的图形化界面。用户无需过多了解设备的配置方法，就能图形化地对多台设备同时进行配置和监控，大大提高了工作效率。

第三代网管软件相对来说比较智能，是真正将网络和管理进行有机结合的软件系统，具有“自动配置”和“自动调整”功能。对网管人员来说，只要把用户情况、设备情况以及用户与网络资源之间的分配关系输入网管系统，系统就能自动地建立图形化的人员与网络的配置关系，并自动鉴别用户身份，分配用户所需的资源。

2. 用户选择网管软件的依据

选择一款真正能够满足自身需要的网络管理系统，应从以下几个方面入手：

1) 明白部署网管软件的目的

早期认为网管软件的功能主要是针对企业的网络设备、网络应用进行监测和管理，能够

定位设备或者网络的故障，能够区分网络应用的具体内容，屏蔽不合理的上网行为，预防并阻止网络故障的发生等。而随着当前单位的各项业务逐步通过网络来进行，网络的稳定、畅通与否将直接影响到业务系统的正常运转。所以当前网络管理、网络监控的重点，已经不仅仅是监测设备和网络应用，而必须是确保企业整个业务系统的稳健、持续运行，帮助企业提升业务运转效率、生产效率和工作效率，从而提升企业的生产力，为企业创造经济价值，甚至是实现利润的最大化等。所以在购买网络管理设备的时候一定要注意系统是否能够为企事业单位当前的业务系统提供有力的支撑和保证，能够为企业带来长远利益。

2）能否进行定制开发，充分满足用户的特殊需要

在目前国内各行业单位内部，网络结构千奇百怪、网络需求各不相同，同时网络管理人员的技术水平，甚至是网络设备型号、品牌等都大不相同。这使得国内用户部署网管软件的个性化需求非常强烈，再完善、强大的系统也不可能当时就可以满足企业的这种个性化需求，而这也将直接影响到企业部署网络管理软件的实效性。这种情况下，针对用户的个性化需求，对网管软件进行二次定制开发就成为各单位实现对网络充分管理的必需。所以在部署网络管理软件的时候一定要注意厂家是否能够提供二次定制开发的能力。从目前市场来看，本土网络管理软件厂商具有语言优势、使用习惯、对本土客户实际需求的理解以及可以和客户进行良好的充分沟通等优势，使得本土网管软件厂家更能够理解客户的实际需要而定制开发相应的网络管理软件；而国外的网络管理软件，由于定制开发成本惊人、无法充分理解客户的需求，以及存在语言、使用习惯等方面的劣势，使得国外厂商的产品常常显得“强大而无用”，不能充分体现网络管理的目的。

3）网管系统、网管设备的部署、使用是否便捷

由于国内网络管理人员的技术水平、从业经历以及国内网络环境的差异，使得国内部署网管软件必须以最快捷部署、最简易使用为前提。从目前各单位部署网络监控软件的现实来看，强大的系统常常由于操作复杂而难以获得实际的应用，不但造成了投资的浪费，而且也无法达到企业局域网网络监控的目的。

下面对国内聚生网络管理工具、LaneCat 网猫和 P2P 终结者等常用网络管理工具的基本操作进行简要介绍。

9.3.1 聚生网络管理工具

聚生网络管理系统是由北京大势至软件工程有限公司设计和开发的具有内网和外网网络管理功能的网络管理工具。聚生网络管理系统的开发基于 B/S 架构设计。该系统能够真正实现控制整个局域网的上网行为；实现完全封堵迅雷等高达 30 余种最流行的 P2P 软件；实现完全封堵 SKYPE 等网络电话；实现封堵腾讯 QQ 等高达 12 种国内最流行的聊天软件；集成 20 多种股票软件封堵规则；集成 30 余种网络游戏封堵规则；可以实时、精确、直观地控制局域网任意主机的流速(带宽)；可以完全隔离局域网危险计算机，有效防止蠕虫、冲击波和黑客的入侵。下面将对聚生网络管理工具的相关操作给予简单介绍。

本书所做操作主要基于 Windows 7 操作系统进行网络监控管理。初始安装聚生局域网工具，进入监控网段配置界面 1，如图 9.10 所示。

选择新建监控网段，进入监控网段配置界面 2，如图 9.11 所示。

选择本机网段所使用的网卡，监控网段配置窗口会自动将本机的 IP 地址、MAC 地址、子

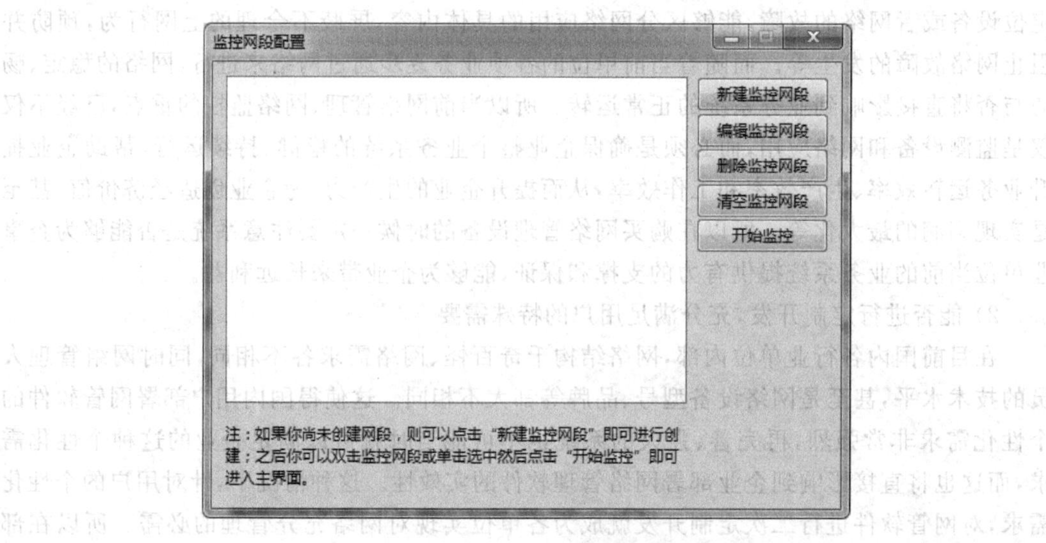

图 9.10 监控网段配置界面 1

选择网卡

监控网段配置…

请为网段选择对应的网卡：　更新网卡信息

Intel(R) Ethernet Connection I217-LM

本机IP地址：192.168.2.102
本机MAC地址：F8:B1:56:CE:7F:2C
子网掩码：255.255.255.0
网关地址：192.168.2.1
本网关IP段：192.168.2.0 - 192.168.2.255
网关MAC地址：14:E6:E4:4F:DF:4C　检测

注：为了保证正常监控，建议点击“检测”按钮以检查网络连接状况；如果最终能够Ping通网关，则说明网络正常可以继续下一步操作；否则请登录网关(如路由器、防火墙或交换机)查看其LAN口对应的MAC地址，只有获取正确的网关MAC地址才可以进行监控。

<上一步(B)　下一步(N)>　取消　帮助

图 9.11 监控网段配置界面 2

网掩码、网关地址、网关 IP 段的起止地址以及网关 MAC 地址等信息显示出来。之后选择本网段公网出口接入宽带，即可完成网段的监控。监控网段建立完成界面如图 9.12 所示。

选择图 9.12 左侧所示的新建立的网段开始监控，进入聚生网络系统监控窗体。由于本书采用的聚生网管系统为试用版，建议读者在使用或是学习聚生网络管理系统时，使用正版软件。聚生网络管理软件监控主界面如图 9.13 所示。

进入聚生管理系统后，可以看到该软件主窗体上方包含多个网络管理子菜单，其中主要包括启动管理、扫描主机、配置策略、全局设置、安全防御、扩展插件、日志查询等功能。在进行网络监控管理时，首先要单击“启动管理”按钮，选择管理模式，如网关模式、网桥模式等，启动管理服务后，系统将检测出网段为 192.168.2.0 的所有主机的相关信息，如图 9.14 所示。

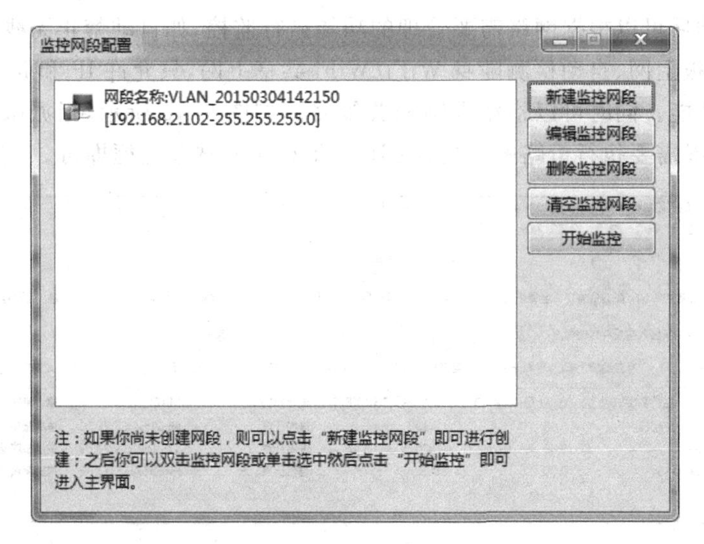

图 9.12 新建监控网段完成

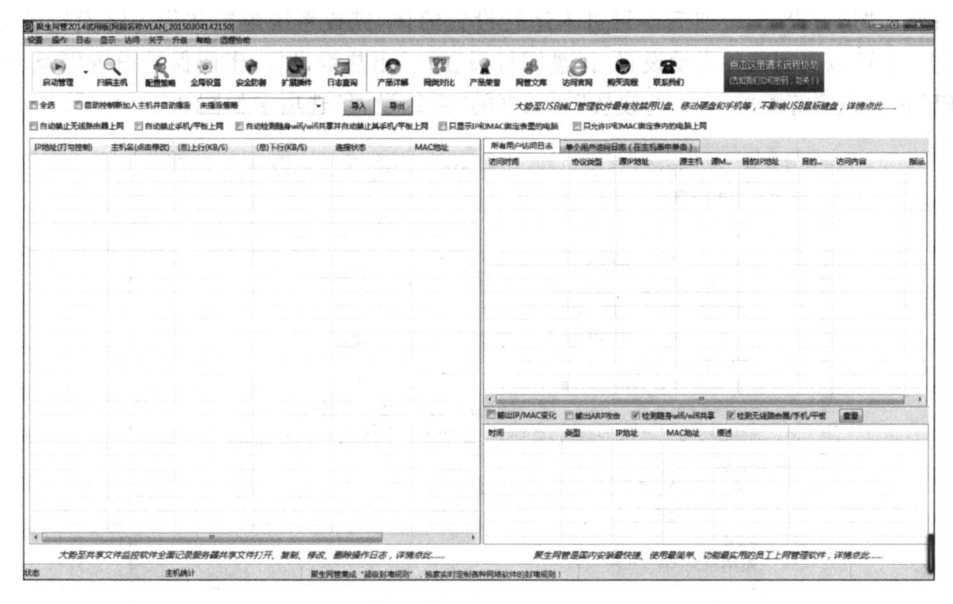

图 9.13 聚生网管监控主窗体

设置 操作 日志 显示 访问 关于 升级 帮助 远程协助

停止监控 扫描主机 配置策略 全局设置 安全防御 扩展插件 日志查询 产品详解 同类对比 产品荣誉 网管文库 访问官

全选 自动控制新加入主机并自动指派 未指派策略 导入 导出 大势至USB端口管

自动禁止无线路由器上网 自动禁止手机/平板上网 自动检测随身wifi/wifi共享并自动禁止其手机/平板上网 只显示IP和MAC绑定表里的电脑

IP地址(打勾控制)	主机名(点击修改)	(总)上行(0.00 KB/S)	(总)下行(0.00 KB/S)	连接状态	MAC地址	指派策略	(总)日流量
192.168.2.102	控制机	0.00	0.00	连接正常	F8:B1:56:CE:7F:2C	未指派策略	
192.168.2.100	--	0.00	0.00	连接正常	14:3D:F2:19:23:09	未指派策略	
192.168.2.104	--	0.00	0.00	连接正常	F4:F1:5A:3E:B0:BF	未指派策略	

图 9.14 启动管理服务

在服务启动后可以根据网络需要管理的功能进行监控，如自动禁止无线路由器上网、自动禁止手机/平板上网、自动检测随身 WiFi/WiFi 共享上网，只允许 IP 和 MAC 绑定表内的计算机上网等功能。同时可以指派限制相关策略。如图 9.15 所示，指派限制 P2P 下载策略等信息，后选择需要执行策略的主机，在 IP 地址栏中勾选复选框即可。

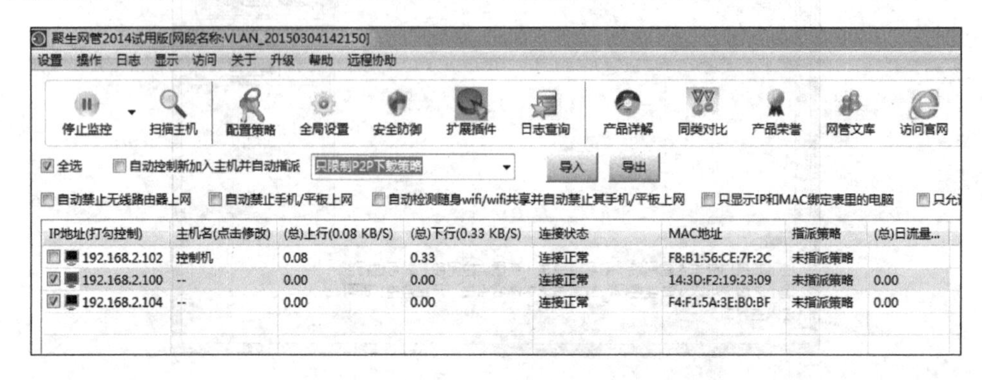

图 9.15　配置策略

在单击“运行设置”按钮后即可进入运行设置窗体，完成系统配置和优先级设置等操作。系统配置中可以实现软件启动设置、托盘图标设置、呼出热键设置、密码保护设置以及软件运行 CPU 占用设置等配置。“运行设置”对话框的“系统设置”选项卡如图 9.16 所示。

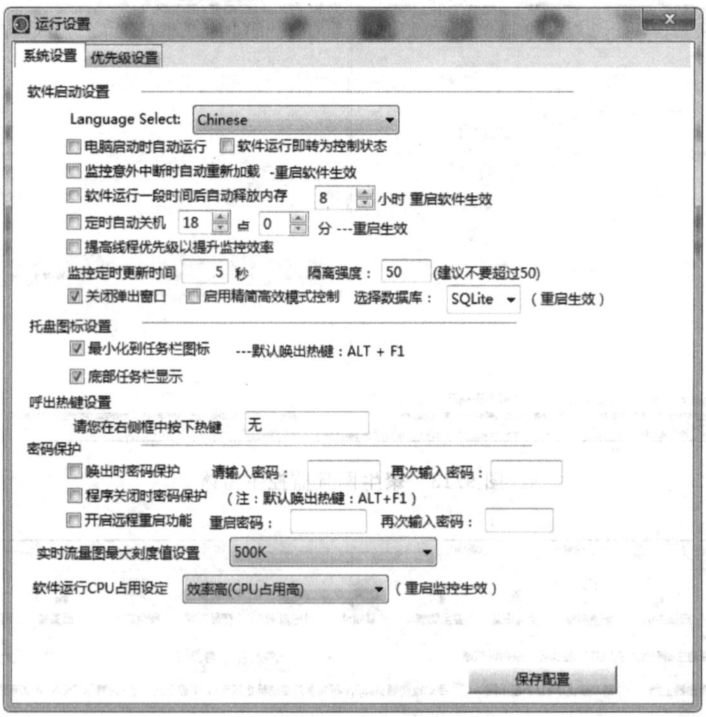

图 9.16　“系统设置”选项卡

在“优先级设置”选项卡中可以启用网络应用优先级设置、启用基于协议特征的优先级程序转发设置等功能。优先级设置如图 9.17 所示。

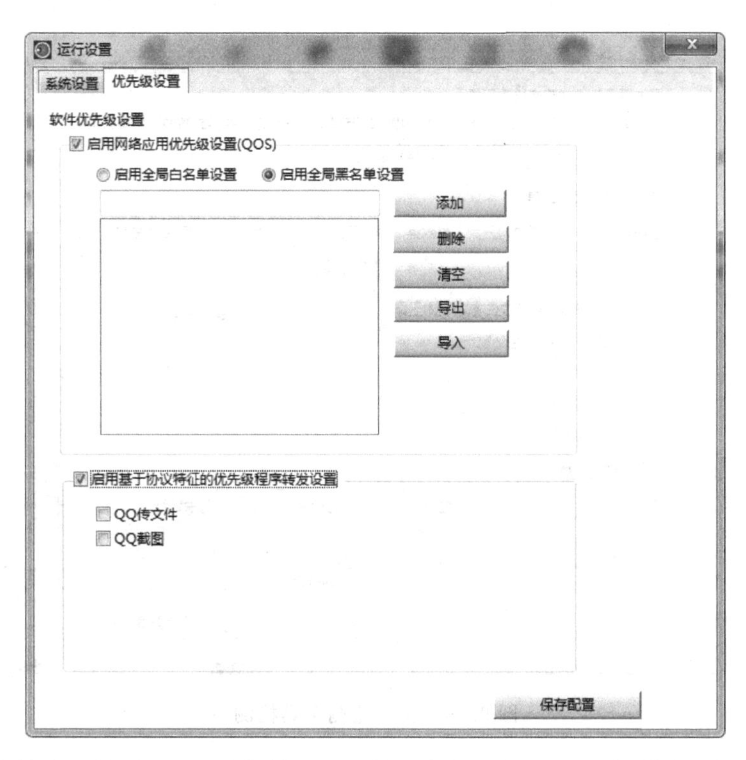

图 9.17 “优先级设置”选项卡

系统安全防御可以实现 IP-MAC 地址绑定，如图 9.18 所示。安全防御还可以实现安全工具监测功能，如图 9.19 所示。

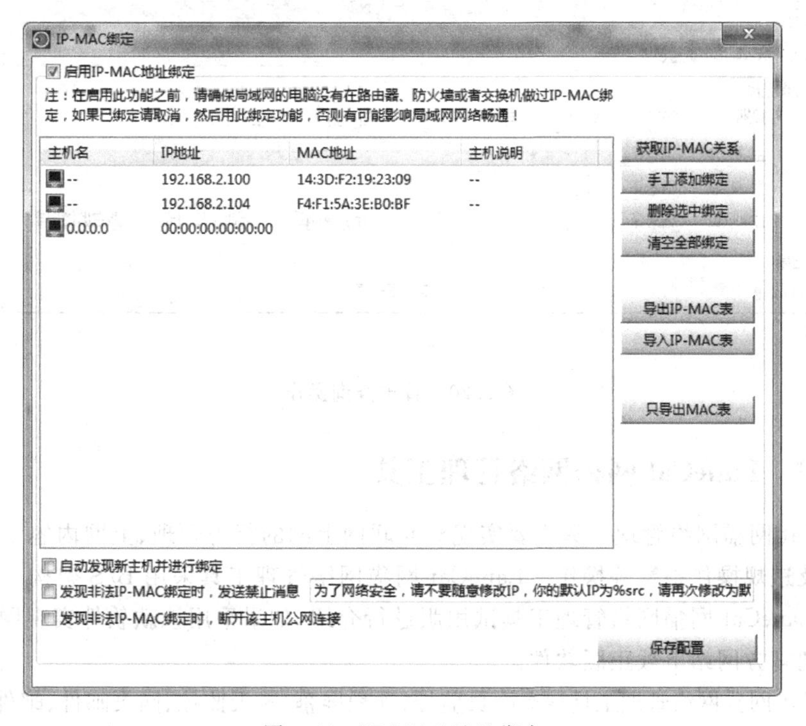

图 9.18 IP-MAC 地址绑定

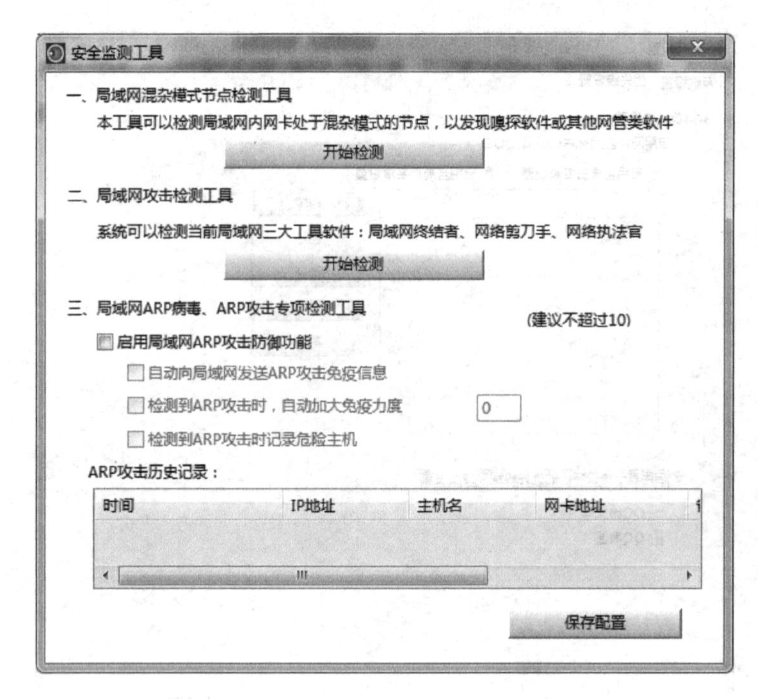

图 9.19　安全监测工具检测

聚生网络管理系统具有实现日志查询功能，包括网址日志、系统日志和流量日志的信息查询。在选择相应的查询条件后，既可查询出相应的数据信息，又可实现查询的监控日志的导出和清空等操作。系统日志查询如图 9.20 所示。

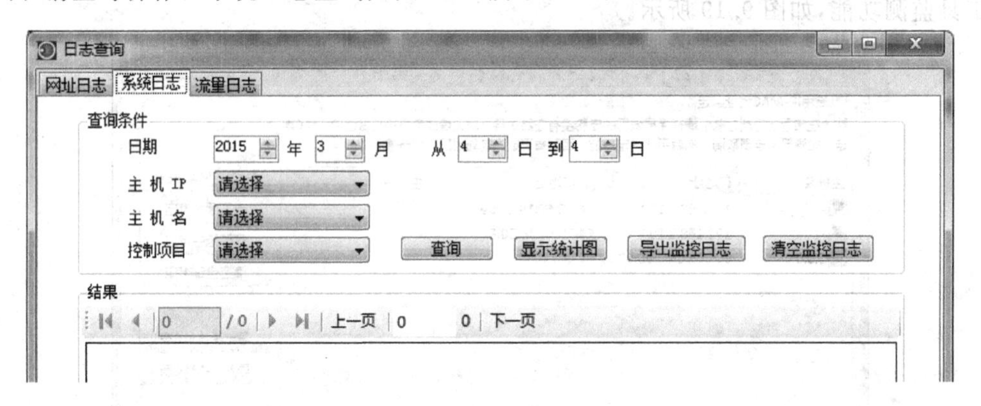

图 9.20　日志查询操作

9.3.2　LaneCat 网猫网络管理工具

LaneCat 网猫网络管理工具主要实现对互联网上网的行为管理、上网内容审计、流量带宽监管以及违规操作报警等操作。LaneCat 网猫网络管理工具采用 B/S 架构。特别提示：本书选择 LaneCat 网猫网络管理工具试用版进行介绍，如果采用该款软件实现网络管理时，建议读者到官方网站下载正版软件。

LaneCat 网猫网络管理工具拥有网页监控、远程屏幕、聊天监控、网页邮件、邮件工具、流量观察、应用程序限制、软硬件清单、窗口观察、数据库管理、文档管理等多项网络管理工具。在配置 LaneCat 网猫网络管理工具时，首先要保证系统 IP 地址为固定 IP 地址，不能够自动获取 IP 地址。在配置完 IP 地址后即可进入 LaneCat 网猫网络管理工具主窗体，如图 9.21 所示。

LaneCat网猫内网安全管理系统[试用版]　免费咨询热线：400-6770-660　当前登录：adm

常用功能导航　现场监视　记录查询　数据管理　用户管理　策略管理　统计报表　系统管理　注册升级

网页监控：实时查看　历史记录　封堵设置　网页报表

远程屏幕：实时查看　历史记录　抓拍策略设置　抓拍参数设置

聊天监控：实时查看　历史记录　聊天封堵　聊天报表

网页邮件：实时查看　历史记录　邮件封堵　邮件报表

邮件工具：实时查看　历史记录　邮件封堵　邮件报表

流量观察：实时查看　流量报表

应用程序限制：策略设置　自定义程序　手动添加程序

软硬件清单：软件清单　硬件清单　该卸软件　该卸硬件

窗口观察：窗口观察　进程观察　窗口变更　进程变更

图 9.21　LaneCat 网猫网络管理工具操作界面

下面以聊天工具的封堵为例对该系统的上网行为控制进行介绍。选择网页监控的封堵设置，即可进入封堵设置界面设置聊天工具的封堵，如图 9.22 所示。

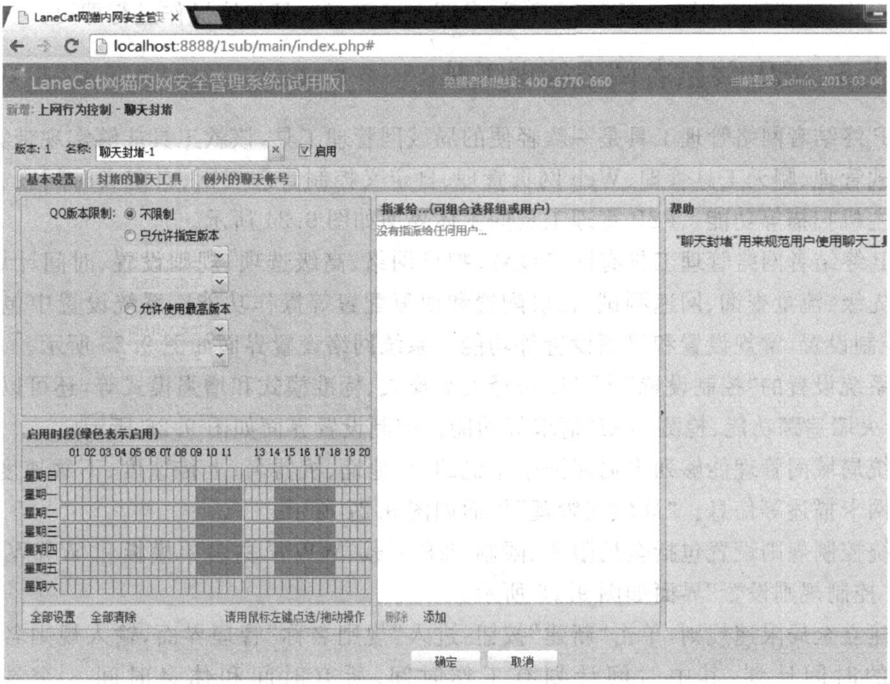

LaneCat网猫内网安全管理 ×

localhost:8888/1sub/main/index.php#

LaneCat网猫内网安全管理系统[试用版]　免费咨询热线：400-6770-660　当前登录：admin, 2015-03-04

新增：上网行为控制 - 聊天封堵

版本：1　名称：聊天封堵-1　启用

基本设置　封堵的聊天工具　例外的聊天帐号

QQ版本限制：不限制　只允许指定版本　允许使用最高版本

指派给...(可组合选择组或用户)

没有指派给任何用户...

帮助

"聊天封堵"用来规范用户使用聊天工具

启用时段(绿色表示启用)

01 02 03 04 05 06 07 08 09 10 11　13 14 15 16 17 18 19 20

星期日　星期一　星期二　星期三　星期四　星期五　星期六

全部设置　全部清除　请用鼠标左键点选/拖动操作　删除　添加

确定　取消

图 9.22　聊天封堵界面

选择封堵设置的基本设置，指派封堵用户，在图 9.22 中的指派窗体中添加用户，如图 9.23 所示。然后按照系统提示即可完成对于聊天工具的封堵操作。

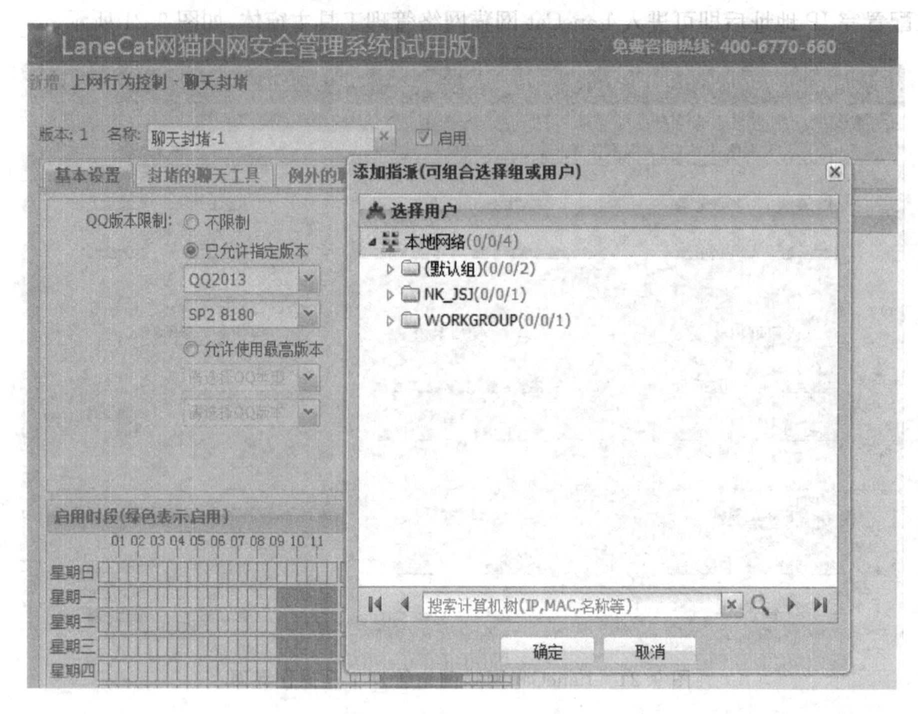

图 9.23 指派聊天封堵用户

关于 LaneCat 网猫网络管理工具的其他应用操作在此将不再讲述，对于读者需要用到的相关操作，建议读者到官方网站下载后，参照上述聊天工具封堵操作进行即可。

9.3.3 P2P 终结者网络管理工具

P2P 终结者网络管理工具是一款轻便的局域网管理工具，该款工具能够实现带宽管理、P2P 下载管理、聊天工具管理、Web 网页管理、自定义控制管理规则、自定义时间段、日流量统计和主机扫描等功能。P2P 管理工具的主体界面如图 9.24 所示。

P2P 终结者网络管理工具有网络设置、扫描网络、高级选项、规则设置、时间计划设置、提升优先级、流量查询、网速测试、备份配置和回复配置等操作功能。系统设置中包含网络设置、控制设置、常规设置和界面设置等功能。系统网络设置界面如图 9.25 所示。

在系统设置的“控制设置”中可以选择安静模式、标准模式和增强模式等，还可以实现反 ARP 防火墙追踪功能、检测 ARP 请求等功能。控制设置界面如图 9.26 所示。

系统局域网管理能够列出局域网中主机的 IP 地址、机器名、上传速度、下载速度、MAC 地址及网卡描述等信息。“局域网管理”界面如图 9.27 所示。

系统控制规则设置包括全局限速、限制 P2P 下载、WWW 白名单模板和 WWW 黑名单模板。“控制规则设置”界面如图 9.28 所示。

如建立全局限速规则，单击“新建”按钮，进入“规则名称”管理界面，输入规则名称并选择规定的时间计划，其中时间计划有工作时间、所有时间和休息时间 3 个选项，如图 9.29 所示。这里选择“工作时间”选项，单击“下一步”按钮进入“带宽限制”界面，输入上

P2P终结者4.34[当前网络管理优先级:最高]

系统(F) 软件设置(C) 其他功能(O) 帮助(H)

启动提速 停止提速 扫描网络 高级选项 规则设置 时间计划设置 提升优先级 流量查询 网速测试 备份配置 恢复配置

局域网管理 本机网速使用 控制日志列表

IP地址 机器名 上传速度(KB/S) 下载速度(KB/S) MAC地址 网

系统设置

网络设置 控制设置 常规设置 界面设置

说明：请首先指定上网方式，再使用“智能选择控制网卡”功能！！

请您指定本机上网方式及网络环境： 智能检测网络环境

我接入了局域网，并通过路由器上网

请选择连接到待控制网段的网卡： 智能选择控制网卡

IP地址：

MAC地址：

子网掩码：

网关地址：

网关MAC地址：

确定 取消

图 9.24 P2P 终结者管理界面

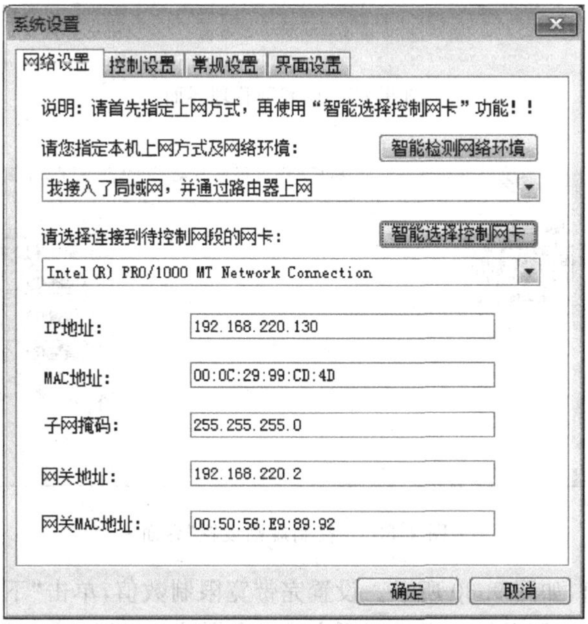

系统设置

网络设置 控制设置 常规设置 界面设置

说明：请首先指定上网方式，再使用“智能选择控制网卡”功能！！

请您指定本机上网方式及网络环境： 智能检测网络环境

我接入了局域网，并通过路由器上网

请选择连接到待控制网段的网卡： 智能选择控制网卡

Intel(R) PRO/1000 MT Network Connection

IP地址： 192.168.220.130

MAC地址： 00:0C:29:99:CD:4D

子网掩码： 255.255.255.0

网关地址： 192.168.220.2

网关MAC地址： 00:50:56:E9:89:92

确定 取消

图 9.25 系统网络设置界面

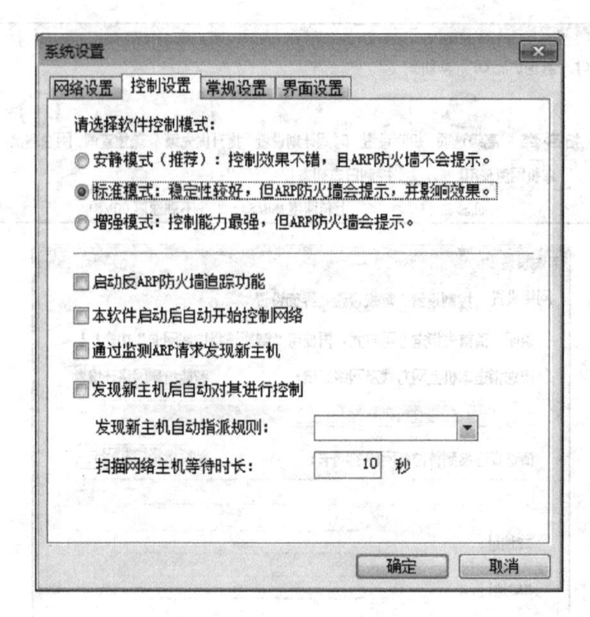

图 9.26 “控制设置”界面

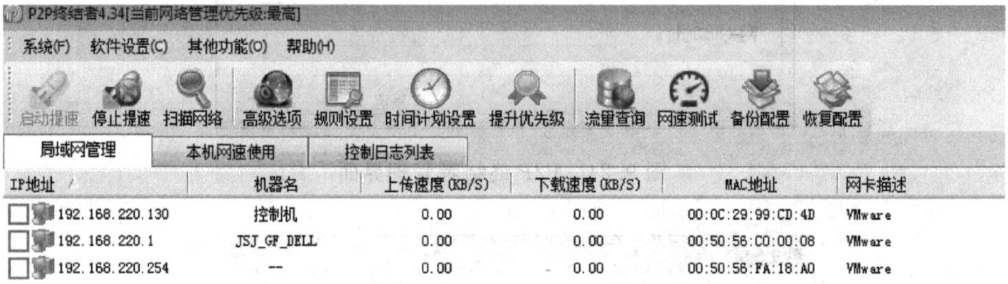

P2P终结者4.34[当前网络管理优先级:最高]

系统(F) 软件设置(C) 其他功能(O) 帮助(H)

启动提速 停止提速 扫描网络 高级选项 规则设置 时间计划设置 提升优先级 流量查询 网速测试 备份配置 恢复配置

局域网管理 本机网速使用 控制日志列表

IP地址	机器名	上传速度(KB/S)	下载速度(KB/S)	MAC地址	网卡描述
192.168.220.130	控制机	0.00	0.00	00:0C:29:99:CD:4D	VMware
192.168.220.1	JSJ_GF_DELL	0.00	0.00	00:50:56:C0:00:08	VMware
192.168.220.254	--	0.00	0.00	00:50:56:FA:18:A0	VMware

图 9.27 局域网管理界面

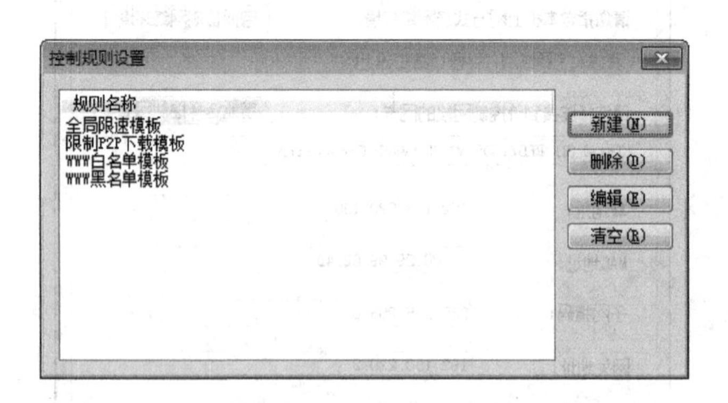

图 9.28 “控制规则设置”界面

行和下行带宽最大值，如图 9.30 所示。设置完带宽限制数值，单击“下一步”按钮进行即时通信限速管理界面。按照系统的提示即可完成全局限速的设置。

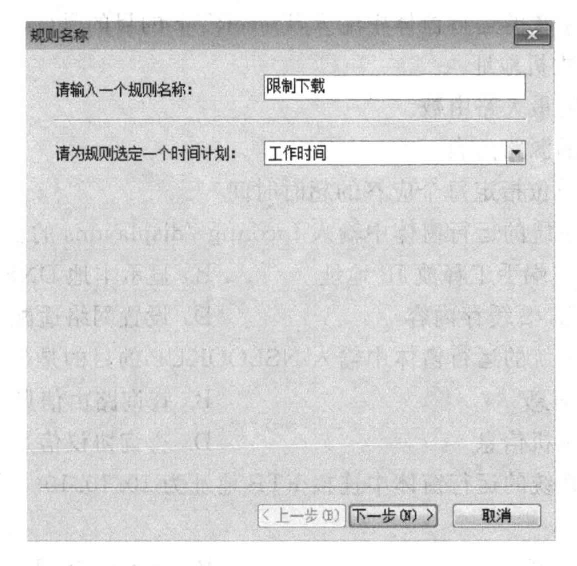

图 9.29 “规则名称”界面

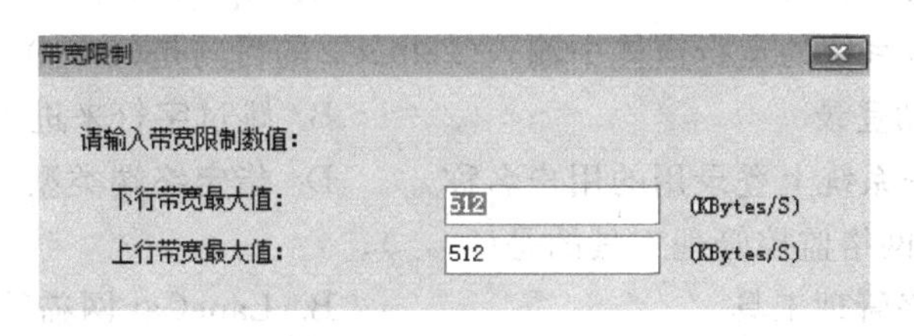

图 9.30 “带宽限制”界面

小结

本章介绍了网络管理的基本理论、功能管理、协议和技术、常用网络命令及常见网络管理软件等内容。通过了解上述内容，以期读者能够对网络管理有概念性了解，同时能够熟悉网络管理相关协议，基本掌握网络管理的常用命令，了解网络管理中的常用管理软件。

习题

1. 在 Windows 系统的运行窗体中输入 Ping 192.168.0.1-a 的目的是(　　)。
   A. 解析主机地址　　B. 发出的探测包的数目
   C. 设置禁止分割包标志　　D. 查询数据包生存时间
2. 在 Windows 系统的运行窗体中输入 Netstat-a 的目的是(　　)。
   A. 显示以太网统计资料
   B. 显示指定的 TCP 或者 UDP 协议的连接
   C. 显示所有网络连接和监听端口
   D. 显示路由表

3. 在 Windows 系统的运行窗体中输入 TraceRT-h 的目的是(　　)。

A. 解析目标主机地址

B. 指定跟踪的最大路由数

C. 指定松散的源路由表

D. 以毫秒为单位指定每个应答的超时时间

4. 在 Windows 系统的运行窗体中输入 Ipconfig /displaydns 的目的是(　　)。

A. DHCP 客户端手工释放 IP 地址　　B. 显示本地 DNS 内容

C. 清除本地 DNS 缓存内容　　D. 设置网络适配器的 DHCP 类别

5. 在 Windows 系统的运行窗体中输入 NSLOOKUP 的目的是(　　)。

A. 查询域名信息　　B. 查询路由信息

C. 查询网络主机信息　　D. 查询协议信息

6. 在 Windows 系统的运行窗体中连接 FTP 地址为 10.10.10.1 的 FTP 服务器时，输入正确的是(　　)。

A. ftp：10.10.10.1　　B. telnet：10.10.10.1

C. route 10.10.10.1　　D. ftp 10.10.10.1

7. 在 Windows 系统的运行窗体中输入 Telnet-a 的目的是(　　)。

A. 企图自动登录　　B. 跳过字符来进入 telnet 客户提示

C. 指定远程系统上登录用的用户名称　　D. 指定终端类型

8. 下列不属于网络监控管理工具的是(　　)。

A. 聚生网络管理工具　　B. LaneCat 网猫管理工具

C. P2P 终结者网络管理工具　　D. 飞速流量专家管理工具

9. SNMP 协议应用的传输层协议为(　　)。

A. TCP　　B. UDP　　C. SNMP　　D. IP

10. SNMP 和 CMIP 是网络界最主要的网络管理协议，这两者之间的差别，描述错误的是(　　)。

A. SNMP 和 CMIP 采用的检索方式不同

B. SNMP 和 CMIP 信息获取方式不同

C. SNMP 和 CMIP 采用的抽象语法符号不同

D. SNMP 和 CMIP 传输层支持协议不同

第10章

网络安全

本章学习目标

- 了解网络安全的定义及重要性。
- 了解计算机病毒的分类、特点及传播方式。
- 掌握计算机病毒的防治。
- 了解防火墙概念、特点及分类。
- 掌握软、硬件防火墙的基本配置。
- 了解数据加密技术。
- 掌握数据加密软件的使用。

本章首先向读者介绍网络安全的相关概念，然后再分别从病毒处理技术、防火墙技术和数据加密技术等几个网络安全的重要技术入手，详细为读者阐述了保证网络安全的一些常用的方式方法。

10.1 网络安全概述

随着信息技术的发展，网络已经成为一种重要的信息共享工具。如今网络已经渗透到社会的各个领域，在社会生产、生活中的作用日益显著。网络的普及在给人们带来便捷的同时，也带来了越来越严峻的安全问题。计算机病毒、木马、黑客攻击、系统漏洞的泛滥，严重威胁着网络的安全，给计算机用户带来了巨大的困扰。因此，如何保障计算机网络的安全，降低网络安全风险，已经成为当今社会一个亟需解决的问题。

10.1.1 网络安全的定义

信息时代，网络已经成为人们不可或缺的内容。但随着其开放性以及规模领域的逐步扩大，各种安全隐患层出不穷，使得许多重要的信息和数据遭到破坏。所以避免网络威胁，确保网络安全稳定地运行，是亟待解决的问题。

安全是指不受威胁、没有危险、危害和损失。网络安全是指网络系统的安全，系统中的硬件、软件和数据都受到保护，不因突发情况或恶意人侵等原因而被破坏、改换和泄露，系统能够正常、稳定、持续地进行网络服务。

狭义角度来说，计算机网络安全是指计算机及其网络系统和信息资源不受人为或非人为因素的威胁。从本质上来看，网络安全就是网络系统的信息安全。广义角度来说，凡涉及网络数据的完整性、机密性、可用性、可控性及真实性的理论和应用都在网络安全的研究范围内。故而，广义的网络安全还包括设备的物理安全、网络结构因素、人员管理机制等方面的内容。在分析设计网络系统时应规避安全风险，最大限度地提升网络性能。

10.1.2 网络安全的特征

网络安全十分重要，它具有以下特征：

(1) 机密性。机密性是面向信息安全的要求，它是指信息只能被授权对象使用，不能泄露给非授权对象。常用的保密技术有物理加密、防窃听、防辐射、信息加密等。

(2) 可靠性。可靠性是指系统在一定条件下、在一定时间内无故障地完成指定功能的可能性或能力。系统在设计应用过程中不受自身或外界影响，仍能正常工作。

(3) 完整性。完整性是指信息和数据在传输、存储过程中不被未授权对象或病毒篡改、破坏和丢失。

(4) 可用性。可用性是指信息和数据在需要时允许授权对象使用。

(5) 不可否认性。不可否认性也称为抗抵赖性，是面向包括人、实体或进程在内的通信双方信息真实的安全要求。人们不能否认其发出信息的行为和发出的内容，电子环境下可通过数字证书保证信息真实抗抵赖。

10.1.3 网络安全面临的主要威胁

网络安全面临的威胁主要包括人为因素造成的威胁和非人为因素造成的威胁两大方面。

1. 人为因素

(1) 无意操作失误。

无意操作失误，即非故意行为。管理员水平所限没有恰当的安全配置，造成安全漏洞。用户安全意识薄弱，使用简单口令被破解或账号共享、外泄等带来的网络安全威胁。除了个人因素外，还有管理方面的缺欠，单位或组织对网络安全缺乏严格的管理制度，对可能遇到的网络威胁准备不足。这些都会使网络系统在无意间面临被攻击的危险。

(2) 恶意破坏。

恶意破坏就是熟知的"黑客"攻击。"黑客"们利用自己的技术对计算机网络系统进行内部攻击和远程攻击，其善于隐蔽伪装，对系统的危害极大。常见的攻击手段有获取口令、病毒攻击、诱入法、寻找系统漏洞。

2. 非人为因素

(1) 网络协议的局限。

互联网因其具有开放性，而容易遭受攻击。互联网的最基本协议是 TCP/IP 协议，它定义了网络设备如何进入互联网，以及数据和信息的传输标准。但是在设计过程中，该协议没有对安全问题给予详细的分析，导致出现安全缺陷。常见的攻击有源地址欺骗、IP 地址盗用、源路由选择欺骗、路由选择信息协议攻击、TCP 序列号攻击等。

(2) 硬件因素。

硬件因素包括两方面的问题：一是突发情况，如设备故障、机器功能失常、部件老化等；二是兼容性，由于组成网络系统的设备复杂多样，各个设备自身的性能、稳定性也存在差异，故而设备之间不能做到完全兼容，这也为网络带来一定的不安全因素。

(3) 环境因素。

计算机网络的设备都是精密的电子部件，抗冲击力较弱。由于自然灾害、突发意外事故等造成的冲击对电子产品伤害极大，网络的稳定性也会受到影响，安全隐患由此产生。

10.1.4 网络安全的防范措施

基于以上威胁网络安全的问题，应积极采取措施，确保计算机网络的稳定、安全。

1. 物理安全

物理安全是计算机网络系统安全的前提，它是指保护网络系统运行所需的基本外界环境(包括设备、设施、线路及其他媒体)安全的措施和过程。其实施目的是保护网络设备、设施等相关硬件不受自然因素和人为因素的破坏。物理安全主要包括以下几个方面：

(1) 防盗。

网络系统的许多硬件和设备都可能是偷盗者的目标，其偷盗行为会使许多用户无法使用，造成的损失已超过计算机本身的价值。所以要采取严密的防范措施保证计算机设备不会丢失。

(2) 防火。

计算机机房会因为电气、人为和外部因素引起火灾。设备和线路因短路、接触不良、过载等原因引起电打火导致火灾。人为因素包括操作不慎、吸烟等情况，也不排除人为纵火。外部因素是因其他建筑起火蔓延到机房引起火灾。

(3) 防静电。

静电是不同电性物体相互摩擦产生的。机房静电会使计算机运行时出现故障，还会导致某些元件的损坏。因此，要严格控制静电源。

(4) 防雷。

雷电是自然界中一种瞬间放电现象，同时伴随有雷声，具有高电流、高电压、变化快、放电时间短、辐射强等特征。而电子设备的高度集成化、低电压、小电流的特点，又带来了绝缘强度低、耐过压过流能力差的弱点。当发生雷击时，即使几公里外的高空雷电都能对电子设备产生影响。其对电子设备产生的破坏和造成的直接和间接损失，已远远超过雷击造成的人员伤亡、雷击火灾等造成的损失。其已成为网络信息时代的一大公害。

(5) 防电磁。

防电磁包括了防电磁干扰和防电磁泄漏。电磁干扰会影响数据的准确性对信息传输的性能和质量造成很大的影响。而防电磁泄漏是指防止信息系统的设备在工作时能经过地线、电源线、信号线、寄生电磁信号或谐波等电磁信号被非法接收后造成的信息失密。

2. 完善管理制度

网络安全不仅仅依靠技术方面的措施，还要有完善的管理制度作为保障。通过制定一系列的规章制度，明确侵害网络安全的违法行为和相应的惩罚措施。网络管理人员应该认真学习制度的要求，提高维护网络安全的警惕性，一旦发现危害网络安全的行为立即采取措施。用户也应该加强自身的法律及道德观念，提高安全意识。

3. 逻辑安全

网络逻辑安全主要是指防止通过各种的编程软件、病毒、计算机漏洞等对于计算机造成破坏或者窃取信息和数据的行为。

4. 防火墙

防火墙是一道保护屏障，它由软件和硬件设备组成，建于内外网之间允许或限制传输的数据通过，保护内网免受非法入侵。防火墙自身应该具有强大的抗攻击能力。

5. 用户通信保密

通信对象之间为了防止信息泄露，使用约定的方法改变信息的表现形式进行通信，通信的真实内容被隐藏，这就是保密通信。被传输的信息在发送端即被加密处理，在接收端解密恢复成原信息。传输过程中信息如果发生泄露，窃取者也只能看到加密信号，无法获取到真实的信息，这样可以很好地保证信息的安全。

10.2 病毒处理技术

计算机网络的出现，改变了现代人们的生活方式，它在生活和工作中起到了不可代替的作用。而伴随着网络的普及，网络病毒的泛滥也日益严重。计算机网络最重要的特点是资源共享，如果网络资源受到病毒感染，病毒就会通过网络迅速蔓延，导致整个网络的主机全部被感染，致使数据信息受到破坏，后果不堪设想。因此，如何防范病毒侵入计算机网络，确保数据信息的安全已成为当前面临的一个重要且紧迫的问题。

10.2.1 计算机病毒概述

计算机病毒是指某些人有意编制的具有自我繁殖、相互传染和破坏作用的计算机程序。它和生物学上的“病毒”有很多相似之处，但却有着本质上的不同，计算机病毒不是天然存在的，而是人为制造的，攻击破坏的目的性很强。我国在《中华人民共和国计算机信息系统安全保护条例》中，给计算机病毒作出了定义：编制者在计算机程序中插入的破坏计算机功能或者破坏数据，影响计算机使用并且能够自我复制的一组计算机指令或者程序代码。

1. 病毒对局域网的威胁

局域网是将一定区域内的各种通信设备连接在一起的通信网络，组建的目的是为了使多个设备的资源能够共享。因此如果共享的资源感染病毒，病毒就会通过数据传输传染到网络的各个主机，并在整个网络上泛滥，这对网络的安全构成了严重的威胁，也给数据的安全带来极大的隐患。并且如今广泛应用的各种局域网都具有大致相似的体系结构，它们在网络的底层基本协议框架、操作系统、通信协议以及高层的业务应用上基本一致。这也为计算机病毒的感染和传播提供了便利。因此如何防范计算机病毒侵入计算机局域网和确保网络的安全已成为当前面临的一个重要且紧迫的任务。

2. 计算机病毒的历史及发展

第一次提及计算机病毒理论的是计算机的先驱者冯·诺伊曼，他在 1949 年的一场伊利诺伊大学的演讲中提及了计算机病毒的概念，虽然当初并没有使用病毒一词。不久后，他又发表了一篇名为《复杂自动组织论》的论文，文中描述了一个计算机程序如何自我复制。1972 年，Veith Risak 根据冯·诺伊曼在自我复制上的工作为基础发表的 *Self-reproducing automata with minimal information exchange* 一文中，描述了一个以西门子 4004/35 计算机系统为目标，用汇编语言编写，具有完整功能的计算机病毒。1980 年，Jürgen Kraus 于多特蒙德大学撰写他的学位论文 *Self-reproduction of programs*。在他的论文中，他假设计算机程序可以表现出如同病毒般的行为。1983 年 11 月，在一次国际计算机安全学术会议上，美国学者科恩第一次明确提出计算机病毒的概念，并进行了演示。1984 年，弗雷德·科恩(Fred Cohen)的论文《电脑病毒实验》中第一次用病毒一词来形容这种程序。

计算机病毒伴随着计算机、网络信息技术的快速发展而日趋复杂多变，其破坏性和传播能力也不断增强，计算机病毒发展主要经历了以下 5 个重要的阶段：

1) 原始病毒阶段

第一阶段的产生年限一般认为在 1986—1989 年间，是计算机病毒发展的萌芽时期。由于当时计算机的应用软件少，而且大多是单机运行，因此病毒没有大量流行，种类也很有限，病毒的清除工作相对来说较容易。主要特点是：攻击目标比较单一，主要是可执行文件和磁盘引导区；主要通过截获系统中断向量的方式监视系统的运行状态，并在一定的条件下对目标进行传染；感染病毒后症状明显，容易被发现；病毒不具自我保护功能，容易查杀。

2) 混合型病毒阶段

此阶段的年限在 1989—1991 年间，是计算机病毒由简单向复杂发展的阶段，计算机病毒逐渐成熟。计算机局域网开始普及，病毒也由单机逐步向网络化发展，计算机病毒迎来了第一次流行高峰。这一阶段病毒的主要特点为：攻击目标趋于混合；采取更为隐蔽的方法驻留内存和传染目标；病毒感染目标后没有明显的特征；病毒程序具有了自我保护措施；病毒变种开始出现。

3) 多态性病毒阶段

此阶段年限一般认为是 1992—1995 年，这类病毒的主要特点是，在每次传染目标时，放入宿主程序中的病毒程序大部分都是可变的。因此传统的依靠特征码进行检测的防病毒软件很难奏效。1994 年在国内出现的“幽灵”病毒就属于这种类型。这一阶段病毒开始向多维化方向发展，这无疑将导致对计算机病毒的查杀愈发困难。

4) 网络病毒阶段

从 20 世纪 90 年代中、后期开始，随着 Internet 的发展壮大，依赖互联网络传播的邮件病毒和宏病毒等大量涌现，病毒传播快、隐蔽性强、破坏性大。也就是从这一时期开始，反病毒产业开始萌芽并逐步形成一个规模宏大的新兴产业。

这一阶段病毒的最大特点是利用 Internet 作为其主要传播途径。病毒传播快、影响范围广、隐蔽性强、破坏性大。

5) 主动攻击型病毒阶段

典型代表为 2003 年出现的“冲击波”病毒和 2004 年流行的“振荡波”病毒。这些病毒利用操作系统的漏洞进行进攻的扩散，并不需要任何介质或操作，用户只要接入互联网络就有可能被感染。因此，这类病毒的危害性更大。

3. 病毒命名方式

目前世界上病毒有数十万种，并且还在不断增加。反病毒公司为了加以区别、方便管理，会按照病毒的特性，将病毒进行分类命名。虽然每个反病毒公司的命名规则都不太一样，但大体都是采用一个统一的命名方法来命名的。

一般格式为：<病毒前缀>.<病毒名>.<病毒后缀>。

(1) 病毒前缀。

病毒前缀是指一个病毒的种类，它是用来区别病毒的种族分类的。不同种类的病毒，其前缀也是不同的。比如，常见的木马病毒的前缀是 Trojan，脚本病毒的前缀是 Script，蠕虫病毒的前缀是 Worm 等。

(2) 病毒名。

病毒名是指一个病毒的家族特征，是用来区别和标识病毒家族的，如之前的 CIH 病毒的家族名都是"CIH"，冲击波病毒的家族名是"Blaster"。

(3) 病毒后缀。

标示一个病毒的变种特征，是用来区别具体某个家族病毒的某个变种的。一般都采用英文中的 26 个字母来表示，如 Worm. Sasser. c 就是指振荡波蠕虫病毒的变种 C。如果该病毒变种超过了字母的表示范围，就需要采用数字与字母混合的方式表示。

综上所述，通过病毒前缀可以了解病毒的类型，从而大致了解病毒的风险。通过病毒名可以查找到具体是哪一种病毒，进而了解该病毒的详细特征。看病毒后缀就能知道是病毒的哪个变种。

10.2.2 病毒的分类、特点

1. 病毒的分类

计算机病毒多种多样，有很多种分类方式，按照不同的分类方法可以划分成很多类别。

(1) 按照攻击的操作系统分类。

不同的操作系统内部架构不同，一种病毒很难在所有的操作系统上都能执行。因此可以根据病毒攻击的操作系统种类进行分类，如 DOS 系统病毒、Windows 系统病毒、Linux 系统病毒、MAC OS X 系统病毒等。

(2) 按照破坏能力和产生的后果分类。

根据病毒的破坏能力和产生的后果可以把病毒分为 4 类：良性病毒、恶性病毒、极恶性病毒、灾难性病毒。

(3) 按照传染方式分类。

① 引导区型病毒。主要通过移动存储介质在操作系统中传播，感染引导区，蔓延到硬盘，并能感染到硬盘中的"主引导记录"，如磁盘杀手病毒。

② 文件型病毒。主要感染文件，它运行在计算机存储器中，通常感染扩展名为 COM、EXE、SYS 等类型的文件。

③ 混合型病毒。混合型病毒兼具引导区型病毒和文件型病毒两者的特点。

④ 宏病毒。该种病毒寄存在 Office 文档上的宏代码中。宏病毒会影响对文档的各种操作。

(4) 按照病毒广义概念分类。

木马病毒。特洛伊木马,也被叫作远程控制软件,如果木马可以连通,那么控制者就可以得到远程计算机的全部操作控制权限,操作远程计算机与操作自己的计算机一样,没有任何区别,这类程序可以监视、摄录被控用户的行为,以及进行用户可进行的几乎所有操作。

而 Windows 中自带的"远程桌面连接"和其他一些正规的远程控制软件,虽然也可以达到类似效果,但它们通常不会被称为病毒或木马软件,判断依据主要取决于软件的设计目的和是否明确告知了计算机所有者。

有害软件。主要包括了蠕虫病毒、间谍软件、流氓软件、恶意软件。

脚本病毒。主要一类是感染 Office 文件的宏病毒。

档案型病毒。同之前的文件型病毒一样,通常寄存于可执行文件中,当被感染的文件被执行,病毒便开始发作,对计算机进行破坏。

除了这几种分类方法外,还有如按照链接方式分类、按照病毒算法分类、按照发作时间分类等许多种分类方法。

2. 病毒的特点

计算机病毒特点可以概括成以下几个:

(1) 破坏性强。

计算机病毒对计算机的软、硬件及网络环境的破坏性都极强。某些计算机病毒不仅能够感染程序,破坏操作系统,甚至可以入侵硬件的固件,篡改固件信息,造成整个硬件报废。如果局域网感染病毒,轻则影响网络速度,降低工作效率,重则使整个网络瘫痪,服务器系统资源被破坏,网络服务无法运行,造成的损失不可估量。

(2) 传染性强。

以前在网络尚未普及时,病毒仅能通过外部存储设备或者携带病毒的硬件来感染其他机器,影响规模有限。现今网络已经无处不在,这使得病毒可以利用网络,迅速感染本地计算机。同时如果某个公共程序感染了病毒如邮件、网页等,那么不仅本地的计算机有被感染的风险,其他远程的计算机也有可能会被感染。

(3) 隐蔽性和触发性。

不管是单机病毒还是网络病毒,都具有隐蔽性和触发性。病毒感染计算机后,会进入潜伏状态,当某种条件达成时,病毒才会被触发,这就是病毒的激活。不同的病毒,触发的条件也不同,这主要看病毒制作者是如何设定的。

(4) 针对性强。

不同的操作系统的结构并不一样,这使得病毒攻击具有针对性,只会对特定的操作系统有作用,特别是针对系统漏洞攻击的病毒。

(5) 清除难。

网络病毒不像单机环境下的病毒那样,可以通过删除病毒文件、格式化硬盘等方式轻而易举地清除。因为即使本机通过各种方式已经清除了病毒,但只要网络上还有一台感染病毒的计算机存在,那么其他计算机还是存在被再次感染的可能。因此,仅仅对工作站病毒进行清除是无法彻底解决病毒危害的。

(6) 变种多。

病毒制造者或者其他别有用心的人,为了防止病毒被杀毒软件查杀,会把原始病毒进行修改，生成很多变种病毒。这些变种同原始病毒的内核基本一致，但外部程序代码并不相同，这就给病毒的查杀带来了很大的困难。

计算机病毒的危害性如此之大，如何采取有效的网络病毒防治方法与技术就显得尤其重要了。

10.2.3 病毒的传播方式与逻辑结构

1. 计算机病毒的传播方式

计算机病毒的传播主要有两种方式：一种是通过人为途径，把病毒从一方传递到另一方，如用户不小心把感染了病毒的文件通过U盘复制或者网络传输等方式发送给其他计算机，这种传播方式叫做病毒的被动传播；另一种是感染了病毒的计算机，在满足了传染条件时，不需要人工干预，病毒就会主动地把自身传播到另一个载体或系统，这种传播方式叫做病毒的主动传播。

计算机网络病毒一般遵循"工作站—服务器—工作站"的循环模式。其传播途径主要有以下几种：

(1) 病毒被动地从工作站复制到服务器中，或通过邮件、共享等程序进行传播。

(2) 病毒感染工作站，并在工作站中驻留，等到网络盘内的程序被运行时再传染给服务器。

(3) 病毒感染工作站，并且驻留，等到程序运行时再通过映像路径感染服务器。

(4) 如果远程工作站被病毒入侵，病毒会通过数据交换入侵服务器，一旦入侵成功，病毒会在局域网内迅速传播，网内的所有计算机都将被病毒感染。

2. 病毒的逻辑结构

病毒的种类很多，但是它们的逻辑结构大体相同，分为三大模块。

(1) 引导模块。

此模块主要负责将病毒代码引入内存，并激活后两个模块。

引导模块必须具备两个功能：

① 引导模块需要提供自我保护功能，避免在内存中的自身代码不被覆盖或清除。

② 计算机病毒程序引入内存后为传染模块和表现模块设置相应的启动条件，以便在适当的时候或者合适的条件下激活传染模块或者触发表现模块。

(2) 感染模块。

感染模块分为感染条件判断子模块和感染功能实现子模块。

① 感染条件判断子模块。依据引导模块设置的传染条件，判断当前系统环境是否满足传染条件。

② 感染功能实现子模块。如果传染条件满足，则启动传染功能，将计算机病毒程序附加在其他宿主程序上。

(3) 表现或破坏模块。

表现或破坏模块分为表现条件判断子模块和表现功能实现子模块。

① 表现条件判断子模块。依据引导模块设置的触发条件，判断当前系统环境是否满足触发条件。

② 表现功能实现子模块。如果触发条件满足，则启动计算机病毒程序，按照预定的计

划对系统实施干扰和破坏。

10.2.4 计算机病毒的防治

当计算机感染病毒，表现出一些异常后，人们会先用杀毒软件进行查杀，一般情况下可以解决问题。但是有的时候杀毒软件也是无能为力，在当今的网络流行、科技进步的信息时代，病毒产生的速度远远大于杀毒软件和病毒库的更新速度，并且它对病毒的防范仅限于病毒出现之后，缺乏预防和自我防护能力。因此，只靠杀毒软件作为防范病毒的主要工具，已经不能很好地保证计算机的安全。只有通过多方面、多种手段相结合才能切实地保证计算机不受病毒的侵扰。

1. 工作站的病毒防范措施

工作站由于防范等级较低且使用人员较为复杂，因此相对于服务器更容易被病毒感染，有效地防止工作站的病毒侵入就显得尤为重要。工作站的病毒防范措施具体包括以下几点：

(1) 软件防范，网内统一配置安全策略，统一使用网络版的杀毒软件，由网络管理员对全网所有用户的杀毒软件统一管理、设置，保持网络安全策略一致。全网统一进行病毒库以及版本的更新，始终保持客户端为最新版本，对于应对最新流行的计算机病毒起到非常重要的作用。

(2) 添加硬件的防病毒卡，但防病毒卡升级复杂，使用效果不佳，工作站运行速度也会受到影响。

(3) 使用带有防病毒功能的网卡，这样能够更加有效地保护网络通信通道。但是这种芯片，软件升级同样困难，也会对网络传输速度产生一定的影响。这些方法应根据网络具体情况来选择。

2. 服务器的病毒防范措施

服务器是计算机局域网的核心，若服务器被病毒侵入，不仅会造成系统瘫痪、信息丢失，甚至会造成整个局域网络崩溃。当前对服务器病毒防范的措施大多采用 NLM 技术，其是以 NLM 模块方式进行程序设计，以服务为基础，提供实时扫描病毒能力，以服务器为基础的防病毒技术能够保护服务器，从而使服务器不被病毒感染。这样病毒就会失去传播途径。针对服务器的实时扫描病毒防护技术通常具有以下几种功能：

(1) 服务器扫描。对服务器中的所有文件进行扫描，检测是否带毒，若有带毒文件，则提供几种处理方法给网络管理员，允许用户清除病毒或删除带毒文件，或更改带毒文件名成为不可执行文件名并隔离到一个特定的病毒文件目录中。

(2) 工作站扫描。基于服务器的防毒技术不能保护本地工作站的硬盘，有效方法是在服务器上安装防毒软件，同时在上网的工作站内存中调用一个常驻扫毒程序，实时检测在工作站中运行的程序。

(3) 实时在线扫描。全天 24h 监控网络中是否有带毒文件进入服务器。

(4) 实时报警及病毒存档。当网络用户将带毒文件有意或无意拷入服务器中时，网络防毒系统必须立即通知网络管理员，或涉嫌病毒的使用者，同时自己记入病毒档案。

(5) 对用户开放的特征接口。对用户遇到的病毒文件，经过病毒特征分析程序，自动将病毒特征加入特征库，以随时增强抗毒能力。

3. 加强网络管理

计算机局域网病毒防范仅依靠技术手段是不能有效杜绝和防止病毒蔓延的，只有将技术手段与管理制度紧密结合，才能从根本上消除病毒带来的危害，从而保证网络系统安全稳定运行。完善网络安全管理需要从这几个方面着手：

(1) 有完整的安全技术、设备管理、严格的管理部门和组织管理能力及安全设备访问控制措施、机房管理制度、软件管理和操作管理。

(2) 建立详细的网络安全应急预案，建立完善的安全培训制度，确保网络管理者能够及时了解和掌握先进、安全产品的使用方法。要严格杜绝外人随意接触重要部门的计算机系统，不得使用盗版系统软件。

总之，加强安全管理制度能够最大限度地减少因内部人员工作失误造成病毒的入侵。

4. 网络病毒的清除

如果在网上发现病毒，应立即清除，防止网络病毒扩散到整个网络，造成不可弥补的损失。具体步骤如下：

(1) 通告用户退网，并关闭文件服务器。

(2) 用带有写保护的、干净的系统盘启动系统管理员工作站，并立即清除本机病毒。

(3) 用带有写保护的、干净的系统盘启动文件服务器。系统管理员登录后，使用disablelogin命令禁止其他用户登录。

(4) 将文件服务器硬盘中的重要资料备份到干净的软盘上。但千万不可执行硬盘上的程序，也千万不要在硬盘中复制文件，以免破坏被病毒搞乱的硬盘数据结构。

(5) 用防病毒软件扫描服务器上所有卷的文件，恢复或删除被感染的文件，重新安装被删除的文件。

(6) 用杀毒软件扫描并清除所有的有盘工作站硬盘上的病毒。

(7) 在确信网络病毒已彻底清除后，重新启动网络和工作站。

计算机反病毒技术是针对一定的软、硬件环境，针对病毒的机理和技术形成的，要有效地防御病毒，必须找出系统本身的弱点，加强系统本身的安全。只要在日常工作中树立“预防为主、消防结合”的观念，严格遵守各项操作规程，及时备份重要数据，就能有效防止病毒对网络系统的危害，保障网络系统的数据安全。

10.2.5 防病毒软件的应用

防病毒软件多种多样，但是它们的功能和使用方法却基本类似。下面以360杀毒为例进行说明。

360杀毒是一款免费的云安全杀毒软件，具有实时防护和手动扫描等功能。

实时防护功能在文件被访问时扫描文件，及时对病毒进行拦截。如果发现病毒，软件会有警告窗口弹出，如图10.1所示。

360杀毒提供了多种手动扫描病毒的方式，如全盘扫描、快速扫描、自定义扫描、右键扫描、宏病毒扫描等，如图10.2所示。

全盘扫描可扫描计算机的所有磁盘，如果系统出现异常，但是不知道具体是什么引起的，可以选择该种扫描方式，如图10.3所示；快速扫描是对Windows系统目录、系统内存、启动项目等病毒易感染地方进行病毒扫描，相对于全盘扫描其扫描速度较快，如图10.4所

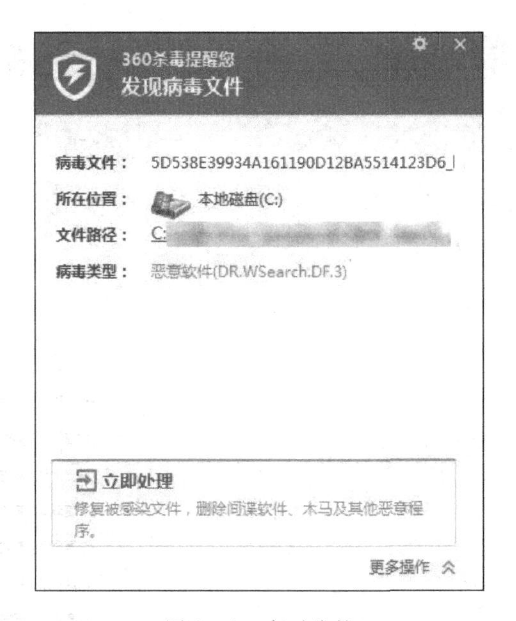

图 10.1　实时防护

图 10.2　360 杀毒主界面

示；自定义扫描可扫描指定的目录或文件，怀疑何处有病毒风险时可以使用该种扫描方式，如图 10.5 所示；右键扫描可在计算机中的需要扫描的文件或文件夹上右击，在弹出的快捷菜单中选择“使用 360 杀毒扫描”命令来进行扫描，如图 10.6 所示；宏病毒扫描可扫描 Office 文档的宏病毒，它会在扫描前提示保存并关闭已打开的 Office 文档，单击“确定”按钮即可扫描，如图 10.7 所示。

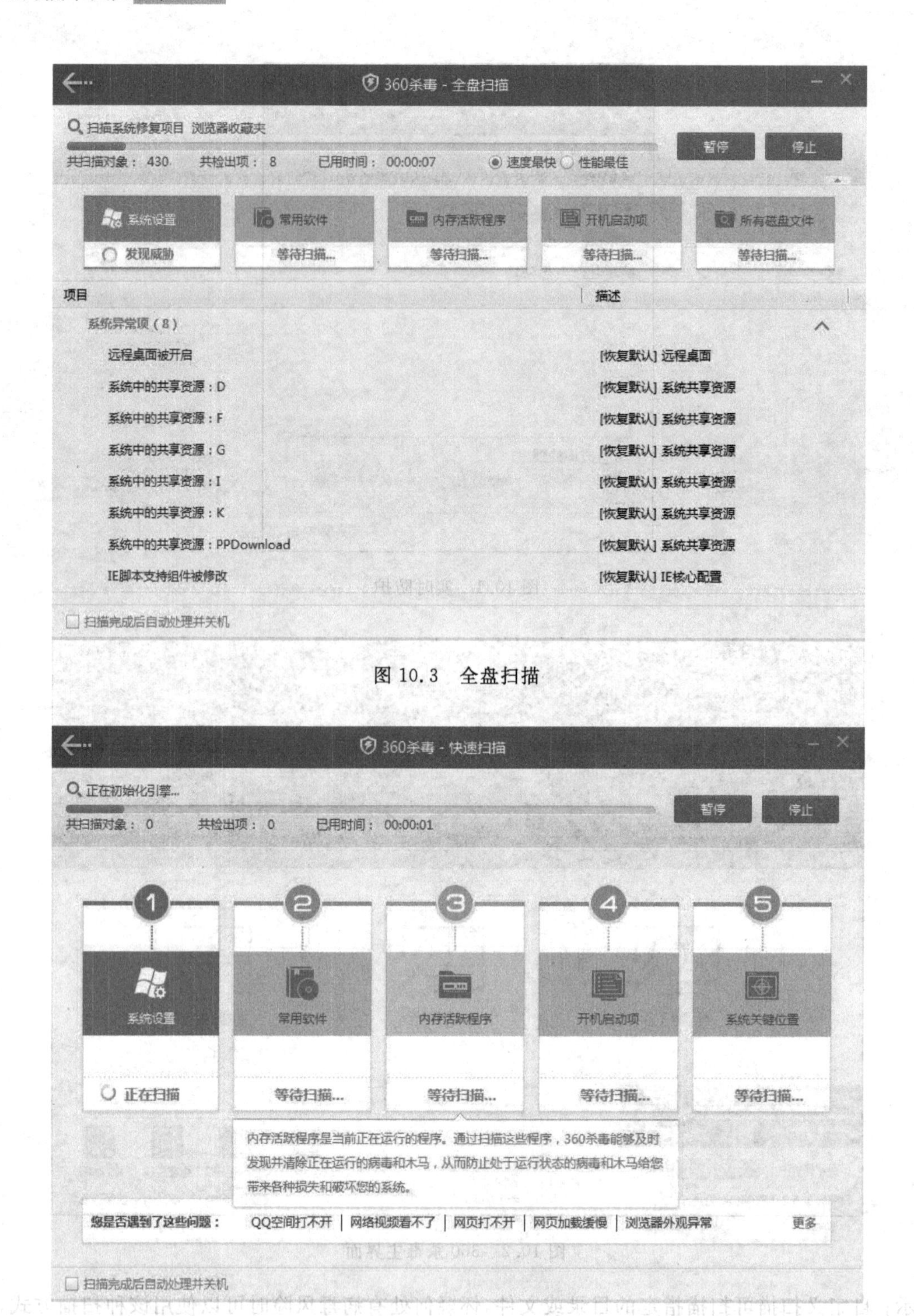

图 10.3 全盘扫描

图 10.4 快速扫描

弹窗拦截功能用于拦截系统弹出的各种广告窗，使用时可以在“一键拦截”和“强力拦截”中单击“手动添加”按钮，添加想要拦截的弹窗软件，如图 10.8 所示。

软件净化功能可以去除软件中捆绑的其他程序，因为这种程序对使用者来说是没有任

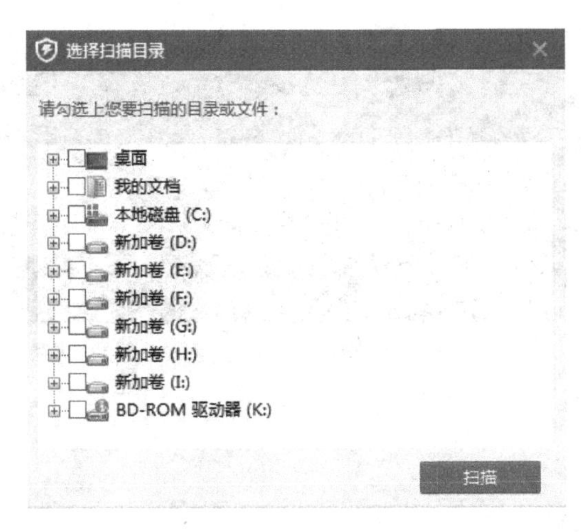

图 10.5　自定义扫描

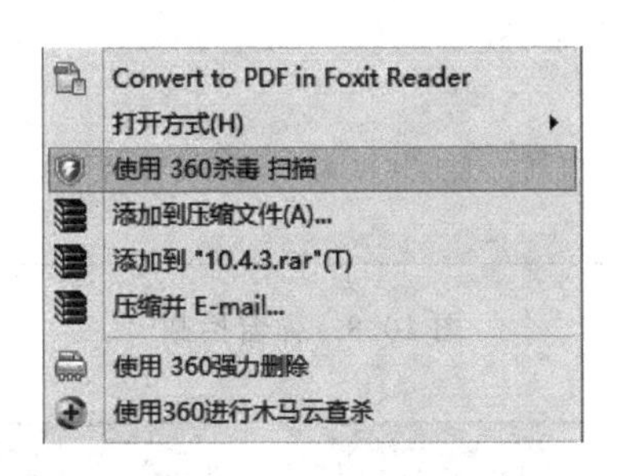

图 10.6　右键扫描

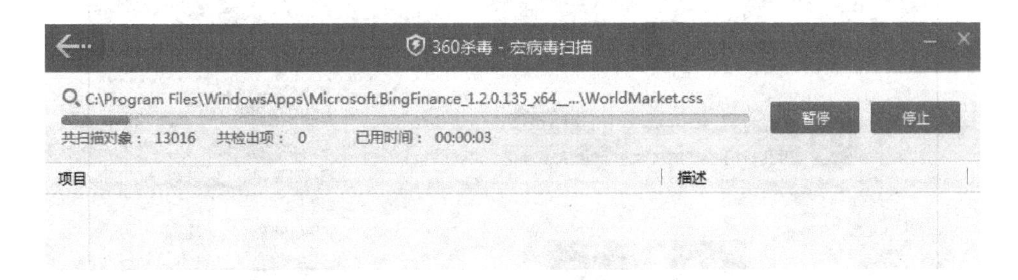

图 10.7　宏病毒扫描

何用处的，甚至可能还会带来危害，使用这一功能可以帮助用户进一步提高计算机的安全性，如图 10.9 所示。

除了以上功能，360 杀毒还在“功能大全”中提供了更细致的功能，在系统安全、系统优化、系统急救等方面解决计算机的其他常见问题，如图 10.10 所示。

其中的安全沙箱是一种保护网络安全的很好手段，沙箱是一个按照安全策略限制程序行为的虚拟环境，它可以快速建立隔离环境，在沙箱内部运行程序可完全被隔离，在其中可以运行有风险的软件，一切不留痕迹，不会对计算机构成安全威胁，如图 10.11 所示。使用时，单击“运行指定程序”图标按钮，在弹出的窗口中选择想要运行的程序，单击“打开”按钮，即可在沙箱保护的状态下运行程序。

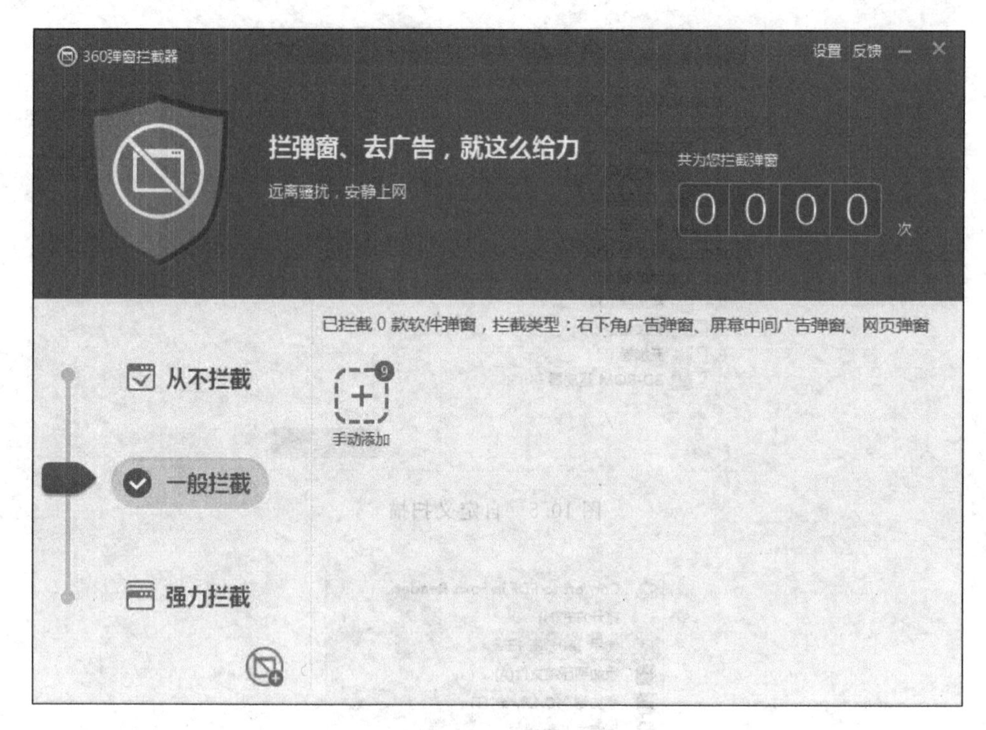

图 10.8　弹窗拦截

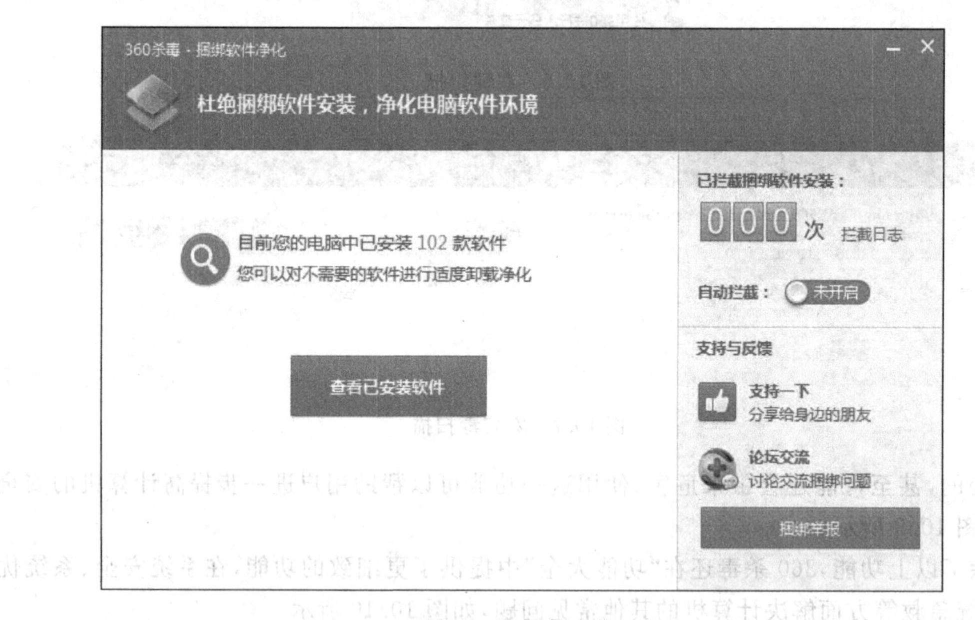

图 10.9　软件净化

360 系统急救箱是强力查杀木马病毒的工具，可查杀顽固的木马病毒。当普通杀毒软件查杀无效或 360 杀毒受病毒干扰无法安装和运行时，该功能可以强力清除木马及可疑程序，并修复被病毒破坏的文件。运行该功能会先检测和更新急救箱，如图 10.12 所示，之后进入功能界面，单击“开始急救”按钮即可使用急救功能，如图 10.13 所示。

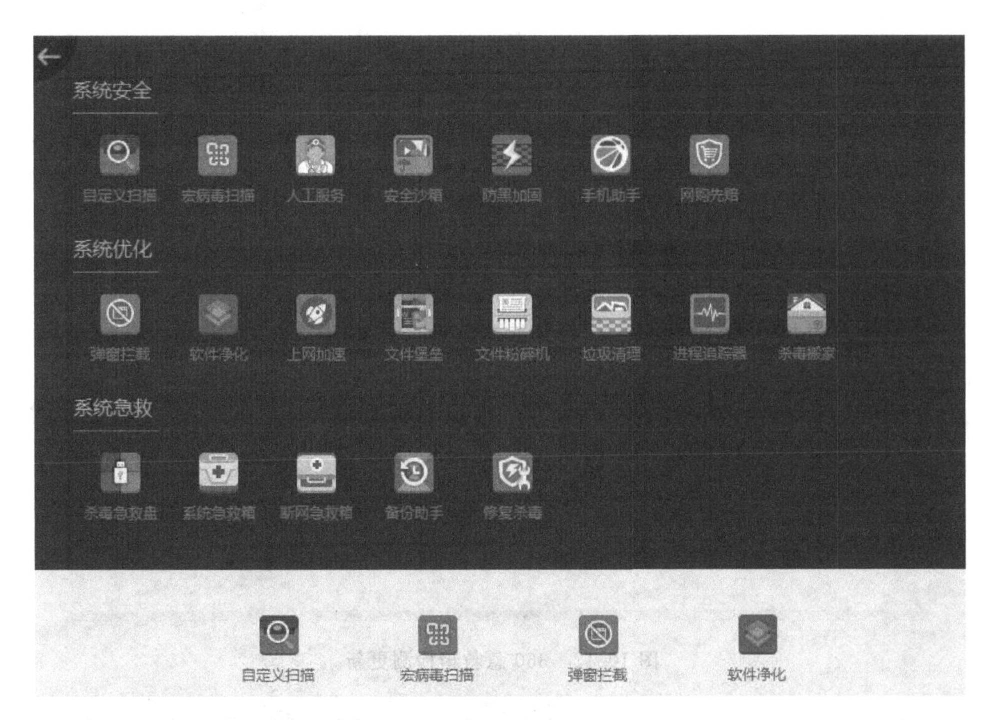

图 10.10　功能大全

图 10.11　安全沙箱

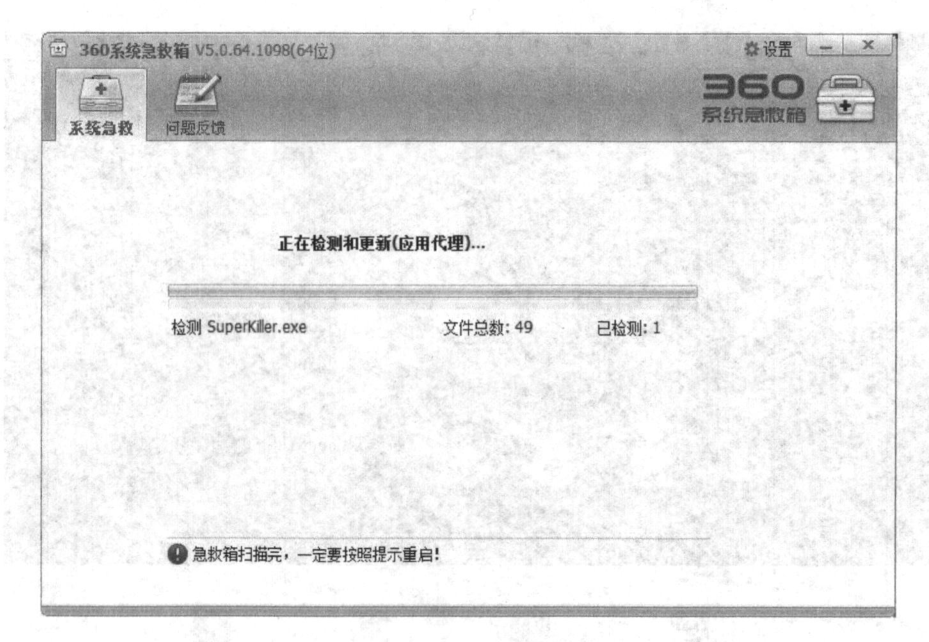

图 10.12　360 急救箱检测更新

图 10.13　360 急救箱

10.3　防火墙技术

10.3.1　防火墙概述

建筑上的防火墙是用来阻止火灾蔓延的一种设施，一旦着火它可以将着火区域与未着火区域隔离开。在计算机网络世界中，防火墙(Firewall)是一种高级访问控制设备，置于不同网络安全区域边界的一系列部件的组合，可以是硬件也可以是软件，或者两者的结合。不同的网络安全区域的信息传递必须经过它，它可以根据用户有关的安全策略控制进出网络的访问行为，从而保护网络安全区域不受到非法访问和攻击。具体来讲，防火墙会根据用户指定的规则，对经过它的所有数据进行监控和审查，不论进还是出，一旦发现数据异常或有害，防火墙就会将数据拦截，从而实现对计算机和重要信息的保护。

1. 防火墙的特点

(1) 不管是由外到内还是由内到外的所有访问和数据必须经过防火墙。

(2) 只有本地定义的安全策略所允许的合法访问或数据才能通过防火墙。

(3) 防火墙自身不受各种攻击影响。

(4) 防火墙默认情况下无法被穿透。

2. 防火墙的主要功能

(1) 建立了一个集中的监视点，为网络安全的监控提供了便利。

(2) 过滤进、出内部网络的所有数据。

(3) 管理进、出内部网络的访问行为。

(4) 封堵某些禁止的业务。

(5) 有效地记录和审计通过防火墙的信息内容和活动。

(6) 对网络攻击进行检测和报警。

除了以上这些功能外，有些防火墙还具有双重 DNS、网络地址转换、VPN、负载均衡、计费等功能。

3. 防火墙的类型

(1) 根据防火墙的应用场合分类。

防火墙根据应用的场合和范围不同，可以分为 Internet 防火墙和 Intranet 防火墙。

Internet 防火墙主要用于内部网络与外部 Internet 网络的隔离，而 Intranet 防火墙则主要用于内部网络不同网段之间的隔离。

(2) 以防火墙的软、硬件形式分类。

根据防火墙的软、硬件形式，防火墙可以分为软件防火墙、硬件防火墙和芯片级防火墙。

软件防火墙又称个人防火墙，是运行在用户的计算机上的一种应用软件，它需要计算机操作系统的支持，可以在一定程度上保证本地计算机不受非法访问和恶意攻击。

硬件防火墙，一般所指的防火墙都是这种。它将软件防火墙嵌入到硬件之中，这样做的原因是由于计算机的操作系统本身就相对不安全，在这种系统上部署安全策略是不可靠的。并且硬件防火墙的软硬件都是专门定制的，因此在性能和兼容性方面比软件防火墙更胜一筹，但缺点是设备的价格较为昂贵。

芯片级防火墙是针对特定的硬件平台的，自身没有操作系统。因为使用的是专门的处理芯片，在处理速度和性能上比其他防火墙更强。

(3) 按照防火墙的技术分类。

防火墙按照使用的技术可分为包过滤型防火墙、代理型防火墙和状态检测型防火墙 3 种。

① 包过滤型防火墙，又称筛选路由器或网络层防火墙，是第一代防火墙技术，通常和路

由器整合在一起,它主要工作在OSI参考模型的网络层和传输层。传统的包过滤按照一定的安全策略,对经过它的所有数据进行分析,根据制定的过滤规则,接收或转发合法的数据,阻止或丢弃非法的数据。而信息过滤规则是以其所收到的数据包头信息为基础的,每条规则都包含了源地址、目的地址、协议类型(TCP、UDP、ICMP等)、源端口号、目的端口号、ICMP报文类型等多项内容。包过滤防火墙监视网络上流入和流出的IP数据包,当一个数据包满足过滤表中规则时,则允许数据包通过,否则禁止通过。这种防火墙可以用于禁止外部非法用户对内部网络的访问,也可以用来禁止访问某些服务类型。包过滤防火墙虽然能给网络提供一定的安全保障,并且有很多优点,但是因为包过滤技术本身存在较多缺陷,不能胜任对安全要求较高的工作。因此在实际使用中,一般把包过滤防火墙和其他防火墙技术结合使用。

② 代理型防火墙又称应用网关防火墙,它由代理服务器和过滤路由器两部分组成,是一种应用最为广泛的防火墙。它将过滤路由器和软件代理技术结合在一起。过滤路由器负责网络互联,并对数据进行严格筛选,然后将合法的数据传送给代理服务器。代理服务器起到外部网络申请访问内部网络的转接作用,内部网络只接受代理服务器提出的服务请求,拒绝外部网络其他节点的直接请求,代理服务器其实是外部网络和内部网络交互信息的交换站。当外部网络向内部网络某个节点申请某种网络服务时,如FTP、Telnet。代理服务器会先接受申请,然后根据其服务类型、服务内容、被服务对象、服务申请的时间、申请者的域名范围等来决定是否接受此项服务,如果接受,代理服务器就会向内部网络转发这项请求,并把结果反馈回去。按照可以处理的协议可分为FTP网关型防火墙、Telnet网关型防火墙、WWW网关型防火墙等。

③ 状态检测型防火墙结合了包过滤型防火墙和代理型防火墙的优点。它在网关上添加了一个执行网络安全策略的软件引擎,称之为检测模块。检测模块在不影响网络正常工作的前提下,采用抽取相关数据的方法对网络通信的各层实施监测,抽取部分数据,即状态信息,并动态地保存起来。再与前一时刻的数据包和状态信息进行比较,从而得到该数据包的控制信息,来达到保护网络安全的目的。这种防火墙能够对各层的数据进行主动的、实时的监测,在对这些数据加以分析的基础上,状态检测型防火墙能够有效地判断出各层中的非法侵入。状态检测技术是包过滤技术的延伸,使用各种状态表来追踪活跃的TCP会话。由用户定义的访问控制列表决定允许建立哪些会话,并且只有与活跃会话相关联的数据才能通过防火墙。

(4) 根据防火墙结构进行分类。

按照防火墙的结构,防火墙可以分为最传统的单一主机防火墙、集成式防火墙和分布式防火墙。

4. 防火墙的局限性

随着防火墙技术的发展,其在网络安全体系中的地位越来越重要,严峻网络安全形势也对防火墙技术的发展提出了更高、更新的要求。但是防火墙并不是万能的,它对于在局域网中一些攻击有时也力不从心。

(1) 不能防范恶意的知情者。

防火墙可以禁止系统用户经过网络连接发送专有的信息,但用户可以将数据复制到存储设备上带出去。而且入侵者已经在防火墙内部,防火墙是无能为力的。内部用户可以偷窃数据，破坏硬件和软件，修改程序而不用接近防火墙。因此对于来自内部的威胁，只能加强对内部的管理。

(2) 不能防范不通过它的连接。

防火墙能够有效地防止通过它传输的信息，然而它却不能防范不通过它而传输的信息。

(3) 不能防御全部的威胁。

防火墙是用来防御已知的威胁，所有的安全策略都是人制定的，因此没有一台防火墙能自动防御所有新的未知的威胁。

10.3.2 防火墙在网络中的应用

1. 防火墙建立的步骤

防火墙的架设一般需要经过以下几个步骤：规划与制定安全计划与协议；建立网络安全体系；制作网络规则程序；落实网络规则集；调整控制准备；完善审计处理。

2. 企业中防火墙的应用

防火墙是现在网络安全中不可或缺的一个重要设施，无论是家庭网络、企业网络还是电信运营商的网络都离不开它。其中家庭网络一般使用的是个人防火墙，其设置实施十分简单。而企业和电信运营商所使用的防火墙十分复杂。不同规模的企业单位，需要的防火墙也不一样。比如，大型企业主要使用的是较为成熟的 x86 架构的防火墙，这种防火墙使用 PCI 和 CPU 总线作为通用接口，具备较好的可拓展性与灵活性。而对于中小型企业来说，NP 型架构的防火墙则为防护网络攻击的最佳选择。结合与之匹配的软件开发系统，使其具有强大的网络编程能力。而对于对网络防护要求十分高的企业、单位或个人，则可采用 ASIC 架构的防火墙，它不仅具备强大的数据处理能力，同时有其独具优势的防火墙性能。

1) 企业网络结构

整个企业网络大致可以分为 3 个部分。

① 边界网络。这种网络与 Internet 外部网络之间仅有一台路由器相隔。

② 外围网络。即 DMZ，这种网络是非安全区域与安全区域之间的缓冲区。该缓冲区位于企业内部网络和外部网络之间的小网络区域内。这个网络区域内主要放置了一些必须公开的服务器设施，如企业 Web 服务器、FTP 服务器，以便外部网络用户可以使用服务。

③ 内部网络。企业内部人员和内部服务器使用的网络。

2) 企业网络防火墙的设计

(1) 外围防火墙系统应用。

外围防火墙是内部网络通向外部世界的大门。因此，这里的防火墙通常使用高端的硬件防火墙或服务器防火墙。

一般来说，外围防火墙需要设定以下规则：

① 除非明确允许，否则拒绝所有流量。

② 阻止声称拥有内部或周边网络来源 IP 地址的接入封包。

③ 阻止声称拥有外部来源 IP 地址(流量应该只来自堡垒主机)的转出封包。

④ 允许 Internet 上从 DNS 解析程序到 DNS 服务器堡垒主机基于 UDP 的 DNS 查询和回答。

⑤ 允许从 Internet 上 DNS 服务器到 DNS 广告商的基于 UDP 的 DNS 查询和回答。

⑥ 允许外部 UDP 流量客户端查询 DNS 广告商并提供回答。

⑦ 允许从 Internet DNS 服务器到 DNS 广告商的基于 TCP 的 DNS 查询和回答。

⑧ 允许从输出 SMTP 堡垒主机到 Internet 的待发邮件。

⑨ 允许从 Internet 到输入 SMTP 堡垒主机的内送邮件。

⑩ 允许从代理服务器到达 Internet 的代理流量。

⑪ 允许 Internet 的代理服务器响应传向周边的代理服务器。

(2) 内部防火墙系统的应用。

内部防火墙控制对内部网络的访问和从内部网络发出的访问。该网络的用户可分为：完全信任用户，如企业雇员；部分信任用户，如合作伙伴及不信任用户。

内部防火墙应遵循的规则：

① 除非明确允许，否则拒绝所有流量。

② 在外围接口上，阻止声称来自内部 IP 地址的传入数据包，以阻止欺骗。

③ 在内部接口上，阻止声称来自外部 IP 地址的传出数据包，以限制内部攻击。

④ 允许从内部 DNS 服务器到 DNS 解析程序堡垒主机的基于 UDP 的查询和响应。

⑤ 允许从 DNS 解析程序堡垒主机到内部 DNS 服务器的基于 UDP 的查询和响应。

⑥ 允许从内部 DNS 服务器到 DNS 解析程序堡垒主机的基于 TCP 的查询，包括对这些查询的响应。

⑦ 允许从 DNS 解析程序堡垒主机到内部 DNS 服务器的基于 TCP 的查询，包括对这些查询的响应。

⑧ 允许 DNS 广告商堡垒主机和内部 DNS 服务器主机之间的区域传输。

⑨ 允许从内部 SMTP 邮件服务器到出站 SMTP 堡垒主机的传出邮件。

⑩ 允许从入站 SMTP 堡垒主机到内部 SMTP 邮件服务器的传入邮件。

⑪ 允许来自 VPN 服务器后端的通信到达内部主机，并且允许响应返回到 VPN 服务器。

⑫ 允许验证通信到达内部网络上的 RADIUS 服务器，并且允许响应返回到 VPN 服务器。

⑬ 来自内部客户端的所有出站 Web 访问将通过代理服务器，并且响应将返回客户端。

⑭ 在外围域和内部域的网段之间支持 Windows Server 域验证通信。

⑮ 至少支持 5 个网段，在所有加入的网段之间执行数据包的状态检查。

⑯ 支持高可用性功能，如状态故障转移。

⑰ 在所有连接的网段之间路由通信，而不使用网络地址转换。

在内部防火墙方案中，根据具体需求，可以采用不同的防火墙系统设计方案，如没有冗余组件的单一防火墙、具有冗余组件的单一防火墙和容错防火墙集等。

10.3.3 软件防火墙的基本配置

软件防火墙单独使用软件系统来完成防火墙功能，将软件部署在系统主机上，一般用于单机系统或是个人计算机。下边以瑞星防火墙为例进行说明。

瑞星个人防火墙是一款免费的个人防火墙软件，它可以通过其“智能云安全”系统阻截木马攻击、黑客入侵，为用户解决上网安全的问题，如图 10.14 所示。

图 10.14 瑞星个人防火墙主界面

网络安全功能有安全上网防护和严防黑客两方面功能：安全上网防护功能包括拦截恶意下载、拦截木马网页、拦截跨站脚本攻击、拦截钓鱼欺诈网站、搜索引擎结果检查；严防黑客功能包括 ARP 欺骗防御、拦截网络入侵攻击、网络隐身、阻止对外攻击。开启相应的功能即可实现网络安全的保护，如图 10.15 所示。

图 10.15 网络安全

家长控制功能可以方便家长管理和监控未成年人的上网情况。家长可以通过设置上网策略和生效时间,来达到控制网络访问的目的,同时在策略制定好后,可单击“设置密码”链接,为策略定制管理密码,防止策略被篡改,如图 10.16 所示。

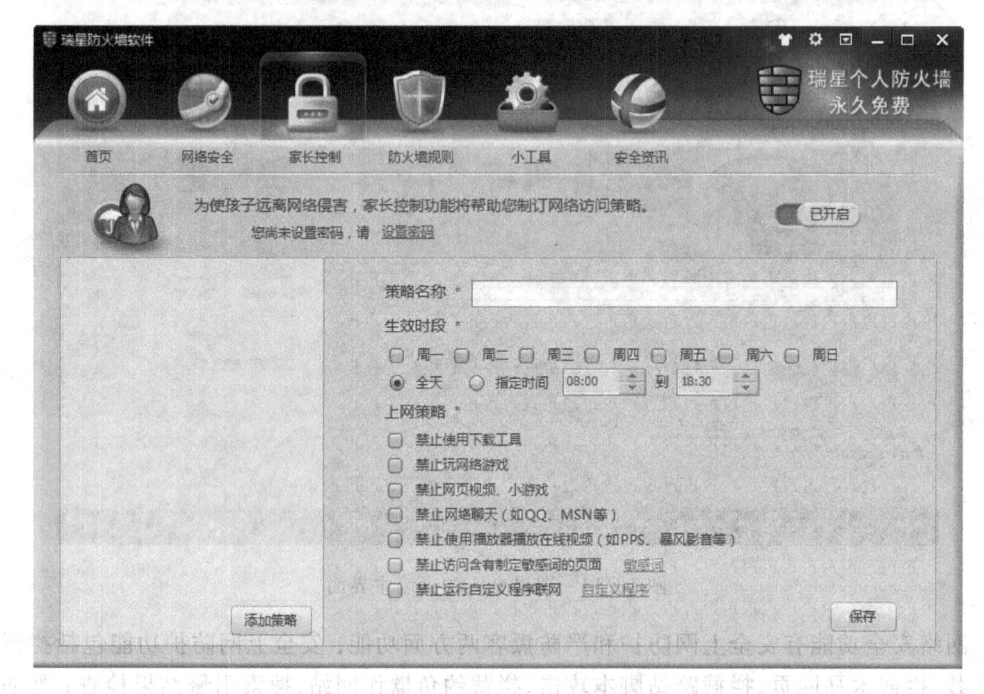

图 10.16 家长控制

防火墙规则功能包括联网程序规则和 IP 规则两方面,两种规则都可以通过增加、修改、删除、导入、导出来进行管理。

联网程序规则对每个程序的联网状态进行规定,状态可设置放行、阻止或自定义,如图 10.17 所示。为程序制定网络访问规则时,单击“增加”按钮,在弹出的对话框中,选择需要管理的程序,单击“打开”按钮。再在打开的应用程序访问规则设置窗口,指定程序的联网状态。选定后,单击“确定”按钮,完成规则的定制。

IP 规则可以定义联网状态、IP 范围、协议、远程端口、本地端口等属性,如图 10.18 所示。定义规则时,单击“增加”按钮,在打开的编辑 IP 规则窗口中,指定 IP 规则,如本地和远程的 IP 地址、端口号、协议类型等,配置好后,单击“确定”按钮,即完成 IP 规则的添加。

除了基本功能之外,防火墙还提供了很多实用的小工具,涉及网络监控、网络安全、辅助工具等方面,使防火墙的功能更加细腻、更加人性化。用户可根据需要选择工具,如图 10.19 所示。

其中网速保护是用户普遍关心的问题。日常的网络视频播放、下载文件、网络游戏等都对网速有很高需求,而带宽有限,如何分配带宽成了提高网速的关键。“网速保护”功能可以根据网络的实际情况重新分配和调整带宽,使用户在高速下载时也可以流畅地浏览网页。使用时,可以单击“从进程中添加”或“从系统中添加”两个按钮,把需要网速保护的进程或程序添加进来,如图 10.20 所示。

网络查看器可以查看当前连接网络的所有进程,包括每个进程所使用本地 IP 地址及端

图 10.17 联网程序规则

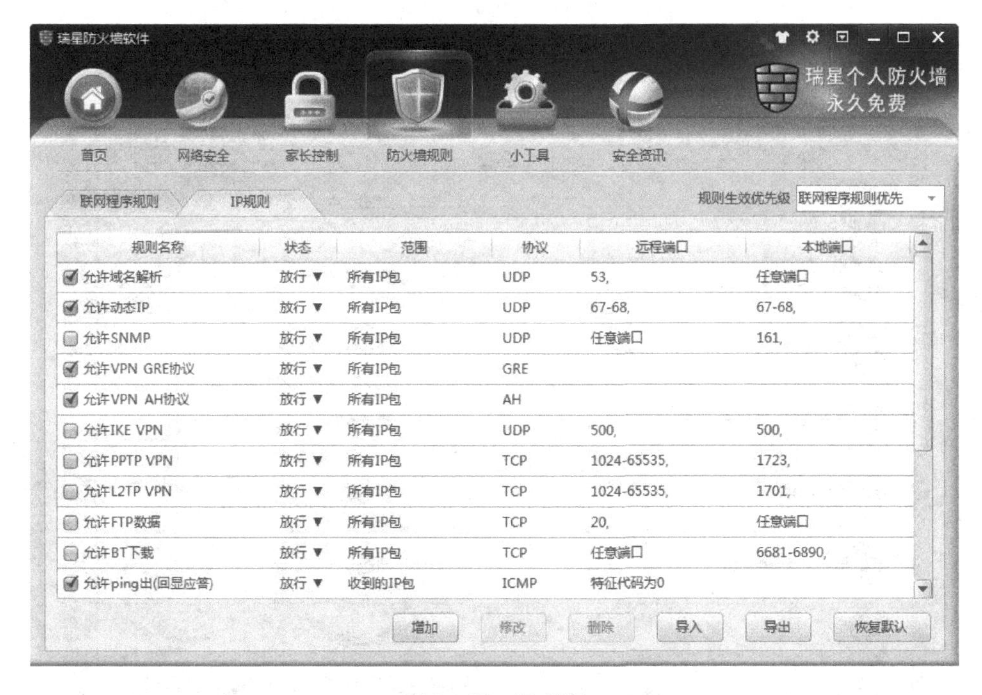

图 10.18 IP 规则

口,连接的远程目的 IP 地址及端口和连接状态,如图 10.21 所示。通过查看进程的联网信息,可以快速地排查出可疑的进程,从而进行进一步处理。

联网程序管理工具,可以快速查看并管理正在联网的程序,在这里可以查看程序占用的

图 10.19 防火墙小工具

图 10.20 “网速保护”对话框

带宽、使用的流量和连接数，如图 10.22 所示。并根据需要，对每个程序制定相应的联网规则，限制传输速度或者直接禁止其联网。

网络查看器

刷新方式：自动刷新　刷新频率：○1秒 ◉3秒 ○5秒 ○10秒

进程名	进程ID	安全状态	进程路径	协议	本地IP	本地端口	目标IP	目标端口	状态
aliwssv.exe (共 1 个连接)									
aliwssv.exe	3612	安全	C:\Program File...	TCP	127.0.0.1	27382	*	*	LISTEN
baiduhelper.exe (共 6 个连接)									
baiduhelper.e...	2656	安全	C:\Program File...	TCP	0.0.0.0	5808	*	*	LISTEN
baiduhelper.e...	2656	安全	C:\Program File...	TCP	127.0.0.1	49332	127.0.0.1	49334	ESTAB
baiduhelper.e...	2656	安全	C:\Program File...	TCP	127.0.0.1	49333	127.0.0.1	49335	ESTAB
baiduhelper.e...	2656	安全	C:\Program File...	TCP	127.0.0.1	49334	127.0.0.1	49332	ESTAB
baiduhelper.e...	2656	安全	C:\Program File...	TCP	127.0.0.1	49335	127.0.0.1	49333	ESTAB
baiduhelper.e...	2656	安全	C:\Program File...	UDP	0.0.0.0	5809	*	*	UNKNOWN
bdadb.exe (共 1 个连接)									
bdadb.exe	3696	安全	C:\Program File...	TCP	127.0.0.1	5037	*	*	LISTEN
CNAB4RPD.EXE (共 1 个连接)									
CNAB4RPD.EXE	5248	安全	C:\Windows\Sy...	TCP	0.0.0.0	49172	*	*	LISTEN
esrv.exe (共 1 个连接)									
esrv.exe	8184	安全	C:\Program File...	TCP	127.0.0.1	49266	*	*	LISTEN
esrv_svc.exe (共 1 个连接)									

图 10.21　“网络查看器”对话框

联网程序管理

目前有22个程序联网，下载总速为882B/S，上传总速为491B/S。　☑自动刷新程序信息　☐显示系统进程

进程名称	安全等级	下载	下载限速	已下载	上传	上传限速	已上传	连接数	管理
aliwssv.exe(PID: 36... Alipay Security Server	安全	↓0B/S	无限制	0B	↑0B/S	无限制	0B	1	
bdadb.exe(PID: 36... BaiduAndroidAdb	安全	↓0B/S	无限制	30.0KB	↑0B/S	无限制	18.7KB	1	
CNAB4RPD.EXE(PI... Canon Advanced Pri...	安全	↓0B/S	无限制	0B	↑0B/S	无限制	0B	1	
esrv.exe(PID: 8184) Intel® Energy Check...	安全	↓0B/S	无限制	0B	↑0B/S	无限制	0B	1	
esrv_svc.exe(PID: 6... Intel® Energy Check...	安全	↓0B/S	无限制	0B	↑0B/S	无限制	0B	1	
lsass.exe(PID: 656) Local Security Autho...	安全	↓0B/S	无限制	0B	↑0B/S	无限制	0B	1	
ravmond.exe(PID:... ravmond	安全	↓0B/S	无限制	6.0MB	↑0B/S	无限制	5.9MB	3	
rstray.exe(PID: 4784) 瑞星单机防火墙 托盘...	安全	↓0B/S	无限制	16.1KB	↑0B/S	无限制	6.2KB	1	
svchost.exe(PID: 2... Windows 服务主进程	安全	↓882B/S	无限制	1.2MB	↑491B/S	无限制	409.4KB	7	

图 10.22　“联网程序管理”对话框

10.3.4　ASA 防火墙的基本配置

1. ASA 防火墙简介

ASA，Cisco ASA 5500 Series Adaptive Security Appliances(Cisco ASA 5500 系列自适

应安全设备)是 Cisco 公司的一种安全产品。它是继 PIX 硬件防火墙之后推出的一款集防火墙、入侵检测(IDS)、VPN 集中器于一体的新型硬件防火墙。

之前的 PIX 是一台静态数据包过滤防火墙。在面对当今变种病毒、恶意软件和应用层程序的攻击或者欺骗时,PIX 已经不能应对如此多的安全挑战,ASA 因此应运而生。

ASA 是一个状态化防火墙,状态化防火墙维护一个关于用户信息的连接表,称为 Conn 表。表中的关键信息包括源 IP 地址、目的 IP 地址、IP 协议(TCP 或 UDP)、IP 协议信息(TCP/UDP 端口号、TCP 序列号、TCP 控制位)。默认情况下,ASA 对 TCP 和 UDP 协议提供状态化连接,但 ICMP 协议是非状态化的。

数据穿越 ASA 防火墙的过程如下:

(1) 一个新来的 TCP SYN 报文到达 ASA,试图建立一个新的连接。

(2) ASA 检查访问列表,确定是否允许连接。

(3) ASA 执行路由查询,如果路由正确,ASA 使用必要的会话信息在连接表(XLATE 和 CONN)中创建一个新条目。

(4) ASA 在检测引擎中检查预定义的一套规则,如果是已知应用,则进一步执行应用层检测。

(5) ASA 根据检测引擎确定是否转发或丢弃报文。如果允许转发,则将报文转发到目的主机。

(6) 目的主机响应该报文。

(7) ASA 接收返回报文并进行检测,在连接数据库中查询连接,确定会话信息与现有连接是否匹配。

(8) ASA 转发属于已建立的现有会话的报文。

ASA 的应用层检测是通过检查报文的 IP 头和有效载荷的内容,对应用层协议流量执行深层检测,检查应用层协议是否遵守 RFC 标准,从而检测出应用层数据中的恶意行为。

2. ASA 防火墙的配置

ASA 防火墙配置实例如下。

配置要求:把网络划分成内网、外网、服务器区 3 个区;防火墙配置 PAT,直接使用外网接口的 IP 地址进行转换;防火墙配置静态 NAT,发布服务器;防火墙启用 NAT 控制,配置 NAT 豁免,PC1 访问外网的主机时,不做 NAT 转换;防火墙配置远程管理 ASA,配置 Telnet,只允许 PC1 使用 Telnet 接入;防火墙配置 SSH,允许 PC1 和外网 SSH 接入。

(1) 按照图 10.23 所示连线,配置计算机和服务器的 IP 地址、子网掩码和网关。

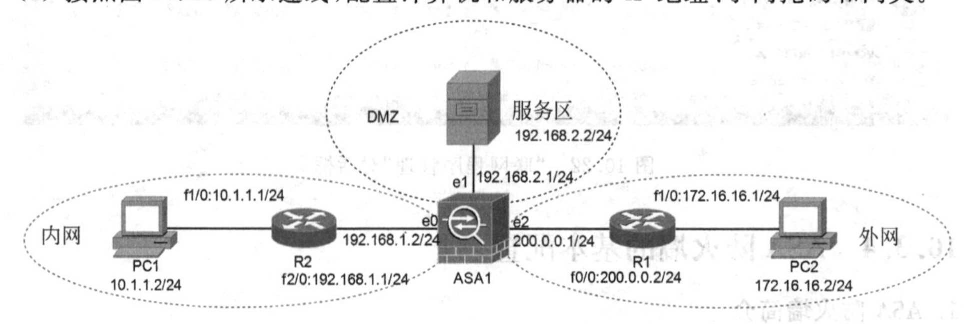

图 10.23　ASA 防火墙拓扑

(2) ASA1 的配置：

```
ciscoasa>
ciscoasa>enable
Password:
ciscoasa#config terminal
!配置接口 IP 地址
ciscoasa(config)#interface Ethernet 0/0
ciscoasa(config-if)#ip address 192.168.1.2 255.255.255.0
ciscoasa(config-if)#no shutdown
ciscoasa(config-if)#nameif inside                         !命名接口
ciscoasa(config-if)#interface Ethernet 0/1
ciscoasa(config-if)#ip address 192.168.2.1 255.255.255.0
ciscoasa(config-if)#no shutdown
ciscoasa(config-if)#nameif dmz
!定义安全等级,范围 0～100,数值越大安全级别越高
ciscoasa(config-if)#security-level 50
ciscoasa(config-if)#interface Ethernet 0/2
ciscoasa(config-if)#ip address 200.0.0.1 255.255.255.0
ciscoasa(config-if)#no shutdown
ciscoasa(config-if)#nameif outside
ciscoasa(config)#enable password asa                      !设置特权密码
ciscoasa(config)#passwd asa                               !设置远程连接密码
ciscoasa(config)#route inside 0 0 192.168.1.1
ciscoasa(config)#route outside 172.16.16.0 255.255.255.0 200.0.0.2
!动态 PAT 配置
ciscoasa(config)#nat-control                              !启用 NAT 控制
ciscoasa(config)#nat (inside) 1 10.0.0.0 255.255.255.0 !需要进行转换的网段
ciscoasa(config)#global (outside) 1 interface
!配置 NAT 豁免
ciscoasa(config)#nat (inside) 0 10.1.1.2 255.255.255.255
!静态 NAT 配置(发布 DMZ 区的服务器)
ciscoasa(config)#static (dmz,outside) 200.0.0.5 192.168.2.2
ciscoasa(config)#access-list out_to_dmz permit ip host 172.16.16.2 host 200.0.0.5
ciscoasa(config)#access-group out_to_dmz in int outside
!配置远程管理 ASA
!配置允许 Telnet 接入
ciscoasa(config)#username test password 123456
ciscoasa(config)#aaa authentication telnet console LOCAL
!只有 PC1 可以 telnet ASA 防火墙
ciscoasa(config)#telnet 10.1.1.2 255.255.255.255 inside
!配置 SSH 接入
ciscoasa(config)#host asa1                                !配置主机名
asa1(config)#username test password 123456
asa1(config)#aaa authentication ssh console LOCAL
asa1(config)#domain-name cwnet.com                        !配置域名
asa1(config)#crypto key generate rsa modulus 1024         !生成 RSA 密钥对
asa1(config)#ssh 10.1.1.2 255.255.255.255 inside          !允许 PC1 使用 SSH 连接防火墙
asa1(config)#ssh 0 0 outside                              !允许外部连接 ASA 防火墙
```

(3) R1 的配置：

```
R1 > enable
R1 #
R1 # config terminal
!配置接口 IP 地址
R1(config) # interface fastethernet 0/0
R1(config - if) # ip address 200.0.0.2 255.255.255.0
R1(config - if) # no shutdown
R1(config) # interface fastethernet f1/0
R1(config - if) # ip address 172.16.16.1 255.255.255.0
R1(config - if) # no shutdown
R1(config) # ip route 0.0.0.0 0.0.0.0 200.0.0.1                    !配置默认路由
```

(4) R2 的配置：

```
R2 > enable
R2 #
R2 # config terminal
!配置接口 IP 地址
R2(config) # interface fastethernet0/0
R2(config - if) # ip address 10.0.0.1 255.255.255.0
R2(config - if) # no shutdown
R2(config - if) # interface fastethernet1/0
R2(config - if) # ip address 10.1.1.1 255.255.255.0
R2(config - if) # no shutdown
R2(config - if) # interface fastethernet2/0
R2(config - if) # ip address 192.168.1.1 255.255.255.0
R2(config - if) # no shutdown
R2(config) #  ip route 0.0.0.0 0.0.0.0 192.168.1.2                  !配置默认路由
```

10.4 数据加密技术

数据加密又称密码学，是研究编制及破译密码的科学。数据加密的过程是一个伪装信息的过程，它通过一组数学变换将伪装前的原始信息由明文转变为密文。而解密则是加密算法的逆过程，使密文还原为明文。加密和解密都依赖于其对应的算法和密钥，因此数据加密可以提高数据传输的隐蔽性，防止窥探信息，有效地保证网络信息安全，它是保障计算机网络数据安全的核心技术。

10.4.1 数据加密技术概述

1. 数据加密技术的概念和算法

数据加密技术(Data Encryption Technology，DET)是指信息发送方将明文信息经过加密算法和加密密钥的处理，使之发生替换或移位，变成不易被人理解和读取的密文，信息以密文的形式传输。密文表面看起来毫无意义，这就使原始信息得以隐蔽。信息在传输过程中即使被窃取，窃取者也不能得到真实的信息。而信息接收方则可以通过解密算法和解密密钥对此密文进行复原，得到原始的信息。密钥是明文与密文相互转换中所用到的参数及算法。数据加密技术要求指定用户在指定的网络通信条件下掌握密钥，如此才可正常运行。所以，密钥是数据加密技术的关键。它的传统算法有以下 4 种：

(1) 置换表算法。

置换表算法是最简单、快捷的加密算法，每个数据段均与置换表中的某个偏移量对应，相应的偏移量数值输出后组成的新文件即为加密文件，解密时再通过置换表解读信息。该算法的缺陷是，置换表一旦丢失，加密信息将会完全被非法破解。所以置换表一定要完整保存。

(2) 改进的置换表算法。

改进的置换表算法是应用两个或两个以上的置换表，不同置换表随机对信息进行加密。此法有效地弥补了置换表算法的缺陷，加大了信息的安全性。

(3) 循环移位和 XOR 操作算法。

此算法是交换数据位置的算法，即把一个字或字节在一个数据流内通过改变方向循环移位，再通过 XOR 操作加密为密文。此算法只可在计算机上操作，密文很难破解。

(4) 循环冗余校验算法。

循环冗余校验(CRC)是一种 16 位或 32 位校验和的散列函数校验算法，它是根据计算机档案或网络数据封包等数据信息产生的，如果一位丢失或两位出现错误，则将导致校验和错误。该算法有助于对传输通道干扰引起的错误进行校验，在文件加密传输过程中被广泛地应用。

2. 数据加密的方法

(1) 对称式加密。

对称式加密又叫共享密钥加密，是传输信息的双方约定一个公用密钥，在信息传输时使用同一密钥进行加密和解密。如果双方都未泄露密钥，即可保证通信数据的安全性。它的数据加密算法主要有 DES、AES 和 IDEA。通信双方使用相同密钥可节省解密时间，便于使用，因而较为常用。在加密过程中应注意密钥的管理；否则将会出现网络安全问题。

(2) 非对称式加密。

非对称式加密又叫公钥加密，是通信双方采用不同的密钥进行加密及解密。其中加密密钥为公开密钥，可以公开使用；解密密钥为私有密钥，不可公开绝对保密；且由公钥不能推算出私钥。它的数据加密算法主要有 RSA、Diffie-Hellman、EIGamal、椭圆曲线等。此法提高了信息传输的保密性，广泛应用于数字签名等领域。

3. 数据加密技术的类型

(1) 节点加密。

节点加密是将收到的密文进行解密，再使用另外的密钥重新加密，加密的位置在节点的安全模块中。节点加密技术要求路由以明文形式传输信息和报头(明文不通过节点机)，以便处理消息的信息能够在中间的节点获得。但节点加密技术也存在缺陷，加密节点两端的加密设备要达到高度同步才可进行节点加密，如果遇到特殊情况或传输海外信息，可能会有发生信息丢失的情况。

(2) 链路加密。

链路加密又叫在线加密，是在网络通信链路上对信息数据进行加密。数据在传输之前完成加密，传输过程中在网络节点予以解密，之后应用不同的密钥再次加密。如此往复，经过多次加密，以保证传输数据的绝对安全。

(3) 端到端加密。

端到端加密又叫脱线加密。这种加密技术要求数据在从源点传输到终点的整个过程中始终要求以密文形式存在。只有在数据到达接收端后，解密工作才能进行。这种加密技术可以有效地保护传输的数据安全，并可以预防类似节点加密技术中由于节点损坏造成信息泄露等常见问题。端到端加密在实际操作上更加人性化，维护起来也更简单，费用也不高，并且也不会影响到其他用户。但要注意的是，在使用端到端加密技术时，使用者的保密工作一定要做好。

4. 数据加密技术的必要性

作为数据安全的核心技术，数据加密技术在当今各种网络业务快速发展的时代显得尤为重要。黑客、漏洞等问题导致机密数据遭到窃取、破坏、篡改，网络安全受到威胁。一些黑客会采用各种非法手段窃取机密信息，将木马和病毒植入计算机系统之中，导致系统瘫痪，造成巨大的损失。同时，网络用户的网络银行、网络通信工具的用户名和密码也是黑客攻击的对象，盗取银行存款、实施网络诈骗的犯罪行为屡屡发生，为网络用户造成了经济损失和名誉损失。所以为了避免非法窃取的现象，保证数据的安全，使用数字加密技术成了必然的选择。

10.4.2 数据加密的应用

网络通信中运用数据加密是为了更好地保护信息免遭窃取，在加密的过程中要明确加密目标；了解加密设备和信息的种类，信息的存储位置及存储介质的类型，信息在传输中需要的安全级别，通信中有无机密信息。在全面了解加密目标的情况后，要根据具体的情况，有针对性地选择加密方案，常见的加密方案有以下几种类型：

1. 网络数据库应用

网络数据库的管理系统平台以 Windows Server 或 UNIX 为主，系统的安全级别为 C1 或 C2。数据的存储和传输相对薄弱，个人计算机或其他设备易于窃取信息。所以对于访问网络数据库的用户一定要设有访问权限，并对数据进行加密。客户端加密和服务器加密是对网络数据库加密的两种方式。客户端加密不会影响数据库服务器的负载，通常利用于数据库外层。服务器加密要对数据库管理系统本身进行加密，这需要数据库开发商的配合，实现起来有一定的难度。

2. 数字签名应用

数字签名是数据加密的非对称加密技术和数字摘要技术的综合应用。发送报文时，发送方用哈希函数从报文中生成报文摘要，然后通过私人密钥将摘要加密，再将摘要密文作为数字签名和报文一起发送给接收方。接收方用相同的哈希函数从原始报文中计算出摘要，再用公共密钥解密数字签名，验证两个摘要相同，则可以确定数字签名的真实性。数字签名只有信息发送者才可以产生，别人无法复制，具有不可抵赖性，可以准确地验证信息发送者的真实性。同时，数字签名还可以验证消息的完整性，如果消息发生改变，那么计算出的摘要值也会相应变化。

3. 电子商务应用

电子商务是网络上以电子交易方式进行的商业活动，网络平台和交易信息的安全尤为重要。通常使用的加密方式有数字证书、SET 安全协议、SSL 安全协议及数字签名等，这些方式可以保证交易的安全。

4. 虚拟专用网络(VPN)应用

许多机构和部门都有自己的局域网，这些机构和部门可能不处在同一地区，所以会租用一个专用线路连接局域网组成广域网。数据加密技术在其中的作用是路由器在发送者 VPN 发送数据之后自动进行硬件加密。在互联网中，数据以密文的形式进行传输。接收者 VPN 的路由器会在收到密文时自动解密，使接收者收到原始信息。

5. 无线网络应用

无线局域网(WLAN)是非常便利的数据传输系统，它的射频技术取代了传统的双绞线，为用户的使用增添了灵活性和移动性。但在使用中若不注意加密，则很容易被他人使用，这样不仅会挤占带宽，还会带来安全隐患。无线网络的加密除了会应用到有线网络的加密技术外，还会采用隧道加密、保护访问协议 WPA 和有线等效协议 WEP 等技术。

10.4.3 数据加密工具的应用步骤

1. 加密工具类型

随着计算机安全的重要性为人们所认识，数据加密工具被广泛地应用。使用数据加密工具首先要明确信息加密的对象特点，根据特点决定工具的使用，常用的加密工具有以下几种：

(1) 硬件加密工具。

硬件加密工具可以加密软件和数据，它的工作位置在计算机并行口或者 USB 接口，可以使用户的隐私和信息及知识产权得到有效的保护。常用的 U 盾就是一种硬件加密工具，它内置智能卡处理器，采用非对称算法对数据进行加密。它可以在用户使用网上银行业务时保障资金交易的安全，使用户免遭黑客、病毒的攻击。

(2) 软件加密工具。

通过加密软件，使用一定的加密算法对文件进行加密，从而保证文件的安全。相对于硬件加密更容易实现，是常用的一种加密方式。

(3) 压缩包解压工具。

对于大文件的传输，往往会用到压缩包，ZIP 和 RAR 是最常使用的两种压缩包，这两个压缩软件都具有设置解压密码的功能，就是说在解压的时候要有密码才能获取压缩包内的信息内容，这样在双方传输重要信息的时候，就避免了第三方窃取信息的可能性。

(4) 光盘加密工具。

光盘加密工具是通过对镜像文件进行可视化的修改，隐藏光盘镜像文件，把一般文件放大，把普通目录改为文件目录，从而保护光盘中的机密文件和隐私信息，方便、快捷地制作自己的加密光盘，简单易学，安全性也较高。

2. 加密软件 PGP

PGP(Pretty Good Privacy)是一个基于 RSA 公匙加密体系的加密软件。它包含邮件加密与身份确认，文件的公钥与私钥加密，硬盘全盘密码保护，虚拟磁盘加密，网络共享资料加密，PGP 自解压文档创建，资料安全擦除等众多功能。

(1) PGP的安装。

下载PGP软件,双击安装程序进行安装,如图10.24所示。选择安装语言,单击OK按钮,进行下一步安装。选择同意许可协议,单击Next按钮,如图10.25所示。

Symantec Encryption Desktop Setup

License Agreement

You must agree with the license agreement below to proceed.

SYMANTEC SOFTWARE LICENSE AGREEMENT

SYMANTEC CORPORATION AND/OR ITS AFFILIATES ("SYMANTEC") IS WILLING TO LICENSE THE LICENSED SOFTWARE TO YOU AS THE INDIVIDUAL, THE COMPANY, OR THE LEGAL ENTITY THAT WILL BE UTILIZING THE LICENSED SOFTWARE (REFERENCED BELOW AS "YOU" OR "YOUR") ONLY ON THE CONDITION THAT YOU ACCEPT ALL OF THE TERMS OF THIS LICENSE AGREEMENT ("LICENSE AGREEMENT"). READ THE TERMS AND CONDITIONS OF THIS LICENSE AGREEMENT CAREFULLY BEFORE USING THE LICENSED SOFTWARE. THIS IS A LEGAL AND ENFORCEABLE CONTRACT BETWEEN YOU AND SYMANTEC. BY OPENING THE LICENSED SOFTWARE PACKAGE, BREAKING THE LICENSED SOFTWARE SEAL, CLICKING THE "I AGREE" OR "YES" BUTTON,

I accept the license agreement

I do not accept the license agreement

Next > Cancel

图10.24 PGP安装语言选择　　　　图10.25 许可协议声明

选择不显示发行说明,单击Next按钮,如图10.26所示。这时软件开始安装,安装结束后,弹出提示框要求重新启动计算机,单击Yes按钮,重启计算机,如图10.27所示。

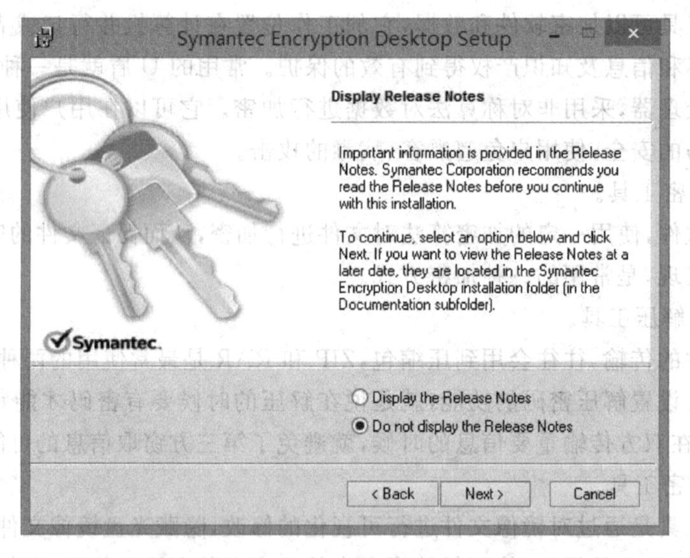

图10.26 发行说明

计算机重启后,会出现安装向导,帮助完成注册及生成密钥,如图10.28所示。选中"Yes"单选按钮,并单击"下一步"按钮。在许可助手界面填入个人信息,如图10.29所示,单击"下一步"按钮。

进入注册阶段,填写序列号,如图10.30所示,单击"下一步"按钮,完成注册。如果没有序列号可选择第二项,不过大部分功能将被禁用。

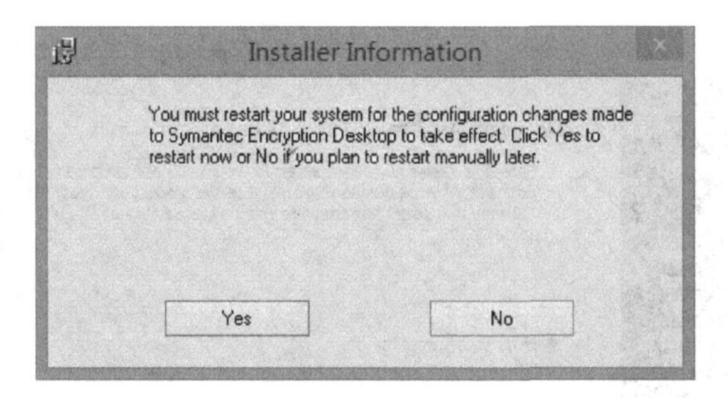

图 10.27　重启计算机确认

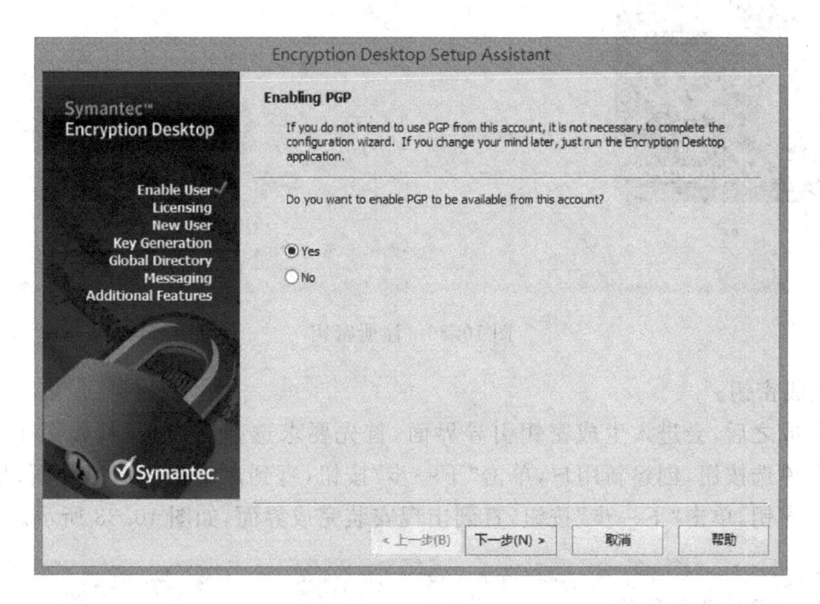

图 10.28　账号 PGP

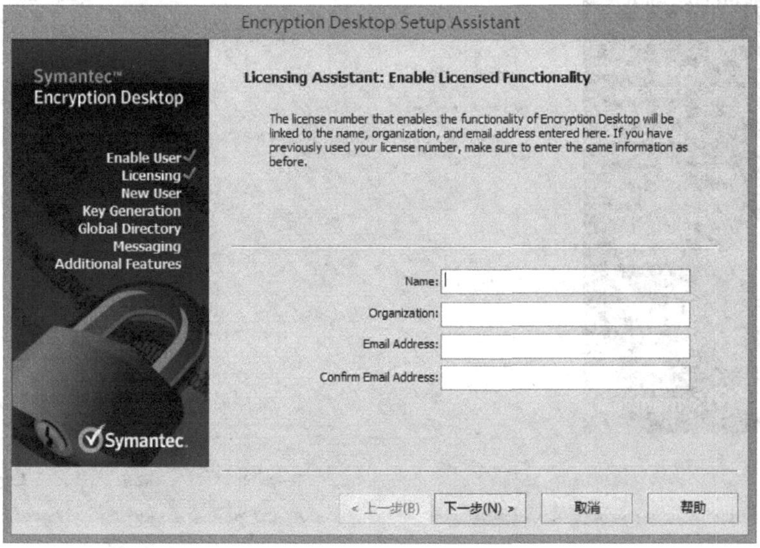

图 10.29　个人许可信息

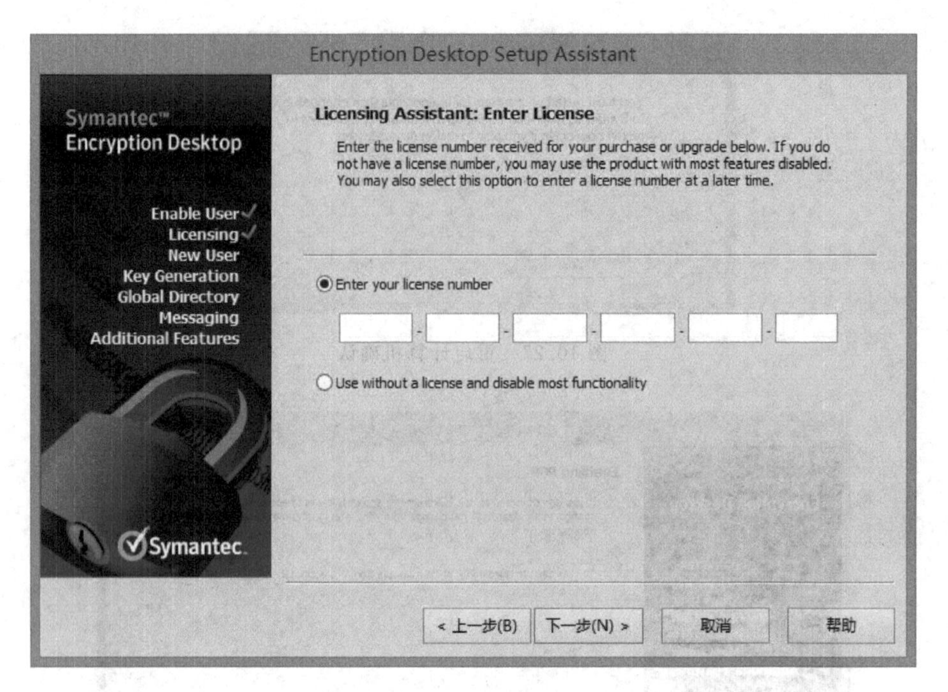

图 10.30　注册密钥

(2) 生成密钥。

注册完成之后，会进入生成密钥引导界面，首先要求选择用户类型，如图 10.31 所示。选中第一个单选按钮，创建新用户，单击"下一步"按钮，直到出现密钥选择界面，如图 10.32 所示。选中密钥，单击"下一步"按钮，直到出现安装完成界面，如图 10.33 所示。

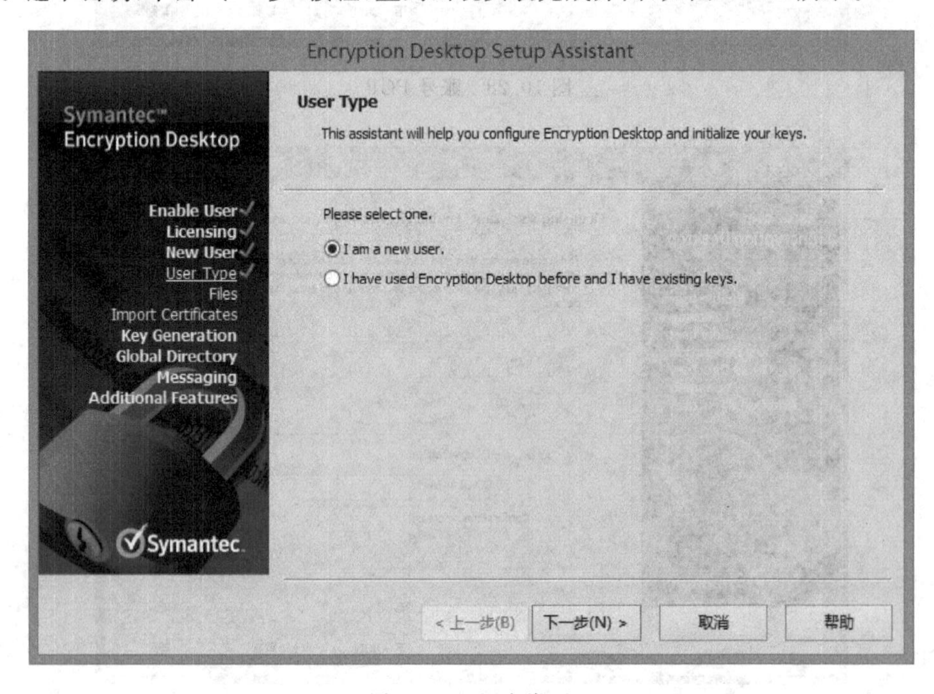

图 10.31　用户类型

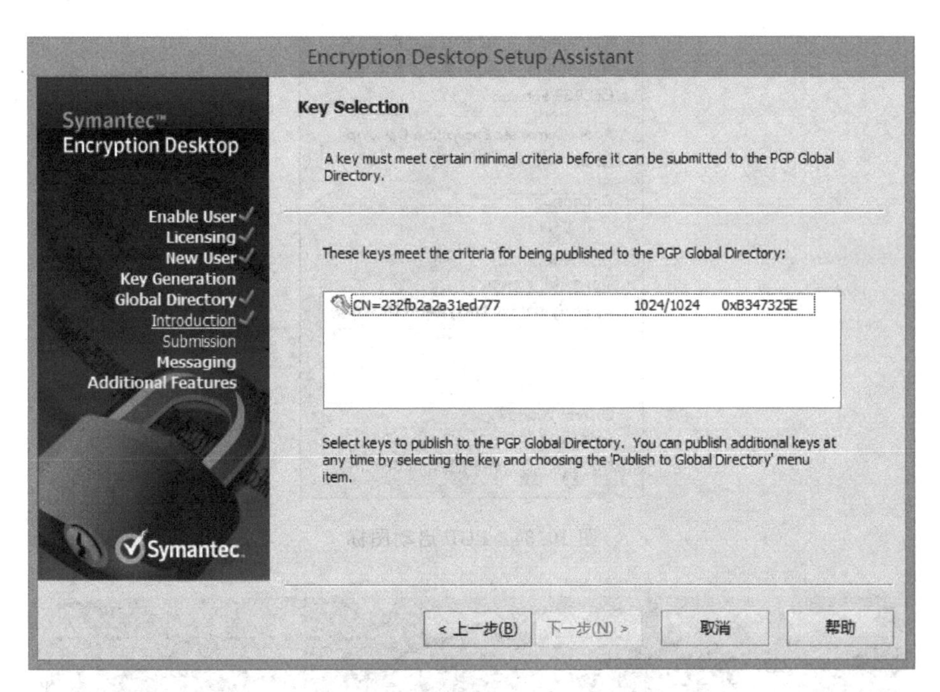

图 10.32　密钥生成

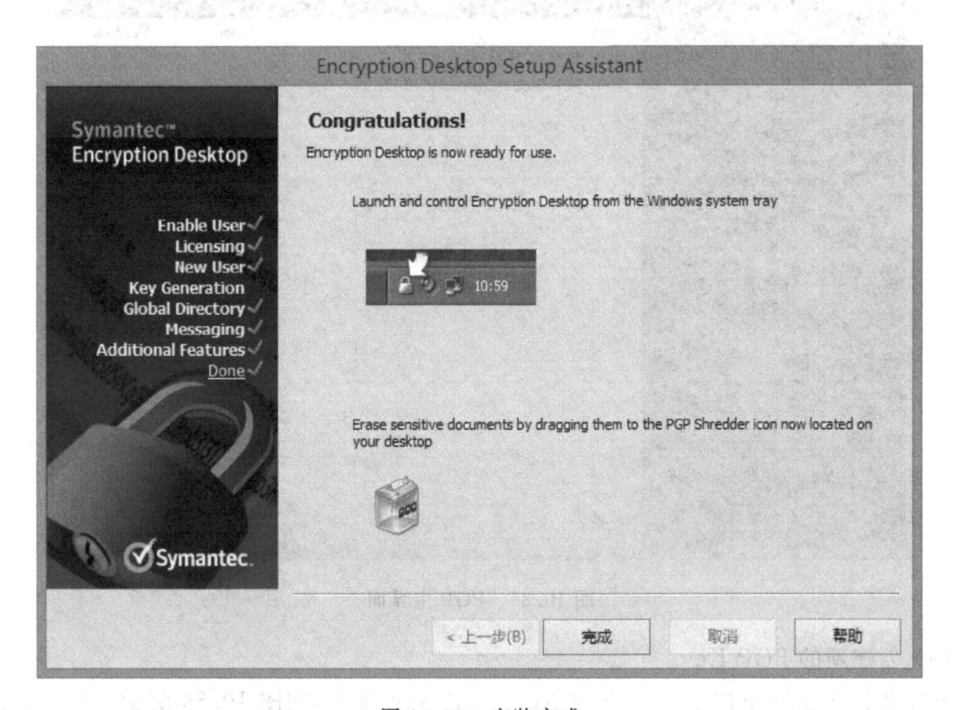

图 10.33　安装完成

(3) 启动 PGP。

单击操作系统右下角系统托盘的 PGP 图标，如图 10.34 所示，选择下拉菜单的 Open Symantec Encryption Desktop 命令，启动 PGP 软件，如图 10.35 所示。

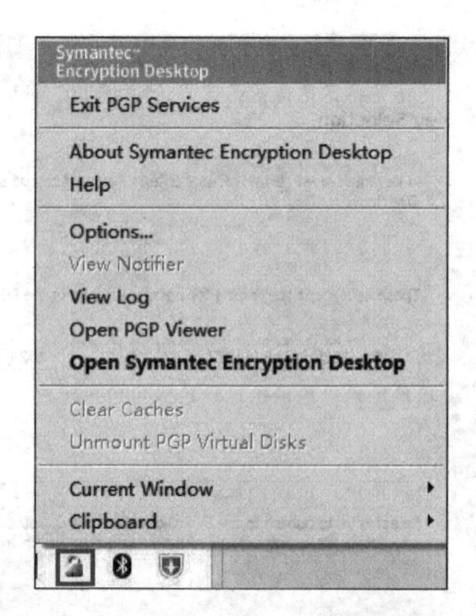

图 10.34　PGP 启动图标

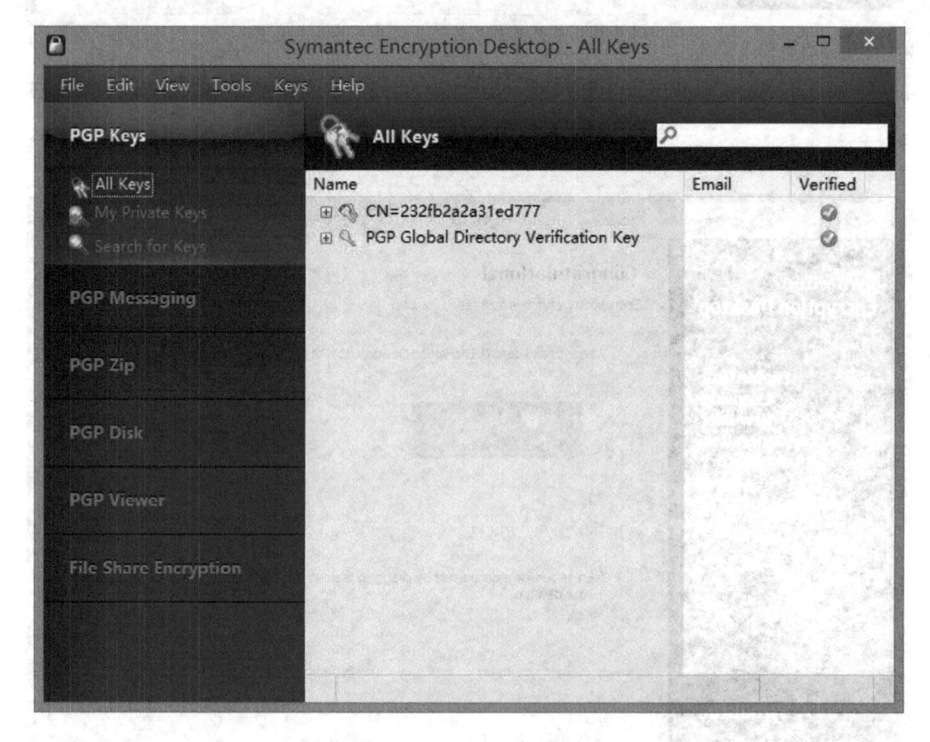

图 10.35　PGP 主界面

(4) 创建新的 PGP Key。

在主界面单击菜单栏中 File 下的 New PGP Key 命令，如图 10.36 所示。在打开的对话框中单击“下一步”按钮，进入个人密钥信息输入界面，如图 10.37 所示。

输入个人信息后，单击下方的 Advanced 按钮，弹出高级选项对话框，这里可以设置密钥的长度、有效时间等参数，如图 10.38 所示。根据需要修改后，单击 OK 按钮，关闭对话框。单击“下一步”按钮，进入创建密钥保护密码界面，密码长度不能少于 8 个字符，如图 10.39 所示。

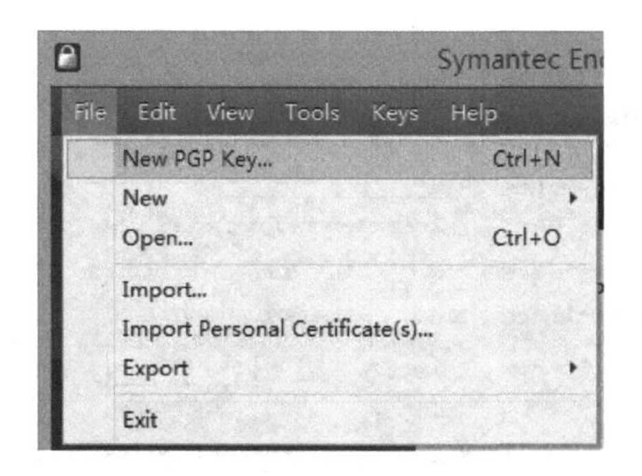

图 10.36 创建 PGP 密钥

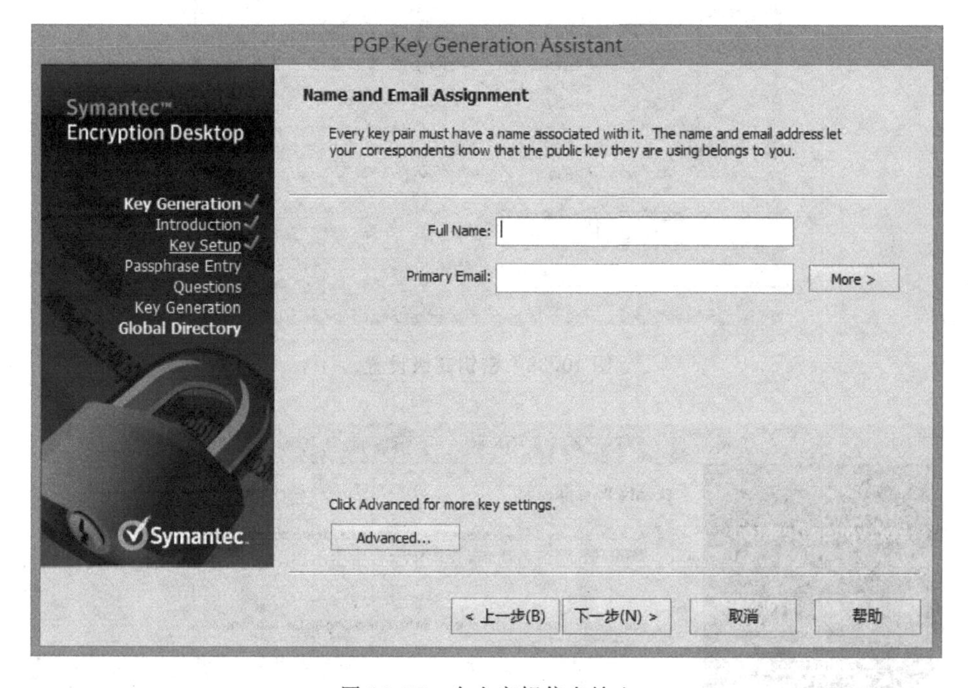

图 10.37 个人密钥信息输入

输入密码确认无误后，单击“下一步”按钮，密钥创建完成，如图 10.40 所示。单击“下一步”按钮，进入密钥发布页面，如图 10.41 所示。

设置发布后，生成的公钥会上传到 PGP 服务器上，可供需要的人员下载。如果不需要发布，可以直接单击 Skip 按钮，跳过这一步。完成全部设置后，可以在 PGP Keys 中看见新生成的密钥，如图 10.42 所示。

(5) 密钥导入、导出。

创建密钥后，可以将密钥中的公钥导出，发送给他人，或者上传到服务器，供他人下载。他人下载公钥后，将公钥导入 PGP，然后再在 PGP 中使用该公钥加密文件或消息。加密后的文件或消息只能通过密钥创建者所创建的与加密公钥所对应的私钥，才能解密，从而保证了信息的安全。

① 密钥导出。在 PGP Keys 界面下，右击想要导出的密钥，在弹出的快捷菜单中单击 Export 命令，如图 10.43 所示。

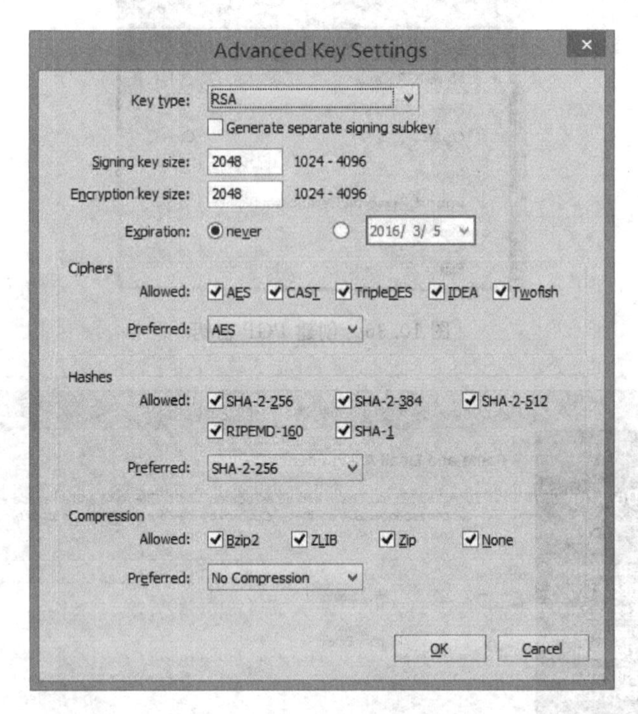

图 10.38　密钥高级设置

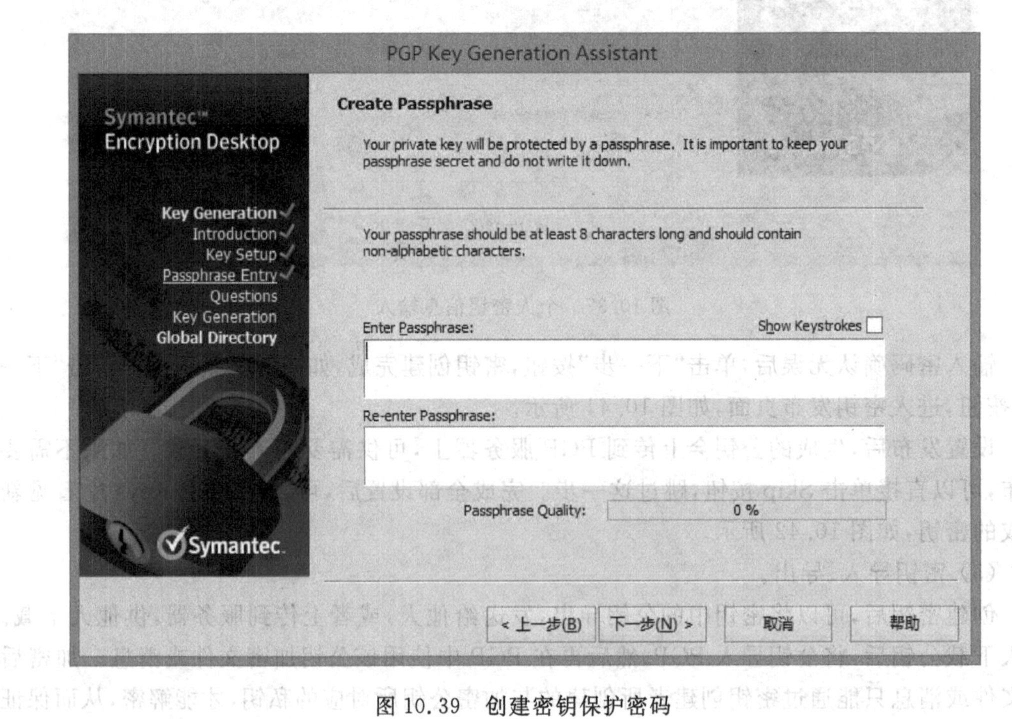

图 10.39　创建密钥保护密码

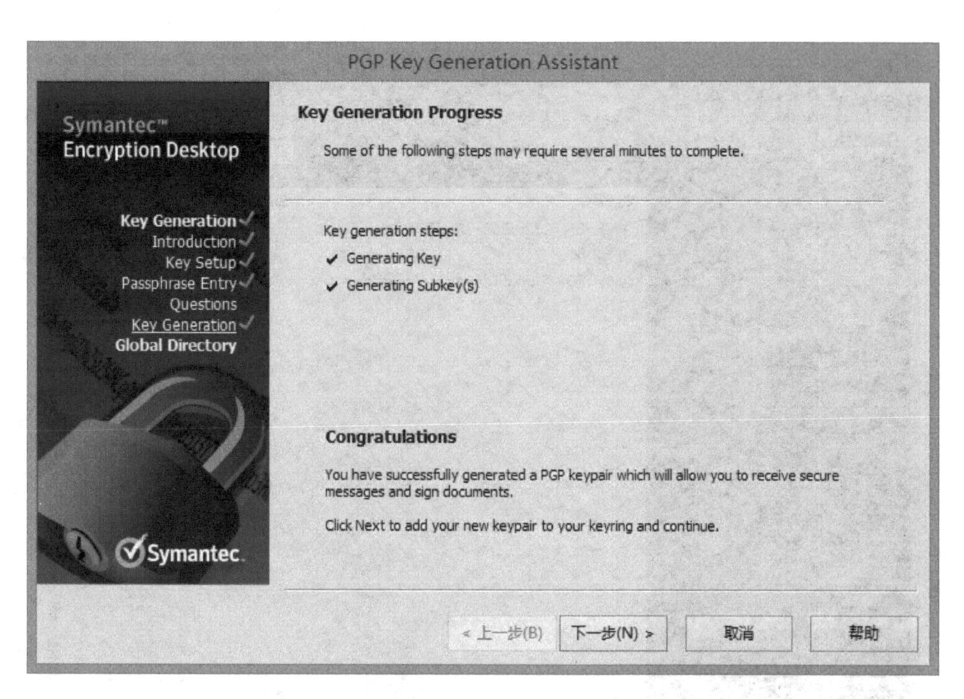

图 10.40　密钥创建完成

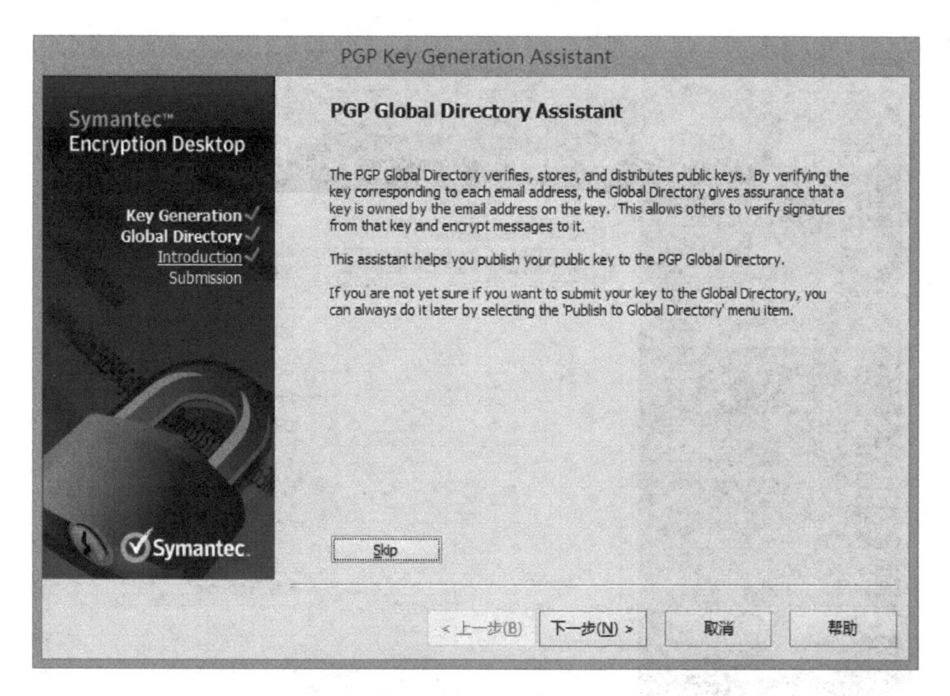

图 10.41　密钥发布

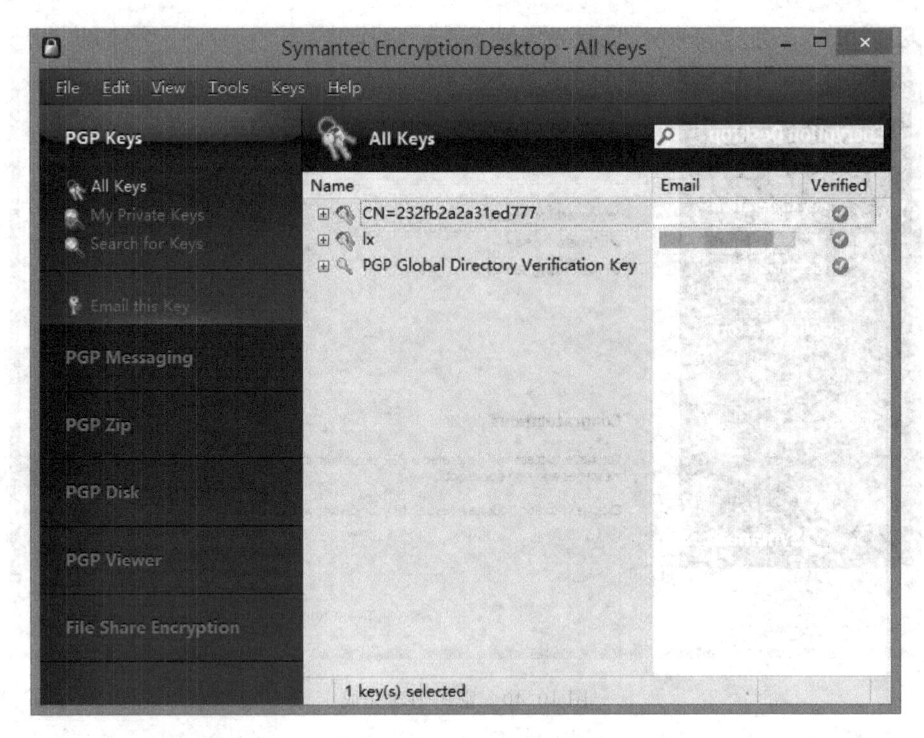

图 10.42　PGP Keys 界面

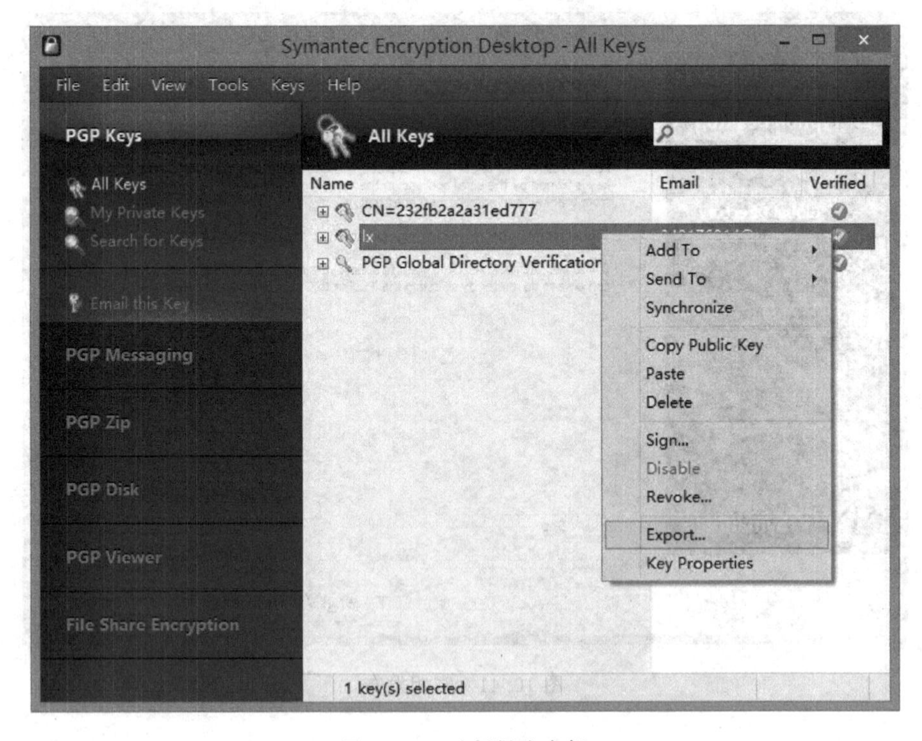

图 10.43　选择导出密钥

弹出密钥导出窗口，如图 10.44 所示。默认情况下系统只导出公钥，如需私钥一同导出，需要选中导出窗口左下方的 Include Private Keys 复选框，但导出的私钥最好不要提供给他人。选择好密钥的存储路径，单击"保存"按钮，完成密钥的导出。

图 10.44　密钥导出

② 密钥导入。获得密钥文件后，右击该文件，在弹出的快捷菜单中选择 Symantec Encryption Desktop→Import Keys 命令，如图 10.45 所示。

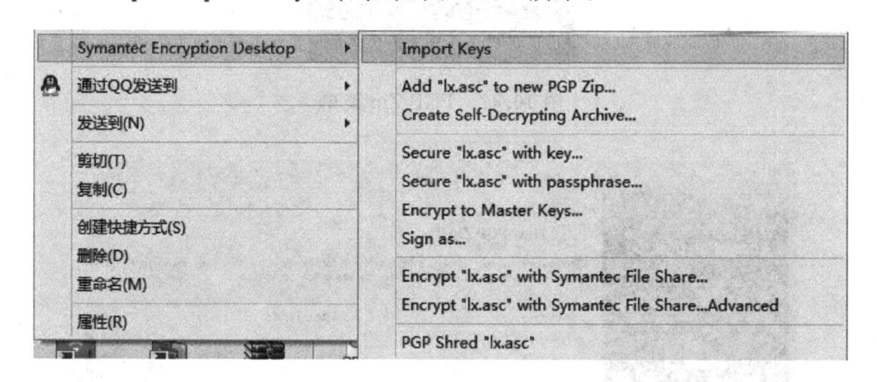

图 10.45　密钥导入菜单

弹出密钥导入对话框，如图 10.46 所示。选中密钥，单击 Import 按钮，完成密钥的导入。

(6) 创建 PGP 压缩包。

单击界面左侧的 PGP Zip 选项，如图 10.47 所示。在打开的菜单中单击 New PGP Zip 命令，弹出图 10.48 所示的对话框。

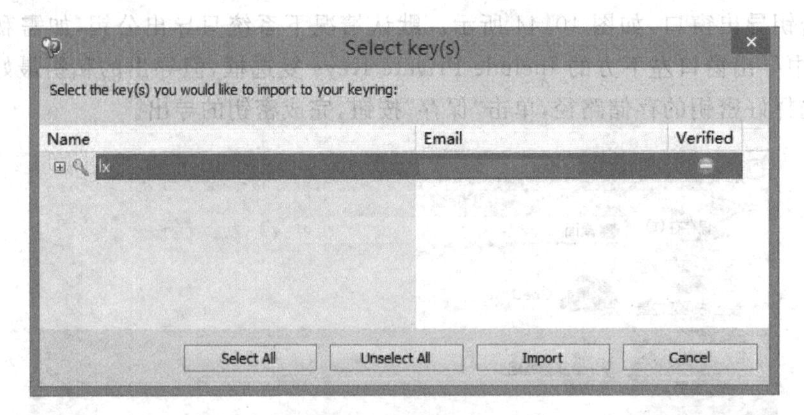

图 10.46 密钥导入

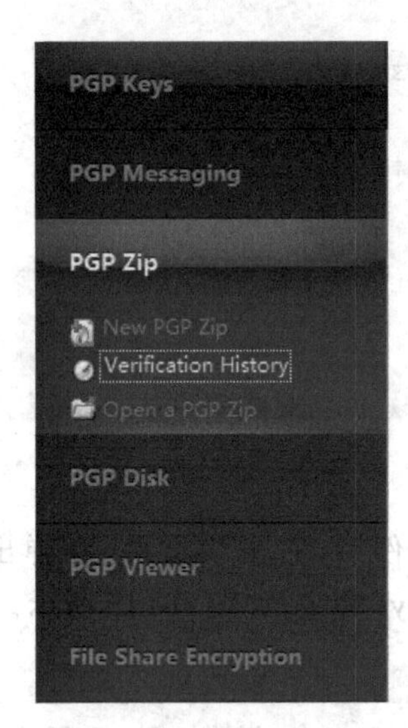

图 10.47 PGP Zip 菜单

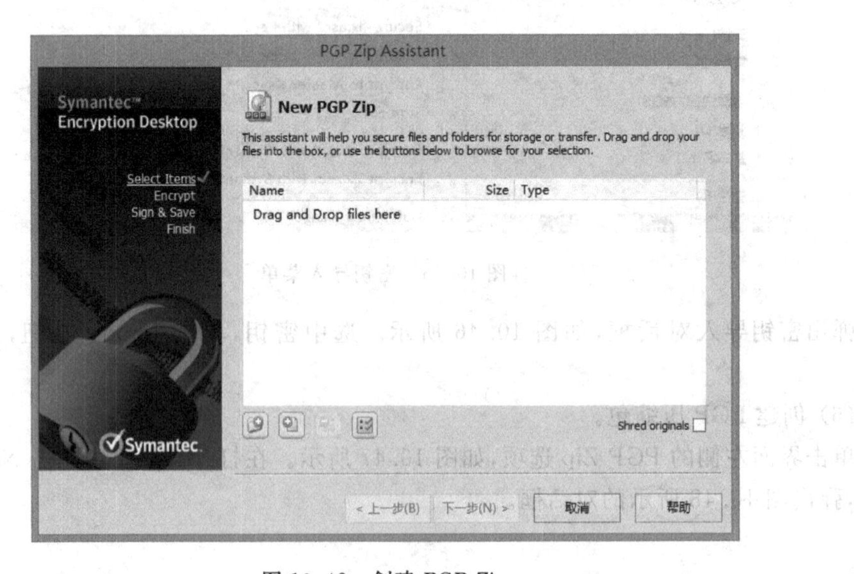

图 10.48 创建 PGP Zip

拖动需要 PGP 压缩文件到中间的空白位置，或单击空白的地方弹出添加文件夹对话框，选择需要进行 PGP 压缩的文件夹，单击“确定”按钮，把需要压缩的文件和文件夹添加进 PGP Zip，如图 10.49 所示。单击“下一步”按钮，在弹出的对话框中选择加密方式，如图 10.50 所示。

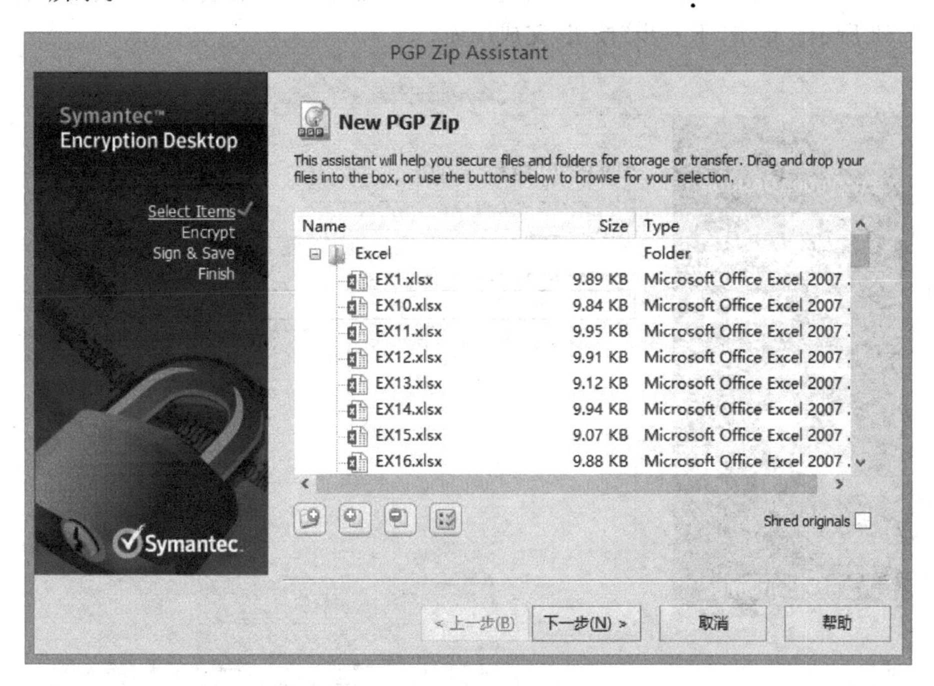

图 10.49 添加文件

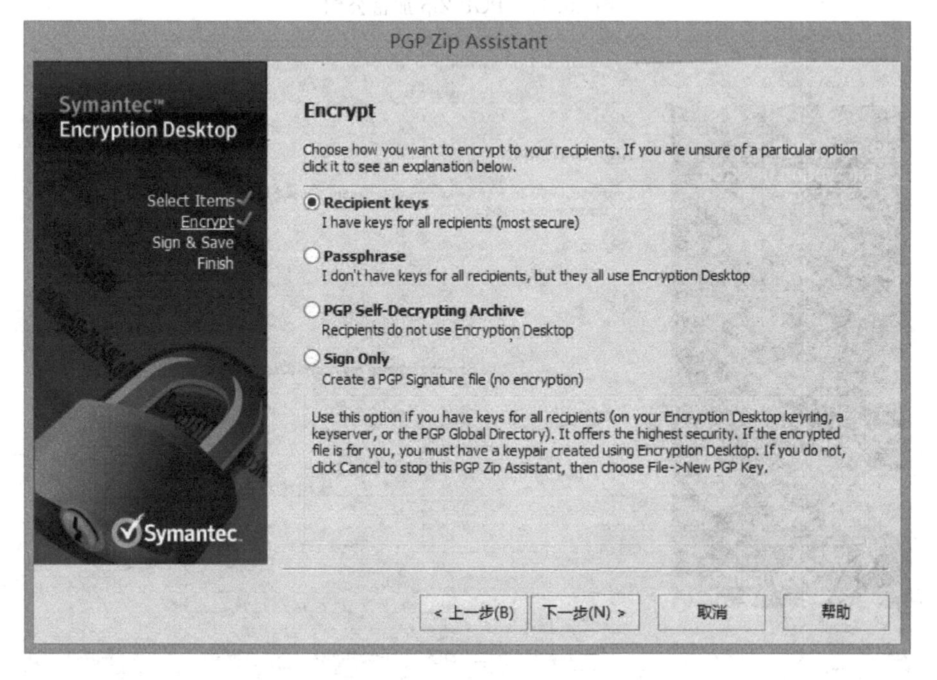

图 10.50 选择加密方式

这里有4个选项，分别为使用接收到的公钥加密(Recipient keys)、密码加密(Passphrase)、PGP自解密文档(PGP Self-Decrypting Archive)、仅签名(Sign Only)。选中Recipient keys单选按钮，单击"下一步"按钮。在下拉列表框中选中获得的公钥，单击Add按钮，如图10.51所示。单击"下一步"按钮，在新的界面中，选择签名密钥和文件存储位置，如图10.52所示。单击"下一步"按钮，完成压缩。

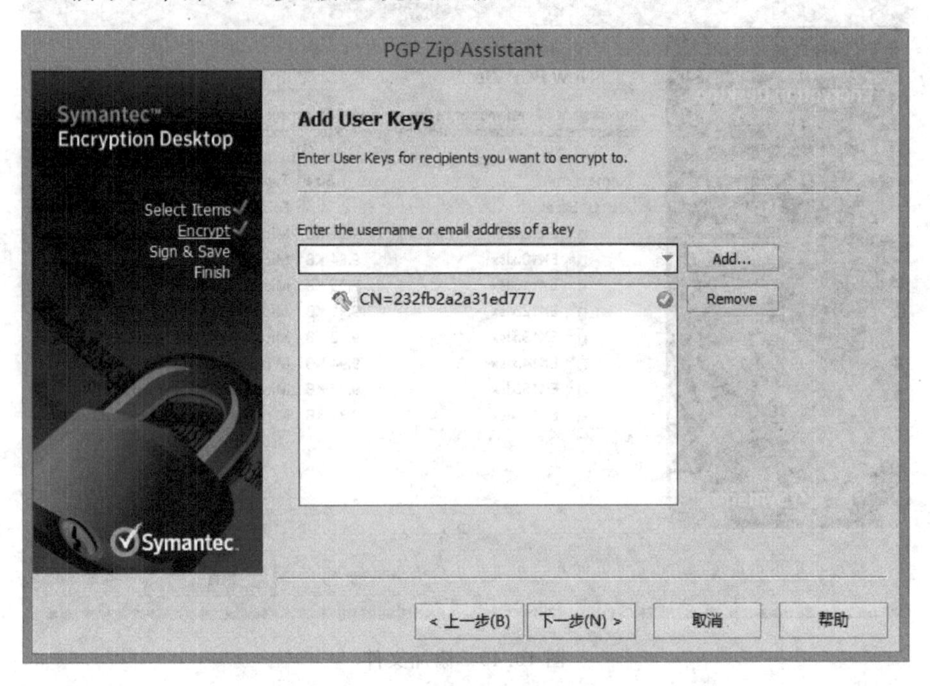

图10.51 PGP Zip加密公钥

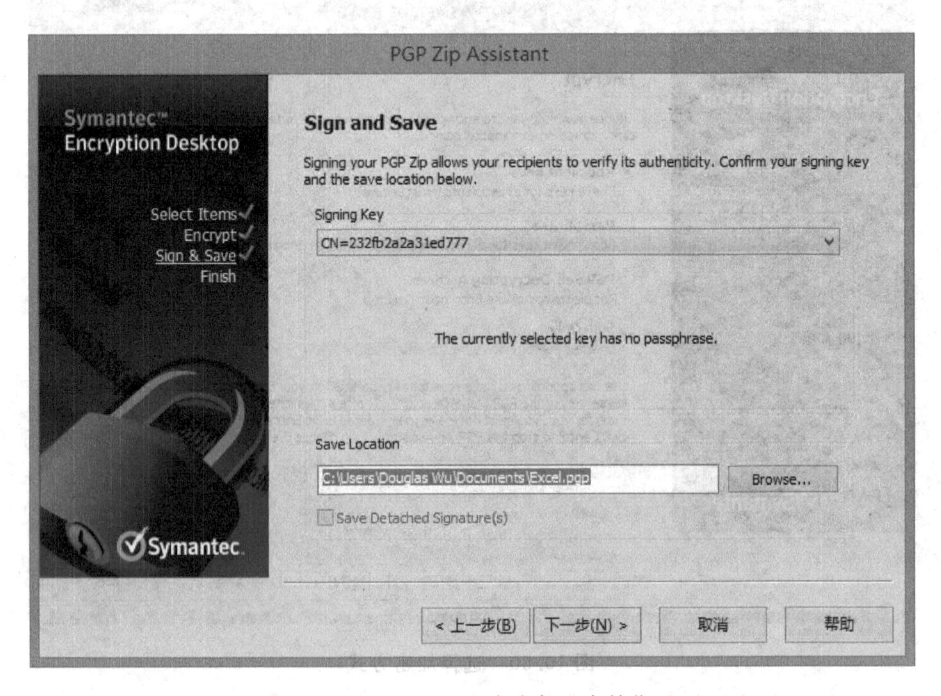

图10.52 PGP Zip签名密钥和存储位置

(7) 文本加密、解密。

① 文本加密。选中需要加密的文本内容或邮件内容后，如图 10.53 所示，单击系统托盘的 PGP 图标，在弹出的菜单中，选择 Current Window→Encrypt & Sign 命令，如图 10.54 所示。

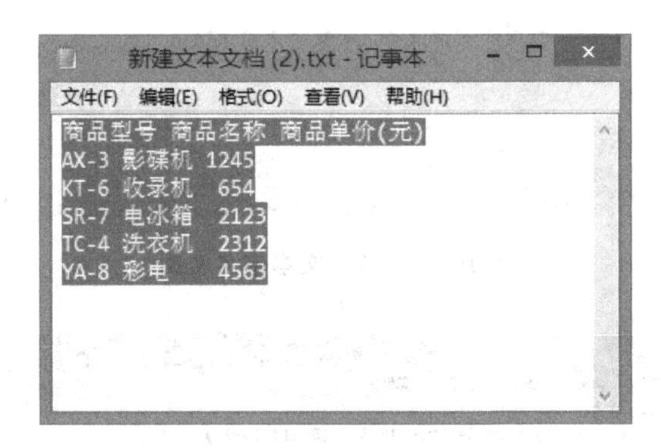

图 10.53 原文本内容

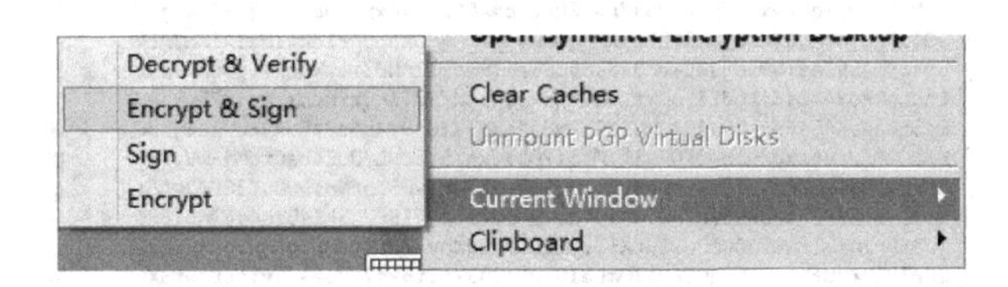

图 10.54 加密签名菜单

在弹出的对话框中，双击想要使用加密的密钥后，单击 OK 按钮，如图 10.55 所示。在弹出的对话框中选择进行签名的密钥，如图 10.56 所示，单击 OK 按钮，完成加密。原文本内容变为密文，如图 10.57 所示。

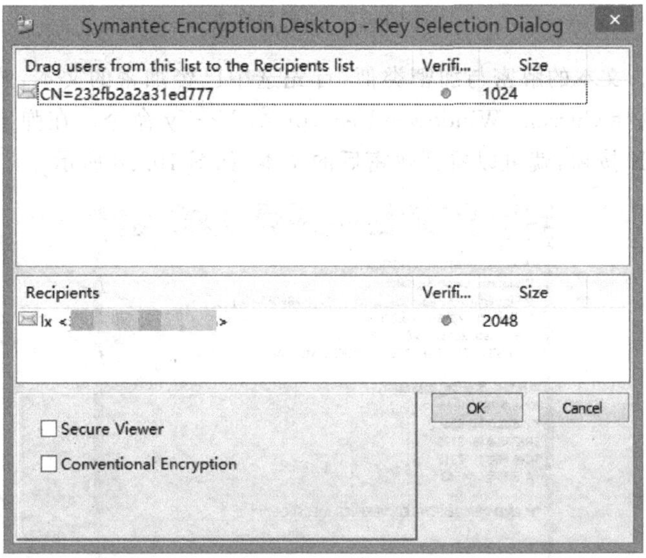

图 10.55 选择文本加密公钥

图 10.56　选择文本签名密钥

图 10.57　加密后文本

② 文本解密。文本的解密与加密类似，首先选中已经加密的文本，然后单击系统托盘中的 PGP 图标，选择 Current Window→Decrypt & Verify 命令。在弹出的窗口中输入密钥的密码，单击 OK 按钮，就可以看到解密后的文本，如图 10.58 所示。

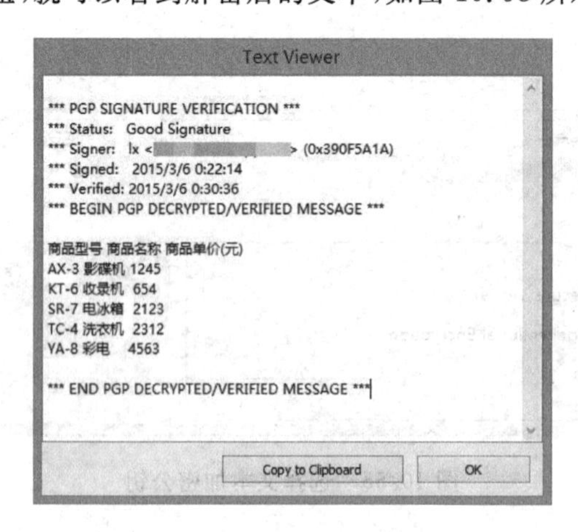

图 10.58　解密后文本

PGP 功能繁多,其他功能的使用与以上功能类似,不再赘述。

小结

网络的日益发展,使得网络的安全性越来越受到人们的重视,同时也对网络安全提出了更高要求。

为了应对各种网络威胁,人们在网络上应用了病毒处理技术、防火墙技术、数据加密技术等,这些技术有效地保护了网络。

通过本章的学习,读者不仅要了解威胁网络安全的因素,还要学会如何应对这些威胁,如何才能构建一个安全的网络环境。

习题

1. VPN 的加密手段是(　　)。
   A. 具有加密功能的防火墙
   B. 带有加密功能的路由器
   C. VPN 内的各台主机对各自的信息进行相应的加密
   D. 单独的加密设备
2. 对非军事区 DMZ 而言,正确的解释是(　　)。
   A. DMZ 是一个非真正可信的网络部分
   B. DMZ 网络访问控制策略决定允许或禁止进入 DMZ 通信
   C. 允许外部用户访问 DMZ 系统上合适的服务
   D. 以上 3 项都是
3. 一般而言,Internet 防火墙建立在一个网络的(　　)。
   A. 内部子网之间传送信息的中枢　　B. 每个子网的内部
   C. 内部网络与外部网络的交叉点　　D. 部分内部网络与外部内部的接合处
4. 现代防火墙中,最常用的技术是(　　)。
   A. 代理服务器技术　　B. 状态检测包过滤技术
   C. 应用网关技术　　D. NAT 技术
5. 计算机病毒程序隐藏在计算机系统的(　　)。
   A. 内存中　　B. 软盘中　　C. 存储介质中　　D. 网络中
6. 以下关于计算机病毒的特征,说法正确的是(　　)。
   A. 计算机病毒只具有破坏性,没有其他特征
   B. 计算机病毒具有破坏性,不具有传染性
   C. 破坏性和传染性是计算机病毒的两大主要特征
   D. 计算机病毒只具有传染性,不具有破坏性
7. 以下(　　)不属于防火墙的基本功能。
   A. 控制对网点的访问和封锁网点信息的泄露
   B. 能限制被保护子网的泄露

C. 具有审计作用

D. 具有防毒功能

8. 基于通信双方共同拥有的但是不为别人知道的秘密，利用计算机强大的计算能力，以该秘密作为加密和解密的密钥的认证是(　　)。

A. 公钥认证　B. 零知识认证　C. 共享密钥认证　D. 口令认证

9. 包过滤技术与代理服务技术相比较，(　　)。

A. 包过滤技术安全性较弱、但会对网络性能产生明显影响

B. 包过滤技术对应用和用户是绝对透明的

C. 代理服务技术安全性较高、但不会对网络性能产生明显影响

D. 代理服务技术安全性高，对应用和用户透明度也很高

10. 加密技术不能实现(　　)。

A. 数据信息的完整性　B. 基于密码技术的身份认证

C. 机密文件加密　D. 基于 IP 头信息的包过滤

参 考 文 献

[1] 李书满,杜卫国. Windows Server 2008 服务器搭建与管理[M]. 北京:清华大学出版社,2014.

[2] IT 同路人. Windows Server 2003 服务器架设实例详解(修订版)[M]. 北京:人民邮电出版社,2010.

[3] 李俊娥,熊建强,吴黎兵等. 计算机网络基础实验教程[M]. 武汉:武汉大学出版社,2007.

[4] 韩希义,谢斌,杜军. 计算机网络基础[M]. 北京:高等教育出版社,2009.

[5] 陈国君,彭诗力,陈华其. 计算机网络实验教程[M]. 北京:清华大学出版社,2011.

[6] 陈文革,郝兴伟,程向前等. 计算机网络技术经典实验案例集[M]. 北京:高等教育出版社,2012.

[7] 甘刚,田家昌,王力洪. 网络设备配置与管理[M]. 北京:人民邮电出版社,2011.

[8] 王建平,孙文新,孔德川等. 计算机组网技术一基于 Windows Server 2008[M]. 北京:人民邮电出版社,2011.

[9] 蒋平. 组网技术[M]. 北京:清华大学出版社,2013.

[10] 徐其星,胡耀东,杨传栋. 计算机组网技术与配置[M]. 北京:高等教育出版社,2007.

[11] 田增国,刘晶晶,张召贤. 组网技术与网络管理[M]. 北京:清华大学出版社,2009.